医ダニ学図鑑

— 見える分類と疫学 —

高田伸弘

医学野外研究支援会（MFSS）信州拠点／
元福井大学医学部准教授／福井医療大学客員教授

編 著

高橋　守

MFSS 埼玉拠点／埼玉医科大学医学部非常勤講師

藤田博己

MFSS 福島拠点／静岡県立大学食品栄養学部客員教授

夏秋　優

兵庫医科大学医学部准教授

著

北 隆 館

MEDICAL ACAROLOGY IN JAPAN

Edited and written by Dr. NOBUHIRO TAKADA
Medico-Field Study and Support (MFSS) Nagano
University of Fukui Former Associate Professor / Fukui Health Sciences University Visiting Professor

Written by Dr. MAMORU TAKAHASHI
MFSS Saitama / Saitama Medical University Visiting Lecturer

Dr. HIROMI FUJITA
MFSS Fukushima / University of Shizuoka Visiting Professor

Dr. MASARU NATSUAKI
Hyogo College of Medicine Associate Professor

Preface

From 1980's, there was a global focus on the emerging and reemerging diseases, and as its vector the tick and mite became a prominent issue of focus. Thus, the editor attempted to gather basic information on the topic in Japan (Takada, 1990).

After 30 years, severe cases of acari-borne diseases became big issues and there have been renewed demand for collecting related knowledge on the issue. This will then provide the current knowledge on the topic for future generations of researchers on the field of medical acarology.

Thus, there has been an attempt to reorganize the information on medical acarology by creating a book titled Medical Acarology in Japan (field that conducts an overall and universal research on ticks and mites). To do this, first we organized the medical acari species which described in the country by creating a newly designed identification key, and based on this we have provided an explanation on the problem and how and to what degree is related to the issues on medicine.

The editor has been responsible for the editing and writing of this, and the other authors who specializes in medical acarology, were all involved in contributing to this. To deepen the understanding of readers, we have gathered contribution and data for our column section in the book from diverse perspectives on new knowledge and theory of method. On the other hand, we have used many images to "visualize the classification and epidemiology" for a broad readership to understand the content. Additionally, one of the hidden uniqueness of this is that practical researchers who are usually not mentioned and are hidden behind their academic accomplishments are introduced in this book and has helped readers to better understand such epidemiological work.

In any case, this book covers the process of medical acarology from the past to the present, and acknowledges that it is situated at the ridge of the future path of this field.

We would like to express their heartful gratitude to the Hokuryukan Publishing co., ltd., for their help for publication, for two years.

Karuizawa, July 2019

by Nobuhiro Takada

はじめに

1980年代に入った頃，世界的に新興再興感染症に注目が集まり，そのベクターとしてダニ類の介在も焦眉の的になった。ただ，当時の国内で関連の情報は未だ不充分であったので，髙田(1990)は「病原ダニ類図譜」の発刊で基本的な情報の集約を試みた。その後，関係の解説書や論文集もいくつか現れたが，ダニ学側からの観点を網羅したような成書はなかなか日の目を見ずに過ぎていた。

・そうこうするうちに，マダニ媒介性の紅斑熱群や重症ウイルス症などが急速に問題化，そこにダニ刺症も絡むため，それら**問題の調査や啓蒙に役立つ情報提供**が改めて求められる時代に入っていた。

・一方で，教育界の変遷もありダニ学専門の後継者が育つ下地は必ずしも充分でないこともあり，**先学から受け継いだ様々な情報，特に邦産ダニ種の全体を集約して後学へ託す**ことの必要性を強く感じていた。

・そこで，**病原性ダニ類について総合的かつ普遍的に調査研究する分野を表現する語として「医ダニ学」medical acarology** を用いて，その情報の再編を目指す一冊の本を上梓することを考えた。まずはリンネの“名を知らねば物が覚えられぬ”という言葉を踏まえて，国内で記載されたダニ類の種名と形態を整理するため，**古典的な検索表に新たな工夫を加えた分類学**を提示した上で，**ダニ類が，医学のどのような問題に，如何に，どれだけ絡んでいるかといった疫学面**の解説に進む形とした。

・執筆では，病原媒介ダニ学を専門とする髙田が全体を通じて編集と著述に当たり，ここに高橋(ツツガムシ学)および藤田(マダニ学)，そして夏秋(皮膚科ダニ学)がそれぞれ筆を加えた。ただ，各章で内容が微妙に共同するほか，文責のようなこともあるため，各事項ごとに執筆量や責任性を勘案して担当者名を付した。

・なお，より理解を深めたい向きのため，新規知見や方法論について各方面からコラム欄の寄稿や資料提供を受けたほか，広い層の方々に理解いただくため**画像を多用して「分類と疫学の見える化」に努めて，書名にも図鑑を冠した**。

・加えて，本書の言外の目標として，**疫学分野で必須な現地調査のノウハウそして土臭い研究者の姿の紹介**があった。通常の成書では学術的成果の披瀝のみに隠れて見えないバックヤードであるが，それを表に晒すことで本分野の真の理解を得るよう努めている。

・いずれにしても，**本書の立ち位置は，これまで辿ってきた道程を俯瞰しつつ，これからの道を望む峠にある**ものと認識している。

ところで，本書は多くの優れた先達や同道の諸氏による業績を基に成り立っていることを思えば，本書とても後学に向けていささかでも役立つよう，編著者一同としても各方面からご批判を仰ぎたい。

終わりに当たり，際限のない編著者らのわがままをよく受け入れていただき，2年間にわたって刊行作業の労をとられた北隆館の角谷裕通氏ほか関係諸氏に厚くお礼申し上げます。

2019年7月

編者　髙田伸弘

目 次

寄稿者および資料提供者

(本文中の多くの研究者による成果の引用とは別に,寄稿あるいは詳しい資料の提供をいただいた方々の氏名(敬称や肩書略)をここにアルファベット順に挙げ,主たる提供内容を明記する。本文中でも各々の部分で必要に応じて氏名を表記してある)

赤地重宏(三重県保健環境科学研究所)
マダニの分子分類ならびにリケッチアの遺伝子検査法や疫学についての寄稿

石畝 史(元福井県衛生環境科学研究センター)
ライム病ボレリアについて寄稿および鳥類関連マダニの資料提供

伊東拓也(北海道立衛生研究所)
シュルツェマダニを中心にした北国状況の資料提供

中尾 亮(北海道大学獣医学研究院・獣医学部)
新たな遺伝子解析の方法論についての寄稿

及川陽三郎(金沢医科大学)
マダニ刺症についての寄稿およびマダニ生態の資料提供

佐々木(高田)歩(和歌山県立自然博物館)
マダニ属とチマダニ属の重要種の画像のうち高精細デジタル顕微鏡像すべての提供(逐一の記名は略)

佐藤寛子(秋田県健康環境センター)
ツツガムシ病関係の種々画像および資料提供

宇田晶彦(国立感染症研究所)
SFTSの検査や関連事項についての資料提供

和田正文(上天草市立上天草総合病院)
日本紅斑熱やSFTSの臨床対応ならびに疫学関係の様々な図表や資料の提供

山口智博(岐阜県庁)
疫学と検査の多くの事項について資料提供

山本正悟(MFSS宮崎拠点)
種々の疫学統計や病原体関係の資料提供

矢野泰弘(福井大学医学部)
マダニの生物学資料や電顕画像についての寄稿

凡 例

病害性のダニ類は，マダニ類やツツガムシ類など病原体を媒介するもののほか，刺症やアレルギーを起因する微小な自活性のコダニ類まで多彩である。本書ではそれらを形態学的に整理した上で，その生物学，そして医学的な問題に触れてゆくために，次のような方針で著述を進めた。

1. 記述方法の特徴

記述される事項はすべてが必要かつ意義ある知見ではあるが，本書の特徴の一つとして疫学上あるいは実践的な意味合いで重要な事項の記述については，「太字」として読者の理解を求めることとした。それがまた当該事項のまとめになる部分もある。

2. 汎用語句の使い方

医ダニ類の問題は，すべてヒトや動物の皮膚に接することから始まり，種々の皮膚反応を経て終わると言って過言でない。皮膚に絡む記述での汎用語の使い方について言及しておく。

・ツツガムシやマダニなど寄生性ダニ類は鋏角で皮膚に傷をつけた上で，口下片を含む口器全体を刺入して皮膚に比較的長時間にわたり固着して血液ないし組織液を吸飲する。したがって，本書では歯で咬む行動を想起させる「刺咬」という言葉は使わず，皮膚へのアタックを表現する場合は，病名として「○○ダニ刺症」，また皮膚においてダニが何か吸飲を伴う場合は名詞で「吸着」，動詞なら「吸着する」，さらに「吸着部位」などへと展開させる。これは，皮膚へのアタックの経過ないし程度を極力区別して診断や検査を進める傾向が強まっていることへの対応であるし，英語では，一般に節足動物が針で刺す「sting」，口吻ないし口器で刺す(または咬む)「bite」などを使うのに対して，時間をかけて皮膚をアタックするダニ類の場合には「attachment」，「bloodsucking」，「feeding」などが使い分けられる背景もある。
・各事項でダニ種の和名を挙げる場合，○○マダニ，○○ツツガムシなど同じ語尾の繰り返しになって，例えば画像を並べる場合の説明書きでスペースに無理が生じたりする。そこで，そのような語尾をしばしば省略した部分もあるが，それによって読者の頭の中の音読が円滑化され，かつ研究者が日頃行う会話に慣れる効果を期待したい。加えて，この分野で頻用されるいくつかの学名も時にイニシャル化することで似たような効果を期した(以下に列記)。

Ip: *Ixodes persulcatus* シュルツェマダニ　　Io: *Ixodes ovatus* ヤマトマダニ
Ot: *Orientia tsutsugamushi* ツツガムシ病病原体　　Rj: *Rickettsia japonica* 日本紅斑熱病原体

3. 形態分類の記載の仕方

古くから積み重ねられてきた医ダニ類の知見を維持かつ新たな情報も加えて後学へ引き継ぐことの必要性の一方で昨今は想定外のダニの属種が病害性を示すことが判明する事例もあるので，既知の病害種のみならず，近縁の種も多く挙げておくべきと考えて，以下のように記載した。

・ツツガムシとマダニについては未同定種も含めて邦産の全種を検索表に上げ，同定作業の円滑化や解説文へのアプローチがスムーズになるように，全種に番号を付して指標とした。また近年，展開の著しい分子分類の知見も比較に付した。コダニ類については，分類学的に多岐にわたるため全種は掲載できず，医学的意義に絞ってトリアージュした。
・掲載した属種については様々な形態写真を付したが，今となっては実標本を得られない種，あるいは写真では判別しにくい種などの形態は原記載の線画で示した。
・掲載写真は編著者の手持ち分を主とするため，特に宿主が爬虫類，鳥類またコウモリである種，さらに皮膚科患者に関わりの深い種の画像などについては担当著者が自身で撮影に努めた。
・マダニ類では形態を見易くするため，重要種についてはデジタル立体画像を中心とした。

総　論

医ダニ学総論

（髙田伸弘）

節足動物門 Arthropoda はキチン質の外骨格によって体節をなし，発育のため脱皮をする。地球上にみる昆虫類，甲殻類，クモ類，多足類など陸棲から海棲（深海底まで），空中（飛翔性）そして寄生（無数の動植物の体内外）など実に多彩な生活態様を示す 110 万種以上を擁して，全動物種の 85％ほどに達する。したがって，「虫」と呼ばれる全てを含み，多くが共生微生物をもつため，比喩的には「世に病原体の種は尽きまじ」，それゆえに「虫の居所（何処にどれだけ生息するか）」が重要で，「虫の知らせ（何がどのように如何なる兆候で）」にはよく注意せねばならない。特に，昆虫やクモの仲間のうち人体や動物の皮膚に吸着して感染症ないし障害を直接起因するような種がわれわれにとって重要である。上記の中でも「何処にどれだけ」という側面がわれわれにとっては被害の範囲を見据える上で重要で，地理学→生物地理学→地理病理学へ向かう捉え方が必須となる（「D. 医ダニ類の地理病理」を参照）。

このように膨大な種数が広くあまねく存在する中で，クモの仲間と異なる生態系を有し多様な分化を遂げたのがダニ類であり，今日知られている種の数は数万以上（日本産は 3,000 種内外）と推測される。ただ，節足動物の中でもいささか小さな体格ゆえ，餌の取り方も隠密裏のことが多く，動物や植物の組織や血液また体液，あるいは住家内に散る鱗屑をかすめ取ることなどを生業にしている。これを大別すれば，動物吸血性のダニ類，植物寄生の農業ダニ，そして室内塵中のダニ，一部は水ダニなどとなるが，これらは単純に寄生性と自活性の 2 つに分けることもできる。

そういう中で，特にヒトや動物に病害を与えるダニ類を総称して「医ダニ類 medical acari」と呼び，それを扱う分野を「医ダニ学 medical acarology」と呼ぶことを改めて提唱する。もちろん，ヒトの近くにあっても病害を与えないような種は含めなくてよいが，ふとした機会に病害性になってしまう虫種もなしとしないし，ある個人には刺激性でないダニの毛でも，隣人にとっては大変に悩ましい掻痒原因になることも多々あるので，病害種の分類体系は固く定める必要はなく曖昧さを残した方が対応がし易い。

ことほどさように，**ダニ類を巡る生物学（形態や生態）と医学（臨床や疫学）の接点は，何らかの被害症例の多寡や軽重にかかわらず微妙であるので，本書ではこういった面は良い意味で綯い交ぜ（ないまぜ）にして展開することを試みる**。

1. 医ダニ類の立ち位置

医ダニ類は，2, 3 の皮膚寄生の種を除いてヒト固有種はなく，太古から種々動物（野生と家畜）の連れ合いであった。ダニ類が体内に保有する共生微生物も動物との関わりで維持されてきた。現今の人間（医学上の扱いではヒト）はダニ類も病原微生物もどちらかと言えば偶発的な機会に動物から譲り受けるのみだが，ヒトが動物群集の一員であった先史時代には対等な権利をもっていた。すなわち，ヒトに係る医ダニ類の立ち位置は動物群の去就に左右されてきたようなものなので，まずは日本列島弧を巡る動物の出入りの歴史から考えてみたい。

1)氷河期

日本列島弧はアジア大陸の東端から種々の地理的変動でしだいに離断したもので，西は欧州に至るユーラシア大陸の要素も乗せた細長い笹船のようなものである。そして新生代の洪積世(＝氷河期)からは大陸と陸橋で付いたり離れたりする中で，渡来した周口店動物などを中心にした動物相が一部は列島内で固有種化し現今に至っている(表1)。氷河は実際上は北極海を中心にした北半球側の問題であり，巨大な氷床が維持されたままできた南極側はあまり問題ではないが，地球全体としては寒冷化で氷河が増えると海面下降(海退)で陸橋や島嶼ができ，逆に温暖化では氷河が融けると海面上昇(海進)で海峡ができたり南西諸島の多くが水没する，そういう浮沈を繰り返してきた。したがって，大陸から渡来した動物(地上拠点を必要とする鳥類も含め)が絶えたり，隔離されたり，逆に回復したりを繰り返す中で，そういう動物と同伴した医ダニ類もまことにややこしい変遷を経ることになったといえる。したがって，現状の医ダニ類と病原体の感染環を調べる中でも，それら変遷によって大陸と列島の間で病原体の種や型の分岐などが輻輳していたと分かれば，そこまで遡って調べる必要も出て，疫学的にも臨床的にも解析がややこしくなる。いずれにしても，現世はウルム氷期後の間氷期に過ぎないので，氷河期なるものは依然として医ダニ類まで含むすべての動植物にとって重要なイベントの舞台であり続ける。

表1　第四紀を中心とした地理そして生物相の変遷（年代は下から遡って読む）

相対年代		現世へ向かう年数ごとの地理相や生物相の変遷	
		4000 年以降	一転海退で沖積平野の形成，現存の生物分布
		5～8000 年	温暖で縄文海進，氷期遺存種の生成
	沖積世*	1 万年	後氷期（間氷期）へ
		13 万年	日本は完全に島嶼化し動物の固有種化始まる
		15 万年	最終ウルム氷期（陸橋や気候の変遷）
		↑	動物群が大陸から日本列島に急速に渡る
	現世に向かって数回の氷河期が繰り返される		
	第四紀 洪積世*	200 万年余	人類紀の始まり（前人→原人→新人へ）
		1000 万年余	琉球に動物群渡るも水没
		2500 万年頃	フォッサマグナなど構造線
新生代	第三紀	6000 万年余	
	白亜紀		琥珀包埋の羽毛恐竜にダニ化石を見る
中生代	三畳～ジュラ紀	2億年余	本州造山運動
	石炭紀	3億年余	脊椎動物出現
	デボン紀		ダニ目？
	シルル紀		昆虫，原始クモガタ綱
古生代	カンブリア紀	5億年余	三葉虫
先カンブリア時代		8億年余	

＊洪積世の表記は，1800 年代に氷河期が定義されるまでノアの洪水などで山岳が削られたという宗教観に由来。なお，沖積世とは，海進が終わった跡を河川が沖まで埋め立ててゆく経緯を表記。

＜参考＞ 動物の渡来

洪積世すなわち氷河期に列島弧に渡来した動物としては，前期には中国泥河湾系のゾウやシカと南方インド・マレー系のゾウなどが混合，中期には北方系の中国万県系の動物群そして北京の周口店洞窟にみた化石哺乳類群(北京原人のほかハイエナ，サーベルタイガー，シナサイ，ウマ，ビーバー，トラ，ナキウサギ，オオツノジカ，ナウマンゾウなど)，さらに後期には中国北部の黄土動物群がある。氷河時代の大型哺乳類は人類の狩猟対象であり，それらの移動や渡来はそのまま人類の動きにかかわっている。日本に周口店動物群が発見されていることからは，北京原人の日本への移住すら推測されるし，野尻湖底の遺物を考えれば旧人から新人への移行の問題にすら関わりがあり得る。

2) 河岸段丘やV字谷

わが列島弧は，亜寒帯から亜熱帯まで南北に長く，脊梁山脈の東西で降雪に大差があるほか，巨大な暖流の黒潮と寒流の親潮が列島の裏表を洗い合うということで，狭い国土なのに一つ所に環境要因がこれだけ煮詰まったような国はほかに例が少ない。上記の通り氷河が緩んで列島の周辺でも海面上昇(数 m)をみていた縄文時代の海進が終わった後，露出した湾岸を河川が沖に向かって埋め立てるように平野部が作られたのが現行の沖積世である。ただ，この列島の随所にみる河川は急流であり，降雨の多さも加わって，各地の上流山側にはV字谷が発達し，中流域には河岸段丘が無数に刻み出され，これが日本の普通の山間風景となっている(高山帯には旧氷河による圏谷(カール)やU字谷も残る)(図 1)。このような変化に富んだ地形は，動物とそれにたかる医ダニ類の生息場所を増長させ維持させることになった。

図 1　日本列島弧によく見る地形
左：全体としてはU字谷の上高地，正面の岳沢上部は氷河カール，裏側は涸沢カールや槍沢のU字谷などが連なり，この標高では北方系のシュルツェマダニが優占／中：広島県太田川中流域にみる一般的なV字谷でタテツツガムシが浸淫／右：徳島県吉野川中流域にみる一般的な河岸段丘でタテツツガムシが浸淫

2. 医ダニ学のあゆみ

節足動物は古生代初頭カンブリア上紀から三葉虫として現れ，その後に原始的なクモガタ綱(蛛形綱 Arachnida)が現われて，同デボン紀にはその中からダニ目 Acarina(後述のように亜綱へ昇格の意見もある)に相当する群が派生したと考えられている(表 1)。なお，ダニは通常の地史過程では化石として残り難いが，琥珀に埋没した化石は形態の保存状態がよく，例えば

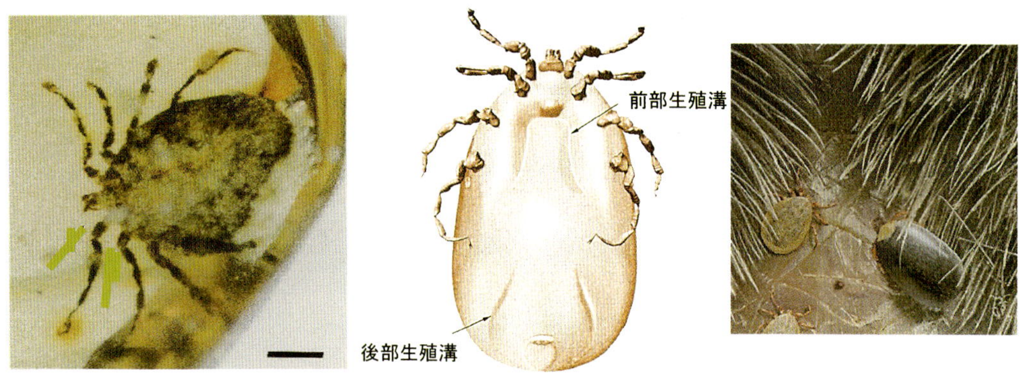

図２　琥珀に埋没した羽毛恐竜のマダニ *Deinocroton draculi*（Penalver et al., 2017）
左：琥珀の中に埋没した雄（スケール 1mm）／中：CT スキャンで再構成された飽血雌／右：吸血中の雌で，類縁の現生 *Nuttalliella namaqua*（アフリカ産）から推測された体色

Penalver et al.（2017）は，羽毛恐竜に寄生する既知種に加えて新たな科 Deinocrotonidae の新属新種 *Deinocroton draculi* を記載し，その体色まで現生の古代マダニ種から類推して復元を試みた（図 2）。そこに記載された光学顕微鏡像や CT スキャンを駆使した立体像などを見た限り，基本的な形態とそこから推測される生態や機能は現生マダニ類と遠いものではないことが示唆され，生命体のしたたかさがしのばれる。

1）古い時代におけるダニ類の認識

ダニ類は，すでにエジプトそしてギリシャ時代からヒトや動物に「たかる」ものとしての記述がみられるが，それらは大型の寄生性の種すなわちマダニ類 tick であったろう。しかし，当時は小型の昆虫と同じ仲間であると信じられていたわけで，その後の長い沈黙の時代を経て，1600 年代に顕微鏡の発明者フックが今でいうコダニ mite を初めて観察し，1700 年代には分類学の祖リンネもわずかながらダニを正式の種として記載したようである。以後は次第に新種の記載が続いて，ダニ類全般についての認識が定着していった。それでも昆虫学に比べて半世紀以上遅れており，今なお未記載種が多く残されていることは一致した見方であり，現存する種数は 50 万以上かと言われる。ちなみに，英語の tick と mite はドイツ語でそれぞれ zecke と milbe であり，中国語ではダニ類を蜱蟎目，その中のマダニ類は硬蜱科と書かれるが，微小な群のツツガムシ類さえ沙虱と呼ばれて紀元 3〜4 世紀からすでに皮膚に吸着する虫として認識されていたらしい。わが国では，ダニ類は古くタニ（太仁など）と呼ばれたほか壁虱などとも書かれていたようである。編者は，語源めいた事由について故山口昇博士とやや詳しく検討することなどあったが，悪い意味で言うわけでないが俗語ないし揶揄の移り変わりに終始する面が強いため，ここでは割愛する。

2）近代におけるダニ学の展開

1900 年初頭に相次いで生を受けた 2 人の研究者がおり，一人は Harry Hoogstraal 博士（米国人；1917〜1986），もう一人は P.H.Vercammen-Grandjean 博士（ベルギー人；1915〜1995）である。前者はマダニ類の，後者はツツガムシ類の分類ならびに疫学者で，言わば医ダニ類の 2 本の柱を

図３ 医ダニ学の礎を作った海外研究者
上段 左：H.Hoogstraal 博士（Keirans JE，1986 を引用）／中：P.H. Vercammen-Grandjean 博士と同夫人（Prasad V，1995 を引用）／右：R.Traub 博士（Durden LA，1998 を引用）
下段 左は Yu.S. Balashov 博士，右はシュルツェマダニ研究で知られた N.A. Filippova 博士（北岡茂男博士の提供）

高々と立ち上げた研究者であった。彼らに共通した偉大さは膨大な種を膨大な図とともに著した点で，それは医ダニ類の多様性そして奥深さを世界に啓発した意味を持ち，最近の分子生物学までも含めた調査研究の題目を果てしなく供給してきたのである。もう一人，ツツガムシ病の疫学を視野に活動した Robert Traub 博士(米国人；1916〜1996)がおり，膨大なページになる Vercammen-Grandjean(1975)の「Chigger mites of the world」の序文を書いて，同じ年代人として協賛している。彼らは働き盛りの 1940 年前半に第 2 次世界大戦の苦労を強いられながら，広く東アジア〜中近東〜アフリカで活動を展開するという共通点もあった。他方，やはり同じような年代に，ロシア(ソビエト連邦時代)の Yu. S. Balashov 博士(1972)が医学的重要性からのマダニの総論「Bloodsucking ticks (Ixodoidea) -vectors of diseases of man and animals」を刊行したが，これの英訳編集に携わったのが Hoogstraal であった(図 3)。

これら先達は，米国とソ連の各々の医学衛生機関に所属して研究活動を行い，良い意味での米ソの競争を展開した。もちろん，彼らの研究成果とて，ほかの欧州研究者との共同あるいはその前の時代の希少な先人研究者の成果を継承してのことであるが，それら先人までの言及は，本書では余裕がないため別の機会に譲りたい。

このように，医ダニ類については，奇しくも年代の重なった先達が自然に助け合う形で知見の大集積が成されており，編著者らも含めて後学の研究者にとってはまことに幸いと言うほかないのであるが，そういう潮流の中で本邦の研究者はどういう方々が，どう活躍していたものか，それも是非知っておかねばならない。以下，編者が若い頃に指導を受けたり交流できた範囲のダニ学の先達(編者より 10〜30 歳年上)に絞り紹介する。いささか個人的な内容にはなるが，研究者のバックヤードを一目のぞき見るだけでも，この分野の理解を深めるよすがにはなろうと思う。

佐々　学：先に挙げた海外の先達と同じような年代(1916～2006)ながら，生涯は90年と長く活躍された。初期(1950年代)にはツツガムシ類の集大成，次いでアレルゲンや食品汚染となるコダニ類研究の基盤作りなど，わが国における医ダニ学の草分けとなられた。他方で蚊類やユスリカの集大成もされた。編者が研究生活に入って1年後の日本衛生動物学会(1968年)でツツガムシ調査の演題発表に際し従来からの説に別意見を呈したところ“私もそう思います”と譲っていただいたことは編者が本分野に邁進する契機となった。また，編者が弘前大学から福井大学へ移籍したのと同時期に近隣の富山医科薬科大学長に赴任された。その後も多忙な役職の中で，例えば講演にお呼びした日の夜にも編者らと自販機に群がるユスリカ採集に熱中されるなど，生涯フィールド研究者という姿を常に見せていただいた。なお，編者が1990年に上梓できた「病原ダニ類図譜」に“刊行に寄せて”の一文をいただいたように，常に研究者を分け隔てなく叱咤激励されていた。

浅沼　靖：靖は「キヨシ」と読む。上記の佐々博士と同時代(1917～1999)にツツガムシ，マダニまたトゲダニなど寄生性のダニ類全般につきわが国の研究基盤を築かれた。編者がダニ類研究に入ってしばらくは，何をやっても同博士の業績にぶち当たることに驚かされ，編者の最初の新種記載となったアサヌマツツガムシはもちろん奉献したものであるし，恙虫病再興の理由についての見解なども支持いただいた。編者が，上記「病原ダニ類図譜」の上梓の折，関係分野では有名なほど筆不精の同博士から思いがけず伸びやかなお筆の葉書をいただき“教育と研究でお忙しい中だろうに，よくまとめられましたね”と温かい言葉であった。晩年には終にお会いできず心が残っている。

寺邑誠祐：編者がツツガムシの研究を始めて2年目，衛生動物学会北日本支部会場(秋田市)で“寺邑です，初めまして”と言われ，寺邑法(野鼠の懸垂法)の案出者と知った。30年後，ダニと疾患のインターフェイスに関するセミナー(Seminar on Acari- Diseases Interface：SADIと略，次項で紹介)のホストを寺邑能美博士にお願いすべく大曲市を訪れた際，寺邑家伝の「恙虫研究所」に残された誠祐考案の実験器具，ツツガムシや病理標本の山を眼にして感動した。秋田県内のみならず，佐々研究室の一員として各地でツツガムシを集めたという。編者は残されていたほとんどの標本と調査記録を預かって帰学した。

熊田信夫：佐々博士の一番弟子でおられ，衛生動物学全般で指導的な立場におられたが，ダニ類関係のご研究では主としてツツガムシを扱われた。編者がツツガムシの研究に入ってまもない学会発表で“ツツガムシは病原体も扱えば面白いし，展開がありますよ”と指摘いただき，それがそのまま編者の方向性になった。編者が新種記載したクマダツツガムシはまさに奉献したものであった。逝去された名古屋は近いのに編者は天山山脈の調査中で会葬できなかった。

斉藤　豊：下北半島でばったりお会いしたくらいに全国をあまねく踏査されて，おびただしいマダニ標本を集められたので，今でも，編者らが調査を行う多くの地域は同博士の記録を前もって確認する必要がある。業績の多くは新潟大学医学部時代であるが，余りに多い標本が未整理であったので，ご退任後に編者はこの標本群の入手を希望したが果たせなかった。同博士は個人的研究の姿勢であったためか，編者が不用意にお手伝いを申し出た時“研究は自分だけ”と答えられ，その姿勢はご逝去まで貫かれた。

山口　昇：編者がツツガムシ研究に入って数年後，東京女子医大におられた時の同博士から“マダニ刺咬症，いや刺症か，症例集めで共同しませんか？”と勧められてその気になったのがマダニ類との本格的な付き合いとなった。寄生虫分類で大著を残された山口左仲博士のご子息で，形態分類学について多く教えていただいた。マダニ以外の小型のダニ類全般を「コダニ」と呼ばれたが，編者も気に入ってよく使っている。3 回目の SADI 大会(八ヶ岳の原村)からお帰りになる後姿が最後で急逝された。

北岡茂男：むしろ化学系のご出身であるが，そのノウハウはマダニ類の生理生態学に存分に活かされた。また飼育生態の観察に基盤を置いた手法で新種記載や分類も精力的にこなされ，前記 Hoogstraal や旧ソ連系の研究者とご親交が深かった。農林省家畜衛生試験場にて関係方面を指導する立場であったが，お気軽にしばしば採集などお供させていただき，昔の研究者の逸話など伺った。外の拠点で仕事を終えると資料一切を現地に置いてくる主義だからと，編者にも文献ほかを供与された。

内川公人：マダニからコダニまで研究対象は多岐にわたり，分野も分類，生態，疫学と広く，医ダニ学では指導的な立場におられたが，長く拠点であった信州大学医学部をご退職後は“かねて念願の土に生きる”と潔いお手紙をいただき，野生ユリ類の栽培研究に入られた。同博士からいただいた“エトバス・ノイエスを見つける限り研究は続く”という言葉は常に私のモチベーションにつながっている。

青木淳一：土壌ダニ学の草分けでおられ，退官記念誌に「ダニに喰いついた男」とあったが，喰いつかれる男の方に興味がある編者らの立場からは煙たい存在であり続ける。次項にある SADI セミナーを神奈川の博物館で開いた折，“札幌の雪かきのササラ電車，あれがササラダニの歩き方です”などと語られた。「ダニの生物学」では編纂の妙を指導いただいた。

James H. Oliver, Jr.：ジョージア南大学の世界的なマダニ研究者で，米軍進駐時代からわが国を頻回に訪れて，マダニ類の染色体研究など支援の研究者も多かった。その意味でわが国の先達研究者と同質でおられた思う。SADI 軽井沢にも参加いただいた。

3) 現代におけるダニ学の動向

現代は，何でも組織化，システム化される中，医ダニ学の分野も紆余曲折はある。

- 医ダニ学の分野を包含した既存の学会としては「日本衛生動物学会」があり，前述の先達はすべてその学会の中で活動されてきた。その学会には「ダニ類研究班」が設けられ，年次大会の折にはサテライトの集会として関係者が集まる。一方，旧ダニ類研究会から発した現在の日本ダニ学会は農業ダニが主体で，医ダニ学とはやや関連性が薄い。
- ただ，マダニ媒介性の新興感染症が増加傾向を示す中，その調査研究に携わるベクター，微生物そして臨床分野の研究者や関係者が議論し合う場の確保が求められた。そこで，新興のみならず再興あるいは従来型のダニ起因性疾患まで含んで広く研究者や臨床また検査関係者が一堂に会するセミナーが，1993 年から毎年 1 回持たれることになった。それが「ダニと疾患のインターフェイスに関わるセミナー Seminar on acari-diseases interface；SADI と略記」であり，これら経緯は同セミナーのホームページ http://www.sadi-web-site.com/ にある。毎年，疫学問題を抱える地域(北海道から屋久島)を変えて，そこの関係者がホストになって開催し，会期 3 日間の中で，当該開催地域で疫学問題を抱える地区を視察かつダニ類の採集も含めてツアーを行うため，地域ごとの啓発活動にもなっている。この 2019 年で 27 回を数えた。必ず後抄録を集めて公表するなど記録性も担保されている。なお，NGO を基本理念とするため会則は持たず，各分野から出た専門家による SADI 組織委員会が調整役を担う（図 4）。

SADIニュース

2012年12月1日　SADI組織委員会

第20回ダニと疾患のインターフェースに関するセミナーの議事録

Proceedings of 20th Seminar on Acari-Diseases Interface 2012 in Anan

SADIホームページ [http://sadi.workarea.jp/]

日本衛生動物学会

ダニ類研究班

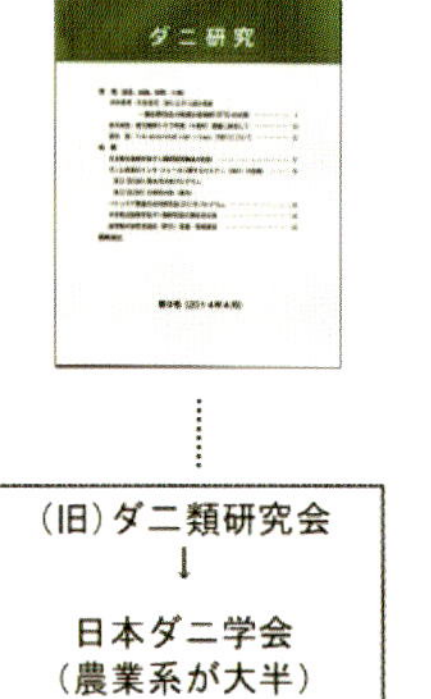

（旧）ダニ類研究会

↓

日本ダニ学会
（農業系が大半）

図 4　ダニと疾患のインターフェイスに関するセミナー

上段　左：第 1 回阿南大会（阿南市）／右：第 17 回越の国大会（勝山市）　故人になられた方々も偲ばれる

中段　左：第 21 回周氷河大会（稚内市）で宗谷海峡を望む記念写真／右：年次大会を受けて発行される抄録集

下段　左半は SADI 組織委員会による刊行物，右半は SADI と関連する学会と活動状況

・SADIの後で発足したのがリケッチア研究会で，これは会議のみで抄録の公表もないが，リケッチア感染症にほぼ特化して議論し合う場として重要である。基礎研究者や各県衛生行政関係者が主で，会則を備えた研究会となっている。さらに遅れて発会したリケッチア症臨床研究会もあり，臨床分野の情報交換の場として活動してきたが近年は上記リケッチア研究会と合同開催も増えている。ほかにレプトスピラシンポジウムがあり，主にスピロヘータ類が扱われるので，ライム病や回帰熱などでマダニ類との関わりが討議される。
・研究会ではないが，医ダニ学関係の定年者が集まって，自らの研究をさらに続けながら，現役者や関係機関を支援するNGO「**医学野外研究支援会 Medico-Field Study and Support（MFSSと略）**」の活動がある。事務扱いは信州研究拠点（高田）ながら埼玉拠点（高橋），福島拠点（藤田）また宮崎拠点（山本）なども展開して相互協力し合っている。信州拠点では福井の石畝，石川の及川，神奈川の古屋また兵庫の夏秋（現役）も共同する。すなわち本書の編著者などが各地拠点で研究活動を下支えしている。

3. 医ダニ類の大要

各章へ入る前に，医ダニ類はどう構成され，その生物学的特性はどうか，さらに医学分野への絡み方などは如何か，各類にみる共通性と差異を中心におおよそを説明する。

1）分類

正規には節足動物門の鋏角亜門のクモ綱に属するダニ類の分類 classification は，近代に至って体系化されてきて，従来支持されたのは江原（1980）にある通り「ダニ目」としての体系と思われるが，これによって応じ切れないほどの知見が蓄積されつつあることから，近年はダニ目をクモ綱の中の亜綱に格上げすべきとの意見も強まっている。しかし，現行のダニ類の分類が自然分類に充分近づいているとは思われず，加えて医学上で便宜的な人為分類（ツツガムシなどの場合）も含まざるを得ない実情もあるため，本書では，以下のような状況を勘案して，亜綱への格上げは未だ尚早という立場をとる。
・ダニは遺伝子解析によれば従来通りクモガタ綱（蛛形綱）の中の単一系統のものとしてよい（異論もあるがそれは独り立ちするに早計すぎる）
・急速に分かってきたダニ類の多様性から言えば，亜綱に高めたい気はするが，まだ昆虫類ほどには調査研究（遺伝子学含め）が進んでおらず，たとえて言えば，亜綱（大名）の下位に目そして亜目（家老など）を並べてヒエラルキーを樹立しようにも，基盤となる属種（藩士）自体の組織が脆弱で不安定なピラミッドになる感が強い。
・したがって，未だ目として扱っても一般の使用には間に合い，特に医学，獣医学分野で従来使われてきた分類呼称を変容させるのは，利益より大きな混乱を招きかねない。
・ただ，下位の亜目の分類名として，気門の位置による名称は安易過ぎるし，不明な点もあるので改めたい（島野，2016）。そこで，大方の賛同も得ている表2のような分類名を当てるなら，各々の亜目の形態や生態のイメージともよく合致すると思われる。

このようなことで，本書では，江原（1980）が紹介した体形に従い，明らかに病原性を示すダニ類として“大まかな分類”の項で挙げるように4亜目16科を中心に解説する。

表2　本書で採用した目・亜目の分類体系

ダニ目

Ⅰ．胸穴類 Parasitiformes（脚基部は胴部と独立して可動性である）＊
- マダニ（後気門）亜目 Ixodida
- トゲダニ（中気門）亜目 Gamasida
- アシナガダニ亜目およびカタダニ亜目…本邦で未確認

Ⅱ．胸板類 Acariformes（脚基部は胴部と融合し固着している）＊
- コナダニ（無気門）亜目 Astigmata
- ケダニ（前気門）亜目 Prostigmata
- ササラダニ（隠気門）亜目 Oribatida

＊ダニ類を大きく胸穴類と胸板類に2分することは，現在，遺伝子学的裏付けもあり大方の賛同を得ている。実際のイメージとしても，胴部に広く配置する脚のすべての付け根が独立して動かせるものか，あるいは脚基部の一切が融合してしまっているかは大きな構造上の差異なので納得できる。なお，亜目名の括弧内には従来よく使われた名称を挿入して比較とした。

・ここで初学者のために分類命名法の基本について触れると，種名 specific name というものはリンネ Carl von Linné の2名法に基づく万国共通の学名，すなわちラテン語化した<属名＋種小名>をイタリック体によって表記し，その後に記載者名と記載年を通常のローマン体で付記する。命名の有効性や先取権また綴り方の文法など詳細は国際動物命名規約に従う。一方，一般名としては，日本の和名(カタカナが好ましい)や英語による英名など言語ごとにほぼ定まっている。なお，誤解の多い点だけ注釈しておくと，種小名に人名がある場合，それは命名記載した研究者本人の名前ではなく，その記載研究者が謝意もしくは尊敬の意を表すために奉献した相手方の名前である。また，種小名が地名である場合，それが地域特異性を示すものか，発見地を記念するだけのものか，その種の分布の問題にも絡むので慎重に見極めたい。いずれにしろ，属名を形容する立場の種小名は，できるだけは種の特性や性格を表す語が望まれると言えよう。

・記載者名と記載年が円括弧( )で囲まれたものは原記載以後にその種の属名が変わったことを意味するが，種の有効性は変わらない。ただし，ある属種に有効な学名が与えられた後に再び付された他の名称は synonym 同物異名として廃棄され得るほか，異なった属種に他の有効な学名綴りを重複適用したものは homonym 異物同名として置換されるべきである。

・ついでながら，標本の同定分類を進める作業の中で不明種が出てきて同定に行き着けない場合は，封入標本なら輸送用スライドホルダーに入れ，また大型種ならば管瓶に80%アルコール液浸として，それぞれを緩衝材で包み，採集日，場所，宿主，生時の色などを明記した上で専門家へ送るのがよい。同定結果の公表に当たっては，専門家への謝意を示す一方でその同定の責任をも明らかにするため，必ず同定者名を明記したい。

注：貴重な標本の取り扱いと保管については，それぞれの章の本文で言及もあろうが，形態学的に分類された完全個体でも，また分子分類の手法でしか鑑別できなかったような傷つき汚れた不完全個体でも，すべてできるだけ良い状態で，できるだけ長く保存したい。事後に，標本の在りなしで成果が変わることもあるためである。

大まかな検索表

以下の検索表(表3)は，ダニ類による何らかの被害があったか，または想定された場合に，その起因種の標本を持ち寄って迅速に同定の目安をつけることが主な目的である。使い方として，それぞれの上科や科にみられる複数の特徴的な形質に留意しながら，虫体の大きさや生息相の違いなども考え併せて同定の方向性を得るようにする。なお，本書で扱う医学的に重要な科は太字でかつ色分けして示した。

表3　大まかな検索表（Acarina ダニ目の亜目・団・上科・科への検索）

Ⅰ．胸穴類 Parasitiformes：触肢に爪か毛状物を備え，脚基節は明瞭で可動

1．トゲダニ亜目 Gamasida；自活性または動物寄生性，外皮は褐色革質で成虫は中型(1mm内外)，第2–3脚基節外側に気門と周気管，腹面に種々の肥厚板をもつ(図5－1)

1)大半は屋内外で動物吸血性，鋏角は鞭状で細長く末端の指状部は小さい，胴部毛は列をなす ……… **ワクモ科 Dermanyssidae**

2)ワクモ科に似るが鋏角は鞭状でなく全長で同幅ないし指状部が明瞭，生殖腹板後縁は尖る ……… **オオサシダニ科 Macronyssidae**

3)野生動物寄生性，ときに捕食性，鋏角は太短く鋸歯，胴部毛は通常列をなす ……… **トゲダニ科 Laelapidae**

4)哺乳類の呼吸器内に寄生する ……… **ハイダニ科 Halarachnidae**

2．マダニ亜目 Ixodida；全発育期が動物寄生性，外皮は褐色革質で成虫は大型(数mm以上)，胴後部両側に気門板，口下片は逆向性強い歯列をもつ(図5－2)

1)顎体部は胴前端に生じる，角化の強い背板をもつ ……… **マダニ科 Ixodidae**

2)顎体部は胴腹面に生じる，背板を欠く ……… **ヒメダニ科 Argasidae**

Ⅱ．胸板類 Acariformes：触肢は爪や毛を欠く，脚基節は胴部と融合

1．コナダニ亜目 Astigmata；自活または動物寄生，多くは無色で外皮は薄くて小型(0.3～0.5mm)，気管系を欠く，鋏角は鋏状のもの多く脚末端に肉盤を備える(図5－3)

[**コナダニ団 Acaridin**；自活性(食品，薬品，動物巣，室内塵)，脚末端には幅広の肉盤と爪状の爪間体を備える，体表に肥厚板なし]

1)胴体部は前後に分かれる，脚末節の爪は無柄，雄は肛門吸盤および第4脚跗節に2対の交接吸盤を備える ……… **コナダニ科 Acaridae**

2)胴体部は前後に分かれる，爪は有柄，雄は交接吸盤を欠く，胴部毛はすべて平滑 ……… ヒョウホンダニ科 Saproglyphidae

3)胴体部は区分されない，爪は有柄，雄は交接吸盤を欠く，外皮は肥厚し胴部毛は変化に富む ……… **ニクダニ科 Glycyphagidae**

[**キュウセンダニ団 Psoroptidina**；外皮に無数の線状紋理，多くは肥厚板をもつ，脚末端に吸盤状肉盤を備えるが爪はない]

1)自活性(室内塵)，第4脚基節は第3脚基節の内側に位置，主要種の雄は肛吸盤をもつ ……… **チリダニ科 Pyroglyphidae**

2) ヒトや動物の皮内寄生性，脚は短く外皮に鱗形の棘を生じる，雌生殖門は横向きの間隙のみ，雄に肛吸盤なし ……… **ヒゼンダニ科 Sarcoptidae**

2. **ケダニ亜目 Prostigmata**；自活または動物寄生性，無色ないし赤色で外皮は薄く小・中型（0.3～0.8mm）体前部に気門，多くは胴部毛は列をなさず鋏角は針状（図5－4）

［**ナミケダニ団 Eleutherengonina**；以下，病原性のある科のみを示す］

・**ホコリダニ上科 Tarsonemoidea**；屋内外に棲息，小型（0.2mm 前後）で雌雄の形態差が著しく第4脚は雄で大きく雌で小さい

1) 穀物や植物に繁殖，雌第4脚は2–3節よりなり末端に長い先端毛を生じる ……… ホコリダニ科 Tarsonemidae

2) 昆虫寄生または自活性，雌は第1–2脚間背面にシャモジ型感覚毛をもつ，受精雌の胴は球状 ……… **シラミダニ科 Pyemotidae**

3) 植物類にもっぱら寄生，中型で脚が細長い，体は赤，黄，緑色で軟らかい ……… ハダニ科 Tetranychidae

・**ツメダニ上科 Cheyletoidea**；屋内棲息，触肢は強大，鋏角は顎体部と融合

1) 捕食性，胴体部は前後に分かれ毛は変化に富む，脚は様々に爪や爪間体を備える ……… **ツメダニ科 Cheyletidae**

2) 動物寄生性 ……… **ケモノツメダニ科 Cheyletiellidae**

3) 動物毛嚢に寄生，胴部はイモ虫状で剛毛はなく全脚とも太短い ……… **ニキビダニ科 Demodicidae**

・**ケダニ上科 Trombidioidea**；幼虫期は野生動物に寄生，未吸着個体は小型（0.3～0.8mm）で白ないし赤色，感覚毛を備える背甲板あり，多く胴背毛は列をなす

1) 背甲板に前中毛1本あるいはこれを欠き，前中突起はない ……… **ツツガムシ科 Trombiculidae**

2) 前中毛2本か前中もしくは両方をもち，気門や気管をもつ種もあり ……… **レーウェンフェク科 Leeuwenhoekiidae**

3. ササラダニ亜目 Cryptostigmata；自活性（土中や植物），多くは濃褐色で外皮が堅く小～中型（0.2～1.5mm），胴体部は前後に分かれ顎体部は胴下面に生じる。室内塵に混じって見出されるため鑑別を要するが，詳細は省く（図5－5） ……… 多数の科

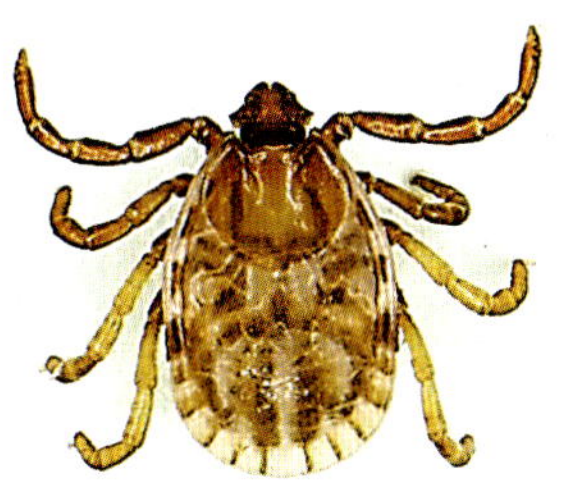
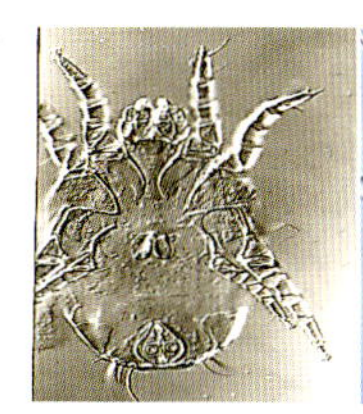
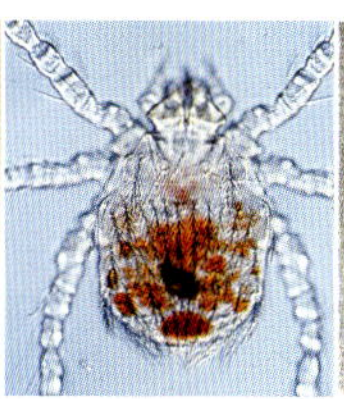

図5　ダニ類の5つの亜目（医学的に重要なのは4亜目）
左から検索表中の図5の枝番号1，2，3，4および5に対応

2)生物学

マダニ類，コダニ類ともに生物学的特性はそれぞれの章で詳述されるが，ここではダニ類の大雑把な把握に向け，専門用語の紹介も兼ねて一般的な説明を付しておく。

[一般構造]

ダニ類は節足動物の中で最も小さな仲間で，一部を除き病原性ダニのほとんどは体長0.1～3mm(マダニの大型種は1cmまで)の範囲にある。

これを外部形態からみると，頭／胸／腹部は袋状に融合して胴部idiosomaとなり，この前縁に直に口器である顎体部gnathosomaが付く。その腹面中央に口下片hypostome，背面には一対の鋏角cheliceraならびに基節を含めて最大で5節からなる触肢palpiをもつ。鋏角は宿主の皮膚を傷つけて口下片とともに皮内に刺入して虫体を固定，加えて餌を捕らえたり精包を付着して運ぶ役目も担う。また触肢は触角と相同で，種々の感覚器を備える。体長は，一般に顎体部前端より計測する。また，外皮は角皮質cuticle(クチクリンとキチン質)で覆われて，これが肥厚した部分はそれぞれに背板dorsal plate(ツツガムシ幼虫では背甲板scutum)，胸板sternal plate，生殖腹板genitoventral plate，肛板anal plate，気門板stigmal plateなどと呼ばれる。このうち，気門の形や位置は分類上でダニ類を大きく区分するのに良い指標となる。胴背面前部の1～2対の眼と呼ばれる構造は光を感知する程度の未分化なもので，生理的意義は少ない。さらに，成虫と若虫は4対，幼虫は3対の歩脚legを胴部腹側面より生じるが，これは原則として基節coxa(皮下に埋没するものはその輪郭を基節条という)，転節trochanter，腿節femur，膝節genu，脛節tibia，跗節tarsusおよび端体pretarsus(爪，爪間体，肉盤など)の7部よりなる。以上の各部には剛毛setaを生じ，規則的に配列する部分は剛毛式chaetotaxy(ツツガムシ幼虫は胴背毛式)で表わされる。剛毛は光学的に複屈折を起こすアクチノピリンを含むものと含まないものに区別されるが，機能上では通常毛(触覚や保護)と感覚毛sensory seta(化学受容器：横縞のあるsolenisionやマダニ第1脚のHaller's organは特徴的)に分かたれるほか，形状からは単条毛(無枝)や有枝毛など様々である。これらの形質は図6に一括して示す。

一方，ダニ類の内部構造は基本的には節足動物に準じ，その概要をみると，消化器系については，ダニの多くは流動食を口器そして咽頭esophagusから中腸midgutに入れて消化ないしは貯蔵する。唾液腺salivary glandは咽頭付近に開く。排出器系は，後腸hind gutに開くマルピギー管Malpighian tubulesが正統であるが，胃の後の消化管がその役を担う群も多く，グアニンを成分とした小糞球を出す。呼吸器系としては，外界に開く気門stigmaに気管tracheaがつながるが，この位置関係は分類上重要である。循環器系は開放血管系で，様々の血球細胞を含んだ

図6　ダニ類の一般的形態（光学，走査電子また微分干渉顕微鏡像）　〈右頁に図示〉➡

上段　左半：上はトゲダニ亜目の顎体部腹面，下左は同亜目雌の鋏角（固定指内側に末端毛，向かいは可動指），下右は同雄の鋏角（担精指）／右半：左は同亜目の生殖腹板（▼生殖口），中は同背板や胴部の剛毛や紋理，右は同肛板

中段　左半：左上下はトゲダニ亜目の気門（周気管内面に微小棘），右上下はマダニ亜目の気門／右半：コダニ類にみる単条毛（無枝），有枝毛（側枝ないし分枝）など胴部剛毛

下段　左半：歩脚各部の名称，端体として上はツツガムシ（爪と中央の爪間体），下はコナダニ亜目／右半：脚跗節の感覚器官（左はツツガムシ類のソレニジオン，中はトゲダニ亜目の感覚毛の集合，右はマダニ亜目のハーラー器官）

第１脚
顎体腹面

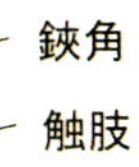
鋏角
触肢

末端毛

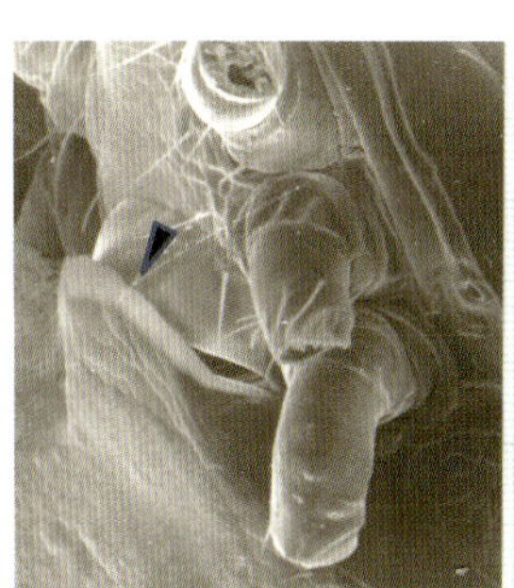

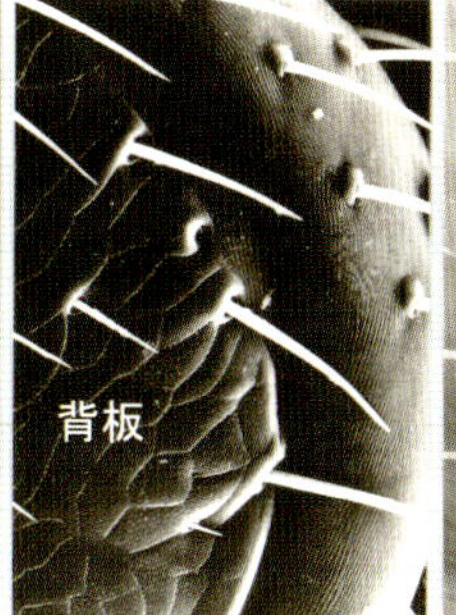
背板

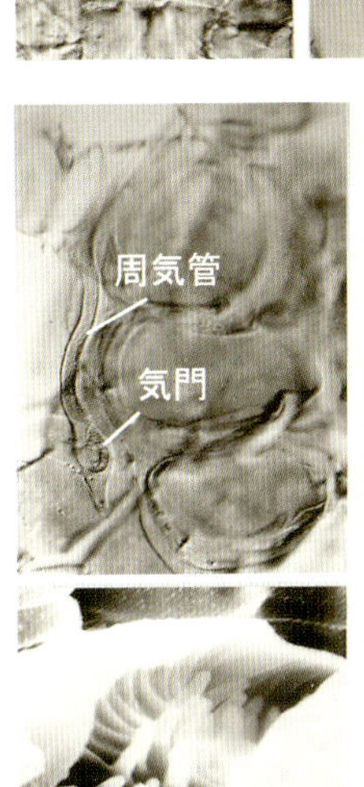
周気管
気門

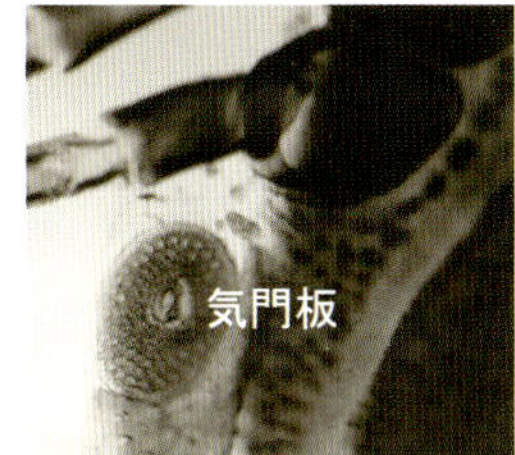
気門板

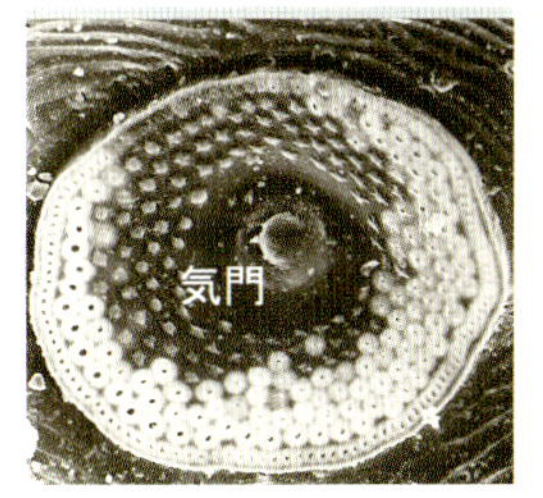
気門

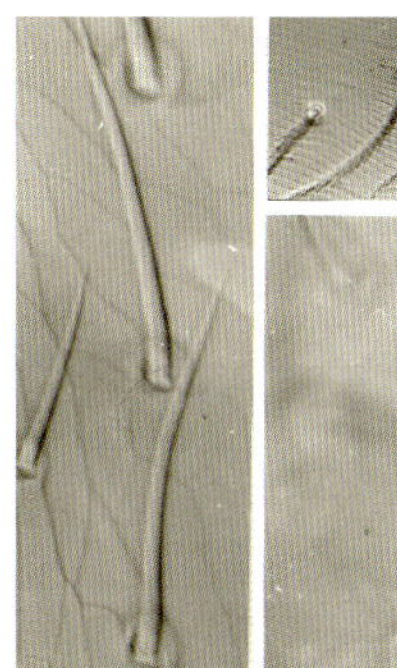

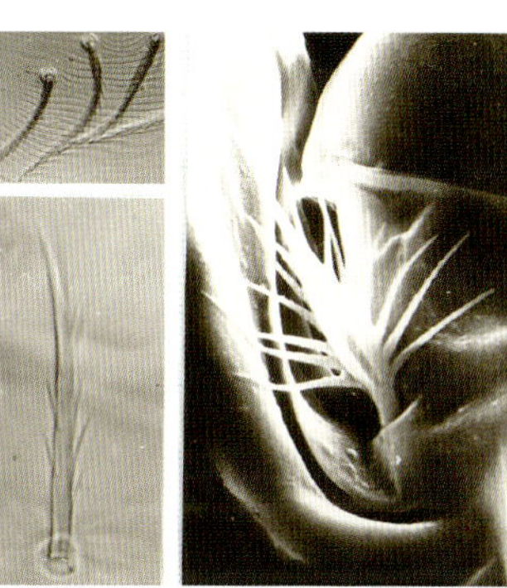

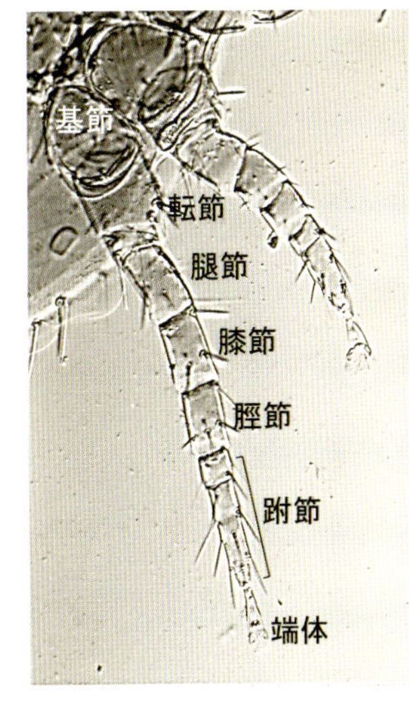
基節
転節
腿節
膝節
脛節
跗節
端体

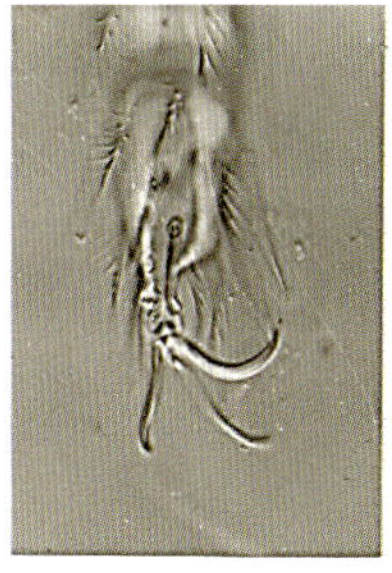

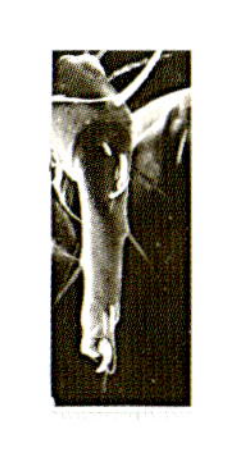

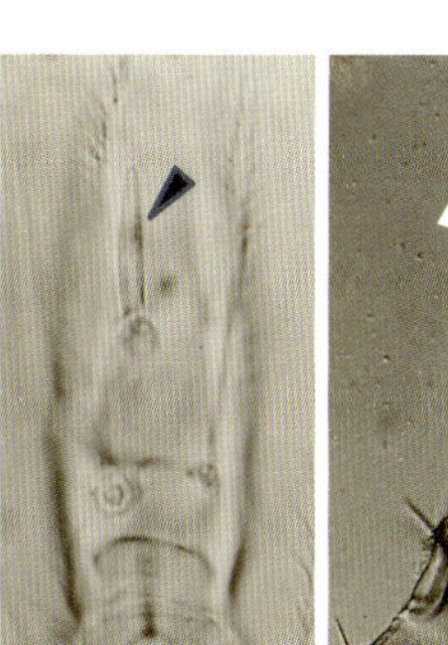

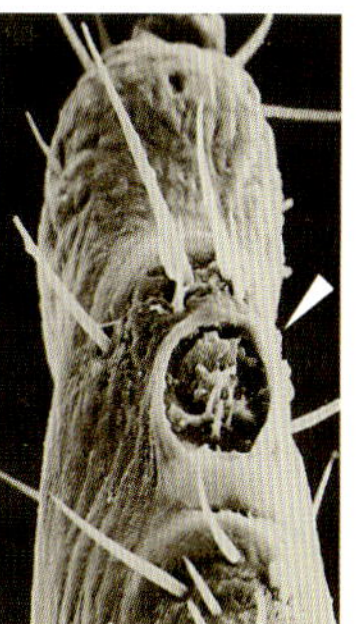

血リンパ hemolymph が体内を循環している。神経系は，各種器官に連結した神経節が食道周囲に一塊となって中枢神経集団をつくり脳 brain と呼ばれる。生殖器系の構造は，精巣 testis または卵巣 ovary とその付属器からなり，形態は極めて変化に富む。

[生態と疫学]

ダニ類の病原性とは，種それぞれの生息環境における在り方すなわち生態や行動様式そのものがヒトの側にすれば障害として現われるものというべきである。例えば，気密性の高い住宅を建てるとそこにチリダニ類が繁殖して喘息が増える，あるいは野鼠を含む野生動物に寄生するのを常とするツツガムシが，ヒトに接触すれば吸着するなどである。また，寄生性の種は宿主特異性 host specificity(固有性)の強いものや，広い宿主をもつものなど様々あるとは言え，ヒトに寄生する場合というのは自然宿主である鳥獣の代用としての意味でしかないことなど考えると，ダニ被害の疫学 epidemiology は，ダニとヒトとの接点を探るものであるとも換言できよう。

ところで生態と関連して生殖方法に触れると，ダニ類はすべて有性生殖であって卵 egg(卵内で前幼虫)／幼虫 larva ／若虫 nymph(1〜3 期)／成虫 adult の順に休眠や脱皮を繰り返すのが一般的な発育環 life cycle である。マダニでは雌雄はおおむね両性生殖によって決まる。受精の方法は二通りあり，前気門類の一部および無気門類は雄が陰茎によって雌に精子を送り込むが(直接法)，トゲダニやマダニ類などは雄が未熟な精子を満たした精包を産下した後，これを雌の生殖口に運ぶか，雌自身が拾うかして体内に取り込む(間接法)。しかし，すべてが両性生殖を営むのでなくしばしば単為生殖も行われる。すなわち，受精があれば(両性生殖)雌となるが，未受精(単為生殖)の場合は雄になる(産雄生殖)種類，あるいは単為生殖で雌になる(産雌生殖)ものも広くみられる。そして，一世代の期間は数日〜2，3 週間もしくはマダニ類のよう

表 4　各種ダニ類の生息環境とヒトへの病原性

ダニ類別	山　野	農耕地	家屋周辺	家屋内	食　性	＊寄生性(病原性)
マダニ亜目						
マダニ科	◎	○			吸血性	++(刺症，媒介)
ヒメダニ科	○		○	○	吸血性	+(刺症，媒介)
トゲダニ亜目						
ワクモ科			◎	○	吸血性	+(刺症，媒介？)
トゲダニ科	○	○	○		雑食性	±(刺症，媒介？)
ケダニ亜目						
ツツガムシ科	◎	◎			組織液	+(刺症，媒介)
ツメダニ科			○	◎	捕食性	±(刺症)
ニキビダニ科				◎	組織液	++(毛嚢炎)
シラミダニ科			○	○	雑食性	±(刺症)
ホコリダニ科			○	○	植食性	−(汚染など)
コナダニ亜目						
チリダニ科			○	◎	雑食性	−(アレルゲン)
コナダニ団			○	◎	雑食性	−(汚染など)
ヒゼンダニ科				◎	組織液	++(疥癬)

＊寄生性の種類は，一般に動物の呼気中の CO_2 を感知して活動する。

に数ヵ月から1年を越えることもあるなど，それぞれのダニ類が人類に病害を与える程度や期間は個々の生理，生態的特性を考えて論じねばならない。

いずれにしろ，ダニ類がヒトにもたらす直接，間接の被害は，その地区に生息する病原種の分布や密度といった生態学的要因に全く依存するもので，例えば近年の著しい都市化や人口の周密化は生活水準の向上とは裏腹に刺症性あるいは皮膚寄生ダニ類のはびこりを助長するし，リケッチア感染症などでは温暖化や動物分布の動向によって地方ごとに罹患率が異なり風土病 endemic disease として捉えるべき面が強い。そうした場合は，病害の発生，流行または消長ということが，受診数や疫学調査もしくは届け出数などいずれのデータに基づくのか，さらに潜在例まで勘案したものかなど，明確に示し得なければ評価を誤ることもあり得る。参考として，ヒトの様々な生活や行動域ごとにどのようなダニが生息して害をなすか，また病原性の程度について表4にまとめる。なお，動物と医ダニ類の生息相は互いに関連し合い，いずれも大局的には東アジアの動物地理区ごとの分布相に従っているもので，動物が多くの病原ダニ類のヒトへの供給源とみなされる点では，人獣共通感染症 zoonoses という概念に含まれる。

3）病原性

ダニ類の大部分は自活性であって，一部が動植物へ寄生吸着ないしは様々な生態的な関わりをもつわけで，このうち特にヒトに対して病害を与えるものが医学の対象となる。ヒトに対する病害は様々で，基本的にはすべて皮膚への刺症あるいは吸着から始まり，種々の程度の抗原刺激，もしくは病原体の媒介まで含まれる。

吸　着：宿主の皮膚上に何らかの形で，一定期間とりついた状態を指す。特にツツガムシやマダニがセメント物質などで口器を固着して，血液ないし体液を吸飲するのが例。

刺　症：宿主として，または偶発的にダニの口器が刺入されることによって様々な形の皮膚炎がもたらされる。大別すると，ツツガムシ，トゲダニ，シラミダニは鋏角で，ツメダニは触肢の爪で，マダニは鋏角と口下片で皮膚を傷つけることを指す。

以上のほか，不快感（ダニ類を不快動物 neusance とみなす）や強迫感（ダニノイローゼ acarophobia）などという表現型を示す患者をみることも少なくない。

ところで，病原性ダニ類によって惹起されるヒトの免疫応答は，近年，様々な問題を含むことが分かって検討されることが急増している。チリダニ類の抗原性 antigenicity による吸入性アレルギーは即時型で，ツツガムシ刺症は遅延型であるし，ヒゼンダニ症の増悪を来すのは免疫能の低下や不全，さらにマダニのある種の吸着（吸血）による種々の紅斑，あるいは様々なコダニ類による刺症にみる宿主の自然免疫系そして種特異的な炎症反応まで，多くの関わりが示されつつある。

一方，ダニ類が媒介動物 vector として何らかの病原微生物を伝播するという場合は，その病原種（もしくは型 type）の毒性のほかに，宿主側の感受性も考慮せねばならないし，また宿主が産生する特異抗体の効率的な検出のための検査法の改善と開発ではその効率的な普及にまで意を用いねばならない。いずれにしても，地域ごとの媒介種の伝播能や病原株の差異まで含めて，**媒介ダニ類 ― 病原体 ― 宿主**という3者の複雑な相互関係は最大のテーマであるが，これが目で見える現象が多いにも関わらず，機序の細部については未だ不明な点が多々残されている。

それらの解明に向けては，今でも変わらず必要なロウテク技術を基本にしながら，近年急速に発展しているハイテク技術を駆使して発想の転換を図り，ますますの調査研究の継続が望まれる。

〔引用文献〕

Balashov YS（1972）Bloodsucking ticks (Ixodoidea-vectors of diseases of man and animals). *Zoo I. Inst., USSR Acad. Sc. Nauka*, Leningrad（1968）(in Russian; English transl. by Enromol. Soc. America), 319pp., New York.

Durden LA, Robbins RG, Azad AF, Hopla CE, Johnson PT, Rothschild M（1998）Robert Traub（1916–1996）. *J Med Entomol*, 35: 346–353.

江原昭三 編（1980）日本ダニ類図鑑．562pp，全国農村教育協会，東京．

Keirans JE（1986）Harry Hoogstraal（1917–1986）. *J Med Entomol*, 23: 342–343.

Penalver E, Arillo A, Delclos X, Peris D, Grimaldi DA, Anderson SR, Nascimbene PC, Fuente RPL（2017）Ticks parasitized feathered dinosaurs as revealed by Cretaceous amber assemblages. *Nature Commun.* Doi:10.1038/s41467-017-01550-z.,1–13.

Prasad V（1995）A visit to P.H. Vercammen-Grandjean. *Internat J Acarol*, 21: 223–224.

島野智之（2016）ダニ類の近年の高次分類体系と衛生ダニ類の分類学的位置．松岡裕之（編）衛生動物学の進歩　第2集，p.217–223，三重大学出版会，津．

髙田伸弘（1990）病原ダニ類図譜．222pp，金芳堂，京都．

Vercammen-Granjean PH（1975）The chigger mites of the world (Acarina:Trombiculidae & Leeuwenhoekiidae). 612 pp., George Williams Hooper Foundation, San Francisco.

図　説

A. ツツガムシ類と感染症

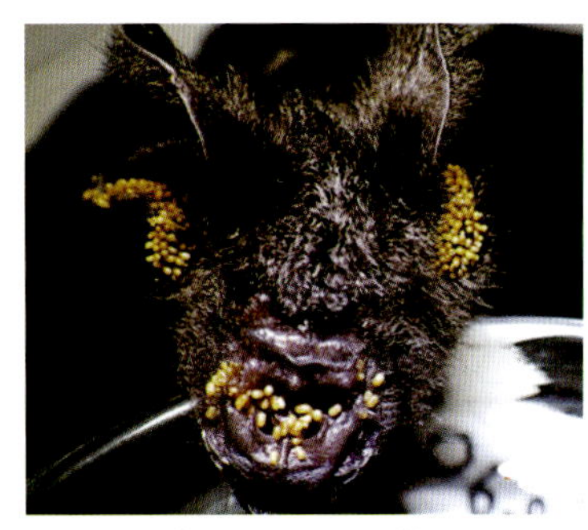

図１　カグラコウモリに群れるツツガムシ（西表島）

ツツガムシ類はコダニと呼ばれる微小な仲間の1群で，ツツガムシ病の明確な媒介者である。ただ，多種が知られるアジア地域のツツガムシの中でヒト刺症ないし病原媒介が知られるのは10数種ほどで，ほかの種での確認はほとんどない。しかし，それでも，コウモリを固有宿主とする種などであっても記録を省かれるべきでない。なぜなら人類の眼に触れにくくともコウモリは闇夜を覆うほど飛んでおり，それが未知のウイルス保有も言われ，一方でツツガムシ類からのハンタウイルス検出なども近年は報告されつつある状況で，それが直接ヒトへでなくとも自然界の感染環維持などで隠れた役割をもつかも知れないからである（図1）。そういう意味で，本書ではわが国にみるすべてのツツガムシ種を検索の対象にすることとした。

話はまずツツガムシ類の分類から始まるが（次章のマダニ類でも同様），分類学は見方によっては古典的と映るか知れないが，クラシックの音楽やバレーが芸術を表現し続けると同様に，分類学は生物界の構成を現し続ける基盤である。

分類学
- 顕微鏡的手法 ― 形態学的同定 ― 採集調査・飼育・生態調査 ……
- 遺伝子学的手法 ― 系統樹解析 ― 種の分化と分布 …………………

疫学調査

すなわち，分類の手法は大まかには顕微鏡か遺伝子解析かの違いはあっても，結果は相補的な場合がほとんどである。ここでは顕微鏡的手法が中心になるが，それによる同定では特徴的な形質（同定に必要な部位の形や性状また剛毛などを指す）を見極める眼が必要とされる。しかし，そういう同定は専門家でなくても一定のコツを覚えるなら難しいことはない。その場合の基本的な考え方については「**どの形質も遺伝子の表現型であって，表現型可塑性による個体変異があり得るとしても，個々の形質はコードする遺伝子に依存するもので，それが一見微妙な湾曲や凹凸であってもほとんどが種ごとに遺伝的に固定されたものなので，形態はあいまいに変化してとりとめないなどとして見過ごすべきでない。**」と言っておきたい。実際，形態学的に近似した種類は検索表の上でも一定のクラスターに収斂するもので，その形は遺伝子解析による系統樹の描写にも似たところはあり，形態学的同定と遺伝子学的同定とは概ね同調するものである。

I. 日本産ツツガムシ類の分類(全種総括)

(髙田伸弘・高橋　守)

ケダニ亜目は，それと知って見なければ視認できないほど微小な種類から構成されるが，このうち医学的に重要なのがツツガムシ類である。この類は幼虫，若虫および成虫という活動齢期のうち，幼虫のみが動物に寄生しリケッチアなどの病原体を媒介する。しかも幼虫の方が若虫や成虫よりも採集しやすく，分類する上での形態学的特徴が最も顕著であるため，その分類体系は幼虫のみに基づいて行われている。

- 今では世界で3,000余種が知られるとされるツツガムシは，分類学的にはツツガムシ科に所属するものの，亜科以下の分類については研究者により著しい意見の相違があって，古く Wharton and Fuller (1952) はツツガムシ科のなかに4亜科(レーウェンフェク亜科 Leeuwenhoekiinae，ワルヒ亜科 Walchiinae，アポロン亜科 Apoloniinae，ツツガムシ亜科 Trombiculinae)を認めた。
- Womersley (1952) はツツガムシ科の中にはツツガムシ亜科とガーリェップツツガムシ亜科 Gahrliepiinae (= Walchiinae) の2亜科しか認めず，その他を含めてレーウェンフェク科 Leeuwenhoekiidae とした。
- Vercammen-Grandjean (1968) は既記載種約1,600について再検討し，ツツガムシを Womersley (1952) と同様，ツツガムシ科とレーウェンフェク科の2科に分け，亜科の下位に分類学的に有効な族 Tribe を採用して整理した。
- 日本産ツツガムシに関しては，佐々(1956)は記録のある60種を3亜科8属にまとめ，形態が酷似する *Leptotrombidium* 亜属については **Audy (1954) による「群」を採用して4群(*akamushi* 群，*fuji* 群，*palpale* 群，*miyajimai* 群)に分け，さらに *akamushi* 群を亜群に分けるなど分類しやすい工夫をした。このような細分は幼虫のみに適用され，本質的な差のない成虫では分類学上の正式単位としては認められないが，ツツガムシは幼虫期で分類するしかないため，種々の人為分類を加味することは実利上止むを得ない。**
- その後，佐々編(1975)は，追加種を含めて79種につき，内外の分類学上の提案を参考にしつつ基本的には Vercammen-Grandjean (1968) に準じて科，属の変更ないし修正も行った。そして，Suzuki (1980) による南西諸島のツツガムシ相の多くの知見や Wen (1984) の意見も含めて，髙田(1990)はそれまでの新種や新記録種，また未記載種の119種につき背甲板を図示したうえで，主要な分類形質や宿主や分布など解説を加えた。
- 近年の高橋・三角(2007)も概ね上記体系を踏襲しているが，亜属の新設や新種追加は遅々としつつも続いているので，今回はそれら知見を総括して以下のようなリストを示すこととした。その内訳には将来新種として記載され得るであろう分の紹介も含めて日本産ツツガムシは2018年現在で139種となり，これが最新の総括版となる。

日本産ツツガムシ類の種名リスト

Order: ACARINA　ダニ目

Suborder: PROSTIGMATA　ケダニ亜目

Superfamily: TROMBIDIOIDEA ケダニ上科（通し番号）

※種名は原則としてアルファベット順で示した。語尾の括弧書きは新種記載や従来保留の和名を新たに提唱したことを示す。また，未同定種は各属の末尾に収載したが，アカツツガムシ属では重要種に類似した未同定種や新記録種を重要種に近く置いた部分がある。

A **LEEUWENHOEKIIDAE** Womersley, 1945　レーウェンフェク科

a **LEEUWENHOEKIINAE** Womersley, 1944　レーウェンフェク亜科

Ⅰ Tribe **LEEUWENHOEKIINI** Vercammen-Grandjean, 1968　レーウェンフェク族

・Genus ***Acomatacarus*** Ewing,1942　アコマタカルス属

1 ***Acomatacarus*（*Orochlorus*）*yosanoi*** Fukuzumi et Obata,1942 ヨサノアコマタカルスツツガムシ

・Genus ***Chatia*** Brennan, 1946　チャットツツガムシ属

2 ***Chatia*（*Parashunsennia*）*harunaensis***（Kumada, 1956）　ハルナパラシュンセンツツガムシ

3 ***Ch.*（*Shunsennia*）*tarsalis***（Jameson et Toshioka, 1953）　ホリタシュンセンツツガムシ

4 ***Ch.*（*Sh.*）*biplumulosa***（Teller, 1956）　フジシュンセンツツガムシ（新称）

Ⅱ Tribe **WHARTONIINI** Vercammen-Grandjean, 1968 ウォートン族

・Genus ***Whartonia*** Ewing, 1944　ウォートンツツガムシ属

5 ***Whartonia*（*Asolentria*）*prima*** Schluger, Grochovskja, Dang Van Ngu, Nguyen Xuan Hoe et Do Kinh Tung, 1959　プリマウォートンツツガムシ

Syn. ***W. iwasakii*** Miyazaki, Kamo et Kawashima, 1959

6 ***Wh.*（*Fascutonia*）*natsumei*** Takahashi, Takahashi et Kikuchi., 2006　ナツメウォートンツツガムシ（新称）

b **Apoloniinae**　アポロン亜科（日本など極東に記録なし）

B **TROMBICULIDAE** Ewing, 1944　ツツガムシ科

a **WALCHIINAE** Ewing, 1946　ワルヒ亜科（= **GAHRLIEPIINAE** Womersley, 1952　ガーリェップツツガムシ亜科）

Ⅰ Tribe **WALCHIINI** Wen, 1984　ワルヒ族

・Genus ***Walchia*** Ewing, 1931　ワルヒツツガムシ属

7 ***Walchia*（*Walchia*）*koshikiensis*** Suzuki, 1979　コシキワルヒツツガムシ

8 ***Wa.*（*Wa.*）*masoni***（Asanuma et Saito, 1957）　メイソンワルヒツツガムシ

9 ***Wa.*（*Wa.*）*ogatai*** Sasa et Teramura, 1951　オガタワルヒツツガムシ

10 ***Wa.*（*Wa.*）*pentalagi*** Suzuki, 1975　クロウサギワルヒツツガムシ

11 ***Wa.*（*Wa.*）*sasai***（Suzuki, 1972）　ササワルヒツツガムシ

12 ***Wa.*（*Ripiaspichia*）*hayashii*** Suzuki, 1979　ハヤシワルヒツツガムシ

13 ***Wa.*（*Rip.*）*sawaii*** Suzuki, 1975　サワイワルヒツツガムシ

Ⅱ Tribe **GAHRLIEPIINI** Nadchatram et Dohany, 1974　ガーリェップ族

・Genus ***Gahrliepia*** Oudemans, 1912　ガーリェップツツガムシ属

14 ***Gahrliepia*（*Gateria*）*saduski*** Womersley, 1952　サダスクガーリェップツツガムシ

b **TROMBICULINAE** Ewing, 1929　ツツガムシ亜科

Ⅰ Tribe **TROMBICULINI** Vercammen-Grandjean, 1960　ツツガムシ族

・Genus ***Vatacarus*** Southcott, 1957　ウミヘビツツガムシ属（新称）

15 ***Vatacarus ipoides*** Southcott, 1957　ウミヘビツツガムシ

16 ***V. kuntzi*** Nadchatram et Radovsky, 1971　クンツィウミヘビツツガムシ（新称）

・Genus ***Iguanacarus*** Vercammen-Grandjean, 1965　イグアナツツガムシ属（新称）

17 ***Iguanacarus alexfaini*** Nadchatram, 1980　フェインイグアナツツガムシ（新称）

・Genus ***Leptotrombidium*** Nagayo, Miyagawa, Mitamura et Imamura, 1916　アカツツガムシ属

18 ***Leptotrombidium*（*Leptotrombidium*）*akamushi*** (Brumpt, 1910)　アカツツガムシ
19 ***L.*（*L.*）*alba*** (Kamo, Kawashima et Nishimura, 1957)　シロツツガムシ
20 ***L.*（*L.*）*asanumai*** Takada, 1977　アサヌマツツガムシ
21 ***L.*（*L.*）*daisen*** (Kumada et Sasa, 1953)　ダイセンツツガムシ
22 ***L.*（*L.*）*deliense*** (Walch, 1922)　デリーツツガムシ
23 ***L.*（*L.*）*suzukii*** Takahashi, Misumi et Noda, 2014　スズキツツガムシ(新称)
24 ***L.*（*L.*）** sp. 1 by Takada (1979)
25 ***L.*（*L.*）** sp. 2 by Takada (1979)
26 ***L.*（*L.*）*fuji*** (Kuwata, Berge et Philip, 1950)　フジツツガムシ
27 ***L.*（*L.*）*fukuokai*** (Kamo, 1955)　フクオカツツガムシ
28 ***L.*（*L.*）*hazatoi*** (Asanuma, 1959)　ヒコザエモンツツガムシ
29 ***L.*（*L.*）*himizu*** (Sasa, Kumada, Hayashi, Enomoto, Fukuzumi et Obata, 1951)　ヒミズツツガムシ
30 ***L.*（*L.*）*intermedium*** (Nagayo, Mitamura et Tamiya, 1920)　アラトツツガムシ
31 ***L.*（*L.*）*kawamurai*** (Fukuzumi et Obata, 1953)　カワムラツツガムシ
32 ***L.*（*L.*）*kitaokai*** (Asanuma, Suzuki et Fujikura, 1959)　キタオカツツガムシ
33 ***L.*（*L.*）*kitasatoi*** (Fukuzumi et Obata, 1950)　キタサトツツガムシ
34 ***L.*（*L.*）*kuroshio*** (Sasa, et Kawashima, 1951)　クロシオツツガムシ
35 ***L.*（*L.*）*miyajimai*** (Fukuzumi et Obata, 1951)　ミヤジマツツガムシ
36 ***L.*（*L.*）*miyairii*** (Sasa, Hayashi, Kawashima, Mitsutomo et Egashira, 1952)　ミヤイリツツガムシ
37 ***L.*（*L.*）*miyazakii*** (Sasa, Sawada, Kano, Hayashi et Kumada, 1951)　ミヤザキツツガムシ
38 ***L.*（*L.*）*owuense*** (Sasa et Kumada, 1953)　オオウツツガムシ
39 ***L.*（*L.*）*murotoense*** (Sasa et Kawashima, 1951)　ムロトツツガムシ
40 ***L.*（*L.*）*orientale*** (Schluger, 1948)　トウヨウツツガムシ
41 ***L.*（*L.*）*pallidum*** (Nagayo, Miyagawa, Mitamura et Tamiya, 1919)　フトゲツツガムシ
42 ***L.*（*L.*）*burnsi*** (Sasa, Teramura et Kano, 1950)　バーンズツツガムシ
43 ***L.*（*L.*）*palpale*** (Nagayo, Mitamura et Tamiya, 1920)　ヒゲツツガムシ
44 ***L.*（*L.*）*scutellare*** (Nagayo, Miyagawa, Mitamura, Tamiya et Tenjin, 1921)　タテツツガムシ
45 ***L.*（*L.*）*shimokitaense*** (Sasa et Sato, 1953)　シモキタツツガムシ
46 ***L.*（*L.*）*takadai*** Takahashi, Misumi, Waki, Noda, Fujita et Kawada, 2019　タカダツツガムシ(新称)
47 ***L.*（*L.*）*tanaka-ryoi*** (Kawashima et Sasa, 1952)　タナカリョウツツガムシ
48 ***L.*（*L.*）*tenjin*** (Sasa, Hayashi, Kumada et Miura, 1951)　テンジンツツガムシ
49 ***L.*（*L.*）*teramurai*** (Sasa, Kumada et Teramura, 1951)　テラムラツツガムシ
50 ***L.*（*L.*）*tosa*** (Sasa et Kawashima, 1951)　トサツツガムシ
51 ***L.*（*L.*）*toshiokai*** (Sasa et Jameson, 1954)　トシオカツツガムシ
52 ***L.*（*L.*）*tsushimaense*** (Fujisaki, 1954)　ツシマツツガムシ
53 ***L.*（*L.*）*yasuokai*** (Sasa, Kawashima et Hiromatsu, 1952)　ヤスオカツツガムシ
54 ***L.*（*Trombiculindus*）*kansai*** (Jameson et Sasa, 1953)　カンサイツツガムシ
55 ***L.*** sp. by Takahashi, 1981

・Genus ***Microtrombicula*** Ewing, 1950　チビツツガムシ属

56 ***Microtrombicula*（*Microtrombicula*）*uchidai*** (Kamo, Kawashima et Nishimura, 1957)　ウチダツツガムシ
57 ***M.*（*M.*）*tenmai*** Takada, 1978　テンマツツガムシ
58 ***M.*（*M.*）*vespertilionis*** Takada, 1978　ヒナコウモリツツガムシ
59 ***M.*（*M.*）** sp. **A** by Takahashi et Natsume
60 ***M.*（*M.*）** sp. **B** by Takahashi et Natsume

・Genus ***Toritrombicula*** Sasa, 1954　トリツツガムシ属

61 ***Toritrombicula*（*Toritrombicula*）*anous*** (Wharton, 1945)　アジサシツツガムシ

62 ***To.*** (***To.***) ***blumbergi*** (Asanuma, 1959) ブルンバーグツツガムシ
63 ***To.*** (***To.***) ***gygis*** Brennan et Amerson, 1971 シロアジサシツツガムシ
64 ***To.*** (***To.***) ***hasegawai*** (Sasa, Hayashi et Kawashima, 1953) ハセガワツツガムシ
65 ***To.*** (***Whartonacarus***) ***shiraii*** (Sasa, Kano et Ogata, 1952) シライツツガムシ
66 ***To. lerdthusneei*** Takahashi, Misumi et Takahashi, 2012 レルタスニーツツガムシ(新称)
67 ***Toritrombicula*** sp. **A** by Takahashi

・Genus ***Eutrombicula*** Ewing, 1938 ナンヨウツツガムシ属

68 ***Eutrombicula*** (***Eutrombicula***) ***ablephara*** (Womersley, 1952) トカゲツツガムシ
69 ***E.*** (***E.***) ***wichmanni*** (Oudemans, 1905) ナンヨウツツガムシ
70 ***E.*** (***E.***) ***poppi*** Vercammen-Grandjean, 1972 ナンヨウウミヘビツツガムシ(新称)

・Genus ***Siseca*** Audy, 1956 シセカツツガムシ属(新称)

71 ***Siseca haematocheiri*** Suzuki, 1976 ナンヨウカニツツガムシ
72 ***S. todai*** Takahashi et Misumi, 2011 トダツツガムシ
73 ***Siseca*** sp. **A** by Takahashi et Kuriyama
74 ***Siseca*** sp. **B** by Takahashi et Misumi
75 ***Siseca*** sp. **C** by Takahashi et Suzuki

・Genus ***Miyatrombicula*** Sasa, Kawashima et Egashira, 1952 ミヤツツガムシ属

76 ***Miyatrombicula*** (***Miyatrombicula***) ***esoensis*** (Sasa et Ogata, 1953) エゾツツガムシ
Syn. ***Trombicula reesi*** Allred, 1953; ***Trombicula talyzini*** Schluger, 1955
77 ***M.*** (***M.***) ***kochiensis*** (Sasa, Kawashima et Egashira, 1952) コウチツツガムシ
78 ***M.*** (***M.***) ***okadai*** Suzuki, 1976 オカダツツガムシ
79 ***M.*** (***Miyacarus***) ***kumadai*** Takada, 1978 クマダツツガムシ
80 ***M.*** (***Mi.***) ***tokyoensis*** (Kumada, 1954) トウキョウツツガムシ

・Genus ***Sasatrombicula*** Vercammen-Grandjean, 1960 ササツツガムシ属

81 ***Sasatrombicula*** (***Sasatrombicula***) ***koomori*** Sasa et Jameson, 1964 コウモリツツガムシ

・Genus ***Chiroptella*** Vercammen-Grandjean, 1960 コウモリツツガムシ属(新称)

82 ***Chiro.*** sp. **A** by Takahashi et Tamura
83 ***Chiro.*** sp. **B** by Takahashi et Tamura

・Genus ***Ancoracarus*** Takahashi, Misumi et Takahashi, 2012 イカリツツガムシ属

84 ***A. hayashii*** Takahashi, Misumi et Takahashi, 2012 ハヤシイカリツツガムシ

・Genus ***Neotrombicula*** Hirst, 1925 アキダニ属

85 ***Neotrombicula*** (***Neotrombicula***) ***japonica*** (Tanaka, Kaiwa, Teramura et Kagaya, 1930) ヤマトツツガムシ
86 ***N.*** (***N.***) ***microti*** (Ewing, 1928) ダイセツツツガムシ
87 ***N.*** (***N.***) ***mitamurai*** (Sasa, Hayashi, Kumada et Teramura, 1950) ミタムラツツガムシ
N. (***N.***) ***mitamurai*** forma ***mitamurai***
N. (***N.***) ***mitamurai*** forma ***hiroshima***
N. (***N.***) ***mitamurai*** forma ***kii***
88 ***N.*** (***N.***) ***nagayoi*** (Sasa, Hayashi, Sato, Miura et Asahina, 1950) ナガヨツツガムシ
89 ***N.*** (***N.***) ***nogamii*** Takahashi, Takano et Kikuchi, 2006 ノガミツツガムシ
90 ***N.*** (***N.***) ***pomeranzevi*** (Schluger, 1948) ホッコクツツガムシ
N. (***N.***) ***pomeranzevi*** forma ***pomeranzevi***
N. (***N.***) ***pomeranzevi*** forma ***bibai***
91 ***N.*** (***N.***) ***tamiyai*** (Philip et Fuller, 1950) タミヤツツガムシ
92 ***N. teuriensis*** Takahashi, Takahashi et Misumi, 2012 テウリツツガムシ

・Genus ***Blankaartia*** Oudemans, 1911 ブランカルティーツツガムシ属

93 ***Blankaartia*** (***Blankaartia***) ***acuscutellaris*** Walch, 1922 アクスクテラリィーツツガムシ

・Genus ***Eltonella*** Audy, 1956　エルトンツツガムシ属

94 ***Eltonella***（***Eltonella***）***ichikawai***（Sasa, 1952）　イチカワツツガムシ

Syn. ***Neotrombicula sadoensis***（Saito et Otsuru, 1959）

95 ***El.***（***El.***）***yagii*** Takahashi, Misumi et Suzuki, 2003　ヤギツツガムシ

Ⅱ **SCHOENGASTIINI** Vercammen-Grandjean, 1960　タマツツガムシ族

・Genus ***Mackiena*** Traub et Evans, 1950　マッキータマツツガムシ属

96 ***Mackiena***（***Mackiena***）***smadeli*** Asanuma, 1957　スマーデルタマツツガムシ

97 ***Ma.***（***Ma.***）***todai*** Kamo, 1953　トダタマツツガムシ

98 ***Ma.***（***Tinpinna***）***sugiharai***（Toshioka et Hiromatsu, 1956）　スギハラタマツツガムシ

・Genus ***Cordiseta*** Hoffmann, 1954　コルディセタタマツツガムシ属

99 ***Cordiseta***（***Kayella***）***nakayamai*** Suzuki, 1976　ナカヤマタマツツガムシ

・Genus ***Helenicula*** Audy, 1954　ヘレンタマツツガムシ属

100 ***Helenicula***（***Helenicula***）***baylissi***（Asanuma, 1959）　ベイリスタマツツガムシ

101 ***H.***（***H.***）***miyagawai***（Sasa, Kumada et Miura, 1951）　ミヤガワタマツツガムシ

・Genus ***Euschoengastia*** Ewing, 1938　オウギタマツツガムシ属

102 ***Euschoengastia***（***Euschoengastia***）***alpina*** Sasa et Jameson, 1954　アルプスタマツツガムシ

103 ***Eu.***（***Eu.***）***koreaensis*** Jameson et Toshioka, 1954　コウライタマツツガムシ

104 ***Eu.***（***Eu.***）***suzukii*** Takahashi, Fukaya et Takahashi, 2005　スズキタマツツガムシ

・Genus ***Doloisia*** Oudemans, 1910　ドロシータマツツガムシ属

105 ***Doloisia***（***Doloisia***）***minamii*** Suzuki, 1976　ミナミタマツツガムシ

106 ***D.***（***D.***）***okabei*** Sasa, Hayashi, Kawashima, Mitsutomi et Egashira, 1952　オカベタマツツガムシ

107 ***D.***（***D.***）***satoiana*** Suzuki, 1976　サトタマツツガムシ

108 ***D.***（***D.***）***synoti***（Oudemans, 1910）　コウモリタマツツガムシ

109 ***D.***（***D.***）***uchikawai*** Suzuki, Yamamoto et Noda, 2003　ウチカワタマツツガムシ

110 ***D.***（***D.***）***zentokii*** Suzuki, 1976　ゼントキタマツツガムシ

・Genus ***Cheladonta*** Lipovsky, Crossley et Loomis, 1955　トゲタマツツガムシ属

111 ***Cheladonta***（***Cheladonta***）***ikaoensis***（Sasa, Sawada, Kano, Hayashi et Kumada, 1951）　イカオタマツツガムシ

・Genus ***Schoutedenichia*** Jadin et Vercammen-Grandjean, 1954　シャウテデンタマツツガムシ属

112 ***Schoutedenichia***（***Schoutedenichia***）***nagasakiensis*** Suzuki, 1982　ナガサキタマツツガムシ

113 ***Sc.***（***Brennanichia***）***atollensis***（Wharton et Hardcastle, 1946）　アトルタマツツガムシ

114 ***Sc. masunagai*** Takahashi, Misumi et Takahashi, 2012　マスナガタマツツガムシ

・Genus ***Ascoschoengastia*** Ewing, 1946　フクロタマツツガムシ属

115 ***Ascoschoengastia***（***Ascoschoengastia***）***ctenacarus***（Domrow, 1962）　リスタマツツガムシ

116 ***As.***（***As.***）***indica***（Hirst, 1915）　インドタマツツガムシ

117 ***As.***（***As.***）***kitajimai***（Fukuzumi et Obata, 1953）　キタジマタマツツガムシ

118 ***As.***（***As.***）***mcninchi*** Asanuma, 1959　マックニンチタマツツガムシ

119 ***As.***（***As.***）***mukoyamai*** Takada, 1979　ムコウヤマタマツツガムシ

120 ***As.***（***As.***）***narai*** Takada, 1979　ナラタマツツガムシ

121 ***As.***（***As.***）***noborui*** Suzuki, 1976　ノボルタマツツガムシ

122 ***As.***（***As.***）sp. **A** by Takahashi et Natsume

・Genus ***Parascoschoengastia*** Vercammen-Grandjean, 1960　パラフクロタマツツガムシ属

123 ***Parascoschoengastia***（***Parascoschoengastia***）***monticola***（Wharton et Hardcastle, 1946）　イソヒヨタマツツガムシ

・Genus ***Neoschoengastia*** Ewing, 1929　トリタマツツガムシ属

124 ***Neoschoengastia***（***Neoschoengastia***）***asakawai*** Fukuzumi et Obata, 1953　アサカワタマツツガムシ

125 ***Ne.*** (***Ne.***) ***egretta*** Wharton et Hardcastle, 1946 チュウサギタマツツガムシ
126 ***Ne.*** (***Ne.***) ***okuboi*** Sasa, 1953 オオクボタマツツガムシ
127 ***Ne.*** (***Ne.***) ***posekanyi*** Wharton et Hardcastle, 1946 ポセカニータマツツガムシ
Syn. ***Schoengastia*** (***Ascoschoengastia***) ***rectangulare*** Womersley, 1952; ***Ne. struthidia*** Womersley, 1952
128 ***Ne.*** (***Ne.***) ***shiraii*** Sasa et Sato, 1953 シライタマツツガムシ
129 ***Ne.*** (***Ne.***) ***solomonis*** Wharton et Hardcastle, 1946 ソロモントリタマツツガムシ
130 ***Ne.*** (***Megaschoengastia***) ***carveri*** Wharton et Hardcastle, 1946 カーバータマツツガムシ
131 ***Ne.*** (***Me.***) ***hullinghorsti*** Asanuma, 1957 ハリングホーストタマツツガムシ
132 ***Ne.*** (***Me.***) ***namrui*** Wharton et Hardcastle, 1946 ナムルタマツツガムシ
・Genus ***Schoengastia*** Oudemans, 1910 タマツツガムシ属
133 ***Schoengastia*** (***Schoengastia***) ***hanmyaensis*** Suzuki, 1976 カケロマタマツツガムシ
・Genus ***Herpetacarus*** Vercammen-Grandjean, 1960 ハイムシタマツツガムシ属
134 ***Herpetacarus*** (***Abonnencia***) ***okumurai*** (Fukuzumi et Obata, 1953) オクムラタマツツガムシ
・Genus ***Guntherana*** Womersley et Heaslip, 1943 ガンタータマツツガムシ属
135 ***Guntherana*** (***Ornithogastria***) ***paenitens*** (Brennan, 1952) パエニテンスタマツツガムシ
136 ***G.*** (***Domrowana***) ***japonica*** Vercammen-Grandjean, 1971 ヤマトタマツツガムシ(新称)
・Genus ***Walchiella*** Fuller, 1952 ワルヒタマツツガムシ属
137 ***Walchiella*** (***Walchiella***) ***amamiensis*** Suzuki, 1976 アマミタマツツガムシ
138 ***W.*** (***W.***) ***oudemansi*** (Walch, 1922) オーデマンスタマツツガムシ
139 ***W.*** (***W.***) ***traubi*** (Womersley, 1952) トラウブタマツツガムシ

*Syn.: synonym 同物異名

1. ツツガムシ幼虫の属への検索

世界のツツガムシ類には極めて多くの属が知られ，日本では見出されていない属も多い。ここでは日本に産するツツガムシに限ってすべての属を検索の対象とした。

種の同定に入る前に本欄で必ず属の鑑別をしたい。それが結局は同定の早道となる。また，文章に基づく検索表だけでは属種によっては迷いがちなものもあるので，検索表の後に主な属の背甲板模式図(図 2〜4)およびツツガムシ幼虫虫体の各部の名称(図 5)を付して参考とした。

各属の末尾の A〜D の記号 - 番号にしたがって後述の種の検索へ進む。

Ⅰa 背甲板前中毛 2 本か前中突起またはその両方，気門や気管をもつ種あり
……………… Leeuwenhoekiidae レーウェンフェク科⇒Ⅱ

Ⅰb 背甲板の前中毛は 1 本または欠く，前中突起なし ……… Trombiculidae ツツガムシ科⇒Ⅲ

Ⅱ 日本産既知種は前中毛 2 本，第 1–3 脚のそれぞれの節数は 6.6.6
……………… Leeuwenhoekiinae レーウェンフェク亜科⇒ A

Ⅲa 背甲板はほとんど幅広で前中毛は 1 本，脚節数は 7.7.7 Trombiculinae ツツガムシ亜科⇒Ⅳ

Ⅲb 背甲板は縦長で前中毛を欠く，感覚毛は紡錘か球状，脚節数は 7.6.6
……………… Walchiinae ワルヒ亜科(= Gahrliepiinae)⇒ B

Ⅳa 背甲板の感覚毛は糸状で有枝または無枝 ……………… Trombiculini ツツガムシ族⇒ C

Ⅳb 背甲板の感覚毛は肥大して紡錘か球状……………… Schoengastiini タマツツガムシ族⇒ D

A　Leeuwenhoekiinae レーウェンフェク亜科の属への検索

1　哺乳類や爬虫類に寄生，背甲板の前縁に前中突起および気門や気管をもつ，触肢跗節毛 6B ……… *Acomatacarus* アコマタカルス属 (A-1)

2a　前中突起も気門や気管もなし，主に野鼠寄生，鋏角先端に鋸歯はなく滑らか，第 1–3 脚腿節の分枝毛 (LST) 数は 6.7.5 ……… *Chatia* チャットツツガムシ属 (A-2)

2b　コウモリ寄生，鋏角先端に強い鋸歯または小さな鋸歯，LST は 6.6.5 ……… *Whartonia* ウォートンツツガムシ属 (A-3)

B　Walchiinae (= Gahrliepiinae) ワルヒ亜科の属への検索表

1　主に野鼠寄生，背甲板後縁は突出するも副後側毛なし ……… *Walchia* ワルヒツツガムシ属 (B-1)

2　主に野鼠寄生，背甲板後縁は楕円，副後側毛は数本 ……… *Gahrliepia* ガーリェップツツガムシ属 (B-2)

C　Trombiculini ツツガムシ族の属への検索表

1　ウミヘビの気管や肺に寄生 (本族の 3 以降の通常の属へ入る前に，ウミヘビ寄生性の属へ進んでおく) ……… 2

2a　満腹幼虫の胴部はイモ虫状，体長 3–7mm で大型，全身に三角錐状の突起を持ち，その先端に 1 本の毛を持つ，背甲板の後縁は直線状かわずかに内側に湾曲，前縁の肩は著しい ……… *Vatacarus* ウミヘビツツガムシ属 (C-1)

2b　満腹幼虫の大きさは 1.2mm で主にウミヘビの気管入口に寄生，体表面には三角錐状の突起はなく滑らか，背甲板は正方形に近く，感覚毛の上部 2/3 の分枝は著しい ……… *Iguanacarus* イグアナツツガムシ属 (C-2)

2c　満腹幼虫の大きさは 1.0mm 以下で，胴部の形は楕円形か卵形 ……… 3

3a　背甲板はほぼ四角形 (後縁に緩い凹凸はある)，第 3 脚基節毛は 1 本 ……… 4

3b　背甲板後縁は舌状や鋭い突出など多様な五角形，第 3 脚基節毛は 1～数本 ……… 7

4a　野鼠を主体に汎宿主性，ガレア毛は分枝，触肢第 2 節 (腿節) 背面毛は単条，第 3 脚跗節に単条長毛なし (日本の優占属) ……… *Leptotrombidium* アカツツガムシ属 (C-3)

4b　ガレア毛は単条，多くは第 3 脚跗節に単条長毛あり ……… 5

5a　コウモリ (鼻腔など) 寄生，背甲板は小さめの亜方形で前縁の肩が大きい，全般に毛は単条か分枝は少ない，第 3 脚跗節に単条長毛あり ……… *Microtrombicula* チビツツガムシ属 (C-4)

5b　背甲板は AW>AP で，背甲板上のどの毛にも側枝あり ……… 6

6a　大型で大半が鳥寄生，触肢の爪は 2–3 本に分岐，触肢第 2 節背面毛は分枝，多くは第 3 脚跗節に単条長毛，背甲板後隅角は角張り，感覚毛基根は小さい，2 対の眼を持ち，前眼は著しく大きい ……… *Toritrombicula* トリツツガムシ属 (C-5)

6b　汎宿主性だが爬虫類を好む，触肢の爪は 2 分枝するが常に外側の爪が長い，第 3 脚跗節に単条長毛 1 本，第 3 脚膝節に単条小毛 1 本，背甲板後縁は緩い弧，前縁の肩は明らか，感覚毛基根は背甲板の中央部または中央部よりやや上に位置，感覚毛の分枝は長く明らか ……… *Eutrombicula* ナンヨウツツガムシ属 (C-6)

6c ヘビ，ヤモリやカニを好む，触肢の爪は 2 分枝し常に内側が長い，第 1–3 脚の膝節単条毛は各々 3，1，1 本，第 3 脚跗節に単条長毛 1 本，第 3 脚膝節に単条小毛 1 本，背甲板後縁は緩い弧をえがく程度，前縁に肩あり，感覚毛基根は前側毛基根を結ぶ線に近接して位置，感覚毛の分枝は大変短くて滑らか……*Siseca* シセカツツガムシ属（C-7）

7a 哺乳類寄生，第 3 脚基節毛は 3 本以上，背甲板後縁は鋭く突出 ……*Miyatrombicula* ミヤツツガムシ属（C-8）

7b 第 3 脚基節毛は 1 本 …… 8

8a コウモリ寄生，第 3 脚跗節に単条長毛なし，背甲板後縁は弱く突出し側縁は凹入，触肢跗節毛は 5B，感覚毛基根は後側毛基根を結ぶ線よりも明らかに上部にある，第 3 脚腿節単状長毛はない ……*Sasatrombicula* ササツツガムシ属（C-9）

8b コウモリ寄生，第 3 脚跗節に単条長毛なし，背甲板後縁は突出なし，後側毛基根は内側にくびれて突出，感覚毛基根はおよそ後側毛基根を結ぶ同一線上，後側毛が著しく長い，第 3 脚腿節単状長毛は 1 本……*Chiroptella* コウモリツツガムシ属（C-10）

8c ウミヘビ体表に寄生，第 3 脚跗節に単条長毛なし，胴背毛の形状は錨状，背甲板後縁は突出，感覚毛基根は後側毛基根を結ぶ線より後方，第 1〜3 脚の膝節単条毛はそれぞれ 9–11，7，7 本と多い……*Ancoracarus* イカリツツガムシ属（C-11）

8d 第 3 脚跗節に 1 本以上の単条長毛あり …… 9

9a 主に哺乳類寄生，第 3 脚跗節に単条長毛 1 本以上，背甲板後縁は舌状に突出し前縁に肩なし，触肢跗節毛は 7BS……*Neotrombicula* アキダニ属（C-12）

9b 第 3 脚跗節に単条長毛 1 本，背甲板後縁は舌状に突出し，多くは前縁に肩あり …… 10

10a トカゲ寄生，顎体部の基節や脚基節に点状紋理を線状あるいはしわ状にみる，触肢跗節毛は 7BS ……*Blankaartia* ブランカルティーツツガムシ属（C-13）

10b 汎宿主性，顎体部の基節や脚基節に不規則な点状紋理，触肢跗節毛は 6B ……*Eltonella* エルトンツツガムシ属（C-14）

D Schoengastiini タマツツガムシ族の属への検索表

1a 鳥類寄生，各脚跗節の爪間に肉茎（爪間体が釣針状の爪でなく吸盤状を呈したもの）あり，背甲板（主に下半部）は表皮下に埋没，感覚毛は球状 ……*Mackiena* マッキータマツツガムシ属（D-1）

1b 各脚跗節の爪間に肉茎なし …… 2

2a 主に哺乳類寄生，後側毛は背甲板を外れる，感覚毛は槍状，触肢跗節毛は 4B，眼はない ……*Cordiseta* コルディセタタマツツガムシ属（D-2）

2b 後側毛は背甲板上にある …… 3

3a 哺乳類や鳥類寄生，感覚毛基根は近接，触肢跗節毛は 5B，触肢の爪は 3 本に分枝，少なくとも第 1·2 脚基節毛は 1 本 ……*Helenicula* ヘレンタマツツガムシ属（D-3）

3b 感覚毛基根は近接しない …… 4

4a 哺乳類や鳥類寄生，背甲板は横長（PW ≦ 5AP），触肢跗節毛は 7B，触肢の爪は 5 分岐，

ガレア毛は分枝，第1脚膝節に2本の単条毛，3脚とも基節毛は1本
…………………………*Euschoengastia* オウギタマツツガムシ属（D-4）

4b　背甲板は前種ほど横長でない（PW<4AP）…………………………5

5a　第3脚脛節に単条毛はない…………………………6

5b　第3脚脛節に1本の単条毛あり…………………………8

6a　哺乳類寄生，背甲板の前縁は，わずかに突出し前中毛基根は前側毛基根を結ぶ線よりも明らかに前方に位置，3脚とも基節毛は2本以上，触肢跗節毛は4B，ガレア毛は単条
…………………………*Doloisia* ドロシータマツツガムシ属（D-5）

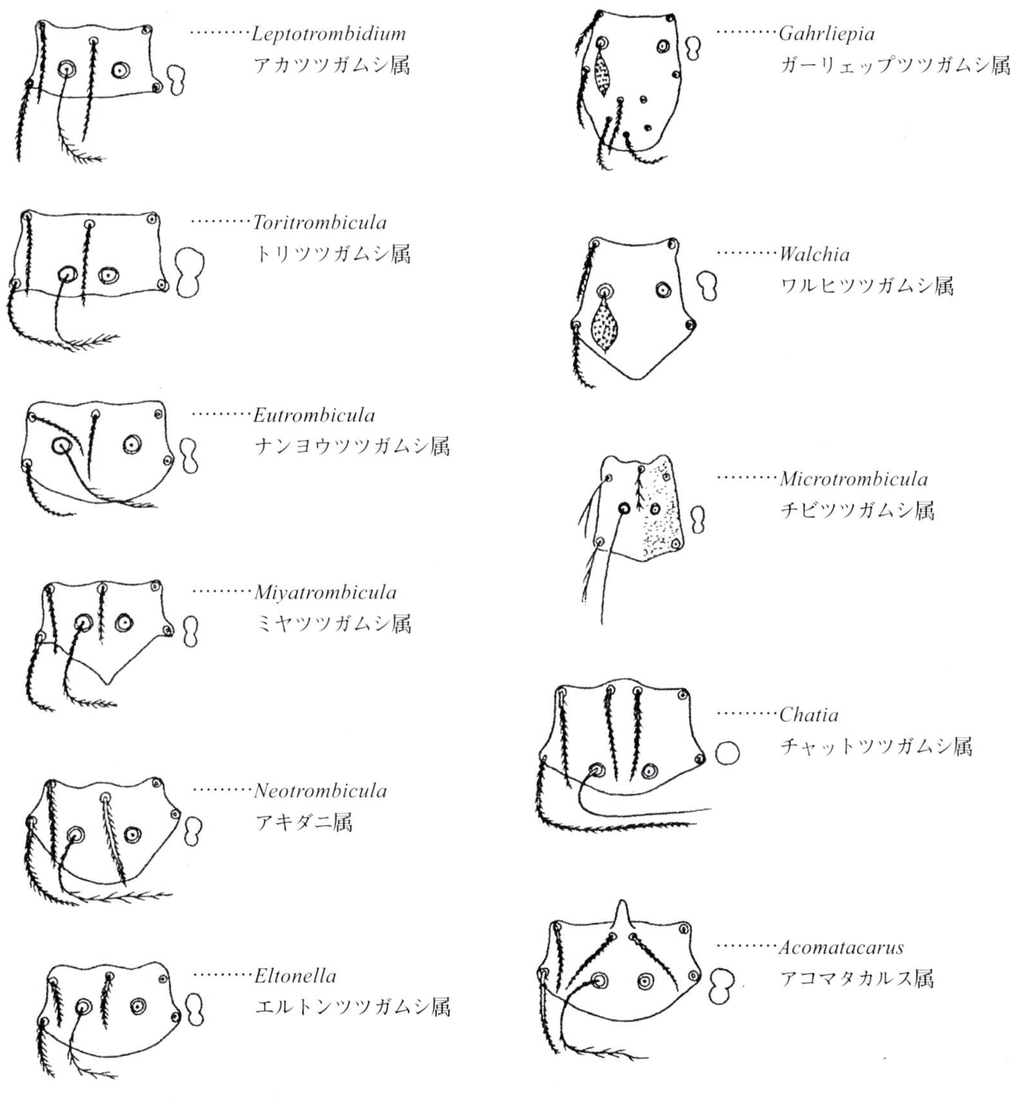

………*Leptotrombidium*
アカツツガムシ属

………*Toritrombicula*
トリツツガムシ属

………*Eutrombicula*
ナンヨウツツガムシ属

………*Miyatrombicula*
ミヤツツガムシ属

………*Neotrombicula*
アキダニ属

………*Eltonella*
エルトンツツガムシ属

………*Gahrliepia*
ガーリェップツツガムシ属

………*Walchia*
ワルヒツツガムシ属

………*Microtrombicula*
チビツツガムシ属

………*Chatia*
チャットツツガムシ属

………*Acomatacarus*
アコマタカルス属

図2　ツツガムシ族の中で通常の野鼠中心の採集調査で遭遇する属の背甲板模式図
ここに挙げるのは，タマツツガムシ族を除くツツガムシ科を主としている。左上のアカツツガムシ属およびナンヨウツツガムシ属は特に医学的に重要な意味（病原体媒介や刺症）をもつ属である。右欄は背甲板が通常の梯子型ではないやや珍奇な属である。

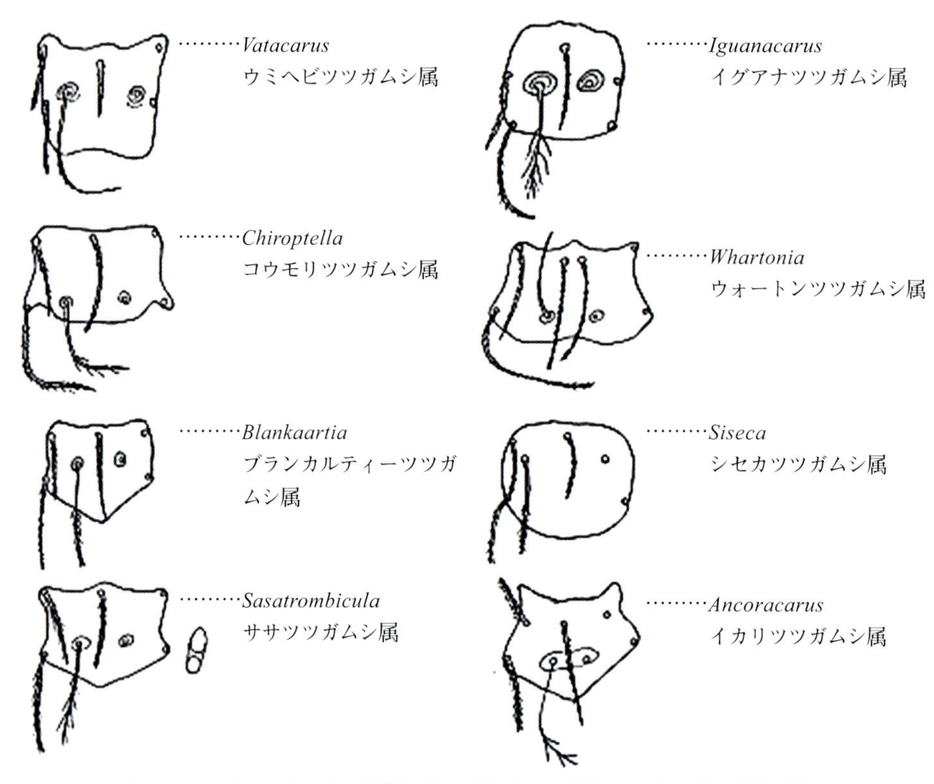

図３　ツツガムシ族の中で野鼠以外の採集調査で遭遇する属の背甲板模式図
ここに挙げるのは，図２にみるもの以外にコウモリ，陸産カニ類ないし爬虫類などやや珍奇な宿主から得られる属である。

6b　背甲板の前縁の前側毛と前中毛の間がわずかに凹入するか，または前縁全体がゆるやかに凹入，前中毛基根は前側毛基根を結ぶ線とほぼ同一直線上か下方に位置，ガレア毛は単条，触肢跗節毛は 4B……………… **7**

7a　哺乳類寄生，触肢の爪は 5 分枝，背甲板後縁は凹入，感覚毛は紡錘状，背甲板は横長（4AP>PW>3AP），眼は 2 対 ……………… *Cheladonta* トゲタマツツガムシ属（**D-6**）

7b　哺乳・鳥類寄生，触肢の爪は 3 分枝，背甲板は前種ほど横長でなく（3AP>PW>2AP），すべての縁がやや凹入，感覚毛は槍～紡錘状，眼は 1 対
……………… *Schoutedenichia* シャウテデンタマツツガムシ属（**D-7**）

8a　背甲板前縁に肩あり……………… **9**

8b　背甲板前縁に肩なし ……………… **11**

9a　背甲板は表皮下に埋没しない，後縁はしばしば弧状，常に PL>AL，ガレア毛は単条，第 3 脚脛節，跗節に単条毛あり，触肢跗節毛は 6B…… *Ascoschoengastia* フクロタマツツガムシ属（**D-8**）

9b　背甲板の下半部は表皮下に埋没 ……………… **10**

10a　鳥類寄生，背甲板後縁はやや舌状に突出して埋没，後側毛基根部は外側に突出，PL>AL，感覚毛は槍状，ガレア毛は単条，触肢跗節毛は 7BS
……………… *Parascoschoengastia* パラフクロタマツツガムシ属（**D-9**）

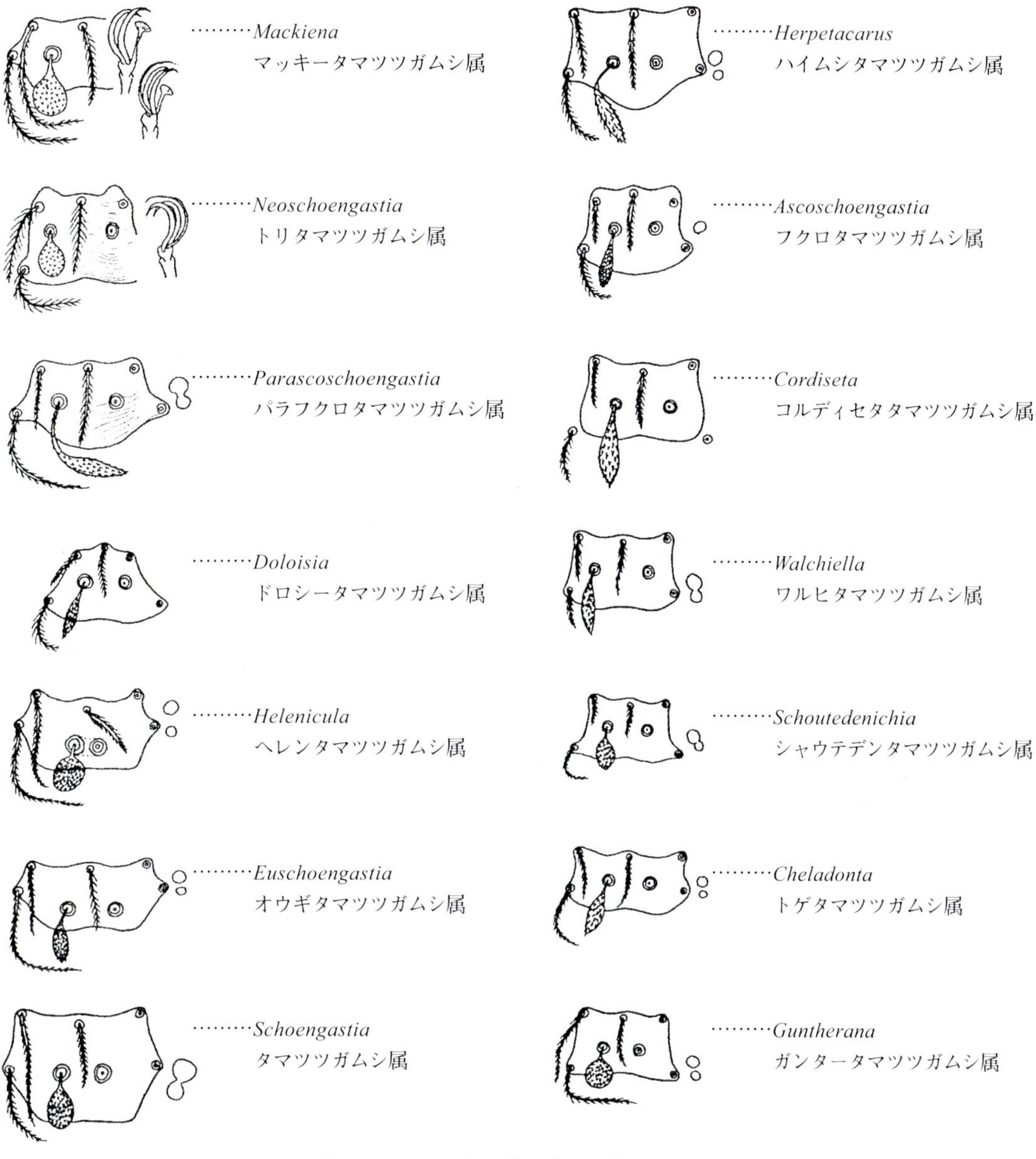

図4　タマツツガムシ族の全属の背甲板模式図

これらは鳥類，哺乳類そして爬虫類などから得られる属で，感覚毛が玉状になっているのでタマツツガムシ族と称される。一般に，医学的な意義はあまり検討されていないが，ツツガムシ類ひいては寄生性ダニ類の生物学的多様性や進化上の適応放散を知る上では，野鼠寄生性の属に劣らず重要な研究対象であり，まだまだ新たな知見が潜在すると思われる。

10b　鳥類寄生，背甲板後縁は中央部がやや凹入，AL>AM，ガレア毛は分枝，感覚毛は球状，触肢跗節毛は 7BS，第 1 脚膝節に 3 本の単条毛，触肢の爪は 3 分枝
……*Neoschoengastia* トリタマツツガムシ属（D-10）

11a　背甲板後縁は種々に突出，触肢跗節毛は 6B，感覚毛はおおよそ球状……12

11b　背甲板は台形，触肢跗節毛は 5B か 7BS……13

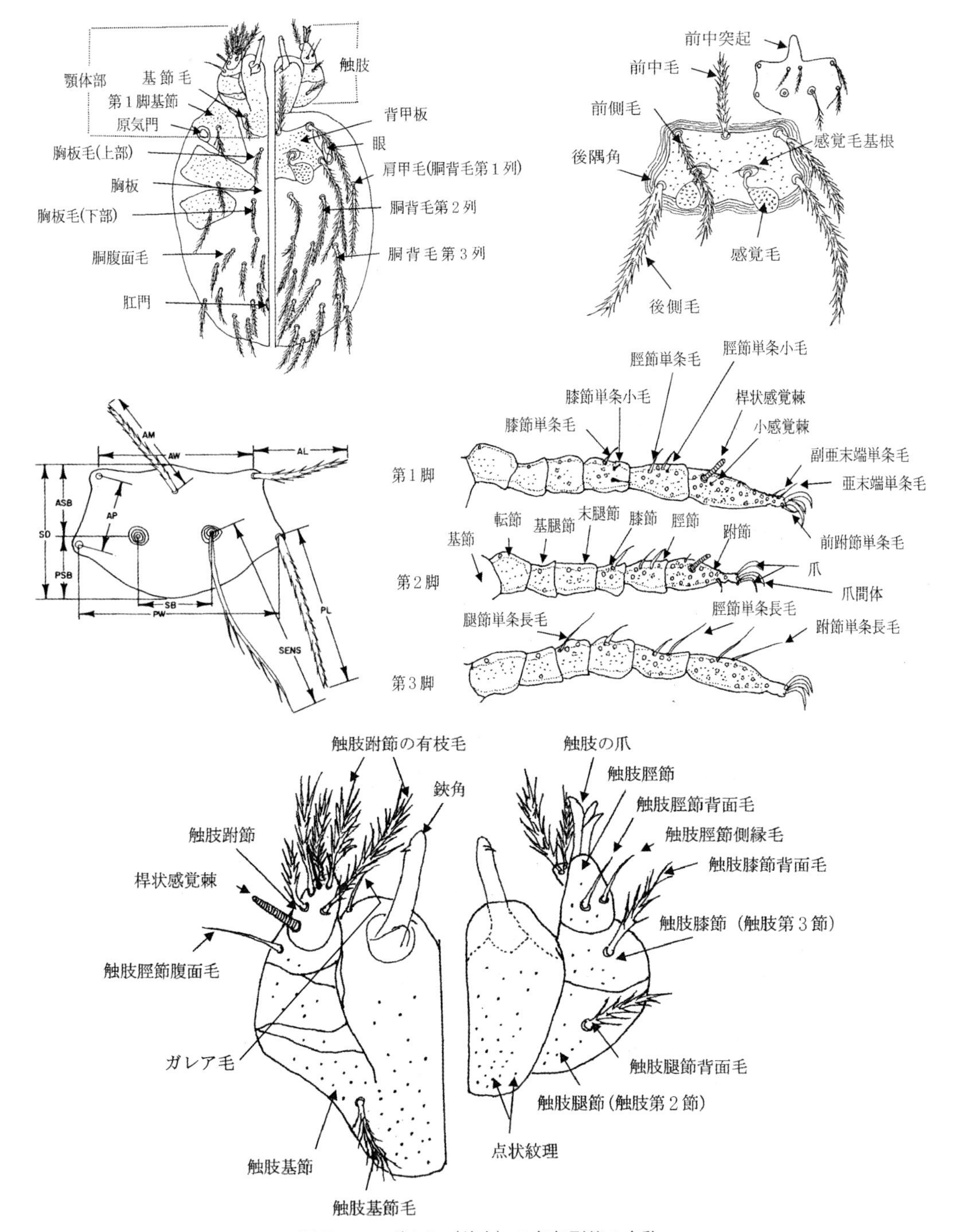

図５　ツツガムシ（幼虫）の各部形態の名称

上段　左：胴背毛数（fDS）は２（肩甲毛）＋８（胴背毛第２列），６（胴背毛第３列）…，胸板毛 2–4 は胸板上部に１対，胸板下部に２対；背甲板前側毛上の盛り上がりは肩／右：背甲板にみる各種毛

中段　左：背甲板の標準計測部位（計測値は μm）AL, AM, AP, AW, PL, PW, SD／右：各脚の毛

下段　左：腹面で順に触肢第２節背面毛分枝，同３節背面毛分枝 / 第４節背面毛単条，第４節側縁毛単条，第４節腹面毛単条（BB/NNN），鋏角基部近くにガレア毛／右：背面で順に触肢第２・第３節背面毛分枝／第４節背面毛は単条（時に分枝）/ 第４節側縁毛と腹面毛が分枝（BB/N(B)BB）

触肢跗節の６本の分枝毛（輪状紋理をもつ桿状感覚棘は含めず）は 6B，触肢跗節の７本の分枝毛と１本の単条毛（輪状紋理の桿状感覚棘は含めず）は 7BS

12a　背甲板後縁は丸味をおび中央部が凹む，AL>PL，鋏角の爪に鋸歯あり，感覚毛は球状 ……… *Schoengastia* タマツツガムシ属（D-11）

12b　主に爬虫類や鳥類寄生，背甲板後縁は弧か舌状に突出，PL>AL，鋏角の爪に鋸歯なし，感覚毛はやや球状 ……… *Herpetacarus* ハイムシタマツツガムシ属（D-12）

13a　哺乳類，鳥類寄生，背甲板は幅広の台形ながら後側毛基根から後縁中央にかけてゆるい弧，AL>AM，感覚毛は球状，触肢跗節毛は 5B，眼は 2 対 ……… *Guntherana* ガンタータマツツガムシ属（D-13）

13b　哺乳類寄生，背甲板は台形で後縁はやや直線的，AM>AL，眼は 2 対，感覚毛は槍状，触肢跗節毛は 7BS，ガレア毛は単条 ……… *Walchiella* ワルヒタマツツガムシ属（D-14）

2. ツツガムシの属から種への検索と解説（高橋　守・髙田伸弘）

種の同定に向かって以下の検索表を使う上で留意したい事項を挙げておく。

・検索で必要な一般的な形質名と測定部位などは図 5 に示す。

・画像については，医学的な調査研究上で重要な，あるいは特徴的な形態の種については背甲板を中心としたカラー写真を付してある。一般的な種については微分干渉顕微鏡像としたが，撮像が困難な種は原記載の線画で示してある。

・画像の脚注の中では，スペースを確保かつ煩雑さを避けるため，和名語尾で一律な「ツツガムシ」を大半は省いてある。文中で生時の色とは満腹幼虫の色である。

・近年に記載ないし確認同定された種については，今後の検討に供するため，周知の重要種よりもむしろ詳しい解説を付したものもある。

A-1）*Acomatacarus* アコマタカルス属

背甲板に前中突起を持つ，胴背毛は数が多く肩甲毛の区別がつかない，触肢跗節毛 6B，AW=66，PW=77，SD=27+20，fDS=?+11.13.12.11.10.8.5≧70，生時の色：未吸着幼虫は濃いオレンジ色，満腹幼虫は淡黄色，アマミノクロウサギや野鼠主体に寄生，青森県 秋田県 三宅島 奄美諸島で記録され，亜種または別種に分けられる可能性あり ……… 1 ***A. yosanoi*** ヨサノアコマタカルスツツガムシ

A-2）*Chatia* チャットツツガムシ属

前中毛は 2 本，脚節数 6.6.6，第 1–3 脚それぞれの腿節にある分枝毛の数（LST）は 6.7.5 本で，含まれる 3 種とも主にヒミズに寄生

1 (a)　第 3 脚跗節に単条毛あり，胸部毛は 2 対，ガレア毛は分枝，第 1–3 脚の基節毛の数は 2.1.1，背甲板後縁はゆるい弧をなす，後側毛は異常に長い，胴背毛数は極めて多く 130–140 本，AW=82，PW=110，SD=50+22，生時の色は白色，宿主は野鼠とくにヒミズ，神奈川県と大分県で記録 ……… 3 ***C. tarsalis*** ホリタシュンセンツツガムシ

1 (b)　第 3 脚跗節に単条毛なし，胸部毛は 1 対，ガレア毛は単条，第 1–3 脚の基節毛の数は 2.2.2，背甲板後縁は内側に湾曲する，胴背毛数は前種より少なく 100 本以下 …… 2

1 ヨサノアコマタカルス

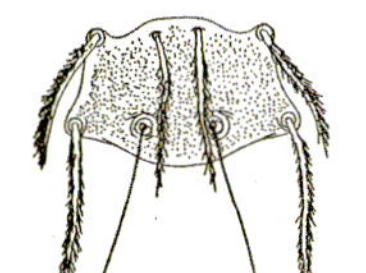

3 ホリタシュンセン

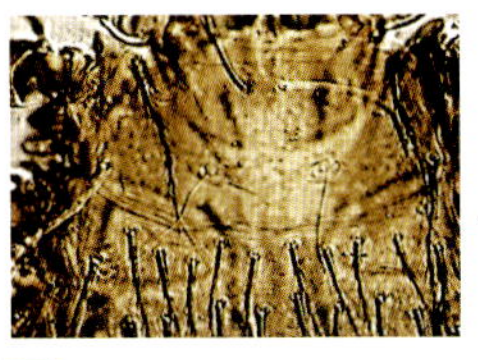

2 ハルナパラシュンセン

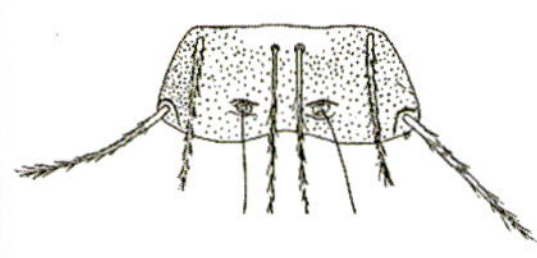

4 フジシュンセン

2(a) 眼はない，鋏角先端に微小な鋸歯なし，胴背毛数約 100 本，背甲板は極めて大きい（AW=93，PW=122，SD=48+17=65），生時の色：黄白色，宿主はヒミズ，関東地方で散在的に記録 ……………… 2 ***C. harunaensis*** ハルナパラシュンセンツツガムシ

2(b) 眼はある，鋏角先端に微小な鋸歯あり，胴背毛数約 63 本で，規則的な配列は認めない，背甲板は前種よりさらに大きい（AW=99，PW=127，SD=47+22=69）（富士山のヒミズから 4 個体が得られて以後の記録なし）…… 4 ***C. biplumulosa*** フジシュンセンツツガムシ

A-3）*Whartonia* ウォートンツツガムシ属

1(a) 肩甲毛 1 対，鋏角先端に強い鋸歯，脚基節毛は 2.1.1，満腹幼虫は大変大きく体長約 2.0mm，触肢の毛は BB/BNN, AW=115, PW=128, SD=48+15, fDS= 2+6.6.6.6.4.5.4=39, 生時の色：未吸着幼虫，満腹幼虫ともに乳白色，宿主はコウモリ，特にカグラコウモリ，南西諸島で記録 ……………… 5 ***W. prima*** プリマウォートンツツガムシ

1(b) 肩甲毛 2 対，鋏角先端は微小な鋸歯を持つのみ，胴背毛数は 148 と多く胴体部全体が毛で覆われるため規則的な配列をみない，脚基節毛は 2.2.1，第 3 脚の 1 本はその前縁から生じる，触肢の毛は BB/BNN，触肢跗節毛 7B，AW=117，PW=160，SD=80+28，埼玉県と群馬県のウサギコウモリ，および群馬県のモモジロコウモリから記録 ……………… 6 ***W. natsumei*** ナツメウォートンツツガムシ

B-1）*Walchia* ワルヒツツガムシ属

1(a) 背甲板後縁は半円形の深い弧を示す ……………… 2

1(b) 背甲板後縁中央は突出するかまたは後側毛基根からゆるやかに幅狭くなる ……………… 3

2(a) 触肢毛の脛節背面毛は分枝，第 2，3 脚膝節に単条毛あり，第 3 脚基節毛は 1 本，AW=38，PW=56，SD=16+40=56，fDS=2+6.6.6.4.4=28，宿主は野鼠が主体，奄美大島で記録 ……………… 13 ***W. sawaii*** サワイワルヒツツガムシ

2(b) 触肢の脛節背面毛は単条，第 2, 3 脚膝節に単条毛なし，AW=36, PW=59, SD=14+48=62, fDS=2+6.6.6.4.4=28，生時の色：白色，男女群島，御蔵島，冠島などのオオミズナギドリの巣坑道から記録 ……………… 12 ***W. hayashii*** ハヤシワルヒツツガムシ

3(a) 背甲板後縁中央が突出し，第 3 脚基節毛は 3–4 本 ……………… 4

3(b) 背甲板後縁中央は突出しないが，後側毛基根からゆるやかに狭くなる，第 3 脚基節毛は 2 本以下 ……………… 6

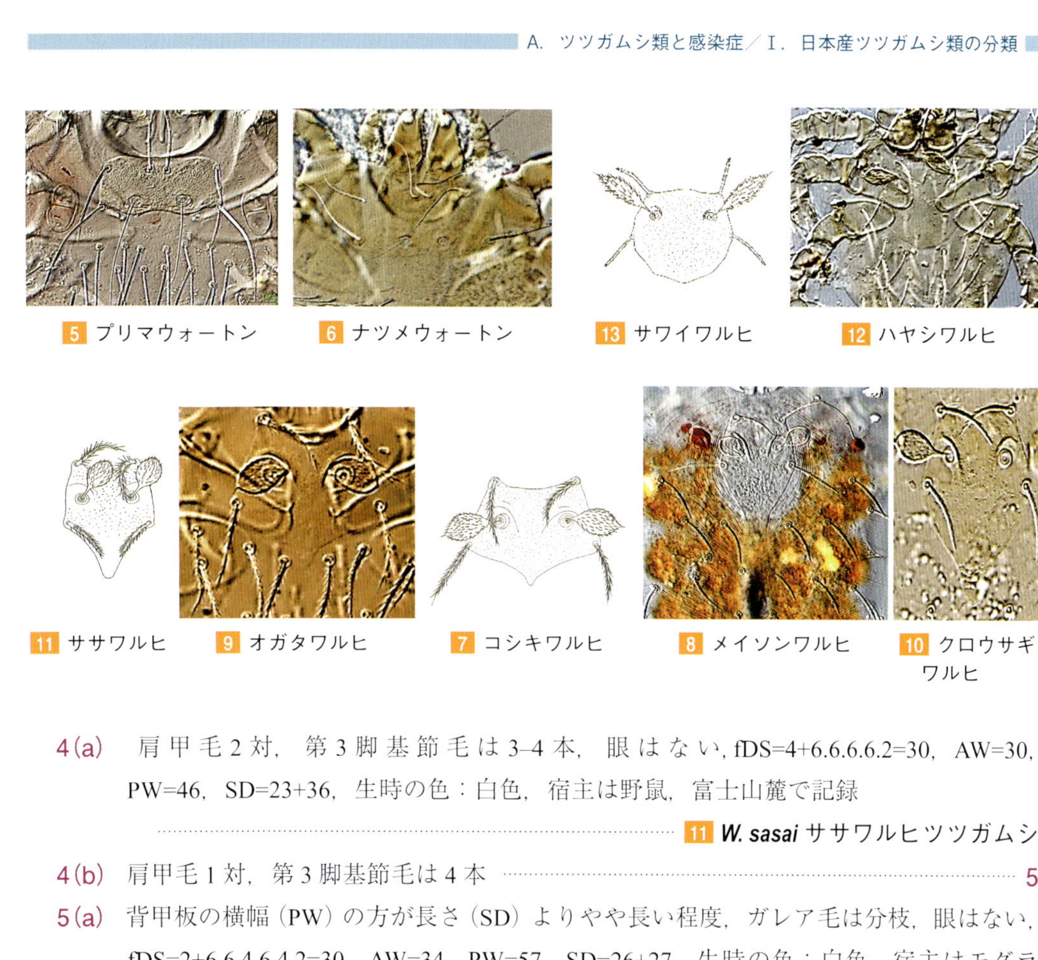
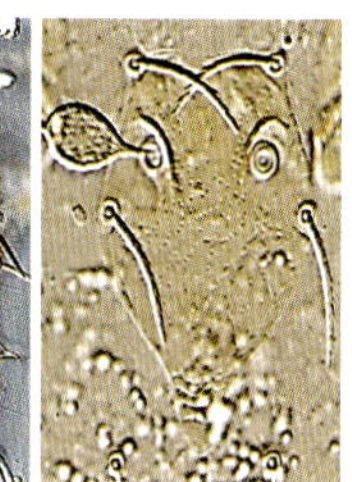

5 プリマウォートン　6 ナツメウォートン　13 サワイワルヒ　12 ハヤシワルヒ

11 ササワルヒ　9 オガタワルヒ　7 コシキワルヒ　8 メイソンワルヒ　10 クロウサギワルヒ

4(a)　肩甲毛2対，第3脚基節毛は3–4本，眼はない，fDS=4+6.6.6.6.2=30，AW=30，PW=46，SD=23+36，生時の色：白色，宿主は野鼠，富士山麓で記録
……………… 11 ***W. sasai*** ササワルヒツツガムシ

4(b)　肩甲毛1対，第3脚基節毛は4本 ……………… 5

5(a)　背甲板の横幅（PW）の方が長さ（SD）よりやや長い程度，ガレア毛は分枝，眼はない，fDS=2+6.6.4.6.4.2=30，AW=34，PW=57，SD=26+27，生時の色：白色，宿主はモグラやアカネズミ，東北地方から南西諸島まで散在的に分布
……………… 9 ***W. ogatai*** オガタワルヒツツガムシ

5(b)　背甲板のPWがSDより長い亜五角形，ガレア毛は単条，AW=38，PW=63，SD=23+30=53，fDS=2+.6.6.6.6.2=28，生時の色：白色，鹿児島県甑島で土壌中から記録
……………… 7 ***W. koshikiensis*** コシキワルヒツツガムシ

6(a)　第3脚基節毛は1本，背甲板の最大幅は感覚毛基根部あたり，眼は2対，ガレア毛は単条，AW=35，PW=53，SD=27+70，fDS=2+6.8.6.6.4.4.2=38，生時の色：濃い橙色，ノウサギ，シカに．主に冬期に寄生，関東から九州地方まで記録
……………… 8 ***W. masoni*** メイソンワルヒツツガムシ

6(b)　第3脚基節毛は2本，背甲板の最大幅は後側毛基根部あたり，AW=36，PW=47，SD=21+59，fDS=2+6.6.8.8.2=32，生時の色：白色，アマミノクロウサギに寄生，奄美大島で記録
……………… 10 ***W. pentalagi*** クロウサギワルヒツツガムシ

B-2）*Gahrliepia* ガーリェップツツガムシ属

背甲板後縁は後側毛基根から亜楕円に伸長し，副後側毛数本を備える（東日本で多く西日本で少ない），第3脚基節毛は2–5本，生時の色：淡い黄白色，宿主は野鼠が

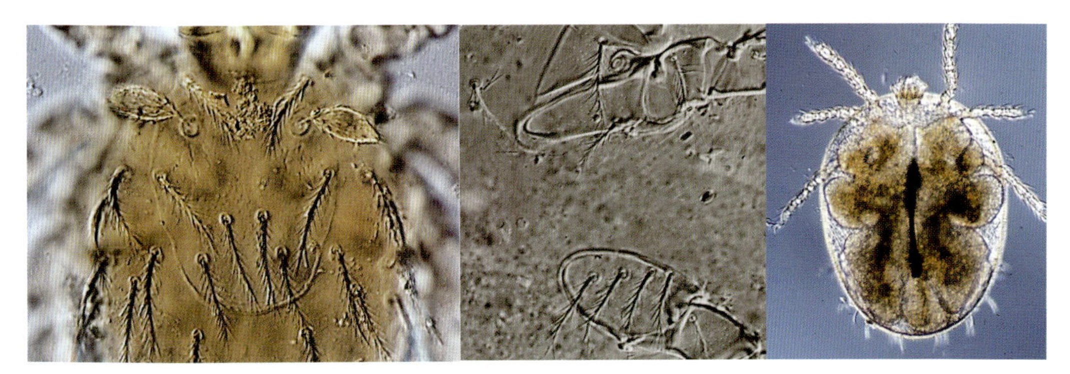

14 サダスクガーリェップ（第３脚基節毛はツツガムシ類全般で重要な形質，透過光では胃盲嚢がみえる）

主体(春と秋)，全国に濃厚分布，AW=49，PW=64，SD=22+65，fDS=2+4.6.6.6.4.2=30
……………………………………………………… 14 *G. saduski* サダスクガーリェップツツガムシ

C-1）*Vatacarus* ウミヘビツツガムシ属（ダニ類の多様性の典型）

満腹幼虫はイモ虫状の大型種(3–5mm 長，1.5mm 幅)，胴部に並んだ三角錐状のイボ状突起の先端に 1 本の微小な毛，背甲板前縁に肩あり，わずかに内側に湾曲，後縁は直線的で肥厚なし，AW=113，PW=100，SD=61+55，胴背毛列は満腹幼虫で不鮮明でも未吸着幼虫では鮮明で fSD=2+6.4.6.6.4.2.2(0)=30-32，生時の色：赤橙色，ウミヘビの呼吸器とくに心臓付近の肺に寄生，南西諸島の *Laticauda* 属(エラブウミヘビ属)

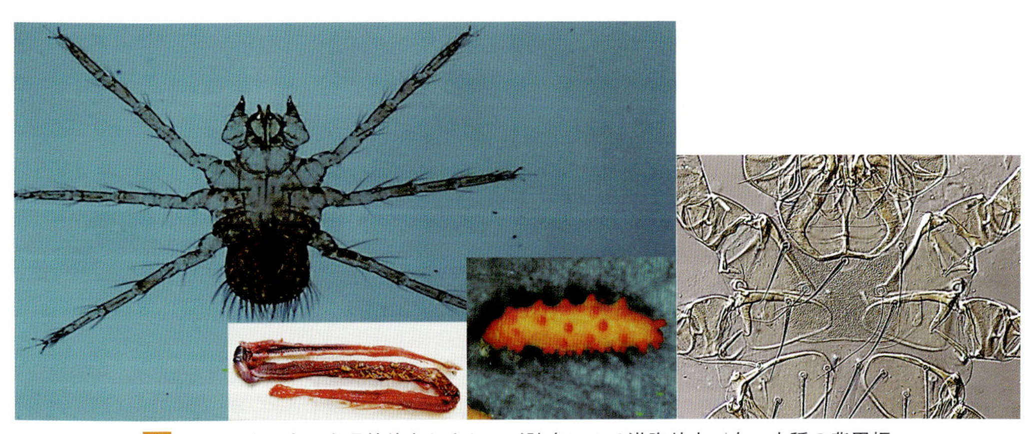

15 ウミヘビ　左：未吸着幼虫とウミヘビ肺内にみる満腹幼虫／右：本種の背甲板

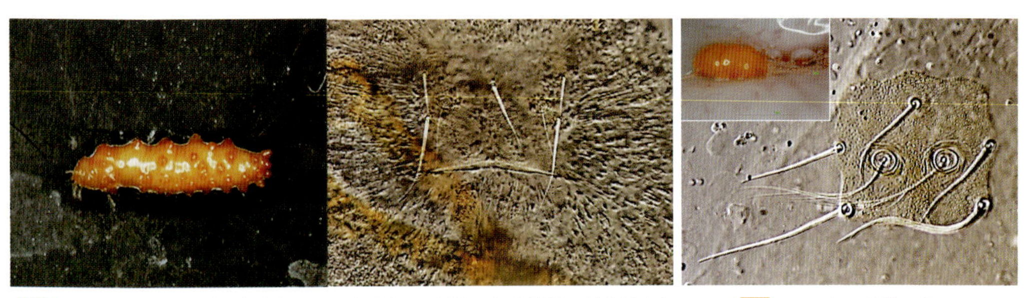

16 クンツィウミヘビ（満腹幼虫とその背甲板；本種で未吸着期の確認なし）　17 フェインイグアナ

のエラブウミヘビ，アオマダラウミヘビ，ヒロオウミヘビに寄生

…………………………………………………… 15 ***V. ipoides*** ウミヘビツツガムシ

宿主と寄生部位は上記種と同じで共存する，形態もほぼ同じだが一回り大きい(4–7mm 長，1.7mm 幅)，体表面のいぼ状突起の先端は上記種より幅広，背甲板は前種より大きい，前縁の肩は中央部が著しく内側に湾曲，後縁は内側に湾曲し肥厚，AW=136，PW=122，SD=50+65，満腹幼虫の胴背毛列は不鮮明，未吸着幼虫でfSD=2+6.4.6(4,2).6(4,2).4.2 = 30，生時の色：赤橙色

…………………………………………………… 16 ***V. kuntzi*** クンツィウミヘビツツガムシ

C-2) *Iguanacarus* イグアナツツガムシ属

満腹幼虫の大きさは1.2mmで南西諸島の *Laticauda* 属(エラブウミヘビ属)の気管入口に寄生，体表面には三角錐状の突起はなく滑らか，背甲板はほぼ正方形，肩は著しい，感覚毛の上部2/3の分枝は著しい，眼は2対，触肢の毛はBN(B)/NNN(B)，触肢跗節毛7BS，AW=60，PW=52，SD=33+27，fDS=2+6,6,6,4,2=26, 生時の色：淡黄色

…………………………………………………… 17 ***I. alexfaini*** フェインイグアナツツガムシ

C-3) *Leptotrombidium* アカツツガムシ属(病原オリエンチアの媒介種を多く含む)

本属のツツガムシは医学的に重要な種類を含み，しかも形態学的に類似した種類が多いため，以下のように見分けやすい形質の差により，人為的に群に分けて検索表を作成した(佐々, 1956の検索表を修正および追加)。

1(a) 後側毛や胴背毛がすべて葉状，国内では主としてヒミズの尾に寄生している

…………………………………………………… *Trombiculindus* ヒロゲツツガムシ亜属

1(b) 後側毛や胴背毛がすべて糸状…………………… *Leptotrombidium* アカツツガムシ亜属

[*Trombiculindus* ヒロゲツツガムシ亜属]

背甲板の幅は長さの2倍以上，AM>PL>AL，前中毛，前側毛は糸状の分枝毛ながら後側毛は胴背毛と同じく葉状に膨れ表面に微小な棘，感覚毛は糸状で基部は平滑だが末端側3/4に側枝，AW=70，PW=82，SD=29+17，fDS=4+10.12.12.10.4=52，生時の色：乳白色，ヒミズの尾の基部腹面によく寄生，北陸以西の西南日本で記録

…………………………………………………… 54 ***L.* (*Trombiculindus*) *kansai*** カンサイツツガムシ

[*Leptotrombidium* アカツツガムシ亜属]

1(a) 第3脚基節毛はその前縁より後方から生じる …………………… 2

1(b) 第3脚基節毛はその前縁に生じる …………………… 3

2(a) 第3脚基節毛はその前縁付近に生じる，触肢第4節の側縁毛も腹面毛も分枝する，胴背毛側枝は疎，感覚毛基根が短い …………………… a ***miyajimai*** **群**

2(b) 第3脚基節毛はその前縁より明らかに後方から生じる，触肢第4節の側縁毛も腹面毛も単状 …………………… b ***akamushi*** **群**

3(a) 感覚毛基部に棘なし，触肢第4節の腹面毛は分枝 …………………… c ***palpale*** **群**

3(b) 感覚毛基部に棘あり，触肢第4節の腹面毛は単状 …………………… d ***fuji*** **群**

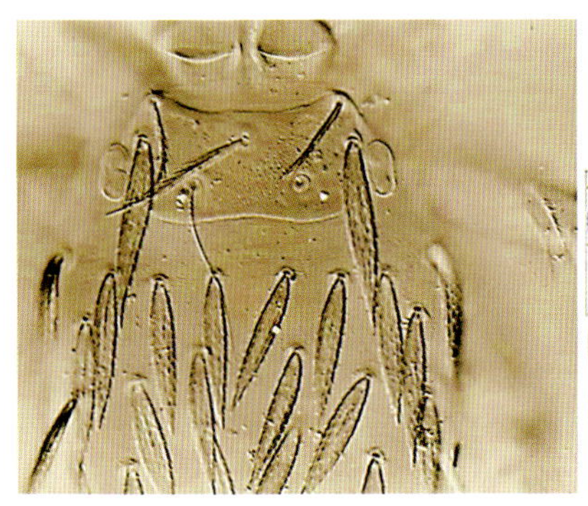
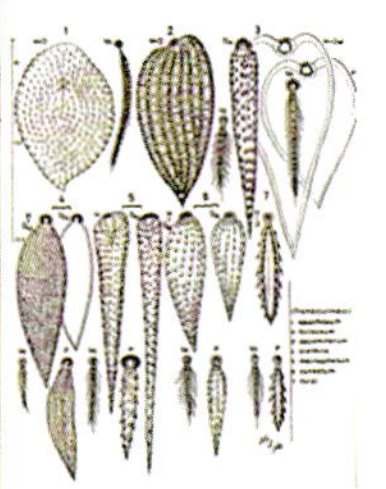

54 カンサイ（付：本属の多彩な胴背毛，Vercammen-Grandjean, 1975）

35 ミヤジマ

a *miyajimai* 群

1 種の群，感覚毛の基根はほぼ後側毛の線上，触肢の毛は NN/BBB で，第 4 節腹面毛が特に長い，触肢の爪は 3 分枝，ガレア毛も分枝，前側毛は通常の長い側枝で前中毛と後側毛の側枝は胴背毛と同様短い棘状，後側毛は感覚毛よりやや長い，AW=72，PW=86，SD=39+12，fDS=2+8.6.6.6.4.2=34，生時の色：淡黄色，宿主は主に野鼠，新潟県～関東以西に分布 ………………………… 35 ***L. miyajimai*** ミヤジマツツガムシ

b *akamushi* 群

第 3 脚基節毛は前縁を外れて生じ，感覚毛基部は平滑または微少な棘を持つ種類もあり，4 つの亜群に便宜上分けた。

1 (a) 感覚毛基部約 1/3 に著明な棘，胴背毛側枝は太くて長い………………… 8（*pallidum* 亜群）

1 (b) 感覚毛基部は平滑か油浸装置でなら見えるぐらいの微少な棘，胴背毛側枝は短く小さい ………………………………………………………………………… 2

2 (a) **感覚毛基根は後側毛基根と同一直線上か前方に位置，胴背毛側枝は短く小さい**（左下図）………………………………………………………… 4（*akamushi* 亜群）

2 (b) 感覚毛基根は後側毛基根の後方か同一直線上で胴背毛側枝は前亜群に比べて長い …… 3

3 (a) 感覚毛基根は後側毛基根よりはるかに後方に位置し，感覚毛側枝，後側毛や胴背毛側枝は長くてまばら，生時の体色：白色，主にヒミズに寄生 ………………… 14（*tenjin* 亜群）

akamushi 亜群に共通する特徴

19 シロ

3(b)　感覚毛基根は後側毛基根とほぼ同一直線上かやや後方，感覚毛側枝，胴背毛側枝は細く密生する……………………15(*intermedium* 亜群)

4(*akamushi* 亜群)

4(a)　感覚毛基根は後側毛基根より前方にあり，背甲板後縁は直線に近い……………………5

4(b)　感覚毛基根は後側毛基根とほぼ同一直線上かやや後方，背甲板後縁はゆるい弧をなす……………………7

5(a)　背甲板が大きい(AW=74，PW=85，SD=31+14)，fDS=2+8.8.6.6.4.4=38，生時の色：本亜群では例外的に白色，九州で記録，宿主はコウモリ……………………19 ***L. alba*** シロツツガムシ

5(b)　背甲板は前種より小さい(AW=60，PW=70)，胴背毛列は 2+8.6.～と続く……………………6

6(a)　fDS=2+8.6.6.4.2=28，AW=60，PW=70，SD=26+14，汎宿主生，東南アジア一帯に広く分布し，各地で媒介能も知られるが，国内では奄美大島での希少記録のほか近年は**宮古列島(池間島のみ)で濃厚な生息を確認**，生時の色は淡黄色……………………22 ***L. deliense*** デリーツツガムシ

6(b)　胴背毛数は前種に比べて不規則，fDS=2+8,6,6(2,4),4(6),2(4),0(2)=26-30，背甲板が大きく AW=67，PW=75，SD=26+12，後側毛が特に長い(PL=75)，汎宿主性，鹿児島県トカラ列島の中之島，口之島および悪石島で夏～秋に発生，生時の色は淡黄色……………………23 ***L. suzukii*** スズキツツガムシ

6(c)　fDS=2+8.6.8.2.6.4.2=38，AW=60，PW=72，SD=27+15，胴背毛の側枝は *L. deliense* より太い，東北日本海側の大河中流域に限局分布(**現在は秋田と福島県で記録**)，夏期に発生，生時の色は橙～赤色……………………18 ***L. akamushi*** アカツツガムシ

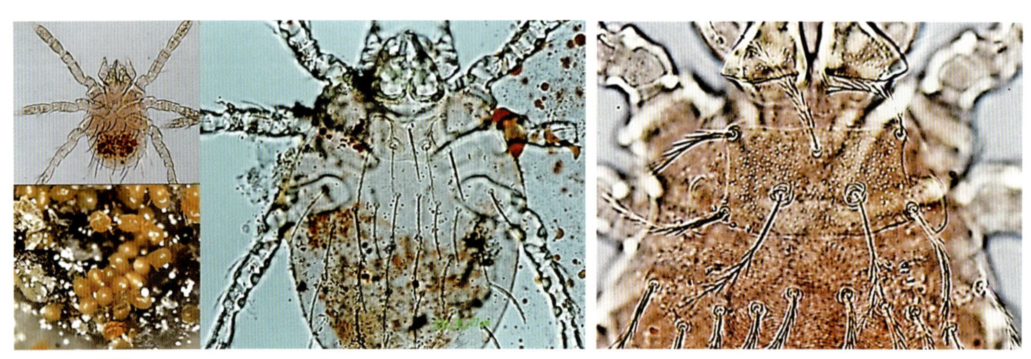

22 デリー　左：宮古列島の池間島のクマネズミ耳介にみる／右：本亜群の典型をみる背甲板

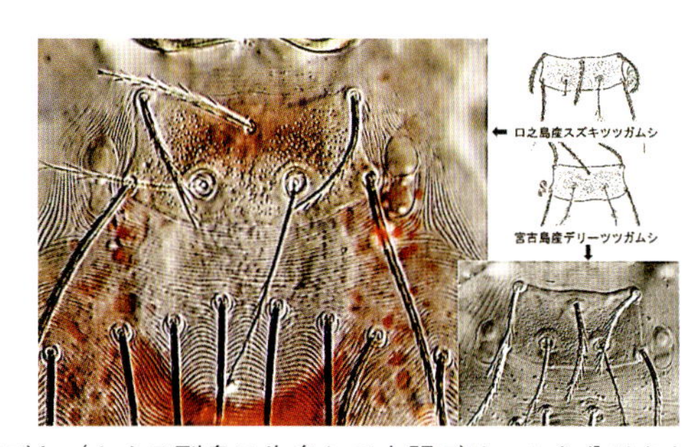

23 スズキ（トカラ列島に生息して上記デリーから分けられた新種）

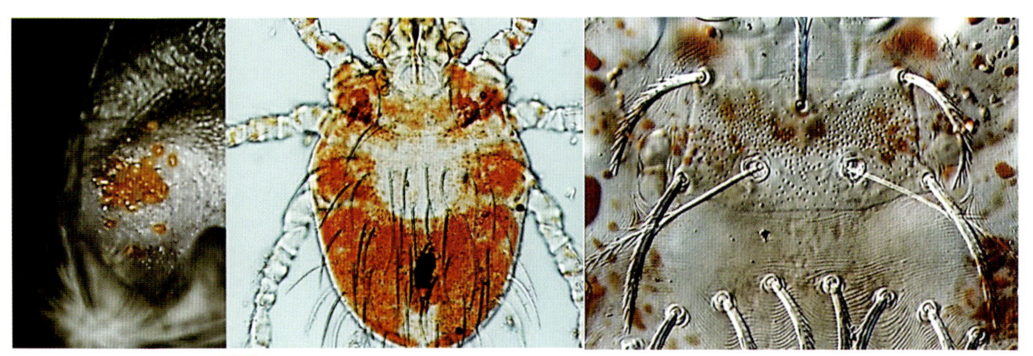

18 アカ　左：野鼠耳介の吸着像／中：同全体像／右：同背甲板

7(a)　fDS=2+10-13.10-12.8-12.8-10.4.2=48-63, 背甲板はやや大型, AW=72, PW=82, SD=29+15, 胴背毛側枝は細く密生する，生時の色：淡黄色，未吸着幼虫は橙色，汎宿主性，**東北地方(山形県)からトカラ列島悪石島(鹿児島県)まで秋～冬に発生**
……………………………… 44 ***L. scutellare*** タテツツガムシ

7(b)　胴背毛数はタテに比べて安定，fDS=2+10,10,10,8,4(6),2=44-46，背甲板はタテよりやや小さい，AW=67，PW=82，SD=33+15，奄美大島の野鼠とアマミノクロウサギに寄生，南西諸島のタテの同定は要注意 ……………………………… 46 ***L. takadai*** タカダツツガムシ

7(c)　fDS=2+8.6.6.4.4.2=32，胴背毛は幅広で側枝は短く疎，AW=69，PW=79，SD=32+14，生時の色：橙色，宿主は主に野鼠，秋田県から群馬，新潟県(尾瀬で *L.* sp.50 として記録)まで分布 ……………………………… 20 ***L. asanumai*** アサヌマツツガムシ

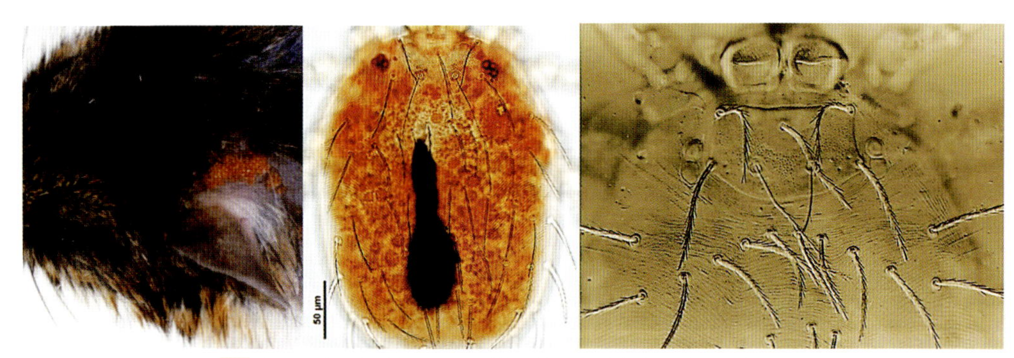

44 タテ　左：野鼠耳介の吸着像／中：同全体像／右：同背甲板

46 タカダ　背甲板（右にタテとの違いを線画で示す）

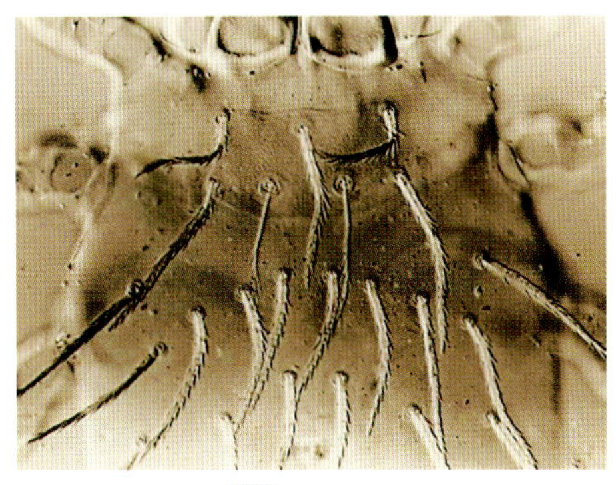

20 アサヌマ

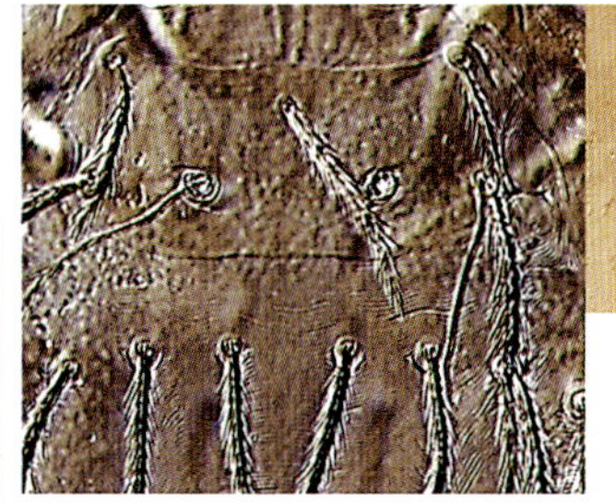

55 *L.* sp.

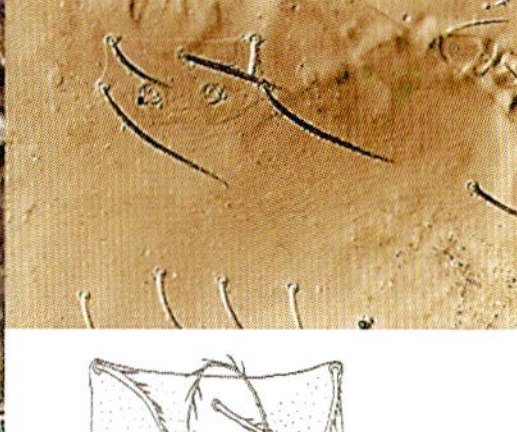

上：24 *L.* sp. 1 ／
下：25 *L.* sp. 2

7(d) 背甲板はほぼ長方形に近い，感覚毛基部に微小な棘，感覚毛基根は後側毛基根と同一直線上，AW=71，PW=80，SD=28+15，fDS=2+8(9),6(7,8),6(7),6,4,2=32-37，触肢の毛はNN/BNN，未吸着幼虫の色：乳白色，宿主はヒナコウモリ，埼玉県と群馬県で冬期に記録 ……………… 55 ***Leptotrombidium*** sp.

背甲板の概形は上記未記載種とやや似る，胴背毛は数が少なく側肢も弱い，生時の色：乳白色，青森県のヤマネから記録，毀損が大きく正確な検討は困難 ……………… 24 ***Leptotrombidium*** sp. 1

akamushi 亜群の背甲板(後隅角に後側毛基根，感覚毛基根が後側毛の線より前)，胴背毛数は少ない，生時の色：白色，青森県のコウモリから記録 ……… 25 ***Leptotrombidium*** sp. 2

＊ *akamushi* 亜群の補遺：この亜群には，たとえば高橋著者は同定に難儀する2，3種の不完全個体を抱えており，髙田著者も標本と記録をすべて失って記載を放棄した種(青森県下北半島で野鼠から多数得た個体で，背甲板は梯形，生時の色は橙赤色)があるなど，不明種は未だ控えている。

8(*pallidum* 亜群)

8(a) 胴背毛の第2列は11本以上，第3列は10本以上 ……………… 9

8(b) 胴背毛の第2列は10本以下，第3列は8本以下 ……………… 11

9(a) 体色は淡赤色，胴背毛側枝は太くて長い，背甲板側縁は後側毛基根より後方にのび，後縁はほぼ直線的，後側毛は感覚毛より短い(45–55μm) ……………… 10

9(b) 胴背毛側枝は前種ほどではない，背甲板側縁は後側毛基根で屈曲して円味をおびて後縁に移行，後側毛は長く(65–72μm)，感覚毛とほぼ同長，胴背毛はフトゲツツガムシに類似するが第2列の毛の配列はゆるい弧の曲線上になく，やや不規則な配列を示す，AW=72，PW=82，SD=31+15，fDS=2+16.12.12.10.8.6.4=68，生時の色：淡黄色～乳白色，主に野鼠寄生，西南日本に限局して分布 ……… 39 ***L. murotoense*** ムロトツツガムシ

10(a) fDS=2+12.12.10.10.8.4.2=60，胴背毛第2列の毛の配列はゆるい弧の曲線上に整列，AW=71，PW=77，SD=27+15，和名の通り側枝が太くて長い，生時の色：橙色，**北日本から九州までの全域に分布** ……………… 41 ***L. pallidum*** フトゲツツガムシ

10(b) fDS=2+10.10.8.8.4.2=42，胴背毛第2列の毛の数は10本がほとんどで，離島での記録が多い，背甲板はフトゲツツガムシのそれよりやや大きい(AW=74，PW=82，

41 フトゲ　毛や棘は強くて数も多い，野鼠では耳介周縁に吸着が多い

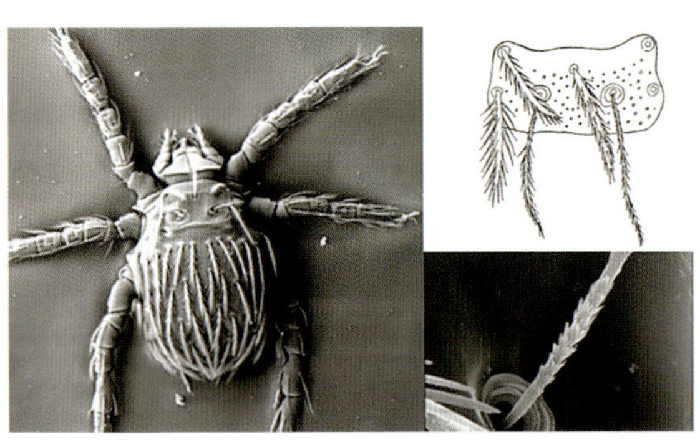

42 バーンズ　毛や棘はフトゲよりは弱め

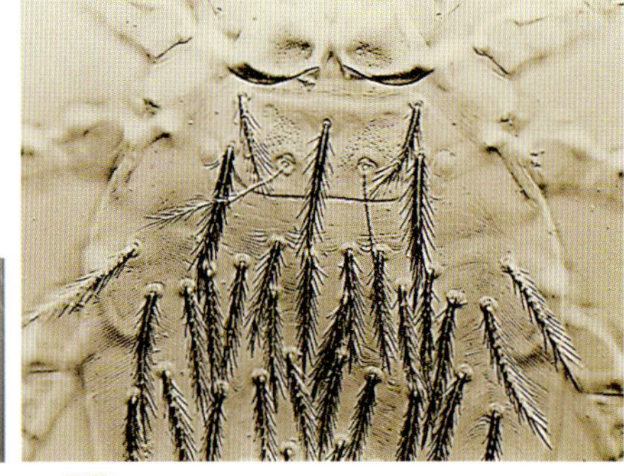

39 ムロト　フトゲとバーンズの中間性

SD=26+16)，鳥類と野鼠から記録，伊豆諸島や日本海の無人島，奄美大島などで記録 …… 42 *L. burnsi* バーンズツツガムシ

11 (a) 胴背毛第 2 列の毛の数は 8 本 …… 12

11 (b) 胴背毛第 2 列の毛の数は 10 本 …… 13

12 (a) fDS=2+8.6.6.4.4.2=32，背甲板後縁は直線的，AW=68，PW=76，SD=26+14，生時の色：淡桃色，汎宿主性，北海道を除く各地の山林に多い …… 33 *L. kitasatoi* キタサトツツガムシ

12 (b) fDS=2+8.8.8.8.6.4.2=46，胴背毛は背甲板上の毛も含めて全て幅広い，生時の色：淡黄色，野鼠に寄生，九州のみで記録 …… 27 *L. fukuokai* フクオカツツガムシ

13 (a) 背甲板の形はキタサトツツガムシに似て後隅角は丸味をおびる，後側毛は感覚毛よりやや長い，AW=72，PW=82，SD=26+14，fDS=2+10.8.8.6.4.2=40，生時の色：淡黄色，野鼠やラット属に寄生，伊豆諸島，四国，九州五島列島で記録，夏期にみられる …… 50 *L. tosa* トサツツガムシ

13 (b) 背甲板の後隅角は後側毛基根をめぐって屈曲，後縁はタテツツガムシに似て緩い弧，後側毛は感覚毛より短い，触肢の毛は NN/BNN，感覚毛は後側毛より後方に位置，AW=69，PW=78，SD=29+14，fDS=2+10.8.8.6.4.2=40，青森県下北半島のハタネズミからの 1 個体で原記載されるも以後の記録はなくアラトツツガムシの変異の可能性がある …… 45 *L. shimokitaense* シモキタツツガムシ

33 キタサト

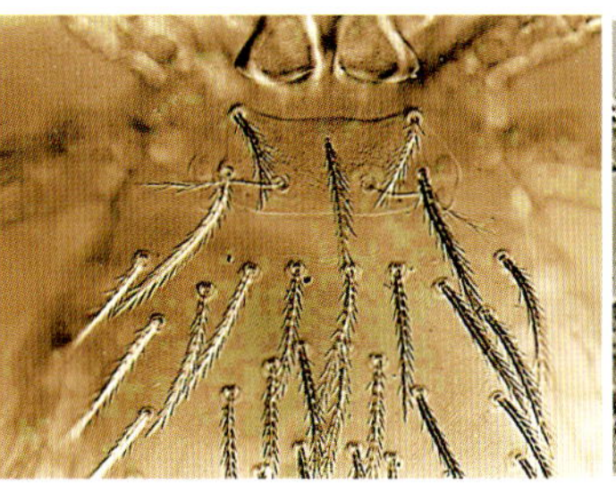

27 フクオカ

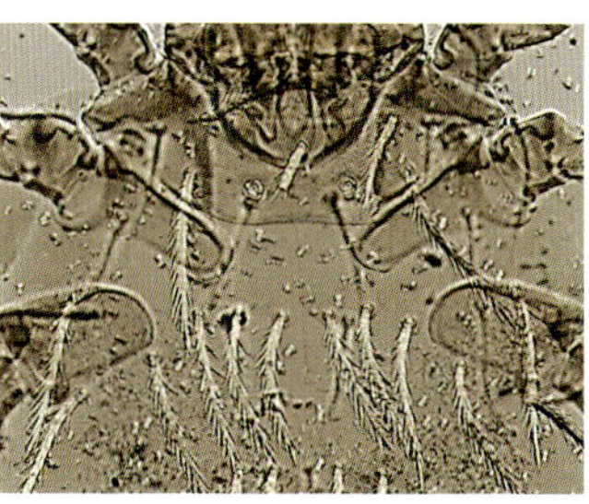

50 トサ

45 シモキタ

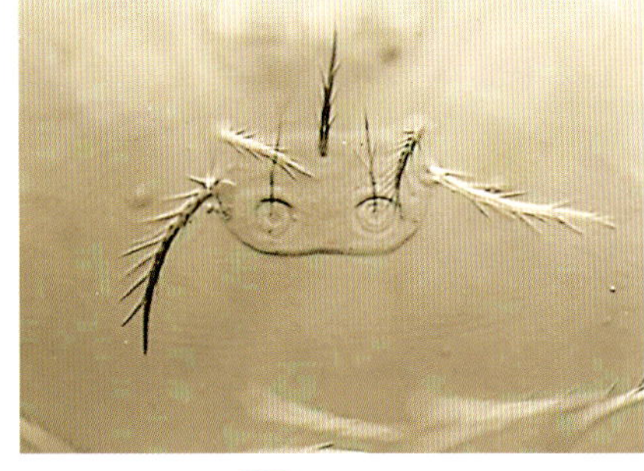

36 ミヤイリ

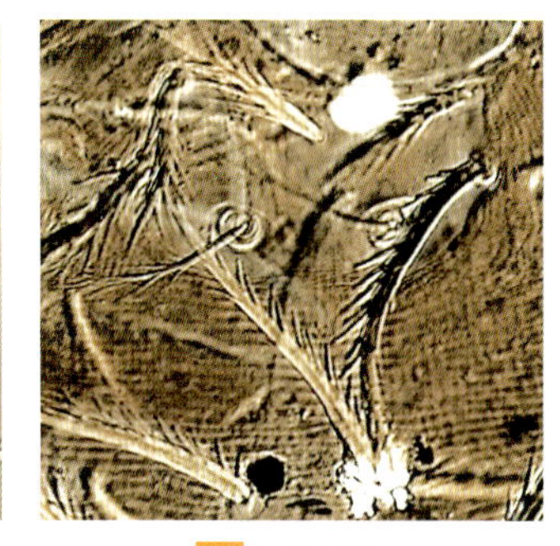

48 テンジン

14（*tenjin* 亜群）

14(a) 後側毛や胴背毛の側枝は異常に長い，背甲板は小型(AW=58，PW=62，SD=30+13)，触肢の毛はNN/BNN，ガレア毛は少数の長い枝を持つ，fDS=2+10.12.2.8.6.6.2=48，生時の色：白色，四国から九州のヒミズに寄生 ……………… 36 ***L. miyairii*** ミヤイリツツガムシ

14(b) 後側毛や胴背毛の側枝は前種に比べて短い，背甲板は前種より大きい(AW=64，PW=72，SD=29+11)，触肢の毛はNN/BNN，ガレア毛は数本の長い枝を持つ，fDS=2+8.8.4.4.4.2=32，生時の色：白色，ヒミズに寄生，神奈川県で記録 ……………… 48 ***L. tenjin*** テンジンツツガムシ

15（*intermedium* 亜群）

15(a) 胴背毛4列までの配列は2.8.6.6.を示す(計28–32本) ……………… 16

15(b) 胴背毛列は2.8.8.8.8(6)4.2で計38–40本 ……………… 17

15(c) 胴背毛3列までの配列は2.10以上.8以上を示す ……………… 18

16(a) 感覚毛基根は後側毛基根を結ぶ線に接するかやや後方，背甲板は小さくAW=57，PW=64，SD=21+13，後縁はやや湾入する，fDS=2+8.6.6.4.4.2=32，生時の色：白色，野鼠主体に寄生，北海道，東北地方，伊豆諸島，南西諸島に分布 ……………… 31 ***L. kawamurai*** カワムラツツガムシ

16(b) 感覚毛基根は後側毛基根とほぼ同一直線上，背甲板は前種より大きく，幅広で後縁が湾入する，AW=61，PW=77，SD=20+14，fDS=2+8.6.6.4.2=28，鳥類寄生，伊豆諸島青ヶ島のオオミズナギドリからの記録のみ ……………… 28 ***L. hazatoi*** ヒコザエモンツツガムシ

17(a) 感覚毛基根は後側毛基根より明らかに後方，後側毛基根部で後隅角を作る(AW=58，PW=63，SD=25+10)，fDS=2+8.8.8.8.4.2=40，野鼠主体に寄生，近畿以西の西日本から

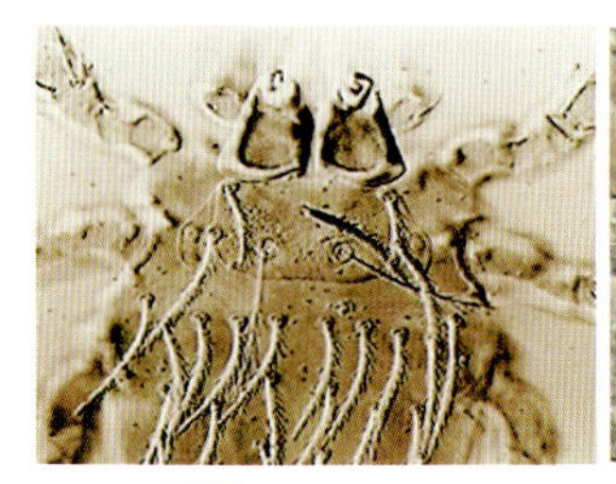

31 カワムラ

28 ヒコザエモン

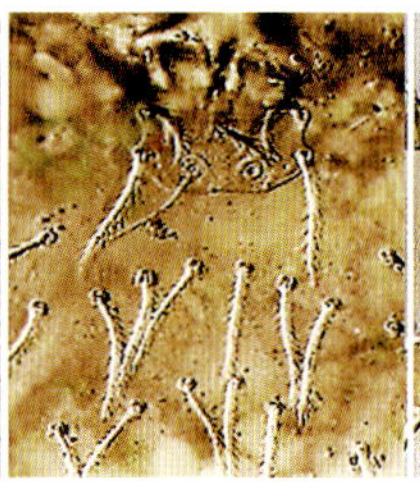

34 クロシオ

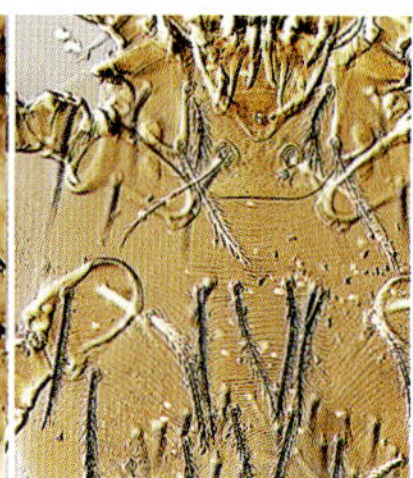

52 ツシマ

南西諸島まで分布，生時の体色：白色，胴背毛の配列に特徴がある ……… 34 *L. kuroshio* クロシオツツガムシ

17(b) 感覚毛基根は後側毛基根とほぼ同一直線上，背甲板は後側毛基根より後方で後隅角を作る（AW=80，PW=88，SD=29+20），fDS=2+8.8.8.6.4.2=38，生時の体色：赤橙色，野鼠（主にアカネズミ）に寄生，対馬に限局 ……… 52 *L. tsushimaense* ツシマツツガムシ

18(a) 後側毛は感覚毛より短くて 65μm 以下，胴背毛は通常 2.10.8.8（10）.～の配列で 50 本以下，背甲板は中型（AW=64–74μm） ……… 19

18(b) 後側毛は感覚毛と等しいか長い（70–90μm），胴背毛は数が多く通常 2-4.10-16.10-14.8-13～の配列をなして計 51 本以上，背甲板は大型（AW=75–94μm），生時の色：白色 ……… 20

19(a) 体は白色，背甲板の後隅角は鋭く外側に屈曲し背甲板後縁は中央が陥入する，AW=69，PW=79，SD=29+14，AP<PS，fDS=2+10.8.10.8.6.4.2=50 で第 3 列より後方に毛が多い，感覚毛基部は平滑，野鼠主体に寄生，新潟と東北地方の山林に多い ……… 49 *L. teramurai* テラムラツツガムシ

30 アラト 左：野鼠耳介の吸着模様／右：和名は基産地の山形県荒砥地区，種名は形態の中庸性による

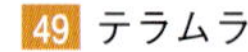

49 テラムラ

21 ダイセン

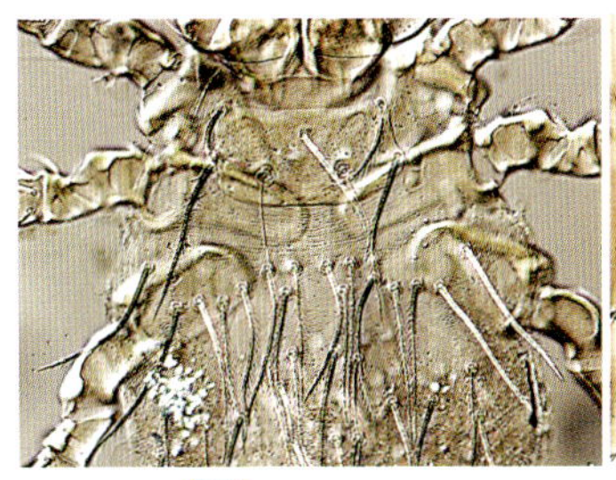
51 トシオカ

37 ミヤザキ　右のオオウとともに肩甲毛は２対

38 オオウ

19(b) 体は橙赤色(アカツツガムシより赤くない)，背甲板後隅角は丸味をおび後縁は弧状を呈する，AP と PS はほぼ等しい，AW=78，PW=80，SD=29+17，PL>AM>AL，fDS=2+10.8.8.6.4.2=40，感覚毛基部に微小な棘，**汎宿主性で北海道から西日本まで広く分布** ……… 30 ***L. intermedium*** アラトツツガムシ

19(c) 体は橙色，背甲板の後隅角は前種よりさらに丸味をおび後縁は深い弧をなす，後側毛基根は背甲板の前後径のほぼ中央に位置する，AW=77，PW=86，SD=31+17，PL>AM>AL，fDS=2+10.8.8.8.4.4=44，西日本に限局し野鼠主体に寄生 ……… 21 ***L. daisen*** ダイセンツツガムシ

20(a) 後側毛(約 84μm)は感覚毛(約 70μm)より長い，感覚毛基部に微小な棘，背甲板は大型(AW=90，PW=108，SD=40+18)，胴背毛が極めて短い，fDS=2+10.14.8.8.8.8.8.4=70，コウモリに寄生，生時の色：乳白色，群馬県，栃木県と京都府で記録 ……… 51 ***L. toshiokai*** トシオカツツガムシ

20(b) 後側毛は感覚毛とほぼ等しいかこれよりも短い，感覚毛基部は平滑 ……… 21

21(a) 肩甲毛は 2 対，fDS=4+16.13.14.9.9.8.4=77，背甲板は大型で後隅角は丸みをおびる(AW=80, PW=91, SD=26+17)，北関東から北陸までの主に山地に分布，生時の色は白色，主に野鼠に寄生 ……… 37 ***L. miyazakii*** ミヤザキツツガムシ

21(b) 肩甲毛は 1 対，fDS=2+12.10.10.8.4.2=48，生時の色：淡黄色，北海道から北陸まで見られる，背甲板は大型(AW=86，PW=102，SD=36+18)，胴背毛数は南下するに従い減少傾向にあり，佐々によるミヤザキツツガムシの *fukui* 型がこれに相当 ……… 38 ***L. owuense*** オオウツツガムシ

c　*palpale* 群

1(a) 後側毛や胴背毛の性状は普通で，側枝は細く密生する，背甲板の両隅が丸い，全日本に分布し，平地産は胴背毛が少なく概ね fDS=2+10.10.8.6.4.2=42，山岳産では多くて概ね fDS=2+12.14.12.8.6.2=56，AW=68，PW=72，SD=27+16，生時の色：淡黄色，**汎宿主性で全国各地に分布** ……… 43 ***L. palpale*** ヒゲツツガムシ

1(b) 後側毛や胴背毛の性状は異常で，前中毛や前側毛の性状と異なる ……… 2

2(a) 後側毛や胴背毛の側枝は太くて長く *L. pallidum* の胴背毛に似る，感覚毛は異常に長い，背甲板後縁はほぼ直線，胴背毛は数が多く第 2 列は約 15 本前後の個体が多いが長崎

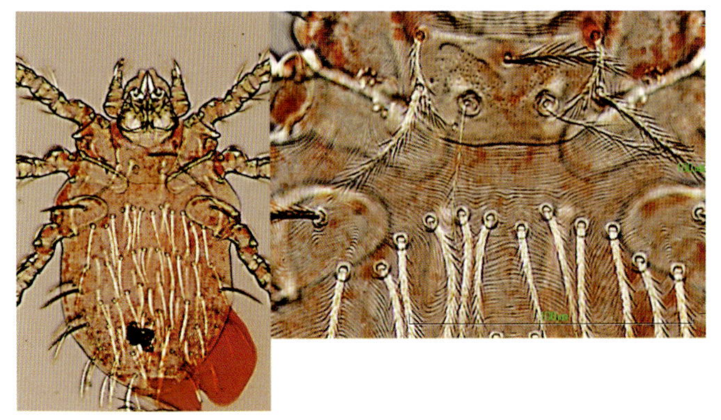

43 ヒゲ　和名の通り胴背毛数が多い

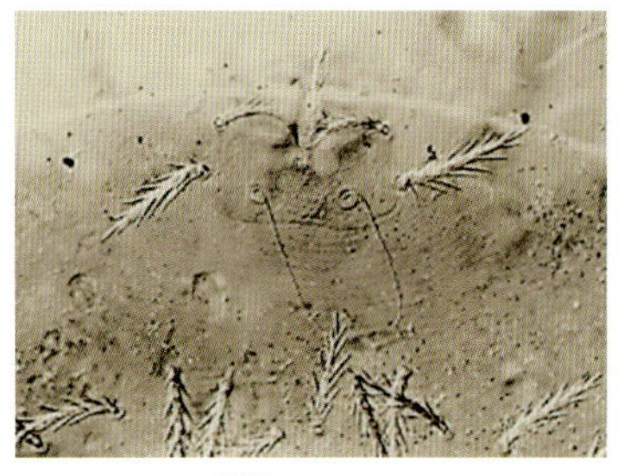

29 ヒミズ

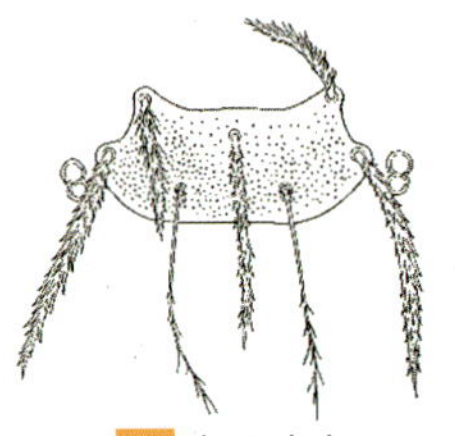

53 ヤスオカ　32 キタオカ

県雲仙産など九州の個体の第 2 列は少なくて 10 本程度（fDS=2+10.8.8.～），AW=59，PW=69，SD=30+12，生時の色：白色，関東以西で記録，ヒミズやモグラに寄生

……………………………………… 29 ***L. himizu*** ヒミズツツガムシ

2(b) 後側毛や胴背毛の側枝は短く，後縁はゆるい弧をなす……………………………… 3

3(a) 背甲板後縁の両隅が突出し，後側毛は極めて長いが側枝は短い（胴背毛も同様），感覚毛は後側毛よりはるかに下方に位置，AW=62，PW=76，SD=30+10，fDS=2+10.8.8.4.4=36，宿主はモグラとヒミズ，四国以外からの報告無し

……………………………………… 53 ***L. yasuokai*** ヤスオカツツガムシ

3(b) 背甲板はほぼ四角形で後隅は突出しない，後縁はゆるやかな弧状，感覚毛は後側毛と同一直線上かやや下，AW=78，PW=90，SD=42+18，fDS=2+8.6.6.4.2.2=30，生時の色：白色，野鼠に寄生，福島県，埼玉県および南西諸島で記録

……………………………………… 32 ***L. kitaokai*** キタオカツツガムシ

d　*fuji* 群

感覚毛の基部に著明な棘あり，背甲板の後側毛の長さは感覚毛と同じか，または長い，感覚毛基根は後側毛基根よりはるかに後方に位置

1(a) fDS=2+8.6.6.4.4.2=32……………………………………………………… 2

1(b) fDS=2+10.10.2.10.6.4.2=46，背甲板は中型（AW=63，PW=63，SD=30+13），生時の色：淡橙色，北陸以西に分布，ハタネズミ亜科に多く寄生

……………………………………… 47 ***L. tanaka-ryoi*** タナカリョウツツガムシ

2(a) 背甲板は小型（AW=48，PW=50，SD=25+12），fDS=2+8.6.6.4.4.2=32，生時の色：淡橙色，

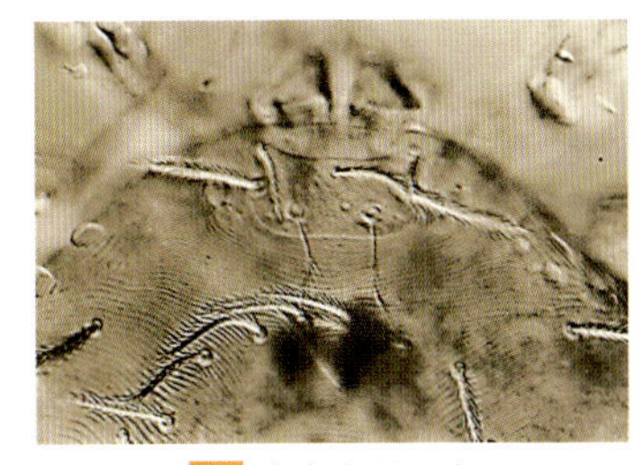
47 タナカリョウ

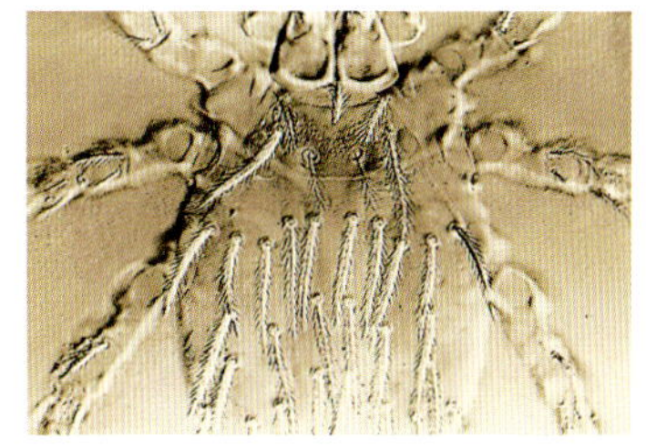
26 フジ

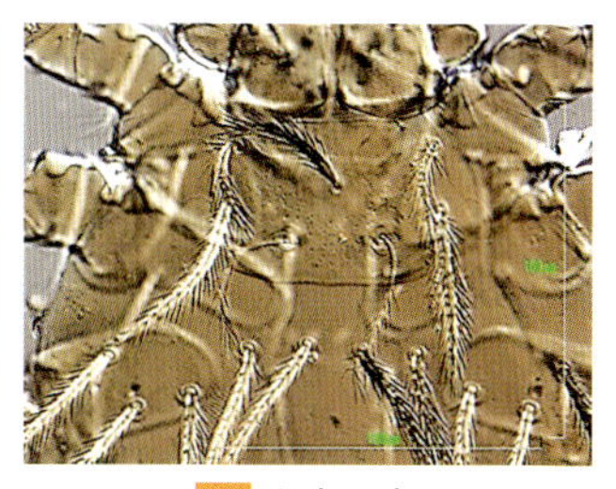
40 トウヨウ

野鼠主体に寄生，**北海道を除く各地の山林で最も多い普通種**
……………………………… 26 ***L. fuji*** フジツツガムシ

2(b) 背甲板は前種より大きい(AW=60, PW=64, SD=31+15), fDS=2+8.6.6.4.4.2=32, 生時の色：淡白色，宿主は主にアカネズミ，対馬で記録 ……… 40 ***L. orientale*** トウヨウツツガムシ

C-4) *Microtrombicula* チビツツガムシ属

1(a) 背甲板後縁中央が突出し，くの字状，各部の剛毛は通常どおり分枝する …………………… 2

1(b) 背甲板後縁はゆるやかな弧，背甲板上の剛毛の全ては分枝しないで単条 …………………… 3

1(c) 背甲板後縁は突出せず直線，各部の剛毛の多くは分枝しないで単条，AW=27, PW=36, SD=18+20, fDS=2+?=34, 生時の色：橙色，コウモリの鼻腔寄生(特にユビナガコウモリ)，福岡県，群馬県，沖縄県西表島(リュウキュウユビナガコウモリ)に記録 ……………………………… 56 ***M. uchidai*** ウチダツツガムシ

2(a) 背甲板後縁は中央が明らかに突出し，背甲板はこの属としては大型(AW=50, PW=67, SD=37+29), fDS=2+6.4.6.4.6.4.4.2=38, ガレア毛は単条，生時の色：淡橙色，青森県のトウヨウヒナコウモリの鼻腔寄生 ……………………………… 57 ***M. tenmai*** テンマツツガムシ

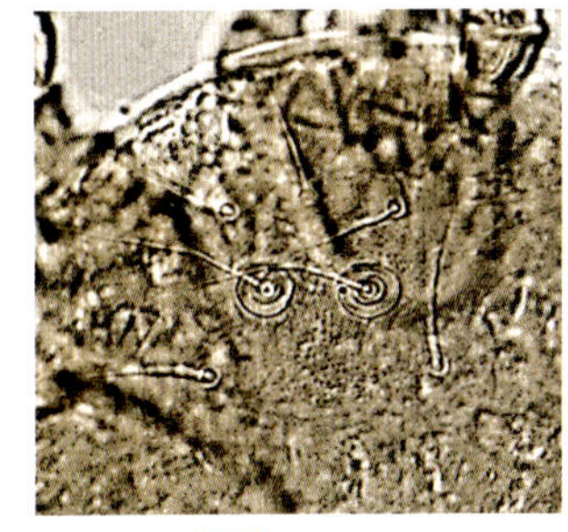
56 ウチダ

57 テンマ
58 ヒナコウモリ

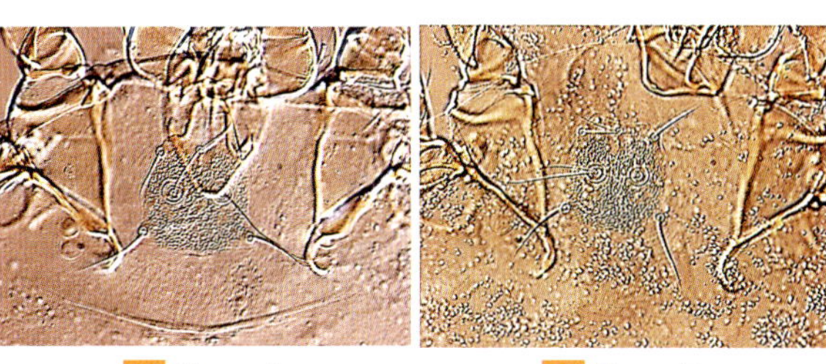
59 *M.* sp. A
60 *M.* sp. B

2(b)　背甲板はほぼ正方形だが後縁中央がやや突出，ガレア毛は単条，AW=31，PW=43，SD=24+21，fDS=2+8.4.6.2-4.6.4.4.2=36-41，生時の色：淡橙色，青森県のトウヨウヒナコウモリの鼻腔寄生……………… 58 ***M. vespertilionis*** ヒナコウモリツツガムシ

3(a)　背甲板後縁は大変緩いカーブ，fDS=2+8,4,6,2-4,2-6,6,4,2=38-40，触肢の毛はBB(N)/NNN，AW=29，PW=39，SD=20+24，生時の色：淡黄色，群馬県水上町でモモジロコウモリ鼻腔に寄生(稀に耳介にみる)……………… 59 ***Microtrombicula*** sp. A

3(b)　背甲板後縁のカーブは前種よりも強い，fDS=2+8,4,6,2,6,4,2=34，触肢の毛はN(B)B(N)/NNN，AW=28，PW=39，SD=20+24，生時の色：淡黄色，群馬県水上町でユビナガコウモリ鼻腔に寄生……………… 60 ***Microtrombicula*** sp. B

C-5) *Toritrombicula* トリツツガムシ属

大半が鳥寄生で背甲板後縁が胴背外皮に埋もれる種もあり，感覚毛基根は後側毛基根の前方

1(a)　触肢の爪は2本に分枝，第3脚跗節に1本の単条毛あり……………… 2

1(b)　触肢の爪は3本に分枝，第3脚跗節に単条毛はないか2本……………… 3

2(a)　胸板毛の配列は2-2(上下とも1対)，胴背毛は約40本，PL>AL>AM，fDS=2+9.10.6.4.4.2=37，AW=84，PW=89，SD=38+19，生時の色：赤，東京近郊の鳥に記録
……………… 61 ***T. anous*** アジサシツツガムシ

2(b)　胸板毛は2–4本(上が1対，下が2対)の配列，胴背毛数は多く約80本で，明確な配列は認めがたい，背甲板が大きいため(AW=81，PW=89，SD=35+32)，後縁中央がやや陥没する，PL>AM>AL，東京近郊で記録，fDS=2+～≧80
……………… 65 ***T. shiraii*** シライツツガムシ

3(a)　第3脚跗節に単条毛2本(微少な1–2本の分枝あり直立亜単条毛とも)，胴背毛数は約100本と多く明確な配列を認め得ない，胸板毛2–6本，背甲板の側縁から後縁は胴背外皮に埋没，AW=77，PW=91，SD=32+?，fDS=4+?≧80，埼玉県の鳥に記録
……………… 62 ***T. blumbergi*** ブルンバーグツツガムシ

3(b)　第3脚跗節に単条毛はない……………… 4

4(a)　背甲板後縁はほぼ直線的，胸板毛2対(2-2)，胴背毛の側枝は短い……………… 5

4(b)　背甲板後縁は弧を描く……………… 6

5(a)　背甲板は大きく長方形で胴背毛が多い，fDS=4+8.8.10.10.8.8.4=60，AW=72，PW=80，SD=35+14，肩甲毛は2対，触肢の毛はBB/NNN，生時の色：橙色，八丈島，奄美大島の各種鳥類から記録……………… 64 ***T. hasegawai*** ハセガワツツガムシ

5(b)　背甲板は長方形だが前種より小さく，胴背毛も少ない，fDS=2H-8(9)-6-6-4-4-2=32-33，AW=67，PW=74，SD=30+14，肩甲毛は1対，触肢の毛はBB/NNN，未吸着幼虫の色：淡黄色，沖縄県西表島の岩礁(アジサシ類がよく止まる)で記録
……………… 66 ***T. lerdthusneei*** レルタスニーツツガムシ

6(a)　背甲板後縁は大きな緩い弧，前縁に肩なし，ガレア毛は単条で触肢の毛はBB/NNN，跗節毛は7B，fDS=2+8.6.8.6.4.2=36，AW=76，PW=93，SD=35+20，胸板毛2-2，奄美

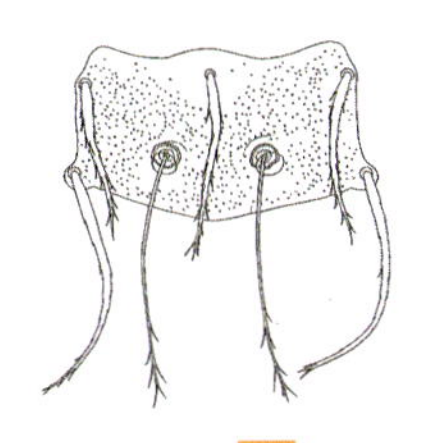
61 アジサシ

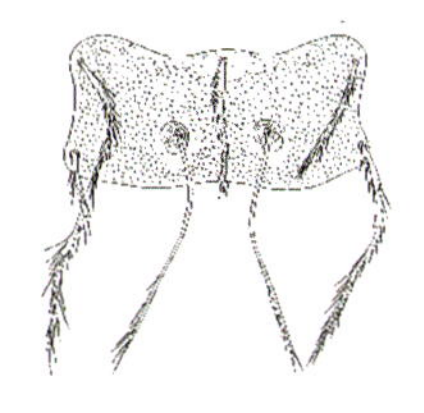
65 シライ

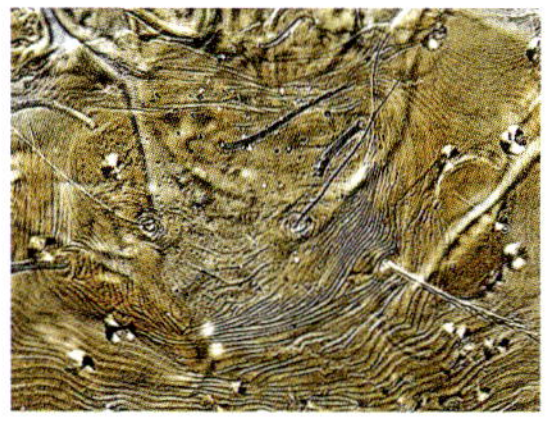
62 ブルンバーグ

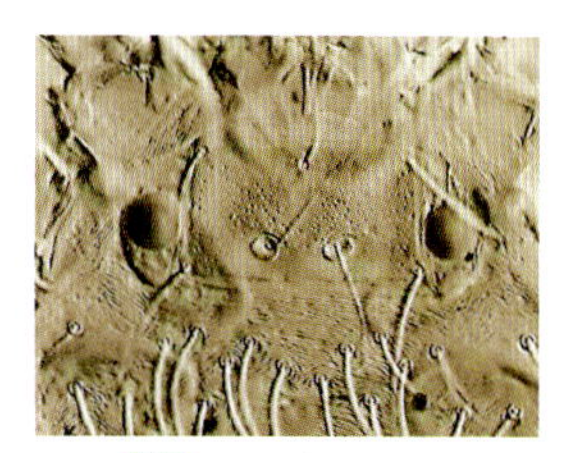
64 ハセガワ

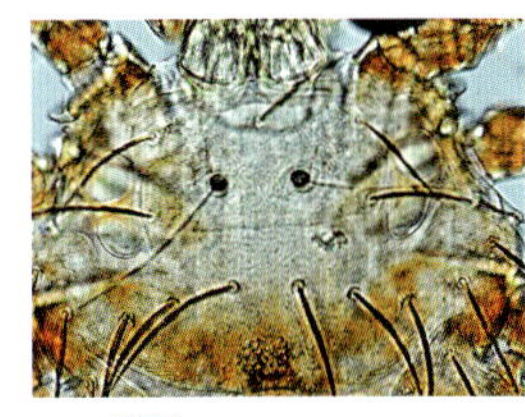
66 レルタスニー

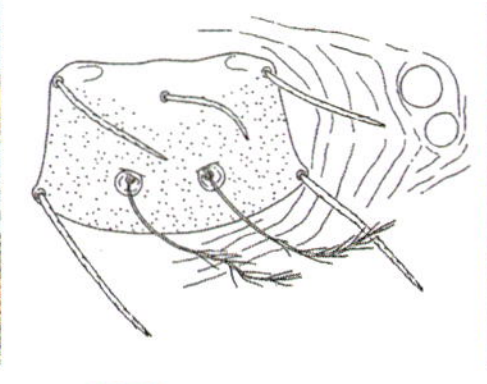
63 シロアジサシ

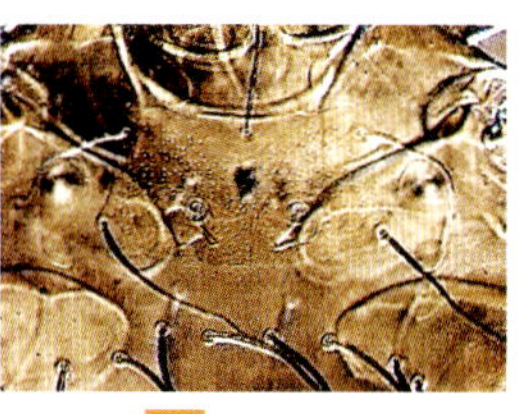
67 *T.* sp. A

大島で記録，宿主はシロアジサシなど ………………… 63 ***T. gygis*** シロアジサシツツガムシ

6(b) 背甲板後縁は緩い弧，前縁に肩，ガレア毛は単条，触肢の毛 BN/NNN，跗節毛は 7BS，fDS=2+10,10,8,6,4,2=42，AW=80，PW=97，SD=35+20，胸板毛 2-2，第 1–3 脚の膝節単条毛は各々 2，1，1，第 3 脚跗節に 1 本の単条長毛，沖縄県国頭郡本部町備瀬崎の岩礁で記録 ………………… 67 ***Toritrombicula*** sp. A

C-6）*Eutrombicula* ナンヨウツツガムシ属

1 感覚毛基根は背甲板のほぼ中央部，fDS=2+6.6.4.2.2=22， ………………… 2

2(a) 背甲板は大型で後縁は大きく湾曲，第 1–3 脚膝節の単条毛はそれぞれ 3，1，1 AW=90，PW=108，PL>AM=AL，生時の色：濃赤色，汎宿主性だがトカゲ，ヘビ，陸産カメ(特にセマルハコガメ)に寄生，夏に発生，伊豆諸島や南西諸島で記録，BN/NNB，4BS，SD=36+40=76 ………………… 69 ***E. wichmanni*** ナンヨウツツガムシ

2(b) 背甲板後縁はナンヨウツツガムシに似るが，触肢第 2 節背面毛が単条であることと SD 値が小さい，第 1–3 脚膝節の単条毛はそれぞれ 3，1，1，触肢の毛は NN/NNN，6BS，SD= 21+32 = 52，PL>AM=AL，生時の色：赤紫色，未吸着幼虫の色は濃い紫色，宿主は各種トカゲ類，南西諸島で記録 ………………… 68 ***E. ablephara*** トカゲツツガムシ

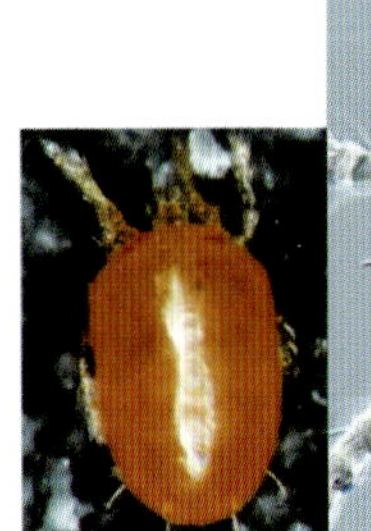
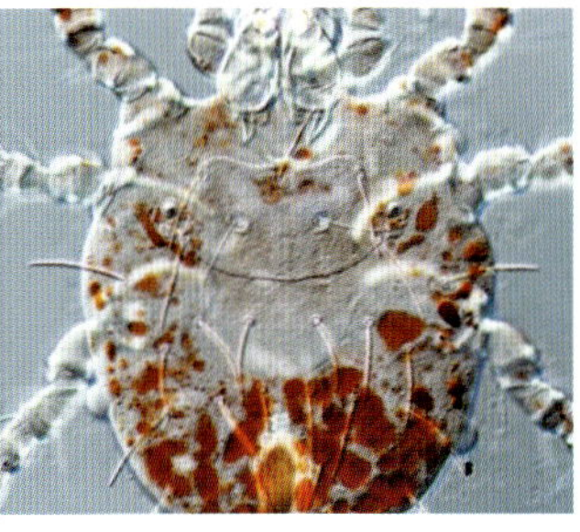
69 ナンヨウ

68 トカゲ

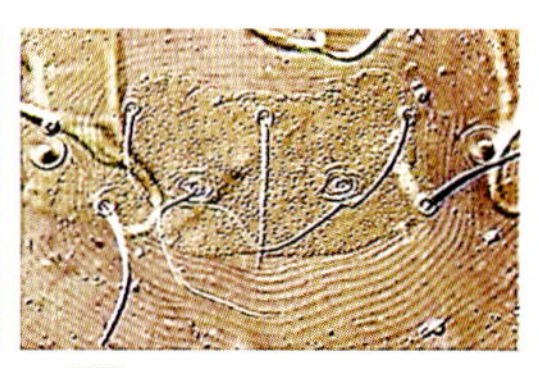
70 ナンヨウウミヘビ

2(c) 背甲板の形態は前2種とほぼ同様だが第1–3脚膝節の単条毛はそれぞれ6, 2, 2と多い, AW=88, PW=103, SD=37+23, 触肢の毛はBN/NNB, 7BS, 背甲板の前側毛, 前中毛, 後側毛の側枝毛は短い, 感覚毛先端1/3に約8本の分岐毛, 第3脚基節毛は前縁に近い, エラブウミヘビ属のエラブウミヘビ, アオマダラウミヘビ, ヒロオウミヘビの体表に寄生, 生時の色：黄色 ……………… 70 ***E. poppi*** ナンヨウウミヘビツツガムシ

C-7) *Siseca* シセカツツガムシ属

1 背甲板はナンヨウツツガムシ属ほど幅広くはなく正方形に近い台形, 感覚毛基根部は前側毛基根部と後側毛基根部を結ぶ線(AP)を4等分した時の上部1/4の線上またはそれより上に位置, ガレア毛は単条で触肢の毛はBN/NNN, 跗節毛は7BS, 第3脚基節毛は前縁から外れる ……………… 2

2(a) 胴背毛数は変異が多く27–34本 ……………… 3

2(b) 胴背毛数の変異は少なく約22–24本 ……………… 4

3 背甲板後縁は緩い弧, 胴背毛数はfDS=2+8.6.4.4.2.2=28を基本に変異しfDS=2+(8-10), (6-8), (4-6), (4-6), (2-4), (0-2)=27-34, (0-2)=27-34, AW=88, PW=95, SD=25+53, 生時の色：淡黄色～淡赤色(未吸着時は赤色), 南西諸島の陸生カニ類に寄生 ……………… 71 ***S. haematocheiri*** ナンヨウカニツツガムシ

4(a) 背甲板はほぼ正方形, 肩は小さく前縁は緩い弧, 後縁は後側毛基根部より緩い弧, シセカツツガムシ属の中で一回り小さい, 感覚毛基根部は前側毛基根部を結ぶ線に近接, fDS=2+6,6,2,4,2=22, AW=86, PW=96, SD=23+50, 前側毛の長さ26, 後側毛の長さ42, 与那国島のヤモリで記録 ……………… 72 ***S. todai*** トダツツガムシ

4(b) 背甲板の肩は大きく前縁はほぼ直線, 側縁, 後縁ともに直線的で正方形に近い形状, 感覚毛基根部は前側毛基根部を結ぶ線に近接, fDS=2+6,6,2,4,2=22, 感覚毛は糸状で全長のうち基部から2/3は平滑, 先端部1/3に4–8本の側枝, AW=94, PW=105, SD=28+55, 後側毛は少し短く42, 生時の色：淡黄色, 伊豆諸島新島, 神津島のシマヘビ, オカダトカゲに寄生 ……………… 73 ***Siseca*** sp. A

4(c) 背甲板の肩は小さく, 前縁はほぼ直線, 側縁, 後縁ともにわずかに内側に湾曲する, 感覚毛基根部は前側毛基根部を結ぶ線に近接, fDS=2+6,6,2,2,4,2=24, 感覚毛は糸状で

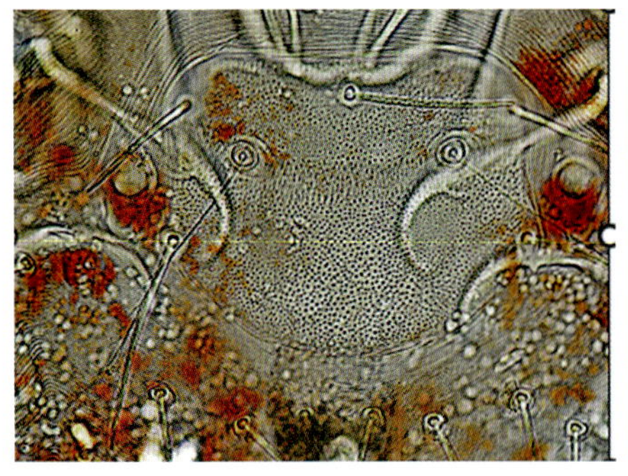

71 ナンヨウカニ

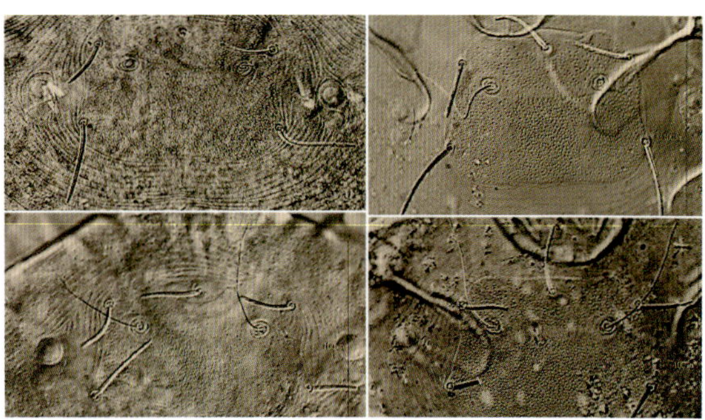

72 トダ（左上）／73 ***S.*** sp. A（右上）／74 ***S.*** sp. B（左下）／75 ***S.*** sp. C（右下）

全長の先端部 1/3 に 6–8 本の側枝をもつ，AW=87，PW=102，SD=24+53，後側毛は短く 37，生時の色：淡黄色，鹿児島県トカラ列島のヤモリで記録 ………… 74 ***Siseca*** sp. B

4 (d) 背甲板の肩は大きく前縁はほぼ直線，側縁は内側に緩い弧，後縁は緩い弧だが中央部がわずかに内側に湾曲，感覚毛基根部は AP を 4 等分した上部 1/4 の線上，感覚毛は糸状で 8–10 本の側枝を持ち，基根部より 1/2 程度の長さまでは平滑で，その上から側枝あり，後側毛は長く 48-54，fDS=2+6,6,2,4,2=22，腹面毛数は 16–18 本，AW=89，PW=106，SD=25+52 奄美大島のリュウキュウアオヘビ寄生 ………………… 75 ***Siseca*** sp. C

C-8）*Miyatrombicula* ミヤツツガムシ属

1 (a) 第 3 脚基節毛は前縁に 9 本，背甲板後縁は後側毛基根部から約 45 度の角度で直線的に後方にのびて幅が狭まる，そのため後縁は強く突出するが後端は丸味をおびる，胴背毛の側枝は密生し長い，近畿以西の各地から奄美大島まで記録，野鼠主体に寄生，生時の色：橙赤色，AW=64，PW-76，SD=38+35，fDS=?+?=80-90
………………………………………………………… 77 ***M. kochiensis*** コウチツツガムシ

1 (b) 第 3 脚基節毛は前縁に 5 本 ………………………………………… 2

1 (c) 第 3 脚基節毛は前縁に 3 本 ………………………………………… 3

2 (a) 背甲板後縁中央部は角度をなして突出する，感覚毛基根は後側毛基根よりやや前方に位置，生時の色：淡黄色，AW=73，PW=86，SD=40+38，fDS=2+?=55-60，PL>AM>AL，宿主は奄美大島のアマミノクロウサギなど
………………………………………………………… 78 ***M. okadai*** オカダツツガムシ

2 (b) 背甲板後縁中央部はほぼ 90 度の角度をなして突出，感覚毛基根は後側毛基根より下方，生時の色：黄白色，AW=63，PW=73，SD=28+29，fDS=2+?=60-70，PL>AM>AL，北海道の野鼠に寄生 ………………………… 76 ***M. esoensis*** エゾツツガムシ

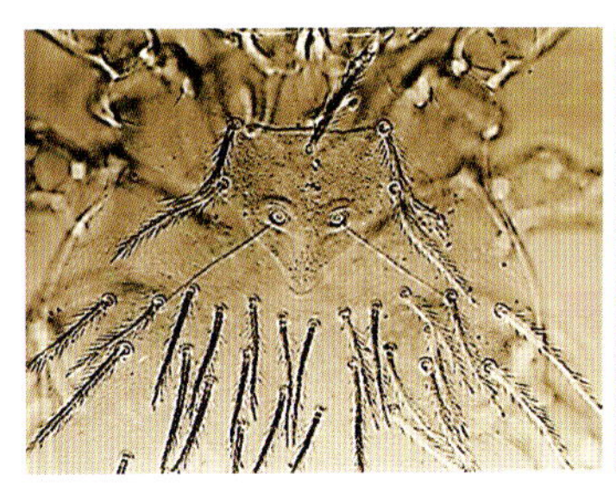

77 コウチ

78 オカダ

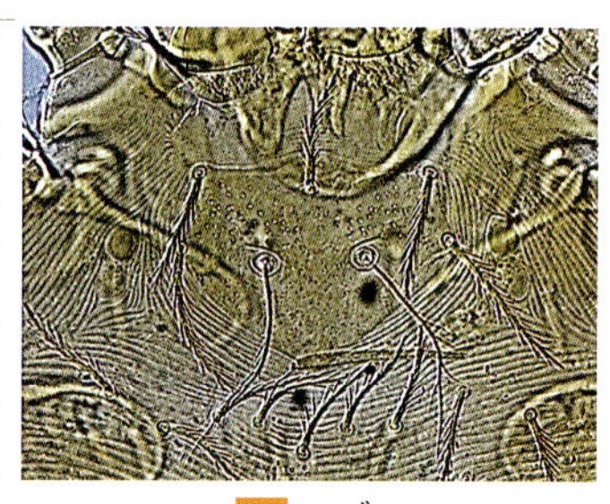

76 エゾ

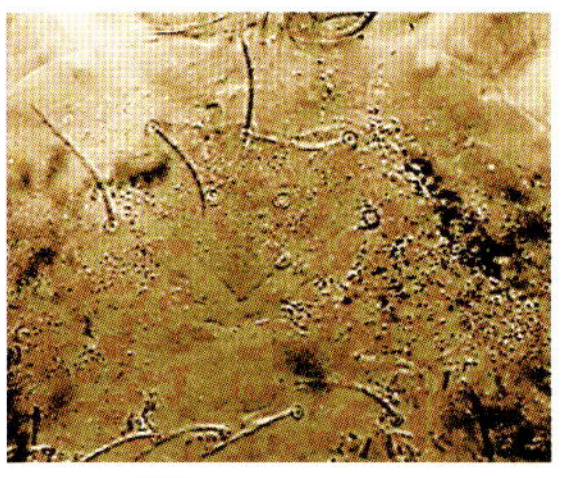

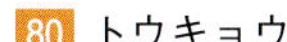

80 トウキョウ

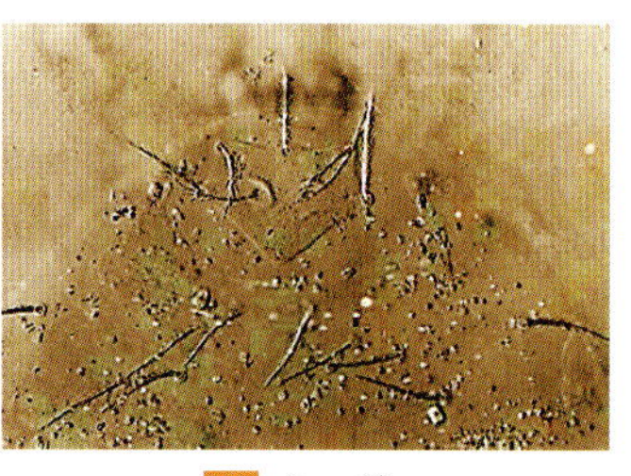

79 クマダ

3(a) 背甲板後縁中央部の突出部の先端は鋭角，感覚毛基根は後側毛基根の前方，背甲板は大きい(AW=61，PW=79，SD=23+33)，fDS=2+12.13.10.9.6.4.2=58，生時の色：黄白色，宿主は関東地方のムササビのほか，ヤマネなど福島県で記録があるといわれる ……… 80 ***M. tokyoensis*** トウキョウツツガムシ

3(b) 背甲板は前種に似るが小型(AW=53，PW=67，SD=20+27)，感覚毛基根は後側毛基根とほぼ同一線上，PL>AM>AL，fDS=2+12.10.8.8.6.4=50，生時の色：淡橙色，宿主はヤマネ，青森県で記録 ……… 79 ***M. kumadai*** クマダツツガムシ

C-9) *Sasatrombicula* ササツツガムシ属

背甲板後縁の突出は弱く側縁が内側に湾曲，第3脚跗節に単条長毛なし，感覚毛基部に著明な棘，側枝は細長い，触肢跗節毛5B，眼は2対，AW=62，PW=64，SD=32+24，fDS=2+14.10.8.8.6.4=52，生時の色：乳白色，埼玉，京都や福岡県のコウモリから記録 ……… 81 ***S. koomori*** コウモリツツガムシ

C-10) *Chiroptella* コウモリツツガムシ属

1(a) 背甲板の前中毛基根は前側毛基根を結ぶ線よりわずか上に位置，感覚毛基根は後側毛基根を結ぶ線よりわずか上に位置，触肢の毛はNN/NNN，眼は2対，AW=71，PW=81，SD=43+13，fDS=2+18-21,11-13,11-12,8-11,6,4,2=62-68，生時の色：やや緑がかった黄色，西表島のカグラコウモリから記録 ……… 82 ***Chiroptella*** sp. A

1(b) 背甲板の前中毛基根は前側毛基根を結ぶ線よりわずか下に位置するため前縁はわずかに湾曲，感覚毛基根は後側毛基根を結ぶ線上に位置，触肢の毛はNN/NNN，眼は2対，AW=70，PW=84，SD=44+13，fDS=2+16-17,11-13,11-12,9-10,6,4,2=62-66，前種と酷似するが体色が違う，生時の体色：淡黄色，沖縄県沖縄島北部のオキナワコキクガシラコウモリから記録 ……… 83 ***Chiroptella*** sp. B

C-11) *Ancoracarus* イカリツツガムシ属

背面中央部の胴背毛の形状が錨状，その周囲の胴背毛は通常毛，背甲板後縁が突出，感覚毛基根を囲むような領域が存在，感覚毛基根部は後側毛基根部を結ぶ線よりやや下に位置，第3脚跗節に単条長毛なし，第1–3脚の膝節単条毛は各々9–11，7，7本と多い，生時の体色：赤色，エラブウミヘビ属の体表の鱗の下に寄生，1属1種 ……… 84 ***A. hayashii*** ハヤシイカリツツガムシ

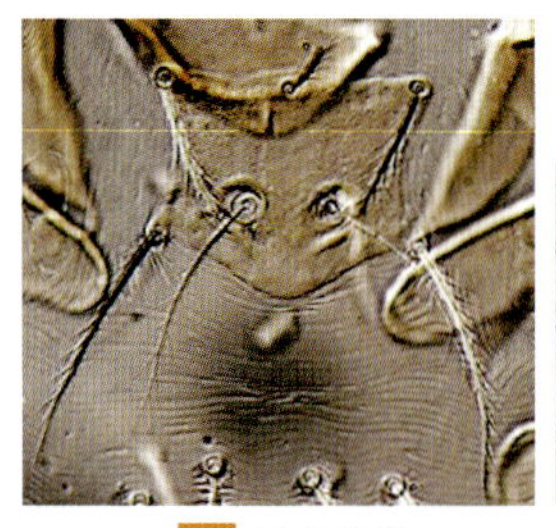

81 コウモリ

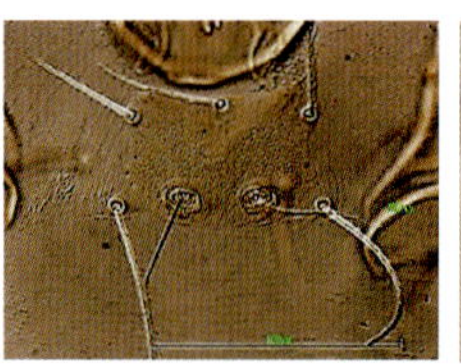

82 C. sp. A

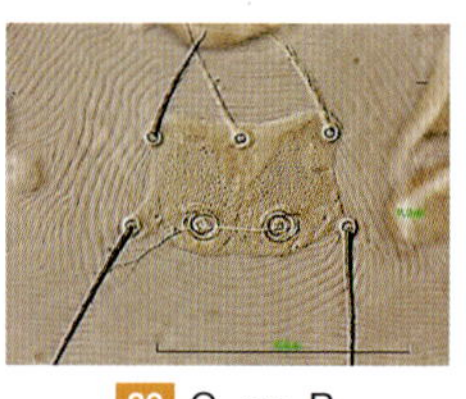

83 C. sp. B

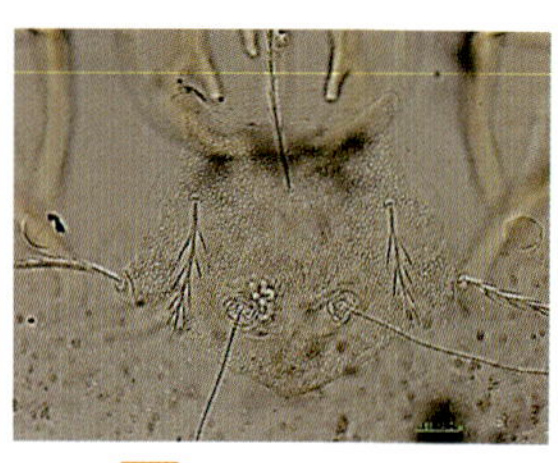

84 ハヤシイカリ

C-12）*Neotrombicula* アキダニ属

本属は背甲板が五角形をなし後援が舌状に突出，第3脚跗節に1–3本の単条長毛を持つことが大きな特徴

1(a) 第3脚跗節に1本の単条長毛を持つ ………… 2(*autumnalis* 群)

1(b) 第3脚跗節に2本，腿節，脛節にも各1本の単条長毛を持つ ………… 4(*microti* 群)

1(c) 第3脚跗節に3本，脛節に1本の単条長毛を持つ ………… 5(*bisignata* 群)

2(*autumnalis* 群)

2(a) 肩甲毛2対，背甲板は大型(AW=82，PW=100，SD=38+24)，感覚毛は後側毛よりやや後方，PL>AM>AL，fDS=4+6.6.6.6.4.2.2=36，生時の色：赤色，汎宿主性で全日本に分布，晩秋から春にかけて採集される ………… 85 ***N. japonica*** **ヤマトツツガムシ**

2(b) 肩甲毛1対，背甲板は前種より小さくAWは約70ぐらい ………… 3

3(a) fDS=2+8.10.2.10.4.6.2=44，感覚毛には明らかに側枝がある，背甲板は中型(AW=72，PW=89，SD=27+29)，生時の色：橙赤色，宿主は野鼠が主体，本州中部以北に分布，夏から初秋にかけて採集されることが多い，後側毛が2対などの変異あり ………… 88 ***N. nagayoi*** **ナガヨツツガムシ**

3(b) 胴背毛数は少なくfDS=2+6.8.6.6.4.2=34で，感覚毛には微小な側枝が2–3あるが単条に近い，胴背毛2–6–8—が特徴的，感覚毛基根部は後側毛基根部を結ぶ線より明らかに上に位置，ガレア毛は単条，触肢の毛はBB/NNB，触肢跗節は7BS，AW=68，PW=83，SD=30+25，ニホンジカに寄生，生時の体色：赤色，千葉県，神奈川県で記録 ………… 89 ***N. nogamii*** **ノガミツツガムシ**

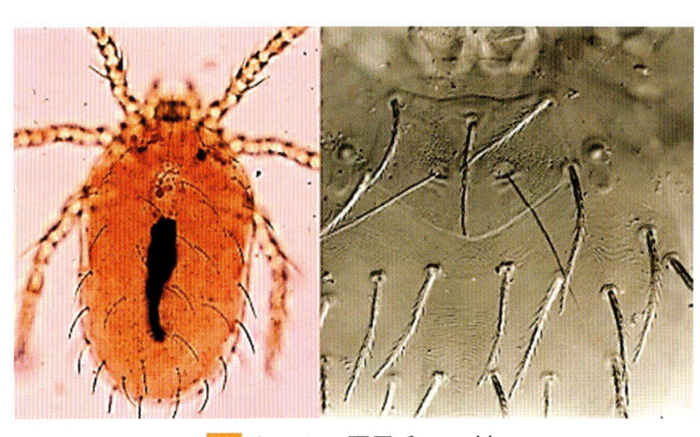

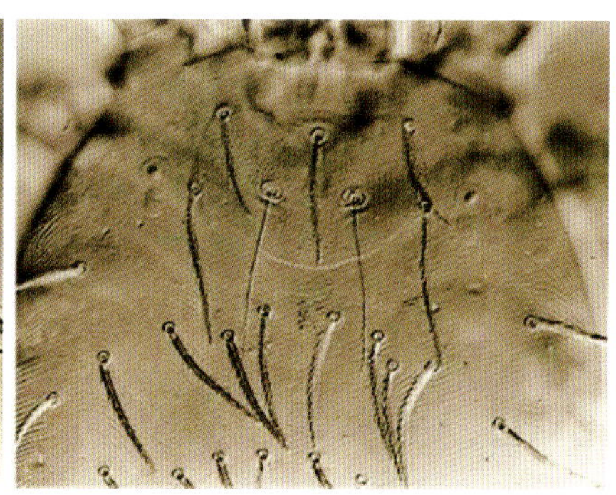

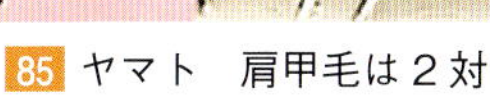

85 ヤマト　肩甲毛は2対

88 ナガヨ

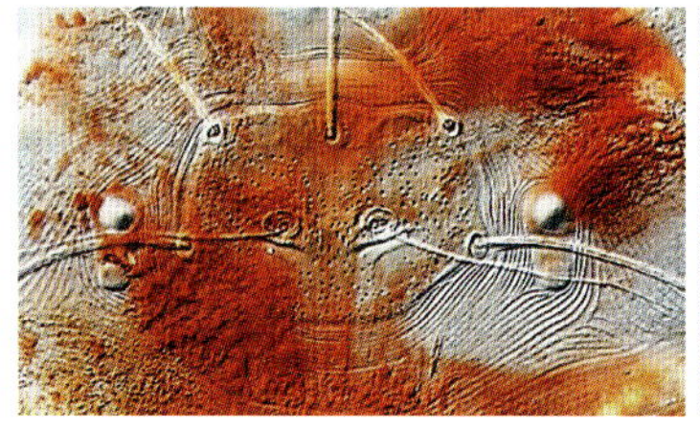

89 ノガミ

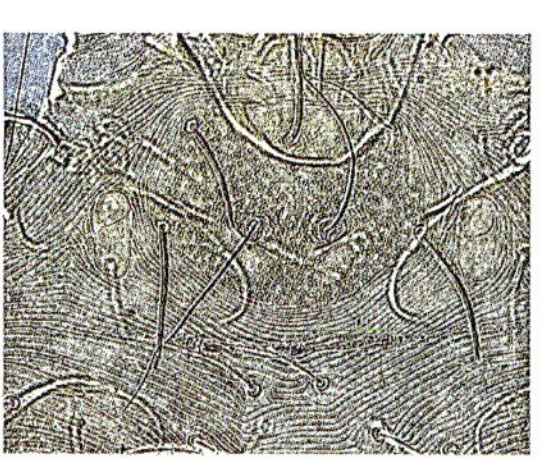

92 テウリ

3(c) 胴背毛数は少なく fDS=2+8,6,6,4,4,2=32，感覚毛は単条，感覚毛基根部は後側毛基根部を結ぶ線よりわずか上に接する，ガレア毛は単条，触肢の毛は BB/NNB，触肢跗節は 7BS，AW=67，PW=87，SD=38+25，北海道天売島のウトウの巣材から記録，生時の体色：淡い赤色 ……… 92 ***N. teuriensis*** テウリツツガムシ

4(*microti* 群)

4(a) 胴背毛数は少なく fDS=2+6.6.6.4.4.2=30，背甲板後縁は緩い弧状，感覚毛は中央部に多くの側枝，PL>AM>AL，AW=70，PW=91，SD=35+26，生時の色：赤色，野鼠寄生，北海道のほか東北～白山山系までの高山帯で夏期にみる
……… 86 ***N. microti*** ダイセツツツガムシ

4(b) 胴背毛数は多く fDS=2+10.2.8.8.6.4.2=42，感覚毛はほとんど単条で基部に微小な棘を持つ，PL>AL>AM，AW=85，PW=113，SD=43+33，野鼠寄生，北海道，青森県(夏期)で記録(注：第 2 脚基節毛 1 本の基本型 *pomeranzevi* type は北海道と青森県下北半島，同 2 本の変異型 *bibai* type は北日本～中部山岳で記録され別種の可能性あり
……… 90 ***N. pomeranzevi*** ホッコクツツガムシ

5(*bisignata* 群)

5(a) 第 3 脚基節は丸みをおびて卵形，感覚毛側毛は中央部に数本のみ，感覚毛基根は背甲板の前後径のほぼ中央，PL>AL>AM，生時の色：橙色，野鼠類とくにヒミズ寄生，関東以西の山林で記録(胴背毛と背甲板の変異で下記 3 型がいわれる)
……… 87 ***N. mitamurai*** ミタムラツツガムシ

・肩甲毛 2 対，fDS = 4 +10(11),2,8-10,2,8-10 … = 49-54，AW=55-57，PW=78-84，富士山麓，伊豆半島，房総半島などで記録 ……… forma ***mitamurai***

86 ダイセツ

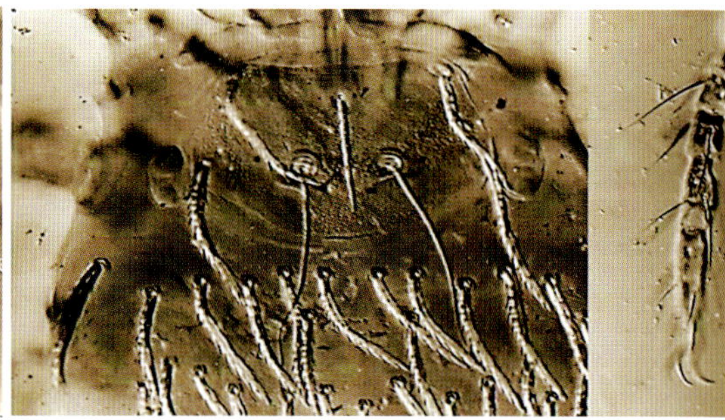

90 ホッコク　本属の第３脚単条長毛の本数は種群ごとに異なる

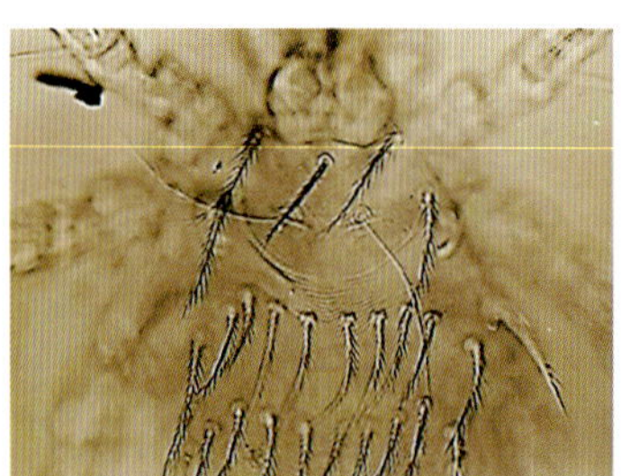

87 ミタムラ

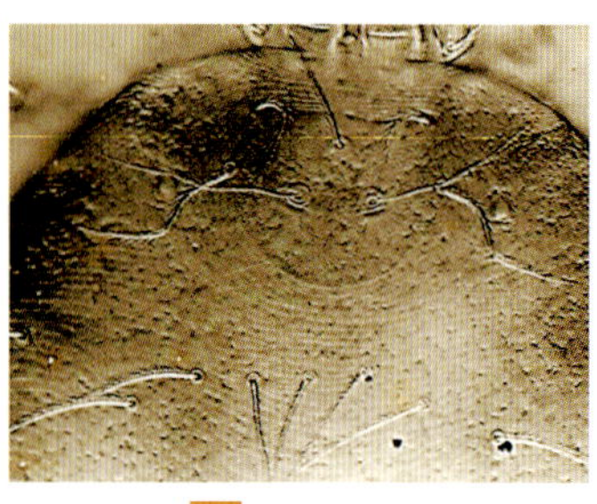

91 タミヤ

・肩甲毛は1対，fDS = 2+8,6,6,6,2-4 = 32-34，背甲板は大きく，AW = 58-65，PW = 81-92，和歌山・三重県などで記録……forma ***kii***

・肩甲毛1対，fDS = 2+10,8-10,2,8-10,6,4,2=42-46，背甲板はやや小型，AW=53-62，PW = 70-83，広島・三重・大分県で記録……forma ***hiroshima***

5(b) 第3脚基節は通常(細長い)，感覚毛の側毛は末端側2/3に多い，感覚毛基根は背甲板の前後径の中央より前方(SD=29+30)，生時の色：赤色，AW=66，PW=80，SD=29+30，PL>AM>AL，fDS=2+8-12.8-11.8-12.6-9.4-6.2=43-56，全国的に分布，野鼠へ寄生数は少なく密度は低いと思われたが，伊豆諸島オカダトカゲ1頭あたりで数百の寄生例から爬虫類嗜好性の可能性あり……91 ***N. tamiyai*** タミヤツツガムシ

C-13) *Blankaartia* ブランカルティーツツガムシ属

顎体部の基節や脚基節に点状紋理が線状に不規則に配列，背甲板前縁に肩，前縁中央がやや凹む(日本産では逆にやや膨らむ)，前側毛と前中毛はほぼ同一直線上(日本産では前中毛の方が上)，後縁中央が著しく鈍角に突出，触肢の毛はBB/NNB，触肢跗節は7BS，爪は3分枝，ガレア毛は単条，脚基節毛は1.1.1，胸部毛は2対，PL>AM>AL，AW=70-84，PW=76-87，SD= 約70，fDS=2+6.6.6(5).4(3).2=26(25)，鹿児島県トカラ列島中之島で夏にニホントカゲ(現在はオキナワトカゲ)から記録

……93 ***B. acuscutellaris*** アクスクテラリィーツツガムシ

C-14) *Eltonella* エルトンツツガムシ属

背甲板は後縁中央が舌状に突出，第3脚跗節に1本の単条長毛を持つため，*Neotrombicula* アキダニ属 *autumnalis* 群に酷似するが，本属の触肢跗節毛が6Bであることにより区別される

1(a) 胴背毛数は少なく，fDS=2+6.6.6.4.4.2=30，AW=63，PW=78，SD=23+25，ガレア毛は単条，感覚毛は後側毛より前方から生じる，第3脚膝節・脛節には単条毛なし，生時の色：淡橙色または乳白色，主に初秋に野鼠に寄生，カナヘビからも記録あり(*Neotrombicula sadoensis* は本種のsynonymと考えられる)……94 ***E. ichikawai*** イチカワツツガムシ

1(b) 胴背毛数は少なく，fDS=2+7(6).8.2.8.4.2=33(32)，ガレア毛は単条，感覚毛は後側毛とほぼ同一線上から生じる，第3脚膝節や脛節にそれぞれ1本の単条毛あり，背甲板

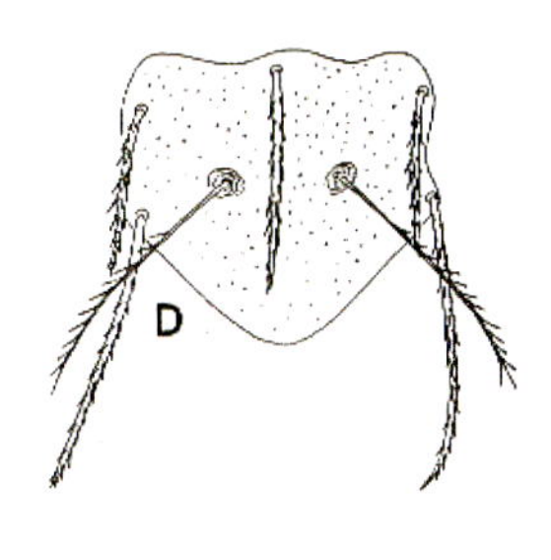

93 アクスクテラリィー

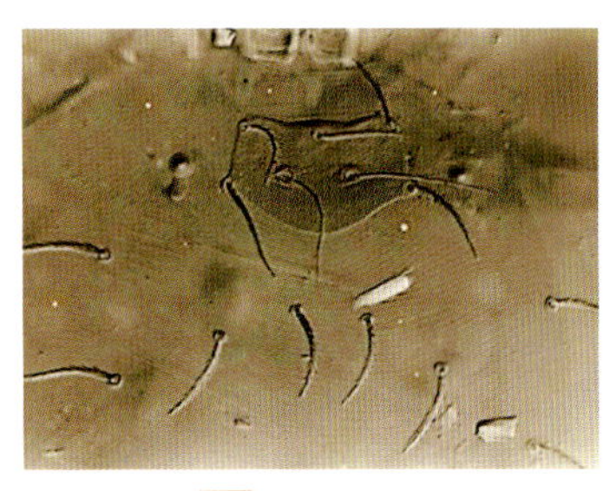

94 イチカワ

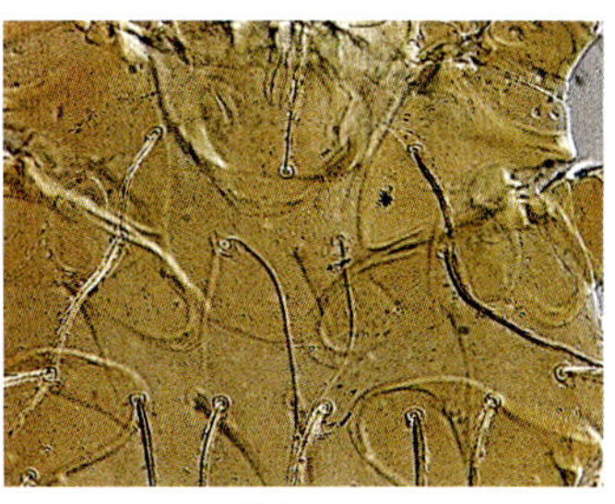

95 ヤギ

は前種に比べて大きい(AW=75, PW=98, SD=38+33), PL>AM>AL, 生時の色:淡橙色, 京都府のオオミズナギドリの巣坑道から記録 ……………………… 95 ***E. yagii*** ヤギツツガムシ

D-1) *Mackiena* マッキータマツツガムシ属

1(a) 感覚毛基根は後側毛基根のほぼ同一直線上に位置, 背甲板後縁はやや丸みをおびる, fDS=2+6.6.6.6.4.2=32, AW=57, PW=84, SD=21+21, 三宅島から西南日本で記録, 鳥寄生 ……………………… 97 ***M. todai*** トダタマツツガムシ

1(b) 感覚毛基根は後側毛基根の線より明らかに上に位置 ……………………… 2

2(a) 肩甲毛2対, 背甲板はやや四角形, 後縁は後側毛基根の線上近くまで湾入, また側縁も内側に湾入するため, 後側毛基根で角度を作るが, その後端は丸みをおびる, fDS=4+6.6.4.2.4.2=28, AW=65, PW=82, SD=25+23, 埼玉県で鳥類から記録 ……………………… 96 ***M. smadeli*** スマーデルタマツツガムシ

2(b) 肩甲毛1対, 背甲板は幅広の亜四角形, 後縁はわずかに弧をなす, 胴背毛数は48本以上で前種に比べて数が多い, fDS=2+?≧48, AW=50, PW=73, SD=16+21, 宿主は鳥類, 埼玉・島根・高知・宮崎県などで記録 ……………………… 98 ***M. sugiharai*** スギハラタマツツガムシ

D-2) *Cordiseta* コルディセタタマツツガムシ属

後側毛が背甲板を外れる点が大きな特徴, 背甲板はほぼ長方形, 側縁は後縁に向かってやや細まる, PL>AM>AL, 感覚毛は球状, 触肢先端の爪は3分枝, 触肢の毛はBB/BBB, 触肢跗節毛は4B, 第3脚基節毛は3本が多いが4本の個体もあり, 第2, 3脚のすべての節に単条毛がない, AW=43, PW=55, SD=23+20, fDS=2+18-20.10-

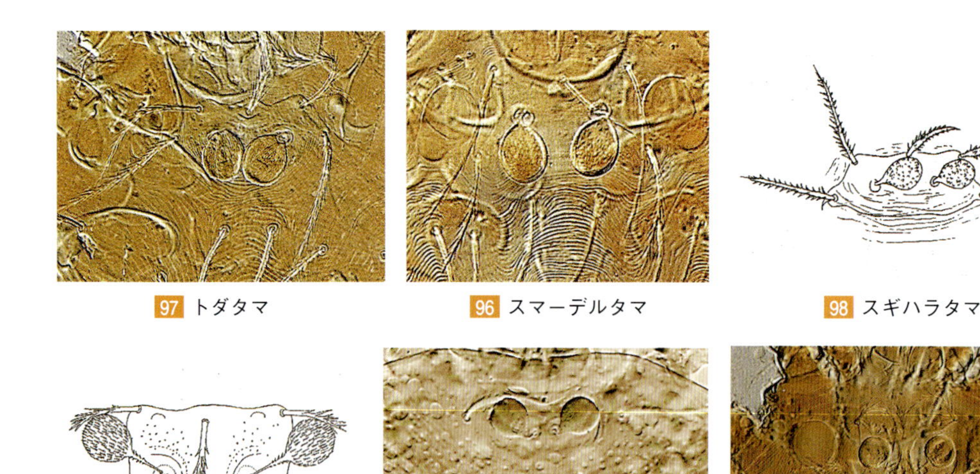

97 トダタマ　96 スマーデルタマ　98 スギハラタマ

99 ナカヤマタマ　101 ミヤガワタマ　100 ベイリスタマ

12.6.8.8.4=54-60，アマミノクロウサギに特異的に寄生，奄美大島で記録
……… 99 ***C. nakayamai*** **ナカヤマタマツツガムシ**

D-3）*Helenicula* ヘレンタマツツガムシ属

この属のツツガムシの背甲板は露出している，宿主の範囲は広く哺乳類，鳥類など

1(a) 脚基節毛は 1-1-2，第 3 脚基節毛のうち外側の 1 本は前縁に生じ，感覚毛基根は後側毛基根より下方に位置，触肢第 2，3 節背面毛と第 4 節側縁毛および腹面毛は分枝，その背面毛は単条（時に分枝）(BB/N(B)BB)，爪は 3–5 本に分枝，AW=61，PW=81，SD=28+11，fDS=4+8.6.9.10.4.4.2.2=49（しばしば列に乱れ），生時の色：橙赤色，地上徘徊性の鳥類やタヌキやキツネなど哺乳類に寄生（ノウサギで数千の寄生例あり）
……… 101 ***H. miyagawai*** **ミヤガワタマツツガムシ**

1(b) 脚基節毛は 1-1-1，前側毛，前中毛，後側毛の側枝は太く長い，感覚毛基根は後側毛基根とほぼ同一直線上，触肢の毛は BB/NBB，触肢の爪は 3 分枝，背甲板には線状紋理があるため，後縁が不鮮明，胴背毛数は前種に比して約 120 本で著しく多い，AW=52，PW=67，SD=32+?，鳥類特にチドリ類に寄生，熊本県で記録
……… 100 ***H. baylissi*** **ベイリスタマツツガムシ**

D-4）*Euschoengastia* オウギタマツツガムシ属

1(a) 感覚毛基根は後側毛基根より前方，背甲板は長方形，背甲板後縁中央がわずかに凹む，感覚毛は球状，第 3 脚脛節に 1 本の単条毛，触肢の爪は 3 本に分枝，第 3 脚基節毛は前縁より後方から生じる，触肢の毛は BB/NNN，触肢跗節毛は 7B，新潟県粟島のオオミズナギドリの巣坑道から記録（夏期），AW=53，PW=69，SD=22+12，fDS=2+6.6.2.6.6.4.2=34 ……… 104 ***E. suzukii*** **スズキタマツツガムシ**

1(b) 感覚毛基根は後側毛基根より後から生じる ……… 2

2(a) 背甲板は横に細長く，後縁は扇状に弧を描く，感覚毛はシャモジ状，AW=63，PW=95，SD=26+9，fDS=2+10.12.8.6.2.2.2=44，3 脚とも単条毛なし，触肢の毛は BB/BNB，触肢の爪は 5 分枝，第 3 脚基節毛は前縁より後方から生じる，生時の色：白色，野鼠に寄生，西南日本に偏るが，青森県まで散在的に分布
……… 102 ***E. alpina*** **アルプスタマツツガムシ**

2(b) 背甲板後縁は前種ほどではないが後縁中央がわずかに凹む，感覚毛は球状，第

104 スズキタマ

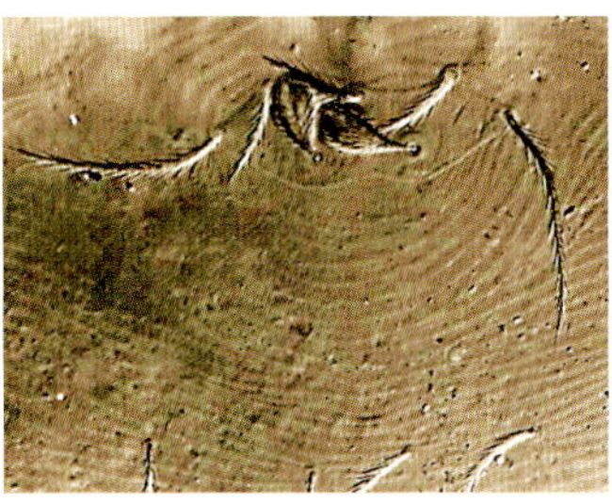

102 アルプスタマ

103 コウライタマ

3脚脛節に1本の単条毛，触肢の毛はBB/NNB，AW=64，PW=86，SD=23+11，fDS=2+12.12.12.6.6=50，触肢の爪は5分枝，第3脚基節毛は前縁から生じる，野鼠に寄生，対馬で記録 ………………………… 103 ***E. koreaensis*** **コウライタマツツガムシ**

D-5）*Doloisia* ドロシータマツツガムシ属

1(a) 背甲板の後縁と側縁は外皮におおわれる，背甲板前縁が突出し亜三角形，前側毛は極めて短小，後側毛基根は外皮に覆われる，AW=44，PW=81，SD=28+23，fDS=4+6.2.6.6.6.2=32，コウモリの鼻腔に寄生，奄美大島で記録
………………………… 108 ***D. synoti*** **コウモリタマツツガムシ**

1(b) 背甲板の後縁と側縁は外皮におおわれない ………………………… 2

2(a) 背甲板前縁中央がかなり突出して亜三角形，前中毛基根部は前側毛基根部を結ぶ線よりも明らかに上に位置する ………………………… 3

2(b) 背甲板前縁はゆるやかな弧でやや隆起する程度，前中毛基根部は前側毛基根部を結ぶ線よりわずか上に位置する ………………………… 4

3(a) 感覚毛は球状，胸部毛3対，触肢膝節背面毛が分枝，第1脚基節毛4–5本，第3脚基節毛12–14本，AW=25，PW=53，SD=23+25，fDS=4+8.10.10.6.2.2.2=44，野鼠に寄生，奄美大島で記録 ………………………… 110 ***D. zentokii*** **ゼントキタマツツガムシ**

3(b) 感覚毛はシャモジ状，胸部毛2対，触肢膝節背面毛が単条，第1脚基節毛2本，第3脚基節毛約18本，AW=25，PW=58，SD=26+18，fDS=4+8.4.10.6.6.2.4=44，ヒミズやアカネズミに寄生，西南日本に散在 ………………………… 106 ***D. okabei*** **オカベタマツツガムシ**

4(a) 背甲板前側毛基部に凹みがあるため，前側毛が背甲板から離れて位置するように見える，前中毛は前側毛基根を結ぶ線よりやや上にあるため，背甲板前縁中央がやや隆起している，感覚毛はシャモジ状，AW=33，PW=58，SD=23+18，fDS=4+10.8.8.8.2=40，

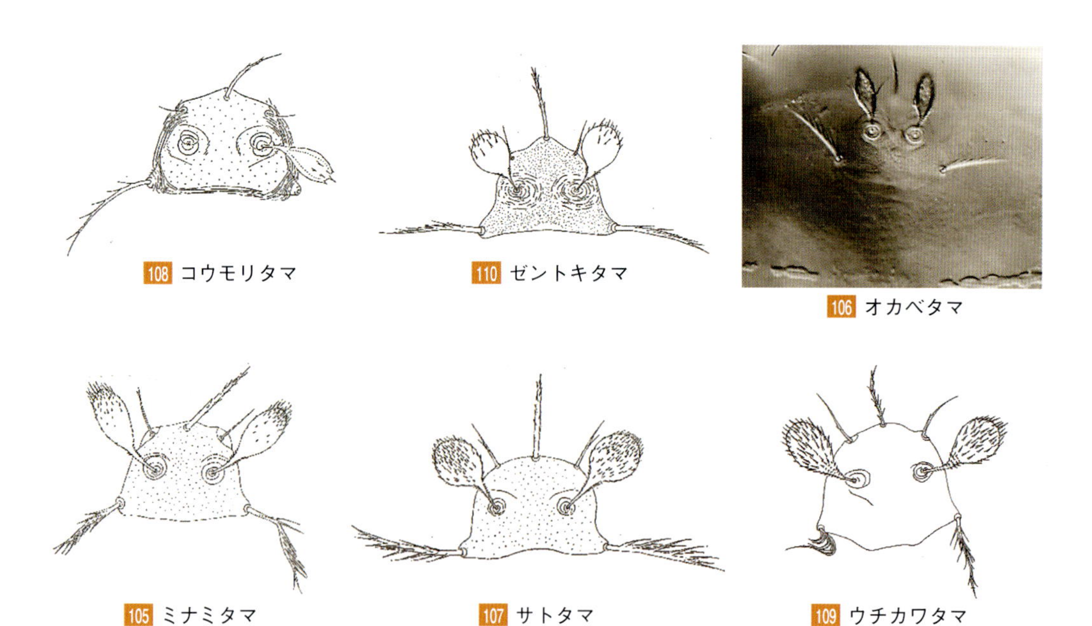

108 コウモリタマ　110 ゼントキタマ　106 オカベタマ

105 ミナミタマ　107 サトタマ　109 ウチカワタマ

生時の色：白色，宿主は野鼠，奄美大島で記録
……………………………………………………………… 105 ***D. minamii*** ミナミタマツツガムシ

4(b) 背甲板前側毛基部は背甲板上に位置，背甲板前縁は緩やかな弧状で隆起，感覚毛は球状 ……………………………………………………………………………………… 5

5(a) 背甲板後縁中央はわずかに凹む, 第3脚基節毛は10–12本, 第2脚腿節には単条毛なし, AW=25, PW=45, SD=15+15, fDS=4+1.8.6.6.2.2=38, 生時の色：白色, アマミノクロウサギに寄生, 奄美大島で記録 ……………………… 107 ***D. satoiana*** サトタマツツガムシ

5(b) 背甲板後縁は不規則に突出する，第3脚基節毛は約15本，第2脚腿節には1本の単条毛あり，AW=21，PW=25，SD=(18-23)+(18-20)=36-41，fDS=4+10(14).8(10).8(10).8.2=40-48，鹿児島県と大分県の土壌から記録
……………………………………………………………… 109 ***D. uchikawai*** ウチカワタマツツガムシ

D-6) *Cheladonta* トゲタマツツガムシ属

背甲板は横に大変細長く，後縁は緩い弧，感覚毛はシャモジ状で後側毛よりやや前方に位置，前中毛は背甲板の前縁，触肢の毛は全て分枝(BB/BBB)，触肢先端の爪は4–7本に分枝，ガレア毛は単条，AW=53，PW=66，SD=18+16，fDS=4+12.12.2.10.6.2=48，第3脚基節の形はミタムタツツガムシに似て丸い，基節毛は1本で前縁に生じる，脚に単条長毛はない，生時の色：白色，主に野鼠寄生で関東以西に散在 ……………………………………… 111 ***C. ikaoensis*** イカオタマツツガムシ

D-7) *Schoutedenichia* シャウテデンタマツツガムシ属

1(a) 背甲板は台形に近い四角形で側縁と後縁ともに凹む，後隅角に丸み，前側毛の側枝は前中毛や後側毛と異なり太くて長い，感覚毛は球状，触肢の毛はBB/NNB，触肢跗節毛は4B，AL>PL>AM，AW=47，PW=71，SD=20+32，fDS=8+?≧120，海鳥寄生，沖縄県から記録 ……………………………… 113 ***S. atollensis*** アトルタマツツガムシ

1(b) 背甲板は横長の扇形，背甲板前縁は内側に凹んだゆるい弧状，後縁は下方にゆるい弧状，前側毛，前中毛，後側毛ともほぼ同じ形状で側枝は細く密生する，感覚毛は球状に近い紡錘状，PL>AL>AM，触肢膝節毛は単条で，触肢の毛はBN/BBB，触肢跗節毛は4B, AW=45, PW=64, SD=20+12, fDS=4+12.8.8.4.2=38, 未吸着幼虫の体色：淡い黄色，長崎県雲仙で土壌中から記録………………… 112 ***S. nagasakiensis*** ナガサキタマツツガムシ

111 イカオタマ

113 アトルタマ

112 ナガサキタマ

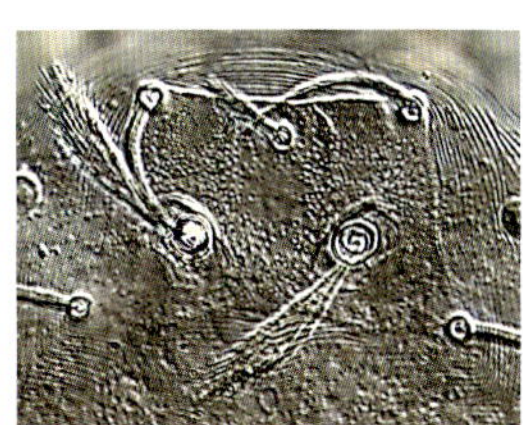
114 マスナガタマ

1(c)　背甲板は台形で，後縁は内側に凹んだゆるい弧状，前側毛，前中毛，後側毛ともほぼ同じ形状で側枝は短い，感覚毛はバット状，PL>AL>AM; 触肢の毛はBB/NNB，触肢跗節毛は4B，胴背毛数は変異が著しくfDS=2+8-10,4-8,8-10,8(2),6-8,6-8,6-8,2-6,4,2=44-54,SD=27+17，体色：白色，エラブウミヘビ属の体表に寄生 ……… 114 ***S. masunagai*** マスナガタマツツガムシ

D-8) *Ascoschoengastia* フクロタマツツガムシ属

背甲板は表皮下に埋没しない，後縁はしばしば弧状，常にPL>AL，ガレア毛は単条，第3脚脛節や跗節に単条毛あり，触肢跗節毛は6B

1(a)　背甲板後隅角は側方に鋭角に突出する ……… 2

1(b)　背甲板後隅角は突出しないで鈍角 ……… 4

2(a)　背甲板は小さく(AW=40，PW=48)後隅角が著しく突出，胸部毛2対，SD=16+19，fDS=2+8.6.6.6.6.2.2=38，生時の色：橙色，汎宿主性，鹿児島県トカラ列島中之島の土壌から記録 ……… 116 ***A. indica*** インドタマツツガムシ

2(b)　背甲板は前種より大きい(AW≧47，PW≧59) ……… 3

116 インドタマ

119 ムコウヤマタマ

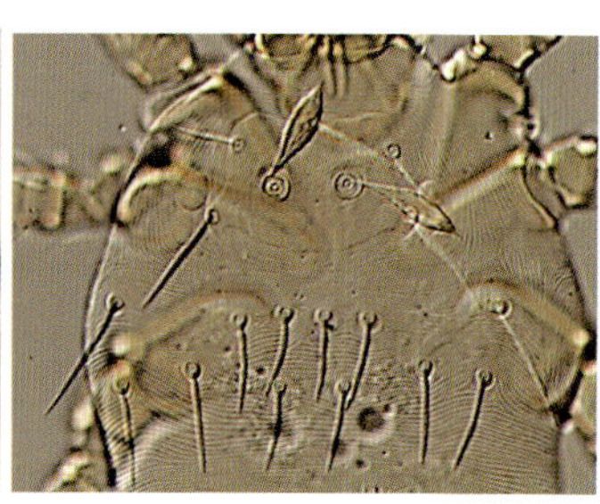

122 ***As.*** sp. A

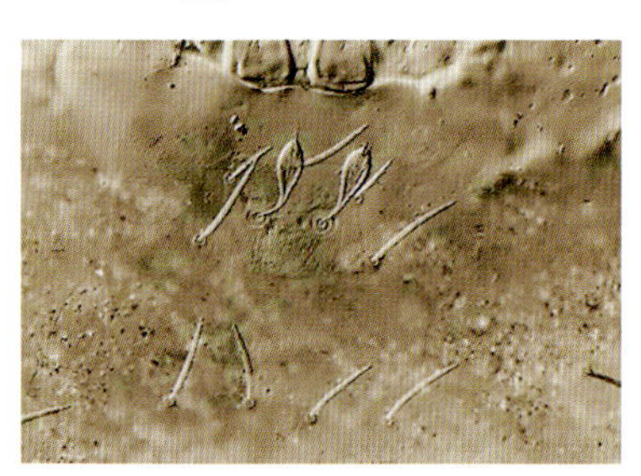

120 ナラタマ

121 ノボルタマ

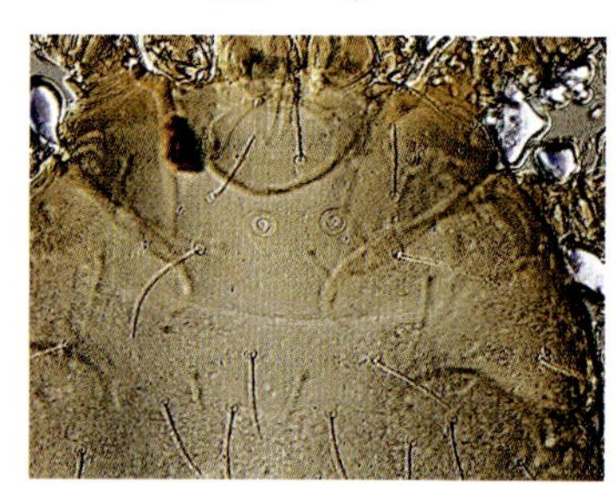

117 キタジマタマ

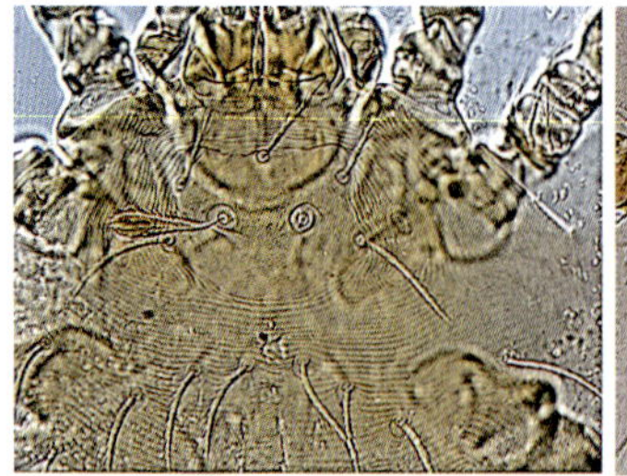

118 マックニンチタマ

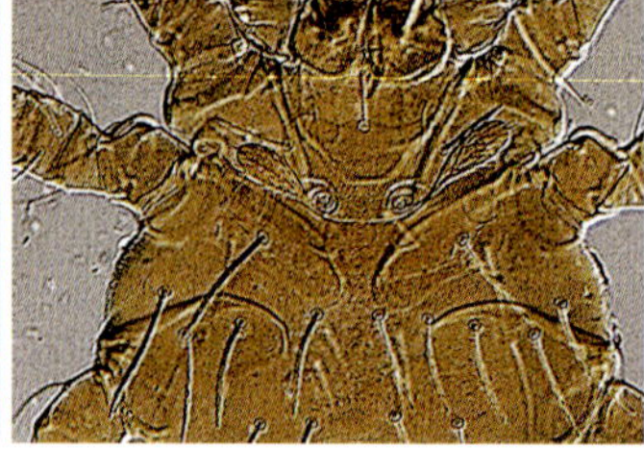

115 リスタマ

123 イソヒヨタマ

3(a) 背甲板前縁と後縁はやや膨隆，胸部毛2対(2-2)，AW=52，PW=64，SD=23+24，fDS=2+8.6.6.6.4.4.2=34，生時の色：淡黄色，コウモリに寄生，青森県で記録
……… 119 ***A. mukoyamai*** ムコウヤマツツガムシ

3(b) 背甲板前縁に肩あり，前中毛の部分がやや膨隆するため前縁は前中毛を境に2つの凹みがある，後隅角は側方に突き出る，胸部毛2対，背甲板はやや小さくAW=47，PW=59，fSD=20+19，fDS=2+8,2,6,2,6,4,2=32，触肢の毛はBB/BBB，群馬県のウサギコウモリから記録 ……… 122 ***Ascoschoengastia*** sp. A

3(c) 胸部毛3対，AW=52，PW=65，SD=24+22，fDS=2+8.2.8.2.6.6.4.2=40，生時の色：淡黄色，コウモリに寄生，青森県から記録 ……… 120 ***A. narai*** ナラタマツツガムシ

4(a) 胸部毛2対 ……… 5

4(b) 胸部毛3対 ……… 6

5(a) 背甲板に肩なし，後縁はほぼ直線，感覚毛は槍状，AM>AL>PL，AW=53，PW=65，SD=25+25，fDS=2+6.2.6.8.6.4.2=36，主に野鼠寄生，南西諸島で記録
……… 121 ***A. noborui*** ノボルタマツツガムシ

5(b) 背甲板に肩あり，後縁は緩い弧，感覚毛はバット状，PL>AM>AL，AW=52，PW=63，SD=23+26，fDS=2+10.8.8.4.4.4.2=42，生時の色：橙色，クマネズミに寄生，三宅島のみで記録 ……… 117 ***A. kitajimai*** キタジマタマツツガムシ

6(a) 背甲板前縁は波状に湾曲し，前側部の隆起と中央のそれとで3突起を作る，前中毛は前縁中央突起の前縁に接して生じる，各毛(AM，AL，PL)の側枝はやや長めの狭長毛でほぼ主軸全面に列生，背甲板は中型(AW=50，PW=60，SD=20+23)，fDS=2+8.6.6.4.4.2=32，ヤマネに寄生，群馬県，長野県で記録
……… 118 ***A. mcninchi*** マックニンチタマツツガムシ

6(b) 背甲板前縁はほぼ直線的，前種のような突起を作らず，前中毛は前縁より少し下に生じる，AM，AL，PLの側枝はきわめて短く主軸全面にみる，背甲板は小型(AW=40，PW=52，SD=18+17)，fDS=2+8.6.4.4.2.2=28，生時の体色：白色，奄美大島のリス，ウサギ，ヤマネなどから記録 ……… 115 ***A. ctenacarus*** リスタマツツガムシ

D-9) *Parascoschoengastia* パラフクロタマツツガムシ属

生時の色：白色，触肢毛はBB/NN(B)B，跗節毛は7BS，触肢の爪は3分枝，ガレア毛は単条，感覚毛は長く槍状で多くの長毛を生じ柄には短い棘，後側毛が異常に長い，胸部毛は2対，第3脚基節前縁に1本の毛，同跗節に1本の単条毛，AW=56，PW=78，SD=24+26，fDS=2+8.6.6.6.4.4.4.2=42，鳥類とくにイソヒヨドリ寄生，伊豆諸島や沖縄県で記録 ……… 123 ***P. monticola*** イソヒヨタマツツガムシ

D-10) *Neoschoengastia* トリタマツツガムシ属

背甲板は後半分以上に線状紋理あり胴背の表皮の下に埋没，感覚毛は球状，通常は鳥に寄生

1(a) 第3脚基節毛は2本以上 ……… 2

1(b) 第3脚基節毛はその前縁またはその近くから1本生じる ………… 3

2(a) 第3脚基節毛は通常3本，胸部毛は2対，第3脚跗節に単条長毛なし，胴背毛数は少ない(fDS=2+8.6.4.6.4.2=32)，AW=51，PW=70，SD=25+30，生時の色：黄橙色，宿主は鳥類，伊豆諸島，沖縄県で記録 ………… 129 ***N. solomonis*** **ソロモントリタマツツガムシ**

2(b) 第3脚基節毛は通常5本以上，胸部毛は対をなさず約20本，第3脚跗節に単条長毛なし，胴背毛数は多い(fDS=8+?≧100)，PL が著しく長い，AW=83，PW=84，SD=31+38，生時の色：深紅色，宿主は鳥類，伊豆諸島，沖縄県で記録 ………… 130 ***N. carveri*** **カーバータマツツガムシ**

2(c) 第3脚基節毛は約10本，胸部毛は2対，第3脚跗節に単条長毛なし，胴背毛数が多いため(170本以上)規則的な配列は認めがたい，背甲板前縁の肩が強く突出，PL と AM の側枝が長い，AW=69，PW=53，SD=36+42，生時の色：橙色，宿主は海鳥類，南西諸島に分布 ………… 132 ***N. namrui*** **ナムルタマツツガムシ**

3(a) 胸部毛は3対，各脚の膝節は3–11本の単条毛をもつ ………… 131 ***N. hullinghorsti*** **ハリングホーストタマツツガムシ**

3(b) 胸部毛は2対，感覚毛は柄のついた球状で，微小毛に覆われる，感覚毛基根は広く離れる，第3脚跗節に1本以上の単条長毛を持つ ………… 4

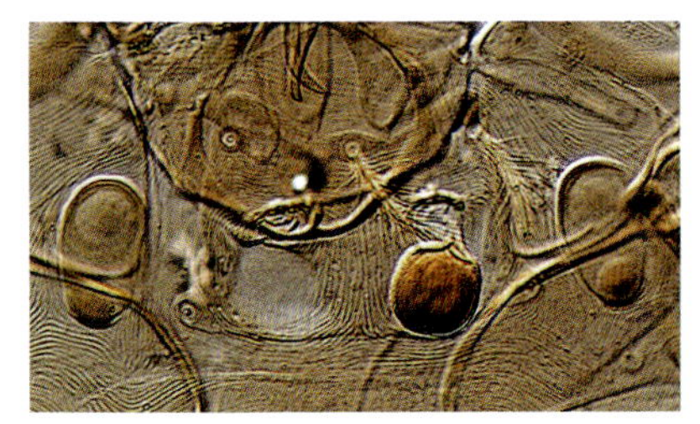
129 ソロモントリタマ

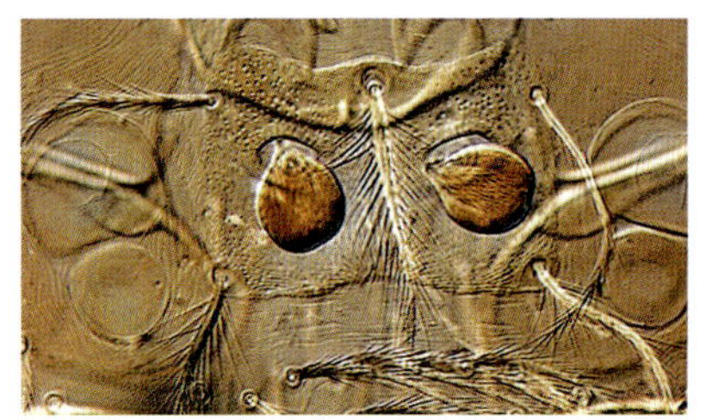
130 カーバータマ

132 ナムルタマ

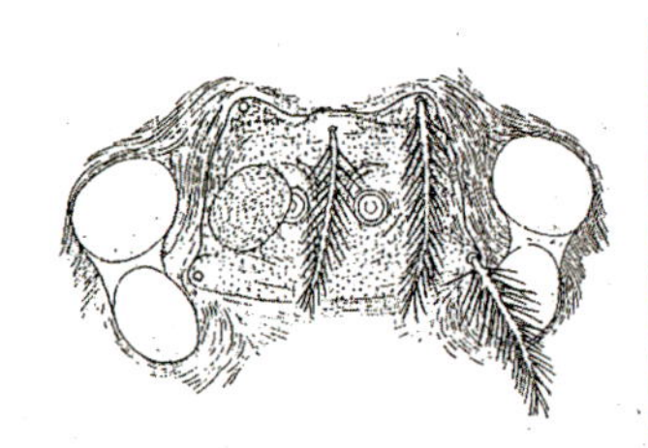
131 ハリングホーストタマ

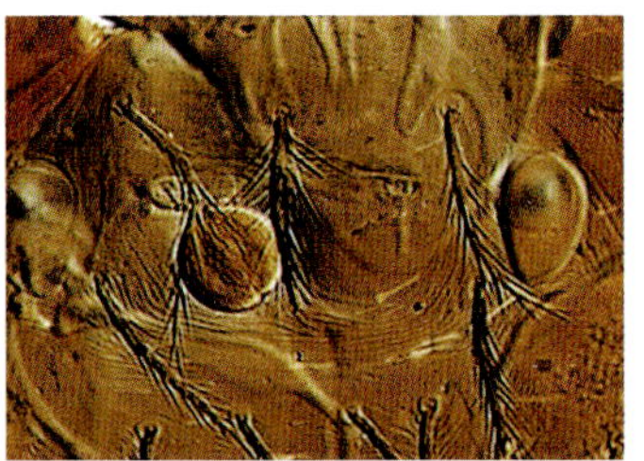
126 オオクボタマ

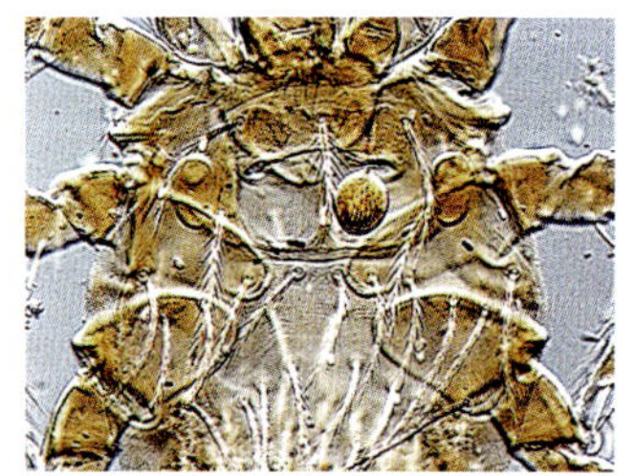
128 シライタマ

124 アサカワタマ

127 ポセカニータマ

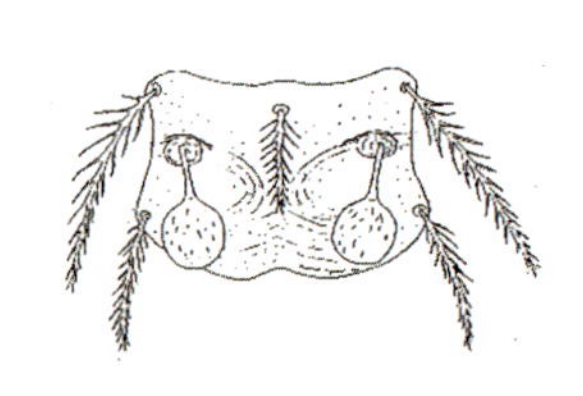
125 チュウサギタマ

4(a)　前側毛は後側毛とほとんど同長か，それよりも短い ……………………………… 5

4(b)　前側毛は大変長く，後側毛より明らかに長い ……………………………………… 6

5(a)　背甲板は大型(AW=65，PW=77，SD=23+35)，fDS=2+8.6.6.4.2.4.2=34，第3脚跗節に1本の単条長毛有り，宿主は鳥類，三宅島と四国で記録

…………………………………………………… 126 ***N. okuboi*** オオクボタマツツガムシ

5(b)　背甲板は小型(AW=53，PW=64，SD=21+27)，前側毛は後側毛よりやや長い，fDS=2+10.8.8.6.4.2=40，第3脚跗節に1本の単条長毛を生じるがしばしば1–2本の側枝，なお，キジ由来の個体は胴背毛数60本内外と多く別種の可能性

…………………………………………………… 128 ***N. shiraii*** シライタマツツガムシ

6(a)　第3脚跗節の単条長毛は2–6本，ガレア毛は分枝，第3脚脛節に1本の単条長毛あり，肩甲毛は通常2–3対，AW=50，PW=68，SD=23+30，fDS=4+?=60-70(変異あり)，鳥類寄生，関東以西で秋から冬にかけて記録 ………… 124 ***N. asakawai*** アサカワタマツツガムシ

6(b)　第3脚跗節の単条長毛は1本 …………………………………………………………… 7

7(a)　ガレア毛は単条，前側毛は長く約70μm以上，AW=75，PW=80，SD=25+34，胴背毛数は少ない，fDS=2+8.6.6.4.4.2.2=34，鳥類寄生，伊豆諸島，沖縄県で記録

…………………………………………… 127 ***N. posekanyi*** ポセカニータマツツガムシ

7(b)　ガレア毛は分枝，前側毛は前種より短い(約58μm，感覚毛は球形で側縁近くに生じる，AW=67，PW=74，SD=22+28，胴背毛数は多い，fDS=2+? =66-74，チュウダイサギや海鳥に寄生，沖縄県で記録 ………………… 125 ***N. egretta*** チュウサギタマツツガムシ

D-11) *Schoengastia* タマツツガムシ属

AL>PL>AM，前中毛は大変短く，後側毛の約1/2の長さ，感覚毛基根は後側毛基根よりやや下方から生じる，前側毛は前中毛・後側毛と性状が異なり，その側枝は太くて長い，背甲板前縁に肩を持つ(本属としては例外)，後縁はゆるやかな弧を描き，中央がわずかに凹む，AW=53，PW=73，SD=28+26，fDS=2+8.2.8.6.4.4=34，生時の色：赤色，奄美群島のハンミャ島のオオミズナギドリの巣坑道から記録

…………………………………………… 133 ***S. hanmyaensis*** カケロマタマツツガムシ

D-12) *Herpetacarus* ハイムシタマツツガムシ属

背甲板前縁と後縁は外皮に覆われるも区別できる，AL>PL>41，感覚毛はシャモジ状，触肢毛はB/B/NNB，跗節毛は6B，AW=51，PW=83，SD=30+21，胴背毛数は多くて変異fDS=2+?=65-85，生時の色：淡黄色，三宅島の鳥類から記録

…………………………………………… 134 ***H. okumurai*** オクムラタマツツガムシ

D-13) *Guntherana* ガンタータマツツガムシ属

背甲板後縁はゆるく凹み，前中毛基根は前側毛基根より下方，後隅角も側方にやや突出，後縁中央はわずかに凹むため2つの緩い隆起として認められる，感覚毛は球状，触肢先端の爪は3分枝，ガレア毛は単条，脚の各基節毛は1-1-1

133 カケロマタマ

134 オクムラタマ

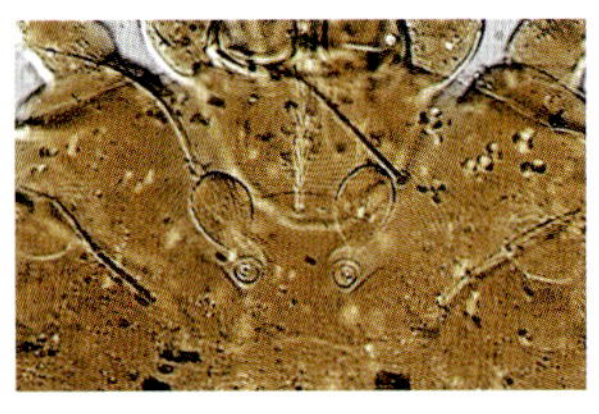

135 パエニテンスタマ

136 ヤマトタマ

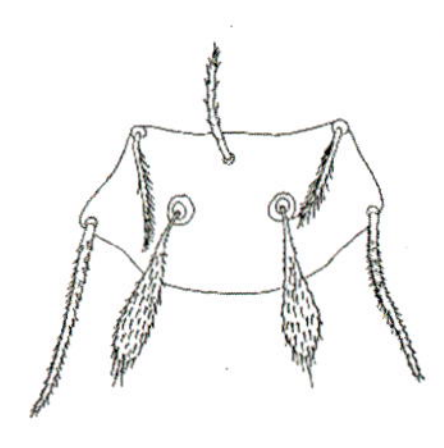

137 アマミタマ

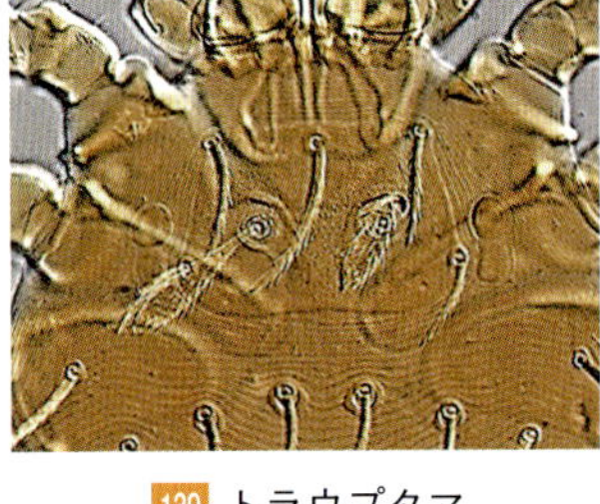

139 トラウプタマ

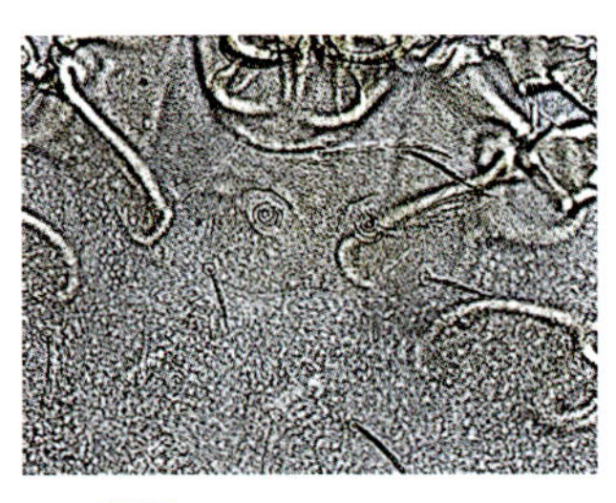

138 オーデマンスタマ

1 (a)　触肢の毛は BB/NNB，第 3 脚跗節には 2–3 本の長毛(2–3 本の枝をもつも単条長毛に近い形態)，胸板毛 3 対，AW=49，PW=71，SB=21，SD=25+18，fDS=2+8.8.8.8.6.2=42，生時の色：橙黄色，青森県，伊豆諸島のイソヒヨドリから記録
……………………………………………… 135 ***G. paenitens*** **パエニテンスタマツツガムシ**

1 (b)　触肢の毛は BB/NNN，第 3 脚跗節は通常の分岐毛，胸板毛 2 対，AW=50，PW=70，SB=21，SD=21+18，fDS=2+6.6.6.2=22，埼玉県秩父市に迷鳥として飛来したオオミズナギドリから記録 ……………………………… 136 ***G. japonica*** **ヤマトタマツツガムシ**

D-14) *Walchiella* ワルヒタマツツガムシ属

1 (a)　背甲板後縁はゆるやかな弧状で，少し膨出した扇形，AM>AL>PL，触肢毛 NN/NNN，第 1，3 脚基節毛と胸部毛基部がコブ状を呈するが，胴背毛基根部にはそれは見られない，触肢先端の爪は 3 分枝，眼はない，AW=60，PW=78，SD=25+20，fDS=2+10.8.10.2.2=34，生時の色：黄白色，宿主は野鼠やアマミノクロウサギ，奄美大島で記録 ……………………………… 137 ***W. amamiensis*** **アマミタマツツガムシ**

1 (b)　背甲板前縁および後縁はほぼ直線的，AM>AL>PL，感覚毛はバット状，胴背毛基根部はコブ状に膨らんだ奇妙な形を呈する，眼は 2 対，触肢先端の爪は 3 分枝 ……… 2

2 (a)　触肢各節の毛は全て単条(NN/NNN)，AW=63，PW=76，SD=28+25=53，fDS=2+6.2.6.8.8.4.2=38，鹿児島県トカラ列島中之島のアカネズミから記録
……………………………………………… 139 ***W. traubi*** **トラウプタマツツガムシ**

2 (b)　触肢各節の毛は NB/BBB, AW=48-58, PW=64-74, SD=26+(19-22), fDS=2+6.6.6.6.4=30, ケナガネズミに寄生，奄美大島で記録
……………………………………………… 138 ***W. oudemansi*** **オーデマンスタマツツガムシ**

〔引用文献〕

Audy JR (1954) Malaysian parasites IX. Notes on the taxonomy of trombiculid mites with description of a

new subgenus. *Stud Inst Med Res Malaya*, 26: 123–130.
高橋　守，三角仁子（2007）日本産ツツガムシの種類と検索表．45–55，277–294.，SADI 組織委員会（編）ダニと新興再興感染症，全国農村教育協会，東京．
佐々　学（1956）恙虫と恙虫病．497pp.，医学書院，東京．
佐々　学（編）（1975）ダニ類—その分類・生態・防除 .494pp.，東京大学出版会，東京．
Suzuki H (1980) Trombiculid fauna in Nansei Islands and their characteristics (Prostigmata, Trombiculidae). *Trop Med*, 22: 137–159.
髙田伸弘（1990）病原ダニ類図譜．216pp.，金芳堂，京都．
Vercammen-Grandjean PH（1968）The chigger mites of the Far East.135pp., *US Army Med.Res. Develop. Command*,Washington D.C.
Wen T(ed.)（1984） Sand mites of China (Trombiculidae and Leeuwenhoekiidae). Shanghai, Xuelin Publishing House.370pp. (In Chinese with English abstract)

3. ツツガムシの遺伝子学的同定（分子分類）について（髙田伸弘・高橋　守）

アジア地域のツツガムシにおいて，医学分野すなわち病原オリエンチアの媒介あるいは刺症に係ることが知られる種は合わせても 10 数種ほどと限定的であるので，**一般の調査研究で扱うツツガムシ試料については，今後とも形態学的な分類法（以下，形態分類）で済ませ得ると思える。ただ，新種記載において他種との違いの程度を示す必要が出るとか，あるいは熟練者の不足や個体の棄損ほかの理由で形態学的な同定が困難であるとか，さらには系統進化を議論する場合などでは，遺伝子学的な検討（以下，分子分類）ができるなら大いに助けとなろう。**

ツツガムシの分子分類についての報告は多いとは言えず，福永（2007）の総論における言及が始まりと思われるが，必要度が低いためもあろうか，その後の展開も速いとは言えない。ともあれ，ここではその後の検討の一部を基に，形態分類と分子分類の間の関連性ないし住み分け的な意味を考えてみたい。

図 6 は，2010 年前後に福永らに著者らが協力して得た分子分類（18SrRNA 遺伝子に基づいた系統樹）の未発表成績の一部で，この試みに描かれた系統樹に今回は形態分類の情報をおよそ対比させてみた。その結果，分子分類と形態分類で微妙な不一致をみる属種が少なくはないことが分かった。以下に例を挙げる。

- *Neotrombicula tamiyai* と *Ascoschoengastia* sp., また *Leptotrombidium kawamurai* と *L. pallidum* がこれほど遺伝的に近接して描かれてよいものか，なぜならこれら種は相互に形態も生態も違い過ぎることが分かっているからである。
- 一方，アジア一帯に広くみられるデリーツツガムシ *Leptotrombidium deliense* が，最初は鈴木（1983），その後も複数の研究グループによって，トカラ列島の中ノ島や口之島，悪石島にも分布しているとみなされてきた。しかし，それは分子分類の上からデリーツツガムシといささか異なることが指摘された。加えて，図 7 のチトクローム酸化酵素Ⅰの部分塩基配列の比較によっても，この未同定種はむしろタテツツガムシ *L. scutellare* と近縁なことさえ指摘された。
- そういう中で，この未同定種は形態分類の検討が進められた結果，その背甲板の諸計測値の比較そして交配実験などを基にすればデリーツツガムシとは異なる新種と認め

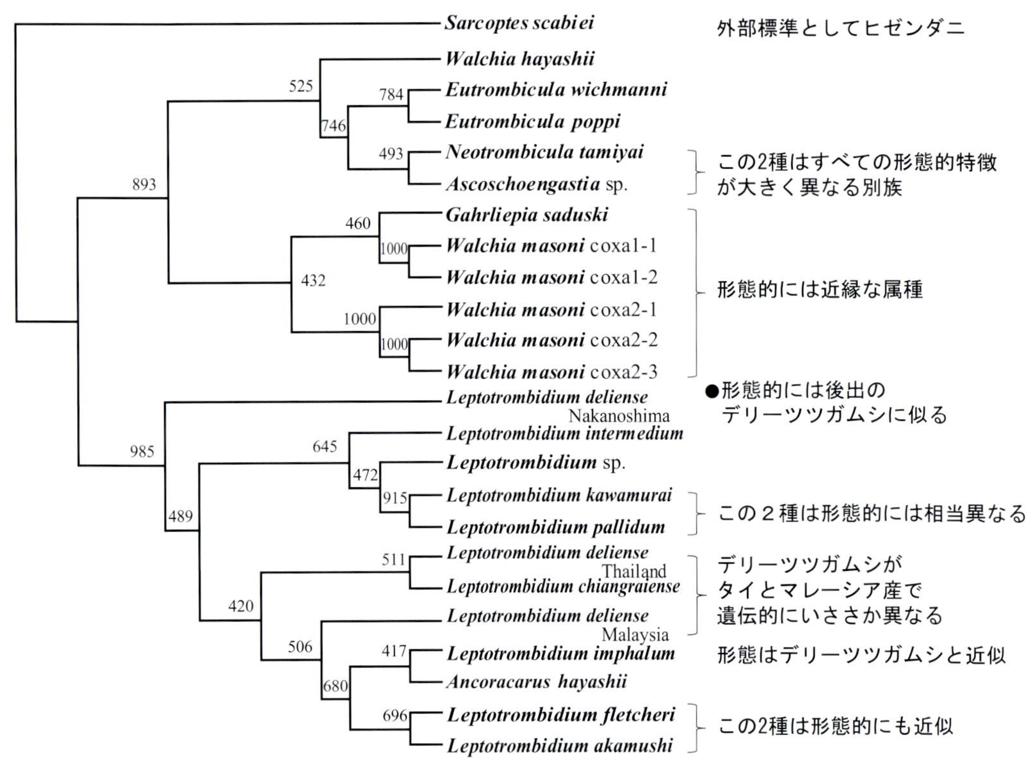

図６　18SrRNA 遺伝子の部分塩基配列に基づいた系統樹

福永による 18SrRNA 遺伝子に基づいた系統樹の右に編著者らによる形態学的見解を付記して関連性を対比させた

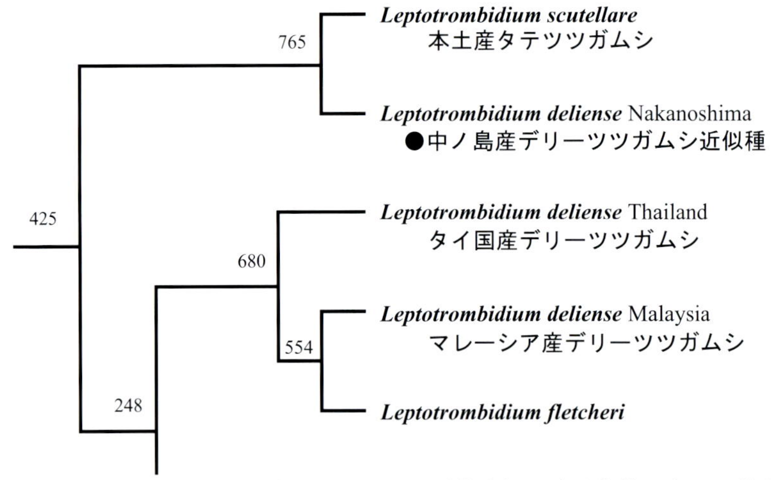

図７　ミトコンドリア DNA, 特にチトクローム酸化酵素Ⅰの部分塩基配列による比較

られ，まもなくスズキツツガムシ *Leptotrombidium suzukii* と命名記載できた（Takahashi et al., 2014）。図６および７の中で●を付けたものである。

・関連して，髙田（2013）により宮古島の属島である池間島で新たに見出されてデリーツツガムシとされた種は，タイ産の同種とも相同であることは別途解析で示されている。しかし，マレーシア産でデリーツツガムシとされたものは分子分類によればタイや池間島産とは別種としてもよいことが指摘されているので，これはまた別の東南アジアで解決すべき課題になろう。

・いずれにしろ，生物地理学的には，トカラ列島の小宝島で境される渡瀬線の南(東洋区)にはデリーツツガムシが，北(旧北区)にはスズキツツガムシが区分されて分布するというわば順当な結果となる。

以上のようなことから，形態分類と分子分類の関連性や在り方を考えると次の通りである。

・いくつかの点で形態分類と分子分類がかみ合わない原因として，双方の分類手法にそれぞれの問題点，例えば分子分類では選ばれた遺伝子解析手法の適否，そして形態分類では不充分な形質観察があったのかも知れない。

・両分類法で一致を得るための留意点として，解析試料の産地や用いる数量など個体群をできるだけきれいにそろえるべきことも挙げたい。ただ，これが一番の難点であることも事実である。

・これら問題点にかかわらず，一旦は形態分類と遺伝子分類とがかみ合わない例になりかけた中ノ島の未同定種が，結局は新種という形に落ち着いたものもあるわけで，双方の方法論が協調ないし相補し合うものであることが改めて示された意義は大きい。多くの動物宿主へ適応放散したツツガムシ類へ分子分類を適用する研究は，確かに面倒が多いものだろうが，多彩な可能性も残されたままなので，今後の展開が望まれる。

〔引用文献〕

福永将仁（2007）ダニ類の分子生物学的手法による分類．（SADI 組織委員会編）ダニと新興再興感染症: 69–75．全国農村教育協会，東京．

鈴木　博（1983）トカラ列島の医動物学的研究．昭和 57 年度科学研究費補助金成果報告書: 8–12.

髙田伸弘（2013）沖縄県で発生したツツガムシ病．検査と技術, 41: 76–79.

Takahashi M, Misumi1 H and Noda S（2014）*Leptotrombidium suzukii*（Acari, Trombiculidae）: A new species of cigger mite found on *Apodemus speciosus*（Rodentia, Muridae）on Nakanoshima Island in the Tokara Islands, Kagoshima Prefecture, Japan. *Bull Natl Mus Nat Sci*, *Ser.A*, 40:191–199.

Ⅱ．ツツガムシの生物学

1．ツツガムシの採集と標本作成法(髙田伸弘・高橋　守)

前述のツツガムシの分類は，積極的かつ効率のよい採集調査があってこそであり，そういう採査が続けられて，より深い分類学ひいては医ダニ学の水準が更新されてゆく。以下，ツツガムシ類の採集法そして得られた試料を標本として保存してゆくためのコツを述べる。

1)採集対象

ツツガムシ病についての疫学ないし生態調査において，ムシそのものの生息状況を調べる場合は後記のような様々な採集法によるのであるが，宿主動物の多様性までも知っておかねばならない。

ツツガムシ種は，従来から知られた野鼠類のほかに，コウモリ類，鳥類，爬虫類，甲殻類まで多様な宿主へ適応放散していることが分かっており，今でもそのような宿主からさらに新種を見出す努力は続いている。吸着部位も種により多様で，たとえば小さな耳介に吸着すると言っても，耳介の内壁あるいは辺縁かなど種ごとに偏りもする。動物体の毛被ないし鱗は厚くて固いので，毛の薄い部位あるいは鱗の隙間にも吸着する。一方，イタチの全身やシカの脚部に多数付いたまま地域を移動することになればそのままツツガムシの拡散ということになる。以下，ツツガムシを採集する場合に知っておきたい調査対象としての宿主および体の部位をおよそ示す。

- 陸生哺乳類　耳介(辺縁や内壁)，体の背腹(乳頭の周囲など)，尾，陰部
- コウモリ類　耳介，鼻腔，顔面，体の背腹
- 鳥類　頭部，腹部
- 陸生ヘビ類　体側面の鱗裏，鼻腔
- 陸生カメ類　首や四肢の柔らかい部分，総排出口(辺縁)
- ウミヘビ類　鼻腔，体側面の鱗裏，気管～肺
- カニ類　腹部，歩脚の関節，眼の基部
- トカゲ類　体側面の鱗裏，前後肢の基部，総排出口(辺縁や内壁)
- ヤモリ類　総排出口(辺縁や内壁)

＜参考＞宿主特異性

宿主と寄生体との間には，高いか低いかの程度はあっても必ず「特異性」が存在し，それは宿主−寄生体関係を論じる場合の永遠の命題とも言える。しかし，一つだけの法則性に収斂されるのではなく，おそらく様々の答えがあるものだろう。ツツガムシの場合は，動物の類別にしたがっておよその宿主特異性がみられる。たとえば，爬虫類や甲殻類(カニ)の場合は狭い特異性がみられる一方，哺乳類では小型の野鼠類から大型動物まで付く汎宿主性のツツガムシ種が多いものの，同じ哺乳類のコウモリ類とは共通性がまるでない。もちろん，そこには地上採餌，穴居性，樹上性など様々の生態的ニッチも絡むので複雑である。ところで，部位特異性を大きく分けるなら皮膚寄生と呼吸器寄生の2つとなる。皮膚寄生は分かり易いとして，やや特異なウミヘビツツガムシの場合など呼吸器寄生の例もあ

る（後述の解剖検査の項を参照）。ウミヘビの鼻腔から肺に生息するツツガムシ種はまるで内部寄生虫の風にみえるが，それでもあくまでも酸素のある気管という間隙ゆえに節足動物体のツツガムシであってもうごめいておれるのだろう（脚のない内部寄生虫類であっても，線虫類は腸管，肝吸虫は肝内胆管など間隙に潜伏する）。ただ，ウミヘビツツガムシの未吸着幼虫を陸生のシマヘビやヒメハブの肺に移植しても死亡したが，エラブウミヘビの肺への移植では肺組織に吸着して正常に発育した。生理的な特異性の違いが厳然とあるのだろう。

2）採集法

上記のように様々な宿主からツツガムシを採集する場合，やはり方法を考えないと充分に有意な結果を得られないものであるし，得た試料を目的に応じて標本として処理しなければ有用性が落ちるものなので，以下に具体的な方法論を挙げる。なお，これら方法の一部はマダニの採集法と共通する。

［野外直接法（黒布見取り法）］

タテやアカツツガムシなどの場合，生息密度の高い地点では草，切り株，石などの先端にクラスターを作るものなので，そういった場所に黒布（ベッチン系が最良）や黒色プラスチック板を置く。手で押さえてもよいが，ツツガムシの這い上がりを回避するには四角い餅網などを載せて数分間待ち，付着する個体を細筆や針先で拾う。目的に応じて，マイクロチューブの水に浮かす，またはアルコールに浸漬すればよい。あるいは適宜の容器に収容して加湿冷蔵すれば長く生きる。黒布の大きさや枚数は，目的の場所の広さや繰り返し回数で任意に決めればよいが，繰り返し効率がよいのは約 20cm 四方である。見えにくい場合は拡大眼鏡などを使う（図 8 左）。生息が多ければ 1 回でも数 10 個体が付くことはあり，生息数が少ないと付着無しの回数も続くので根気作業となるが，区画を決めて密度評価は可能である。

［懸垂法（寺邑法）］

野鼠など小型動物は，麻酔死させて採血あるいは臓器を摘出した後で，必要なら胸腹腔に少量の 10％ホルマリンを注入して防腐し，体後部をクリップで挟んで吊し，直下の水を張った受皿（シャーレなど）にツツガムシが落下するのを待つ。2〜3 日間で多くの満腹個体が落下す

図 8　ツツガムシの採集法

左：野外直接法（黒布見取法）で拡大眼鏡を使用，タテツツガムシが 20 個体ほど付着／右：懸垂法，この場合は調査の現地で段ボール箱を風防として再利用し，ネズミの尾ないし後脚を挟んで吊るして，受皿の下を暗くすれば虫体の確認が容易

る(満腹前もしくは未吸着に近い個体の落下もあり，逆に耳介などに吸着死滅したままの個体もあり得るので極力回収したい)。ツツガムシのほか，マダニ幼若期あるいは吸血昆虫，時にカニムシまで落下をみる。一方，生きたままの宿主から捕集するには，個体を小型網ケージに入れて水を張った受け皿を置く(糞の落下は細目網で防止して汚れを減らす；p85 を参照)を参照)。これによれば充分に満腹した個体が多く得られる。同時にマダニの幼若虫も回収できる。いずれの懸垂セットも，使用者の工夫で設置場所に合わせて設置すればよい(図 8 右)。なお，本法を寺邑法というのは，かつて秋田県大曲地区にあった恙虫病研究所(p98 参照)の寺邑誠友博士が佐々学博士とともに考案したことによる。

[解剖検査]

鳥や大きな動物は体表や被毛をえり分けて直接肉眼で検査する。目的や対象によっては，鼻腔や呼吸器を開いて内部寄生の種の捕集にも努める。典型的な例はウミヘビツツガムシの場合で，図 9 のようにウミヘビの呼吸器を全長にわたって開けると本種の幼虫を得ることができる(高橋ら，2013)。

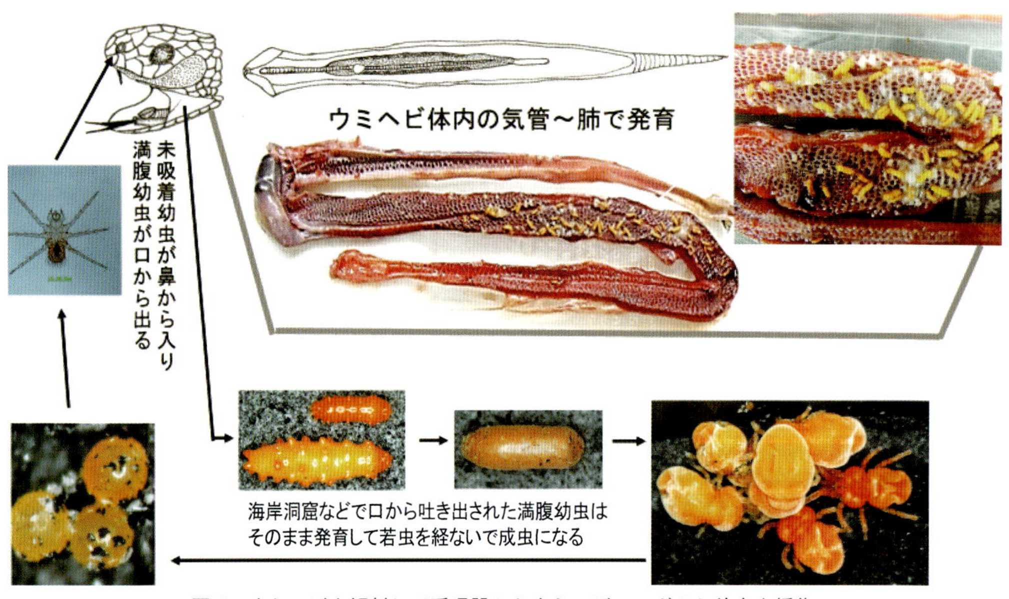

図 9　ウミヘビを解剖して呼吸器からウミヘビツツガムシ幼虫を採集

[動物設置法]

実験用各種マウスあるいは実験動物化した野鼠類などを各種ケージに入れて有毒地に設置し，吸着したツツガムシ幼虫を回収する。宿主嗜好性や病原体の授受など宿主−寄生虫相互関係の実験的観察には必要である。吸着の効率化には，動物のアヒレス腱切断や上下肢骨折のほか，頭部皮膚の露出あるいは CO_2 誘因の組み合わせもよいが，動物愛護の観点からは必要最小限にとどめたい。マダニの採集もできる。方法の詳細は，後記の[宿主動物からの回収](p85)を参考にするのがよい。

＜参考＞鳥獣の捕獲許可

野鼠などの捕獲調査は，もちろん鳥獣狩猟ではなく住民の保健衛生に資する目的ながらも，近年は実施に当たって各県知事の捕獲許可を得なければならない。それは「鳥獣の保護及び管理並びに狩猟の適正化に関する法律」に沿って環境保全そして住民とのトラブルや思わぬ事故防止のためである。県ごとに類似した申請書式があるので，当該県の鳥獣保護区等位置図などを参照しながら調査可能な地区を設定すればよく，的確な目的や試料処理など調査事項を順序良く簡明に書くとよい。場所が鳥獣保護区であっても然るべき理由を付せば可能である。実際には錯誤捕獲などもあるので申請経験者に尋ねるのが早道である。なお，ドブ，クマ，ハツカネズミなど家鼠は上記法規制の対象外であるが，特別な保護種については別途で環境省への届出を要する。ついでながら，申請で最も多く対象とされる野鼠の捕獲ワナ(トラップ)を紹介しておく(図 10)。用途(鼠種や生死，設置場所や運搬方法)により任意に選ばれるが，フィールドに設置する折は標識を付す。

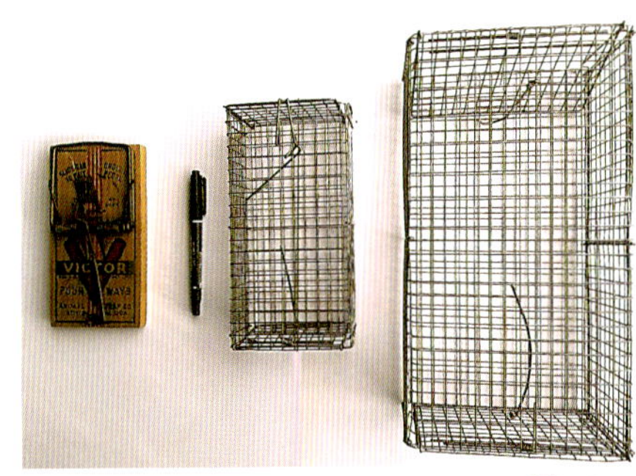

図 10　各種の捕鼠用トラップ

左：図中左から圧殺式，大小の生捕用の折り畳み式スチール製カゴわな(特に家鼠用：角坂照貴博士の考案)／右：図中左から生捕用の木製箱わな(耐寒用)，大小の生捕用の折り畳み式アルミ製シャーマントラップ(主に野鼠用)

[ツルグレン法 Tullgren funnel method]

生息密度がある程度高い地域では，表土を一定量切り取ってツルグレン装置にかける。
ツツガムシは種によって表土での生息場所が次のように微妙に異なる。

・地表面やそこの下草や突起に集まる種(タテ，アカ，ナガヨなど)
　ちなみに，日照のよい陽地では赤～橙色の種が，森林内では白～黄色の種が多い。
・地表に開いた野鼠の坑道に潜む種(フトゲ，フジ，ヒゲなど)
・坑道に常駐するモグラ類に伴う種(オガタワルヒ，ササワルヒなど)
・冬などは凍土の下 5～15cm ほどに潜む種もある。

このように，ツルグレン法によれば野鼠吸着相とは別の環境感が得られる。

図 11 に紹介するセットは，多孔板 2 枚と金網 1 枚を内部に入れてある。円筒の長さは 235mm，円筒の外側最下部には土壌試料を載せるステンレス板を支える突起が 3 ヵ所あり，それは下部のロート部と溶接してロートの勾配を高角度にしてある(落下するツツガムシの回収効率をあげるため)。土壌試料は穿孔板 2 枚と，その上に 2mm のメッシュのステンレス金属を重ねた上に直接載せて均一に広げる。多孔板 2 枚は 5mm 径 の穴が均等間隔で開いており，1 枚目と 2 枚目では穴の位置を少しずらして土壌粒子の落下を防止してある。円筒部の蓋の辺縁

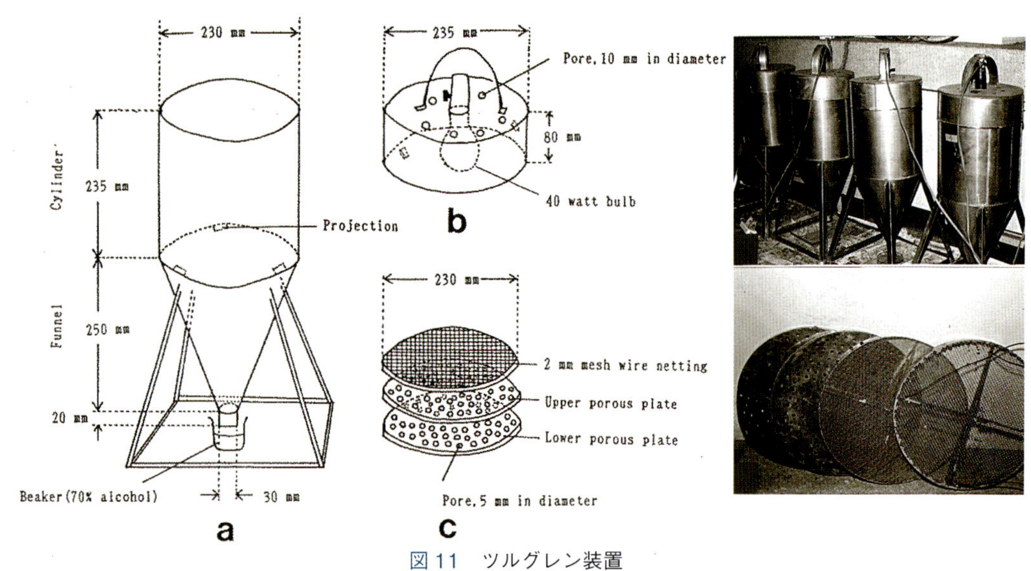

図 11　ツルグレン装置
a：全体の造り／b：電灯内蔵の蓋／c：内臓フィルター（右は実物写真）

2ヵ所に突起を設けて土壌と電球との距離を長くすると同時に，電球の熱を発散させるため蓋の表面に 10mm 径 の孔が 8 個あいている。このように，土壌中の虫体を熱で死亡させることなく負の走光性で下のロートそして受皿(ビーカーなど)の水面へ追い落す効率を高めてある。土壌試料は多すぎると回収率は悪い。3〜4 日で終えるまでの間，受皿の水を取り替えて清明に保つと良い。なお，円筒を厚紙で作った簡易型を任意に自作することも可能であり，それは遠隔地のフィールド調査などに携帯すれば重宝なことがある。

3) 標本作製法と鏡検法

医系の分野では多種多様な試料を扱うが，採集試料については乾燥，液浸，包埋，封入，凍結などの方法は問わずできるだけ多くを長く保存すべきで，**大切な種類は何であれ標本が保存されているはずという通念がこの分野に関わる者がいだく救いである。近年進んだ画像化によるストックとは別に，実物のもつ微細な立体像にすぐるものはない。ツツガムシを含むダニ類の調査研究でも，この「標本という概念」が基盤**なので，以下に標本の作製法をまとめる。

[生体標本]

ツツガムシは，飼育はむろん病原体の分離や遺伝子検出に供する個体は生体のまま扱わねばならない。その場合は実体顕微鏡など駆使しての同定になるが，スライドグラスに載せた個体にカバーグラスを被せて重しにするとか，エチルエーテルでごく軽く麻酔するとか，いろいろ熟練を要する点は術者ごとの努力と工夫になる。ただ，万一の同定過誤もなしとはしないので，遺伝子検出のため生きた虫体を潰した場合などは殻をプレパラート封入標本とするか 80%アルコールに個別保存したい(整理番号も DNA 抽出物と同じにする)。

[切片標本]

内部の微細構造を調べるには目的に応じて光顕用または電顕用固定液に投入する。硬くて大型のマダニ類などよりもパラフィンや樹脂は浸透する。ただ，虫体が沈下しずらいので脱気などの工夫もしたい。

[液浸標本]

形態の立体像をみるため，あるいは一時的な保存には各種マイクロチューブに80%エタノール浸漬(時に10%グリセリン加)とする。鉛筆か製図用インクでデータを記した紙片を虫体と一緒に入れるとよい。長期保存のためにはこれらを広口ビンの80%エタノール中に二重密栓するのがもっともよい。

[封入標本]

細かな形態をみるためには，一般にガム・クロラール液封入のプレパラートとする。この封入液はホイヤー，ゲータ，ベルレーゼあるいはスチューベン液などと呼ばれるが処方は類似して使い勝手はよい。ただ，80%エタノールに保存していた個体は硬くなってよい標本となりにくく，またホルマリン固定であったものは割れるので，できるだけ生虫体から作る。また，脱水・透徹処理を要するような非親水性の封入剤はツツガムシには不適である。なお，プレパラートには通常のデータのほか生時の体色なども記しておけば後日の同定の際に重要なポイントにもなる。封入法の手順はおよそ次の通りである。

---

1. 市販品を使わず自作する場合は，まず，アラビアゴム末8gと抱水クロラール30gを混合して乳鉢で破砕，これに水10mlを加えて砕き，さらに氷酢酸1mlとグリセリン2mlをよく混合，密栓して約50℃に一日置く。ゴミを遠心沈澱した上で水分の蒸発のない瓶に移す。
2. 何かの黒紙やシート上に置いたスライドグラス(できればフロスト付)に上記ガム・クロラール液の一滴を針先などで載せる。
3. 有柄針の先で虫体を拾って滴中に置き，必ず実体顕微鏡ないし拡大眼鏡下で虫体の背面を上に，頭部は下向きで封入する(鏡検時に頭部が上に見えるよう)。多数を処理する場合は，便宜的にスライドグラスの2ヵ所に各5～10個体を限度として上記のように封入すればよい。
4. 封入液が固くなる前に18mm径丸カバーグラスを真上から被せて滴が全体に広がるのを待つ。その後，炎を細くしたアルコールランプなどで下から遠火で熱する。コツとして，全体を軽く温めながら徐々に気泡の現われるのを待ち，気泡が拡大融合する前に炎からはずす。沸騰を急いで止めるには息を吹きかける。この火炎固定で封入液が虫体に浸透して脚がバランスよく伸展する。その後，パラフィン伸展器(約40℃)の上に置き，カバーグラス上に12 gほどのボルトなど重しをのせて4～7日放置すれば，余分な封入液が外周に出て虫体がきれいに扁平になり鏡検し易くなる。
5. 必要なデータをフロストに書き込むかラベルを貼るなどして，裏面から虫体の位置をマジックインキで囲むとよい。そして封入液が充分に固まるまで半月間ほど平らに置く(この間に随時の鏡検はかまわない)。必ずカバーグラス縁周をマニキュアやパップペンなど疎水性塗料で封じる。密閉度の高いプレパラートボックスに室温保存すれば，10年以上も観察に耐える。
6. 結晶の出た古い標本でも，熱湯に入れて自然にカバーグラスの剥離を待ち，遊離した虫体を再封 入するのも可能である。

[鏡検法や画像処理法]

ツツガムシをどのような調査研究目的に使うにせよ，顕微鏡で検査観察することは必須となる。その場合，自身が使える顕微鏡の規格や性能は様々なので言及はむずかしいが，可能なら必要に応じて位相差や微分干渉装置あるいは実体顕微鏡，さらには電子顕微鏡などまで駆使すればよい。この場合，鏡像をモニターに拡大して見る，あるいはパソコン画像として微細な形態を点検ないし並べて比較検討できるようなシステムを導入すれば，肉眼の解像度によるだけでは困難だった点も明らかになることは多い(最近の4〜8K化したテレビ画像と同様)。

2. ツツガムシの解剖と発育史(飼育を含む)(高橋 守・髙田伸弘)

1) ツツガムシの解剖学

ツツガムシの発育史などを解説する前に，ツツガムシ幼虫体の解剖図を示す。これら臓器組織の構造についての報告は必ずしも多くはないが，細かな組織像の観察からまとめ上げられた全体構造の模式図を紹介する(図12)。これら解剖学的な知見はツツガムシの形態分類を立体的にイメージし，また後記の皮膚吸着の機序を理解する上で役立とう。また，ツツガムシにみる共生微生物の細かな研究を進める場合も(浦上，1996)，虫体内の血リンパ液で満たされた微細な解剖所見との関連などを考察してゆく必要があろう。

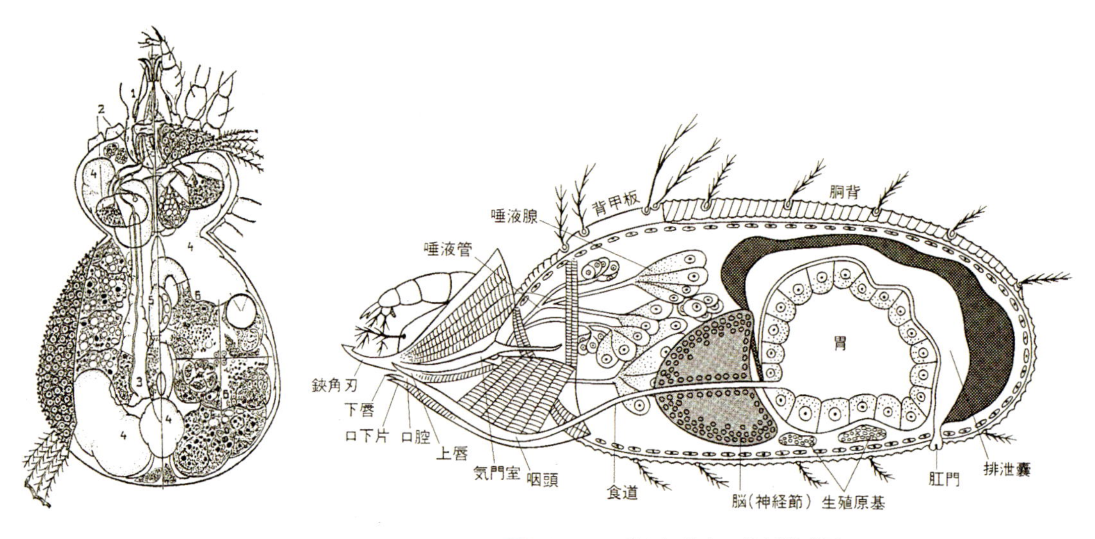

図12 ツツガムシ幼虫の解剖模式図
左：平面図（Shatrov, 2000を改変）／右：縦切面（小畑，1954を改変）

2) ツツガムシの飼育

ツツガムシ類の成虫(体長1mm強，胴部が8字状にくびれて全体は毛で覆われる)は，表土中でそれぞれ嗜好の小昆虫類の卵を餌に自活しながら産卵し，多くの種の卵は夏から秋に，ある種では夏に向けてそれぞれ幼虫に孵化する。この幼虫がその地域の鳥獣とくに穴居性の高い野鼠に吸着する(ヒト寄生は偶発的)。このツツガムシの発育環は次の通りである。

- まず，動物へ吸着するには，種々の刺激に不応ながらも呼気のCO_2に感知して活発化する。この性質はヒトへの病原媒介種を含む汎宿主性の種類で特に著しい。
- 宿主に吸着すれば組織液を吸い数日以内に満腹して落下する(満腹幼虫 engorged larva)。
- 落下後1〜2週で活動を停止(第1若虫)，やがて体内に形成された若虫(第2若虫)が幼虫の背表皮を破って脱皮する。

・これも活動後には停止して（第3若虫），やがて成虫に脱皮する（例外的に，ウミヘビ寄生種では満腹幼虫が脱皮して成虫になってしまうものもある）。
・これら各発育期の虫体は，野外の枯れ葉の下や腐木の間などに入り込んでいるものと考えられ，非活動性の第1若虫や第3若虫はもちろん活動性の第2若虫や成虫であってもツルグレン法で採集することは困難，すなわち動物に吸着していない発育期は野外採集の方法も確立していない。
・このように，自然観察で発育環を解明するには限界があり，これを埋めるため実験室内飼育が必要となり，1910年代から序々に試行され出した。不明であった食性については国内外での試行錯誤の結果，蚊の卵，トンボの卵そしてトビムシ卵を餌とする類代飼育が可能となっている。
（著者らも，トビムシ卵を餌として *Leptotrombidium akamushi*, *L. pallidum*, *L. intermedium*, *L. fletcheri*，*L. arenicola*，*L. deliense*，*L. fuji*，*L. scutellare*，*L. miyazakii*，*L. miyajimai*，*Eltonella ichikawai* および *Gahrliepia*（*Gateria*）*saduski* などで良好な結果を得ているが，*G. saduski* はトビムシ卵が孵化した幼虫を捕食，一方，ノウサギにみる *Helenicula miyagawai* やコウモリにみる *Whartonia* 属などは卵も幼虫も食べず，種ごとの食性は微妙に異なる；Takahashi et al., 1986）。

いずれにしろ，吸血させれば飼育できるマダニ類と違い，ツツガムシの飼育法は煩雑なので，以下に飼育方法の細部について著者らが行っている方法を述べておく。

［飼育容器］

径60mm，高さ37mmのプラスチック製蓋付密閉容器の底に，石膏基質（活性炭末9：焼き石膏1）を厚さ10mmの高さに水で固まらせる。ツツガムシの逃亡と水分蒸発を防ぐため，容器と蓋の間に薬包紙をはさんで確実に蓋をする。石膏基質が乾くたびに数適の水をたらして湿度100％を保ち，飼育容器の壁面につく水滴や石膏面のカビは筆で取り除く。

［発育期ごとの扱い］

飼育開始：野鼠吸着から自然落下した満腹幼虫を，飼育容器1個あたり8〜10個体入れる（満腹までの期間はツツガムシの口器の構造や吸液様式また宿主側の反応などで異なり，フトゲ，アラト，フジは通常3〜5日，アカやマレーシア産の *L. fletcheri*, *L. deliense*, *L. arenicola* は2〜4日，*G. saduski* では4〜7日，ラットにみる *Ascoschoengastia indica* では10〜32日間，そしてウミヘビ肺寄生の *Vatacarus ipoides* などは3〜6ヵ月余を要する）。満腹幼虫は活動性が鈍く石膏基質の穴に入り込んで見えなかったり壁面と基質の間にはさまれて圧死もするので隙はふさいでおく（壁面に上がってコロニーを作る個体は筆で基質に戻す）。こうして数日で第1若虫へ発育し静止する。

第1若虫 Protonymph：これは満腹幼虫が休止した後の個体（非活動性で4対の脚を内蔵）で，新しい容器に移して水分補給のみでよい（毎日観察してカビを処置）。

第2若虫 Deutonymph：第1若虫から脱皮したもので脚が4対で活動性，これを別の容器に移す（移さねば，他の第1若虫を食べる）。これには，飼育トビムシが産んだ直後の丸くて光沢ある卵を，若虫1個体あたり約5〜10個を毎日与える（孵化直前の変形卵は与えず，残渣も毎日取り除く）。なお，容器と蓋の間の薬包紙は破れると虫が蓋と薬包紙の間に入って圧死するので観察のたびに取り替える(トビムシ自体の飼育は後記)。

第3若虫 Tritonymph：これは第2若虫が動きを休止した時の発育期で4対の脚を内蔵する。これも新しい容器に移して上記同様に扱う。なお，これら幼若の脱皮殻を回収しておくと種の確認に有用である。

成虫 Adult：第3若虫から活動性の成虫が脱皮したら別な容器に移す。新鮮なトビムシ卵を不足しないように毎日成虫1個体当たり10～15個与える。容器壁面の水滴は必ず取り除く。一つの容器で成虫10個体ほどを飼育できるが，雌雄比は3:2でよい(雌雄の別は，個体をホールスライドグラスに入れて腹面を上にカバーグラスをかけ，顕微鏡(×40)で雄特有の生殖毛male genital setaの有無で確認できる；この毛はアカで4対，フトゲで3対など，また亜属間でも差異あり)。雄は石膏基質に彫った溝や容器壁面に精包spermatophoreを産みつけるので，これを確認して雌を同居させると精包を取り込んで受精(間接交尾)，10日ほどで産卵を始める(Lipovsky, 1957)。精包は半透明～乳白色のY字型で，高さ約30～170μmの2分した柄の先端に径30～40μmの精子嚢を乗せる。なお，卵はバラバラにも産むが，種によって25～50個の卵塊にもなる。卵の色は種によって異なりフトゲ，フジ，アラト，*L. deliense*, *L. arenicola*は淡黄色，サダスクガーリェップは白，アカや*L. fletcheri*は橙色などと，成虫の体色と似てツツガムシの生息環境とも関連があるらしい。

卵 Egg：産卵直後は光沢ある球状，1週間ほどで卵殻が二分されて内側の卵膜に包まれた胚が露出し，膨隆期Deutovum stageのやや円錐形となる。やがて三角錐状になり片測がオレンジ色になる(卵内で幼虫が発育しているため)。この時期の卵を筆で別な容器1個当たり卵100個を移す(産卵直後の卵は移動させると孵化しないこともあり絶対に触れない)。

未吸着幼虫 Unfed larva：卵膜を破って孵化した幼虫は脚が3対，体表面が乾くにつれて活動的となり石膏基質の溝や蓋の周辺部に集団clusterで静止する(この密集性はタテで強い)。孵化直後の幼虫は養分を蓄えており宿主に吸着しにくいが，2週間もすれば幼虫は宿主に吸着する(吸着せずとも長期生存でき，25℃ 恒温下で*L. fletcheri*, *L. deliense*, *L. arenicola*またアカは約1ヵ月，タテは数ヵ月，さらにフトゲは4～9ヵ月，アラトは5～8ヵ月間以上，そしてコウモリ寄生種では1年以上もつ。ただし，どの種も充分な吸液がなければ次の発育期に移行できない。なお，吸着すれば満腹するまで吸液し続けるが，アカやフトゲなどでは稀に2回にわたり吸液する)。これら未吸着幼虫は，容器の蓋を開けると呼気CO_2に反応して外に這い出して収拾がつかなくなる(術者が誤って刺されるのはこの時)。呼気さえかけなければクラスターのタテでも活動せず，容器を逆さにしても静止し続けるが，光を当てると負の走光性で反対側に移動する。

[餌としてトビムシの飼育]

採集方法：トビムシは主に土壌中(地表面の枯れ葉や朽ち木)に，また池，樹上，洞窟などに生息する。日本産トビムシ約350種のうち，著者らはアヤトビムシ科のフタツメシロアヤトビムシ*Sinella curviseta*を飼育している。体長が約2mmと比較的大型で乳白色，家庭の野菜や果物など生ゴミが捨てられた場所の土壌中に生息して飼育しやすい種である(図13左)。その土壌0.5～1kgをツルグレン装置に入れて点灯後2～3時間でほとんどが落下してくる(本種は跳躍力があり逃げられやすいので，まずトビムシ以外の土壌動物から取り除くのもよい)。寿命

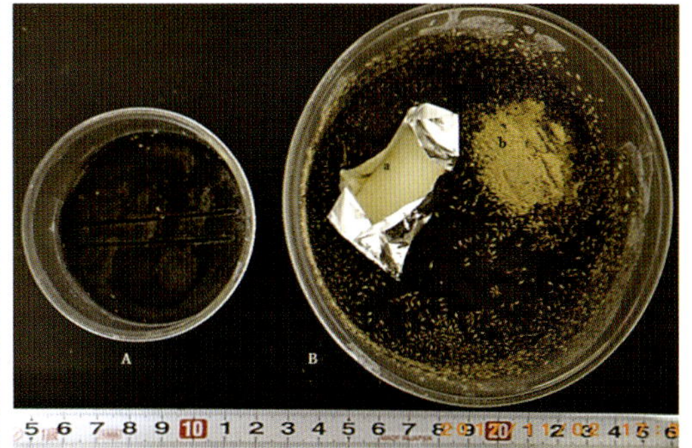

図 13　トビムシと飼育器

左：フタツメシロアヤトビムシ成虫と卵（挿入：メイソンワルヒツツガムシは卵でなく成虫を餌にする場合もある）／右：小型はツツガムシの飼育容器，大型はトビムシの飼育容器

は 15℃で平均 8 ヵ月間，長いと 1 年半も生きるらしい。

飼育方法：径 95mm，深さ 55mm のプラスチック製蓋付シャーレを用い，底には石膏基質(活性炭末と焼き石膏を体積比で 1：9)を高さ 7 mm に水でかたまらせる。石膏基質なら湿りぐあいが色の変化で分かりやすく，またトビムシ卵を拾いやすい。この容器を作る手順は次の通り。

- 1000ml のビーカーに約 300ml の水を入れ，この中に前述のツツガムシ飼育容器で約 2.5 杯分の活性炭を入れてかき混ぜた後，市販の焼き石膏 1 本(500g)をよくかき混ぜて水を加えて 800ml とする(これで約 10 個の飼育容器ができる)(図 13 右)。
- 飼育容器にこの石膏基質を流し込み，すぐに机上でよく底を叩いて気泡を追い出す。石膏が固まり始めたら表面を指で軽くこすって滑らかにして気泡の跡が残らないようにする。静置して 1 時間で固まるが翌日まで放置した方が無難である。
- トビムシを入れる前に石膏に充分水をしみこませてから，餌としてマウス固形飼料を粉末にして放射滅菌したものを容器一個あたり約 0.5g を入れ，加えて新鮮なリンゴの小片(5 × 10 × 20mm)を一個入れる。
- トビムシは親になっても何回も脱皮し，1 雌あたりの産卵数は最初は数 10 個だが次第に数を増して一日に 100 個近く産むが，親の適度な個体数は 300 匹ほどである。容器と蓋の間には薬包紙を置いて確実に蓋をして湿度を 100 %に保ち 25℃の恒温器に入れると，4～5 日後から産卵し始める。
- トビムシが産卵した容器は 15℃の恒温器に移して，ここから適宜に新鮮卵を筆で拾い上げる。産んだ直後の卵は球状で表面が光沢ある乳白色で，約 1 週間は餌として使える。ただ，胚が発育してやがて外皮が破れて表面はざらざらになり形も少し変形して大きくなれば餌として適さない。採卵が終了したらトビムシを別な新しい容器に移し，古い容器は洗って乾かして再利用する(石膏表面の一部を 1～2mm の深さに削り落として産卵場所を作るのもよい)。古い餌やリンゴは残すと腐るので交換する。

[ツツガムシの発育史]

このように，飼育観察を通じて発育史を調べることは，各種ツツガムシの形態学的比較研究や温湿度や光などの環境要因との関係，さらに媒介種の生殖，寿命，食性などの生態を始め，ツツガムシ病の感染経路を解明する上で欠かすことができない。わが国でツツガムシ病の媒

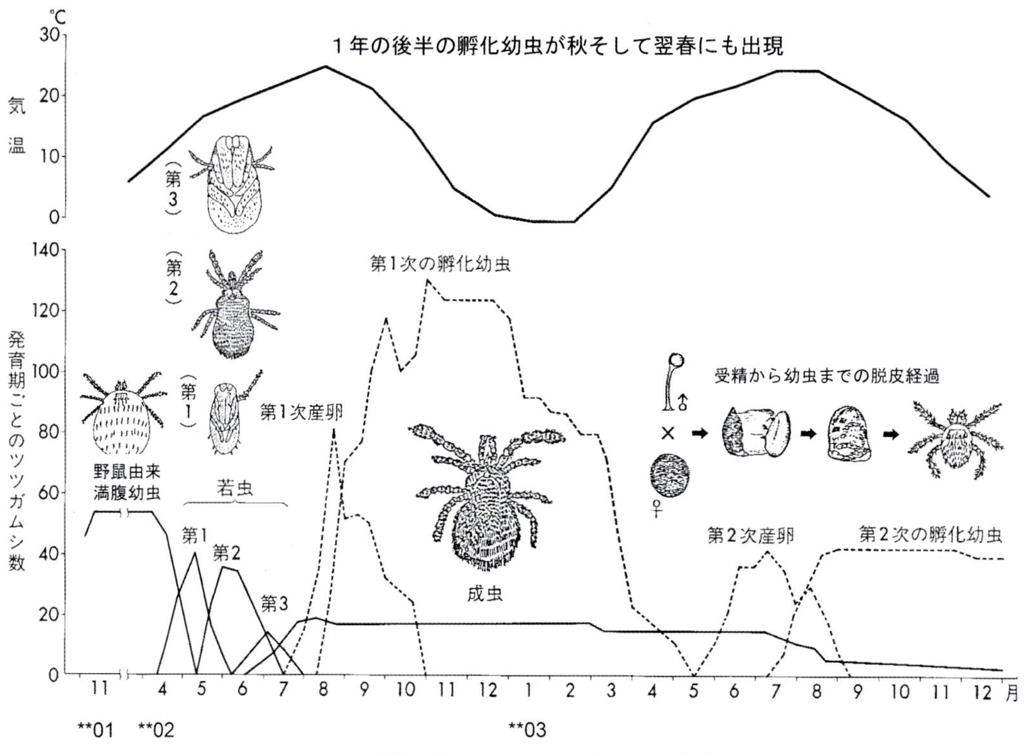

図14　季節に伴うフトゲツツガムシの発育史
埼玉県におけるプラスチック容器内の観察

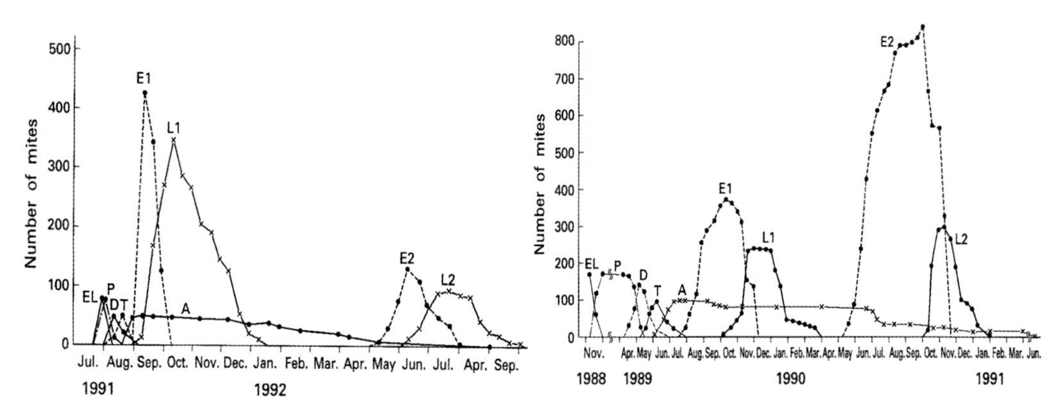

図15　季節に伴うアカツツガムシ（左）およびタテツツガムシ（右）の発育史
埼玉県におけるプラスチック容器内の観察：EL（満腹幼虫），P（第1若虫），D（第2若虫），T（第3若虫），A（成虫），E1および2（第1次および2次の産卵），L1および2（第1次および2次の孵化幼虫）

介が周知される主要種については，各々の発育期の出現時期，越冬および産卵習性また未吸着幼虫や成虫の寿命などがほぼ解明されている（Takahashi et al., 1993; 1994）。図14はフトゲツツガムシ，図15はアカツツガムシおよびタテツツガムシの発育史の観察をまとめたものである。ほかにアラトツツガムシのそれも明らかにされ，各々の出現季節が裏付けられる。

3)飼育ツツガムシの実験応用

飼育で得たツツガムシは種々の実験観察に使えるので，以下にその手技の概略を示しておく(図16)。

[宿主動物への吸着]

・飼育し易いコンベンショナルな有毛マウス(ddY)によく吸着するツツガムシは *Leptotrombidium* 属で，これら種の未吸着幼虫約50個体を，水を張った小型シャーレに浮遊させる(幼虫は次第に密集する)。

・供試マウスの四肢をセンタクバサミで，血流が止まらぬ程度に板上に固定して実態顕微鏡下に置く。マウスの片耳を裏返して外耳道を見易くした中に，約2cmに切ってループ状にした木綿糸を入れる。

・シャーレ水面に密集している幼虫50個体を筆ですくい上げてループの中に放すと，木綿糸に水分が吸収されて幼虫がマウスに吸着する。孵化後2週間くらいの幼虫なら大部分が30分以内に吸着するが，逃亡を防ぐため，幼虫を入れると同時に耳を折ってセロテープで止める(完全密閉すると過湿状態で幼虫が死ぬので耳の上端は必ず開けておく)。なお，術中のマウスは死亡しない程度のネンブタール腹腔麻酔してもよい。

追記：マウスの背毛を剃ってカプセルを固定し，中に数100個体以上を放す方法もある。

[宿主動物からの回収]

・上記のように幼虫をつけたマウスは25℃恒温器に入れ，6時間後に耳に貼ったセロテープをはがし，さらに4時間後に四肢を自由にする(マウスの足の先端は膨れているので耳を掻いても吸着ツツガムシは落ちにくい)。

・その後，マウスは室温に戻し，1頭ずつステンレス製の金網ケージ(50 × 45 × 80mm)に入れて，水を張ったシャーレの上におく(このケージの5mm下方に厚手のろ紙を敷いてマウスの糞の受け皿にする)。マウスには毎日，新鮮な固形飼料1個と水を補給する(野鼠を使う場合は，サツマイモ餌で水分補給)。

これで宿主体液を充分に摂取した満腹幼虫がシャーレ水面に落ちるので，毎日，筆で回

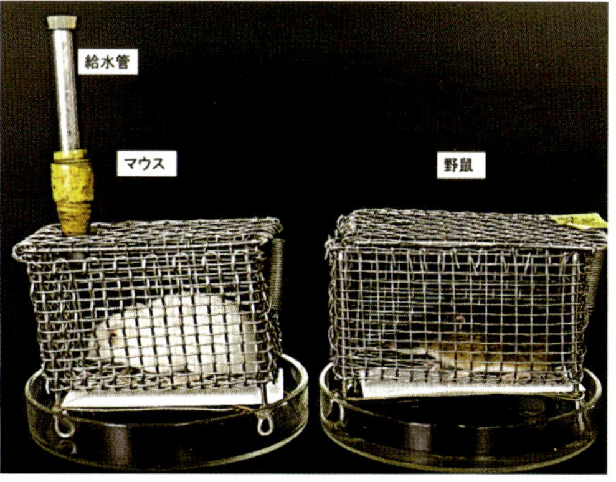

図16　ツツガムシ幼虫の宿主への吸着実験法
左：マウス耳介への封じ込め／右：宿主からの回収

収して飼育容器に移す。吸着期間は大半が2～3日であるが1週間繰り返すならほとんどの幼虫を回収できる。

3. 疫学の背景としての生態（髙田伸弘・高橋 守）

ツツガムシ幼虫は，地表面や野鼠坑道あるいは下草の先に集塊を作って待機し，接触した各種動物，時にヒトの皮膚に吸着する（特殊な種は，コウモリ，鳥類，爬虫類などへ適応放散）。満腹離脱した後は土壌中に帰る発育史をもつが，それゆえツツガムシの分布は気温そして地温の変化など季節条件と強く関わる。

[季節的消長]

種により北方系あるいは南方系いずれかに傾くことが知られる。たとえば南限がほぼ定まっていて北海道なら平地であっても普通でも，本州では高山帯や冷涼環境でしか生息できない種であるとか，地域ないし地点によって随分変化に富む。図17は年平均気温帯ごとの分布記録をまとめたもので，種により気温の許容範囲が相当異なることが分かる。さらに，図18では主に北国の媒介種となるフトゲ，あるいは主に南国の媒介種であるタテの季節的消長が，各々ツツガムシ病患者の季節的発生頻度とよくリンクするものであることが分かる。

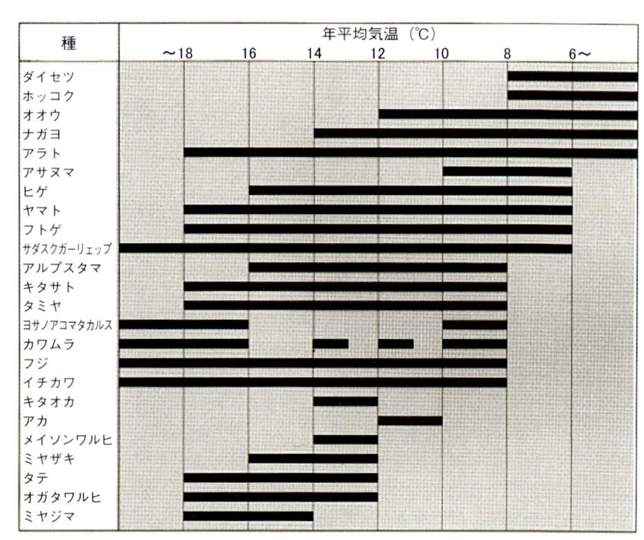

図17　年平均気温帯ごとにみたツツガムシ種の生息

このように，ツツガムシは季節的消長を示すが，それはほとんど気温による影響である。実験飼育で再現できる種の観察によれば，発育の適温は23～28℃で，このうち温度の高い方が発育期は短くなる（速く発育する）傾向がある。一方，20℃以下ではほとんどの種が，生存できても次のステージに進む期間が著しく長くなったりで正常

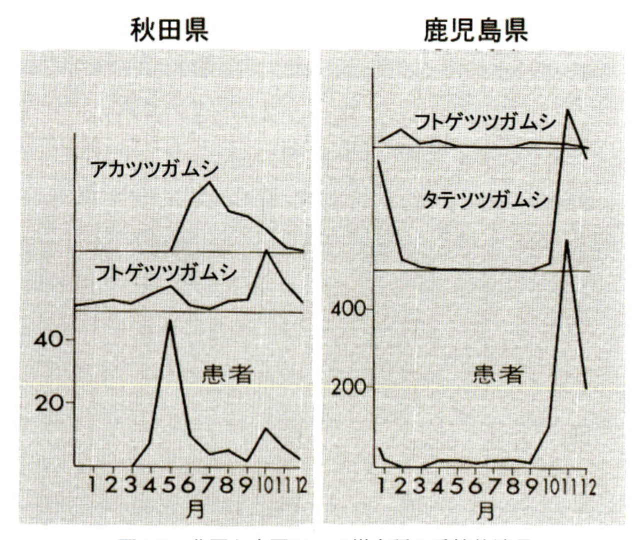

図18　北国と南国にみる媒介種の季節的消長
（ツツガムシ病患者の発生時期と同調）

表1　池間島におけるデリーツツガムシの季節的消長（著者らの調査）

宿主／年月	2010.7	8	10	2011.1	4	5	7	2012.1
クマネズミ	177	84	121	31	53	93	89	32
	11	20	3	5	5	6	4	5
ドブネズミ	0	22	34	0	0	13	109	19
	0	2	3	0	0	2	2	7
ジャコウネズミ	6	10	0	2	NT	NT	NT	NT
	1	4	1	1				

各種ごとの数値の上段は寄生指数＝宿主1頭当たりの虫数(四捨五入)／下段は検査頭数

な発育には適さない。したがって，**日本のように寒冷期のある地域では産卵は主に夏期に行われ，そこから出た未吸着幼虫の生存期間も差のあることが分かっている。一方，熱帯・亜熱帯の高温多湿な東南アジアの浸淫地では年に数回は世代交代して，それに同調して患者がほぼ年間にわたって発生することが分かっている。**わが国では宮古列島の池間島のデリーツツガムシで似たことが見られ(表1)，患者発生も夏季に多い傾向はあるものの全季節に見られる。

[分布様式]

ツツガムシは，上記気象条件とは別に，古くから媒介種として知られて**赤い体色を持つアカ，タテあるいはデリーツツガムシ系の種などは地勢条件として日照のよい草藪に多発する傾向が強く，一つの地区内でも個体密度の高い細かな単位 mite island を形成しつつ散在する現象もみられる。それが病原体保有コロニーのスポットである場合は hot spot とも呼ばれ，そのようなスポットが集積すれば地域ごとに有毒地 infective spot が形成される。**

上記で草藪というのは，灌木は含むとしても森林帯は含まない環境であり，わが国では中山間地域の中小河川沿い，そして平野に出る扇状地，その後は中流～下流域の河川敷に広がることがほとんどである。古く江戸時代から東北地方では河川敷の草藪と「恙虫病」の強い関連性は認識されて，明治期にわが国に招請されたベルツも洪水熱と呼んで紹介した。それが近年でも次のように再認識されている。

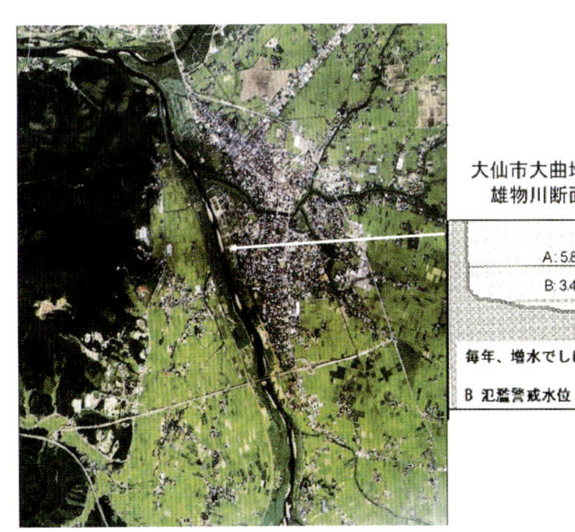

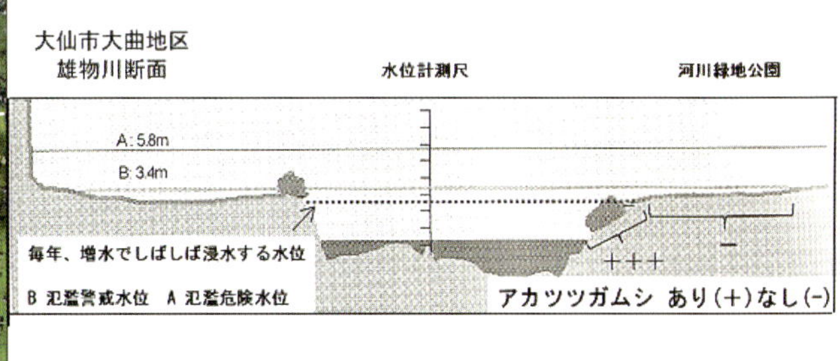

アカツツガムシによるツツガムシ病多発地

図19　秋田県雄物川中流域の河川構造にみるアカツツガムシの生息環境
江戸時代から同種による患者発生が認識されている地域(線画は佐藤ら(2016)を改変)

アカツツガムシ：古く東北地方日本海側の大河川の中流域の草藪に限局してみられたが1960年代までに減少して，的確な調査もないまま消滅とまで言われた。しかし，近年，秋田県中部の雄物川河川敷において本種による患者発生があり，秋田県の衛生行政による精力的な調査により相当の生息が再確認されて，本種は現在でも河川の氾濫原と切っても切れない関係にあることが分かっている(図19)。アカツツガムシは水際の砂州と周辺の草地には予想以上に広く見出されたが，堤防へ上がってゆく草地には見ない。戦後の河川改修の進捗が本種の減少傾向をもたらしたらしいが，その一方で，古く雄物川流域で発生していた患者のすべてが本病であったものか(須藤，2013)，さらにフトゲツツガムシの介在はなかったものか，種々の課題はいまだに残っている。いずれにしろ，当該地域のアカ生息の境界線はちょうど有名花火大会の観覧席に接しているため，開催者による防鼠や殺虫の措置は毎年とられている。

タテツツガムシ：本種は九州一円から西日本，中部地方また関東から東北中部(現在の北限は岩手県中部と山形県の北部を結ぶライン)に分布する。**秋～冬の時期だけ出現することから分布はやや散在性とも言われたが，近年は著者らや関係者の採集調査で知られた結果からみて，各地で相当広くて濃厚な分布に変わってきた(高田ら，2010)。加えて，本種はフトゲなどと異なり草の先(枯草含む)にクラスターを作るため動物に付着し易いので，各地で繁殖が著しいシカに付着して本種の拡散も起きているらしい**。濃厚分布する地域では市街地の公園や線路わきの雑草など様々な草付き，そして河川敷周辺の住家軒下までみることがある。ただ，寒冷に弱くて秋に出た幼虫は越冬し難いため，冬暖かい地域を除いては，フトゲの場合のように翌春まで患者発生が引き延ばされることは少ない。さて，編者らが東北中部から鹿児島県まで本種の生息域を踏査した結果，その分布様式は各地の河川水系を指標にできることが判明した。それら水系の本支流が形成した河岸段丘に沿って，河川敷内外の日照のよい草藪が主たる生息地となるが(図20)，鹿児島県南半部の半島など長い年月の氾濫に伴う拡散が著しい地方では一見無秩序に広く瀰漫性にみられることもある。本種の分布が河川水系と関連する理由は，本種だけが草の先など地表から突出した場所で待機するためで，これによって氾濫水に流されて拡散し易いことは容易に理解できる。河川敷の洪水の後先でタテの採集を比べても大きな違いはない，あるいは実験的に水に浸漬させても簡単には死滅しないなどの観察は種々ある。なお，分布の多様性を言えば，真鶴の海浜に打ち上げられた漂流堆積物から土壌動物の採集中に本種10個体余を得たという報告もあり(青木，1999)，興味が尽きない。

フトゲツツガムシ：北海道の南半分から鹿児島県までの広い範囲に分布して秋に出現するが，幼虫は積雪下で休眠して翌春にも現われるので，タテが生息しない東北北部では秋にも増して春に患者をみる。以前は全国の山野のどこにでも絨毯的に分布をみたが，著者らの採集調査を通じて近年は各地で生息の縮小傾向がみられるようにも思われる。では，そういう趨勢が確かか否か窺うため，ツツガムシ自体の調査に換えてツツガムシ病患者(感染Ot型も確認しつつ)の出方の季節性から調べてみた(図21)。もしフトゲの生息が減衰しているなら，秋にも増して春季における患者発生数も減衰しているはずだからである。結果は予想通り，少なくも近年は東北地方の春季フトゲによる媒介が消退ぎみであることが分かった。この傾向の裏付けとして，過去5年ごとの秋田県のツツガムシ病患者の血清型(同県健康環境センターの佐藤氏から私信)をみると，1998年は32例(Gilliam型4，Karp型1，不明27例)，2003年は30例(Karp

図 20　河川水系に沿うタテツツガムシ生息相の実例
左：中山間地での分布形態（隣接の手取川ではタテを見ない）／右：盆地で瀰漫する分布形態

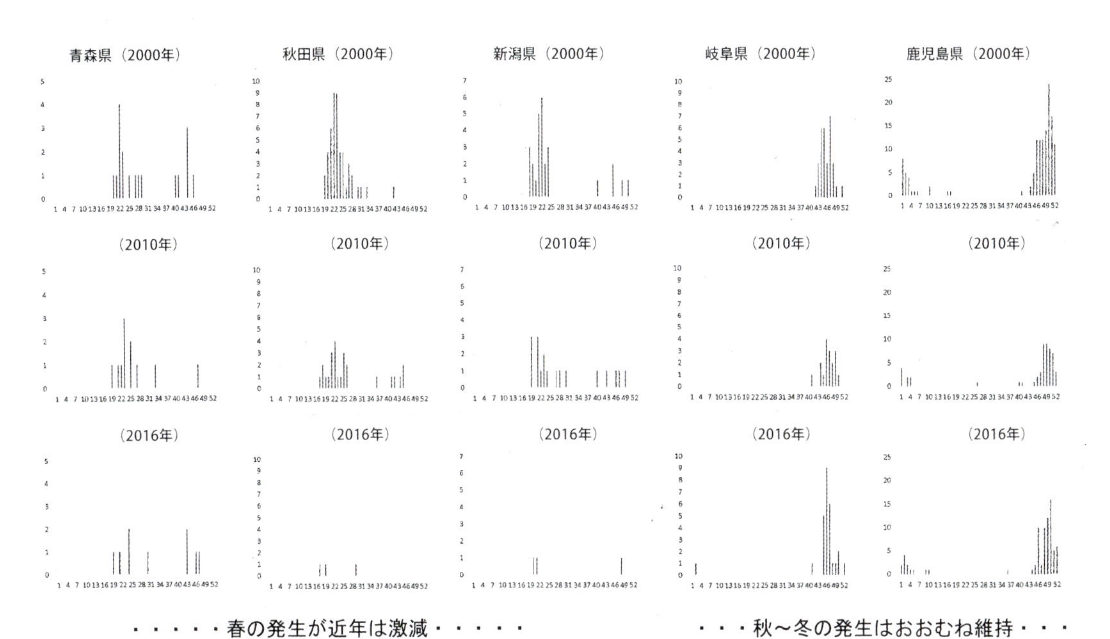

図 21　南北の県にみるツツガムシ病届け出数の年次と季節による変遷（2000 ～ 2016 年）
図で横軸は年次ごとの週，縦軸は届け出の実数，表出以外の県でも似た傾向を示した

型 14，不明 13），2008 年は 15 例（Karp 型 9，不明 6 例），2013 年は 28 例（Gilliam 型 1，Karp 型 25，不明 2）そして 2018 年は 5 例（Karp 型 4，Kato 型 1）となっており，これは，検査抗原の選択やカットオフの限界など手技上の理由で Ot の血清型が不明であったものを除いても，ほとんどの症例がフトゲ媒介性の型とみなされることを示している。すなわち，東北北部はタテツツガムシを含まない媒介種の話となる。いずれにしろ，フトゲ消退の理由は今のところ確言できないが，どちらかと言えば寒冷好みのフトゲが温暖化の影響で勢力を落としたか，あるいはフトゲの吸着頻度が圧倒的に高いハタネズミが，近年は準絶滅危惧種に指定する県が増えるほど著減（対照的にアカネズミの優勢化）したことも影響したか，それでも将来的には回復もあ

り得るのか，注意深く推移を見守らねばならない。なお，南西日本でのタテによる患者発生は維持されていた。

以上をまとめると，**暖かい秋が延びると患者数が増加，また暖冬なら早春から患者発生をみることになる。種別にみれば，北日本ではフトゲツツガムシが秋そして翌春に患者発生を起因する傾向に対し，タテツツガムシは当該年の秋に患者発生を全国各地で押し上げる形をとるが，近年はタテが優勢であり関東から南西日本では秋～冬の患者発生が目立ちつつある。**そのほかに媒介の可能性が言われる種も 2，3 あり，たとえばフトゲと形態的に類似したトサツツガムシによる感染が古く四国の数ヵ所で言われていたが，著者らによる近年の調査では 1 個体のみの採集にとどまるなど，ほぼ絶滅に近いとみなされた。したがって，何らかの傾向を言えるほどの情報はない。

〔引用文献〕

青木淳一（1999）真鶴の海浜で採集されたツツガムシ．*Actinia*, 12: 7–11.

佐藤寛子，柴田ちひろ，秋野和華子，斎藤博之，齋藤志保子，門馬直太，東海林彰，高橋　守，藤田博己，角坂照貴，髙田伸弘，川端寛樹，安藤秀二（2016）秋田県雄物川流域におけるアカツツガムシ生息調査(2011～2014)．衛生動物，67: 167–175.

Shatrov AB（2000）Trombiculid Mites and Their Parasitism on Vertebrate Hosts. 276 pp., St.-Petersburg University Publishers, St.-Petersburg（In Russian with English summary）.

須藤恒久（2013）秋田県における古典的恙虫病発生数の検証 ―届出制度前の患者数には非発病刺咬者も含まれていた―．ダニ研究，8: 1–4.

Takahashi M, Machida K, Murata M, Misumi H, Hori E, Kawamura A Jr, Tanaka H（1993）Seasonal development of *Leptotrombidium pallidum*（Acari: Trombiculidae）observed by experimental rearing in the national environment. *J Med Entomol*, 30: 320–325.

Takahashi M, Misumi H, Matsuzawa H, Morita K, Tsuji O, Hori E, Kawamura A Jr, Tanaka H（1994）Seasonal development of *Leptotrombidium scutellare*（Acari: Trombiculidae）observed by experimental rearing in field conditions. *Jpn J Sanit Zool*, 45: 113–120.

高橋　守，三角仁子，堀栄太郎（1995）ツツガムシの飼育方法．大原年報，38: 29–36.

Takahashi M, Morita K, Tsuji O, Misumi H, Otsuji J, Hori E, Kawamura A Jr, Tanaka H（1995）Seasonal development of *Leptotrombidium akamushi*（Acari: Trombiculidae）under field temperatures. *J Med Entomol*, 32: 843–846.

高橋　守，三角仁子，高橋裕美，横溝　亮，青木里紗，三浦もも（2013）ウミヘビツツガムシ *Vatacarus ipoides* の宿主への適応―シンプルになった生活環―．ダニ研究，8: 5–29.

髙田伸弘，藤田博己，成田　雅（2010）ツツガムシ病発生と相関するタテツツガムシの感染リスクマップ試作．*Clin Parasitol*, 21: 110–112.

浦上　弘，多村　憲（1996）恙虫病リケッチア *Orientia tsutsugamushi* と宿主ツツガムシとの共生関係について．日本細菌誌，51: 497–511.

Ⅲ．ツツガムシの病原性と疫学

（高田伸弘）

ツツガムシ幼虫は本来が野生鳥獣を宿主にするものであるが，ヒトが野外で活動すれば偶発的に接触することは起こる。その場合，虫種による嗜好性や生息密度の違いも出てきて，例えば地表の草や石など突起物にクラスターを作って動物に取りつく性質の強い種は，ヒトに吸着する機会も多いわけである。これまで明らかにヒトに吸着したことが確認されているのは，後述の種群のほか，わが国と共通の種が生息する近隣国での記録（ヤマト，ミタムラおよびホッコクツツガムシ）にとどまる。これら以外の種についても専門家の間で論議はあるが，最終的には，ヒトに吸着したどの種がツツガムシ病病原体 *Orientia tsutsugamushi*（以下 Ot）の媒介に関わるかが最も重要となってくる。たとえば，古くからアカ媒介のみが言われてきた秋田県雄物川河川敷で現地医師（後述の毛掘り医者の末裔に当たる寺邑誠友博士）が 1950 年代に採取した多数のツツガムシ標本や実験資料があり，これを保管する高田（編者）がその中から同地のツツガムシ病患者に吸着していたツツガムシのプレパラート標本を発掘した。鏡検すると，アカに混じってフトゲも見出され，同地ではアカのみならずフトゲも媒介種であった可能性が強く示唆された（図 22）。当時の Ot の型分けは充分な正確さは保証されておらず，どの種が主役であったかなど頻度の問題はさておき，多様性への配慮が常に必要なゆえんであろう。

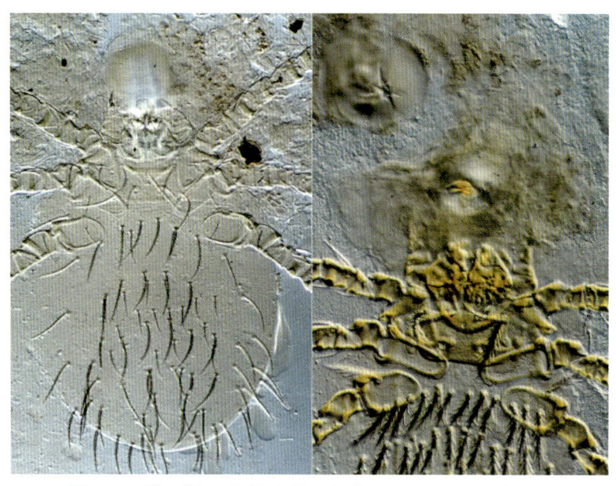

図 22　秋田県で患者皮膚に吸着していたツツガムシ
左：アカツツガムシ／右：フトゲツツガムシ

1．ツツガムシ吸着の多様性（高橋　守，高田伸弘）

日本産ツツガムシ 130 余種のうち，ヒトに自然に吸着したことが確認された種はアカ，タテ，フトゲ，バーンズ，ヒゲ，ナンヨウおよびカケロマタマツツガムシの 7 種，ただ実験的にはナガヨ，フジ，アラト，キタサトおよびガーリェップツツガムシなども吸着するので（高橋，未発表），ヒトに吸着可能な種はさらに潜在しているように思われる。もっとも，ヒトに吸着する種は原則として広範な宿主を持ち合わせるのが普通であって，上記 7 種はもっぱらヒト特異性の種類であるというわけではない。以下に，従来の文献を縦覧することで吸着の多様性を紹介する。

1）種による吸着頻度

夏のアカツツガムシによる有痛性の吸着は比較的知られている。これに対して，秋～冬に多発するタテツツガムシでは軽い痒みが生じる程度で，吸着されても気づかないことが多いものの，人体実験例で注意してみると，吸着部位に小丘疹の生じることはわかっている(皮膚科的見地からの説明は「C．刺症・アレルギーほか」を参照)。

歴史的には1952年に八丈島の家鼠から採集したタテからOtが分離されて七島熱の媒介種と推定されたが，実験的にタテを接触させても少数は吸着したものの発症はしなかった。一方，八丈島や千葉県でタテを実験的に接触させたところ約18％(64／336個体)の吸着をみて，また八丈島のタテ生息地にボランティアを20時間座らせたところ35名中の21名が吸着を受け，回収した100匹のすべてがタテであったという。近年でも，本土各地でタテが多発する地方では毎年秋になれば住民が知らない間に吸着され，皮疹を起こすことが観察されている。

伊豆半島のフトゲ，フジおよびキタサトツツガムシの混合50個体を実験的に前腕部に乗せたところ，明らかに吸着した8個体はすべてフトゲで，被験者は15日後に恙虫病になった(フトゲからのOt分離は試みられず)。なお，かつて八丈島を訪れたツツガムシ研究者はフトゲ近似種のバーンズツツガムシにも吸着されている。これらフトゲなどに吸着されても痛みや痒みはないためまず気づかない。なお，これら種の無毒個体による吸着部位の炎症は数日間で消滅して虫体も脱落するが，アレルギー体質の場合は局所の丘疹と痒みが1ヵ月以上も続くことがある。

伊豆諸島の八丈島や青ヶ島，また鹿児島県の黒島，さらに宮古列島などで夏期に発生するナンヨウツツガムシはネズミや鳥，トカゲやヘビなどに広くみられるが，ヒトをも盛んに刺してタテよりも激しい痒みと著明な丘疹を惹起するため住民の多くが古くから気づいていた。しかし，そういった地方ではツツガムシ病の発生と直接には関連しないことから，本種はヒトを刺しても明らかな病原体の伝播はないとされた(佐々，1956; 浅沼，1983)。また，奄美大島南西部のカケロマタマツツガムシによる吸着でもやはり病原体の伝播はないらしい。

2) 吸着部位

ツツガムシが吸着する部位については，痛みをいち早く察知できるアカの産地(古く知られる有毒地：秋田，新潟および山形)およびタテの多発する八丈島での観察によれば，種類やOt保有の有無による吸着部位の差は不明なものの，観察されただけでは，脇の下，陰嚢，大腿部，腹部など柔らかい部分が多い一方，頭部，上下肢まで実際には全身至るところにみられる。アカを実験的に上腕部に放した場合，吸着された部位は脇の下や腹部にまで広がったことからもうなづける(高橋ら，1991)。吸着部位の数については，従来とも患者の大半では1ヵ所であるが，まれに複数をみた1例もあり，それは場所ごとの生息数や暴露時間の長短による。

3) 吸着時間と吸着率

アカ，タテの人体実験で見るかぎり，肌に接触させてから吸着するまでは約1時間，そして吸着の持続時間は種により異なるものの30～60時間(約2～3日間)にわたることが多く，ラットやマウスなど実験動物における場合もほぼ同様，また実験的な吸着の成功率は，アカでは40％強(15／35)(Obata & Aoki, 1958)あるいは約15％(5／33)(高橋ら，1991)，タテでは約15％(9／60)～40％(8／20)などと術者によって様々の記録がある。

4)吸着した場合のOt媒介率

人体に吸着したツツガムシ幼虫のOt媒介率については，特有の痛みを与えるアカでよく調べられている。

- 便宜的には吸着部位の数とOt感染の比が有毒率を示すものと考えられるので，アカによる吸着部位の数に対するツツガムシ病の発症頻度を過去の記録で概観すると2.0～11.7%であった。
- 新潟県阿賀野川流域で有毒地に立ち入った住民の多くがアカに吸着されたが，たとえば13名中で発症した者はわずか1名という報告があり(桂，1953)，この時に初めて無毒幼虫の存在が示唆されたらしい。
- 1900年台初頭からアカの媒介能の証明は種々あったが，Kitaoka et al.(1974)の実証成績によれば，秋田県で1956～1970年の夏にツツガムシに刺された386名から93個体のツツガムシ幼虫を摘出，うち同定できた87個体のすべてがアカ，そして45名(11.7%)が発病したものの全例で刺し口(吸着部位)は1ヵ所しか認めていない。うち1名はアカを摘出してから10日後に発病したためアカのヒトへの媒介の直接的な証明となった。いずれにしても，これら摘出されたアカでの病原保有率は2.5%(11/446)で，同時期に野鼠から得たアカでの保有率も2.3%(10/435)とほぼ同じであったという。

5)ヒトに吸着しないがOtを保有している種

カワムラツツガムシはこれまでヒトに吸着したという報告は見あたらないものの北海道ではAsanuma(1983)が高い病原保有率を記録，一方，本種の発生期に捕獲した野鼠からもOt抗体の検出はあるので，動物間での問題かも知れないが疫学的には留意したい。

6)海外で知られたヒトを襲う種

日本以外でヒトへの吸着が確認された種を挙げると，例えば北米や南米に広く分布する*Eutrombicula*属の種類は，日本のナンヨウツツガムシと同様にヒトに痒い皮疹を生じる。また，ヨーロッパに広く分布する*Neotrombicula autumnalis*もヒトを激しく襲うことで知られharvest mite(秋の収穫中の皮疹原因)と呼ばれる。

これまで極東から中央アジアの範囲において希少種を含めれば13属44種のヒト吸着が知られるが，そのうち，邦産と共通する主な種は以下の通りである。

- 極東ロシア　*Leptotrombidium deliense*，*pallidum*，*pavlovskyi*，*palpale*および*orientale*
N. japonica，*mitamurai*，*pomeranzevi*および*tamiyai*
- 韓　国　*L. deliense*，*pallidum*，*scutellare*および*orientale*
- 中　国　*L. deliense*，*pallidum*および*scutellare*
- 東南アジア　*L. deliense*，*fletcheri*，*arenicola*および*Eutrombicula wichmanni*
- 豪　州　*L. deliense*

このうちツツガムシ病媒介種として確証のある種はいずれもアカツツガムシ属の種で，東南アジアでは早くから本病をscrub typhusと呼んで種々調査がなされてきた。マレーシアでは，ボランティアを使うことで媒介種が検索されて*L. fletcheri*と*L. deliense*の2種が挙げられた。

2. 吸着の仕組み(髙田伸弘・高橋　守)

ツツガムシの体構造としては胴部先端に顎体部があり，触肢なども備わっているが，中央には口器(鋏角，口下片，下・上唇など)があり，そこからすぐに口腔から食道へつながっている。吸着は，下記のような順序で宿主(動物さらにはヒト)の皮膚に口器を刺入して逆立ちの態勢をとって始まる。これが病原 Ot の媒介に至る門戸であり，その機序と経過は図 23，24 に示す通りである。

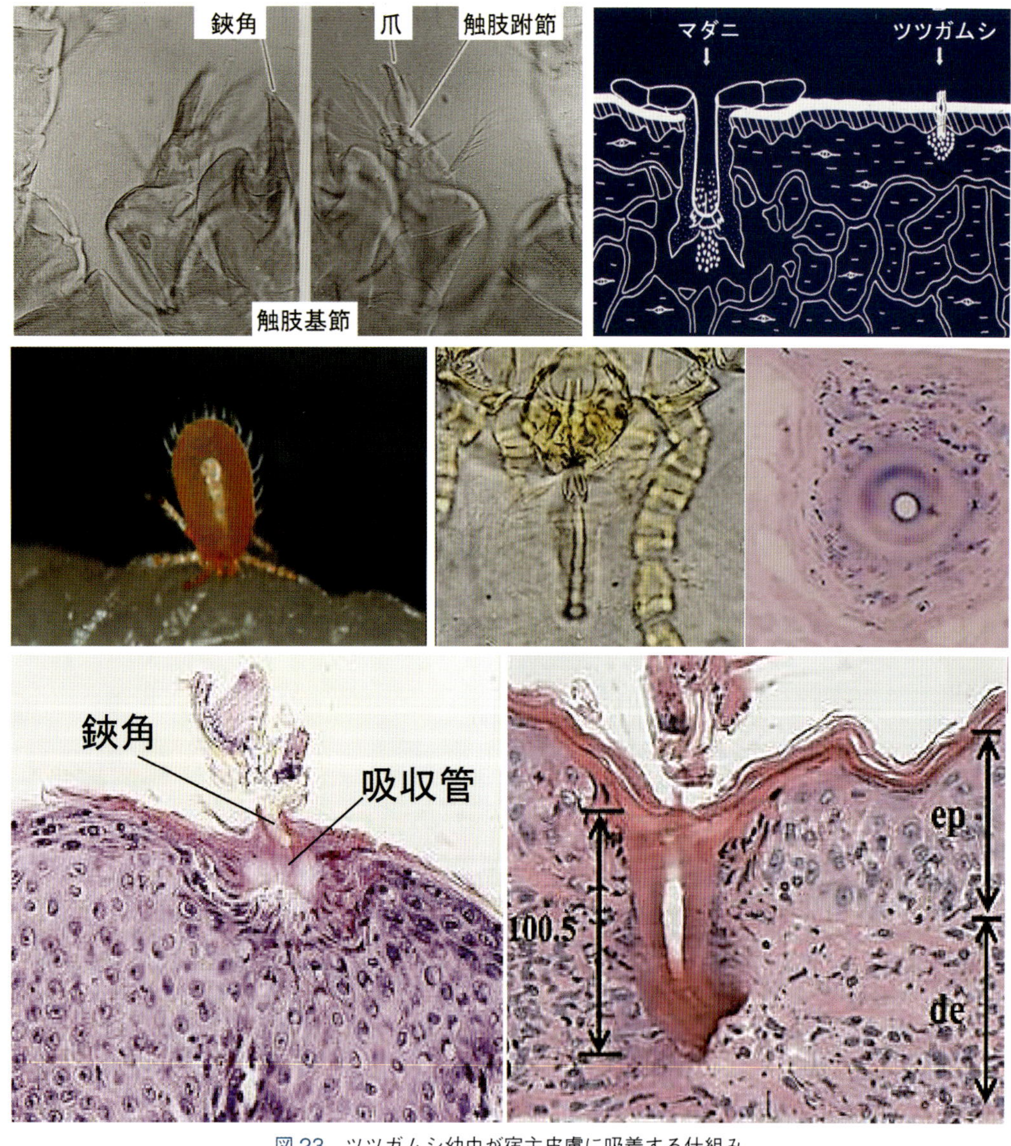

図 23　ツツガムシ幼虫が宿主皮膚に吸着する仕組み

上段　左：触肢の構造とくに背側からみた鋏角／右：マダニと比べて狭小で上皮にとどまる鋏角
中段　左：野鼠耳介に吸着した全体像／中：皮内へ穿たれて伸長する吸収管／右：吸収管の輪切像
下段　左：ヒト吸着の組織像で鋏角の先に吸収管／右：吸着から 30 時間後，吸収管長約 100μm（ep：上皮 epitherium，de：真皮 dermis）

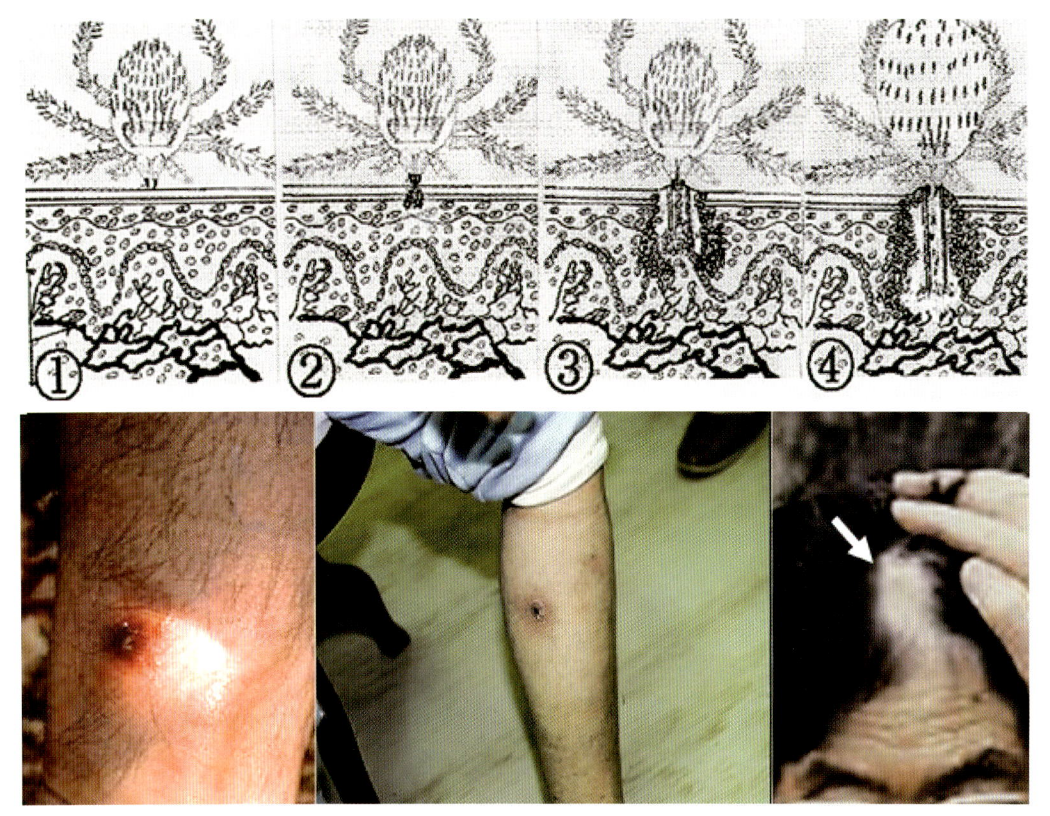

図24　吸着部位にできる「刺し口」の経過
上段　①〜④：吸着時，1日後，2日後そして3〜4日後の吸収管の模式図
下段　患者の場合，左：初期の潰瘍／中：黒い痂皮となった刺し口／右：頭髪内にみた刺し口の跡

- **ツツガムシ幼虫は宿主の上皮クチクラ層に吸着して微小な口器から出した唾液で皮下に円い井戸のような吸収管 stylostome を穿つが，それはマダニ類の大きな口器とは異なり真皮下の毛細血管叢には達し得ないため血液を吸飲することはできず，溶かした皮膚の組織液を吸う**。
- 数日の間，吸収管の伸長のままに唾液に乗ってOtが侵入して増殖し，その結果として径1cmほどの潰瘍(刺し口；初期感染巣，皮膚科的には焼痂という)ができて増殖したOtが循環系(血管内皮細胞に感染といわれる)に侵入すれば感染の成立となる。
- 吸収管はツツガムシと宿主側の相互作用で形成され，以下のようなタイプをみる。

　① 吸収管の伸びた先端が表皮内にとどまる
　　　　　　　　　　　　(タテ，アラト，キタサトおよびフジツツガムシなど)
　② 吸収管の先端が表皮内とも真皮内とも明確には区別がつきにくい
　　　　　　　　　　　　(デリーツツガムシなど)
　③ 吸収管の先端が真皮に達する　(アカ，フトゲおよびナンヨウツツガムシなど)
　　ただし，これら吸収管の観察に基づいて媒介あるいは非媒介のツツガムシ種まで区分するには無理がある。

なお，感染がなかった吸着部位は単純な紅い小丘疹として遅延型アレルギー反応の痒

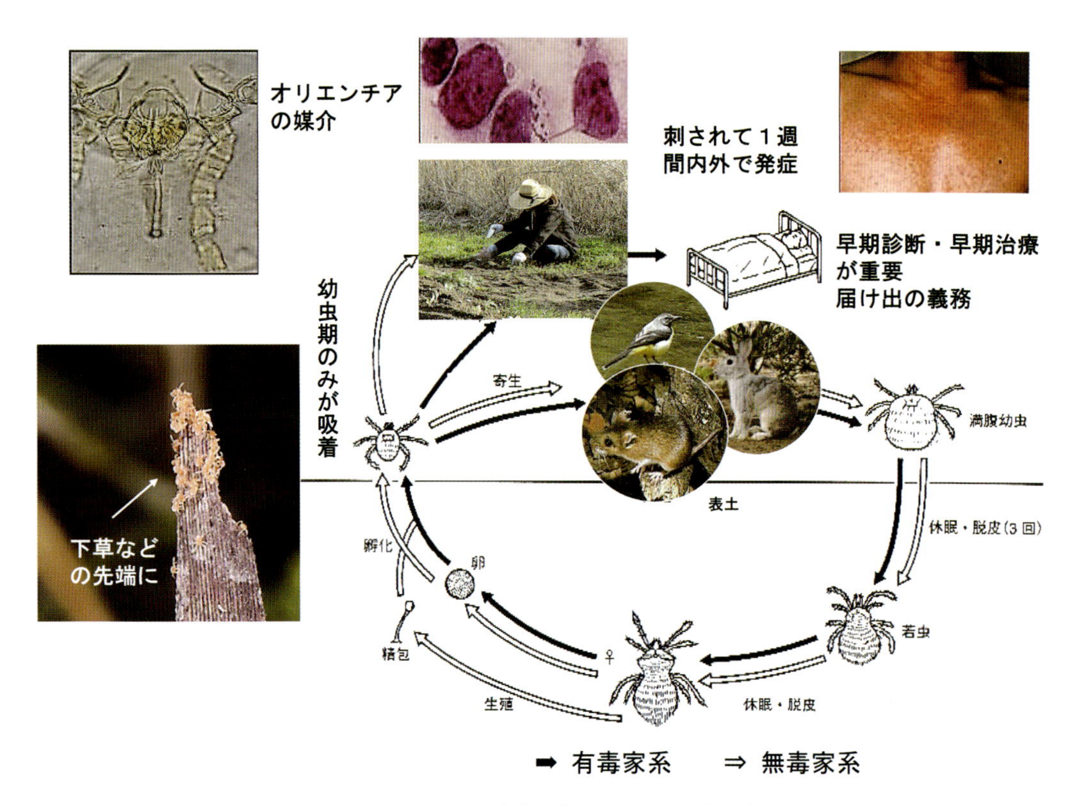

図 25　ツツガムシの発育史に伴うツツガムシ病の感染環

みを起こし，しばしば地域住民に集団として皮膚炎が見られる(「C. 刺症・アレルギーほか」を参照)。

・この潰瘍はやがて黒い痂皮で覆われ，ほとんどは 1 週〜10 日病日に受診した折に確認されて特有の「刺し口 eschar」と呼ばれる。

3. ツツガムシ病

(髙田伸弘・髙橋　守・藤田博己・夏秋　優)

微小な一群のツツガムシ類は，社会一般ではダニの仲間と思われないこともあるらしいが，医学にかかわるコダニ類の代表格であり，それが宿主動物の皮膚に吸着して自身の共生微生物である Ot が媒介されるとツツガムシ病として認識される(図 25)。

1) 歴史と病名

温(1984)によれば，近代の中国では，毛沢東により中国医学史の見直しが行われた結果，晋朝(281〜341)など古い時代から沙虱および沙虱毒の記述が見出され，これが世界最古のツツガムシとツツガムシ病の記録であるという(図

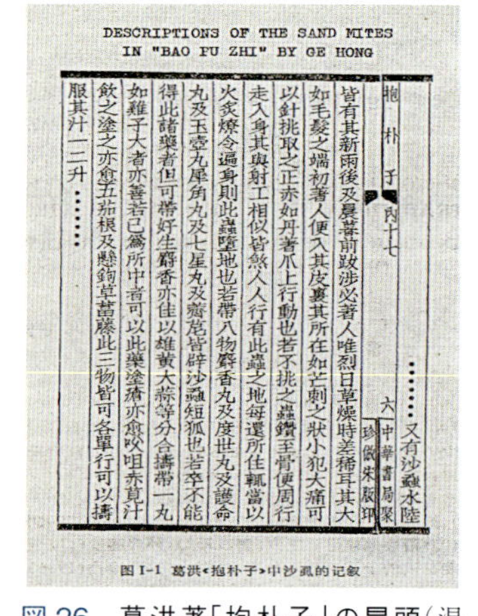
DESCRIPTIONS OF THE SAND MITES
IN "BAO FU ZHI" BY GE HONG

……又有沙蝨水陸
抱朴子　内十七　六　中華書局聚　珍倣宋版印
皆有其新雨後及晨暮前跋涉必著人唯烈日草燥時差稀耳其大
如毛髮之端初著人便入其皮裏其所在如芒刺之狀小犯大痛可
以針挑取之正赤如丹著爪上行動也若不挑之蟲鑽至骨便周行
走入身其與射工相似皆煞人人行有此蟲之地每還所住輒當以
火炙燎令遍身則此蟲墮地也若帶八物麝香丸及度世丸及護命
丸及玉壺丸犀角丸及七星丸及薺苨皆辟沙蝨短狐也若卒不能
得此諸藥者但可帶好生麝香亦佳以雄黄大蒜等分合擣帶一丸
如雞子大者亦善若已為所中者可以此藥塗瘡亦愈㕮咀赤莧汁
飲之塗之亦愈五茄根及懸鉤草葍藤此三物皆可各單行可以擣
服其汁一二升……

图 I-1　葛洪《抱朴子》中沙虱的记叙

図 26　葛洪著「抱朴子」の冒頭(温(1984)から引用)

恙虫病無料診察

恙虫病は日本国中で新潟県と秋田県と本県とにのみ発生する恐ろしい病気であります、此病気は恙虫に螫されて其の毒の為めに発病るもので毎年夏から秋へかけて多いのです、此病気に罹つた者は半数以上生命を失するのであります、故に恙虫に螫されたと思つたなら早速医師の診察を受けるが宜い、若し手当もせず素人療治で済まさうとすると内には取返しのつかぬ様になります。

本県では左記の場所に無料診断所を設け何時でも無料で診察して上げますから遠慮なく来て診察を受けらるるが宜い。

恙虫病無料診断所

診察医 大沼 正

同 寒河江町 診察医 奥登 廣治

同 診察医 後藤 [illegible]

大正五年八月

山形県地方病調査会

図 27　山形県に残される古いツツガムシ病の記録や遺蹟

左半　上：無料診療の広報と患者台帳

下：白鷹町の病河原に建つ毛谷明神の祠および県立博物館に置かれた藁製のツツガムシ像

右半　江戸時代に白鷹町の最上川氾濫原（本病多発の病河原）を改修する場面を描いた襖絵，↓は工事現場で治療する毛掘り医者（その末裔の芳賀家所蔵）

26)。わが国には 982 年にこの名称が伝えられたとも言われ，17〜19 世紀には上杉藩で沙虱病の記録があったらしい。そういう中，新潟県では本病を“つつが”，その媒介者を“つつがの虫”とか“シマムシ”と呼び，秋田県や山形県では“けだに”などと呼んでいた。

本病の厄除けを切望して東北 3 県の各地でツツガムシを神として崇める祠が建てられた。例えば，明治・大正時代に山形県を貫流する最上川上流の白鷹地区の多発地区“病河原(やまいがわら)”に，そしてその多発地区が下流の山形市郊外の溝延地区に移った時はそこに，繰り返し“毛谷明神”が建立された(図 27)。ちなみに，「恙」という語は，聖徳太子が当時の中国に送った国書の中で“恙無きや”と書いたり，小学唱歌「故郷」にも“つつがなきや友がき”などと使われたように，元来は病気や災難全般を意味するもので，本病を直に指すものではなかった。上記の温博士は現代中国では沙虱(＝ツツガムシ)を沙 sand mite，沙虱毒(＝ツツガムシ病)は沙熱 sand-mite fever と改めたいとしている。いずれにしろ，わが国における本病の先駆け的な研究は，秋田県大曲地区の田中敬助医師の自験的研究から始まり，まもなくドイツから政府招聘されたベルツが，現地を踏査した後の 1879(明治 12)年に“日本洪水熱”と呼んでドイツの学術雑誌に紹介した。その後，わが国研究者の粘り強い調査の結果，アカツツガムシ媒介性の病型を基に 1930 年頃までに病原リケッチアが解明された(図 28)。やがて太平洋戦争の後半には東南アジア各地(デリーツツガムシの媒介)で日米双方の兵士多数に罹患をみたが，終戦後まもなくに米国進駐軍が富士山麓で罹患したことを契機に，国内でも東北地方以外の各地に本病が散在する事実が報告され始めた(佐々，1956；Tamiya, 1962)。病原菌の命名は，*Rickettsia orientalis* の提唱から始まり，国際的な議論に基づき *Rickettsia tsutsugamushi* に落ち着いていたが，多村(1999)により新属 *Orientia* に移された。このように，**本病は古く江戸時代から認識されてきたにもかかわらず，時代ごとに研究そして議論を必要とする部分が残されてきたことから，古くて新しい病気と言われる。その理由は，複数の媒介種が介在して各地に季節を変えて現れ，新たに類似したマダニ媒介性の紅斑熱群との鑑別を要するなど手間を要してややこしい性格にあると言ってよい。**いずれにせよ，本病は古代から民俗学的な背景の中で認識

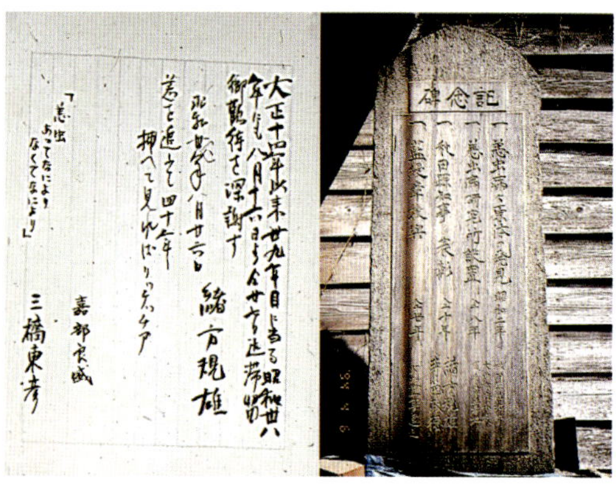

図 28　秋田県に残される古いツツガムシ病の記録や遺蹟

左：寺邑成徳が昭和 8 年に大曲町（現大仙市）に建てた恙虫病研究所（1990 年頃，編者（右）と寺邑能實博士（現花園病院長）が記念撮影），また 2010 年頃に同所内にて左から著者の高橋，藤田そして寺邑博士）／中：恙虫病原体を発見した緒方規雄が 39 年ぶりの昭和 38 年 8 月に同所を訪れた折の色紙「**恙を追ふて四十二年捕へて見ればリケッチア**」／右：同所玄関先に建つ記念碑に恙虫病病原体発見が昭和二年などとある

され，近代でも医学の進歩による解明の一方で，先取権をめぐる恣意的なバイアスも加わって種々に輻輳した経緯がある(髙田，2001 の総説にある 1990 年代以前の文献に詳しい)。

感染症の病名は，病原体の命名とは違い規約のしばりがないため変遷する例もないわけでないが，本病については前記のように古来から“恙虫病”であったが，感染症法制定に当たって当用漢字にない「恙」を平仮名にせざるを得なくて仮名漢字の混淆した“つつが虫病”と書かれた。ただ，なにより病気を起因する媒介動物の正規和名は“ツツガムシ”と書くので，編者らは“ツツガムシとツツガムシ病”のセットを採用することにした。ちなみに，前記温博士の指摘によれば，“恙虫病”とすれば“病気の虫の病気”となって語順が妙であるともいう。英名では，語源的にほぼ沙虱を表わす chigger mite が茂みで感染をもたらす発疹性の熱病ということで“scrub typhus(草原熱)”が汎用されるが，内外の専門家の間では“tsutsugamushi disease”と表記されることが多くなっている。

2) 臨床

ツツガムシに吸着されても，前述の通り，刺されて痛みを覚えるアカツツガムシ以外の種では気付かないことが多く，1 週間〜10 日ほどして急激に発症する。逆に，アカの浸淫が知られた東北 3 県では，吸着された地域住民は明確な痛みを覚えたため，江戸時代からも吸着早期に皮膚上の処置が可能であった。その要領は次の通りであったらしく，感染門戸の刺し口を直に切除するため発症抑止効果は相当にあったらしい。

[患者自身の手法]

・農作業から帰って入浴後，手足の先の方から全身を羽毛で逆撫でする。

・チクッと痛む部分をトゲぬきで挟み取る。

[毛掘り医者の手法]（図 29）

・体の各所をルーペで確かめる。

・ムシの吸着した部分の表皮をピンセットでつまんでメスで浅く切除する(近代以降は何

らかの消毒薬相当を塗って絆創膏を貼り，採ったものはスライドに載せて鏡検した）。

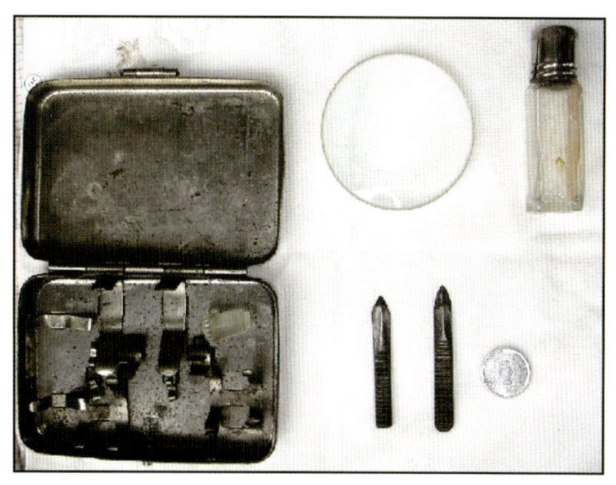

図 29　毛掘り医者が使った刺し口の切除器
（秋田県健康環境研究所の佐藤寛子氏より提供）

[所見と鑑別診断]

病初は一般に感冒に似て，発熱に続き全身性に発疹をみる中で，注意深く探せば独特の刺し口が見出される。この刺し口（初期感染巣）で充分に増殖した病原体が主として全身の血管内皮に侵入してリケッチア血症を起こすため，例えば血液像（異型リンパ球増加）や LDH-3 値（リンパ系由来）の消長あるいは DIC への傾斜などの病像から“みなし血液疾患”と思えば理解が早い（図 30）。

以下は鑑別診断の手引きであるが，肝要なことは早期の診断と治療に尽きる。

1. 発症 1～2 週前の野外作業や行楽の有無を問診（潜伏期の確認）。
2. 強い頭痛や倦怠感を伴い，時に 40℃を超える弛張熱，ただし比較的徐脈。
3. 発熱の数日以内に大小暗赤色の発疹（多くは膨隆しない）が躯幹，顔，四肢（手掌を除く）に出現。
4. 1cm 内外の紅囲小潰瘍が外来時には黒色の痂皮となる特有の刺し口（通常 1 個）。

…………… **ここまでで疑診可能なら治療に入る** ………………

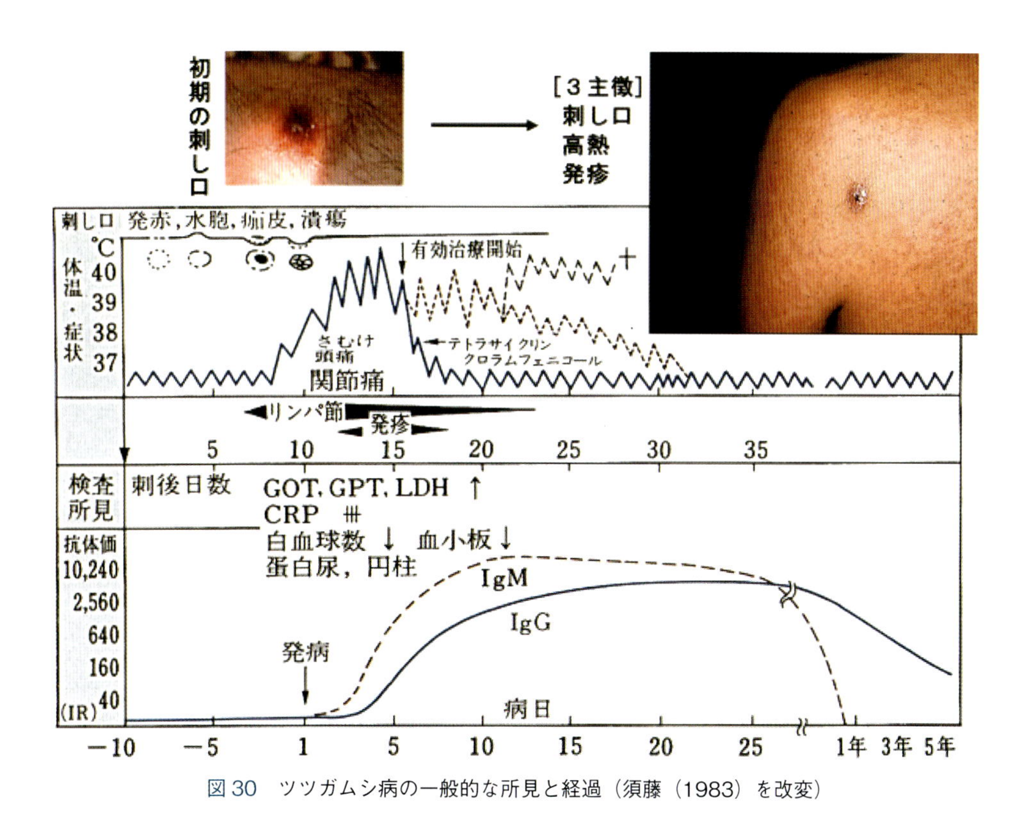

図 30　ツツガムシ病の一般的な所見と経過（須藤（1983）を改変）

5. 50〜100%の頻度で刺し口の所属あるいは全身のリンパ節腫脹(圧痛性)。
6. 病初に総白血球数やリンパ球実数が減少(異型リンパ球は増加，好酸球消失)，血小板も減少。
7. LDH(特に LDH-3)の病日に伴う消長，GOT や GPT の軽度上昇(時に肝・脾腫)，CRP 強陽性。
8. テトラサイクリン系抗生剤投与で半日〜1 日後に劇的な寛解(治療的診断の意味も)。
9. 治療後でもよいから血清の特異抗体検出，あるいは PCR で刺し口組織から病原体遺伝子の検出にて確定診断する。抗体検査では，発症まもない急性期と 1 週以上置いた回復期のペア血清を用い，免疫ペルオキシダーゼ法や蛍光抗体法によって IgM/IgG 抗体価の急上昇を探る(通常は 4 環ほどの差)。検査業者によるいわゆる標準 3 型の抗原だけでは有意な検出を得ない型もしばしばみるので，衛生研究所(行政検査)や大学研究室(共同研究)などに依頼するのがよい。Weil-Felix 反応では急性期を過ぎた頃なら OXK 陽転もみられるが，むしろ紅斑熱(OX2 陽性)との鑑別で有用である。

上記の手引きに関連してはいくつかのポイントが挙げられる。

症状の軽重：感染者は屋外活動(住家周辺や散歩道も含む)から 1 週間ほど置いて高熱，発疹，刺し口などを主徴として発症するが，その軽重は様々である。以前から，**Ot の型によりマウスを斃すか否かの実験に基づいて毒性の強弱が言われ，フトゲツツガムシ由来の型は強毒性，タテツツガムシのそれは弱毒性などとされた。ただ，ヒト感染では型による軽重は必ずしも定まってはおらず，患者個人の体内環境，例えばサイトカインネットワークの撹乱の程度や基礎疾患，合併症の有無などによって大きく左右される**(鈴木・関川，1981; 岩崎，2007)。なお，発症患者の年齢構成として，屋外活動が多く，かつ抵抗力の低下した壮年〜老年層に多い傾向が一般的で，市内に住む時間が長い低〜若年齢層では感染ないし発症例が少ない。

薬剤の問題：テトラサイクリン系抗菌薬の的確な投与で劇的に軽快し得るが，無効な治療で 1 週も経過すれば DIC への移行や合併症の増悪で重症化ないし不幸な転帰をとることもあり得る。いずれにしろ，強く疑診された場合は確定診断前でも適切な治療を開始すべきとされる。また，機会さえあれば妊婦や乳幼児でも感染が起こるが，一般に 8 歳未満の小児や妊婦ではテトラサイクリン系抗生剤は慎重を要するとされ，代わりにアジスロマイシンやクロラムフェニコールが選択肢とも言われるが，テトラサイクリンでも短期間の使用での副作用リスクは低くて弱いと思えば，重症化に傾く緊急の場合はリスクを超えて使う意味も考えねばならず，実際の使用例も紹介されている(髙田，2013)。なお，東南アジアや東アジアでは予想以上の偽薬抗生剤の広がりで(厚労省関係の情報あり)，あたかも上記抗生剤が有効でないように見える症例の報告もあり得るので留意したい。

3) 検査

恙虫病原体 Ot の検査は，第一には臨床例の確定診断のためであるが，一方で基礎医学として感染環の解明などに向けて，ツツガムシ自体あるいは宿主動物について直接，間接の様々な方法で行われる。

[Ot の性状と型別]

Ot は元々ツツガムシ体内に共生するグラム陰性の偏性細胞内寄生性桿菌なので(図 31)，ツツガムシの種ごとに分離される株に基づき菌型がいわれるべきだろうが，実際には症例から分離された株に当該患者名などを付して型とされるものが大半である。わが国から韓国，中国を含む極東の範囲では共通のツツガムシ種が近似の菌型(抗体反応性からは血清型)を保有する

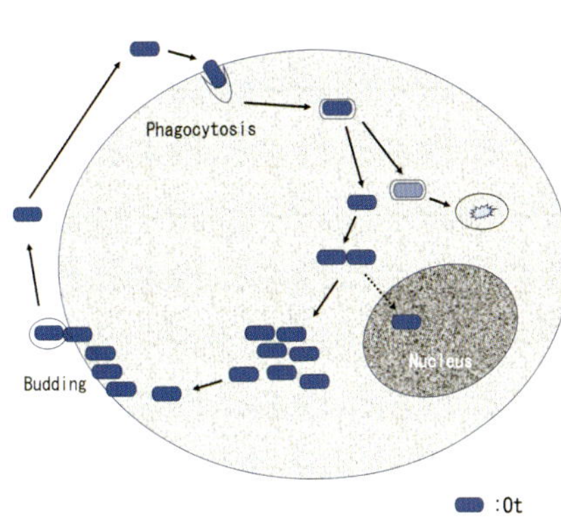

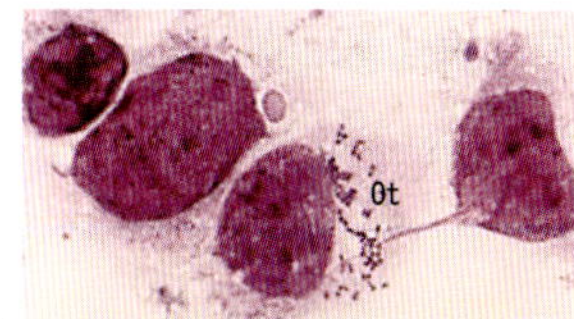

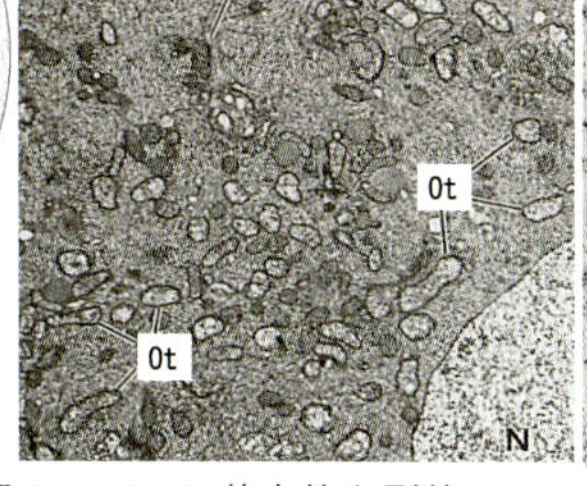

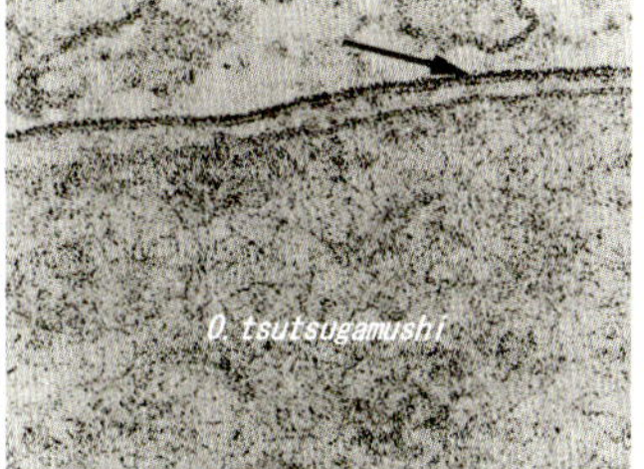

図31　Otの基本的な形態

左：L細胞へのOtの感染と増殖過程（多村，1988を基に略図）

中：上は細胞内の像（マウス腹腔上皮のギムザ染色），下はツツガムシの卵細胞にみるOt（経卵伝達を示す）（Urakami et al., 1994を改変）

右：Otの細胞壁（本属では矢印の外層が厚く，リケッチア属は対照的に内層が厚い）（多村，1988を改変）

が，東南アジアではツツガムシ種が相当異なるため保有する菌型も極東といささか異なる。すなわち，地域ごとのツツガムシ種に応じて菌型も共進化してきたらしい。多村(1999)の整理によれば，表2のようにOtの型は古い東南アジア系とは違う日本系のギリアムGilliam(Gl)とカープKarp(Kp)および古来からの日本系のカトーKato(Kt)型，そして近年はカワサキKawasaki(Kw)型，クロキKuroki(Kr)型，さらにはシモコシShimokoshi(Sh)型やフジFuji型などまで含まれる。このうち最近の注目点としては，東北地方で古く知られながら消滅したと言われていたアカツツガムシによるカトー型が実際は秋田県雄物川中流域で今でも感染を惹起し，また南西諸島宮古列島の池間島ではデリーツツガムシによる台湾系ギリアム型の感染も続発，加えて稀少とされたシモコシ型の感染が東北から北陸または山陰地方まで広く存在するらしい事実も挙げられるなど，今なお研究課題が絶えない(髙田，2013; Ikegaya et al., 2013; 佐藤ら，2014)。このように，血清検査で用いる抗原としてはやや輻輳ぎみであるが，逆にこれらの型別をでき

表2　ツツガムシ種ごとにおよそ固定したOtの型別

ツツガムシ種	分布相[4]	分離株の遺伝型別
日本系		
アカツツガムシ	秋田県以外の東北地方では稀少か絶滅	カトー
フトゲツツガムシ	全国的(列島南北端地域では希薄)	日本系のギリアムおよびカープ2
タテツツガムシ	東北地方中部から南西諸島	カワサキ，クロキ(分離なし)
アラトツツガムシ	全国的(北～東日本に多い傾向)	日本系カープ1
ヒゲツツガムシ	全国的(北～東日本に多い傾向)	シモコシ(分離なし)[1]
フジツツガムシ	全国的(北海道除く)	フジ
トサツツガムシ	伊豆諸島，五島列島，四国では稀少か絶滅	不明[2]
東南アジア系		
デリーツツガムシ	宮古列島池間島	台湾系ギリアム[3]
デリーほか各種	東南アジア各地	多様ないし不明

本表は多村(1999)の提案に新たな知見を追加

1)Seto et al(2013)による提案，2)種々の断片的報告，3)髙田(2013)，4)分布相は著者らによる見直し

るだけ実践することによって，それぞれの患者発生地での媒介種の探索は進展することになろう。**大きな傾向で言えば，生息密度が北高南低のフトゲと南高北低のタテツツガムシにしたがって各々保有する型の分布そして感染が分けられることは本病疫学にたずさわる場合の基本的概念で，ほかの複数の型の分布はそれらの間隙に混じってくると言える。このように各々の型が地方ごとの自然界で有毒家系ツツガムシのコロニーを通じて維持されているのではあるが，種々の環境条件の変化でコロニーが消えてしまうこともあり，時に惑わされる。**

上記のような株名に沿った型名は，規約に基づき決められる種の学名などと異なり使用は研究者の裁量に任されようが，近年検査に加えられているKawasakiおよびKuroki株は宮崎県で1980年代後半に患者から分離され，株自体が各地機関に普及し，文献上でも著しい引用頻度をもつ。ただ，Kawamura et al.(1995)にもあるように，同じ宮崎県でこれら2株に先立ち1980年前後に患者からIrieおよびHirano株が分離されていた。これらは各々KawasakiおよびKuroki株と相同であるとして，これら型名はIrie／KawasakiおよびHirano／Kurokiと併記されることもある。ともあれ，Otは1種とされるが遺伝的には多型で，全国の患者，動物またツツガムシから分離された株の血清型あるいは遺伝子型がすべて整理できるものかどうか，厳密な型別は簡単とは言えない。

さて，検査診断に向けての型別には次の2通りの方法が行われる。

・**血清型別**(やや便宜的で，しばしば型間の交差性が課題)

間接蛍光抗体法(IF法)：厚労省リケッチア感染症診断マニュアル2012を参照

間接免疫ペルオキシダーゼ法(IP法)：同上マニュアルを参照(必要に応じてELISA法も)

IP法(須藤，1983)の変法は次の通りである。

---

1. 培養細胞で増殖させた複数の型のOt感染細胞を500rpm遠心，沈査を微量の0.3％ウシアルブミン加PBSに懸濁，分注して-70～80℃で凍結保存。
2. シリコーン印刷で小さな疎水域(市販リングまたは注文の方眼など)を抜いたスポットスライドグラス(必要に応じPAPペンでも)に抗原をスポット配列，風乾して冷アセトンで10分間固定，スライドホルダーに入れポリ袋に分包して-20℃に保存。
   ＊原法以後に，スポット用Otの抗原性を冷蔵程度で維持するために，低濃度のフォルマリンや塩類で処理する試みがなされ一定の可能性が示されている。
3. スポットスライドをホルダーごと室温になじませてから開封。
4. 被検血清を1/10M PBS(pH7.2)で階段希釈，これでスポットを覆い湿箱で37℃，20分間置く。
5. スライドに冷PBSを注いで血清を5分間ほど洗い流す(軽く振とう)。
6. PBSを切って生乾きのうちに，スポットをペルオキシダーゼ標識血清で覆い4.と同様に置く。
7. 5.と同様に洗浄，PBSを室温の水に換えて2～3分間置く。
8. 水を捨てて発色液を注ぎ，遮光しながら5～7分間反応(室温)。
9. 発色液から出して水に移し数分間洗う(発色液は褐色瓶に移せば当日中に2度ほど使える)。
10. 風乾後に無蛍光グリセリンを滴下してカバーグラスをかけて鏡検(下記の発色基質はDABより退色は早い)。

〔調製しておく試薬〕

発色原液として4-クロル-1-ナフトール100mgを80％エタノール50mlに溶解し，褐色瓶にて4℃保存(1ヵ月程度は使用可)。この希釈には1/15M PBS(pH6.4，室温保存)を用い，使用当日に，原液：希釈液(1：4)の混和に局方オキシドール5～6滴を落とす。なお，DABアミノベンチジン系の発色基質もよいが，ガン原性なので処理に留意する。

反応用標識血清(ペルオキシダーゼ標識抗ヒトまたは動物のIgGおよびIgM血清)は0.3％ウシアルブミン加PBSで100倍程度に希釈して4℃保存(できれば早目に使い切る)。

・**遺伝子型別**(鋭敏であるが，場合によりプライマーの選択が課題)

PCR 法：同上マニュアルおよび本書 p164～165 のコラム(赤地)を参照

ツツガムシ病 Ot の場合，型別の標的遺伝子を何にするかの問題があり，従前なら Ot 表層蛋白 56kD 遺伝子(環境条件で変異の可能性あり)であるが，菌本来の 11 種ハウスキーピング遺伝子(種保存を表現できる)に基づくマルチローカス遺伝子解析 MLSA が的確であるとも言われつつある。その例として宮古列島の池間島にみるデリーツツガムシ保有 Ot の場合を示すと(髙田，2013)，池間島分離株(56kD による型別で台湾系 Gl 型)を抗原にした場合，血清抗体価(IP 法)は池間島住民で高い傾向にあるのは当然として，種々型間での交差性も大きい(表 3)。しかし，これら分離株の MLSA では本土にみる型別とは交差なく，デリーと関わる池間島分離株のすべてが近接したクラスターに収まってしまうので，系統の概念がつき易い(図 32)。なお，この島は江戸時代から 2 つの狭小な岩礁がつながってできてきたもので，**明治～昭和にかけては南方カツオ漁の基地として発展，サトウキビ畑も造成される中で台湾からヤシなども熱心に移植された(地元の詳しい記録あり)。この台湾からの土ごとの移植に伴いデリーが侵入した可能性が高く，これが同島の Ot 型が台湾系である強い理由だろう。宮古本島や他の属島ではこういう経緯がなくてデリーも見られない。**

表 3　池間島内外の住民にみる Ot 血清抗体

被験者 ／ 抗原型		池間30R／7R (台湾系GL)		JG	JP	Kw	Kr	Kt	Sh
池間島住民	49名	12.2	8.2	18.4	4.1	0	24.5	16.3	4.1
本島側住民	51名	2.0	2.0	0	0	0	2.0	0	3.9

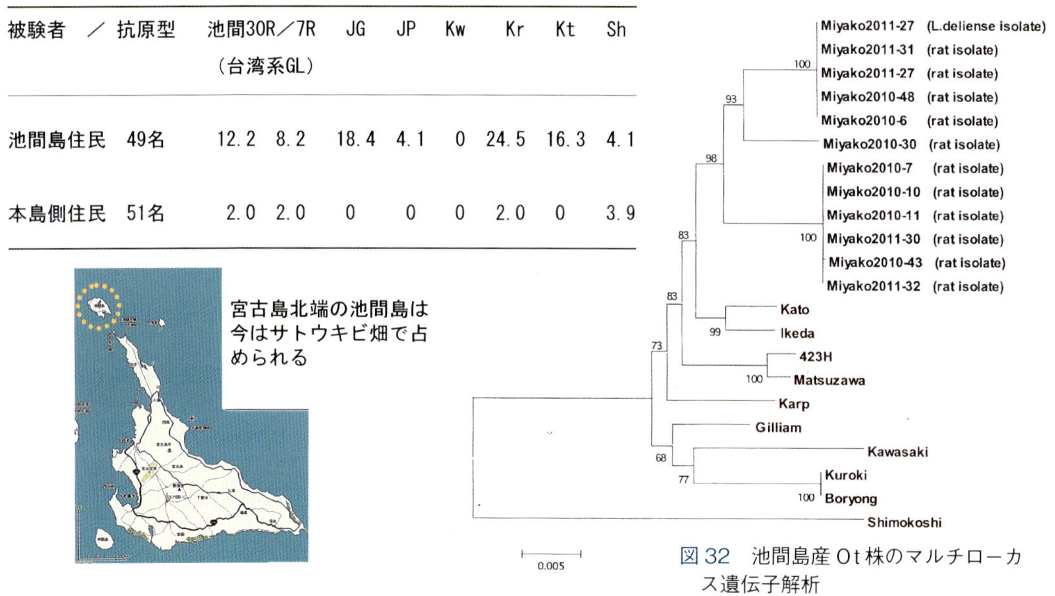

図 32　池間島産 Ot 株のマルチローカス遺伝子解析

型別にも関連するが，近年は，刺し口の痂皮(Ot の増殖部)または著明な発疹からでも PCR 法で Ot 遺伝子を探索すれば 100％近く検出できて，型別も明確となり確定診断の意義が一気に向上する例が増えている。一方, 急性期の血液から PCR 法で Ot を証明するのも可能であるが, 結果には予想外のむらもあることが言われる。なお，これら検査は商業的検査機関ではルーチン化されていないので，地方ごとの基幹衛生行政機関による行政検査ないし散在する大学研究室によるのがよい。

[マウスによるOt分離法]

ツツガムシ病Otの分離では, 古くからマウス(有毛)への接種による累代継代法が行われてきた。

1. 治療前有熱期の患者全血, 野鼠の脾臓や肝臓, ツツガムシ虫体などの材料を無菌的に採取してSPG液(Otが室温で短時間に不活化するのを防ぐための保存液; KH_2PO_4 0.0038M, K_2HPO_4 0.0072M, 1-グルタミン酸 0.0049M およびサッカロース 0.218M にできれば血清アルブミン 1%の割に加え, 0.1M の KOH で pH7.0 として 120℃で 10 分間高圧滅菌, 分離用にはペニシリン G 200–400U/ml とストレプトマイシン 200–400μg/ml を添加)で乳剤化してマウス腹腔へ 0.2～0.5ml ずつ接種する。
2. 動きが緩慢となり, 逆毛を呈し, 腹水が貯留して腹部膨満など発病したマウスは, 開腹すると腹水があふれ出て, 鼠径部リンパ節と脾臓が肥大している。感染の証明には, 腹壁を短冊状の小片として切り出し, 内面をスライドグラスにスタンプして上皮細胞をガラス面に付着させる。これを風乾後にメタノール固定(30 秒から 1 分間), Giemsa 染色で細胞内の Ot を確認する。必要に応じてマウス感染血清やモノクローナル抗体を用いた免疫染色で Ot 抗体を検索すれば型別まで可能である。

   ギムザ Giemsa 染色：塗抹標本をメタノールで 30 秒固定して乾燥, pH7.2～7.4 の蒸留水 1ml 当て 1～2 滴のギームザ液(やや濃い目でよい)をかけて 30 分間以上置き, 水洗, 乾燥して鏡検する。類似のライト Wright 染色は常法に準ずる。ジメネッツ(Gimenez)染色ならマキアベロ染色の改良法で原法よりも好まれ, 鮮紅色の Ot を緑に染まった細胞から分別検出できる点が良い。

3. 接種初代で感染が確認し難い場合でも 10 日から 2 週間ごとに脾臓と肝臓を 3～4 代目まで継代を繰り返し, それでも発症が確認できなければ陰性と判断する(ただし, 最終の健康にみえるマウスを剖検まで付せば軽い感染が認められる例もないことはない)。

このような分離培養の作業では, Kato, Karp あるいは Gilliam 系の分離株は強毒系とされてマウスに対する感受性が高くて分離は比較的容易で, 初代で発病する場合もある。Irie, Kawasaki, Hirano また Kuroki などの分離株は弱毒系とされマウス感受性が低くて分離は難しいが, 例えば弱毒系の Irie 株では, 分離の際にマウスに免疫抑制剤 cyclophosphamide を投与(5 日ごとに 5mg)する工夫がなされて, その後の弱毒系リケッチア類の分離のため標準的な手法となった(Kobayashi et al., 1978)。そのほか, ヌードマウスも弱毒系のリケッチア類の分離で有用である。

いずれにしろ, 近年は PCR による遺伝子検出が比較的容易に行われるようになったが, 生菌が分離できた場合はその後のあらゆる検討に進むことができるので, 本来的には最も望まれることである。これら手技は他のダニ媒介性病原体でも類似の方法は行われるが, それぞれに一般のバイオハザード対策ないし法的措置は要求される。

[Ot の培養細胞接種法]

培養細胞による各種方法は, 今後とも実験動物による方法の多くの部分にとって代わると思われ, 研究者によって, また目的に応じて様々な方法が案出されている。以下に最も簡便な手技の要点を述べる。

1. 頻用されるのは L-929 や Vero 細胞であるが, 器具としては通常の培養フラスコのほか, 小型のバイアル瓶を用いた shell vial 法が汎用される(図 33)。
2. 5～10% FBS 加 MEM 培地などでフラスコにそれぞれ細胞の単層を作り, そこへ検査材

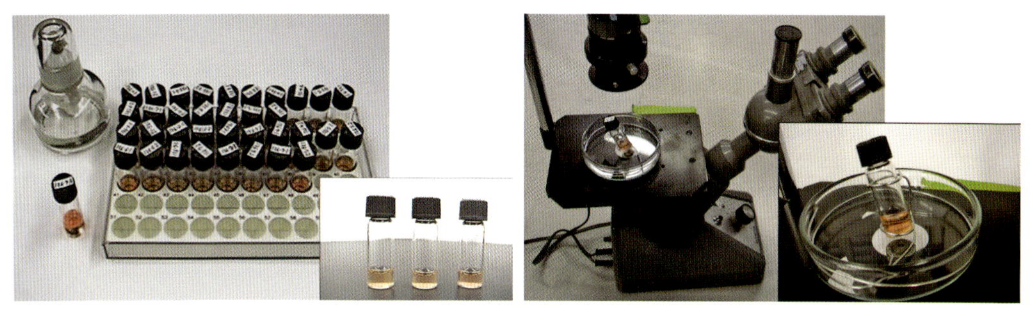

図33　小型バイアル瓶を用いたshell vial法
左：細胞の単層を作ったバイアルに試料を個別に接種／右：CPE様細胞凝集を培養顕微鏡でチェック

料(虫体，肝脾乳剤，血液，生検組織など)を接種して37℃で1～2時間静置する。

3. 細胞面を洗浄してから，FBSを2～5％に減じた維持培地を加えて培養を続ける。感染が成立すると数日後からCPE様の細胞凝集が広がるので，微量の細胞塊を採ってギムザ染色あるいは免疫染色などを施せば容易に検出できる。
4. 感染が確認された単層の一部または上清の半量を新たな細胞に接種すれば継代できる。もちろん，虫体や組織を材料とした場合には経過中の汚染の抑止に努めねばならない。細胞継代で樹立した菌株は，培養液に浮遊させて－80℃に凍結すれば永久的に保存でき，また随時起こすことができる。

培養細胞による分離法でも弱毒系リケッチア類は増殖が遅い。Otの弱毒株でも比較的増殖が良好とされる細胞としてはBSC-1などもある。ともあれ，通常ならL929やVero細胞で充分な増殖性を示すので，従来，**培養による分離と言えば時間と煩雑な操作を要するからと実験室診断法としては敬遠されてきたが，shell vial法なら材料の接種から3日ほどでリケッチアの増殖が確認されることもあり評価は高い。実際，EU各国では，この方法でリケッチア類を含む各種病原体の検査が実施されており(Brouqui et al., 2004)，わが国でもマダニ類の例を言えば1990年代以降に分離できてきた各種リケッチア類の多くの株はこれに準じた手法によるものである**(藤田，2008)。

4)疫学統計

古く東北地方のアカツツガムシによる古典的と言われた本病に対して，1960年代前半までの様々な調査研究により多数記載されたツツガムシの中でフトゲ，タテ，トサなどの媒介種そして病原Otの広い分布が明らかにされて，それらは新型ツツガムシ病と呼ばれるようになった。これは本病の感染環の多様性を指摘した重要な意味をもつが，臨床像など感染症として根源的な違いがあるわけではないので，多くの新型の中に少数の古典的症例を含めた形として，今では“Otの多様な菌型を保有するツツガムシ類の分布に依存した風土病の総称”といった意味で「ツツガムシ病」とだけ呼ぶことで充分であろう。ただ，発生の仕方は環境の自然度や気象，当該地域の人口分布や生活行動様式などに伴う地域ごとの(あるいはその総和としての全国規模の)人口10万人当たりの罹患率の変動として認識されるべきで，県ごとの患者数の単純な多寡を比べるだけでは実態がいつまでも不明である。

一方，罹患者の顕在化は臨床家による積極的な検査診断そして届け出が重要なポイントになる。そういう中で，わが国全体の届出数は1970年代半ばから急増して，認識の高い県を中心

表 4　ツツガムシ病届け出数の多い県と少ない県での変遷状況の比較

	2000 年	2005 年	2010 年	2015 年	2016 年	発生の変遷方向
北海道	0	0	0	0	0	届け出をみない
青森県	18	18	11	8	9	減少，フトゲ媒介減少？
秋田県	48	21	25	13	3	著減，フトゲ媒介減少？
福島県	40	38	60	26	28	タテ，フトゲ媒介
新潟県	27	11	18	6	3	フトゲ媒介減少？
千葉県	60	35	36	27	34	タテ媒介が多い
東京都	15	5	16	14	7	感染環は都下にあり
神奈川県	44	22	21	12	15	減少傾向
岐阜県	31	25	17	16	27	タテ媒介が多い
大阪府	0	0	1	0	1	感染環が狭小のまま
広島県	18	9	11	21	39	タテ媒介が多い
長崎県	30	7	6	4	12	減少傾向
大分県	40	9	7	22	33	竹田市周辺に多発
鹿児島県	134	28	53	70	77	タテ媒介の多発県
沖縄県	0	0	1	4	10	宮古列島でデリー媒介を確認

全国届け出総数の推移

年度	2000			→		2005			→		2010			→		2015	2016
例数	791	491	338	402	313	345	397	382	442	465	407	462	436	344	320	422	505

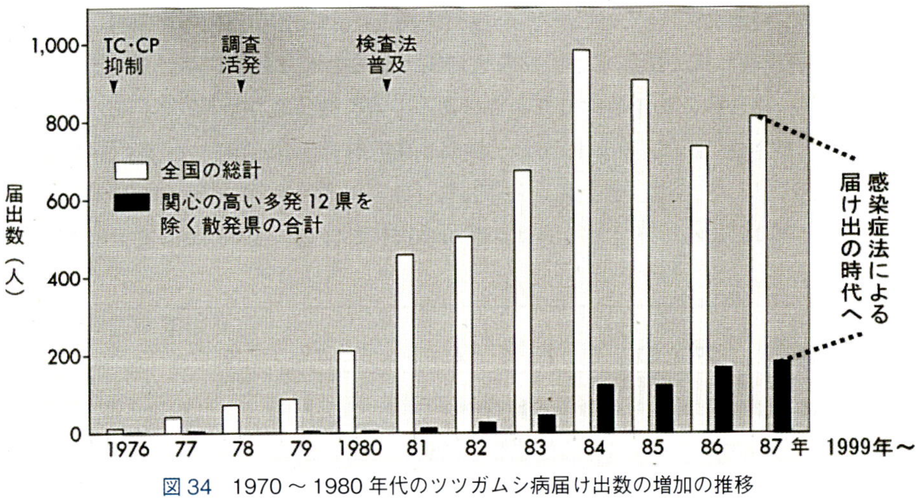

図 34　1970～1980 年代のツツガムシ病届け出数の増加の推移

に全国各地に症例が知られて年ごとに数百の間で変動してきている。ただし，東北地方での近年の減少傾向は前述(p89)の通りである(表 4)。この急増には次のような背景が考えられる。

- 本病の自然界での感染環が絶対的に増強したというより，テトラサイクリン系抗生物質の抑制に伴う顕症化，また啓蒙や診断法の普及そして各地調査の活発化，加えて 2000 年代から感染症法による後押しがある(図 34)。
- 1970 年代前に公式届出数の著減をみていた背景に基づいて再興感染症と呼ばれるが，実際には 1970 年代よりずっと前から潜在していたもので，たとえば著者らは 1960 年代でも地方ごとに発生事例を見ていたにもかかわらず，国の統計に掲載されない(届け出されない)ことに驚いていた。なお，従来から年代別発生動向を示す図が東北地方の古典的な発生からの延長線で描かれてきたが，これは異なるベクターの疫学要因を混ぜるものて，年次変化を示すには大きな誤解を生じやすい。

・すなわち，発生数と言うのは，旧伝染病予防法でも現在の感染症法においても公式に届出された例数に基づくだけなので，確定診断がないか届出が遅れて埋もれた例あるいは軽症例や不顕性感染などは潜在してしまう。したがって，真の発生数は届け出数よりも倍増すると言われる(これら議論は，「D. 医ダニ類の地理病理」を参照)。

なお，国外における本病の発生は，主にデリーツツガムシが分布する東南アジア(豪州北部含む)で広く見られるほか，わが国と共通種フトゲツツガムシが多く分布する韓国，一方，中国の華南～華北さらにロシア極東部にも様々知られる。ほか，アフリカや北米アリゾナ州からの1例報告などは興味深く，改めて詳細な調査が望まれる。

5) 予防

予防としては，ツツガムシ吸着の回避そして環境での防除が議論される。

＜個人的な吸着の回避＞

・**春秋のツツガムシ活動期には，屋外の仕事や行楽で可能なら手袋や長靴を着用し，下草や草藪などに腰を下ろすことは避けたい(耕作地辺縁の草地では，殺虫剤を散布した区画にシートを敷いて休息場所を設ける)。足元ないし下半身着衣への忌避剤(「C. 刺症・アレルギーほか」を参照)の使用も有効である。なお，夏は東北地方の限局的なアカ生息地を除きツツガムシの出現はほぼないが，マダニの侵襲を思えばやはり草藪に座るのは控えたい。**

・屋外の仕事や行楽から帰宅した直後は，作業衣(暑い折は熱中症になるほどの長袖は不要)や下半身着衣を室内に放置せず洗濯ないし熱湯をかける。早めの入浴やシャワーで体上を這っているかも知れないツツガムシを洗い流す。

・抗生剤の予防内服は濫用に当たるため避けたいが，それだけに，感染の疑わしい受診者があれば医療サイドで早期の適切な診断と治療を施すべきで，それが結果的には重症化への予防となる。

＜環境での防除＞

・ツツガムシや主たる宿主の野鼠を撲滅するため林野の伐採や薬剤散布などの方法もあるが，無制限に広い面積については無理である。ただ，秋田県の花火大会の会場の場合など，限定された一時的で強力な殺虫剤ないし農薬の散布，さらに草藪の整地作業は一定の効果が期待できるし，狭い地点でバーナーの野焼きも有効である。しかし，いずれも翌年にはツツガムシ相は回復傾向をみせることが多い。

・患者多発現場のリスク性を発信，たとえば地域の多発地に立て看板を設置して不要不急のむやみな立ち入りを低減させる。

〔引用文献〕

浅沼　靖(1983)媒介ツツガムシと恙虫病リケッチアの保有種. 臨床と細菌, 10: 174–179.

Brouqui P, Bacellar F, Baranton G, Birtles RJ, Bjoersdorff A, Blanco JR, Caruso G, Cinco M, Fournier PF, Francavilla E, Jensenius M, Kazar J, Laferl H, Lakos A, Lotric Furlan S, Maurin M, Oteo JA, Parola P, Perez-Eid C, Peter O, Postic D, Raoult D, Tellez A, Tselentis Y and Wilske B (2004) Guidelines for the diagnosis of tick-borne bacterial diseases in Europe. *Clin Microbiol Infect*, 10: 1108–1132.

藤田博己（2008）過去15年間における培養細胞を用いた病原体分離法の改良と実績．大原年報，48: 21–42.

Ikegaya S, Iwasaki H, Takada N, Yamamoto S, Ueda, T（2013）Tsutsugamushi disease caused by Shimokoshi-type *Orientia tsutsugamushi*; the first report in Western Japan. *Am J Trop Med Hyg*, 88: 1217–1219.

岩崎博道（2007）ツツガムシ病重症化にみる臨床の新たな視点．ダニと新興再興感染症（SADI組織委員会編），p.147–150. 全国農村教育協会，東京．

桂　重鴻（1953）第27回日本伝染病学会特別講演　恙虫病の臨床．日本伝染病学会雑誌，27: 1–19.

Kawamura A, Tanaka H, Tamura A (eds.)（1995）Tsutsugamushi disease. 362pp, Univ. Tokyo Press, Tokyo.

Kitaoka M, Asanuma K, Otsuji J（1974）Transmission of *Rickettsia orientalis* to man by *Leptotrombidium akamushi* at a scrub typhus endemic area in Akita Prefecture. *Jpn Amer J Trop Med Hyg*, 23: 993–999.

Kobayashi Y, Tachibana N, Matsumoto I, Oyama T, Kageyama T（1978）Isolation of very low virulent strain of *Rickettsia tsutsugamushi* by the use of cyclophosphamide-treated mice.（Kazar J, Ormsbee RA and Tarasevich IN, eds）. *Rickettsiae and Rickettsial Disease*. p.181–188, Bratislava: VEDA, Publishing House of the Slovak Acad. Sci.

Lipovsky LJ, Byers GW, Kardos EH（1957）Spermatophore. The mode of insemination of chiggers（Acarina: Trombiculidae）. *J Parasitol*, 44: 256–262.

新原寛之，河野邦江，田原研司，高垣謙二，中村嗣，辻野佳雄，村田将，太田征孝，飛田礼子，吉田暁子，千貫祐子，森田栄伸（2016）Real-time PCR および nested PCR 法を用いたリケッチア症迅速診断の有用性：島根県における11症例の検討．日皮会誌，126：2117–2126.

小畑義男，青木忠夫（1958）恙虫幼虫の人体吸着実験．衛生動物，9: 149–152.

温　廷桓編（1984）中国沙蹣（恙蹣）．370pp., 学林出版社，上海．

佐々　学（1956）恙虫と恙虫病．497pp., 医学書院，東京．

佐藤寛子，柴田ちひろ，斎藤博之，須藤恒久（2014）秋田県における Shimokoshi 型つつが虫病の遡及的疫学調査．衛生動物，65: 183–188.

Seto J, Suzuki Y, Otani K, Qiu Y, Nakao R, Sugimoto C, Abiko C（2013）Proposed vector candidate: *Leptotrombidium palpale* for Shimokoshi type *Orientia tsutsugamushi*. *Microbiol Immunol*, 57: 111–117.

須藤恒久（1983）我が国における最近のつつが虫病の現状と早期迅速診断法—特に免疫ペルオキシダーゼ反応による三型 IgG，IgM 抗体の完全同時測定法について—．臨床とウイルス，11: 23–30.

鈴木俊夫，関川弘雄（1981）血管内凝固症候群を併発した恙虫病の4症例．感染症誌，55: 642–648.

髙田伸弘（2001）古くて新しいツツガムシ病．ダニの生物学（青木淳一編），p.240–253，東大出版会，東京．

髙田伸弘（2013）沖縄県で発生したツツガムシ病．検査と技術，41: 76–79.

髙田伸弘（2013）ツツガムシ病，予防そして小児対応へ．小児科臨床，66: 1513–1519.

髙田伸弘（2016）ベクターダニの勃興そして常在感染症の認識へ．衛生動物学の進歩　第2集，p.273–286. 三重大学出版，津．

高橋　守，三角仁子，松沢貴史，森田幸司，辻　理，大辻順介，堀栄太郎（1991）アカツツガムシによる皮膚炎．大原年報，34: 11–14.

Tamiya T（ed.）（1962）Recent advances in studies of tsutsugamushi disease in Japan. 309pp., Medical Culture Inc, Tokyo.

多村　憲（1999）恙虫病病原体 *Orientia tsutsugamushi* の微生物学．日本細菌誌，54: 815–832.

多村　憲（1988）リケッチア・ツツガムシの病原因子．日本細菌誌，43: 629–639.

Tamura A, Ohashi N, Urakami H, Miyamura S（1995）Classification of *Rickettsia tsutsugamushi* in a new Genus, *Orientia* gen.nov., as *Orientia tsutsugamushi* comb. nov., *Int J System Bacteriol*, 45: 589–591.

Urakami H, Takahashi M, Hori E, Tamura A（1994）An ultrastructural study of vertical transmission and spermatogenesis in *Leptotrombidium pallidum*. *Am J Trop Med Hyg*, 50: 219–228.

Ⅳ. 調査ファイル

（髙田伸弘）

本項では，ツツガムシ病の疫学理解を深めるため，現地調査と検査の実例を紹介する。

[西日本におけるシモコシ型の実際]

目的： この型のOt感染は古く新潟県で，そして近年は秋田，山形および福島県でも見出される中，福井県でも確認症例をみた（Ikegaya et al., 2013）。そこで編者は，同県内や西日本方面で過去に潜在はなかったか，また今後の発生の可能性は如何か，調査を試みる。

方法： 過去に検査をしたツツガムシ症例の凍結保存血清ならびに周辺県から新規に収集したヒトあるいは野鼠血清につき，抗原としてシモコシ型（Sh）の株を含めたIP法にて再検する。

成績と考察

検査1： 過去の症例血清の再検査の結果（表5）について考察するが，実践的な面を示すため，やや煩雑ながら生データの表掲載も含む。

・福井県内の過去21例でタテツツガムシ媒介とされるカワサキ型（Kw）が多い中

表5　1984～2013年に検査委託のあったツツガムシ症例の再検　（－：80倍希釈未満）

県別でまとめた委託検査の再検

対象県	Kw	Sh	Kt	Kr	Kp	Gl
福井県（9地区）	11	5	0	4	0	1
石川県（4地区）	5	0	0	1	0	0
ほか中日本6県の分	22	0	0	2	2	3

福井県の再検でシモコシ型と判明した症例の内訳

発生地区	齢／性	採血日	分画	Kw	Sh	Kt	Kr	Kp	Gl
福井県若狭湾岸	50／男	0530	IgM	40	160	－	－	－	－
			IgG	160	160	40	80	－	160
		0618	IgM	80	5120	80	640	160	320
			IgG	320	2560	320	1280	640	640
福井県奥越地方	74／女	0414	IgM	80	1280	40	40	－	160
			IgG	160	640	160	160	－	160
		0423	IgM	320	5120	160	80	40	160
			IgG	640	5120	640	1280	160	1280
	77／女	0415	IgM	40	320	40	－	－	－
			IgG	80	320	80	40	－	80
		0423	IgM	640	10240	320	320	80	160
			IgG	640	5120	640	1280	160	1280
	95／女	0417	IgM	160	1280	160	160	80	160
			IgG	160	1280	320	160	160	320
		0426	IgM	320	10240	320	320	80	320
			IgG	640	10240	1280	1280	160	2560
	79／女	0702	IgM	80	1280	320	80	－	80
			IgG	160	640	160	160	80	160
		0718	IgM	320	10240	320	320	40	160
			IgG	640	10240	1280	1280	160	1280

で，5 例は実はシモコシ型であることが判明した。うち 4 例は，2013 年に福井県で初めて確認報告された発生地と同じ奥越地方であったことは示唆に富む。

- タテツツガムシと関連するカワサキ型は秋だけにみるのに対し，シモコシ型 5 例はすべて春にみられた。この季節性は，この型の媒介種と目されるヒゲツツガムシ（Seto et al., 2013）がこれら 5 例の発生地区に共通して春に優占的に現れる事実とは一応符合する。なお，2013 年の患者発生地点では野鼠脾臓からも同型 Ot 遺伝子を証明できている。
- ただし，再検 5 例の発生地（奥越地方で 4 例，若狭湾岸で 1 例）における 2014～2015 年の採集調査ではヒゲツツガムシは見出されず，野鼠からも同型遺伝子あるいは同抗体は見られなかった。これは感染環が変遷したのか，調査不足であるのか，さらに検討を要する。

検査 2： 検査 1 によって福井県奥越地方でもシモコシ型患者が多く出ていたことが分かったため，この型の感染が同地方でどれほどの頻度で潜在するものか探るべく，そ

表 6　シモコシ型患者発生地の住民に見られた型別の多様性　（　）は IgM

No.	齢	性	採血日	受診主訴	Kw	Gl	Kr	Kp	Kt	Sh
3	69	♂	4.01	肺癌	–	–	–	160	–	–
4	77	♂	4.01	高血圧	–	–	160	–	–	80
5	76	♂	4.01	高血圧	320	–	–	80	–	–
17	69	♀	4.01	高血圧	–	–	–	–	–	80
33	80	♀	4.03	高血圧	–	–	–	80	–	160
35	89	♀	4.04	高血圧	160	–	–	–	–	80
36	77	♀	4.04	高血圧	320	–	–	–	–	160
50	59	♀	4.07	高脂血症	–	160	–	–	–	–
53	82	♀	4.09	高血圧	320	–	–	–	–	640
61	84	♀	4.11	肺気腫	640	–	–	–	–	160
69	53	♂	4.14	糖尿病	320	–	80–	–	–	–
79	89	♀	4.17	高血圧	320	–	–	–	–	–
80	83	♀	4.17	高血圧	–	–	–	–	–	320
84	75	♀	4.18	高血圧	640	–	–	–	–	–
90	90	♀	4.19	発熱	–	–	–	160	–	80
92	80	♂	4.21	狭心症	320	–	–	–	–	–
95	57	♂	4.21	高血圧	80	–	–	–	–	–
103	83	♀	4.23	高血圧	–	–	160	–	–	80
104	72	♀	4.23	糖尿病	640	–	–	–	–	160
112	68	♂	4.25	糖尿病	–	–	–	–	–	160
118	85	♀	4.30	高血圧	–	–	160	–	–	–
119	93	♀	5.01	高血圧	–	–	–	640（640）	–	160
124	80	♀	5.02	高血圧	–	–	–	–	–	640（–）
129	76	♀	5.07	高血圧	1280（–）	–	–	–	–	320

こを医療圏とする医院（山川秀院長）を通じて一般外来患者140名につき血清疫学調査（同意を得た上で匿名化）を行った（表6）。

- 同地方は元来ツツガムシ病の多発地であるが，今回の2013年春に収集できた血清は140名の大半が高齢者で，その半数程度はOt抗体保有とみなされる反応を示した（表に示したのは示唆的な例のみ）。
- 秋に多発するタテツツガムシによるカワサキ型の保有も多いが，Sh単独の反応も少なからず見て，近年でもSh型感染は潜在するらしいことも示唆するだろう。
- 新しい感染が混在するか否か，IgG高値の分につきIgMも調べたところ一部で上昇例も認めたがシモコシ型ではなく，すべてで臨床的に明らかなツツガムシ病の所見は不明であった。これは他の多発地でも言われるような軽症ないし不顕性感染が多いらしいことを示唆する。

検査3：では，福井県より西の近畿圏などではシモコシ型がどのように分布するものか，ヒトの代わりに野鼠血清の反応性から探査を試みた（表7）。京都府の試料は京都府保健環境研究所（中嶋智子博士）に20年前から，また島根県の試料は島根県衛生環境科学研究所（田原研司博士）に数年前から凍結保存されていたものである。抗体価の読みは非特異反応の混入を恐れながらも軽微な抗体保有を切り捨てぬよう10倍希釈から取った。

- 今回の検査では，シモコシ型が優勢な野鼠血清は中部地方から京都，兵庫県まで見られたが，おおむねそれ以南では確認できていない。ただ，最近の島根県でシモコシ型感染が見出されており（新原ら，2016），西日本でも同型感染が散在することが分かった（その範囲は東北日本と共通性の高いツツガムシ相にあるかもしれない）。
- シモコシ型の検出頻度あるいは抗体価の度合いは様々ながら，シモコシ型単独の保有個体も少なくなく，本型の広い感染が自然界にあることは強く示唆される。
- そして重要なのは，京都府の野鼠記録を参照した場合，シモコシ型の優勢傾向とヒゲツツガムシ（plpと略記）の吸着頻度が関連する傾向をみた点で，ベクターとしてのヒゲの意義が想起された。その検査野鼠は木津川中流域の一定範囲で得られたもので，一定の感染環が維持された状態にあったもののように思われる。著者らが当該地区で2015年前後に調査した折はハタネズミ（Mmと略記）は絶滅に近い状況で裏付けは得られなかったが，現地新記録としてタテツツガムシを確認しており，ベクターの多様性は興味がつきない。

表7　中〜西日本の野鼠にみる Ot 型別と吸着ツツガムシ種　　二次血清はペルオキシダーゼ標識プロテインG

地区と野鼠種	Ot 型別						ツツガムシ種別						
	Kw	Sh	Kt	Kr	Kp	Gl	pal	plp	int	fuj	tam	mit	sad
石川県：３検体のうち Sh 優勢１例													
8　As（鹿西町）	−	20	−	−	−	10	……ツツガムシの記録なし……						
長野県：14 検体のうち Sh 優勢３例													
A1　As（高森町）	40	80	20	80	40	40	0	38	11	0	0	0	0
A3　As（　〃　）	−	40	−	−	−	−	0	0	0	11	0	0	0
2　As（　〃　）	−	40	−	10	−	−	0	7	0	21	0	0	0
岐阜県：５検体のうち Sh 優勢２例													
1　As（養老山地）	−	10	−	−	−	−	0	0	0	0	0	0	46
2　As（山県市）	−	40	−	−	10	20	0	0	0	6	0	0	0
京都府：60 検体のうち Sh 優勢 20 例													
08　Mm（八幡市）	−	80	−	−	−	−	2	98	107	0	41	7	6
6　Mm（八幡市）	−	40	−	−	−	−	1	84	4	0	0	0	4
7　Mm（八幡市）	−	80	10	20	20	20	1	96	13	0	0	0	4
8　Mm（京都市）	−	80	10	40	−	40	2	71	0	0	0	0	0
11　Mm（京都市）	−	40	−	−	−	10	7	167	0	2	0	0	4
18　As（八幡市）	−	80	10	−	−	20	73	4	0	0	56	0	29
23　Mm（京田辺市）	−	10	−	−	−	−	2	281	34	0	0	0	43
31　Mm（城陽市）	20	40	−	−	−	−	14	127	8	0	0	69	38
33　Mm（加茂町）	−	40	−	−	−	10	0	190	0	0	0	20	21
34　Mm（加茂町）	−	80	10	−	−	−	0	29	1	3	0	10	24
37　Mm（精華町）	−	20	−	−	−	−	24	187	75	0	6	34	55
38　Mm（笠置町）	−	40	−	−	10	−	0	75	0	6	0	1	0
39　Mm（笠置町）	−	20	−	−	−	−	0	323	0	5	0	1	1
40　Mm（笠置町	−	40	−	−	−	10	0	210	0	36	0	2	1
42　As（八幡市）	40	80	20	−	20	20	55	6	3	0	0	0	2
43　As（京都市）	10	80	10	−	10	10	0	73	0	0	7	2	6
44　As（京都市）	−	40	−	−	10	−	4	7	0	0	9	0	1
49　As（八幡市）	10	80	10	−	10	20	0	1	0	0	0	0	0
51　As（八幡市）	20	80	10	10	20	20	33	5	1	0	18	0	0
57　As（八幡市）	10	160	40	−	−	20	2	2	0	0	0	76	2
兵庫県：16 検体のうち Sh 優勢２例／Ot 遺伝子検出１例													
A1　As（高龍寺）	−	40	−	20	20	−	3	0	0	9	0	0	5
A1　As（高龍寺）	20	20	20	40	−	20	→ JP-1 遺伝子＋						
A1　As（伊賀谷）	−	20	−	−	−	−	5	0	0	13	0	2	18
他の西日本													
三重県（６検体），滋賀県（５検体），島根県（11 検体）および徳島県（６検体）はすべて Sh 陰性													

As: *Apodemus speciosus*（アカネズミ）／Mm: *Microtus montebelli*（ハタネズミ）

Ot 型別：Kw, Sh, Kt, Kr, Kp, Gl の詳細は p100［Ot の性状と型別］の項参照

ツツガムシ種別:pal（フトゲツツガムシ），plp（ヒゲツツガムシ），int（アラトツツガムシ），fuj（フジツツガムシ），tam（タミヤツツガムシ），mit（ミタムラツツガムシ），sad（サダスクガーリェッププツツガムシ）

＜参考＞秋田県におけるシモコシ型の発掘

元来，東北地方新潟県で見出されていたのがシモコシ型ツツガムシ病で，その分離株は分子分類上でもやや特異な位置にある。そのためか感染例はごく限られるかのように扱われていた。ところが，「Ⅳ. 調査ファイル」でも指摘したようにこの型の感染例が各地で知られることとなった。その中で，秋田県の症例について詳細な探査を実施したのが秋田県健康環境センターの佐藤ら(2014)である。すなわち，1990年代初頭まで遡って，同県でシモコシ型抗原を入れずに検査していた本病100余例(かつての標準3型で陰性あるいは軽微に反応した例など)を再検して，うち14％余にあたる15例(春に発生の多い傾向)ものシモコシ型感染を発掘し，それら患者の臨床像や疫学まで詳細解析を果たした。方法論的にも，術者自身で開発したシモコシ型検出用プライマーを用いたNested PCRを実施，また細胞継代での分離では1980年の初分離株に次ぐ第2の同型Ot(Matsui株；AB742542)を得ている。

著者らとしても，これら結果をみるにつけ，シモコシ型は他の型との交差反応性が低くて病日によっては本型の株を検査抗原に入れなければ陰性判定に陥る可能性を危惧する。特に秋のタテツツガムシによる発生に眼が奪われがちな東北南部〜西日本で本型感染が見落とされぬよう検査体制の整備と啓発が望まれる。

B. マダニ類と感染症

マダニ亜目は，発育環のすべてのステージが寄生吸血性である。ダニ類の中では大型の分類群で，外皮が硬いか軟らかいかの違いからそれぞれ硬マダニ hard tick と軟マダニ soft tick と呼ばれる。Guglielmone et al.(2010)によれば，世界中から記録されて種名の確定しているマダニ類の種数は 2010 年の時点で 896 とされる。一方，Hoogstraal(1982)によれば，世界で見られるマダニ類の属の系統樹は図 1 の通りであるが(ここではダニ目を少し格上げしてダニ亜綱に)，著者らが大まかな集計を試みたところアジア各地域にみるマダニ種の内訳は表 1 のような傾向となる。このうちで，わが国のマダニ相は島国のこともあり多様性が必ずしも大きいとは言えず，大半がマダニ属 *Ixodes* とチマダニ属 *Haemaphysalis* で占められる。

いずれにしろ，これらマダニ類は完全な吸血性ゆえに動物とヒトの間で病原体が受け渡しされる複雑な問題が発生することになり，それが本章で扱う内容そのものとなる。

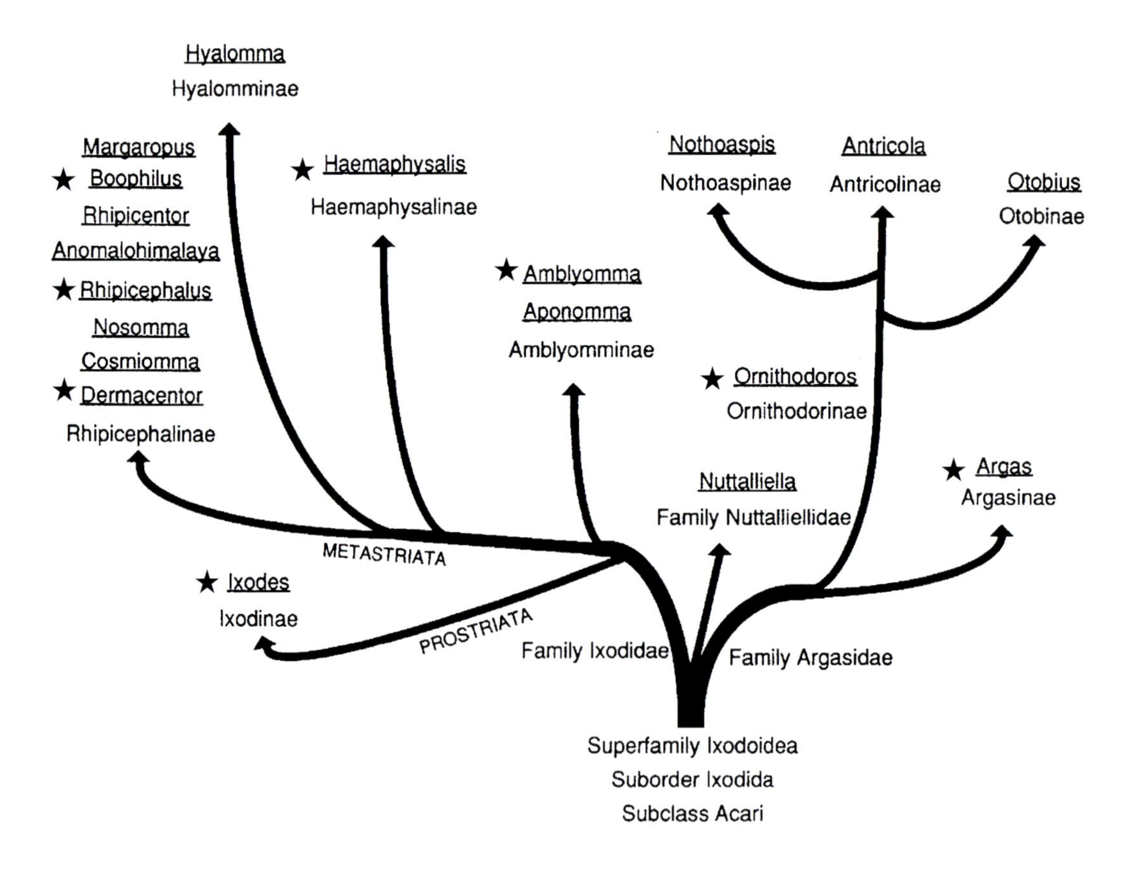

図 1　世界にみるマダニ類の属
★印は日本でも見られる属（Hoogstraal, 1982 を受けた Oliver, 1989 の図をさらに改変）

表1 アジアを中心に記録されたマダニ類の属ごとの種数

マダニの科と属	北アジア 極東ロシア	---------- 日本	 中国	東南アジア タイ
マダニ科 Ixodidae				
Amblyomma	–	3	4	7
Aponomma	–	–	2	4
Boophilus	1	1	1	1
Dermacentor	10	1	12	2
Haemaphysalis	12	18	35	25
Hyalomma	7	–	8	–
Ixodes	27	18	16	6
Nosomma	–	–	–	1
Rhipicephalus	6	1	5	2
ヒメダニ科 Argasidae				
Argas	3	2	3	2
Ornithodoros	8	2	3	2

I．日本産マダニ類の分類(全種総括)

（髙田伸弘・藤田博己）

日本産マダニ類は，ヒメダニ科 Argasidae の *Argas* 属2種と *Ornithodoros* 属2種，マダニ科 Ixodidae の *Amblyomma* 属3種，*Boophilus* 属1種，*Dermacentor* 属1種，*Rhipicephalus* 属1種，*Haemaphysalis* 属17種と1亜種，および *Ixodes* 属18種が命名済みとなっている。このうち，和名保留の *Haemaphysalis megalaimae* を除く全種で幼若虫が判明しているが，フィリップマダニの幼若期は正式な公表はない。この他に不明の数種類が，特に *Ixodes* 属の中にある(北岡，1980)。なお，近年に至るまで synonym(同物異名)の整理による種名変更や complex(類似種の集まり)からの新種分離などもあったので，従来の文献を参照する場合には学名や和名の有効性に留意したい。

〈属名の変遷〉

ヒメダニ科について，Klompen & Oliver, Jr.(1993)が各部位の形態を数量化した手法による系統解析を基に大幅な再編を提案した。そこではコウモリマルヒメダニの原記載時に使用された *Carios* 属が復活し，これに *Ornithodoros* 属から多数の種類が編入された。その場合，国内既知のクチビルカズキダニとこれに近縁のサワイカズキダニは *Carios* 属に編入されることになる。これらは確かに形態的には *O. moubata* など *Ornithodoros* 属の本流と違いは大きく，現在の所属の *Alectrobius* 亜属の属への格上げが妥当なのかもしれない。しかし，これらとコウモリマルヒメダニとの間の形態的違いもかなり大きくて強い違和感がある。すでに *Carios* が使用された論文もみるが，その妥当性はさらに検討されるべきである。実際，その後の Guglielmone et al.(2010)の種名リストでは *Ornithodoros* 属に戻されている。また，*Boophilus* 属は最近 *Rhipicephalus* 属の亜属に分類されたが，これも形態が大きく異なることから異論が根強く，本書では従来通りに *Boophilus* 属を残した。

以上のような見解を基に，これまでわが国で知られたマダニ類の総括を試みたのが次のリストである。ここに挙げた有効な種のほか，チマダニ属やマダニ属にいくつかの未記載ないし不明種などの報告もあるが，いずれも希少な分布であるため，今後の調査研究に託することで今回は扱いを省いた。

日本産 Ixodoideaマダニ上科の科・属・種のリスト

（成虫雌の形態比較；重要種は和名を色太文字とした）

Ⅰ．顎体部は胴腹面に位置する。背板を欠く。Argasidae ヒメダニ科

1. 胴は扁平な縁どりで囲まれて背腹が区分される。

・***Argas*** Latreille, 1796 ヒメダニ属

1 ***A. japonicus*** Yamaguti, Clifford et Tipton, 1968　ツバメヒメダニ

2 ***A. vespertilionis***（Latreille, 1802）　コウモリマルヒメダニ

Ⅰ

2. 上記のような縁どりなく背腹も区分ない。外皮に多数の瘤状突起。

・***Ornithodoros*** Koch, 1844 カズキダニ属

3 ***O. capensis*** Neumann, 1901　クチビルカズキダニ

4 ***O. sawaii*** Kitaoka et Suzuki, 1973　サワイカズキダニ

Ⅰ-1

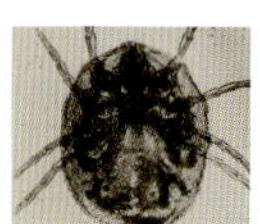

Ⅰ-2

Ⅱ．顎体部は胴前端に生じ，角化の強い背板をもつ。Ixodidae マダニ科

1. 肛門の後方に肛囲溝があり，多くは胴後縁に花彩あり（Metastriata 類）。背板両側縁に眼を備え，触肢第2節は後外角を欠く。

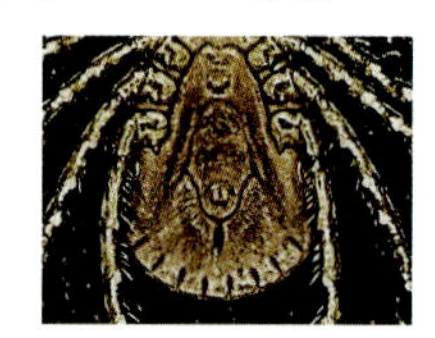

Ⅱ-1

(1) 触肢は細く顎体基部の幅より長い。背板に色斑あり。

・***Amblyomma*** Koch, 1844 キララマダニ属

5 ***A. geoemydae***（Cantor, 1847）　カメキララマダニ

6 ***A. nitidum*** Hirst et Hirst, 1910　ウミヘビキララマダニ

7 ***A. testudinarium*** Koch, 1844　**タカサゴキララマダニ**

(2) 触肢は太く顎体基部より短い。背板に色斑。第1脚基節は深く切れて棘をなす。

・***Dermacentor*** Koch, 1844 カクマダニ属

8 ***D. taiwanensis*** Sugimoto, 1936　**タイワンカクマダニ**

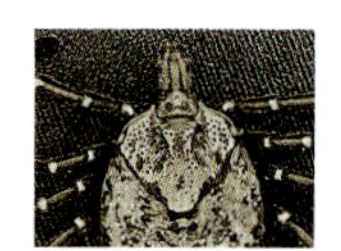

Ⅱ-1 (1)

(3) 触肢や第1脚基節は上属に似るが，顎体基部は幅広六角形。

・***Rhipicephalus*** Koch, 1844 コイタマダニ属

9 ***R. sanguineus*** Latreille, 1806　クリイロコイタマダニ

Ⅱ-1 (2)

(4) 触肢は極めて短小で顎体基部は六角形。花彩を欠き雄胴後端は尾状に突出する。

・***Boophilus*** Curtice, 1891 ウシマダニ属

10 ***B. microplus***（Canestrini, 1888）　オウシマダニ

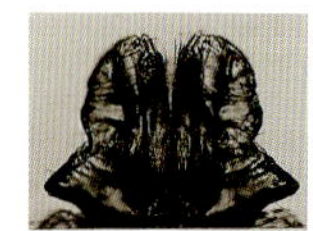

Ⅱ-1 (3)

2. 背板に色斑も両側縁に眼もない。多くは触肢第2節の外縁が突出して後外角をなす。

・***Haemaphysalis*** Koch, 1844 チマダニ属

11 ***H. campanulata*** Warburton, 1908　ツリガネチマダニ

12 ***H. concinna*** Koch, 1844　**イスカチマダニ**

13 ***H. cornigera*** Neumann, 1897　**ツノチマダニ**

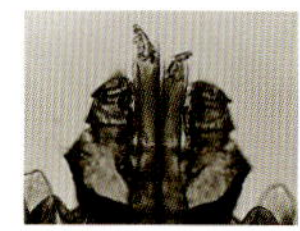

Ⅱ-1 (4)

14 ***H. flava*** Neumann, 1897　**キチマダニ**

15 ***H. formosensis*** Neumann, 1913　**タカサゴチマダニ**

16 ***H. fujisana*** Kitaoka, 1970　フジチマダニ

17 ***H. hystricis*** Supino, 1897　**ヤマアラシチマダニ**

18 ***H. japonica japonica*** Warburton, 1908　**ヤマトチマダニ**

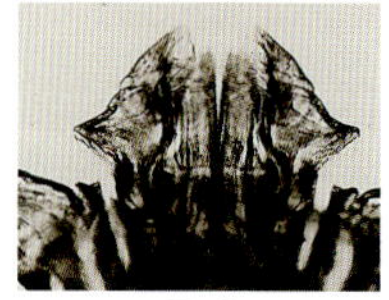

Ⅱ-2

19 ***H. j. douglasi*** Nuttall et Warburton, 1915　ダグラスチマダニ
20 ***H. kitaokai*** Hoogstraal, 1969　**ヒゲナガチマダニ**
21 ***H. longicornis*** Neumann, 1901　**フタトゲチマダニ**
22 ***H. mageshimaensis*** Saito et Hoogstraal, 1973　マゲシマチマダニ
23 ***H. megalaimae*** Rajagopalan, 1963　（和名は保留）
24 ***H. megaspinosa*** Saito, 1969　**オオトゲチマダニ**
25 ***H. pentalagi*** Pospelova-Shtrom, 1935　クロウサギチマダニ
26 ***H. phasiana*** Saito, Hoogstraal et Wassef, 1974　キジチマダニ
27 ***H. wellingtoni*** Nuttall et Warburton, 1908　ウェリントンチマダニ
28 ***H. yeni*** Toumanoff, 1944　イエンチマダニ

3. 肛門の前方に肛囲溝があり，胴後縁には花彩を欠く（Prostriata 類）。

・***Ixodes*** Latreille, 1795 マダニ属

29 ***I. acutitarsus***（Karsch, 1880）　**カモシカマダニ**
30 ***I. angustus*** Neumann, 1899　トガリマダニ
31 ***I. asanumai*** Kitaoka, 1973　アサヌママダニ
32 ***I. columnae*** Takada et Fujita, 1992　ハシブトマダニ
33 ***I. granulatus*** Supino, 1897　**ミナミネズミマダニ**
34 ***I. lividus*** Koch, 1844　ツバメマダニ
35 ***I. monospinosus*** Saito, 1967　**ヒトツトゲマダニ**
36 ***I. nipponensis*** Kitaoka et Saito, 1967　**タネガタマダニ**
37 ***I. ovatus*** Neumann, 1899　**ヤマトマダニ**
38 ***I. pavlovskyi*** Pomerantzev, 1948　パブロフスキーマダニ
39 ***I. persulcatus*** Schulze, 1930　**シュルツェマダニ**
40 ***I. philipi*** Keirans et Kohls, 1970　フィリップマダニ
41 ***I. signatus*** Birula, 1895　ウミドリマダニ
42 ***I. simplex*** Neumann, 1906　コウモリマダニ
43 ***I. tanuki*** Saito, 1964　**タヌキマダニ**
44 ***I. turdus*** Nakatsudi, 1942　アカコッコマダニ
45 ***I. uriae*** White, 1852　フサマダニ
46 ***I. vespertilionis*** Koch, 1844　コウモリアシナガマダニ

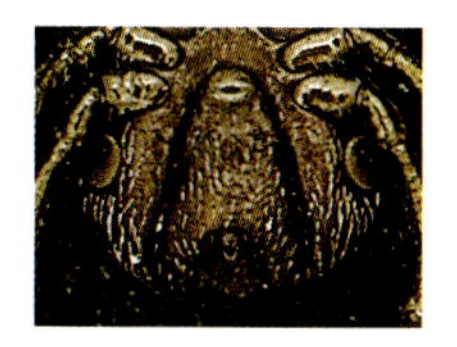

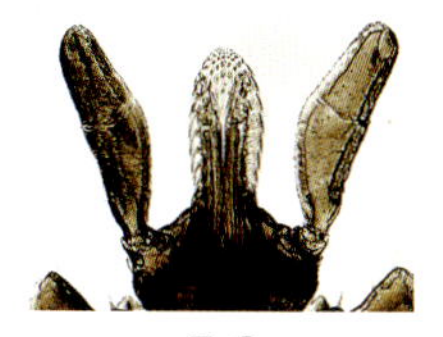

Ⅱ-3

（海外では，上記以外に種々の属，あるいは第 3 の Nuttalliellidae ヌッタリア科まで知られる。）

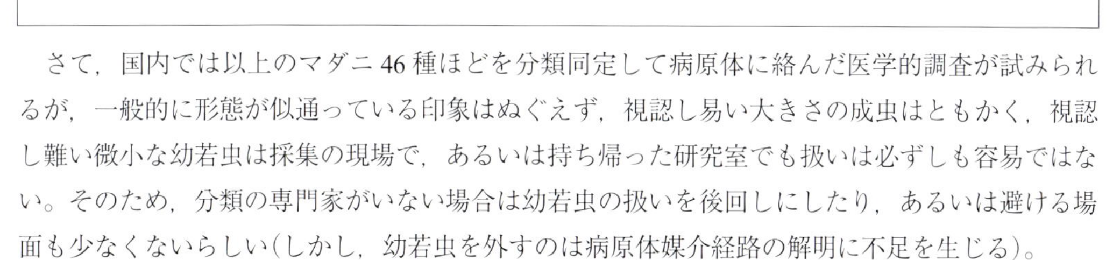

さて，国内では以上のマダニ 46 種ほどを分類同定して病原体に絡んだ医学的調査が試みられるが，一般的に形態が似通っている印象はぬぐえず，視認し易い大きさの成虫はともかく，視認し難い微小な幼若虫は採集の現場で，あるいは持ち帰った研究室でも扱いは必ずしも容易ではない。そのため，分類の専門家がいない場合は幼若虫の扱いを後回しにしたり，あるいは避ける場面も少なくないらしい（しかし，幼若虫を外すのは病原体媒介経路の解明に不足を生じる）。

このように，成虫と幼若虫は分類同定の検索手技上でもいささか異なった次元にあることは事実なので，以下，分類の事項は成虫と幼若虫に 2 分して理解の向上を図った。

なお，本書での形態の説明は，専門家が種の記載で行うような線画ではなく，成虫も幼若虫もほとんどを写真（カラーあるいは微分干渉顕微鏡）によった。理由は，非専門家が同定のため画像を見比べるには，線画よりも写真（近年，技術的に発達）の方が立体感や濃淡などイメージにリアルさがあるためであるが，加えて，線画では描き切れない細毛や紋理などもあり，時に記載者自身のトレース時の過誤と思える場合さえあることは否めないからである。

1. マダニ成虫の属種への検索と解説(高田伸弘・藤田博己・高橋　守・夏秋　優)

すべての種は頭文字のアルファベット順に列記するが，調査研究で接することの多いマダニ科のチマダニ属とマダニ属の2属については各々の種への簡易検索表を付してある。この2属以外の大型で形態や生態がいささか異なるヒメダニ属，カズキダニ属，キララマダニ属，カクマダニ属，コイタマダニ属およびウシマダニ属の検索は上記リストの前半部にある説明で間に合う。以下，解説に向けて凡例を記しておく。

・種の解説で挙げた項目の意味は次の通りである。

宿主：その主要な自然宿主に加えヒト刺症例の有無。

分布：現在まで知られる日本(島嶼含む)での分布概要，加えて周辺国での知見，必要に応じては地理的変異などまで言及。

媒介能：これまで知られた疾患の媒介種としての意義ないし病原体の分離あるいは検出記録(遺伝子含む)の有無。

・重要種ないし普通種あるいは生態的に注目される種については高精細デジタル顕微鏡や実体顕微鏡によるカラー写真ないし生態写真(生時の色や紋様は肉眼的に同定する上で有用)などを付して詳しく解説，それ以外の種は立体感のある微分干渉顕微鏡像(ごくまれに線画)とした。

・同定のポイントになる各形質の名称は，マダニ属をモデルとして以下に示すが(図2)，他の属についても概ね共通する。

・なお，本節(p119〜147)に示す 1 〜 46 の各種の写真については，章としての通し図番号を使用せず，1 〜 46 のそれぞれの種固有の種番号を振って説明に対応させた。

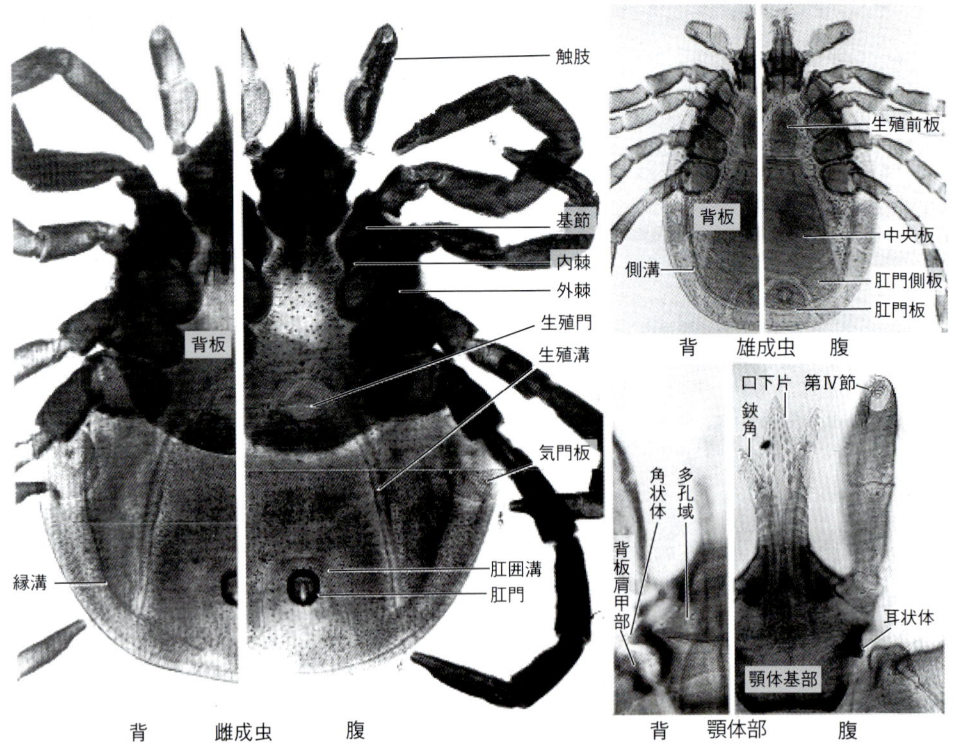

図2　マダニ類成虫の主要な形質

1)ヒメダニ属 *Argas* の種の解説

国内に知られる本属2種はそれぞれに形態も宿主動物も特徴的なことから鑑別は容易で，同定時に詳細な観察は特には不要である。若虫期に複数の発育期(第1若虫，第2若虫など)を経過することでマダニ科と大きく異なる。

1 *A. japonicus* ツバメヒメダニ

宿　主：全発育期をツバメ類，特にイワツバメに多くみる。集団ヒト刺症も知られる。

分　布：全国的にみられる。

形　態：胴体の前半部が狭い鶏卵状で，同属のコウモリマルヒメダニと異なり顎体部は胴体前端から離れる。各脚跗節の前端近くに突起がある。

1 ツバメヒメダニ雌の背腹

媒介能：国内において *Rickettsia tarasevichiae* と *Midichloria mitochondorii* にそれぞれ類似するリケッチアの分離例がある。これらのヒト病原性は未知であるが，人家周辺に繁殖するので，刺症被害も含めて注意を要する。

その他：未吸血状態でも年余にわたる長期生存が可能。

2 *A. vespertilionis* コウモリマルヒメダニ

宿　主：全発育期がコウモリ類にみられる。ヒト刺症例も比較的多い。

分　布：日本全国，また世界中にも広くみられる。

形　態：胴体はほぼ円形。顎体部は胴部前端に位置し，各脚跗節にはとんど突起はない。

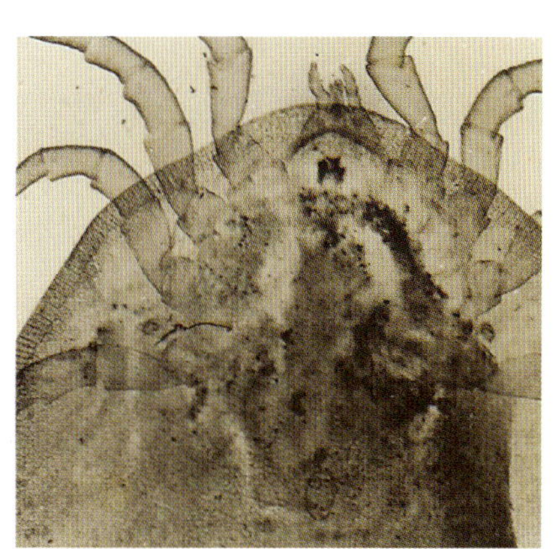

2 コウモリマルヒメダニ雌の背腹

コウモリ類のスピロヘータ類を媒介するとされる。またウイルスやリケッチアの不明種の検出例もある。

その他：わが国のものが国外の本種と同一かどうか，明確な再検討はない。

2) カズキダニ属 *Ornithodoros* の種の解説

わが国でも古くは本属としてクチビルカズキダニをみていた。後にサワイカズキダニが区別されたが，互いに酷似する点でやや分類が面倒である。

3 *O. capensis* クチビルカズキダニ

宿　主： わが国では海鳥，国外では海鳥以外の動物にもみられ，ヒト刺症例もある。

分　布： 全国の海岸域や島嶼の海鳥コロニーのある乾燥した岩の割れ目，砂礫中，巣穴などにみいだされる。中部太平洋を中心に世界各地に分布。

形　態： 胴体は淡褐色で乳頭様の突起で覆われ，顎体部は腹面前端に近くひだで囲まれた凹みに位置し，その後方の生殖口は雌では唇状。

媒介能： 回帰熱の媒介がいわれている。鳥島の本種からはアメリカ合衆国の南カロライナの同種から検出されたものと同じ不明リケッチア属の検出記録がある。

その他： 世界中の本種が単一種かどうか，またわが国で発見された下記サワイカズキダニとの関連性についても検討されつつある。

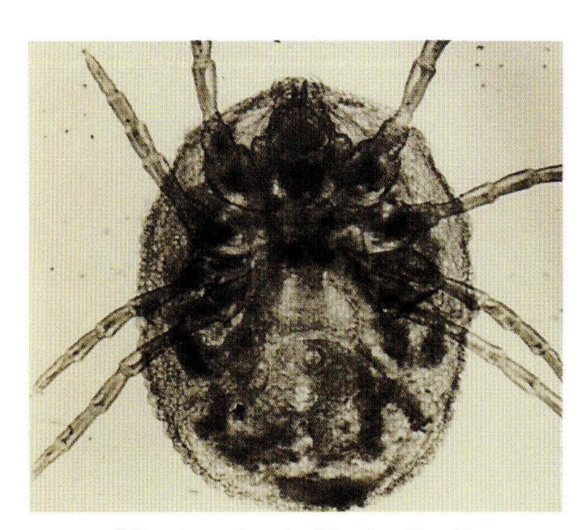

3　クチビルカズキダニ雌の腹

4 *O. sawaii* サワイカズキダニ

宿　主： オオミズナギドリとそのコロニーからみつかった個体に基づいて新種記載されたが，その後，国内の各地の海鳥にみいだされつつある。

分　布： 奄美群島のハンミャ島での発見以後の遺伝子による系統解析では石川，京都，島根，宮崎などに，ほかに新潟や伊豆諸島でも生息が示唆される。

形　態： クチビルカズキダニに酷似するが，それよりも小型で幼若期の形態も異なることや，湿度の高い土の巣穴にみられて行動が敏捷な点でも区別される。

媒介能： 宮崎県の本種とされる個体からクチビルカズキダニ由来と同種のリケッチアの検出例がある。

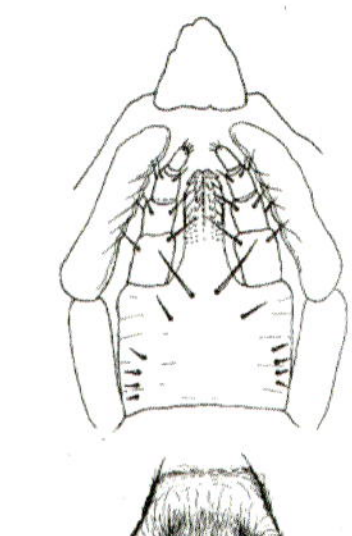

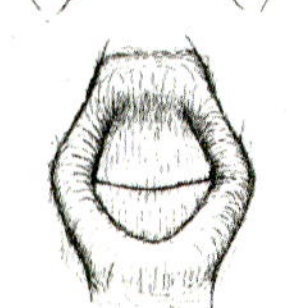

4　サワイカズキダニ雌の背腹（Kitaoka & Suzuki, 1973 より引用改変）
左線画の顎体部や生殖口などはクチビルカズキダニと酷似する。

3) キララマダニ属 *Amblyomma* の種の解説

国内に分布をみる本属 3 種は，各発育期の形態も宿主も大きく異なり同定は容易である。

5 *A. geoemydae* カメキララマダニ

宿　主： 各発育期が陸棲カメ類(リュウキュウヤマガメ，ヤエヤマセマルハコガメ)にみられ，頸部を主体に甲羅への吸着もある。幼若期はヘビ類(リュウキュウアオヘビ，アカマタ)にもみられたことがある。ヒトへの幼虫刺症例も知られる。

分　布： 沖縄本島，石垣島，西表島にはごく普通に生息しているが，鹿児島県種子島と愛知県の一部のイシガメから記録されたことがある。

形　態： 大型種で，雌の胴背部は白い短毛が密生し背板の後方には互いに接近した大きな刻孔がある。脚基節の棘は中等度。

媒介能： 本種と爬虫類に特異的ボレリアが知られる。

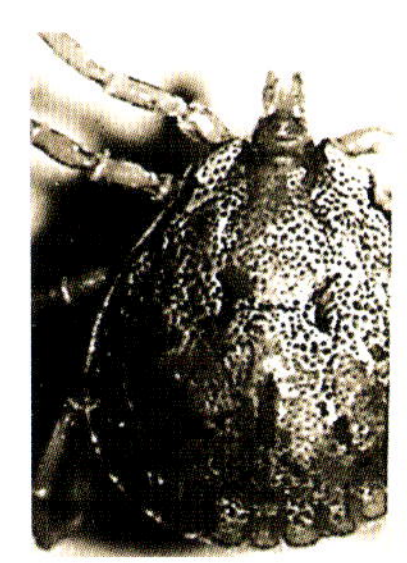
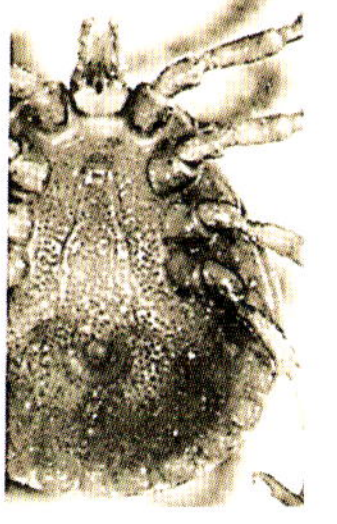

5 カメキララマダニ
左半　雌の背腹／右半　未吸着雌の背

6 *A. nitidum* ウミヘビキララマダニ

宿　主： ウミヘビ類に特異的で，わが国ではヒロオウミヘビ，アオマダラウミヘビおよびエラブウミヘビからの記録がある。

分　布： 南西諸島で記録されている。東南アジアから南太平洋に広く分布している。

形　態： 顎体基部の後縁は大きく突出，胴背部の縁溝を欠いて脚基節の棘も極めて短小。

媒介能： 知られない。

その他： 本種は，夜行性のウミヘビが昼間に水辺のマングローブ樹洞や岩間で休息するときに寄生するらしい。宿主が海中で活動する場合は共に水没して数日間を過ごす。

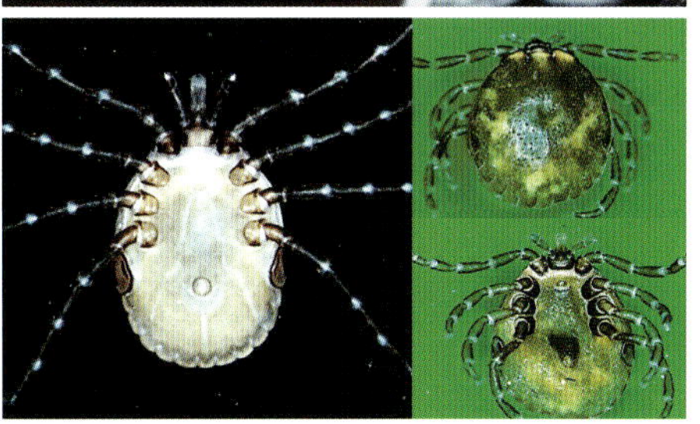

6 ウミヘビキララマダニ
上段　ヒロオウミヘビに吸着した雌の背
下段　左：雌の腹／右：および雄の背腹

7 *A. testudinarium* タカサゴキララマダニ

宿　主：成虫はイノシシなどの大・中型哺乳類を嗜好し，幼若虫は鳥類や爬虫類また両生類(イモリ)まで含む中・小型動物にみられる。ヒト刺症例はかなり多い。

分　布：温暖な地方に多く，分布は関東〜北陸地方以南で，南西諸島にまでおよぶ。中国南部や東南アジアにもみられる。

形　態：国内最大種で，未吸血個体でも顎体部を含む体長は10mmに近く，飽血した成虫雌は小石のようにみえる。雌の背板の後半は三角形をなし黄土色の地に赤褐色の斑紋をもつ。触肢は棒状で長く，脚基節の棘は第1脚に内・外棘を備えるもののその他は長くはない(雄ではやや長め)。若虫も大型で，ヒゲナガチマダニの成虫に似てみえる。

媒介能：古くピロプラズマ原虫媒介の可能性がいわれる。また，紅斑熱群の *Rickettsia tamurae* を特異的に高率に保有し，ヒトへの感染例もまれに知られる。加えて，近年はSFTSウイルスの関連も言われて医学的意義が高まっている。

その他：本種に吸着されたヒト皮膚に大きな紅斑のできることが多々ありTARIと呼称される(「C. 刺症・アレルギーほか」を参照)。

7　タカサゴキララマダニ

上段　左：雌と雄の背腹／右：雌の脚基節および眼や気門
下段　左：発育期ごとの比較／中：植生上の雌成虫／右：イノシシの股間に多く吸着

4) カクマダニ属 *Dermacentor*，コイタマダニ属 *Rhipicephalus*，ウシマダニ属 *Boophilus* の種の解説

国内のこれら 3 属は各 1 種のみである。カクマダニ属には 1940 年代まで東北の種畜牧場の馬からモリカクマダニ *Dermacentor silverum* が記録されていたが，以後は現在に至るも記録は皆無であり，一過性に馬に付いていた輸入例だったと思われるため日本産リストからは除外した。これら 3 属の形態差は著しいので鑑別は容易である。

8 *D. taiwanensis* タイワンカクマダニ

宿　主：成虫はイノシシやクマなど大型動物，幼若虫は野鼠類などの小動物にみられる。まれながらヒト刺症例も知られる。

分　布：富山県，神奈川県から南西諸島まで定着，2010 年頃からはイノシシの北上に伴うものらしいが，東北地方(福島，秋田県などの一部)でも記録されるようになった。国外では基産地の台湾と中国大陸にも分布する。

形　態：成虫の体長が 10mm 弱におよぶ大型種。雌雄の背板は光沢をもつ灰白色で主にその後半部に暗色斑を認める。触肢は太短い。

媒介能：国内の日本紅斑熱発生地域の複数地点で当該病原体 *Rickettsia japonica* の分離記録がある。SFTS ウイルス遺伝子の検出も時にみる。

その他：*Dermacentor* 属の中で現在のわが国の自然界に広く生息する種はこれに限られる。古くは *D. auratus* として千葉，静岡両県および京都府のイノシシやクマから記録されていたものは，その図や分布から本種と判断される。ただ，日本産と東アジア各地産にみる形態は微妙に差異があるので，各国の個体群について比較検討の余地はあるかも知れない。

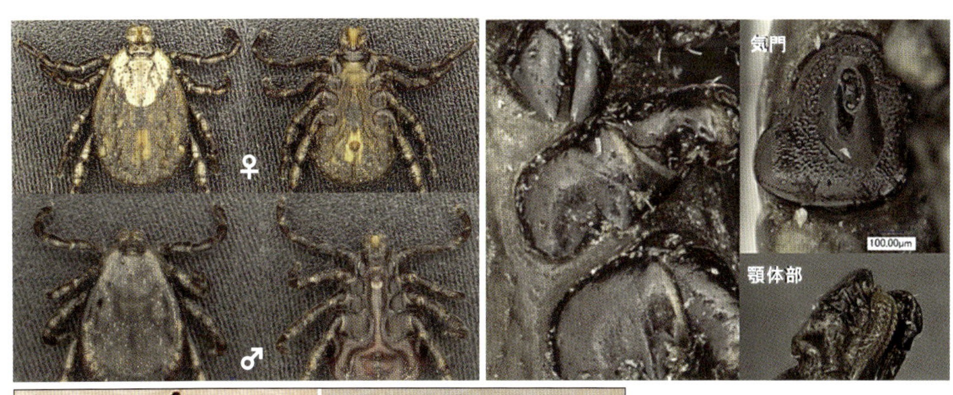

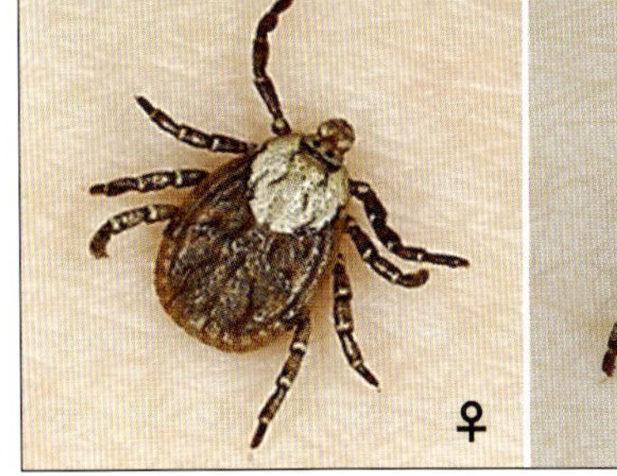

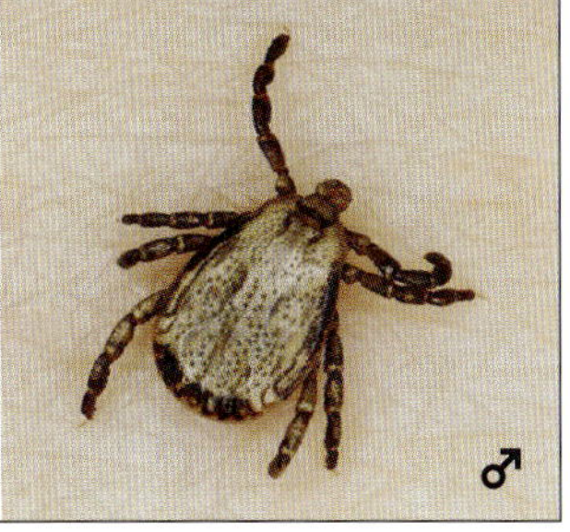

8 タイワンカクマダニ

上段　左：雌と雄の背腹／右：雌の脚基節および気門や顎体部
下段：皮膚を這う未吸血の雌と雄

9 *R. sanguineus* クリイロコイタマダニ

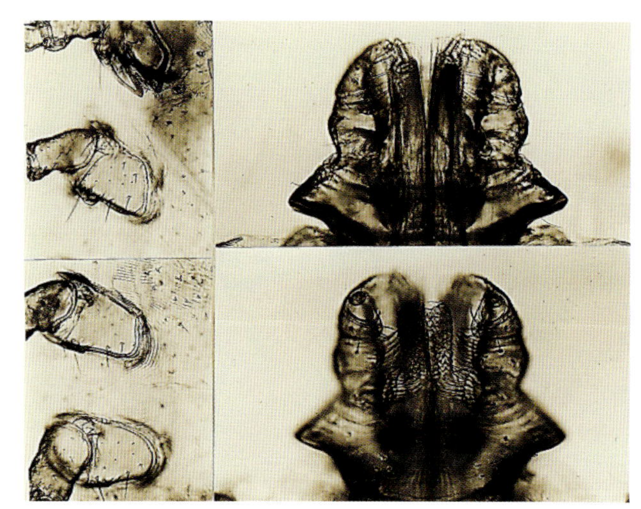

9 クリイロコイタマダニ雌

宿 主：イヌが主体で，家畜類や野生動物にもみられることがある。まれにヒト刺症例もある。

分 布：沖縄本島を中心とした南西諸島の南部に多かったが，2010年代には奄美群島の徳之島までも常在化した。これまでに熊本，東京，大阪，名古屋で米軍関係者のイヌまたは一般家屋，ほかイヌの繁殖施設からも記録されているが，ほとんどは一過性である。世界各地に広く分布する。

形 態：全身が栗色。顎体基部の背面は六角形。第1脚基節は深く切れ込んだ内・外棘をもつ。雄には肛側板がある。

媒介能：ヨーロッパ地中海沿岸域のボタン熱（地中海紅斑熱）やアメリカ大陸のロッキー山紅斑熱，回帰熱の媒介者としてもよく知られている。

その他：人家周辺で発育環が回るため疫学的に重要。

10 *B. microplus* オウシマダニ

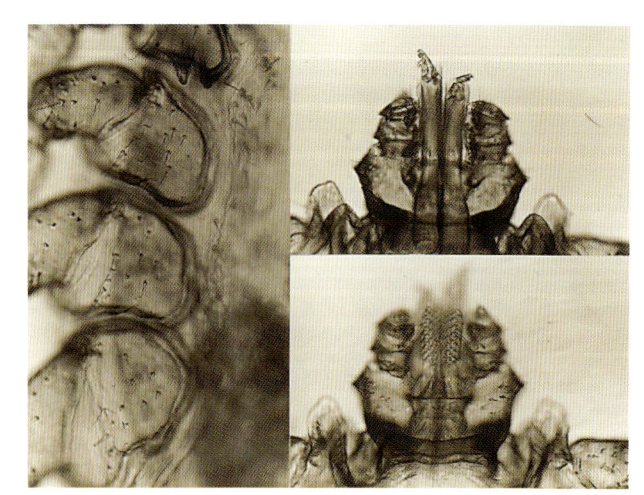

10 オウシマダニ雌

宿 主：ウシが主体で，他の家畜や野生動物にもみられる。まれにヒト刺症例もある。

分 布：国内の各地で駆除が徹底されたため，現在は南西諸島の一部離島に生息するのみ。

形 態：雌の背板は後半部で狭く亜五角形。触肢は短小で各節が異常にくびれる点が特徴的で顎体基部の背面は六角形。雄では背板後端は尾状の突起となり（和名の由来）肛側板の先端も尖る。

媒介能：ウシのバベシア症原虫の媒介者。中国ではSFTSウイルスとの関連も言われる。

5) チマダニ属 *Haemaphysalis* 成虫の種への検索

本属は後掲のマダニ属 *Ixodes* と外見が互いに類似はするが，多くは触肢や脚基節の棘などの形状を総合して比較すれば鑑別も困難ではない。そこで，極力見分け易く，かつ雌雄にできるだけ共通した形質の差で群に分けた簡単検索表を示す（太字：通常みる普通種）。

触肢第3節の背面後縁に棘を生じる……………………………………………… A
触肢第3節の背面後縁に棘を生じない ………………………………………… B

A - i　山野（主に中〜南日本）や牧野（北日本も）に広くみる（黒褐色，第1脚基節の棘が長め）
……………………………………………… ***H. longicornis* フタトゲチマダニ** 21

- ii　もっぱら南西日本に分布（種によっては散発的）
触肢後外角や脚基節棘が強く張り出す ………………… ***H. cornigera* ツノチマダニ** 13
触肢第2節内縁に瘤，後縁も角張る ………… ***H. hystricis* ヤマアラシチマダニ** 17
フタトゲチマダニと鑑別が必要 ………… *H. mageshimaensis* マゲシマチマダニ 22
東南アジア由来の希少種 ……………………… *H. wellingtoni* ウェリントンチマダニ 27
中国や東南アジア由来の希少種 ………………………………… *H. yeni* イエンチマダニ 28

B - i　触肢は *Ixodes* 属に似た棍棒状 ……………………………… ***H. kitaokai* ヒゲナガチマダニ** 20
- ii　触肢は常型ながら第2節後外角は弱く顎体基部の幅を超えない
……………………………………………… ***H. formosensis* タカサゴチマダニ** 15

- iii　触肢は常型で第2節後外角はほどほどに張り出す
全国に広く見る
やや小型で黄褐色，第4脚基節の棘が長い ……………… ***H. flava* キチマダニ** 14
脚基節（特に第4脚）の棘が強い ……………… ***H. megaspinosa* オオトゲチマダニ** 24
北方系ないし深山性である
東北以北，雄の触肢先端は重なる ……………… ***H. concinna* イスカチマダニ** 12
東北〜中部，暗褐色でやや大きい種
……………………………………………… ***H. japonica japonica* ヤマトチマダニ** 18
北海道にみて次種に似るも小型 ……………… *H. j. douglasi* ダグラスチマダニ 19
ごく希少である
富士山麓でみられた希少種でイスカに似る ……… *H. fujisana* フジチマダニ 16
アマミノクロウサギに固有 ……………………… *H. pentalagi* クロウサギチマダニ 25

- iv　触肢は常型で第2節後外角が鐘またはブーツ上に強く張り出す
極東に広くみるがやや希少種 ……………………… *H. campanulata* ツリガネチマダニ 11
沖縄の鳥にのみ記録ある希少種 ………………………………………… *H. megalaimae* 23
南西日本主体でキジにみる希少種 ……………………… *H. phasiana* キジチマダニ 26

[チマダニ属の種の解説]

検索表で探り当てた種の番号を，以下アルファベット順に並べた種の中から選んで解説を読むことができる。

11 *H. campanulata* ツリガネチマダニ

宿　主：イヌ，ウシ，ウマ，家鼠など。ヒト刺症例あり。

分　布：南西諸島まで全国に散発。朝鮮半島，中国にもみられる。

形　態：触肢第2節の後外角は外側方に強く突出して釣鐘状を呈する。全脚基節に等大の円錐状棘をもつ。

媒介能：知られない。

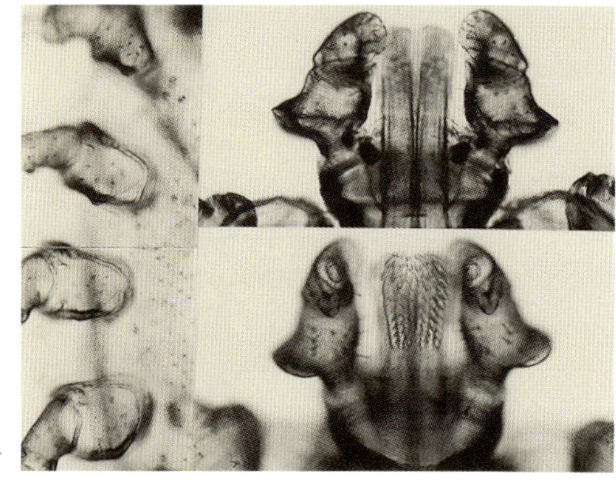

11 ツリガネチマダニ雌➡

12 *H. concinna* イスカチマダニ

宿　主：ウシ，ウマ，イヌなど。ヒト刺症例もあるらしい。幼若虫は野鼠類にみる。

分　布：全国的には希薄ながら，北海道から東北地方(青森県から宮城県まで)の各々太平洋岸に偏在。国外では朝鮮，中国，ロシアからヨーロッパにみられる。

形　態：雌の背板はほぼ円形，雄の触肢第3節先端は内方へ折れ曲がって重なるため野鳥のイスカの嘴に似る(▲)。第1脚基節の棘のみが長い。

媒介能：ロシアにおいて北アジアマダニチフスと極東紅斑熱の媒介者で，またマダニ媒介性脳炎や野兎病とも関連がいわれる。国内では，宮城県の極東紅斑熱患者発生地に生息する本種から病原体 *Rickettsia heilongjiangensis* の分離例がある。

その他：日光が降り注ぐ明るい環境を好むいわゆる「草地ダニ」に属し，国内では河川敷などの草むらに偏在する傾向が強く山林にはほとんどみられない。

12 イスカチマダニ

左：雌の脚基節／右下：雄の顎体部
背景は草上で待機する雌（伊東拓也博士による）

13 *H. cornigera* ツノチマダニ

宿　主： ウシ，イヌ，シカなど。ヒト刺症例あり。幼若虫でも鳥とヒトに記録あり。

分　布： 関東以西の本州，四国，九州，伊豆諸島から南西諸島，また中国・東南アジアに広い。

形　態： 触肢第2節の後外角は張り出し第3節背面の後縁に棘をもつ。雌は第1脚基節の棘が長いが雄は第4脚基節に鋭く長い内・外棘をもつ。

媒介能： 紅斑熱発生地の一部においては *Rickettsia japonica* の保有例が知られつつある。

その他： 最初に伊豆諸島で見出されて *Haemaphysalis ias* ヤスチマダニと命名されたものは，本種の synonym または地域的な亜種，さらに台湾産の *Haemaphysalis taiwana* も synonym と見なしたい。

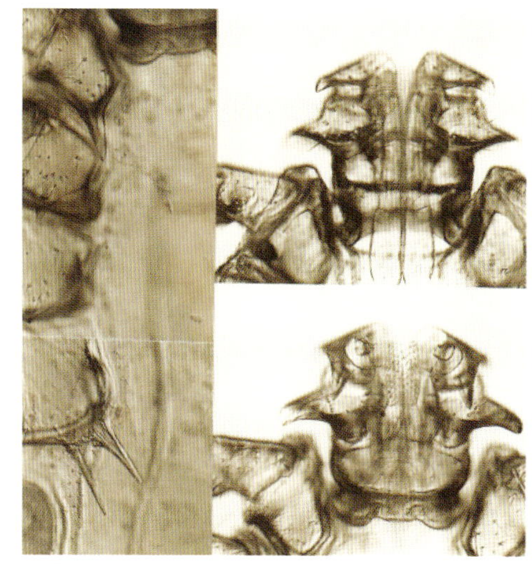

13 ツノチマダニ雄（第4脚基節に長い棘）

14 *H. flava* キチマダニ

宿　主： 鳥も含めて多くの大・中型動物に普通。ヒト刺症例も少なくない。

分　布： 北海道から沖縄本島とそれら属島まで全国に普通。中国やロシアにもみる。

形　態： 体はやや小型で黄色，触肢はきれいな円錐状，雌の脚基節の棘は後の脚ほど長めになる程度であるが雄では第4脚のそれが極端に細長い点が特徴。

媒介能： 東北地方では本種の野兎病媒介の可能性が指摘され菌の分離例もあるが，ヒトの刺症例は充分多いわけでもないので，ヒトでの感染はイヌ吸着の個体をつぶした指からの間接的な感染経路がいわれる。四国の紅斑熱発生地で *Rickettsia japonica* 分離例がある。紅斑熱群以外にも *Rickettsia canadensis* の分離例や *Ehrlichia muris* の保有例も知られる。

その他： チマダニ属の同定では，本種の中庸サイズや体色などが基準になる。徳之島で記録された *Haemaphysalis* sp. T は本種とみなされる。

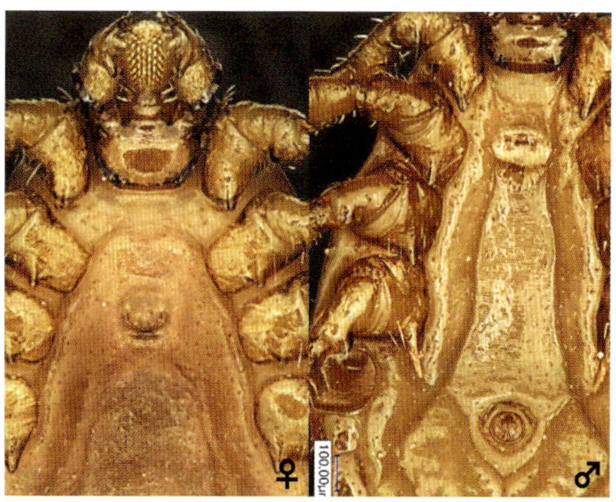

14 キチマダニ　左：雌雄の背腹／右：雌および雄の脚基節

15 *H. formosensis* タカサゴチマダニ

宿　主：イノシシ，イヌ，シカ，アマミノクロウサギなど。ヒト刺症例も稀に知られる。

分　布：四国から南西諸島，また中国から東南アジアに広い。

形　態：体表がやや白っぽくみえ雌の背板は亜円形，触肢 2·3 節の幅がほぼ等しく先端は円くてやや棒状にみえ，脚基節の棘は等しく発達するが第 1 脚でやや長め。

媒介能：*Rickettsia japonica* を含む紅斑熱群リケッチアの検出例がある。

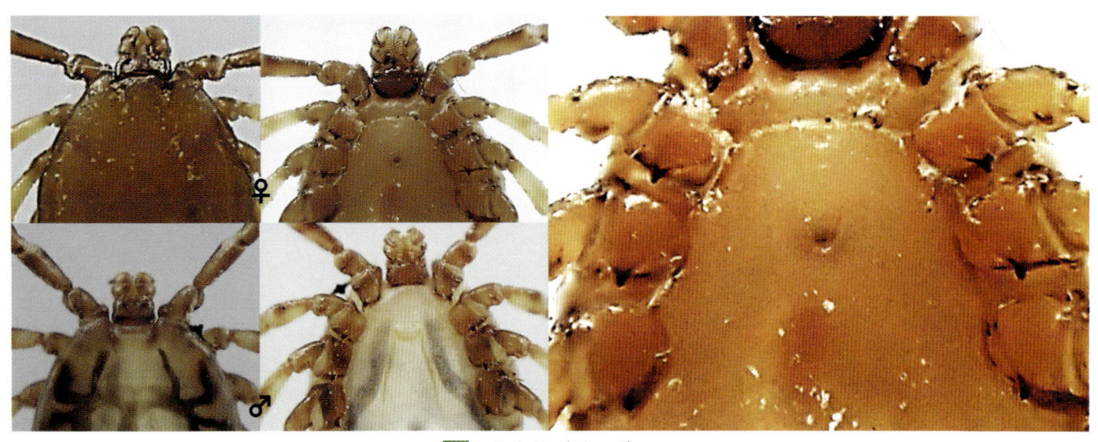

15 タカサゴチマダニ
左：雌雄の背腹／右：雌の脚

16 *H. fujisana* フジチマダニ

宿　主：記録上はウシのみ。

分　布：静岡県の富士山麓と神奈川県丹沢で記録。

形　態：体は赤褐色で触肢第 2 節は後外角をつくり口下片歯列は雌で 4/4，また雄の触肢先端は交差せず常形である点で類似種イスカチマダニと区別される。

媒介能：知られない。

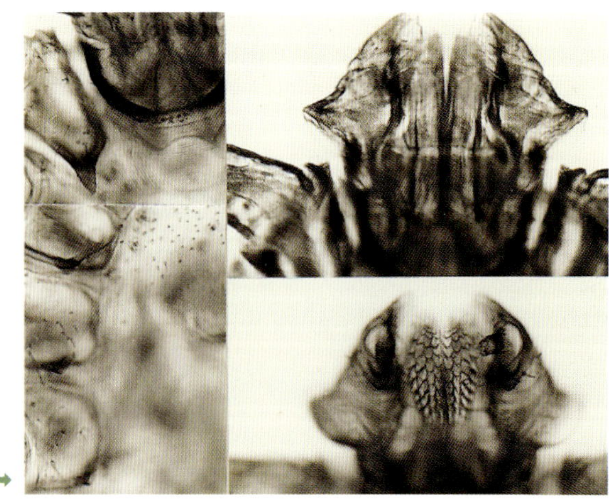

16 フジチマダニ雌➡

17 *H. hystricis* ヤマアラシチマダニ

宿　主：多くの大・中型動物に，幼若虫は野鼠類に寄生する。ヒト刺症例あり。

分　布：関東以西の本州，四国，九州から南西諸島，中国から東南アジアに広くみられる。

形　態：雌の背板は亜円形，触肢第3節後縁は背腹に棘をもってフタトゲチマダニに似るが，第2節は背腹ともに後縁中央が角張って突出，また第2節内縁に瘤状突起(△)あり。

媒介能：西日本から南西諸島まで紅斑熱の発生地の調査では本種の生息を多くみる傾向あり，*Rickettsia japonica* の検出，分離率が高い地域もある。Trypanosoma 科原虫の保有例も知られる。

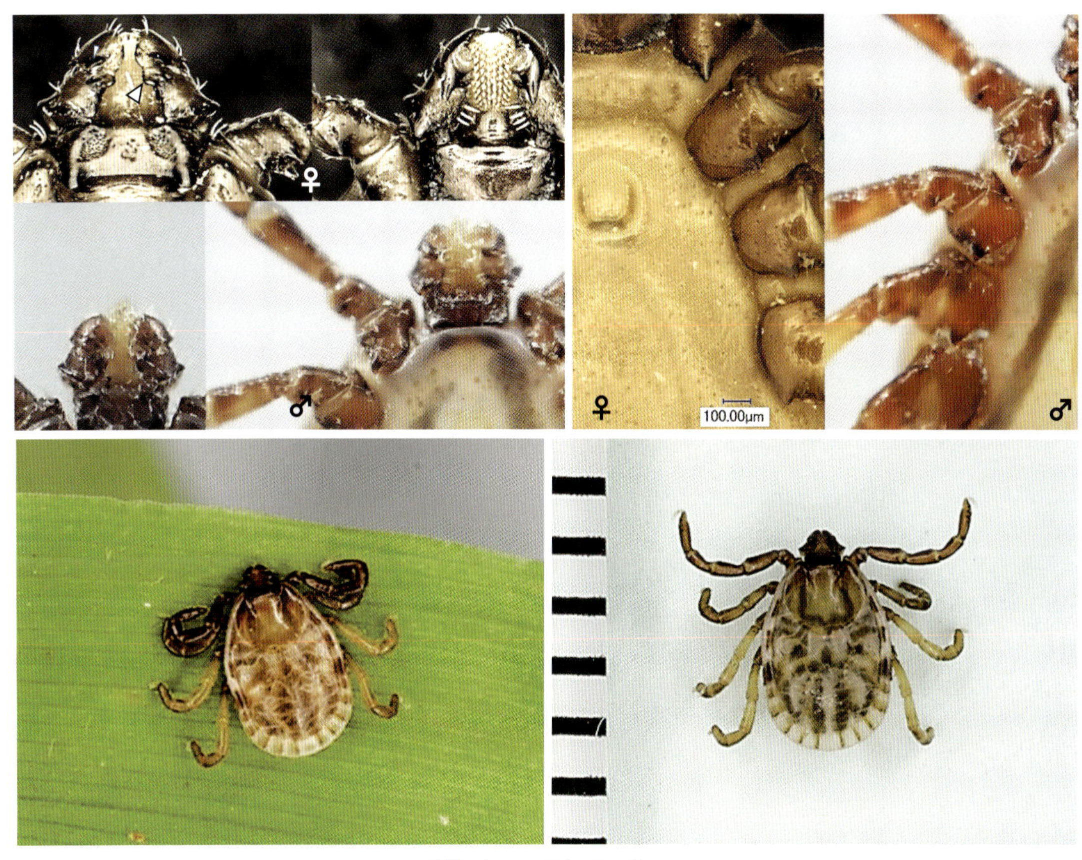

17 ヤマアラシチマダニ

上段　左：雌雄の顎体部の背腹／右：雌雄の脚基節
下段　左：植生上の雌／右：雌の大きさ（スケールはミリ単位）

18 *H. japonica japonica* ヤマトチマダニ

宿　主：多くの大・中型動物（キジを含む），まれにヒト刺症例あり。

分　布：主に本州の山岳部に生息するが，中国・四国地方からも少数が記録されている。九州での記録は検討を要する。

形　態：触肢は全体に短く第2節後縁は上反して後外角は中等度，脚基節の棘は中等度だがキチマダニとは逆に第1脚で長め。この亜種としてのダグラスチマダニとの鑑別に注意。

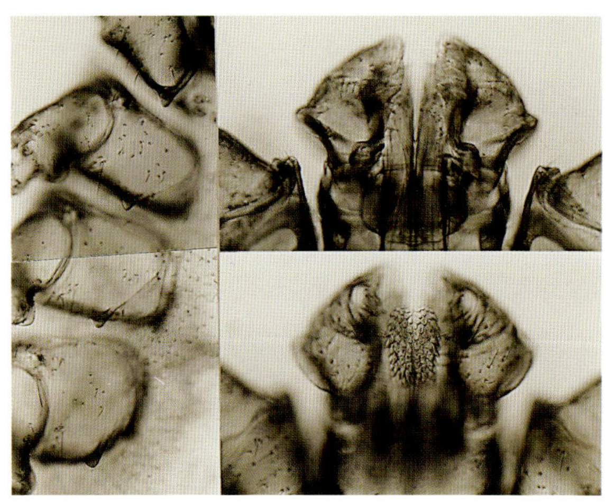

18　ヤマトチマダニ雌

媒介能：*Rickettsia japonica* に近縁の紅斑熱群リケッチアの分離記録がある。

19 *H. japonica douglasi* ダグラスチマダニ

宿　主：ウシ，ウマ，ヒグマ，エゾシカ，またロシアでヒト刺症例あり。

分　布：中国，ロシアに広くみるが，国内では北海道に限る。

形　態：ヤマトチマダニに近似するが，それより小型で背板の前端が狭いことなどで区別され，若虫期の形態も微妙に異なる。ゆえにヤマトチマダニの亜種というロシアの見解（Kolonin, 1978）をとる。一方，ミトコンドリアDNAの検討などではヤマトチマダニと区別が困難とされるが（Takano et al., 2014），産地や個体群をそろえての再検討も望まれる。ともかく，分布の問題は病原媒介能と関連して重要である。

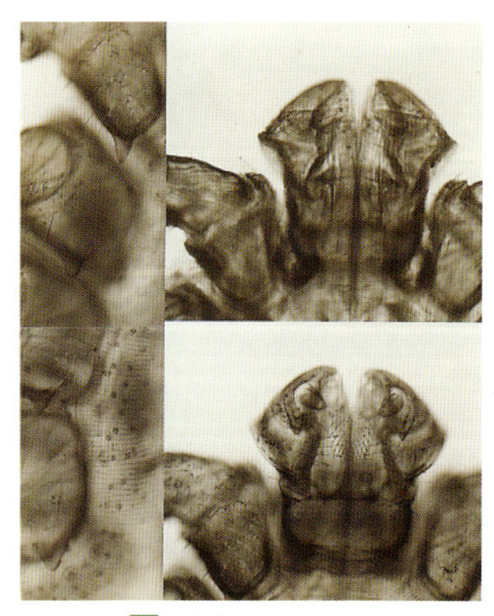

19　ダグラスチマダニ雌

媒介能：ロシアでロシア春夏脳炎の媒介も疑われ，北アジアマダニチフス病原体の *Rickettsia sibirica* の分離例も知られる。

20 *H. kitaokai* ヒゲナガチマダニ

宿　主：ウシ，ウマ，カモシカ，シカなど。幼虫は野鼠に寄生。近年のシカなどの拡散に応じて本種も各地に多くみられつつある。極めて稀ながら成虫雌のヒト刺症例も知られる。

分　布：全国的に生息し，特に関東から西南日本に多い。台湾にも生息が推測される。

形　態：チマダニ属としては例外的に触肢が *Ixodes* 属に似て円筒状，脚基節(特に第1脚)の棘は短小。成虫雌はタカサゴキララマダニの若虫に類似するので混同されやすいので留意したい。

媒介能：紅斑熱群の不明リケッチア種の分離例が知られる。

その他：西南日本などでは晩秋に牧牛に多数寄生がみられるものの幼若虫は吸着が極めて短時間なためか宿主体上に見出し難いという。植生上から幼虫は稀に見つかるが，若虫が採集されることはほとんどない。

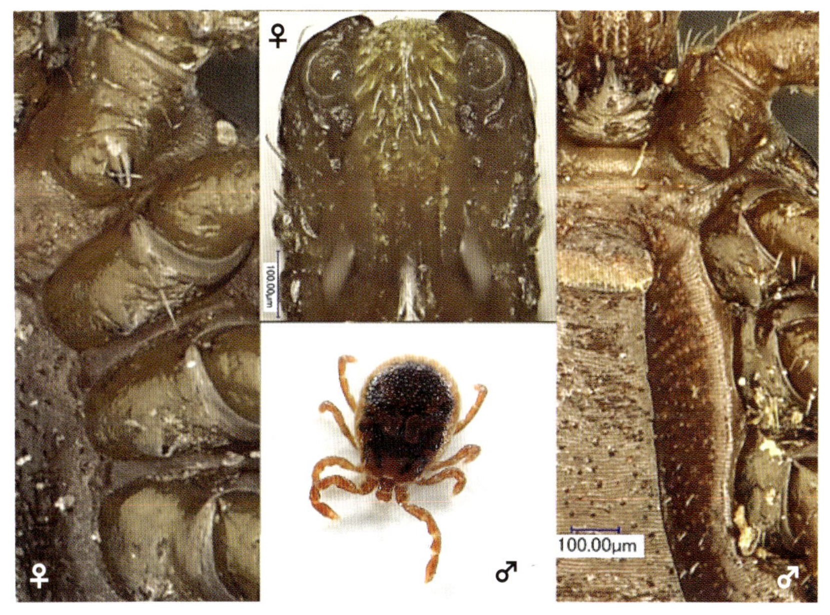

20 ヒゲナガチマダニ

上段：雌雄の腹（中央は生時の雄）／下段：野外採集ではタカサゴキララマダニ若虫と似てみえる

21 *H. longicornis* フタトゲチマダニ

宿　主：本種の夏中心の活動期が放牧期間と一致するためにウシが優占宿主となるが，多数の大・中型野生哺乳類や鳥類にもみられる。ヒト刺症例も多い。

分　布：単為生殖系は屋久島以北の全国，また沖縄本島の一部そして与那国島に，両性生殖系は東北南部(福島県北部が北限)から南西日本中心に分布。朝鮮半島，中国，ロシアのほかオーストラリア地域にもみられる。

形　態：雌の背板は側縁がやや角張った円形，触肢第3節後縁は背腹ともに棘をもち第2節の後外角はやや強い。第1脚基節の棘はやや長いが2脚以下は中等度。なお単為生殖系(染色体が3倍体)の方がやや大型の傾向がある。

媒介能：わが国と韓国で *Rickettsia japonica* の検出例はあるが，両性系は高率に紅斑熱群の非病原性 *Rickettsia* sp. LON タイプを保有。わが国と中国で SFTS ウイルスの有力媒介種とみなされる，またピロプラズマ類を媒介，ほかロシアでロシア春夏脳炎，オーストラリアでQ熱媒介の可能性がある。

その他：牧野に多いが，日照のよい明るい環境を好む「草地ダニ」のため河川敷や農耕地周辺また市街地の公園の草地にもしばしばみる。野生獣の生息する山林にもみる。増殖効率が高い単為生殖系が，宿主の牛の移動で新たな土地へ拡散してゆくことが問題で，オーストラリア地域の本種は19世紀にわが国から導入されたものといわれる。なお，1960年代まで本種は大陸系 *Haemaphysalis bispinosa* と誤認されていた。

21 フタトゲチマダニ

上段　左：雌の背／中：雄／右：雌雄の腹
下段　左：雌の顎体部／中：植生上で待機する雌／右：雌雄の脚基節

22 *H. mageshimaensis* マゲシマチマダニ

宿　主：シカ，ウシなど。

分　布：馬毛島，種子島，トカラ列島，慶良間諸島，西表島から記録。

形　態：フタトゲチマダニに似るが，体色はそれよりも淡く，雌の背板はほぼ円形で触肢第3節後縁は背腹共に棘をもち第2節の後外角は中等度で，気門板が背腹に長い点で異なる。

媒介能：ウシのタイレリア媒介の可能性あり。

その他：自然環境では両性系ながら，未受精雌の産卵においては幼虫が孵化して単為系が生じることがある。鹿児島県本土域での記録は検討を要する。

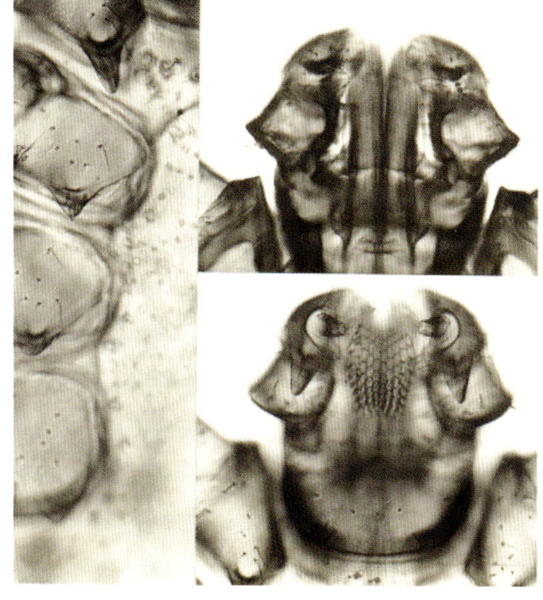

22 マゲシマチマダニ雌

23 *H. megalaimae*（和名保留）

宿　主：鳥類。

分　布：沖縄本島から記録。主に東南アジア。

形　態：*Haemaphysalis doenitzi* に似るが触肢全長が短いために第2節後外角の張り出しの割合が大きい。

媒介能：知られない。

23 *H. megalaimae* 雌➡

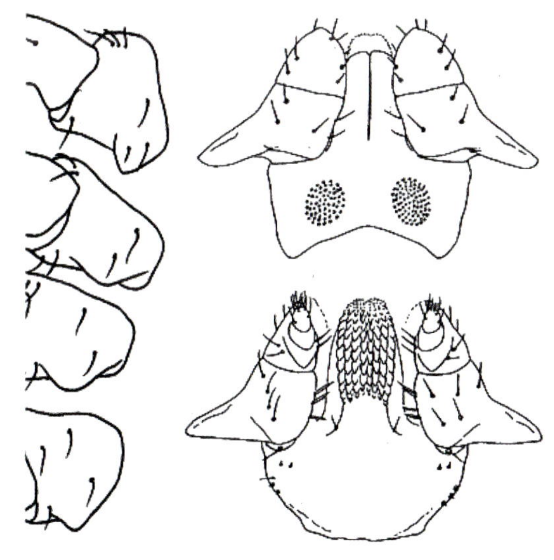

（Rajagopalan, P.K., J. parasitol., 49, 1963 より引用）

24 *H. megaspinosa* オオトゲチマダニ

宿 主：主として大型野生動物にみる。ヒト刺症例も知られる。

分 布：北海道から奄美大島まで。

形 態：キチマダニに似るが体色は茶褐色でそれより大きく，すべての脚基節の棘はやや強めで特に第4脚のそれは太く雄では湾曲する。

媒介能：紅斑熱群の *Rickettsia tamurae* と *Rickettsia kotlanii* の分離例がある。日本紅斑熱発生地では *Rickettsia japonica* の検出例がある。非公式には北海道の個体から SFTS ウイルス遺伝子らしい検出もあるという。

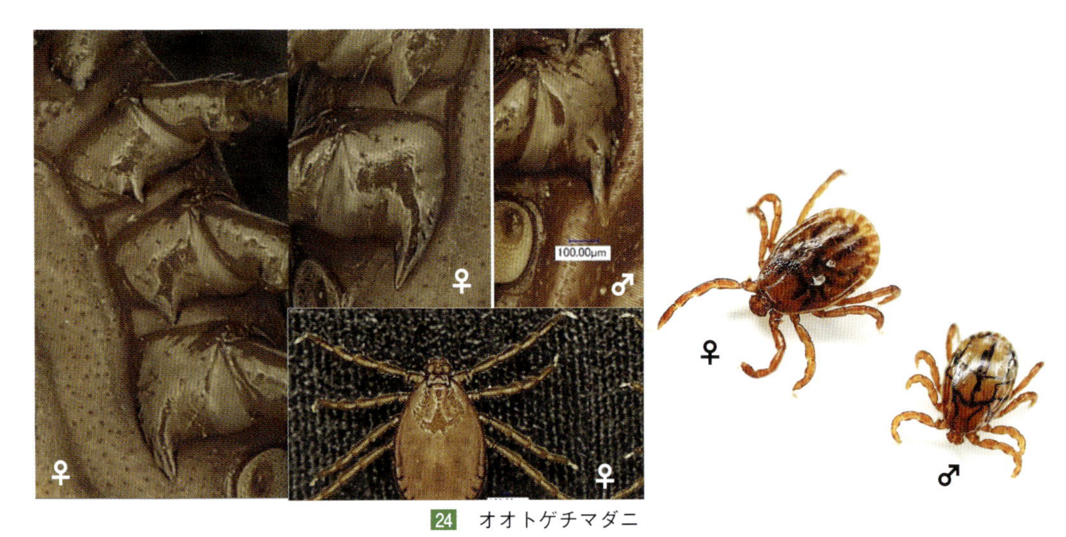

24 オオトゲチマダニ

左および中上：雌雄の脚基節／中下：雌の背／右：生時の雌雄

25 *H. pentalagi* クロウサギチマダニ

宿 主：全発育期がアマミノクロウサギに特異的にみられる。

分 布：奄美大島と徳之島。

形 態：小型種，触肢第2節の後縁は上反して後外角は強く突出，脚基節の棘は短小。

媒介能：知られない。

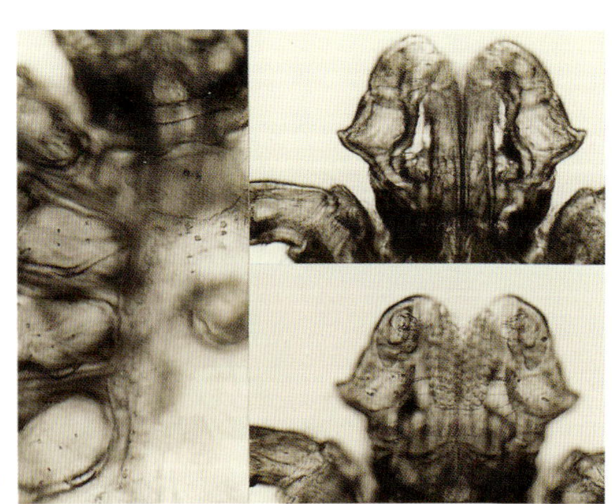

25 クロウサギチマダニ雌➡

26 *H. phasiana* キジチマダニ

宿　主：全発育期がキジなど鳥類にみられる。

分　布：新潟県から南西諸島，また朝鮮半島・中国・ロシアにも記録あり。

形　態：小型種で，触肢第2節の後外角が大きく張り出すために触肢全体はブーツ状にみえる。口下片歯式は5/5，脚基節の棘は中等度。

媒介能：知られない。

その他：本種は1970年代までは *Haemaphysalis doenitzi*（東洋区およびオーストラリア区の種）とされていた。*Haemaphysalis doenitzi* は口下片歯式が4/4であることや幼若虫の形態も異なる。

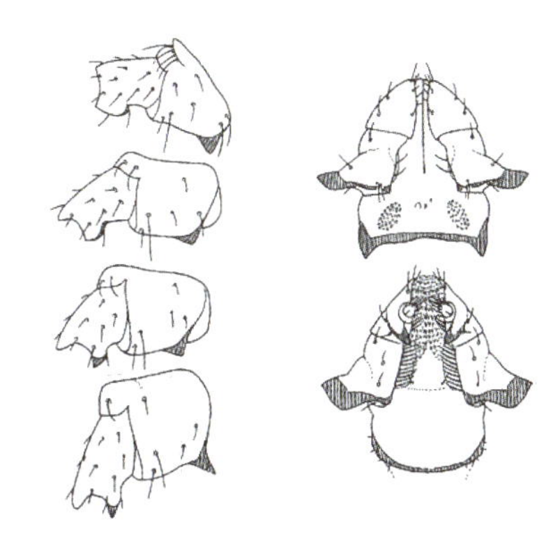

26 キジチマダニ雌
（Saito, Y. et al., J. Parasitol., 60, 1974 より引用）

27 *H. wellingtoni* ウェリントンチマダニ

宿　主：鳥類を主体に各種動物。

分　布：山形，長野，静岡の各県で記録あり。東南アジアには広くみられる。

形　態：雄では触肢第2節後縁が上反して後外角が強いほか，第3節背面の棘は内側に位置するのが特徴。

媒介能：知られない。

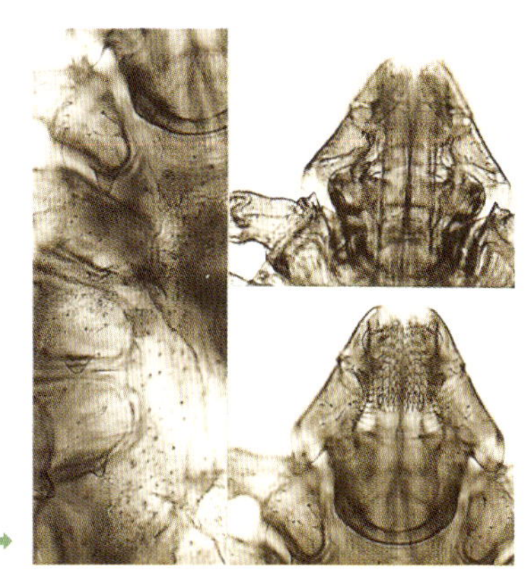

27 ウェリントンチマダニ雌➡

28 *H. yeni* イエンチマダニ

宿　主：シカ，イヌなど。

分　布：本州中国地方と九州（対馬，五島列島と屋久島を含む）で記録。中国から東南アジアにみられる。

形　態：やや小型種。雌の背板はやや縦長。触肢第2節の後外角は中等度だが第3節背面の棘は顕著。脚基節の棘は第1脚で長めの他は中等度。

媒介能：知られない。

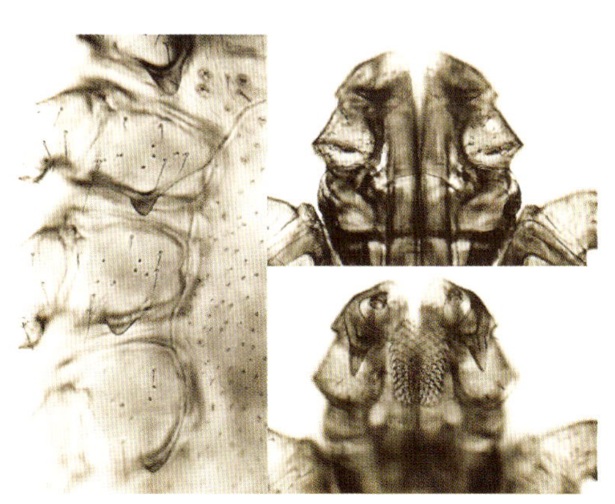

28 イエンチマダニ雌

6) マダニ属 *Ixodes* 成虫の種への検索(太字は通常多くみる種)

いずれかの脚基節(ほとんどは第1脚)の後縁に内棘を生じる …………………… A
各脚の基節後縁の内側に棘(内棘)を生じない …………………………………………… B

A - i　第1脚基節は内棘のみを生じる
　　内棘は長い …… ***I. monospinosus* ヒトツトゲマダニ** 35, ***I. tanuki* タヌキマダニ** 43
　　内棘は短い，第2脚後縁が庇状に肥厚 ……………………… ***I. ovatus* ヤマトマダニ** 37
- ii　第1脚基節は内・外棘を生じるが共に長くない(各種の採集地や宿主に留意)
　　野鼠固有，寒冷地帯に限る …………………………………… *I. angustus* トガリマダニ 30
　　伊豆諸島や南西諸島の主に爬虫類 ……………………… *I. asanumai* アサヌママダニ 31
　　南日本～東南アジアの野鼠など ……………… *I. granulatus* ミナミネズミマダニ 33
　　東北～南西日本の鳥 ………………………………………… ***I. turdus* アカコッコマダニ** 44
- iii　第1脚基節は内外棘を生じ特に内棘が長い
　　第1脚基節内棘は第2脚基節の前縁に達する
　　　本属中の最大種(体長約8mm) ……………………… ***I. acutitarsus* カモシカマダニ** 29
　　　口下片は幅広くエンタシス風 ………………………… *I. columnae* ハシブトマダニ 32
　　　次項の2種に近似するがやや小ぶり ………… ***I. nipponensis* タネガタマダニ** 36
　　第1脚基節内棘は第2脚基節の前縁を大きく超える
　　　次種より赤味弱く脚も細め ………………… *I. pavlovskyi* パブロフスキーマダニ 38
　　　胴部は赤味が強く脚は黒い ……………………… ***I. persulcatus* シュルツェマダニ** 39

B - i　鳥類に寄生する
　　ツバメ類にみる ………………………………………………………… *I. lividus* ツバメマダニ 34
　　ウミネコやウミウにみる ……………………………………… *I. signatus* ウミドリマダニ 41
　　海鳥から希少な記録 ……………………………………………… *I. philipi* フィリップマダニ 40
　　両極地帯の海鳥，北海道で希少な記録 ……………………………… *I. uriae* フサマダニ 45
- ii　コウモリ類に固有
　　脚が異常に長い ………………………………*I. vespertilionis* コウモリアシナガマダニ 46
　　脚は長くない……………………………………………………… *I. simplex* コウモリマダニ 42

［マダニ属の種の解説］

前出のチマダニ属と比べて口下片が長く尖る種が多く，分布は大まかに言えば東～北日本ないし山地に多い傾向がある。

29 *I. acutitarsus* カモシカマダニ

宿　主： 成虫はニホンカモシカ，ツキノワグマ，ウシ，イヌなど大・中型動物のほか，ヒト刺症も多い。幼若虫は小哺乳類。

分　布： 本州北～中部を主体に四国，九州までの山間地が中心（シカの生息する奈良公園でも）。また台湾，中国，ベトナム，タイ，インドまでみて，ネパールでは空港内で観光客の寄生例まで見つけられた。

形　態： 日本産本属中の最大種で（未吸着時体長は約 8mm），口下片は先端近くで狭まり，第 1 脚基節に長く太い内・外棘をもつ。

媒介能： ヒト刺症例は比較的多いが病原体との関係は不明。

その他： 青森県下北半島のカモシカ生息地の場合，ヒトの集団刺症に加えて野鼠類と植生から幼若虫も得られる。大型なので他のマダニ類の場合と異なり皮膚吸着時に痛みを感じることが多い。

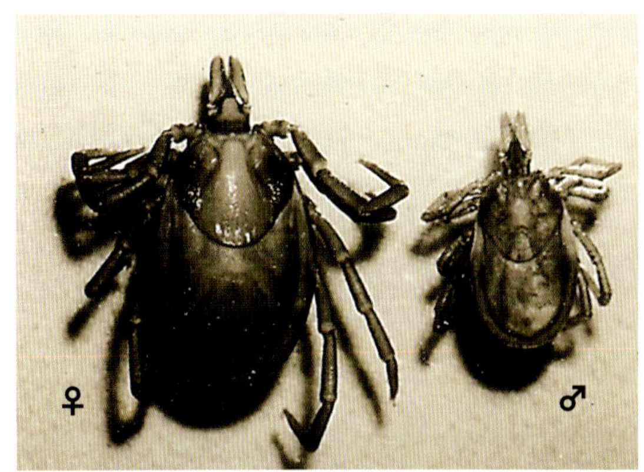

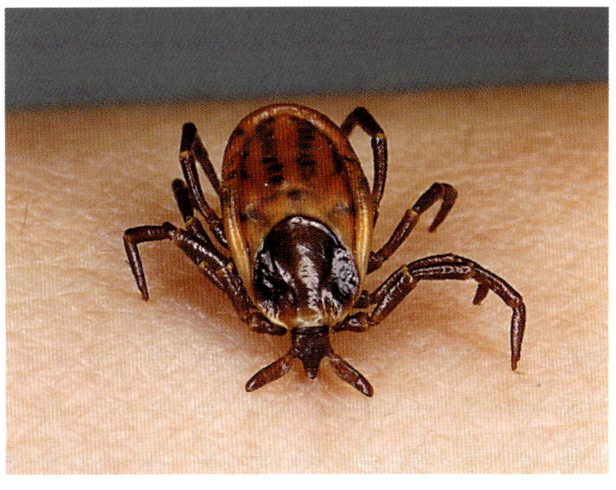

29 カモシカマダニ

上段　左：雌雄の背／右：左側のタカサゴキララマダニと同様に大型

下段　ヒトに吸着した雌

30 *I. angustus* トガリマダニ

宿　主：全発育期が野鼠類にみられる特殊な宿主特異性を示す。ヒト刺症例は北海道と北米に知られる。

分　布：北海道の平地から山地，また本州北部から中部山岳の高山帯，ないし平地でも風穴地帯など冷涼な環境に限ってみられる。朝鮮半島，ロシアそして北米にもみられて，氷河期の遺存種と思われる。

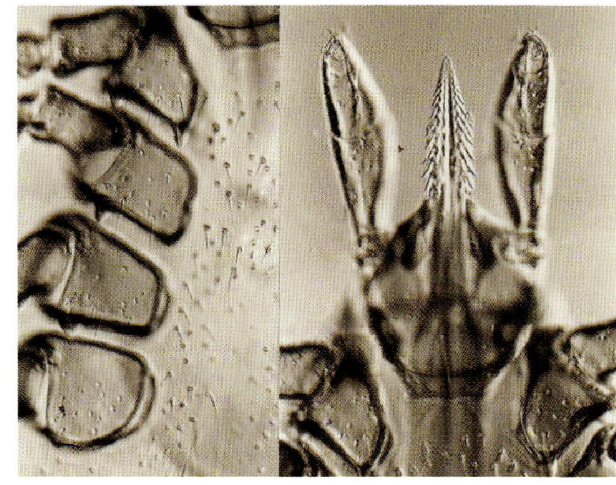

30　トガリマダニ雌

形　態：雌の背板は縦長で，口下片は急に細まって尖り，第1脚基節前縁に突起がある。

媒介能：知られない。

31 *I. asanumai* アサヌママダニ

宿　主：全発育期がトカゲ類にみられるが，鳥類，野鼠類，イヌ，ヒト刺症例も知られる。

分　布：伊豆諸島，ほかに南西諸島では鹿児島県三島村硫黄島を北限としてトカラ列島から奄美大島周辺の島々にみられる。

形　態：雌の顎体部の角状体と耳状体が発達。口下片はゆるく細まって尖る。

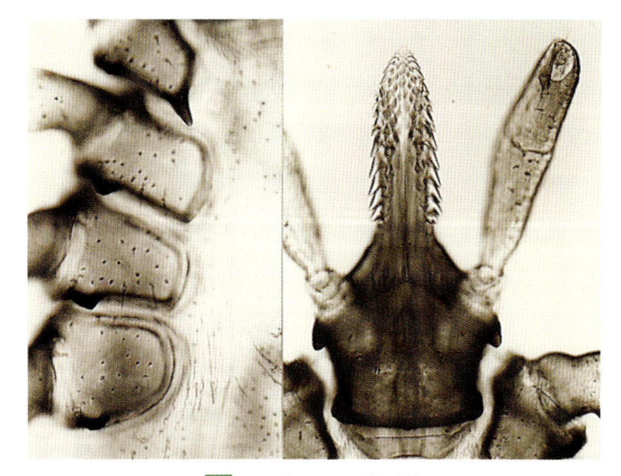

31　アサヌママダニ雌

媒介能：ヨーロッパでは病原性とされる紅斑熱群の *Rickettsia monacensis*（国内ではIn56の遺伝子型コード名でタネガタマダニから報告された）を特異的かつ高率（ほぼ100%と推測）に保有する。

その他：成虫は上記の分布地域で，冬季に植生上に多数出現する。

32 *I. columnae* ハシブトマダニ

宿　主：成虫はムササビとヒトから，幼虫は小型動物とヒトから記録されている。若虫の宿主は不明。

分　布：北海道，本州，四国，九州。

形　態：浅沼による仮称 *Ixodes* sp. 10（幼虫：四国産）と髙田・藤田（1978）による *Ixodes* sp. N2（若虫：青森県産）とは飼育で成虫も得られて，双方の発育期の連絡がついたことから，*Ixodes kuntzi*（台湾からネパール）に似るも別種と認められる。

媒介能：*Borrelia miyamotoi* と *Rickettsia helvetica* の分離記録がある。

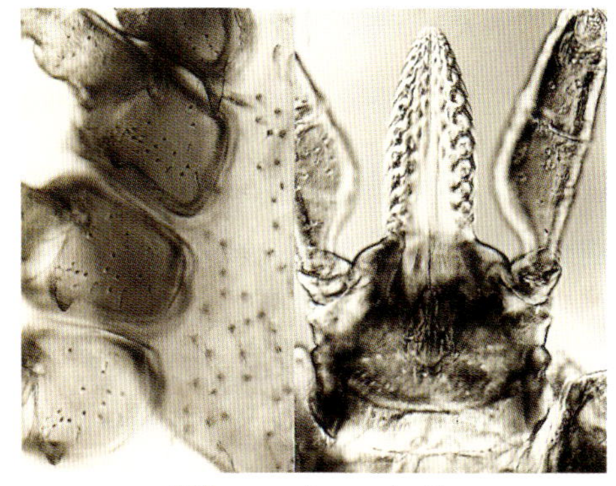

32 ハシブトマダニ雌

33 *I. granulatus* ミナミネズミマダニ

宿　主：野鼠，鳥類，イヌ，ネコなど。

分　布：伊豆諸島，四国，南西諸島など。中国から東南アジアでは広くみられる。

形　態：雌の背板は縦長で顎体基部背面は三角形を呈し，口下片はしだいに細まるが先端は鈍。

媒介能：南西諸島から東南アジアのライム病関連の *Borrelia yangtze*（*Borrelia valaisiana* 関連種），タイの Thai tick typhus やオーストラリアの Flinders Island spotted fever の病原体 *Rickettsia honei* かその酷似種を特異的に保有。沖縄本島の本種からは新種と推測される *Ehrlichia* の DNA 検出例もある。

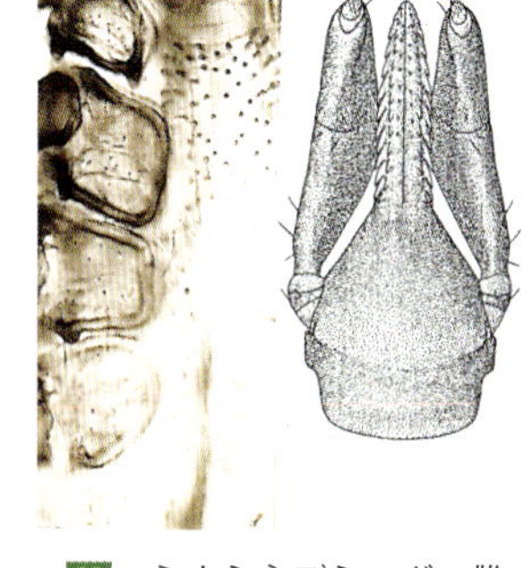

33 ミナミネズミマダニ雌
（線画はYamaguti et al., 1972より改写）

34 *I. lividus* ツバメマダニ

宿　主：ツバメ類。

分　布：北海道から本州。ロシア，ヨーロッパにみられる。

形　態：雌の背板は前半が幅広で，口下片先端は平らか凹み。全脚基節に棘を欠く。

媒介能：国内では知られない。

34 ツバメマダニ雌→

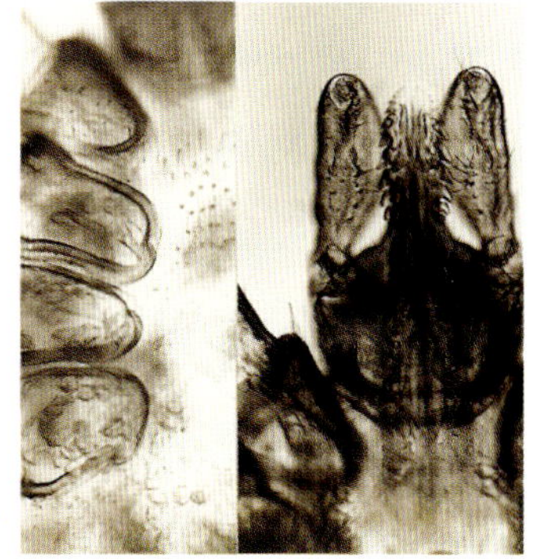

35 *I. monospinosus* ヒトツトゲマダニ

宿　主：カモシカ，シカなど大型動物，ヒト刺症例も珍しくない。幼若虫は野鼠類にみる。

分　布：東北から近畿地方，また四国，九州の山岳部。屋久島が南限。

形　態：雌の背板は縦長で前半が幅広，触肢や口下片は長い，第1脚基節は外棘を欠くが，内棘は強くてその後縁が庇状に突出する。採集時にシュルツェマダニに似てみえるも胴部の赤味は弱い。

媒介能：紅斑熱群の *Rickettsia helvetica* の保有率が高い分布地域があり，その病種の感染症例も示唆されている。

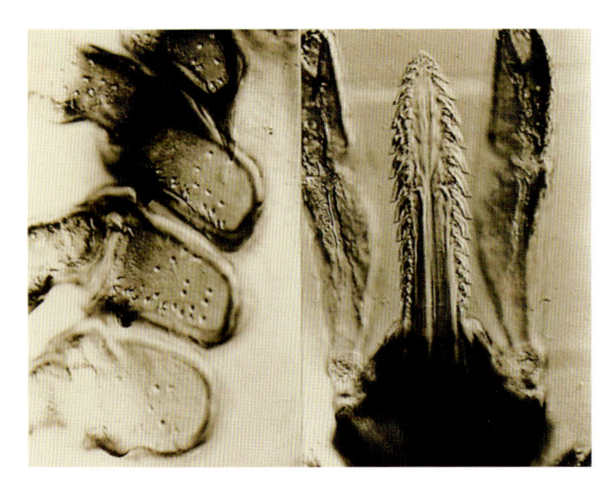

35 ヒトツトゲマダニ

上段　左：雌の脚基節と顎体部／右：雌の腹
下段　同雌の背（大きめの種で基節の棘や口下片が大変長いが，胴部の赤味はシュルツマダニより少ない）

36 *I. nipponensis* タネガタマダニ

宿　主：多くの大・中型哺乳類，ヒト刺症例はかなり多い，幼若虫は小型動物（カナヘビでは特異的に多くみられる）。

分　布：北海道，本州，四国，九州と広く，各地の平地や山麓に多い。石垣島での記録もあるが疑わしい。朝鮮半島，中国東北部，極東ロシアにもみられる。

形　態：雌の背板は縦長の卵型，第1脚基節の内棘は長いが（内棘長／基節全長＝0.24–0.31），第2基節の前縁をやや超える程度，また基節後縁の毛は2–5本。

媒介能：若虫は特に野兎病菌の媒介能が強く実験的には2年間も保持できた記録あり，野外の個体から野兎病菌の検出例もある。アサヌママダニとともに紅斑熱群の *Rickettsia monacensis*（＝In56遺伝子型のリケッチア）を高率かつ特異的に保有している。

その他：本種がシュルツェマダニから分けて新種記載される1967年までは，シュルツェマダニとされていた標本の中に本種がかなり混在したと思われ，文献検索上では注意したい。また本種は，後述のシュルツェマダニと同様に *ricinus* コンプレックスの1種である。

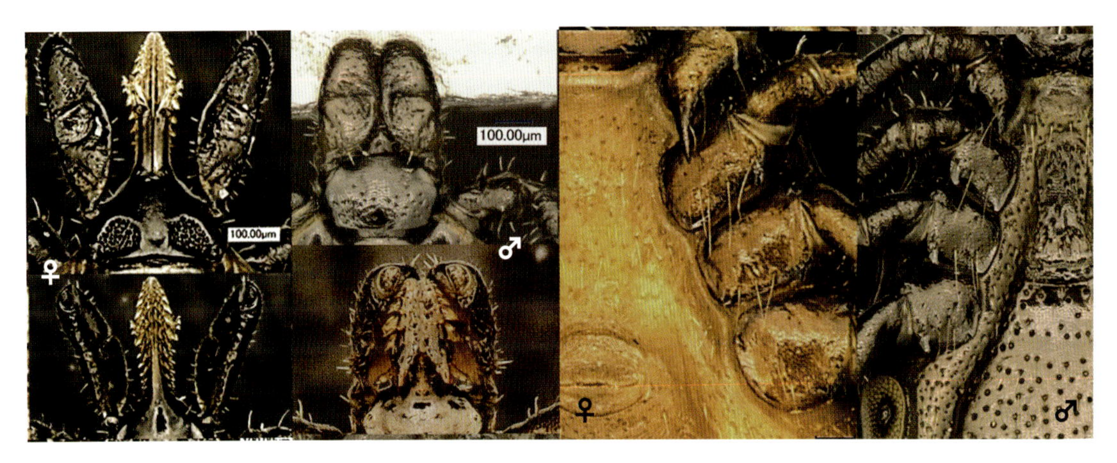

36　タネガタマダニ

上段　左：雌雄の顎体部の背腹／右：雌雄の脚基節
下段　生時の雌雄（脚の黒味や胴の赤味はシュルツェよりは薄い）

37 *I. ovatus* ヤマトマダニ

宿　主：多くの大・中型哺乳類やヤマドリなど，ヒト刺症例はわが国のマダニ属の中では最も多い(頭部とくに眼瞼部に多いのが特徴)，幼若虫は主に野鼠類にみるが，未吸着の幼若虫は植生上からまったく得られない。

分　布：北海道から屋久島以北の全国にみられ本属中最も分布が広く個体数が多い。また朝鮮半島，ロシア，中国(台湾含む)からベトナム，タイ，ネパール，インド北部までみられる。

形　態：雌の背板は長さと幅がほぼ等しく，第1脚基節は短小な内棘のみ。また若・成虫とも第2脚基節の下半分に横縞状の肥厚をみる点で鑑別が容易。

媒介能：古くは東北地方の調査で野兎病媒介能がいわれたほか，北海道ではマダニ媒介性脳炎ウイルスの分離例がある。ライム病関連の *Borrelia japonica* と紅斑熱群の *Rickettsia asiatica* の特異的保有種でもある。またヒト病原種 *Ehrlichia chafeensis* に近縁の“*Ehrlichia ovata*”が各地の本種から特異的に検出されている。ヒト刺症例の多さから注意を要する。

その他：1960年代までわが国では *Ixodes japonensis*，*Ixodes frequens*，*Ixodes carinatus*，また台湾では *Ixodes taiwanensis*，*Ixodes shinchikuensis* などとして報告されていたものはすべて本種の synonym とされるので文献検索上では注意を要する。

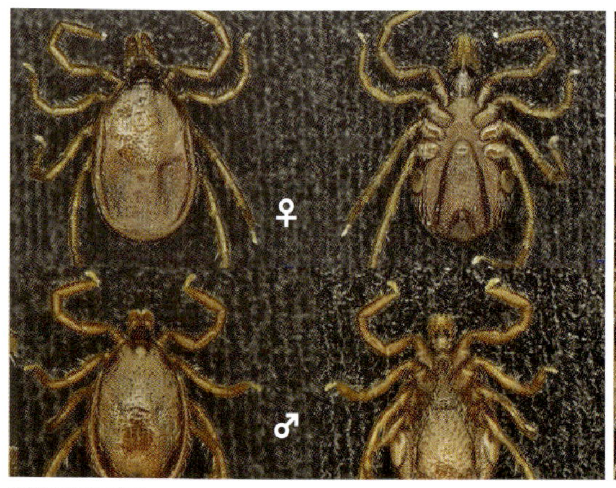

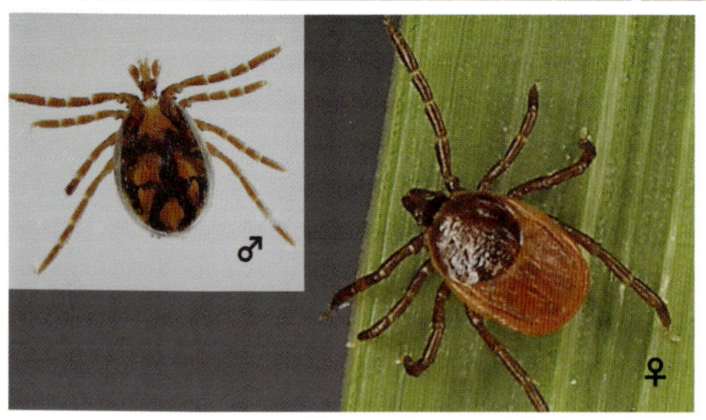

37　ヤマトマダニ

上段　左：雌雄の背腹／右：雌雄の脚基節（▲横縞状の肥厚）
下段　植生上を這う雌雄

38 *I. pavlovskyi* パブロフスキーマダニ

宿　主：成虫は鳥類に，幼若虫は哺乳類に多い。ヒト刺症例も知られる。

分　布：北海道でシュルツェマダニに混じって得られ，本州北部でも山岳帯で局所的に渡り鳥ないし植生から見出される。基産地はロシア，中国にもみられる。

形　態：シュルツェマダニに似るも，全発育期を通じて脚基節後縁の内外棘が長く，特に第2脚以降では外棘の突出が目立つ。脚の色はシュルツェマダニほどの黒味なく，雄の脚は胴部長より長い。口下片先端はゆるく尖る。次項(p163〈参考〉参照)で述べる *ricinus* コンプレックスに含まれてよい。

媒介能：新興の回帰熱BMDの病原体 *Borrelia miyamotoi* およびライム病ボレリアの保有が知られる。

38 パブロフスキーマダニ

上段　左：雌雄の背腹および脚基節／右：雌の顎体部
下段　パブロフスキーマダニ（左）の基節棘は第1脚内棘のほか全脚外棘が顕著なのに対し，シュルツェマダニ（中）では内棘だけが大変強く，タネガタマダニ（右）の内棘は強くない（これらはほぼ同倍率）。

39 *I. persulcatus* シュルツェマダニ

宿　主： 多くの大・中型哺乳類，ヒト刺症例は北日本(北海道に多数，しかし東北地方は意外に少ない)，次いで平均標高が高い中部山岳で多い。幼若虫は小動物。

分　布： ヨーロッパ東部(西部の *Ixodes ricinus* の分布域に接する)からロシア，中国の北部まで分布は広い。わが国では北海道全域，また本州，四国，九州の高山帯(およそ標高800 m以上の冷涼地帯)にみる。過去に南西日本で記録された中ではタネガタマダニとの混同も多いらしい。本種はユーラシアそして北米大陸での近似種を巡って提唱された *ricinus* コンプレックスの種群に含まれる。この種群は広い病原媒介能ゆえに注目される(p163〈参考〉を参照)。

形　態： 一見して胴部の赤味が強く，脚は黒いのが特徴。雌の背板は縦長の卵型でタネガタマダニに類似するが全体はそれより大型。第1脚基節の内棘はかなり長くて(内棘長／基節全長 = 0.35–0.37)第2脚基節前縁を大きく超え，基節後縁毛も3–7本と多い。口下片先端は鈍円に終わる。

媒介能： 東北地方で野兎病媒介の可能性のほか，わが国のライム病症例は本種媒介の *Borrelia afzelii*，*Borrelia garinii*，もしくは *Borrelia bavariensis* の感染が大半である。新興の回帰熱BMDの病原体 *Borrelia miyamotoi* の媒介も知られる。ロシアや欧州ではマダニ媒介性脳炎ウイルスを媒介(北海道の脳炎はヤマトマダニのほか本種の関与も疑われる)。

その他： 本種は1930–40年代まで *Ixodes ricinus*(当時はこの和名をタネガタマダニと称した)と誤認されていたが，1960年までには修正された。

39 シュルツェマダニ

上段　左：雌雄の背腹／右：雌雄の脚基節
下段　左と中央：第1脚（先端にハーラー器官）を広げて宿主を探す雌／右：雄（伊東拓也博士より）

40 *I. philipi* フィリップマダニ

宿　主：海鳥類。

分　布：岩手県，伊豆諸島の御蔵島など。

形　態：胴部背面は多数の白い毛で覆われ，肛溝は鍵穴状。

媒介能：知られない。

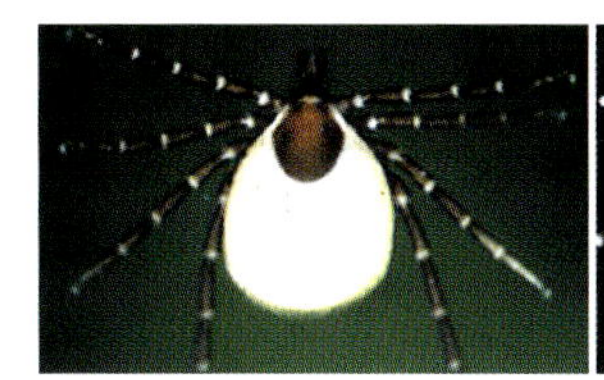

40 フィリップマダニ雌の背腹

41 *I. signatus* ウミドリマダニ

宿　主：ウミネコ，ウミウなどの海鳥。

分　布：北日本から関東。朝鮮半島，ロシア，北米にみられる。

形　態：雌の背板は縦長で顎体部の背面は著しく横長。全脚基節は短小な外棘のみ。

媒介能：知られない。

41 ウミドリマダニ雌　左：雌の背腹および産卵

42 *I. simplex* コウモリマダニ

宿　主：全発育期がコウモリ類。

分　布：本州各地で記録。中国からヨーロッパまでみられる(亜種の検討も言われる)。

形　態：口下片や触肢はともに短く，脚基節に棘を全くもたず，肛溝の前端は尖る。

媒介能：知られない。

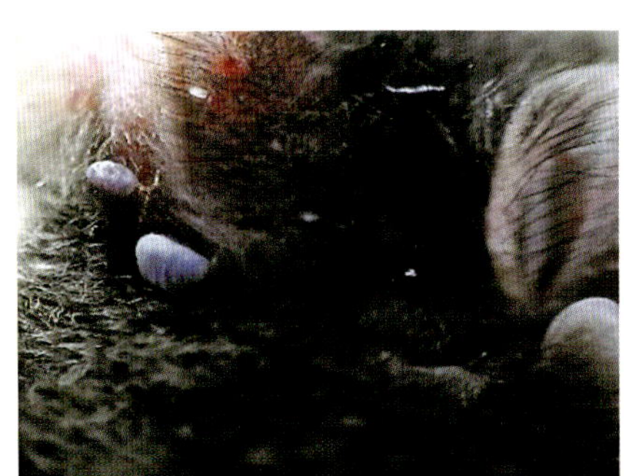
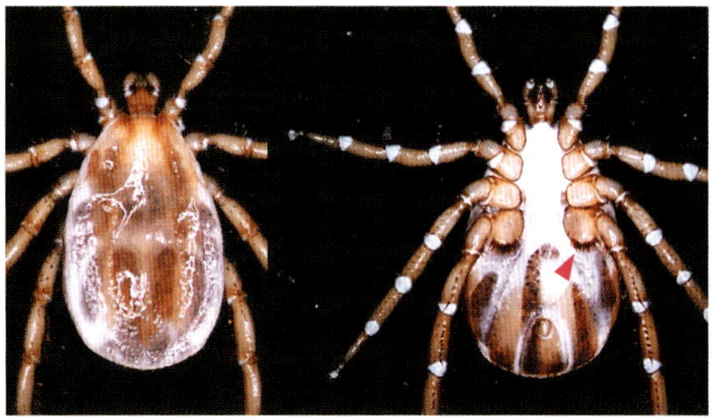

42 コウモリマダニ

左：コウモリ耳介近くに吸着した雌／右：雄の背腹（▲第4脚後縁に太い剛毛群）

43 *I. tanuki* タヌキマダニ

宿　主：タヌキのほか種々の大・中型哺乳類。幼若虫は小哺乳類にみる(たとえば北海道で，野鼠体に黒真珠のような色合いで多数が塊をなすことも見られる)。ヒト刺症例も知られる。

分　布：本州，四国，九州(対馬，屋久島，種子島含む)，また中国，ネパールでも記録。

形　態：雌の背板はほぼ円形で背板毛は胴部毛より長く，口下片先端は鈍，第1脚基節は大変太く長い内棘のみをもつ。

媒介能：特異的な *Borrelia tanukii*(病原性は証明なし)を保有。

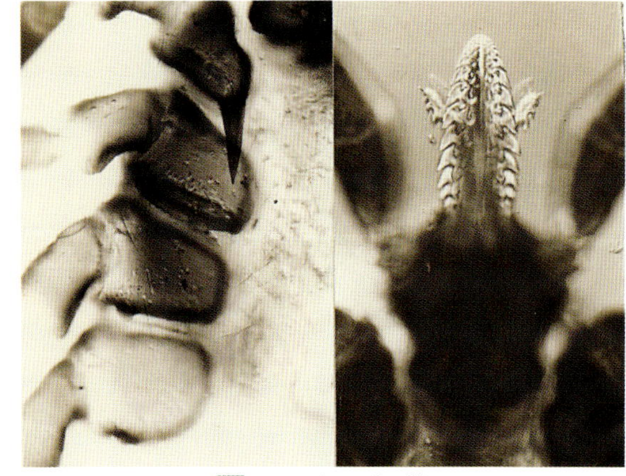

43 タヌキマダニ雌

44 *I. turdus* アカコッコマダニ

宿　主：全発育期が鳥類にみられる。ヒト刺症例もあり。

分　布：北海道，本州，四国，九州，伊豆諸島，南西諸島からも記録。また朝鮮半島，ロシアからネパールまで。鳥嗜好性の種ながら広い地域の植生から採集される。

形　態：雌の背板は縦長の菱形，顎体基部の背面は三角形で口下片は先端に近づき尖る，全脚基節の外棘と第1脚の内棘は等大の円錐状。

媒介能：病原性は不明ながら，*Borrelia turdae* に加えて紅斑熱群以外の不明リケッチア種を特異的に保有。

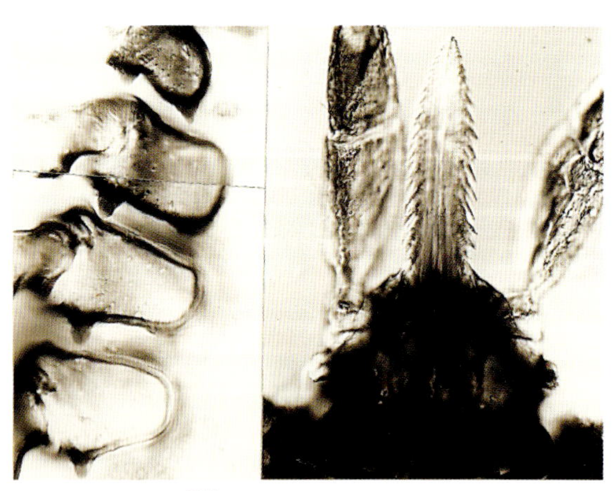

44 アカコッコマダニ雌

45 *I. uriae* フサマダニ

宿　主：海鳥。稀にヒト刺症例あり。

分　布：北海道で記録。通常は北・南極に面する海域にみられる。

形　態：形態的にも遺伝子解析でも，生態においても他のマダニ属種とはかなり異なった種である。雄の胴部項端に長毛が房状に5列並び，雌の胴部は白い毛で密に覆われる。脚基節に棘をもたない。

媒介能：知られない。

その他：*Ixodes putus* は synonym。

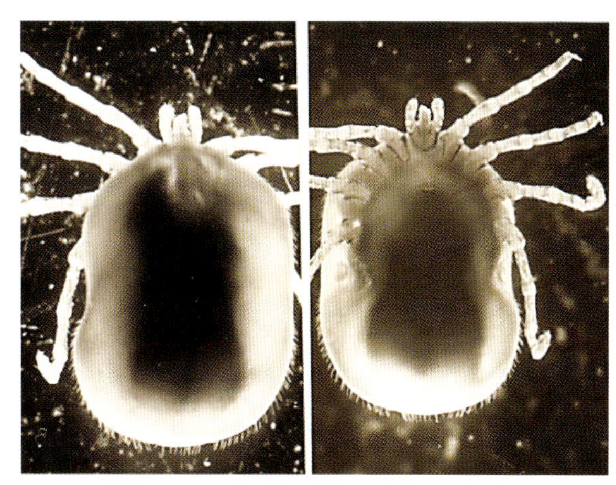

45 フサマダニ雌の背腹（細毛がみえる）

46 *I. vespertilionis* コウモリアシナガマダニ

宿　主：コウモリ類，稀にノウサギ。

分　布：全国各地，また中国，ロシア，ヨーロッパから中近東，アフリカまで。

形　態：雌の背板は細長くて口下片は先端へ鋭く尖り，胴部は細毛で覆われて脚が異常に長い。

媒介能：知られない。

その他：世界中にみられる種が単一かどうかの議論もある，一般に雄は宿主体から得られない。

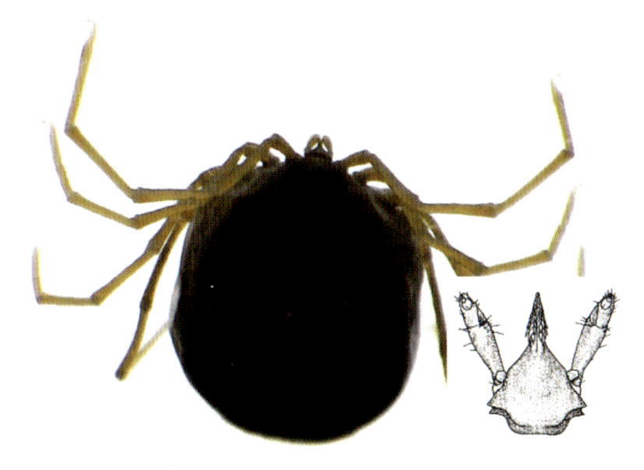

46 コウモリアシナガマダニ雌
（線画は Yamaguti et al., 1972 より改写）

2. マダニ幼若虫の形態学的同定(藤田博己・髙田伸弘)

幼若虫は微小なこともあり近似種間の区別は容易ではない。そのため，著者ら(藤田・髙田，2007)が考案した検索法をさらに改良して適用する。すなわち，従来のように箇条書きの文章を記号番号で追う形でなく，幼虫と若虫ごとに特徴的形質を縦横列に組んで比較する方法である。視覚的に補えるよう顕微鏡写真も付した(2，3の珍奇種は，きれいに撮影できる標本を得られなかったため割愛)。科そして属ごとに検索に入る前に問題点も指摘した。

表中に出てくる各形質の位置と名称は以下の通りである(図3)。

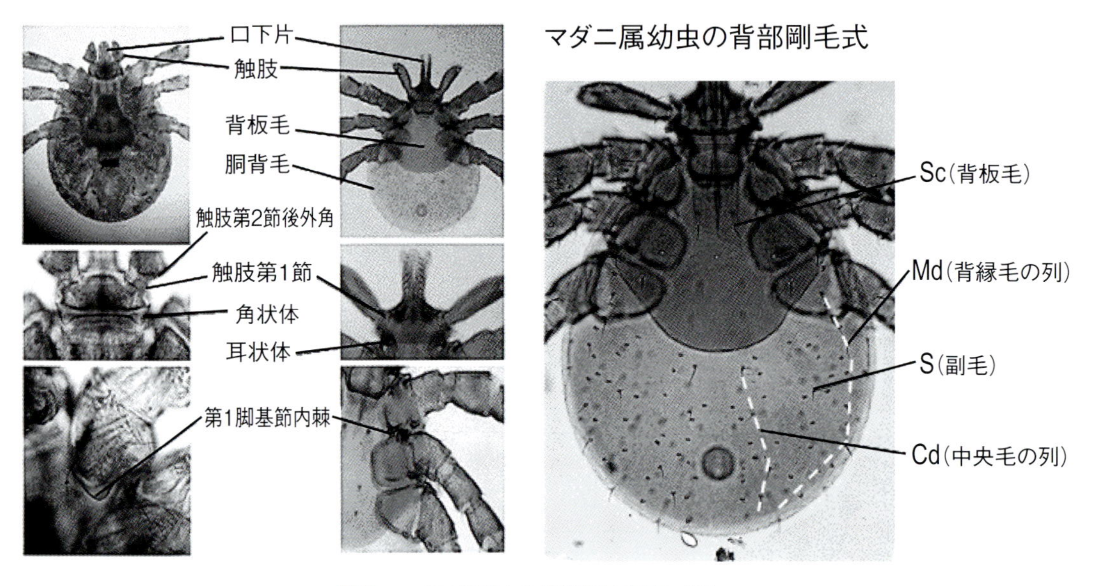

図3 マダニ幼若虫の各形質の位置と名称

1)ヒメダニ科(図4)

ツバメヒメダニ，コウモリマルヒメダニ，クチビルカズキダニおよびサワイカズキダニの4種の幼虫の形態はヒメダニ科に特有で，お互いに似かよっているものの，背板や口下片の形態，剛毛配列などの観察から同定は比較的容易である。

・ただし，クチビルカズキダニとサワイカズキダニは酷似していて，幼虫の主な種間差は

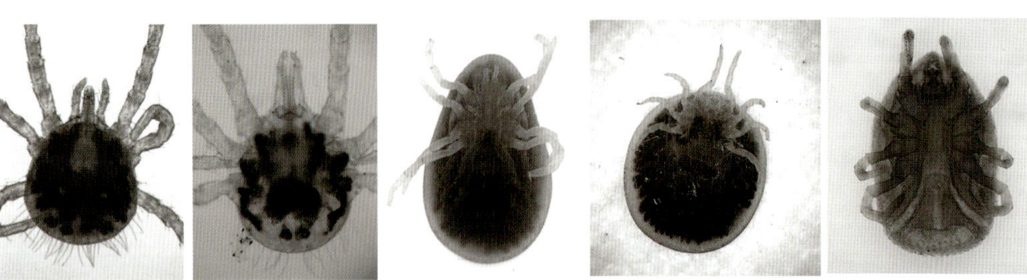

図4 ヒメダニ科幼若虫の鑑別画像(すべて腹面)

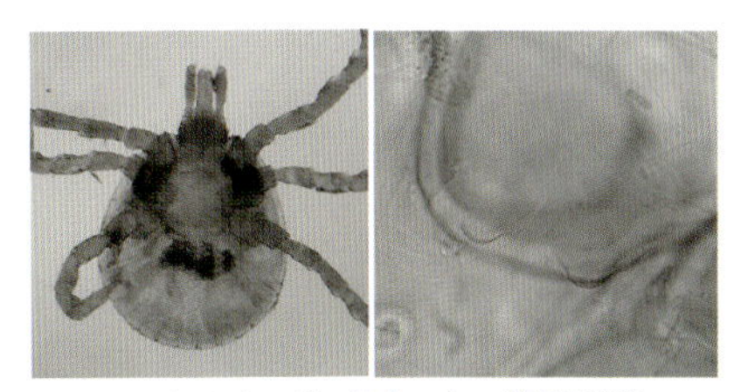

カメキララマダニ幼虫　右，第1脚基節

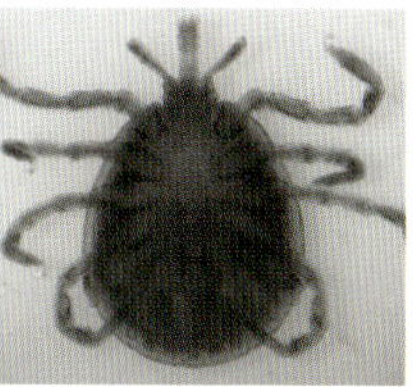

カメキララマダニ若虫　背面(左)，腹面(中央)，脚基節(右)

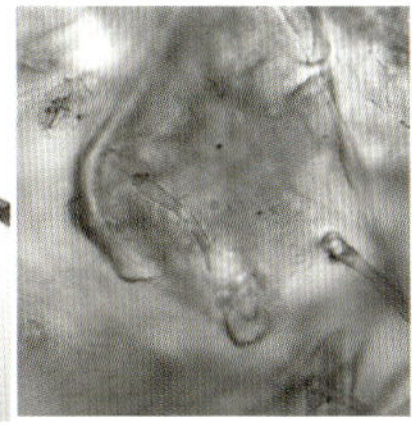

ウミヘビキララマダニ幼虫　右，第1脚基節

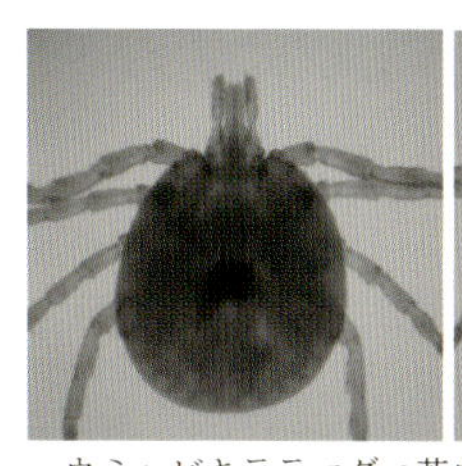
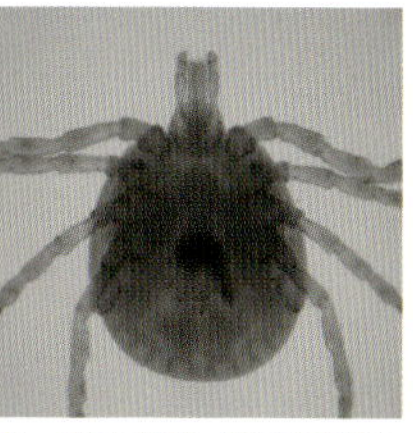
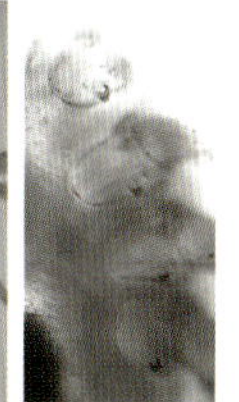
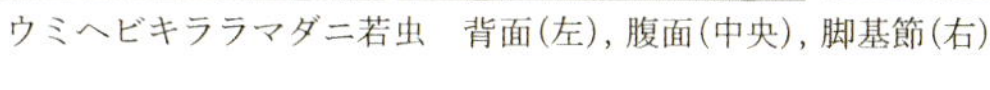

ウミヘビキララマダニ若虫　背面(左)，腹面(中央)，脚基節(右)

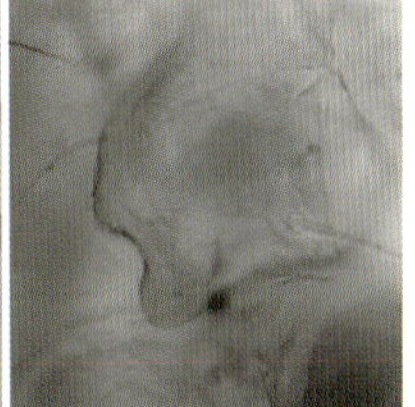

タカサゴキララマダニ幼虫　右，第1脚基節

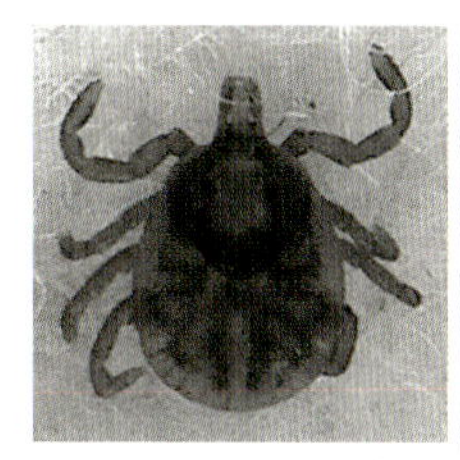

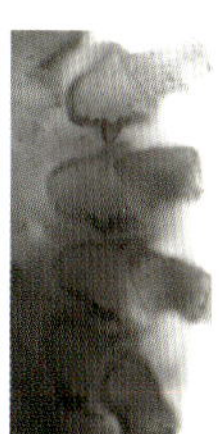

タカサゴキララマダニ若虫　背面(左)，腹面(中央)，脚基節(右)

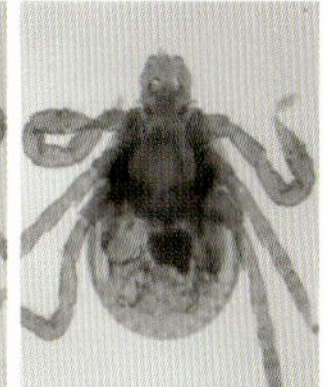

タイワンカクマダニ幼虫
左，背面；右，腹面

タイワンカクマダニ若虫
左，背面；右，腹面

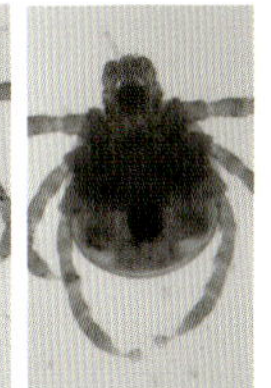

オウシマダニ幼虫
左，背面；右，腹面

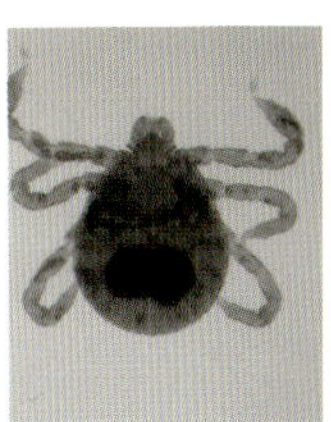

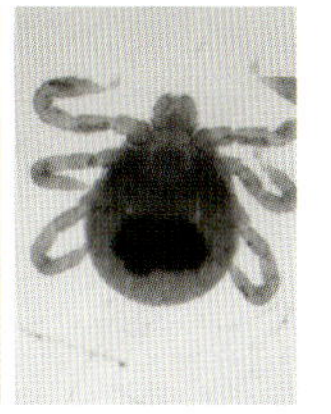

クリイロコイタマダニ幼虫
左，背面；右，腹面

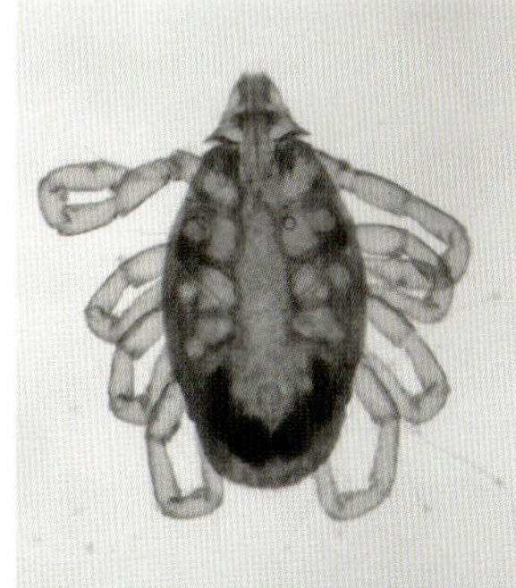
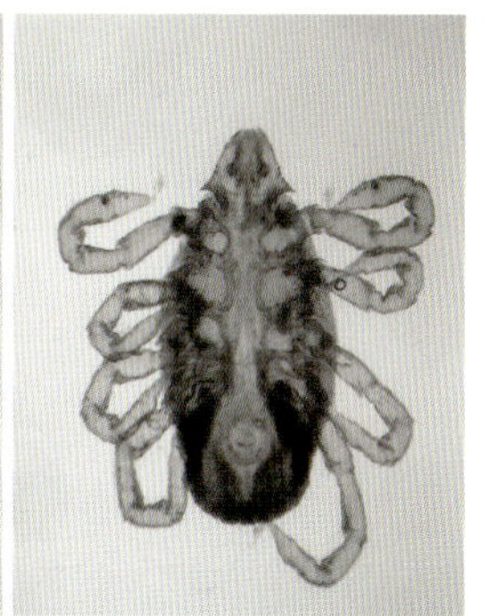

クリイロコイタマダニ若虫
左，背面；右，腹面

図5　キララマダニ，ウシマダニ，カクマダニおよびコイタマダニ属幼若虫の鑑別画像

肛門周辺部と腹面中心部の剛毛数が前者で3対と4対，後者で4対と3対であるとされる(Kitaoka & Suzuki, 1973)。

・各種とも若虫は幼虫と形態が大きく異なりほぼ成虫型となる。若虫の胴体部の外観は，ツバメヒメダニが4種の中では最も大型で卵形，コウモリマルヒメダニはほぼ円形，カズキダニ属2種は前方に特有の突出部がある縦長の胴体であるため，大まかな区別は容易であるが，カズキダニ属2種の明確な区別については今後の検討課題としたい。

2)マダニ科

[キララマダニ属，ウシマダニ属，カクマダニ属およびコイタマダニ属の幼若虫](前頁図5参照)

これら4属はいずれも各発育期において，背板外縁部に1対の眼を有することが共通し，また各属には特有の形態的特長がある。

・カメキララマダニ，ウミヘビキララマダニおよびタカサゴキララマダニは南西諸島(特に沖縄本島，石垣島，西表島)に混在するので同時に採集できる機会もある。

・キララマダニ属幼若虫の同定ポイントは脚第1基節の内外棘の形態で，カメキララマダニでは小さな内外棘があって外棘がやや大きめであるのに対してタカサゴキララマダニでは外棘が大きく長く，特に幼虫の外棘は極めて太く大きい。

・これら幼虫では触肢の形も違いが明確で，カメキララマダニは内外縁が直線的で細長いが，タカサゴキララマダニではやや膨らみをともなって短めとなっている。若虫では，カメキララマダニは背板を除く胴体部背面にかなり太い剛毛が多数見られることでタカサゴキララマダニとの区別が容易である。ちなみにYamaguti et al. (1971)の中の図版に描かれている両種幼虫の第1脚基節は明らかに実物とは異なっていて，カメキララマダニでは棘を欠き，タカサゴキララマダニでは1本の棘となっているが，これは線画描写時における顕微鏡の深度調節などの誤差かと思われ注意を要する。

・国内におけるウシマダニ，コイタマダニおよびカクマダニの各属はそれぞれ1種のみである。これら幼若虫の形態は成虫とは著しく異なることが特徴的で，また種による形態差も大きいので同定は容易である。ちなみにオウシマダニは，国内分布種では唯一の1宿主性で，植生上からは幼虫のみが採集される。

[チマダニ属の幼虫]（表2，図6−1，2，3）

表2は幼虫についての同定ポイントの一覧である。顎体部の形態は種によってかなり特徴的なので，次のように3つの部位の比較を推奨したい。

1. まず弱拡大(40倍程度)で触肢を観察すれば外観はおよそ次の4型に分けられる;棍棒状，外縁がやや弧状に膨らむ，外縁がほぼ直線，および外縁の触肢第2節後部が大きく突出。

2. 次いで背面顎体基部の後縁をやや倍率を上げて(100倍ほど)観察すれば，両側に突出ないし隆起している角状体がある(基部後縁が直線状から大きな突起のものまで)。

3. そして，脚第1基節の内側方向に棘状の突出ないし膨らみがあるか否かを見る。これも種によって変化に富む。この3点は鑑別画像から容易に読み取れる。

*H. megalaimae*は幼虫期が不明で，国内では沖縄本島からの記録(Hoogstraal & Wassef, 1973)

のみの希少種である。北岡(1985)は *H. megalaimae* を除く本属 17 種の幼若期の検索表で形態学的特長の多い顎体部を図示したが，Yamaguti et al.(1971)の図版とは不一致の種もいくつか見受けられる。ここでの鑑別画像としては，確保できた標本をもとにできるだけ多くの種を写真で示した。なお，ガム・クロラール液など封入標本では形態変性も著しいので撮影にはエタノール液浸標本か生存個体を用いた。

表2　日本産チマダニ属幼虫の形態比較

種類※	触肢の外観	顎体基部の角状体	脚第1基節内棘
ヒゲナガチマダニ	棍棒状	無	円みの三角形
ツリガネチマダニ		ほとんど無	角張ったごくわずかな膨らみ
フタトゲチマダニ	外縁がやや弧状に膨らむ	ごくわずかな隆起	先端に円みのある三角形
マゲシマチマダニ		小さな円形	三角形
イエンチマダニ		大きな三角形	三角形
クロウサギチマダニ		先端に円みのある三角形	円みのあるごくわずかな膨らみ
ウェリントンチマダニ		ほとんど無	円みのある細めの三角形
オオトゲチマダニ		円みの強い三角形	先端に円みのある三角形
キジチマダニ		先端の鋭利な三角形	先端の鋭利な三角形
ヤマトチマダニ	外縁はほぼ直線	大きな円形	円みのある太めの三角形
ダグラスチマダニ		大きな円形	円みのある太めの三角形
キチマダニ		先端の鋭利な三角形	円みのある太めの三角形
タカサゴチマダニ		先端の鋭利な三角形	先端に円みのある三角形
ヤマアラシチマダニ	第2節後外角の突出大	円みのある小さな突起	先端に円みのある三角形
ツノチマダニ		円みのある小さな膨らみ	三角形
イスカチマダニ		円みのあるごく小さな膨らみ	角張ったわずかな膨らみ

※ *H. megalaimae* を除く

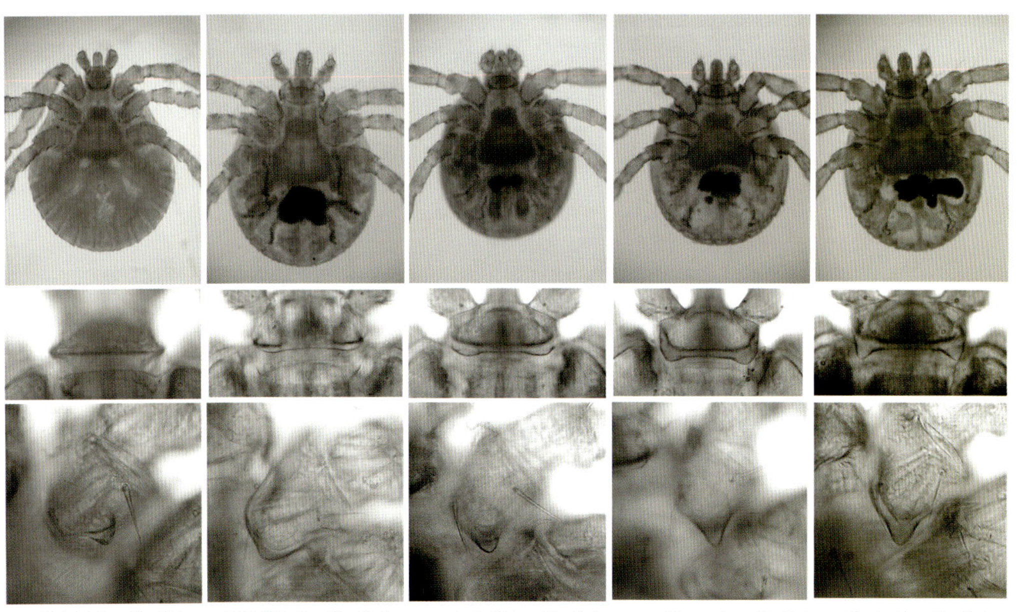

図6−1　チマダニ属幼虫の鑑別画像

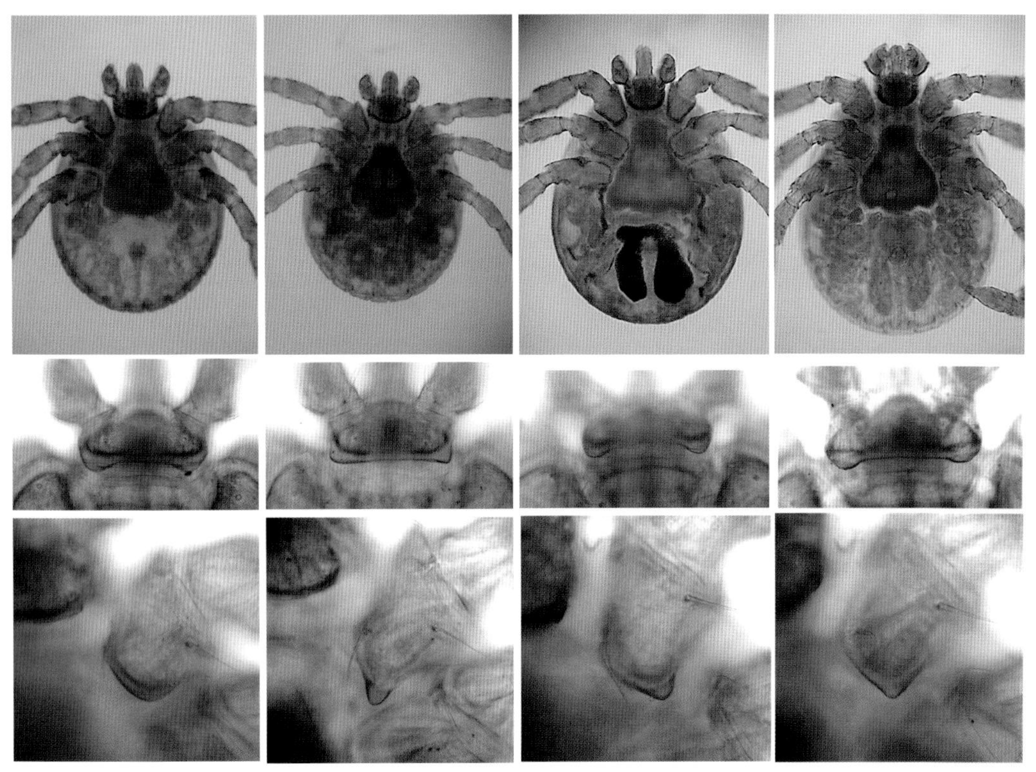

クロウサギチマダニ幼虫　ウェリントンチマダニ幼虫　オオトゲチマダニ幼虫　ヤマトチマダニ幼虫

図6−2　チマダニ属幼虫の鑑別画像

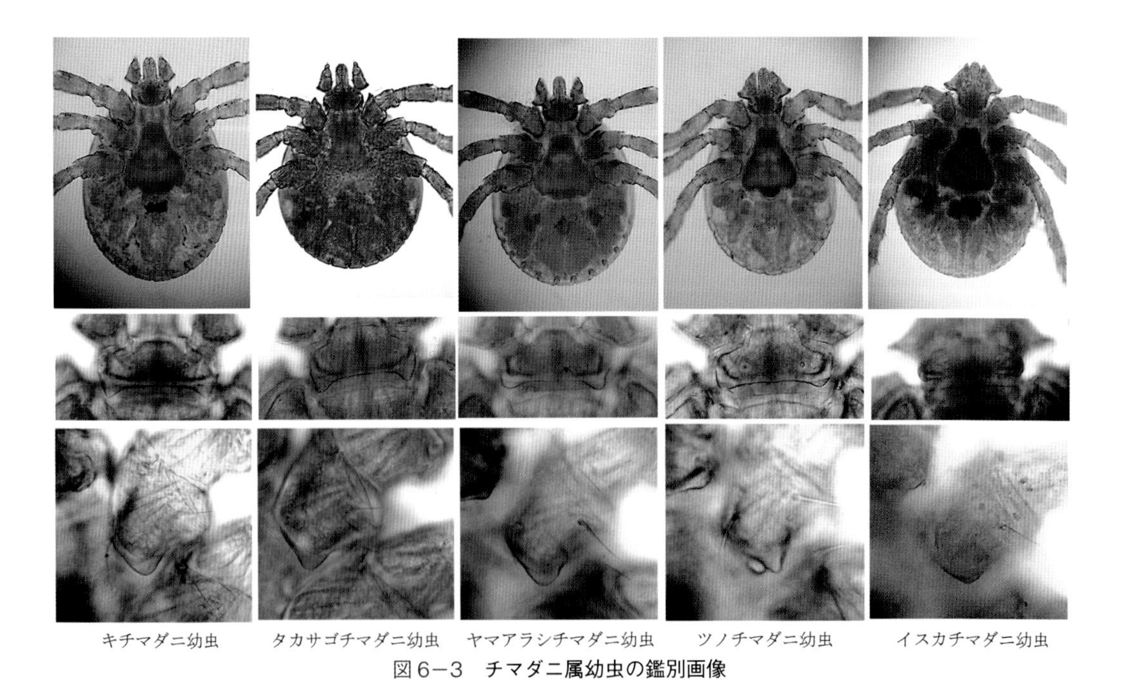

キチマダニ幼虫　タカサゴチマダニ幼虫　ヤマアラシチマダニ幼虫　ツノチマダニ幼虫　イスカチマダニ幼虫

図6−3　チマダニ属幼虫の鑑別画像

さて，チマダニ属幼虫のうち触肢が棍棒状の種はヒゲナガチマダニとツリガネチマダニの2種のみで，さらにこれらは他の2つの形態から容易に区別できる。触肢外縁が弧状に膨らむ型の種が最も多数で，弱拡大での観察によると互いに似通って見えるが，角状体と脚基節の形態には種間変異がかなりあるので，これらを組み合わせれば同定に至る。

触肢外縁が直線の型を示す種のうち，ダグラスチマダニとヤマトチマダニは互いに酷似し，幼虫期では区別ができないとされる（北岡，1985）。ただし，前者は北海道にのみ分布し両種が混在する地域はない。触肢第2節が突出したグループも互いによく似通っている。この中のツノチマダニは口下片が触肢先端を超えて突き出ているという特徴がある。キチマダニとタカサゴチマダニは類似種であるが，後者のほうが触肢の幅が広く，角状体がより発達している。

[チマダニ属の若虫]（表3，図7－1，2，3，4）

若虫は種による形態の違いが幼虫よりも顕著であり，同定はさらに容易となる。表3に比較の一覧を示した。触肢の外観は3型に区別され，棍棒状の型が2種で，その他は第2節後外角の突出の大小で2分される。触肢第2節の内側毛は1本か2本のいずれかに別れるが，ダグラスチマダニとヤマトチマダニでは通常は2本ながら1本の個体もしばしば見られる。口下片の歯式も2/2と3/3の種類に分かれる。幼虫期と同様に，顎体基部の角状体と脚基節（特に第1基節）の内棘の形も種によって違いがある。表3では，たとえば脚第1基節の内棘を「三角形」などとしてあるが，このような大まかな表現のみの内容では同定に至らない種もある。

表3　日本産チマダニ属若虫の形態比較

種類※	触肢外観	触肢第2節内側毛	歯式	顎体基部の角状体
ヒゲナガチマダニ	棍棒状	1	2/2	無
ツリガネチマダニ		2	3/3	円い隆起
キチマダニ	第2節後外角の突出小	1稀に2	2/2	細長く先端が鋭
ダグラスチマダニ		1, 2	2/2	円みのある三角形
ヤマトチマダニ		1, 2	2/2	円みのある三角形
オオトゲチマダニ		1	2/2	大きな三角形
フタトゲチマダニ		2	3/3	大きな三角形
マゲシマチマダニ		2	3/3	長く大きな三角形
イエンチマダニ		2	3/3	長く大きな三角形
クロウサギチマダニ		2	2/2	大きな半円形
ウェリントンチマダニ		2	2/2	三角形
タカサゴチマダニ	第2節後外角の突出大	1	2/2	大きく細長い
ヤマアラシチマダニ		2	2/2	小さな三角形
ツノチマダニ		2	2/2	先端が鋭の小さな三角形
キジチマダニ		2	3/3	大きな三角形
イスカチマダニ		1	2/2	小さな三角形

※ *H. megalaimae* を除く

特にフタトゲチマダニ，マゲシマチマダニおよびイエンチマダニは互いに似通っていて，内棘はいずれも「細長く大きい」ことで酷似する。しかし，写真画像で比較することによって，その形態差は理解できるはずである。

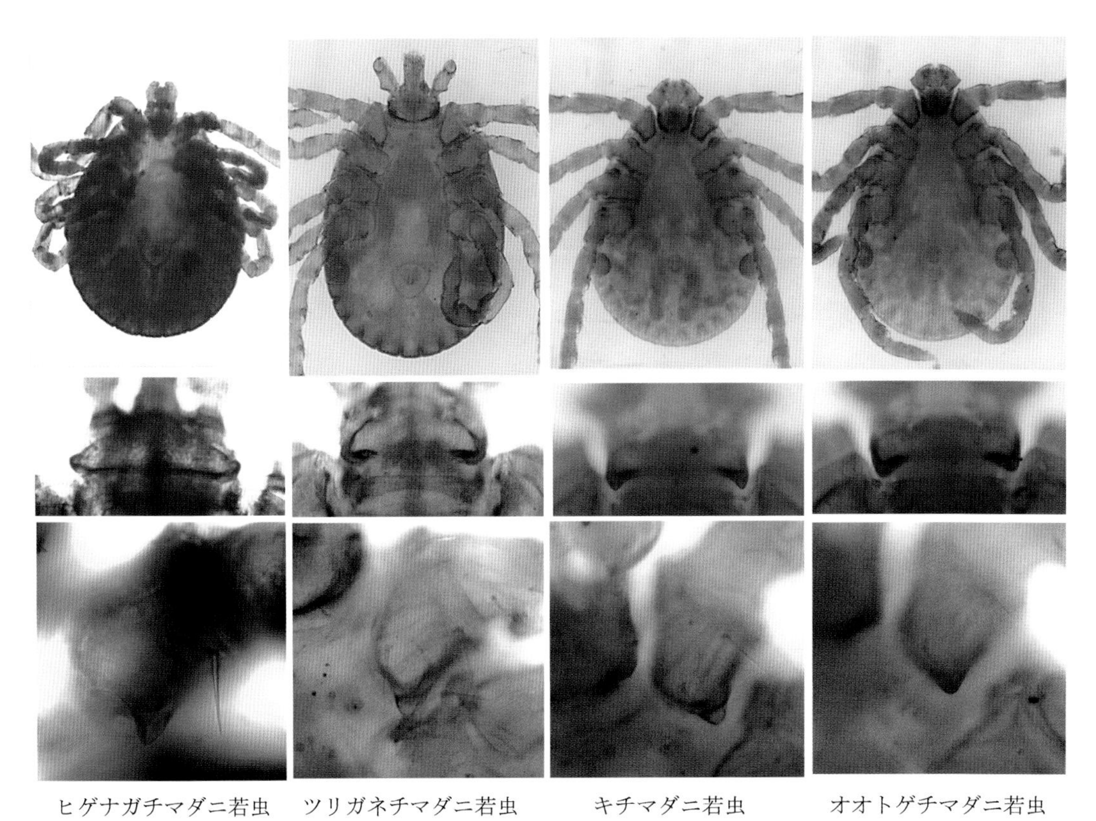

図７−１　チマダニ属若虫の鑑別画像

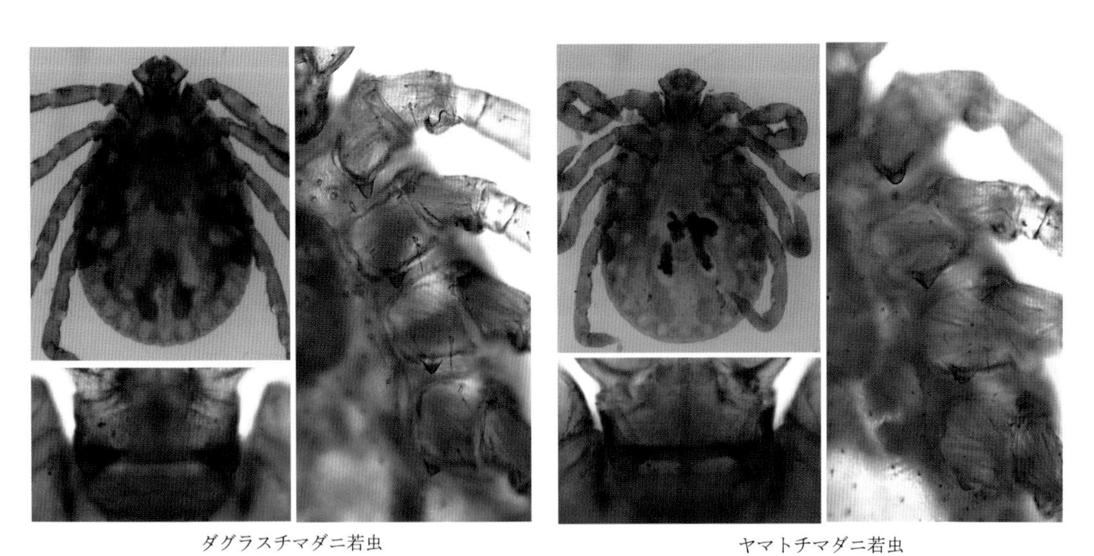

図７−２　チマダニ属若虫の鑑別画像

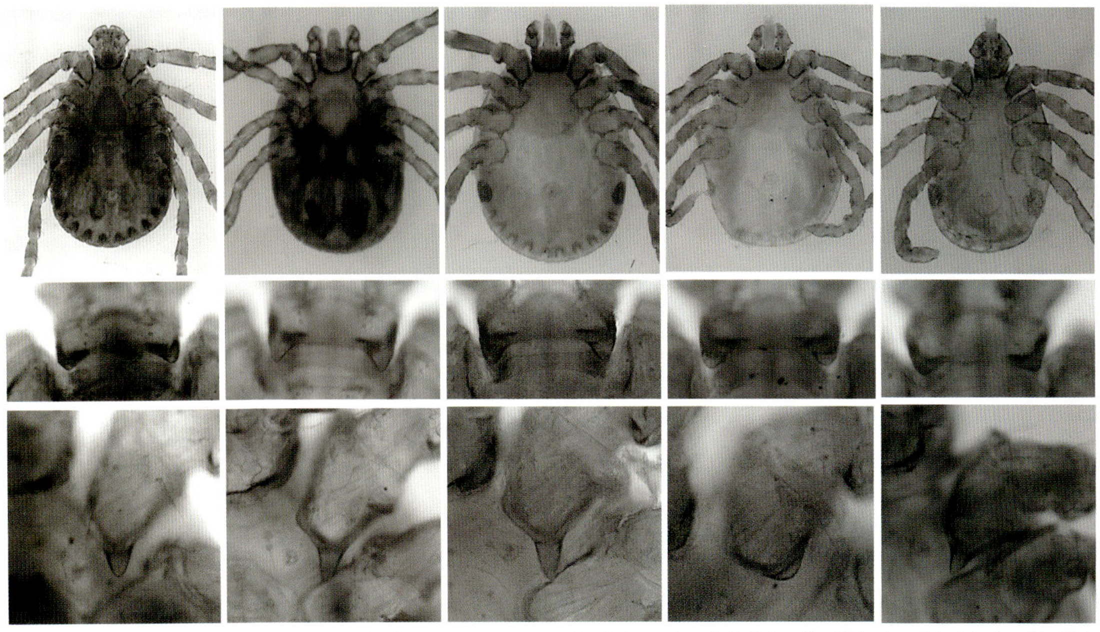

フタトゲチマダニ若虫　マゲシマチマダニ若虫　イエンチマダニ若虫　クロウサギチマダニ若虫　ウェリントンチマダニ若虫

図 7−3　チマダニ属若虫の鑑別画像

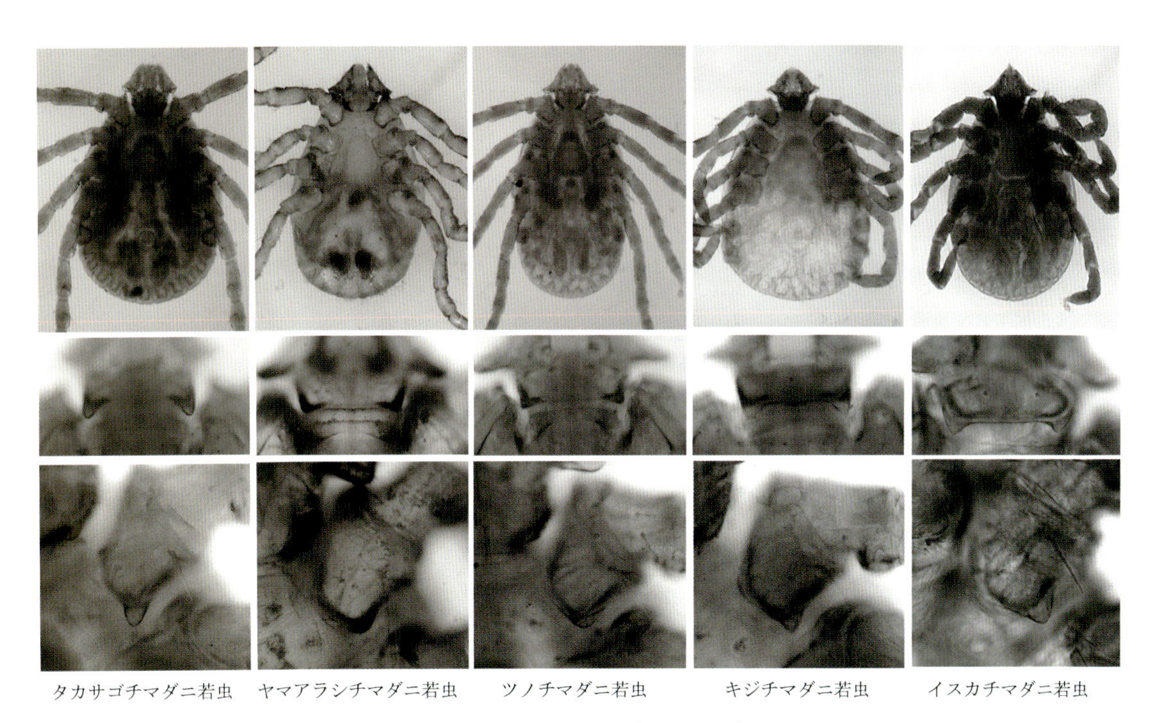

タカサゴチマダニ若虫　ヤマアラシチマダニ若虫　ツノチマダニ若虫　キジチマダニ若虫　イスカチマダニ若虫

図 7−4　チマダニ属若虫の鑑別画像

［マダニ属の幼虫］（表 4，図 8－1，2，3）

この属の幼若虫は 18 種の形態が明らかにされている。ただし，ヒトツトゲマダニの若虫は，飼育によって明らかにされたにも関わらず，その形態は学会大会での口頭発表時にスライド供覧されたのみであり（斉藤・山下，1979），記載論文はまだない。当時この発表を聞いた著者ら

表 4　マダニ属幼虫の形態比較

種類※	背部剛毛数（対）			胴背毛（Ds）と背板毛（Sc）の長さ	口下片					その他の特徴
	背縁	胴背中央	副		先端	歯式	大まかな歯数			
	Md	Cd	S				1 列	2 列	3 列	
フィリップマダニ	14～16	7～10	0	Ds > Sc	円	3-4/3-4	11, 12	9～11	4, 5	口下片歯数 4 列があるものは 2, 3
アカコッコマダニ	8	5	4	Ds > Sc	尖	3/3	10	9	3, 4	胴背毛が極めて長く太い
トガリマダニ		2	0	Ds = Sc	円	2/2	6, 7	4, 5		
ヤマトマダニ		5, 6	1	Ds = Sc	円	2/2	6～9	6～9		触肢基節の内外縁に突起
カモシカマダニ		5	1	Ds > Sc	尖	2/2	9～12	9～10		大型で体長 1mm ほど
ミナミネズミマダニ		4	1	Ds > Sc	円	2/2	8	8		
ハシブトマダニ		2	0	Ds > Sc	円	3/3	8～10	7～9	2, 3	口下片が寸胴で先端がやや湾入
ウミドリマダニ		5	0	Ds = Sc	円	2/2	10	8		触肢基節の内外縁に突起
タネガタマダニ	7	4	1	Ds > Sc	円	3/3	10～12	10, 11	4～6	第 1 脚基節の内棘が短い
パブロフスキーマダニ		4	1	Ds > Sc	円	3/3	11	10	5	第 1 脚基節の内棘が長く鋭い
シュルツェマダニ		4	1	Ds = Sc	円	3/3	10	8	4	
アサヌママダニ		3, 4	1	Ds > Sc	円	3/3	9, 10	7, 8	4, 5	
ヒトツトゲマダニ		2	1	Ds = Sc	円	3/3	7～9	7, 8	2	
タヌキマダニ		2	1	Ds = Sc	円	3/3	10～12	8～10	4～6	
コウモリアシナガマダニ		2	0	Ds > Sc	尖	3/3	8	7	5	脚が極めて長い
ツバメマダニ	6	2	0	Ds = Sc	円	3/3	8	7	3	
コウモリマダニ		2	0	Ds > Sc	円	3/3	6	5	2	

※フサマダニを除く

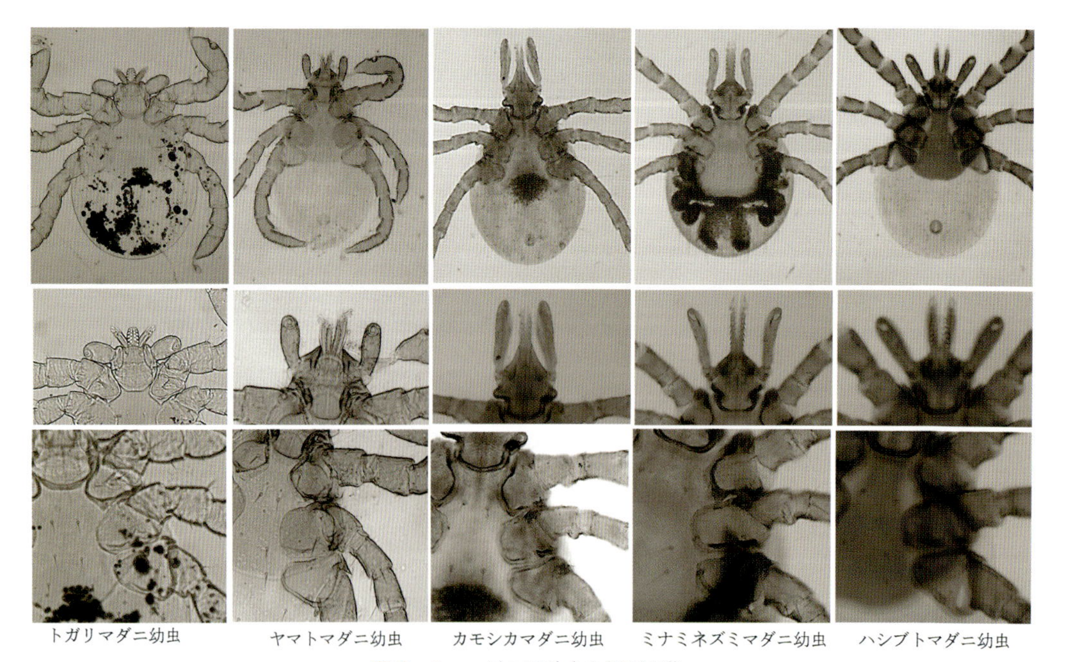

図 8－1　マダニ属幼虫の鑑別画像

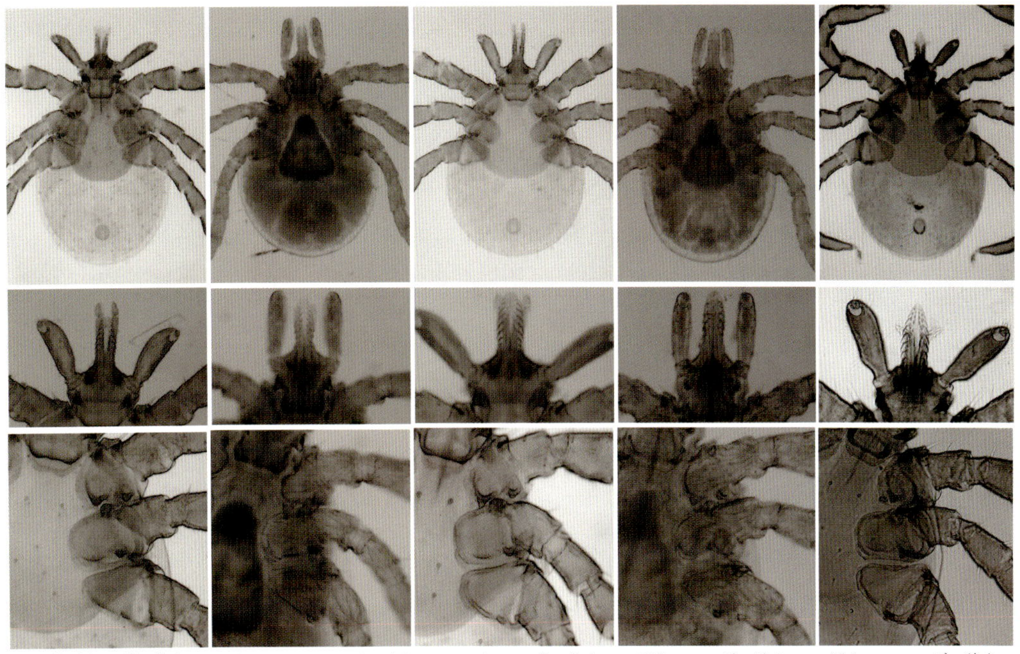

タネガタマダニ幼虫　パブロフスキーマダニ幼虫　シュルツェマダニ幼虫　アサヌママダニ幼虫　アカコッコマダニ幼虫

図８−２　マダニ属幼虫の鑑別画像

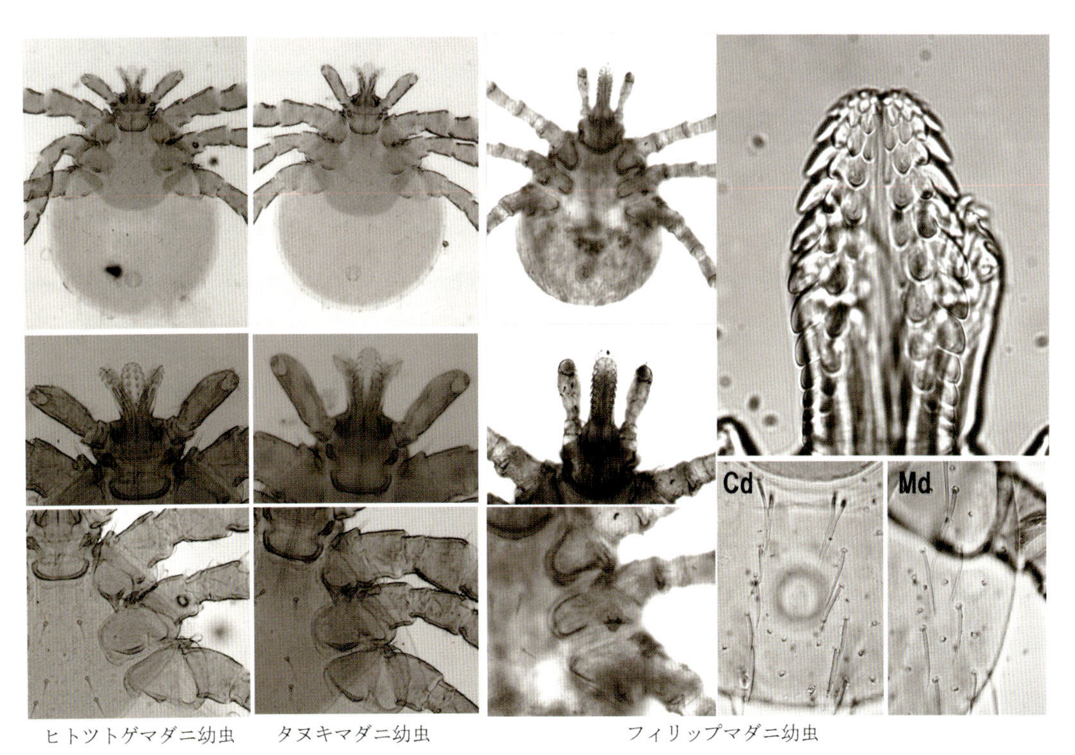

ヒトツトゲマダニ幼虫　タヌキマダニ幼虫　フィリップマダニ幼虫

図８−３　マダニ属幼虫の鑑別画像

の記憶によれば，髙田・山口(1974)が部分記載した不明種の *Ixodes* sp. N1 に一致することはほぼ確実と思われたので，本稿ではこれを若虫とみなした。なお，写真画像には，国内でマダニ媒介性疾患と関わりのある種類を含めた13種を載せた。

マダニ属幼虫の同定には，Clifford & Anastos (1960) 以来，凡例の図6のような体表面の剛毛配列の観察が有用とされてきた。特にマダニ属では背部剛毛配列の種間変異が大きいために，これによってかなりの程度にまで種への絞り込みが可能となる。背板上の剛毛数は，国内産ではすべて同数の5対であるが，それ以外の辺縁部は6～8対，中央部は2～6対，この中間に位置する副剛毛数は0～4対の種間変異がある。実際面では，これら剛毛配列の特徴に加え，胴背毛と背板毛の相対的長さの違い，口下片の歯式と歯数などから1，2の部位の形質を観察することで種への同定ができる。

- ・背部剛毛配列の観察のみで同定ができる種としては，アカコッコマダニ，ウミドリマダニ，ミナミネズミマダニおよびコウモリアシナガマダニがあげられる。
- ・また，同定の容易な顕著な形態の種がいくつかあり，ヤマトマダニとトガリマダニの2種のみはともに触肢基節の内外縁に突起を持っていることで，他種とは瞬時に区別が可能である。
- ・カモシカマダニはきわめて大型の種類であり，幼虫は他種の若虫か小型種の成虫の大きさに相当する。
- ・幼虫の形態が互いに酷似しているものに，タネガタマダニ，パブロフスキーマダニおよびシュルツェマダニがある。シュルツェマダニは胴背毛と背板毛の長さが同じであるが，残り2種は背板毛が胴背毛の1/2程度と短いことで区別され，この2種間では脚第1基節の内棘の形態から区別される。すなわちタネガタマダニの内棘は明らかに短い。
- ・ヒトツトゲマダニとタヌキマダニの幼虫も互いに酷似し，これら2種は過去の長い間にわたって，不明種の *Ixodes* sp. 7(浅沼・関川により1952年に記載)として混同されてきた経緯がある。その後，*Ixodes* sp. 7は北岡(1973)によってヒトツトゲマダニの幼虫期と証明されたが，北岡(1980)がこれから区別した不明種の *Ixodes* sp. LY(文献によっては *Ixodes* sp. Y)が，タヌキマダニの幼虫と証明されたのは2006年になってからである(田原ら，2006)。両種の区別点はヒトツトゲマダニのほうが口下片の歯数が明らかに少なく，第1脚基節の内棘がタヌキマダニよりも細く鋭いことである。胴背毛配列と口下片歯式の数値だけの比較では両種は区別できない。

[マダニ属の若虫] (表5，図9－1，2，3)

若虫期の場合は，数値化の容易な部位が少なくなるが，形態の種間差が大きくなるので同定は容易である。胴背毛と背板毛の相対的長さの比較から大きく2分できる上に，顎体部の耳状体の形態も変化に富む。特に脚基節は，類似種はあるものの，大まかには個々の種に特徴的な形態となっている。脚第1基節には発達した内外2本の棘を有するものから膨らみ(隆起)程度のもの，ほとんど無いものまである。棘の形状は，発達したものでは基本的に三角形で，幅の広いものから棒状のものまで変化に富む。第1基節に棘を持つ国内産マダニ属ではすべての種類において棘の数は2本である。第2基節から第4基節にも棘のある種では，外側の1本が発達しているものが多い。口下片は歯式が2/2から4/4まで見られ，3/3が最も多い。

表５　マダニ属若虫の形態比較

種類	胴背毛(Ds)と背板毛(Sc)の長さ	口下片		耳状体	第１脚基節		その他の特徴
		先端	歯式		内棘	外棘	
トガリマダニ	Ds = Sc	円	3/3	わずかな隆起	細めの三角形	小さな三角形	触肢基節の内外縁に突起
ヤマトマダニ		円	2/2	よく発達，後向きで細長い	小さな突起	わずかな隆起	触肢基節の内外縁に突起，第２脚基節は庇状に後方に膨出
カモシカマダニ		尖	2/2	よく発達した三角形状	よく発達した幅広の三角形	よく発達した幅のある三角形	大型で体長 2mm 前後
ミナミネズミマダニ		円	3/3	無	やや発達した三角形	小さな三角形	
ウミドリマダニ		円	3/3	無	わずかな隆起	丸みを帯びた小さな突起	
ツバメマダニ		円	3/3	ほとんど無	無	無	
タヌキマダニ		円	4/4	よく発達	よく発達，先端が尖る	先端の鈍な三角形	
ヒトツトゲマダニ		尖	3/3	よく発達，後向きで長い	針状で長い	針状で長い	
シュルツェマダニ		円	3/3	よく発達，角張る	よく発達していて先端部分が鋭，第２脚基節前縁に重なる	細めの三角形	
タネガタマダニ	Ds > Sc	尖	3/3	やや発達	小さめで第２脚基節にはほとんど重ならない	細めで小さな三角形	口下片は錐状で先端に向かうほどに細まる
パブロフスキーマダニ		尖	3/3	よく発達，後向き	細めでよく発達，第２脚基節の前縁に到達する	細めで小さな三角形	
アサヌママダニ		円	3/3	よく発達した後向きの太い棘状	細長く先端が円い棘状	ごく小さな三角形	
ハシブトマダニ		円	3/3	やや発達，三角形状の突起	よく発達，第２脚基節に重なる	先端の円い突出	
アカコッコマダニ		尖	3/3	２つの鋸歯状	小さな三角形で，第２脚基節に達しない	内棘とほぼ同じ小さな三角形	胴背毛が極めて長く太い
コウモリマダニ		円	3/3	無	ほとんど無	ほとんど無	
コウモリアシナガマダニ		尖	3/3	大きな広い三角形	ほとんど無	ほとんど無	脚が長い
フィリップマダニ		円	4/4	よく発達，角張る	ほとんど無	４脚ともによく発達	胴背毛が極めて長く太い
フサマダニ	?	円	3/3	?	ほとんど無	ほとんど無	

図９−１　マダニ属若虫の鑑別画像

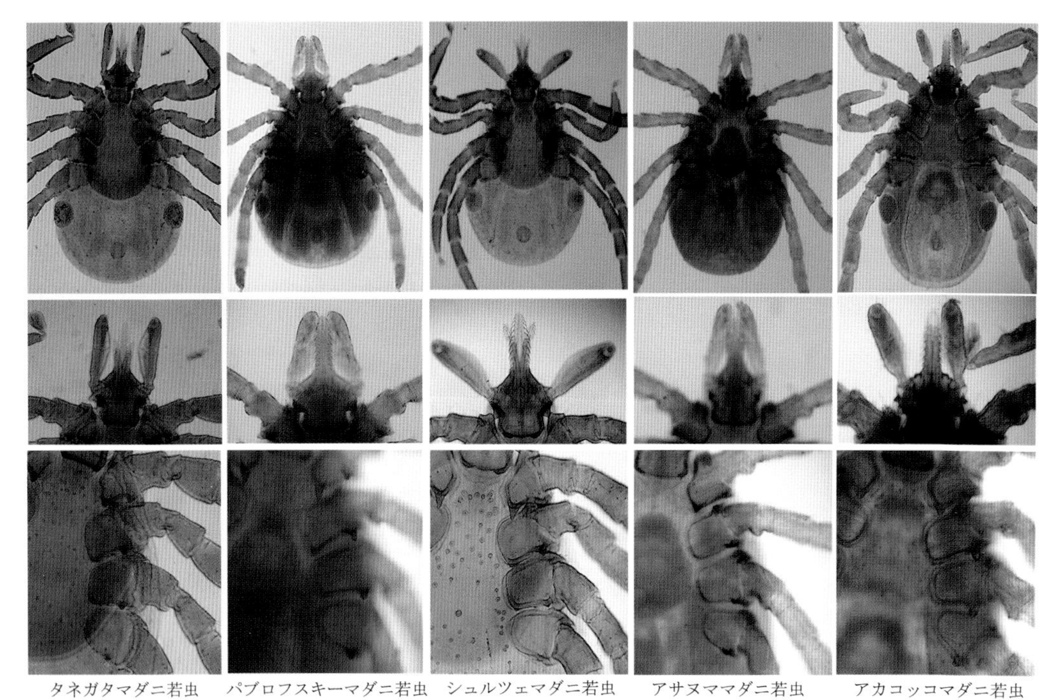

タネガタマダニ若虫　パブロフスキーマダニ若虫　シュルツェマダニ若虫　アサヌママダニ若虫　アカコッコマダニ若虫

図9−2　マダニ属若虫の鑑別画像

ヒトツトゲマダニ若虫　タヌキマダニ若虫　フィリップマダニ若虫

図9−3　マダニ属若虫の鑑別画像

3. マダニ類の遺伝子学的同定（高田伸弘）

前項の通り，日本産マダニ類は50種未満で，うち一定の頻度でわれわれに関わり合う種はさらに限られる。したがって，限られた種の形態から同定するのは慣れれば難易度が高いということはない。実際，現地の疫学調査あるいは研究室で生体マダニを直に扱う分野では形態学的な同定すなわち形態分類は今後とも必要な方法である。ただ，そこには次のような問題もなくはない。

・マダニ類は昆虫類と比べれば一般に小型で体色に著しい違いもなくて似る，特に幼若虫は1mmに達しないものもあり，レンズを介して垣間見る世界となる。
・一方で，被検マダニが棄損あるいは吸血などで変形して鏡検に供せない場合もある。
・形態学的同定法の普及度や練度は研究機関ないし研究者によって大きな差がある。

こういった問題を解決するため，近年では相当一般化した分子分類（主にPCR）を用いる向きは増えている。初期には重要種についてのITS2シーケンス（Fukunaga et al., 2007），また日本産マダニ種のすべてについてのミトコンドリアDNA解析（Takano et al., 2014），さらにPCR-RFLP法の工夫など報告もあり（赤地，2017；別に付したコラムも参照），今では遺伝子解析の成果は形態学的手法と車の両輪として適宜調査研究に取り入れられつつある。

ただ，本書ではマダニ試料を視認しつつ作業を進める場合のノウハウに主眼を置いているため，遺伝子解析については多くのページは割けないが，遺伝子解析と形態学知見の関連性ないし相補性については簡単に紹介する（図10）。これによれば，大まかな属種の区分では遺伝分類（分子分類）と形態分類はまず合致するが，細かな種レベルでは，遺伝学的に近縁な種同士において共通性の高い形態や生態特徴を示すものがある一方で，見かけの形態で大きな違いを示す多様性となるものも少なくない。これらは，種分化としての意味から考察せねばならない（表6）。

表6　種分化ないし種形成（新たな生物種が出現する進化の過程）の4つの型

・異所的種分化（地理的に隔離された2つの集団の中にみる）
・周辺種分化（母集団から隔離された小集団にみる）
・側所的種分化（基本的には離れた2つの集団が部分的に重複する中でみる）
・同所的種分化（地理的に隔離されていない集団の中にみる）

これらは「分化の仕方はその過程にある個体群が母集団からどれほど地理的に離れているかの度合いで分けられる」というものである。

日本列島はおろか大陸まで環境要因（地勢，動物相，気象など）が変遷する長い地史を通じてマダニも分布相（鳥類依存では散布度？）が変化し種分化が進んだ結果，現在みるような適応放散が成り固定したと考えられる。適応放散という用語は通常は種分化と似た風の意味にとられるが，すべてが吸血性のマダニについて考える場合は，陸海空の様々な動物を宿主とするために広がっていった方向性と言い換え得ると思われる。

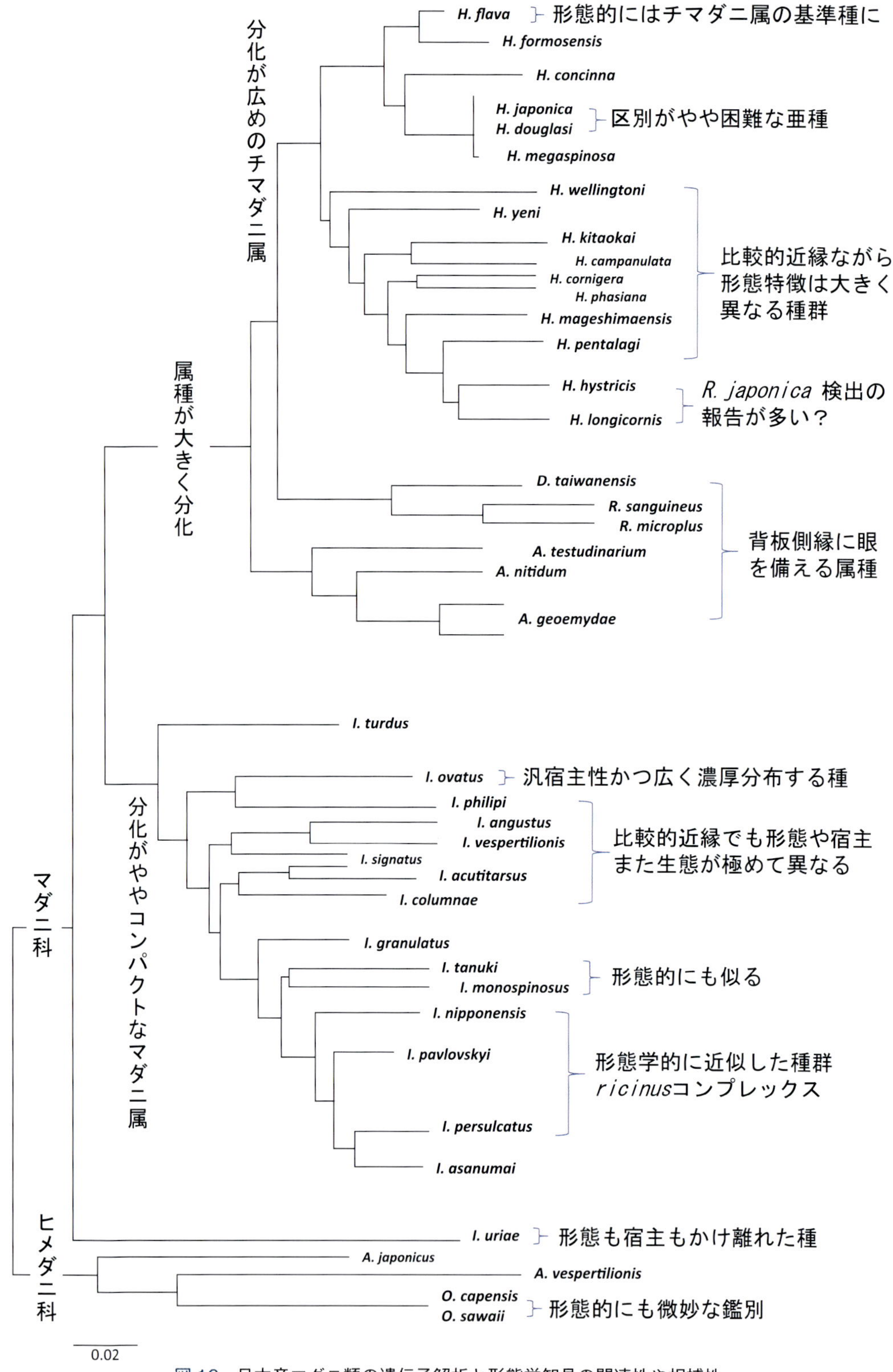

図10　日本産マダニ類の遺伝子解析と形態学知見の関連性や相補性

Takano et al.(2014)によるミトコンドリアDNA解析の系統樹そのものの右に編著者らによる形態学的見解を付記して関連性を対比させた

＜参考＞*ricinus* コンプレックス

1960年代から（例えばSnow & Arthor, 1970など），*Ixodes ricinus*（欧州），また*I. persulcatus*，*I. sinensis*，*I. pavlovskyi*，*I. nipponensis*（ロシア，中国，朝鮮，日本）および*I. pacificus*や*I. scapularis*（北米）は形態の類似性ないしライム病関連ボレリアの媒介能などから*ricinus*グループ（*Ixodes ricinus* complex）として扱われてきた。性状に類似性はあるものの遺伝子学的には必ずしも同一オリジンではなく，ボレリア媒介能もそれぞれに獲得したものらしいが，この呼称は疫学的な便宜性から今後も継続されよう。

〔引用文献〕

浅沼　靖，関川嘉代子（1952）日本の鼠類に寄生するマダニ属（*Ixodes*）の研究（予報）．I．資源研報，28: 107–116.

Clifford CM, Anastos G（1960）The use of chaetotaxy in the identification of larval ticks (Acarina: Ixodidae). *J Parasitol*, 46: 567–578.

Fukunaga M, Yabuki M, Hamase A, Oliver JHJr, Nakao M（2007）Molecular phylogenetic analysis of ixodid ticks based on the ribosomal DNA spacer, internal transcribed spacer 2, squences. *J Parasitol*, 86: 38–43.

藤田博己，髙田伸弘（2007）日本産マダニの種類と幼若期の検索．（SADI組織委員会編）ダニと再興・新興感染症，53–68．全国農村教育協会，東京．

Gugliemone AA, Robbins RG, Apanaskevich DA, Petney TN, Estrada-Pena A, Horak IG, Shao R, Barker SC（2010）The Argasidea, Ixodidae and Nuttallidae (Acari: Ixodida) of the world: a list of valid species names. *Zootaxa*, 2528: 1–28.

Hoogstraal H, Wassef H（1973）The *Haemaphysalis* ticks (Ixodidae) of birds. 3. H. (*Ornithophysalis*) subgen. n.: Definition, species, hosts, and distribution in the Oreintal, Palearctic, Malagasy, and Ethiopian faunal regions. *J Parasitol*, 59: 1099–1117.

Hoogstraal H, Aeschlimann A（1982）Tick-host specificity. *Bull Soci Entomol Suisse*, 55: 5–32.

北岡茂男（1973）マダニ科Ixodesの亜属と未知種について．衛生動物，23: 307.

Kitaoka S, Suzuki H（1973）*Ornithodoros* (*Alectorobius*) *sawaii* sp. n. (Ixodoidea, Argasidae) associated with the streaked shearwater, *Colonectris leucormelas*, from the Amami-Oshima Islands, Japan. *Nat Inst Hlth Quart*, 13: 142–148.

北岡茂男（1980）マダニ科マダニ属Ixodesの未記載について．家畜衛試研究報告，80: 11–20.

北岡茂男（1985）マダニ科チマダニ属の未成熟期の検索．家畜衛試研究報告，88: 49–63.

Klompen JS, Oliver Jr JH（1993）Systematic relationships in the soft ticks (Acari: Argasidae). *Syst Entomol*, 18: 313–331.

Kolonin GV（1978）Mirovoe rasprostranenie iksodovyh kleshchej (rod *Haemaphyaalis*)．マダニ類の世界の分布（チマダニ属）．*Izd Nauka*, 1–70.

OLIVER, JR JH（1989）Biology and systematics of ticks (Acari: Ixodida). *Ann review Ecol Syst*, 20: 397–430.

斉藤　豊，山下隆夫（1979）*Ixodes monospinosus*の幼・若ダニについて．衛生動物，30: 12.

田原研司，板垣朝夫，藤田博己，角坂照貴，矢野泰弘，髙田伸弘，川端寛樹（2006）島根県産アカネズミ寄生個体に基づくタヌキマダニ幼虫期確定．衛生動物，57: 70.

髙田伸弘，山口富雄（1974）東北地方におけるマダニ類の研究1．野生哺乳類寄生マダニ類と人体刺咬例．衛生動物，25: 35–40.

Takano A, Fujita H, Kadosaka T, Takahashi M, Yamauchi T, Ishiguro F, Takada N, Yano Y, Oikawa Y, Honda T, Gokuden M, Tsunoda T, Tsurumi M, Ando S, Sato K, Kawabata H（2014）Construction of a DNA database for ticks collected in Japan: application of molecular identification based on the mitochondrial 16SrDNA gene. *Med Entomol Zool*, 65: 13–21.

髙田伸弘，藤田博己（1978）東北地方におけるマダニ類の研究　4. 過去10年間におけるマダニ相調査の概観. 大原年報, 21: 19–34.

Yamaguti N, Tipton VJ, Keegan HL, Toshioka S（1971）Ticks of Japan, Korea, and the Ryukyu Islands. *Brigham Young Univ Sci Bul Biol Ser*, 15: 1–226.

column

PCR-RFLP 法を中心とした分子生物学的マダニ同定法の検討

（赤地重宏〔三重県保健環境研究所〕）

近年，日本国内において重症熱性血小板減少症候群（SFTS）や日本紅斑熱，ライム病，回帰熱等，マダニ刺症による感染症が注目される。同時に，媒介動物であるマダニの生息状況や病原体の保有状況等の調査が並行して実施されることも多く，マダニ種の同定が不可欠となる。しかしながら，現在の形態学的種別同定法は熟練を要する点も多く（とくに南西日本に多いチマダニ類），経験の浅い技術者が着手することは困難でもある。そこで，形態学的同定法の補助手段として，Takano et al.(2014) の遺伝子学的分類法を参考に PCR-RFLP 法を中心とした安価で簡易な分子生物学的な手法を構築した（赤地ら，2017）。

手法としては，抽出したマダニ由来遺伝子に対し，mt-*rrs* 遺伝子を標的とした PCR 法によるものである。得られた PCR 増幅産物を制限酵素により切断，得られた切断パターンによりマダニ種を同定する（図①）。

三重県ではチマダニ類に対し図②および図③の分類に従って同定を実施している。今回実施した PCR-RFLP 法を用いた手法は安価かつ簡易であり，PCR 法等の検査を実施ししている施設であれば即応用が可能であると考えられ，衛生研究所や保健所等でのマダニ同定に大いに役立つと思われる。一方，遺伝子学的同定と形態学的同定の結果に差が生じることは，マダニに限らず多くの生物で知られている。mt-*rrs* 遺伝子を用いた場合の形態学的同定との大きな乖離は現在のところ見出されていないが，Takano et al.(2014) の報告にはヤマトチマダニとダグラスチマダニは分類不能なこと，安易に BLAST 結果のみの一致率で決定すると誤同定の可能性があること等の指摘がある。これらの点から，現在のところは遺伝子学的同定法は形態学的同定法の補助手段と位置付けて考えるべきと思われる。

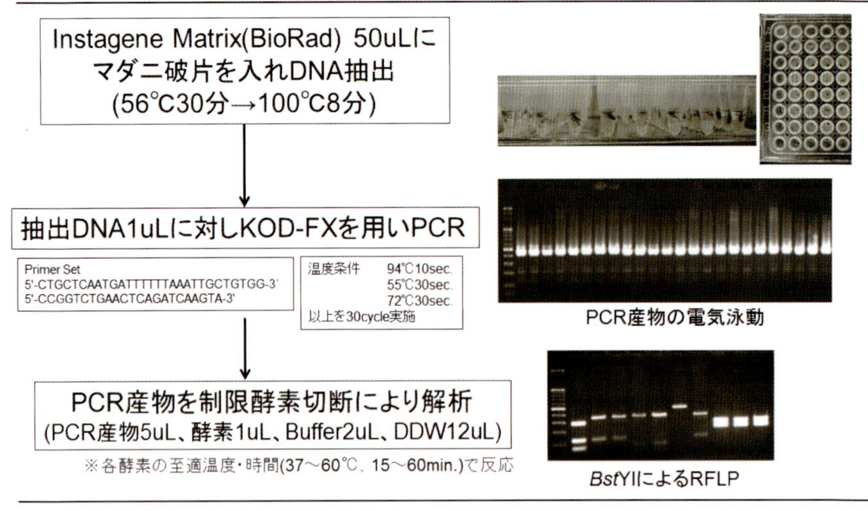

図①　PCR 法による mt-*rrs* 遺伝子の増幅と RFLP

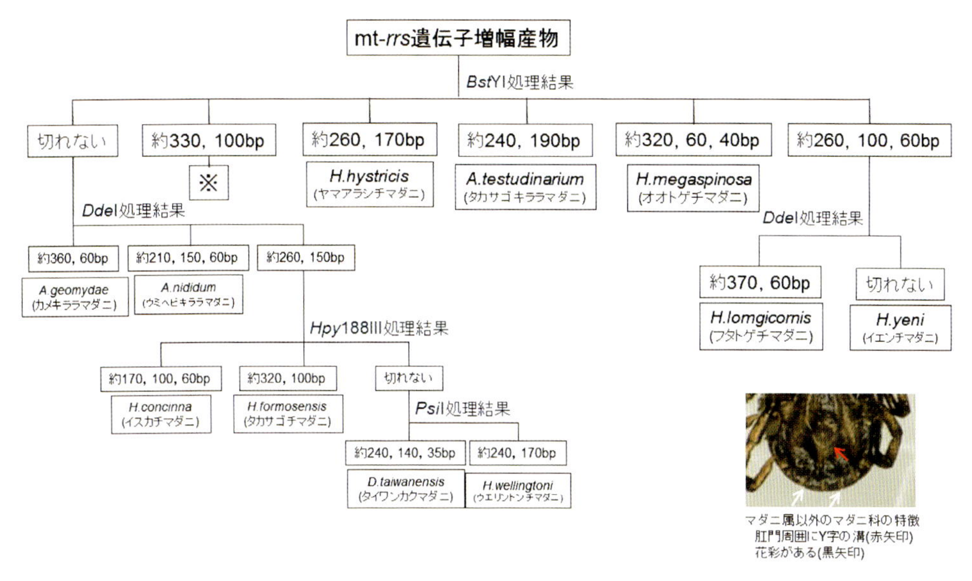

※制限酵素処理は元のPCR産物に対して実施

図② マダニ科（マダニ属以外）同定フロー(1)

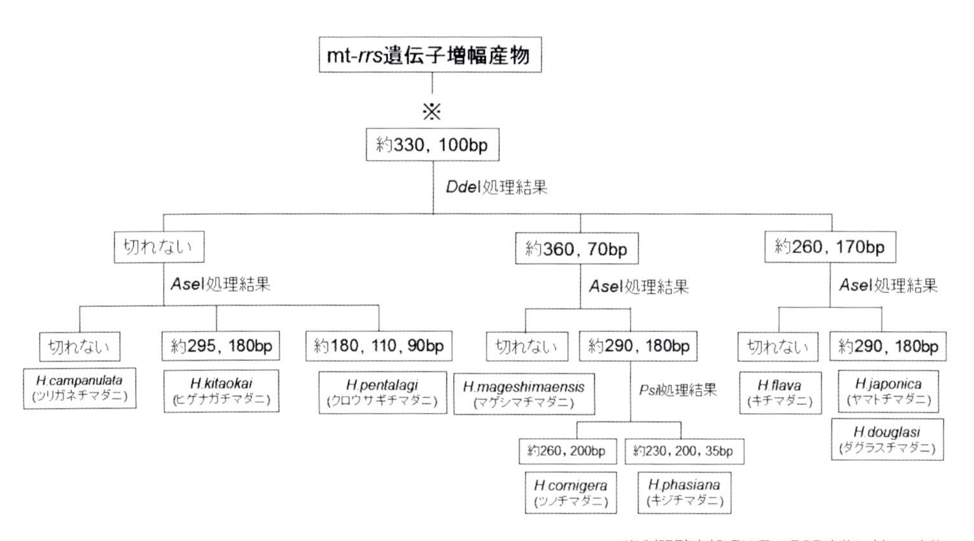

※制限酵素処理は元のPCR産物に対して実施

図③ マダニ科（マダニ属以外）同定フロー(2)

〔引用文献〕

赤地重宏，楠原　一，永井佑樹（2017）PCR-RFLP 法を中心とした分子生物学的マダニ同定法の検討．ダニ研究, 13: 5–11.

Takano A, Fujita H, Kadosaka T, Takahashi M, Yamauchi T, Ishiguro F, Takada N, Yano Y, Oikawa Y, Honda T, Gokuden M, Tsunoda T, Tsurumi M, Ando S, Sato K, Kawabata H（2014）Construction of a DNA database for ticks collected in Japan: application of molecular identification based on the mitochondrial 16SrDNA gene. *Med Entomol Zool*, 65: 13–21.

Ⅱ．マダニの生物学

1. マダニの採集と標本作成法（髙田伸弘）

ツツガムシなどの場合と同様に，種々に得られたマダニの整理ひいては感染症起因種の同定などに進もうとする場合，積極的かつ効率のよい採集調査があってこそ，より深い分類学ひいては医ダニ学の水準が維持され更新されてゆく。以下，マダニ類の採集法そして得られた試料を標本として保存してゆくためのコツを述べる。

1）採集対象

マダニ媒介感染症についての疫学ないし生態調査において，宿主動物に吸着する前に植生上で待機する未吸着個体そのものの生息状況を調べる場合は，後記のような様々な採集法によることでよいが，吸着してドナーとなる宿主動物の多様性も知っておかねばならない。すなわち，一般に大型のマダニ種は大型動物に，小型種は小型動物に偏する傾向にあるが，動物種を選ばない多宿主性のものもあり，例えばタカサゴキララマダニは南方系ながら温暖化に乗って中日本に北上しつつありヒトも含んだ多数種の哺乳動物に吸着するほか，ヤマカガシやアオヘビなど蛇類にまで見られる。また，やや珍奇な野鼠類，コウモリ類，鳥類や爬虫類などを選ぶ固有種，あるいは牧牛のみに嗜好性の強いものもある。一方，ヒメダニ科の成虫は分単位での繰り返し吸血を行うのが常で，多くは同一宿主上で発育環を完成する。

ヒトに対する吸着の多くは牧野ないし山野で植生上の未吸着個体との偶発的な接触によるが，それが市街地内の河川敷や緑地のこともあり，人家環境でも繁殖し得る単為生殖系のフタトゲチマダニ，ペットや実験用イヌにつくコイタマダニ属あるいは人家に営巣するツバメやコウモリ由来のヒメダニ類などとの身近な接触の例も少なくない。

こういった宿主特異性の意味については，前章のツツガムシ採集の事項（p74）でも説明をしたが，マダニの場合の大きな問題は，発育期ごとに宿主を変える3宿主性の種が大半である一方で，2または1宿主体上で発育環のすべてが回る種もあったり，しばしば同じ動物種に各発育期が重複して吸着することなど輻輳する面が大きいことである。これは宿主を介しての病原体の共感染なども起こし得る。これら宿主特異性を示す画像は本章の分類の事項に種々挿入してあるが，吸着部位については，幼若虫は野鼠の耳介の辺縁など毛被や皮膚の薄い部位を，また爬虫類の吸着種は厚くて固い鱗の隙間を選ぶことは当然の姿だろう。大型で皮膚の部位を選ぶ必要はないように思えるタカサゴキララマダニでも，ヒトを含む大型動物では股間の比較的柔らかい部位を強く嗜好する。

2）採集法

調査研究の目的によりマダニ類の採集法もやや異なる。以下に挙げて個別に説明する。

- 分類学や生態学的調査：植生上の未吸着個体を，フランネル法≫ツルグレンにて
- 吸着個体の無差別採集：無作為動物の体表検査，懸垂，洗い出し，イヌ囮法や動物設置にて
- 宿主特異性の確認検証：動物種ごと体表検査，懸垂，洗い出しにて

・保有病原体の分離検出：未吸着個体を，フランネル法≫ツルグレンにて／吸着個体を体表検査，動物設置にて

［フランネル法］

山野の下草に白いフランネル布(呉服店などで市販)で作った旗を接触させて歩くと，マダニ類のすべての発育期の個体が付着し得る。この旗は一辺が 50〜100cm の矩形が使い易い。山野に限らず屋外のあらゆる草地や潅木帯，とくにそこを縫う小道を歩きながら両脇の下草や笹原の上部や縁を布で撫でてマダニを布に付着させて釣り上げる風にする場合は「旗釣り法」と言うが，実際にはあらゆる場所で植生に対してハタ布を振って接触させるために「ハタフリ法」と通称され，海外でも flagging 法と呼ばれる(図 11 上段)。他方，牧野などで区画設定による密度調査を行うには大きな布を引きずる dragging 法(錘を付けることもあり)が可能である。以下，採り方のコツを列記する。

・マダニの発育時期としては，概ね春〜夏は成虫が，夏〜秋は幼若虫がよく付着する。
・茂った植生の場合はハタを枝葉の隙間を通して接触面積を高める手法も混ぜたり，下草の少ない場合は落ち葉や枯れ枝の散った地面を掃き払うのでも採れることが多い。
・誰しも苦労するのはキララマダニやカクマダニ属などハタに付きにくく落ちやすい大型種の成虫かも知れない。採るコツとしては，イノシシなど宿主動物のよく通る小道など

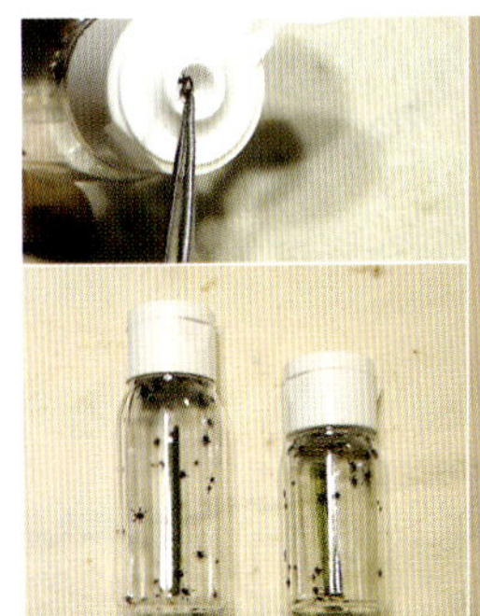
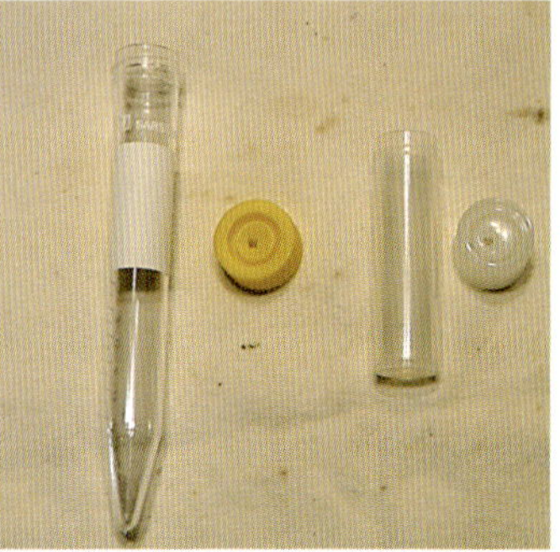
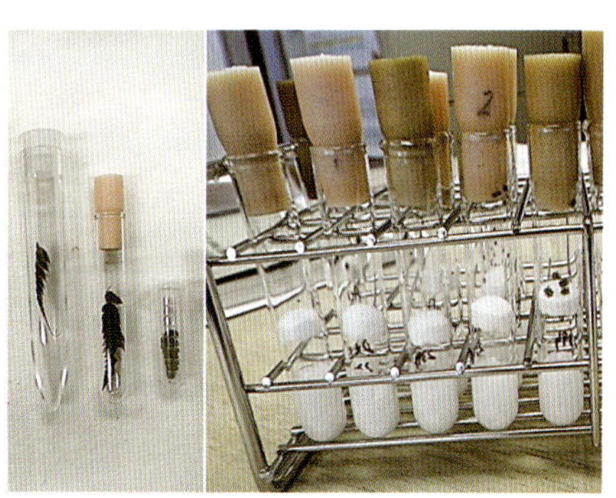

図 11　ハタフリ flagging 法の概要

上段　左：フランネル製のハタで路肩の下草などを払って歩く／中：編者らは両縁に縫い代を作って，汚れ方によって棒を通し直す／右：flagginng は世界共通の方法（スイスにて共同研究者と写す編者）

下段　左：蓋の小穴からマダニを落とし込むカップイン法（試験管の蓋に穴を空けるだけでもよい）／右：生マダニを保存する試験管（フィールド作業時は草の小片を詰めておくとよいが，実験室では綿を詰めてシリコン栓で湿度を適度に保ち，必要に応じて冷蔵する）

を選んで，下草に触れたハタを静かに裏返しては布面を注視することを繰り返す。そして，草上よりも，葉や小枝の散在した小道の地面を掃いた方が意外に採れる。

- 一定以上の大きな山の場合，乾いた尾根筋は採れが悪く，谷合や山腹の山道が適しており，動物がよく通る山側の路肩で採れ易い傾向をみる。山道中央の草付きもしばしば採れ易い。
- ハタ布の端を，左右ともに，折り返して棒を入れられるほどの円筒形に縫えば，ハタの濡れや汚れに応じて棒を左右付け替えられる。
- ハタはスペアを持参するのがよく，降雨時でも林内の下草なら，吸った水分を絞ってでも努力すれば意外に収穫がある。雨の後であっても，休止後に風さえ吹けば植生は採集可能なまでに乾燥する。
- マダニ自体の密度調査などを試行する場合は区画設定してハタの振り方を一定にすればよいが(本章末尾の調査ファイルを参照)，マダニ媒介性感染症の患者発生地などでの疫学調査では現地の環境条件が多種多様であるため，一定の振り方にとらわれず当該地区を絨毯的に歩き回りながらハタを振るべきである。
- できるだけ多数を得たい場合は，ツルグレン法(ツツガムシ採集の項を参考，ただしそれよりも簡単な構造でもよい)も併用する場合がある(大竹ら，1986)。
- フランネル布に付着したすべての発育期個体は眼科用先細ピンセットでつまんで，材質は問わず透明な小試験管ないし管瓶に収納すればよいが，マダニは乾燥に弱いため保湿を要するので，現場にある草の小片(イネ科やシダの先をもぎ取る)を2本程度入れると簡単で，蓋さえすれば数日までならよく保湿する(図11下段)。ところで管瓶の蓋を個体を採るごとに開け閉めするのは相当手間なので，蓋に小穴を開けておいて投げ込むのがよく(編者によるカップイン法)，小穴は指先などで覆っていれば出てくることはない

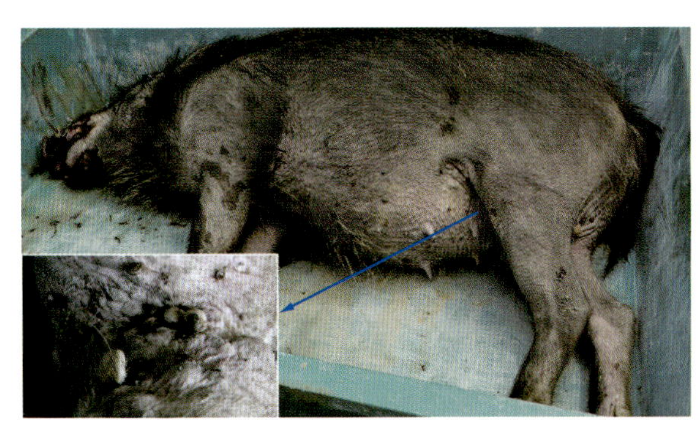

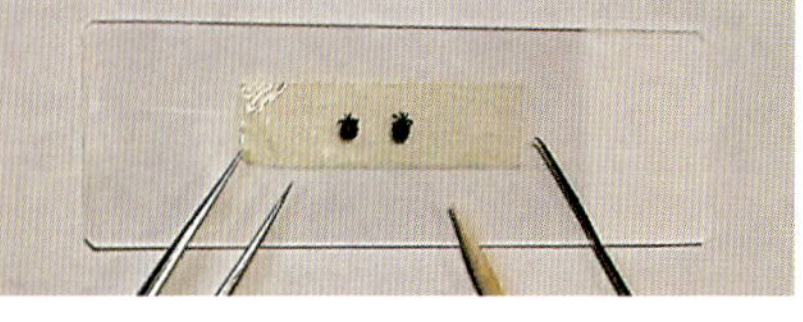

図12　動物体からマダニを直接採取および実体顕微鏡で観察する方法
上段　左：マダニがよく吸着するイノシシの下腹部／右：ヘビの鱗の間隙に吸着するマダニ
下段　左：マダニを半割スライドで挟む／右：マダニを両面粘着テープに付着（必要な粘着度は市販テープの種類で調整）

（小穴のついたパッチン蓋容器もある）。作業終了では小穴を粘着性のテープなどでしっかり閉じる。なお，マダニ属などは一つの容器に雌雄を同居させるとそれぞれ接合して交尾する個体も多くて扱いにくいので，必要に応じては雌雄分けた容器にする。

[体表検査法]

生死にかかわらず各種動物や鳥類の皮膚や毛被から直接に，あるいはその毛皮を入手して肉眼的に検査してマダニを採取し，それを実体顕微鏡で観察，同定する（図12）。

陸上動物にみるマダニ種は，調査の場所や時期によって属種や個体数が相当に異なる（表7）。報告されている数値データをそのまま記載すれば数字に重みが出て何か誤解を与えかねないの

表7　各種哺乳類に吸着するマダニ類の種相

	Iac	Ian	Imo	Ini	Iov	Ipe	Ita	Hfl	Hfo	Hhy	Hja	Hki	Hlo	Hme	Ate	Dta
エゾシカ					+	+					+*		+			
ホンシュウジカ	+		+		+	+		+			+	+	+			
ヒグマ					+	+		+			+*			+		
ツキノワグマ					+	+		+			+		+	+	+	+
イノシシ								+	+	+					+	+
牧牛													+（牧野で優占）			
狩猟イヌ					+			+	+		+	+			+	
タヌキ				+	+		+	+								
イタチ					+		+									
リス					+			+								
野鼠		+		+	+	+	+									+

Iac：カモシカ　Ian：トガリ　Imo：ヒトツトゲ　Ini：タネガタ　Iov：ヤマト　Ipe：シュルツェ　Ita：タヌキ
Hfl：キ　Hfo：タカサゴ　Hhy：ヤマアラシ　Hja：ヤマト（＊北海道の亜種ダグラスチマダニ）　Hki：ヒゲナガ
Hlo：フタトゲ　Hme：オオトゲ　Ate：タカサゴキララ　Dta：タイワンカク（以上で語尾のマダニやチマダニを略）
いくつかの報告（高田・山口，1974；門崎ら，1993；北岡，1989；猪熊・大西，1995）の記録を合わせる

表8　福井県における鳥類吸着マダニの調査（1995～1997年）

鳥種	検査羽数	マダニ吸着羽数	Hfl			Hlo		Ico		Ipe		Itu		*Ixodes* sp.	
			吸着羽数	L	N	L	N	L	N	L	N	L	N	L	N
ビンズイ	5	1	1	2											
ウグイス	73	2	1	1								1			
ノゴマ	8	1	0							1					
アオジ	668	27	20	19	10	3		1		1			2		
クロジ	30	3	3	4											
ホオジロ	5	1	1	1											
キビタキ	27	1	1		1										
カケス	10	1	0				1								
オオコノハズク	5	2	2	1	5										
コノハズク	1	1	1	1	2										
ヤマガラ	10	1	1	2											
ヤマドリ	1	1	1	3											
クロツグミ	97	36	34	42	31								1	1	
マミチャジナイ	67	4	4	1	3										
シロハラ	271	94	86	100	112					1	6			1	
その他	473	0													

丹生山地の渡り鳥観測ステーション（日本野鳥の会）の標識調査に随行して検査（石畝　史博士の提供）
Ico：ハシブトマダニ　　Itu：アカコッコマダニ　　ほか略号は表7を参照

で，ここではおよその傾向だけを＋印で示しておく(分類の事項の「種の解説」にある記載も参照されたい)。いずれにしろ，宿主特異性も見られる一方で，ヤマトマダニやキチマダニの汎宿主性が明らかである。

鳥類にみる種は，地上採餌性の強弱や地域性あるいは年次により変わるものであるが，ここでは一つの例として福井県の渡り鳥ルートにおける調査の概要を紹介する。全国にあまねく分布するキチマダニ幼若の吸着が圧倒的に多いが，近隣国と日本列島を結ぶルートの何処でいつ吸着したかなど細かな解析は簡単でなく，鳥が保有するライム病病原ボレリアとの関連が注目される(表8)。国内に飛来する渡り鳥は大陸からのマダニを持ち込むが，帰りはあまり持ち出さない。

[イヌ囮法]

調査を要する地区の山野でイヌ(毛の短い品種)を歩かせて，付着してきたマダニ虫体を回収する。マダニが先端に上って待機している路傍の草丈がイヌの頭や胴体の毛被と合うのでなかなか採れる。

[その他の方法]

小型動物からの採集はツツガムシの場合に準じて懸垂や洗い出しなどの方法がある。枯れた枝葉などの巣材料にはツルグレン法も可能である。

3)標本作製法

マダニを標本として調製する場合には，それを後日に供試する目的をよく練った上で進める。よく調製された標本は使途が思いがけない方向まで広がることも多い。

- マダニ生体を病原体分離には使わずに検査同定だけに回すには，ツツガムシの項で述べたように小管ビンに80%エタノール浸(10%グリセリン加)とするのが一般的である。
- 投入に先立って脚を充分に伸ばすために，1%エーテル加80%エタノールに浸すか熱水で伸展固定するとよい。幼若虫の細かな形態をすぐにみるためには，前出(ツツガムシの章p79参照)のガム・クロラール液封入のプレパラートとするのが最も簡便であるが，若虫の完全な透化には数日を要するほか，長期保存ではやや変形もある。
- 成虫は，工芸用粘土に穿った穴の斜面に虫体を置けば(80%アルコールを満たしてもよい)様々な角度から実体顕微鏡で観察しながら仕分けすることもできるし，その後で一部個体を封入標本として部位を精査確認するのもよい。
- 成虫でも小型種ならばガム・クロラール液でプレパラート封入することで同定に用い得るし，後日にプレパラートを熱水で溶けば液浸に戻せる。もし大型種や飽血個体の封入見本が必要なら，虫体の後端にピンホールをつけて10% KOHに数時間漬けた後，常法通り脱水〜透徹して非親水性封入剤のプレパラートとする。ただあまり推奨できない。
- さらに，病原体検出などに向けて生かしたまま同定するには，主として腹面を上に，スライドグラスに貼った両面粘着テープなどに軽く付着させるか，半割のスライドグラスあるいは薄手のスライドグラスで挟んで実体顕微鏡下で観察する(グラスをひっくり返せば背面もチェックできる)のが簡単である(図12)。
- ヒト刺症例の個体で，口下片や顎体部が失われたり胴部まで破損している場合でも，諦めずに丁寧に標本とするならば複数の形質を考え併せて同定できるものである。

・同定の依頼で専門家へ送る場合は，生体なら小管瓶に軽く湿った濾紙片を入れ，死亡個体ならエタノール浸がよく，ホルマリン浸は変形や固化をきたすので不可である。

4) 採集データの扱い

採集方法や得られたデータの扱いについては考えねばならないことがいくつかある。

・密度調査は，牧草地では区画設定して dragging 法で，またハタフリ法でも一定地区で距離と時間と術者を決めて行えば，ある程度の定量化も可能である（本章「調査ファイル」の事項を参照）。

図 13　幼虫クラスター通称「グロ」
フランネル布についた黒っぽい塊がやがて周囲へ拡散してゆく様子（天草地方での例）

・幼虫がフィールドで布上に黒い塊クラスター（通称「グロ」）として得られた場合，そこで得た成虫や若虫と同様に数では示さず，別に示すのがよい。グロとは産下された卵塊から孵化した幼虫多数が集まったもので，これを計数に入れてしまうと種構成に大きな誤解を与えかねないからである（図 13）。

・ある地区でのマダニ相の傾向は基本的には大きく変わらないのであるが，年月，気象ほか環境条件によっては採れ方が相当に変わる。したがって，その時の，その条件の採集データだけで，その地区のマダニ相を理解できたと言うべきでない。実際，編著者らがある報告を知って追調査を試みても容易に再現できることは少ないものである。

＜参考＞マダニ同定のためのハードとソフト

実態顕微鏡によるマダニの同定に当たって，ハード面としては，正確に同定された液浸標本を手持ちして，随時に参照できる態勢にしておくのが簡単なコツとなる。一方，ソフト面としては，いまだ普及していないが，AI に取り込んだ形態情報の検索により，あるいは画像解析装置を使った形態の判別により，各々種を同定する手法が試行されつつある。いずれも多量の形態比較リファレンスデータを要するが，将来的によいツールになるかも知れない。

2. マダニの解剖学（髙田伸弘・藤田博己・夏秋　優）

マダニの体内構造，特に唾液腺は，マダニの生物学としての視点とは別に，昨今ではマダニ体内の種々の保有病原体の在り方や動きを追尾する上で必要な知見となっている。

1) 体構造の概要

マダニ科の大半の成虫（体長 2～10mm）は，中～大型動物の皮膚に口器（一対の鋏角 chelicera そして 1 本の口下片 hypostome）を突き刺して数～10 数日にわたって吸着して吸血する。飽血して離脱後に産卵，やがて孵化して幼虫になると，これは主に小～中型動物に寄生して再び飽

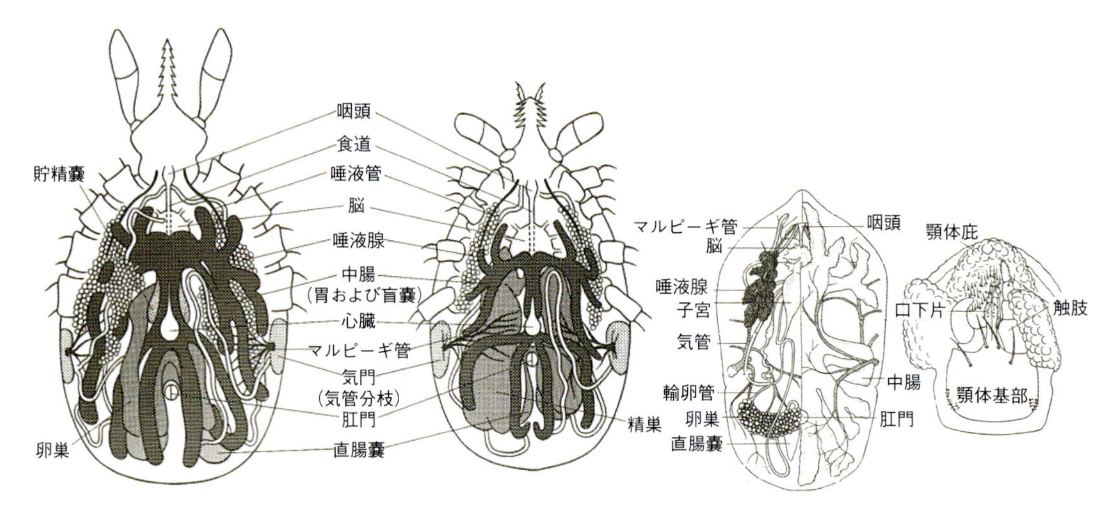

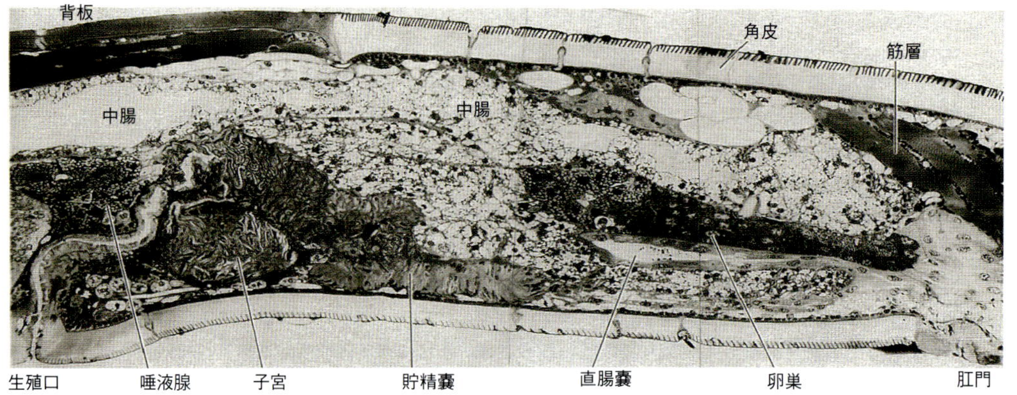

図 14　マダニ類の体内構造の例

上段　左:マダニ科マダニ属（左は雌, 右が雄）／右:ヒメダニ科オルニソドロス属（左は雌, 右は顎体腹面）（ヒメダニ科は Balashov, 1972 を改変）

下段　マダニ科チマダニ属体幹の電顕縦切像（福井大の矢野泰弘博士撮影）

血と脱皮を繰り返して若虫そして成虫に発育してゆく。このような生活環を成立させるために特化した体構造を備え，マダニ科は全体が硬い角皮クチクラで覆われるため硬マダニ hard tick，またヒメダニ科は角皮が軟らかくて軟マダニ soft tick と呼ばれる。マダニ科では吸血に伴い角皮が厚みを増し，飽血時にはそれが伸展することで体の大きな膨潤を許す。ヒメダニ科では柔らかい角皮がそのまま伸展する。

それら構造と機能については，環北極圏に浸淫する taiga tick（シュルツェマダニ）の問題を抱えた旧ソ連邦で古くから研究が進み，様々な臓器や組織とそれらの機能について多くの知見が積み重ねられた（Balashov, 1972）。図 14 は体内構造を一覧する模式図および体幹部を縦切する電顕写真であり，どのマダニ種にも概ね共通性がある。この図に口器は描かれてないが，宿主への吸着そして吸血にかかわる重要な部位であるため次項で詳しく紹介する。

2) 循環系（ヘモリンフの灌流）

マダニの内蔵は外骨格としての角皮に包まれた内部に積み重なった形で配置され，血管という形での循環器系はない代わりに体内は無色のヘモリンフ hemolymph（血リンパ）で満たさ

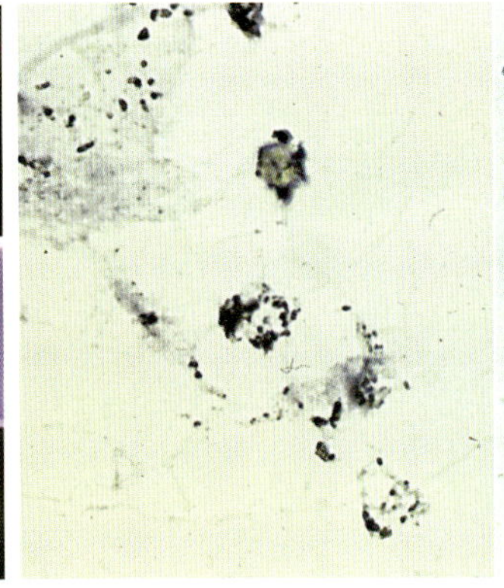
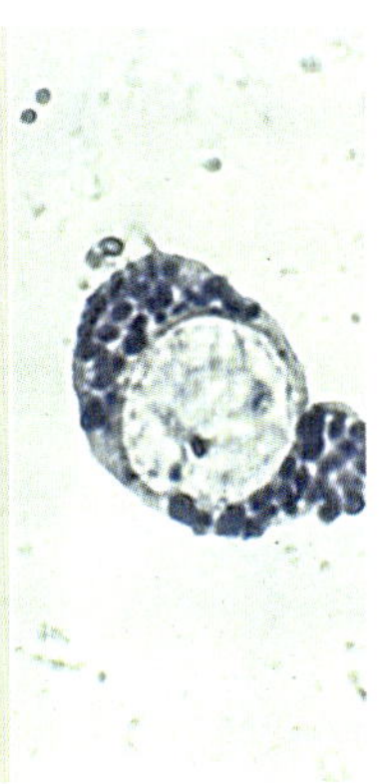
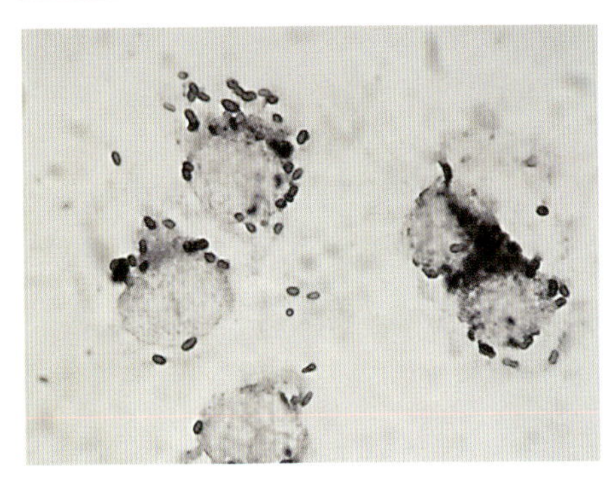

図 15　ヘモリンフテスト
上段　左半：マダニ脚末端の切り口から漏出するヘモリンフをスライドグラスに受ける方法／右半：IP 染色（ツツガムシ病の検査(p102)を参照）にて検出した紅斑熱群リケッチア（左はフタトゲチマダニ雌での染色像の弱拡大，右はタイワンカクマダニ雄での強拡大，リケッチアは細胞質の中に短桿状にみえる
下段　比較のため，マダニから L- 細胞継代で分離できた同群リケッチア像

れている。これは脊椎動物の場合の血液，リンパ液また組織液を兼ねたようなもので栄養成分あるいは老廃物などを混ぜ込んで，背部にある心臓相当のポンプ器官によって所管の臓器へ灌流されるという，多くの昆虫と似たシンプル・イズ・ベストのシステムになっている。したがって，種々の病原体(マダニ側では共生微生物といった位置づけ)もこのヘモリンフの中を巡ることになるので，脚末端を切り落として漏出してくるヘモリンフをスライドグラスに受けて染色すれば，病原体をヘモリンフ細胞の中に見出し得る。それが免疫染色ならば例えばリケッチアなど病原性のものを染め出すことができ(図 15)，これをヘモリンフテストという(Burgdorfer, 1970)。ヘモリンフ細胞には概ね大中小の 3 タイプほどが知られるが詳細な研究は未だ少ない。

3)唾液腺(吸血の仕組みへつながる)

体内構造のうち，体前半の両側に配される**唾液腺は，宿主皮膚への吸着に際して皮膚の溶解そして口器の挿入を可能にする唾液の分泌源であり，ほとんどすべてのマダニ媒介性病原体の感染門戸として重要である**。唾液腺の内部で唾液を生産する腺胞は，唾液の主導管にブドウの房状に付いてⅠ型，Ⅱ型そしてⅢ型に区分され，吸血で刺激されて内腔に唾液を蓄えて大きくなるのはⅡ，Ⅲ型で，これら腺胞に含まれる顆粒が次項の説明に出てくるセメント物質である(図 16)。いずれにしても，この唾液腺には病原微生物が集簇，あるいはそこで増殖して，宿主へ唾液が注入されるに伴って感染が始まることになる。逆に言えば，マダニが保有する病原体を効率的に検出(PCR の場合でも)や分離するには，唾液腺を本体から摘出して直接の試料に

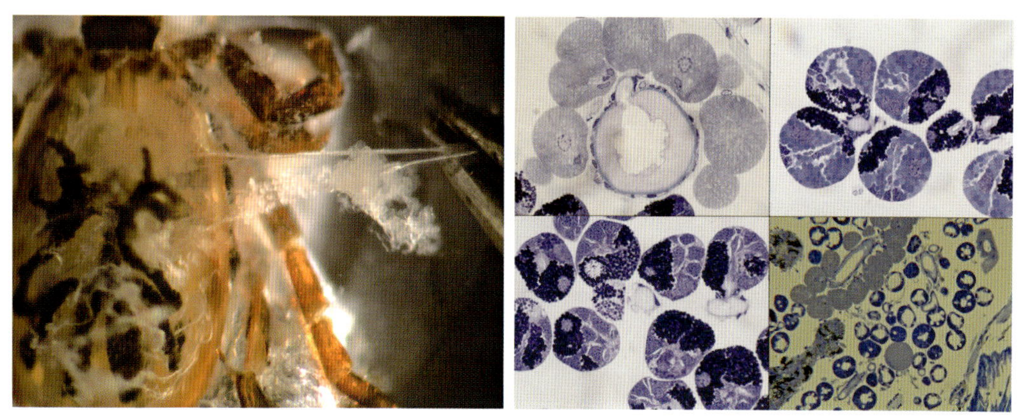

図 16　マダニの唾液腺

左半　未吸血マダニをホールグラス内に瞬間接着剤で貼りつけて，生食や培養液中で背面を剥いで摘出した半透明（乳白色）の唾液腺

右半　左上：未吸血時のⅠ型腺胞／左下：同Ⅱ型腺胞／右上：同Ⅲ型腺胞／右下：吸血2日目のⅡ型腺胞などの内部に唾液が充満しつつある（福井大の矢野泰弘博士撮影）

するのが最もよい。

4) 口器と吸血の仕組み

前章のツツガムシの場合には吸着の多様性(種レベルの吸着の嗜好性，部位また率など)にいろいろ言及したが，マダニではヒトを含む多数の宿主動物が発育期ごとに交錯して登場する状況になるので，同じような言及はし難い(ヒトでの吸着例については「C. 刺症・アレルギー」を参照)。したがって，ここでは宿主への吸着そして吸血の仕組み自体を中心に述べる。

以下，マダニ科の種が宿主皮膚に口器を突き立てて何をどうするかの順序について，Balashov(1972)ほかも紹介しながら解説する(図 17，18)。

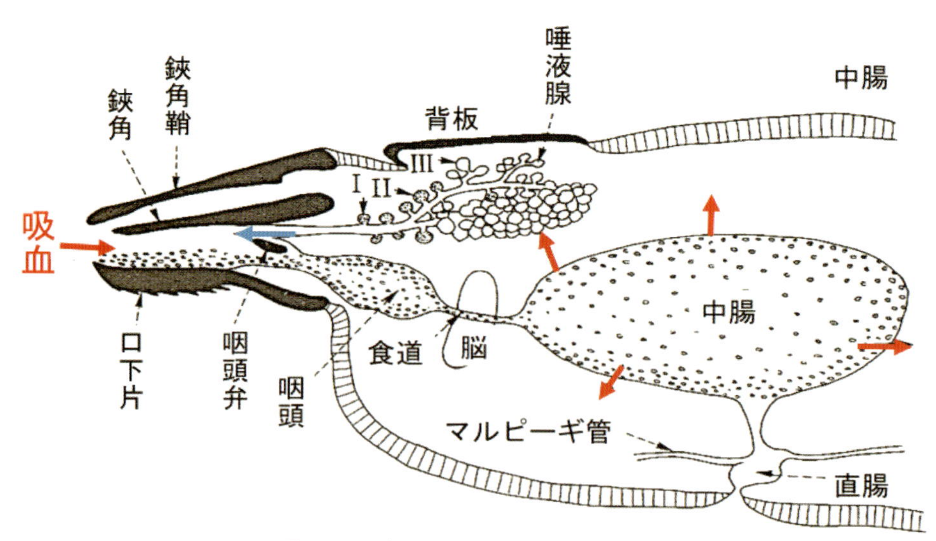

図 17　マダニの吸血に関わる器官の概要

赤矢印は吸飲血液の流路を，青矢印は唾液の流路を示し，唾液腺ではⅠ型，Ⅱ型およびⅢ型腺胞を示す（北岡茂男博士から提供された原画を改変）

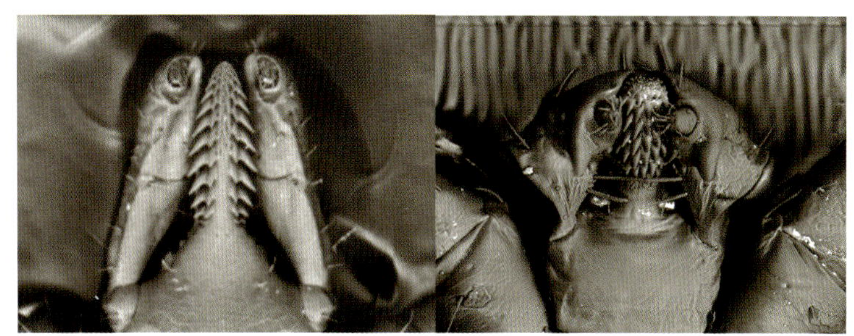

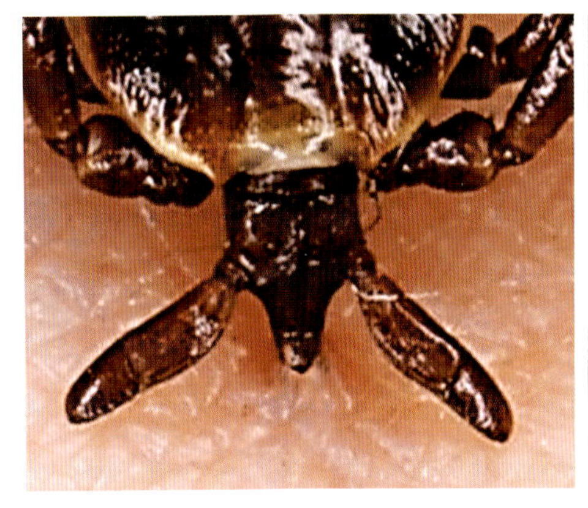

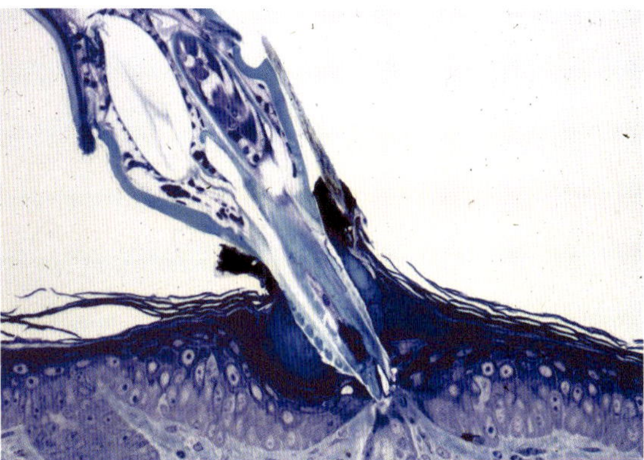

図18　吸着の経過と形態

上段　左：第1脚末節のハーラー器官をかざして宿主探査／右：皮膚へ刺入し固定するための口器とくに口下片（左は口器の長いマダニ属，右は口器の短いチマダニ属の走査電顕）

中段　左：皮膚に口器を深く刺入するマダニ属ではセメント物質が少な目／右：皮膚に刺入された口器が固着した宿主組織の病変（上中段の走査電顕と組織像は福井大の矢野泰弘博士撮影）

下段　口器に大きなセメント鞘（強固な膠原繊維性）が付着したままで摘出されたフタトゲチマダニ雌（宮内皮膚科の宮内俊次博士提供）／右：宿主皮膚から抜かれたタカサゴキララマダニ若虫の口器に円筒状に付着したセメント鞘をみる

1. マダニの体先端に顎体部があり，宿主皮膚に吸着するための口器を備える。体内には前半部左右に唾液腺が配される（前項を参照）。
2. 宿主皮膚上を，時に数時間も徘徊して好ましい部位を見つけたら，体を45～60°に立てて構える。
3. 鋏角先端を皮膚に押し付けて角質層を外向きに切り裂きながらゆっくり皮内へ差し込

み，同時に粘性のミルク状唾液(セメント物質)を注入し始める。これで数分間かかる。

4. 口器のうち鋏角は切り裂きを続け口下片も同時に刺入される。セメント物質を含む唾液は5～15分で固化し始め，皮膚の細胞成分と混じってセメント鞘が作られることになる。セメント唾液が厚く固化すればセメント鞘の径は口器の2～3倍となる。

5. このように皮内で固くなった円筒形のセメント鞘の中では，腹面側に位置する口下片の逆刃が強く固着し，背面側の鋏角も固着しながら先端部は皮内の組織と接している。粘性のミルク状唾液の分泌はここまでで終わる。

   注：口器が長いマダニ属の種ではセメント鞘は皮内に埋没して皮膚上にあまり残らない。キララマダニ属など大型種では，皮内の口器全長を円筒状に囲んで形成される。一方，口器の短いチマダニ属などではセメント物質が皮内から皮膚上の顎体基部まで包んで全体が固化して吸着を維持しようとする。セメント鞘を作る唾液の抗原性は低く，むしろ唾液で鞘を作ることで周辺組織へ炎症の広がりを防いで固着を維持できる結果となる。

6. さて，上記のように固められたセメント鞘(中はトンネル状)を通して，今度は透明で粘性のない唾液が分泌され，皮下の血液プールからの吸血が始まる。すなわち，本格的な吸血は吸着開始から数日後に始まることになる(次の発育の事項で示すマダニ体の急速な膨張の時期である)。

   注：吸血は，皮内に深く刺入された口器の先端から咽頭そして中腸へ吸い込む道筋となるが，この時の唾液は様々の生理活性物質たとえば抗凝固物質(抗トロンボキナーゼ活性因子，抗血小板活性因子など)あるいはエステラーゼ，アミノペプチダーゼ，

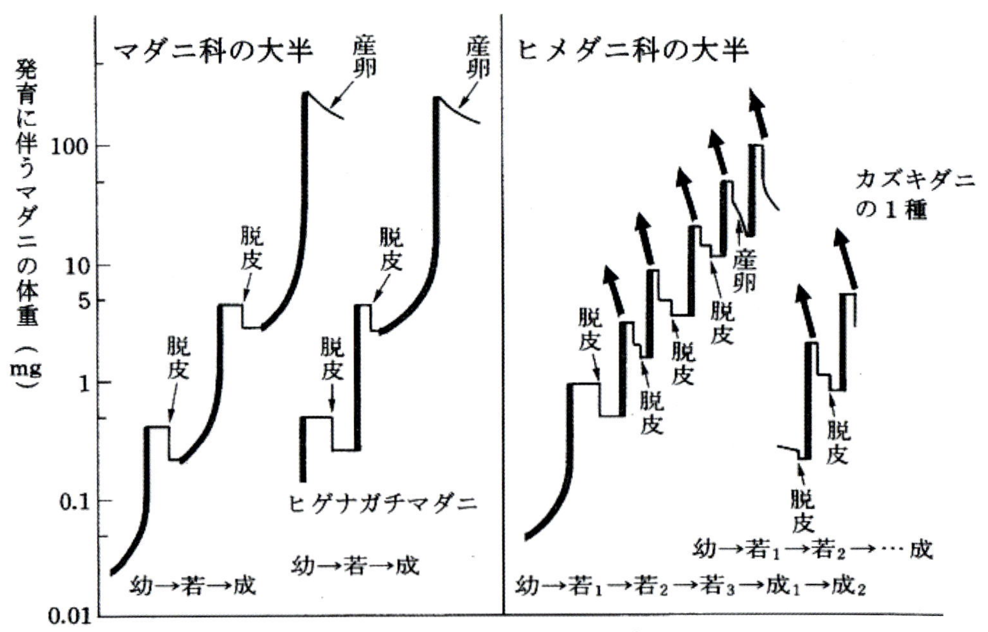

図19　マダニ類の吸血の仕方からみた発育環の概要

上向する太線(▮)：曲上は遅い吸血，直上は速い吸血／
太矢印(⬆)：基節腺からの水分排出，マダニ科でもヒゲナガチマダニ幼若虫は速い吸血（北岡，1977を改変）

プロスタグランジン E2 などを含み，局所の炎症や浮腫を増強して吸血を容易にする。最近はこれら唾液生理活性物質の分析が進みつつあり，薬品としての応用まで言われる（次章「D−Ⅲ−4. マダニ刺症」を参照）。

7. 飽血するとやがて口器を静かに振動させて，わずかにスリム化したセメント鞘からさほど抵抗なく引き抜いて離脱する（セメント溶解成分も分泌されると言われる）。セメント鞘はマダニが離脱後も口下片の歯形を写して見えるほど固い。組織化学的にはセメント層は 2 重で，外層は糖タンパク質で偏光性，内層はリポ蛋白らしい。

追記：ヒメダニ科では，鋏角で皮膚に穴を開ける折に出す唾液は粘性なく固化もしない。皮膚上の出血部にその唾液を分泌したり止めたりを繰り返しながら何度も吸血する。なお，ヒメダニの吸血が脊椎動物との間で遺伝子水平伝播を誘発して進化に関与した可能性まで言われる点は極めて興味深い（Iwanaga et al., 2014）。

以上のようにマダニ類が吸血しつつ発育してゆく経過を一括して示すのが図 19 である。各ステージごとに吸血し，脱皮し，最終的には産卵に至る過程は一部の例外を除いてマダニ科とヒメダニ科それぞれでおおむね共通する。ただ，両科で根本的に異なる点は次の通りである。

・マダニ科は各期ごとに探し当てた宿主に脚末端の吸盤状の爪間体を使ってよじ登り，口器を宿主皮膚に固着して日時をかけて充分に吸血する。

・ヒメダニ科は宿主の巣や穴に潜んで宿主の帰着を待って素早い吸血を繰り返す（脚によじ登るための爪間体もない）。そのようなヒメダニ科は，毎回ほどほどの吸血量であるため多大に濃縮する必要はなく，一定量の水分を基節腺から排出するだけで済む。

5) その他の臓器や器官

上記のほか，呼吸，消化，生殖，排泄また感覚などの生理作用のため，節足動物としては基本的な臓器ないし器官は持っている。これらに関する研究は，欧米やロシア系から始まり（Balashov, 1972），国内でも限定的な種について報告はみられるが，ここでは専門的な詳細は個々の資料に譲るとして，概要を以下に記す。

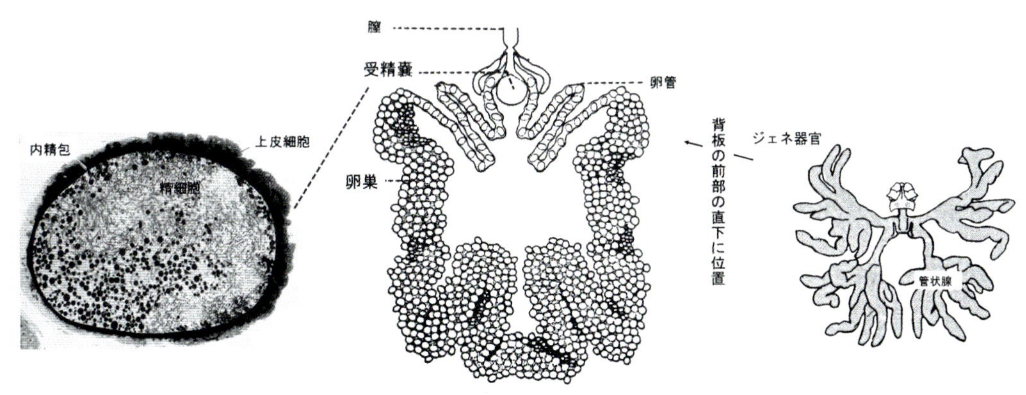

図 20　雌の生殖システム：卵巣を中心として受精嚢あるいはジェネ器官が機能する
左：受精嚢（フタトゲチマダニ雌の吸血 5 日目の状態；Kakuda et al.（1997）を改変）／中：生殖系器官の一覧（*Rhipicephalus* 属の産卵時；Till（1961）を改変）／右：ジェネ器官（フタトゲチマダニ雌の産卵時の状態；Kakuda et al.（1995）を改変

生殖器系：マダニが吸血する目的は第一に生殖のためとも言え，その成否は卵形成の如何による。中腸や脂肪体で卵黄タンパク質の前駆体が作られて卵巣に移転するが，この複合タンパク質は糖，リン酸，脂肪に加えて吸血液由来のヘムを持つため赤褐色を呈する（吸血中にはヘモリンフもこの色になる）。このように雌では吸血をきっかけとして卵形成が始まり，飽血に向けて卵巣には卵が詰まった状態になり，飽血に達した後に宿主から離脱して産卵に至る。産卵に当たっては，顎体部を腹側に屈曲させて生殖門へ近づけると，その頃に同調して発達膨潤していたジェネ器官が顎体基部と背板前縁の間隙からせり出し，生殖門から出た卵を背側に受け取って防水ワックスを塗布する作業を繰り返す。なお，幼若ホルモンの有無などを含めて，この前後の複雑な生理作用や情報伝達は必ずしも充分に解明されていない（図20）。

＜参考＞受精そして吸血と産卵

- マダニ類では雄が精包を鋏角に付けて雌の受精嚢へ差し入れることが交尾の実際であり，チマダニ属では一般に宿主上で行われ，マダニ属では宿主外で行われる（フィールドで得た雌雄を容器に同居させるとよく接合をみる）。人体吸着の雌個体でも離脱した後で少なからず産卵をみると言われるが，背後には種々の状況があるのだろう。
- 吸血は，チマダニ属で雌雄ともに行うが雄は僅少に終わり，マダニ属では雌しか行わない。飽血時の大きさや産卵数は先駆ける吸血の過不足に影響される（p183 参照）。

呼吸器系：左右体側に1個ずつ外側に開口した気門（フィルター構造あり）があり，そこから体内へ気管が全身に枝分かれして毛細気管となり空中酸素を直に供給している。高等動物でも血路が断たれると酸欠による障害となるように，吸着したマダニの場合もすっぽりワセリンなどで覆えば気門が閉塞して呼吸ができなくなるので，ヒトに吸着した個体を離脱させる便法として試される。

消化器系：吸った血液は咽頭から食道そして中腸（胃と盲嚢）へ入ると中腸の細胞に取り込まれて細胞内消化される。消化されてヘモグロビンからヘムが分解吸収され，後の残渣（黒色ヘミン）は直腸嚢から肛門へ糞として出される。このように血球成分は栄養源となるが，マダニ科では多量に吸飲してしまった血漿の塩類を含む水分については唾液を媒体とする経路で宿主側へ吐き戻される。すなわち，マダニはさほど大きくはない体の中に驚くほど多量の吸血液（マダニ科では自体重の100倍以上も）が入り，それが処理されて多量の塩類溶液として水分が出てゆく，あたかも流動食を食べながら栄養分を高性能フィルターで濾しとっているかのようである。したがって，吸血の全経過の中で思わぬ多量の唾液関連成分も宿主側に注入されるので，時にダニ麻痺症を起こすことがある。ヒメダニ科ではシステムが異なって，体重の10倍程度を素早く繰り返し吸血して脚の基節腺から水分を排出する。なお，表皮は吸血の前半に増生されて厚みを増すが，後半の急激な体膨張の時期にはその表皮が伸展して厚みも元に戻って膨張を許す。

補足的ながら，フタトゲチマダニの中腸に発現するものとしてディフェンシンがある（農研機構のホームページなど）。ヒトの唾液にも独自に含まれて口腔微生物を抑制するような自然免疫系蛋白分子であるが，マダニでは例えばバベシア原虫殺滅効果などがあるらしい。いずれ

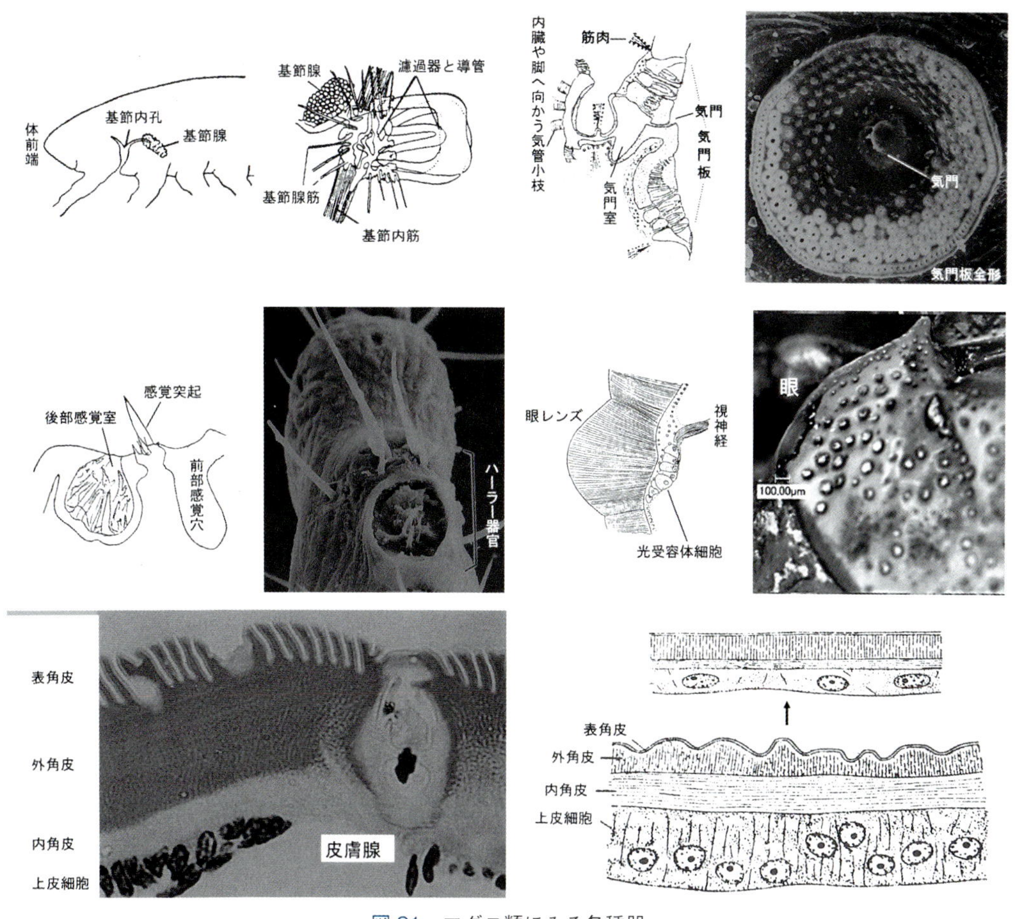

図21　マダニ類にみる各種器

上段　左：ヒメダニ科のみが備える基節腺／右：マダニ類の気門
中段　左：マダニ類の第1脚末節にみるハーラー器官／右：いくつかの属の肩に見る眼
下段　左：マダニ科の角皮と皮膚腺／右：ヒメダニ科の角皮（下は未吸血時，上は飽血で伸展した状態）
上掲の線画はすべてBalashov（1972）の改変

にしろ，吸血とともに多彩な微生物を中腸へ取り込んでしまうマダニにとっては自然に備わった最前線の対処機能なのだろう。

神経系：節足動物では情報伝達は内分泌によることも多いが，マダニではあまり発達していないようで，総神経球(脳)が1つだけあって，ここから全身に神経が伸びている。一方，微細な感覚を得る機能としては，宿主から発するCO_2や臭い，体温を探査し，あるいは性フェロモンを感じ取るためのハーラー器官が第1脚末節にあるほか，体表に分布して突き出ている剛毛など触覚にかかるものが多数あり，背板にも各種の微細な腺が配置されている。

その他，生殖器や基節腺また皮膚腺からは各種フェロモンの分泌なども知られ，それら研究方向の紹介はSonenshineの論文(角田，1995の訳書)にあるが，実際の機能面の研究はさらに多くを必要とするだろう。

以上の様々な機能を発揮する各種器官の構造については図21に一括して示す。

3. マダニの発育(飼育含む)(高田伸弘・藤田博己・夏秋　優)

ここでは，主としてマダニ科の種の自然な発育環について，フィールドで観察される事象を実験的に裏付ける方向から解説してみる。

1)マダニの発育環

マダニ科のほとんどの種の発育環は幼虫，若虫そして成虫の 3 期が小型～中型～大型動物に吸着することで成り立つが，期ごとのやり方は微妙に違いはすれ共通性も多く，基本的には，口器の小さな幼若虫や種は皮膚の薄い小さめの動物に，それぞれ大きな成虫や種は皮膚が厚くても供血量が大きめの動物に吸着する自然の理となる(図 22)。

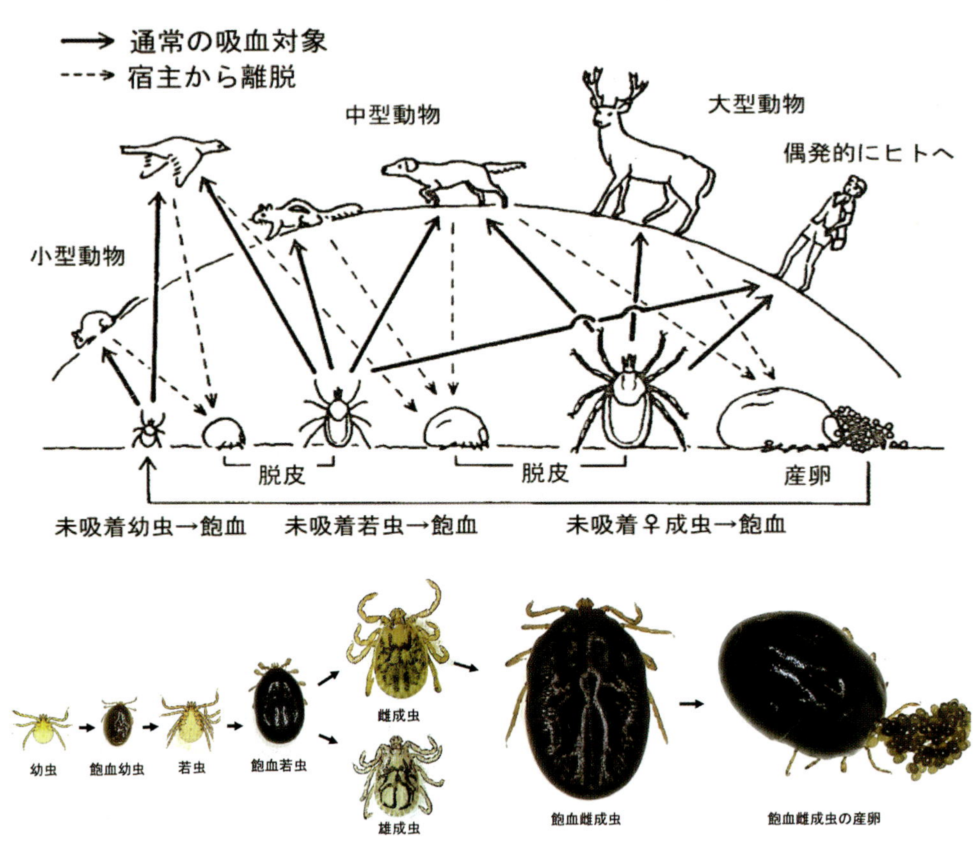

図 22　マダニの発育環
上段　自然界で宿主動物相と関連して回る様子の模式図（故山口 昇博士より提供の原図を改変）
中段　キチマダニを例とした各期の形態変化の画像
下段　林床の落葉の下に見出したヒゲナガチマダニ飽血成虫（飼育に回したところ多数の産卵をみた／底辺環境の地表ではこのようにしてマダニが拡散を続ける）

2) マダニの飼育方法と発育条件

前項で述べた発育環は自然界で回るものであるが，これを人為的に回すためには，その種に適した実験動物で吸血させるとほどほどに成功する。例えば，ウサギの耳殻内に未吸着虫体を入れて木綿袋を被せたり（耳袋法），縫い付けたり，後肢を固定するとか，カラー（首輪）をつけたり，あるいは剃毛したネズミやモルモットの背にメッシュ容器を取り付けるなど，各々の研究室で各種の工夫が試みられる。

そのほか，動物を用いずに人工的な手法，すなわち動物由来の皮あるいはシリコン膜を通じて吸血させる「人工吸血系」の考案がある（Krōber & Guerin, 2007）。これによれば，セメント物質でできたコーンをはじめ，唾液物質など様々の物質を回収して解析する研究も容易になる。

マダニの飼育は，生態観察のみならず病原体の媒介能を検索するためにも必要な手技であるが，実際には各期を過ごす日数は表9のように属種や条件によって長短変異が大きく，試行錯誤は少なくない。加えて，マダニを同じ宿主個体に繰り返し吸着させた場合，免疫学的な抵抗

表9　マダニ各期の発育に要する日数の目安

	雌成虫の飽血	産卵の準備	幼虫へ孵化	若虫へ脱皮	成虫へ脱皮
短いもの	3〜9	2〜5	17〜24	10〜15	11〜14
平均的	5〜10	7〜14	20〜40	15〜30	20〜60
長いもの	13〜15	13〜20	78〜83	49〜70	90〜155

宿主をウサギとするマダニ科での実験（Fujisaki et al., 1976 に編者の成績を加味）

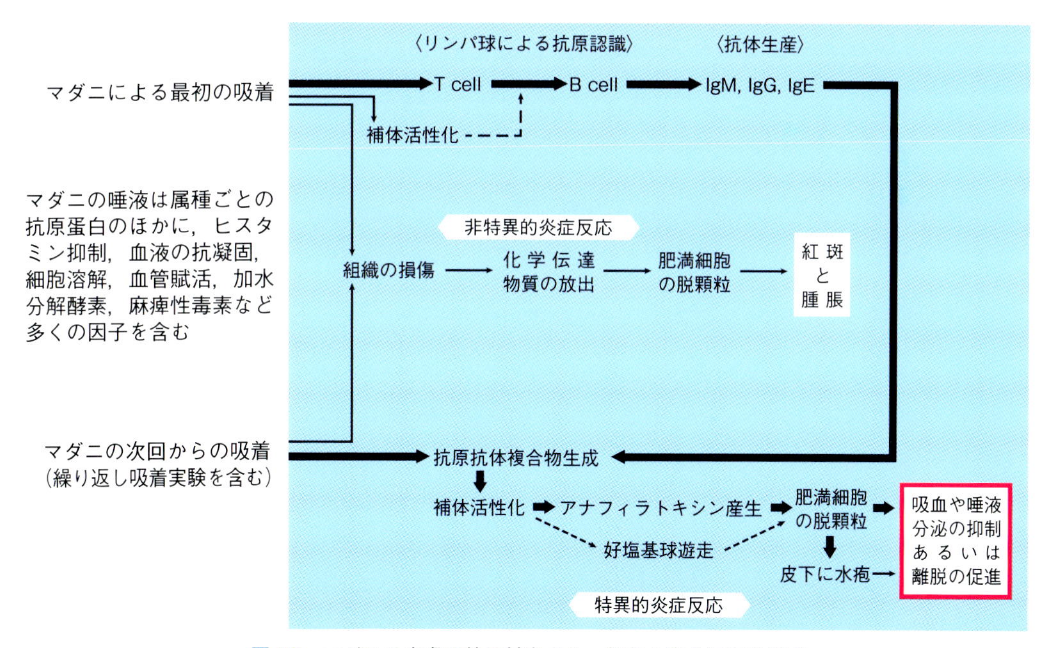

図23　マダニの皮膚吸着に対応する一般的な宿主反応の模式
マダニ吸着に対する抵抗性は図右下の皮膚反応に基づく
皮膚科的所見は非特異的炎症反応に関わる様々な像による（「C. 刺症・アレルギーほか」の p282 を参照）

性(宿主とした動物皮膚で起こる組織反応により正常な吸血が難に)によりその個体を使い難くなることも起こる(図 23)。この種の抗体は牧牛などでも比較的鋭敏に測ることはできて，その測定の結果から各牧場にマダニが存在するか否かを逆に推測する指標にもなり得る。

以下に，飼育によって実証できる基本的な事項を挙げる。

[温度と湿度]

フィールドにおいてはもちろん，人為的な飼育においてもマダニの生存条件として最も重要な要素は温度と湿度である。ダニ類は一般に乾燥に弱く，マダニでも湿度が及ぼす影響は大き

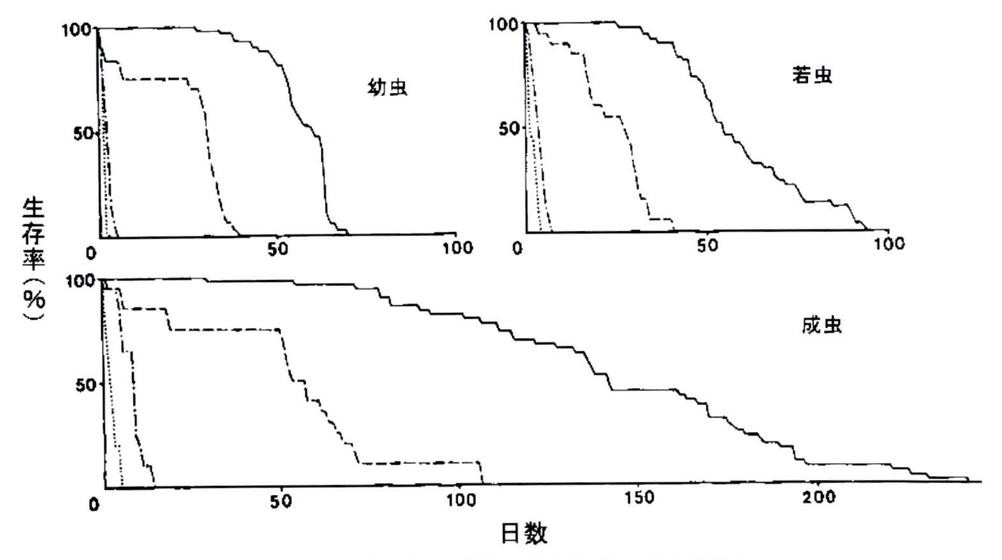

図 24　環境湿度を変えた場合の発育期ごとの生存日数と率

温度 30℃における相対湿度（···· 60%，－・－ 75%，- - - - 85%，—— 100%）（Yano et al., 1988）

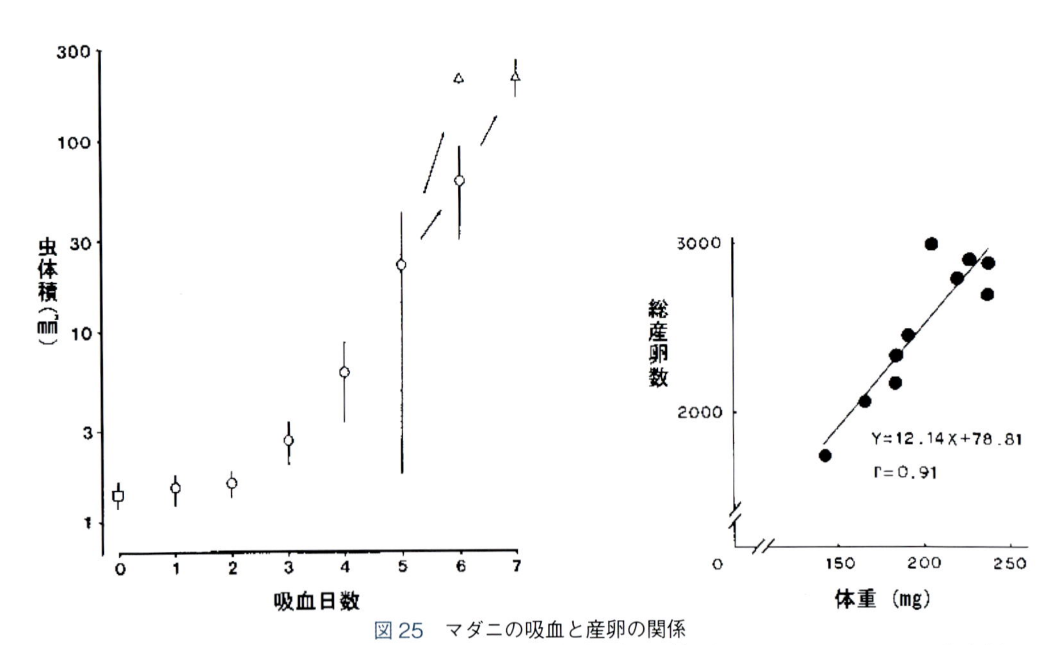

図 25　マダニの吸血と産卵の関係

左：吸血日数に伴う虫体の肥大化／右：体重の増加と産卵数の相関（矢野ら, 1985; Yano et al., 1989 を改変）

図 26　マダニの吸血経過と産卵
上段　左：タカサゴキララマダニ若虫の吸血経過（左から吸血日 1 ～ 2，3 ～ 4 および 6 ～ 7）／右：同種成虫雌の吸血経過（左は吸血前，右は吸血 2 週間後）
下段　飽血雌と産出卵塊（左：カモシカマダニ／中：フタトゲチマダニ／右：タカサゴキララマダニ）

い。図 24 の観察でも，どの発育期をとっても湿度は 80 数％以上でなければ充分な生存は望めないことが示されるし，実際の野外環境でも強く長い乾燥気候であればマダニが消え去ることは時に経験する。しかしこの事実は，充分な湿度さえ保てるならばマダニは長期間生存できることを意味し，宿主を得ない場合でも 1 年以上飢餓に耐えることも珍しくない。

［吸血と産卵］

マダニの発育経過についての実験観察は古くから様々知られるが，最も重要な吸血そして産卵に至る一般的な傾向を図 25 および 26 に示す。フタトゲチマダニ雌成虫をウサギで吸血させた場合，徐々に体重が増した後，5 日以降は急速に体重を増して 7～8 日後には飽血して離脱する。一方，飽血した雌個体の体重と総産卵数の間では高い相関がみられて吸血量の多い個体ほど産卵数は多い。

＜参考＞吸血源動物

マダニは全発育期において野生の各種動物から吸血して，その間に複雑な病原体の授受を行うことになる。そうした場合，あるマダニ種がどういった動物から吸血しているものか，地域や季節あるいは機会の有無によって様々であろうが，一定の見当をつけられるなら有用なことが多い。そのため，既に吸血性昆虫などで試行されているのと同様の方法で，検査対象のマダニ体内に残存する動物の遺伝子を検出する。

小林（2019）によれば，福岡市の種混合マダニ類につきミトコンドリア 12SrRNA をターゲットとしたプライマーによる nested PCR そしてシーケンスを行い動物種を推定したところ，若虫と成虫の 30～50 数％が陽性であったという。動物の内訳は，シカ，イヌ，タヌキ，イタチ，テン，カナヘビおよびアカガエルであったが，特にシカが高率に検出されたため，最も有力なドナーであると考えられている。

こういった方法論は，およそは目途が立ったと言ってよいが，いつの，どういった種の，どれほどの試料に適用して解析に持ってゆくべきか，むしろその辺りの行程の方が難しいようにも思われる。

〔引用文献〕

Balashov YS (1972) Bloodsucking ticks (Ixodoidea-vectors of diseases of man and animals). *Zoo I. Inst., USSR Acad. Sc. Nauka*, Leningrad (1968) (in Russian; English transl. by Enromol. Soc. America), 319pp., New York.

Bougdorfer W (1970) HEMOLYMPH TEST A technique for detection of Rickettsiae in ticks. *Am J Trop Med Hyg*, 19: 1010–1014.

Fujisaki K, Kitaoka S, Morii T (1976) Comparative observations on some bionomics of Japanese ixodid ticks under laboratory cultural conditions. *Nat Inst Anim Hlth Q*, 16: 122–128.

Iwanaga S, Izawa H, Yuda M (2014) Horizontal gene transfer of a vertebrate vasodilatory hormone into ticks. *Nature Communications*, 5: Article number: 3373.

Kakuda H, Mōri T, Shiraishi S (1995) Effects of feeding and copulation on ultrastructeral changes of the tubular glands of Gene's organ in female *Haemaphysalis longicornis* (Acari:Ixodidae). *J Acarol Soc Jpn*, 4: 1–13.

Kakuda H, Mōri T, Shiraishi S (1997) Ultrastructure of receptaculum seminis in *Haemaphysalis longicornis* (Acari:Ixodidae) in relation to inserted endospermatophore. *J Morphol*, 231: 143–147.

北岡茂男 (1977) マダニ類の吸血とその水分・イオン平衡．ダニ学の進歩－その医学・農学・獣医学・生物学にわたる展望－(佐々　学・青木淳一編)，473–486．図鑑の北隆館，東京．

小林孝行 (2019) 遺伝子検出によるマダニの吸血源動物推定方法の検討．第 27 回 SADI 天草大会，上天草市，2019 年 5 月 31 日．

Krōber T, Guerin PM (2007) In vitro feeding assays for hard ticks. *Trends in Parasitology*, 30: 1–5.

大竹秀男，菅原和夫，伊藤　巌 (1986) 永年放牧地におけるダニ生息密度と環境条件　Ⅱ．マダニの定量的調査法の検討．日本草地学会誌, 32: 261–266.

大竹秀男 (1988) フタトゲチマダニの生態に関する研究　Ⅱ．発育期間と温度との関係．川渡農場報告, 4: 37–42.

Till WM (1961) A contribution to the anatomy and histology of the brown ear tick *Rhpicephalus appendiculatus* Neumann. *Mem Ent Soc S Afr*, 6: 1–124.

角田　隆(1995)マダニ類のフェロモン．千葉衛研報告, 19: 15–27.

矢野泰弘，白石　哲，内田照章(1985)久住高原地域のフタトゲチマダニ防除に関する基礎的研究　Ⅱ．室内におけるダニの発育過程．九大農学芸誌, 39: 159–164.

Yano Y, Shiraishi S, Uchida TA (1988) Effects of humidity on development and growth in the tick, *Haemaphysalis longicornis*. *J Fac Agr Kyushu University*, 32: 141–146.

Yano Y, Shiraishi S, Uchida TA (1989) Feeding pattern, mating and oviposition in female *Haemaphysalis longicornis* Neumann (Acari:Ixodidae). *J Fac Agr Kyushu University*, 33: 287–296.

Ⅲ. 疫学の背景としての生態

マダニの病害性を多岐にわたって検討してゆく場合，その最小限の生態分野の知見にも触れておけば疫学のみならず臨床の場でも種々の問題解決に役立つと思われる。

以下に述べる生態として目に見えてくる現象の背景には次のような「休眠」という名の調節作用がある。

- **行動休眠**：未吸血マダニにみられて，宿主への吸着行動を抑えるなどの活動停止。
- **形態形成休眠**：飽血したマダニ(幼若期含め)にみられて，各期の変態や卵形成などまで抑制。

これらほとんどの休眠は日長(10L-14D など短日条件あるいは 16L-8D など長日条件，すなわち気温が上がるか下がるかの季節への見通しなど)によって調節される。これは，マダニの種ごとに寒冷あるいは温暖など気象条件に長く適応して決まってきたものと思われ，種の繁栄そして存続に必須の生理作用である。

1. 生息に及ぼす環境条件(髙田伸弘)

ここでは，わが国のマダニ属とチマダニ属の代表的な種に絞って，自然フィールドの環境の中でマダニはどのような生き方をしているものか垣間見ることにしたい。その中で知られる方法論は他の属種について探る場合でも役立とう。

1)シュルツェマダニの例

本種はユーラシア大陸の欧州東部から東へ広く分布して脳炎やライム病ほかを媒介する北方系の医学的に最も重要な種である。欧州には本種と近似種のヒツジマダニ *I. ricinus* が広く分布するが，スカンジナビア半島からモスクワ周辺ではこれら 2 種が混在して分布することが知られ，編者もその採集品を選別する機会があって確認している(図 27)。

[耐寒性]

わが国でも北日本ないし高山帯に多くみる。すなわち，本種は低温環境へ強い耐性をもつことを意味する。これは，以下のような実験的観察からも容易に裏付けられる(表 10)。

この耐寒性は実際のフィールドにおける採集模様からも一目瞭然である(図 27)。すなわち，シュルツェマダニは標高約 1,000 m から上に普通であるが，高山の深い谷筋ないし微気象的に

表 10　シュルツェマダニの各発育期を低温下においた場合の次ステージへの進捗率

発育期	低温域	発育率
卵期	4～-2℃	10～50 日間処理での孵化率 60 数%～0%
未吸着幼虫	-2℃	10 日間では生存率 100%
	-2～-5℃	30～50 日間では生存率 90 数%～30%
飽血幼虫	4～-5℃	10～50 日間では脱皮率 90 数%～40 数%
未吸着若虫	-2～-5℃	10～50 日間では生存率 100%～70 数%
飽血若虫	4～-5℃	10～50 日間では脱皮率 70 数%～20%

藤本(1994)がマウスと家兎を用い，25℃，100% RH，16L：8D の長日条件で飼育した本種雌由来の卵や幼若期を冷涼環境に暴露して種々の日数で観察した原データを総括改変

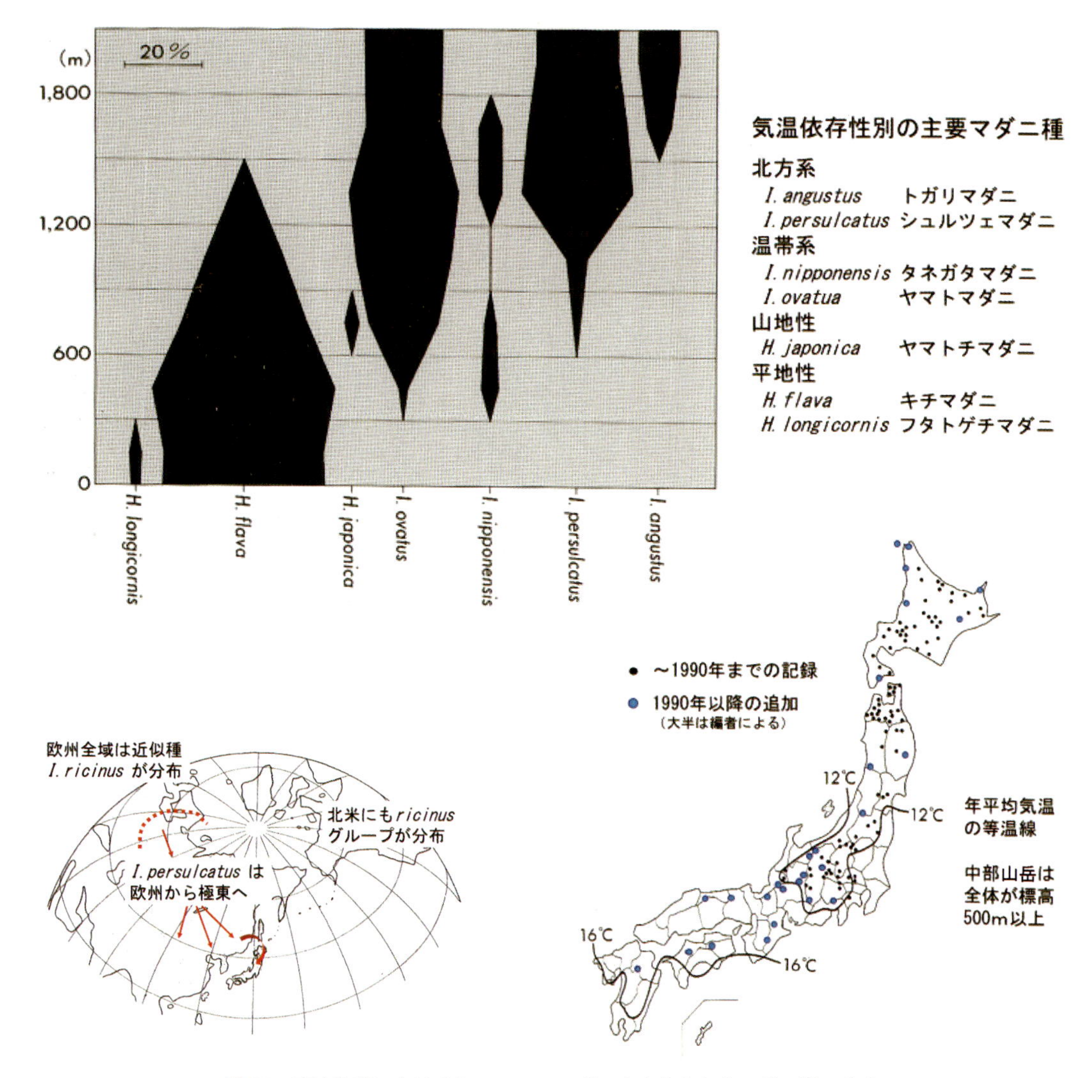

図27　寒冷地帯におけるシュルツェマダニを中心としたマダニ類の分布
上段　群馬県（山地多い）～埼玉県（平地が多い）で，採集した回数ごとに合算したマダニ類の種構成
下段　左：シュルツェマダニは欧州東北域から日本列島まで至る／
　　　右：東北中部以南は中部山岳のため事実上の垂直分布となる

冷涼な場所では標高600～800 mでも生息することがある。ただ，編者らが様々な目的で高山帯で採集する中で気づいたこととして(データは略)，近年は本種生息の高度がわずかでも上がりぎみ，あるいは相対的にヤマトマダニなど他種の生息高度の幅が広がりぎみというべきだろうか，温暖化では10～20年間を経ると初めて見えてくるような影響が起こりつつあるように思える。とは言え，本種の生態の基本が変わったわけではない。本種の生態分布についてはⅣ－2－7)ライム病の項で再掲する。

そのほか，図27をみた場合，温帯系の種は通常の低山地の標高に広く見られるが，北方系のトガリマダニは低温の高高度でしか見れない一方，南西日本で頻度高くみられるフタトゲチマダニは，北関東になれば通常の山地で常に多いと言うものでなく，むしろ牧野が中心になる。

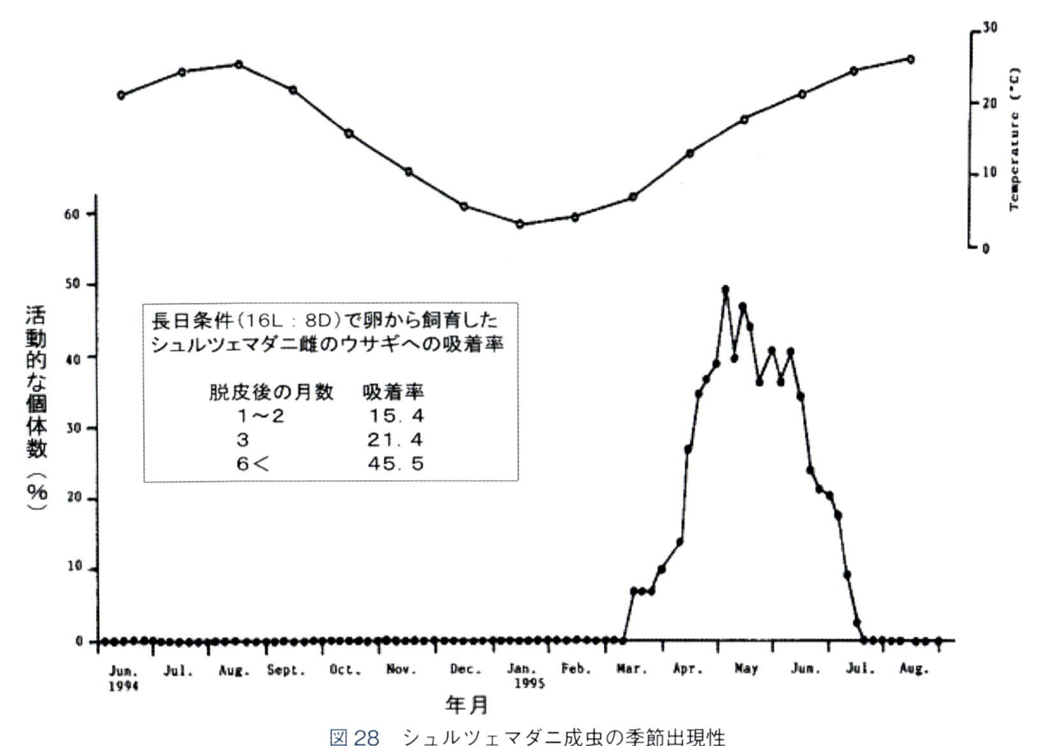

図28　シュルツェマダニ成虫の季節出現性
埼玉県下の自然気象条件に置いたプラスチック円筒容器にマダニを入れて年間通じて観察（藤本, 1996 を改変）

［活動の季節性］

本種の活動（植生上への出現）は長日条件の春〜初夏に限られることはよく知られて，疫学調査での採集もほとんどその時期に限られ，夏から秋に本種はほとんど採れない。その事実の裏をとる観察結果は図28の通りである。これによれば，卵から長日条件（16L：8D）で飼育された雌成虫は，行動休眠に入り宿主探索の徘徊活動が長く抑制されることが分かる。動物への吸着性からみても同様で，脱皮後に数ヵ月経なければ充分な吸着率を示さない。

2)フタトゲチマダニの例

本種は生殖方法からみれば，両性生殖系（2n ＝雄 21，雌 22）が南西日本から東北地方南部を中心に，また単為生殖系（3 倍体で 2n ＝ 30〜35）は東〜北日本が中心ながら南西日本にも勢力を増し，地域の自然植生に広く分布する。単為生殖の雌からは雄 1 に対し雌は数百〜千数百の割で増殖して日本からオーストラリア地域において生息を広げている。そういう中で，韓国済州島の個体群は異数倍数体（2n ＝ 22〜28）で両性生殖も単為生殖も可能で，両性系から単為系への進化過程にあるとされる。もっとも，今では全国的に両性系と単為系とが交錯して分布する傾向にあることから，後記の「疫学の背景としてのマダニ分布図」の項では 2 つの系を分けては示さなかった。いずれにしろ，牧野環境では本種の主な活動期である夏季が牛の放牧期間と重なるため優占して増殖する傾向が強いものである。そして，本種が新興再興感染症（紅斑熱群や重症熱性血小板減少症候群など）の病原体保有ないし媒介に関わる点が明らかになってくるにしたがい，本種の生態に関する知見も疫学的に重要度を増している。そこで，様々なマダニ種が全国的に分布する中でフタトゲチマダニがどのような地位を占めるのかを，編者らも参加した2008～2011年当時の厚労省科研費による調査報告あるいは筆者ら個別の記録をまとめてみた。すなわち，様々な調査の中でみたマダニの採集数を機械的に拾って，県を代表する数値とした(表11)。一般に採集調査のデータは細かく分析的に扱いたいものであるが，ここでは細かな場所，日時，術者，植生や気象条件さらには発育期まで一切を無視して合算してある(大半が平地～低山地の採集ではある)。ただし，多数の幼虫が一度に得られたような分はできるだけ除外した(それは一斉孵化してクラスターを作った「グロ」がフランネル布に付着したものがほとんどで，これを合算すれば種ごとの生息密度が狂ってしまうため)。一般のマダニ相調査の報告でもグロの幼虫数は別扱いにした方がよい。いずれにしろ，このような合算は無謀にもみえようが，一つだけ有用な結果としては，マダニ分布の南北差や多様度など大勢が次のように俯瞰できる点である。

- **まず，本題のフタトゲチマダニをみれば，南西日本へ向かって密度が高い傾向は一見して分かり，これは裏を返せばフタトゲからヒトへの媒介感染症が東～北日本へ向かうにつれ著減する**理由の一つと思われる。
- チマダニ属の多くはフタトゲと同様に南向きの分布であり，北向き分布のイスカチマダニ，あるいは全国に広いキチマダニ(筆者らは北海道の礼文島や焼尻島でも得た)などとは対照的である。

表11　国内の各地方で採集されたマダニの記録

	北海道	青森県	宮城県	福島県	富山県	三重県	岡山県	四 国	宮崎県	鹿児島	トカラ列島
マダニ属											
シュルツェマダニ	83*	9		3	13						
ヤマトマダニ	15	117	2	95	109		31	2	9	3	
タネガタマダニ				3	1		6	3	9	8	
ヒトツトゲマダニ				1							
アカコッコマダニ							140		4		3
ハシブトマダニ		15		1				1			
アサヌママダニ											126
ミナミネズミマダニ											1
チマダニ属											
イスカチマダニ	124		110								
ヤマトチマダニ	2**	9		16	6						
オオトゲチマダニ	55			2		25	462		325	27	
フタトゲチマダニ			42	1	1	296	277		1641	15	27
キチマダニ		31	10	95	128	51	622	58	848	94	83
ヤマアラシチマダニ						53	30	17	148		
タカサゴチマダニ						1	2	14	573	14	9
ヒゲナガチマダニ						15	17		145	3	
ツノチマダニ						3					8
ツリガネチマダニ									30		
マゲシマチマダニ											66
大型属種など											
タカサゴキララマダニ					+	9	7		29	1	
タイワンカクマダニ				+	+		8		1		
オウシマダニ											26

＊パブロフスキーマダニ1個体を含む　＊＊北海道産はダグラスチマダニ　＋近年の記録(侵入そして定着へ向かう)

・一方，北方系のマダニ属はむろん北向きの分布ながら，全国に広い種や島嶼限定の種もある。
・大型属種は北陸～東北まで北上しつつある一方，トカラ列島などは独特の相をみる。

[発育への温度の影響]

本種の発育途上では温度や湿度の影響が深く絡むことはよく知られる。ただ，発育と温度の厳密な意味での相関はなかなか掴みにくいもので細部は研究者によって異なる。ここでは東北南部での観察データの一部を切り取って紹介する(表12)。この観察は恒温条件下であるが，結論的には1世代の経過に平均146.2日を要することが示されて実際の放牧期間とも一致したという。ただ，年ごとに気温は変化することを考え，実験的データと周辺の外気温を考慮した有効積算温度(発育に有効な温度と発育日数の積)を算出することで，実際の放牧期間や越冬との関係も考察すべきとしている。いずれにしろ，医学分野における疫学的考察の場合はおおよその傾向さえ理解されるならよいと思われる。

[野外での季節消長]

まず，本種が野外(牧野)でみせる季節的消長の一般的なパターンを言えば，春から活動した成虫がそのまま初夏から産卵し，やがて膨大な幼虫が孵化，そしてそれらが若虫として各々出現する順となる。このパターンは自然な長日条件で雌の活動性を実験容器で観察した場合でも似た結果をみる(図29)。

表12　各発育期ごとに吸血から脱皮へ要する日数

発育期	日数(平均)
卵の孵化期	20～ 44 (28.3)
幼虫の静止，吸血，脱皮の各期の合算	22～ 62 (32.8)
若虫の静止，吸血，脱皮の各期の合算	30～ 85 (53.8)
成虫の静止，吸血，脱皮，前産卵，産卵の各期の合算	33～ 93 (59.1)
合計の日数	95～240(146.2)

大竹(1988)が宮城県の牧場から得た試料で観察したデータを総括

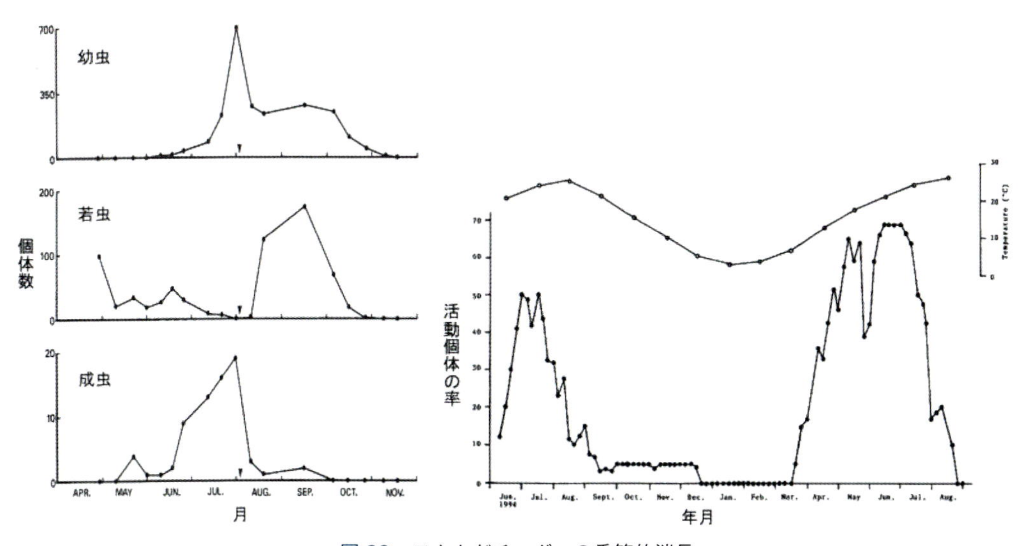

図29　フタトゲチマダニの季節的消長

左：九州の牧野におけるフィールド観察（Shiraishi et al., 1989 を改変）／右：埼玉県の自然条件下でプラスチック円筒容器にマダニ雌成虫を入れて年間通じて観察（Fujimoto, 1996 を改変）

<参考>マダニの越冬

表13 地中から回収される生きたフタトゲチマダニの頻度（7地点の合計）

	地表面	地中 0〜10cm	10〜20cm
幼虫	0	0	0
若虫	1	8	3
成虫	1	20	1

マダニの越冬方法はおおまかに2つある。

1. 宿主体上に吸着する：野ウサギでのキチマダニや野鼠でのシュルツェマダニ幼若期などの例
2. 冬眠する：フタトゲチマダニなどの例

以下に，フタトゲチマダニの越冬について，八ヶ岳中腹（標高1,300 m余，冬季の気温は最低－20℃弱，地温は－1℃内外）の牧野における吉田（1977）の観察結果を引用する。

・倒木や石の下また樹皮の中を調べても見出せなかった。

・そこで地中を調べたところ，植生の根の間（0〜10cm）から生きた成虫と若虫が見出された。幼虫は地表のリター内で死亡していた。

・すなわち，成，若虫は10月頃から植生から地上へ降りて，地中の根の混んだ中に潜って冬眠する。幼虫も地表まで降りるが寒冷でほぼすべてが死亡する（翌春に活動する幼虫が確認できない）（表13）。

3）マダニの在り方にみる疫学的意義

以上の生態的知見を基に，自然界におけるマダニの在り方について疫学的意義を考える。

・たとえば，紅斑熱群リケッチア，重症熱性血小板減少症候群ウイルスほかの病原体を保有した雌が春に1個体あったとする。

・その個体がその春にヒトに吸着すれば感染源になり得るが，ヒトでない野生動物に吸着した場合は吸血，産卵して**多数の有毒幼虫として夏以降に現れる**（有毒雌から生まれた幼虫は多くが有毒になることは観察すみ）。それはまた若虫に発育して別途感染源となるルートもあろう。

・いずれにしろ，それら**幼若虫が吸着した野生動物の間に病原体が散布される**（宿主動物が病原体血症にあれば逆にマダニは感染をもらう，あるいは同一の皮膚部位に吸着する中で共感染もあり得る）。

・もちろん，それら小さな幼若虫がヒトに吸着できる率は必ずしも高くはないが，**偶発的な吸着機会とは言いながらヒトへの感染圧は高まる**（もし偶発的でなければ，あり得ないほど多数の患者が現れることに）。

・このように，均せばヒトの罹患率はほどほどになるのであるが，昨今は，積雪の低減など温暖化も影響して**大型動物の北上や拡散に伴って南方系マダニ種の生息域も広まった可能性があり，結果として徐々にではあるがヒトでの罹患率も高まってゆくことはあり得て，疫学的に重要な問題となる**。

column

街なかのマダニ

（及川陽三郎〔金沢医科大学〕）

街のダニと言えば，いささか誤解を招きかねないが，ここで言うのは真正寄生性のマダニのことである。マダニに吸着されて病院を受診すれば「どこか野山に行かれましたか？」と訊かれ，つい思いを巡らすのは“あの山脈や高原だっけか？」ということになる。もちろんマダニは野山に多いのは確かであるが，街の中，少なくも街はずれや周辺環境には思う以上にマダニは棲息していて吸着される事例もしばしば見られる。以下，筆者の経験事例の一部を紹介する。

一つはフタトゲチマダニのうち単為生殖系による刺症被害のことで，石川県能登半島中部の住宅裏庭に多数増殖した幼若虫が居住者にひどい刺症を起こしたものである。単為生殖系は雌一匹の侵入で増殖できるので，「街なかマダニ」に最もなり易い。本種は両性生殖系も含めて，市内にみる自然環境や牧野には多いが，北上するにしたがい山間にはむしろ少なくなる傾向をみる（図①）。なお，本種を採集してごく簡単な生態観察に供したところ，本種は湿度さえ維持すれば通常の温度なら相当長く，40 ～ 50℃への暴露でも数分は生きているほど高温帯への抵抗性が強かった。また，歩行速度は 6.6 mm／秒，突っつき刺激による仮死状態からの回復も速かった。比較としてキチマダニ（山野ではもっとも多く採れる種）ではそれぞれ 3.3 mm／秒，仮死回復も遅かった。すなわち，フタトゲは温度適応範囲が広く，かつ動きが敏捷であり，北陸地方でも本種のヒト吸着例がキチマダニの倍ほどあるということで，やはり疫学的な重要度

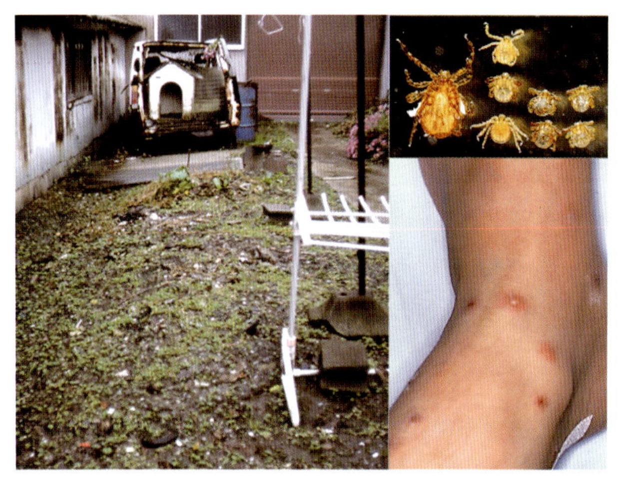

		市内の公園／河川敷		周辺の丘
フタトゲチマダニ	成虫／若虫	5 ／ 16	21 ／ 227	13 ／ 26
キチマダニ	成虫／若虫	20 ／ 60	13 ／ 72	258 ／ 632
ヤマトマダニ	成虫	1	0	196

図①　単為生殖系フタトゲチマダニによる被害例
同マダニが多数増殖していた石川県中部の住宅裏庭およびその幼若虫と刺症（多数の吸着でアレルギー性の水泡に傾いている）（付表：隣接の富山県の市街地内外でのマダニ相につき，同県衛生研究所の近年の資料を改変）

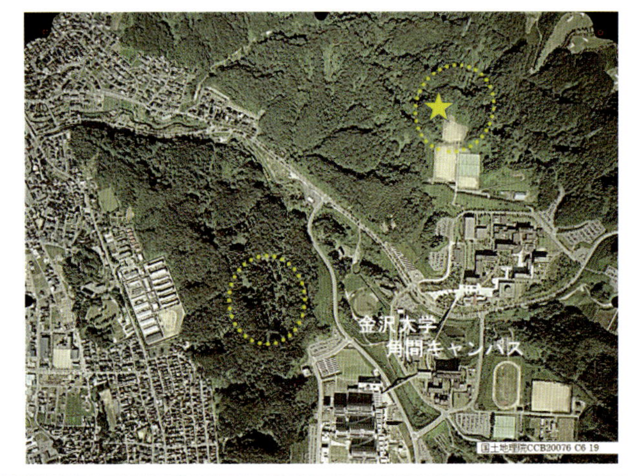

年度	タイワンカクマダニ	フタトゲチマダニ	キチマダニ	ヤマアラシチマダニ	ヤマトマダニ
2015	18♂26♀	23♀	51♂67♀		17♂25♀
2016	17♂19♀	23♀	27♂20♀		8♂ 6♀
		追加 タカサゴキララマダニ 2♀2N			
2017	7♂ 9♀	6♀	30♂45♀	1♀1N	5♂12♀

動物相：現地でのイノシシの痕跡やクマの目撃回数は年々増加

図② 市街地が里山に接する環境にみるマダニ相
大学キャンパス周辺のマダニ棲息環境，丸印の場所でみたマダニ相は付表の通りで，最近は星印の地点でタカサゴキララマダニが追加確認されている。

が高い印象を受けた。

さらに，近年は南方系のマダニ種であってもイノシシなどの北上傾向に乗って北陸へ分布を広げており，都市部につながる地区でも里山に接するような環境には，かつて見なかったようなタイワンカクマダニ，さらにはタカサゴキララマダニが定着してしまっている（図②）。

このように，市街地でも自然と接する度合いが高ければマダニの吸着を受ける，もしくは自然から居住地へマダニを持ち込んでしまうようなことは起こるものである。そういう中で，筆者も，南西日本にみる重大な感染症を北陸でも見てきており充分に留意したい。

2. 疫学の背景としてのマダニ分布図（藤田博己・髙田伸弘）

時に起こり得ることであるが，国内の何処かでマダニ媒介感染症が見られた場合に，文献的に媒介がよく知られた種をもって自身の地域にもそれが分布するのであろうと逆の発想をされてしまうことがある。いわば媒介種の一人歩きというもので，そういう過誤を防ぐためにも，種ごとの分布を一目で手っ取り早く確認できる資料があってよいだろう。そこで以下に主要種の分布記録をまとめて図示しておく（図 30－1～12）。

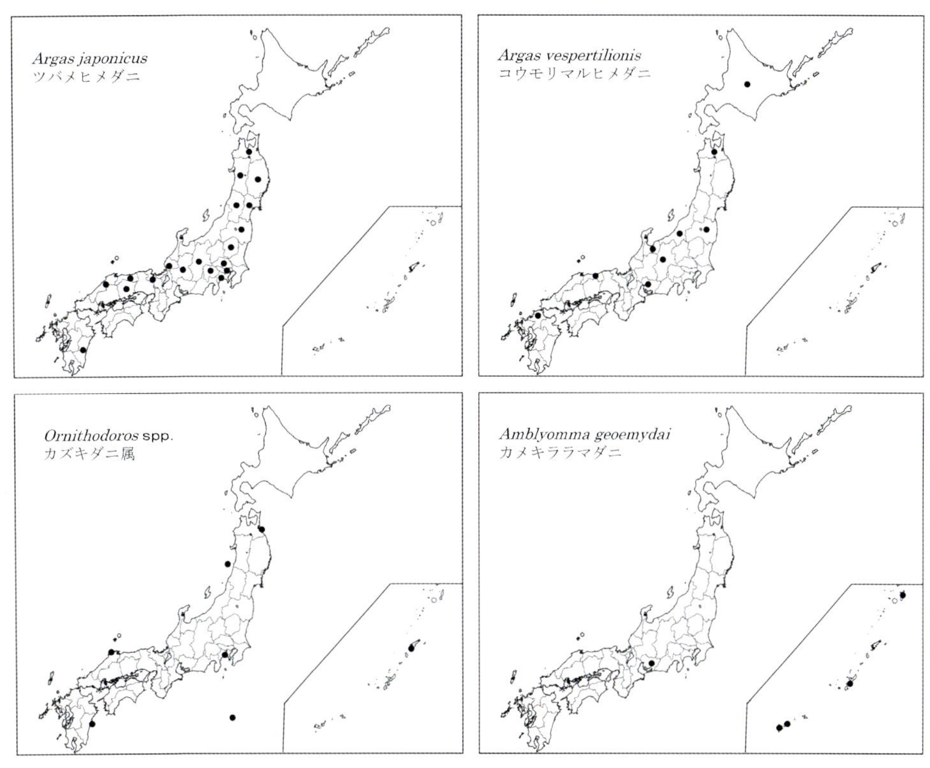

図 30－1　飛翔する動物あるいは南方に限局された動物を嗜好する属種

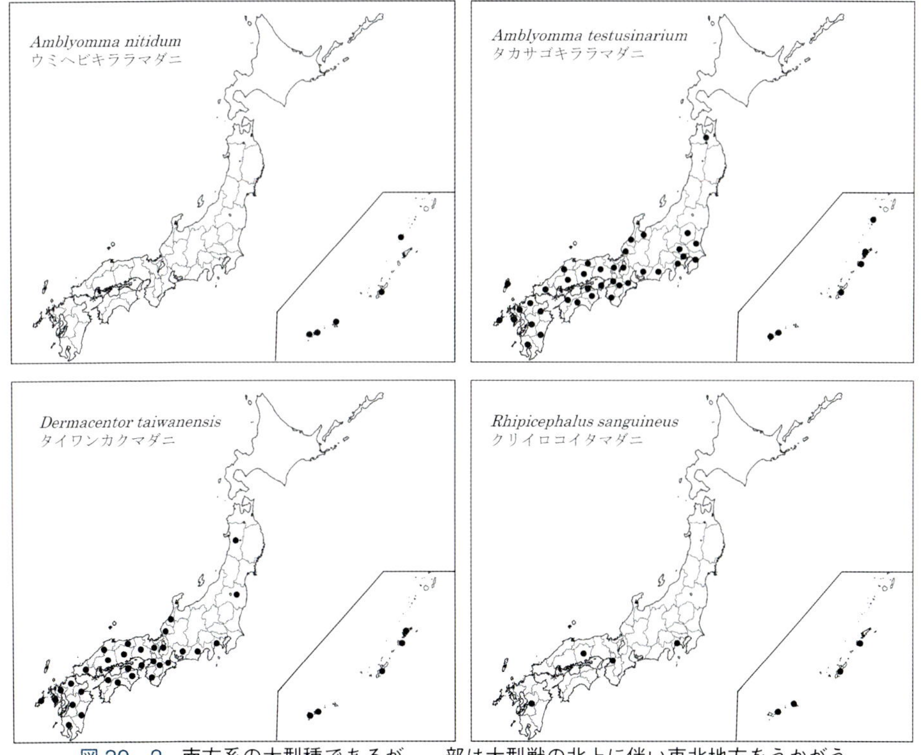

図 30－2　南方系の大型種であるが，一部は大型獣の北上に伴い東北地方をうかがう

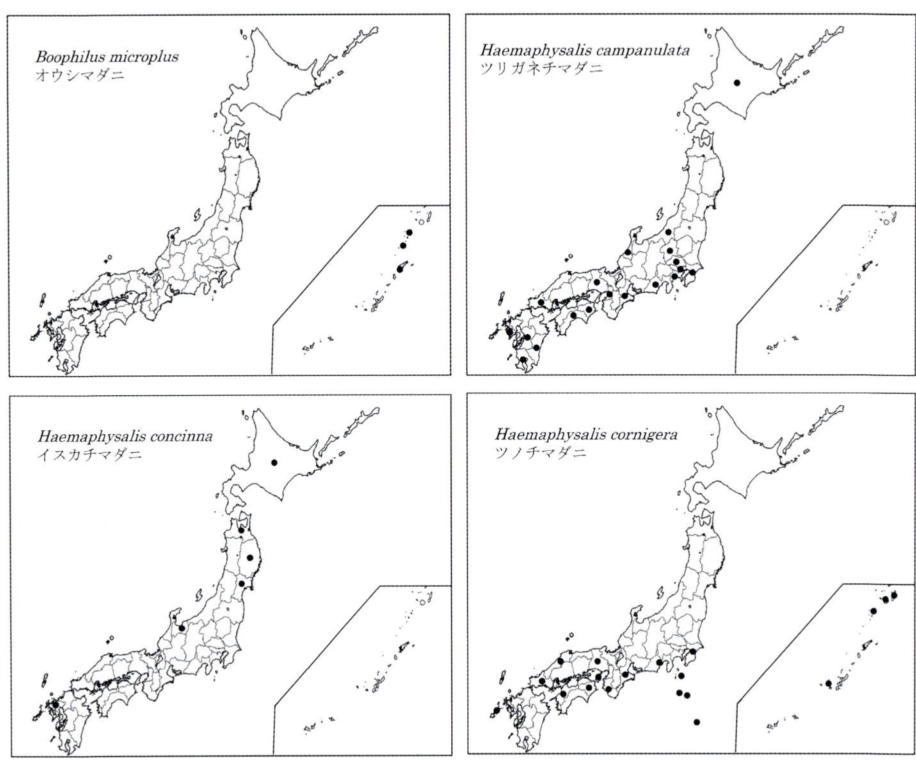

図 30－3　北方系あるいは南方系の形態や生態で特徴ある属種

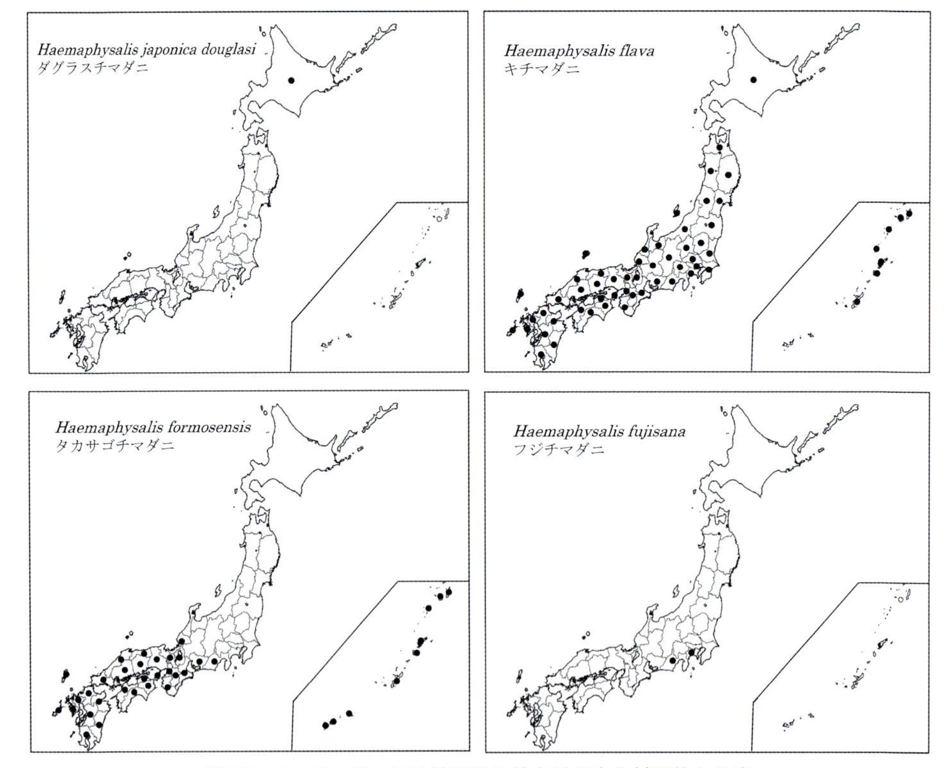

図 30－4　チマダニ属の普通種と希少種の南北対照的な分布

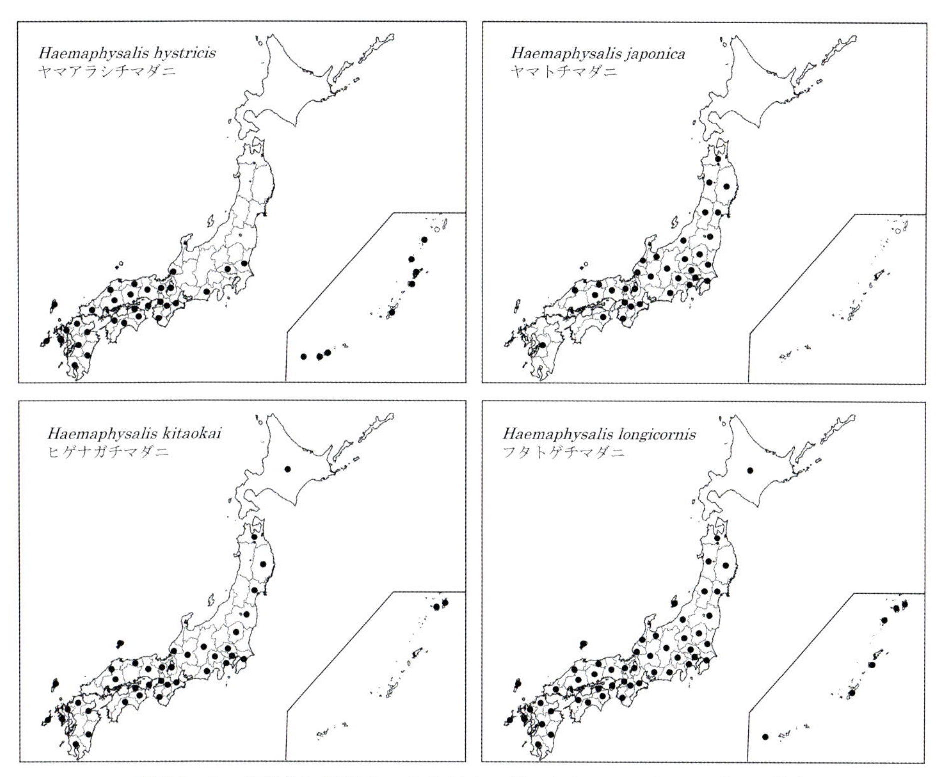

図 30－5　疫学的に重要なフタトゲチマダニとヤマアラシチマダニの分布

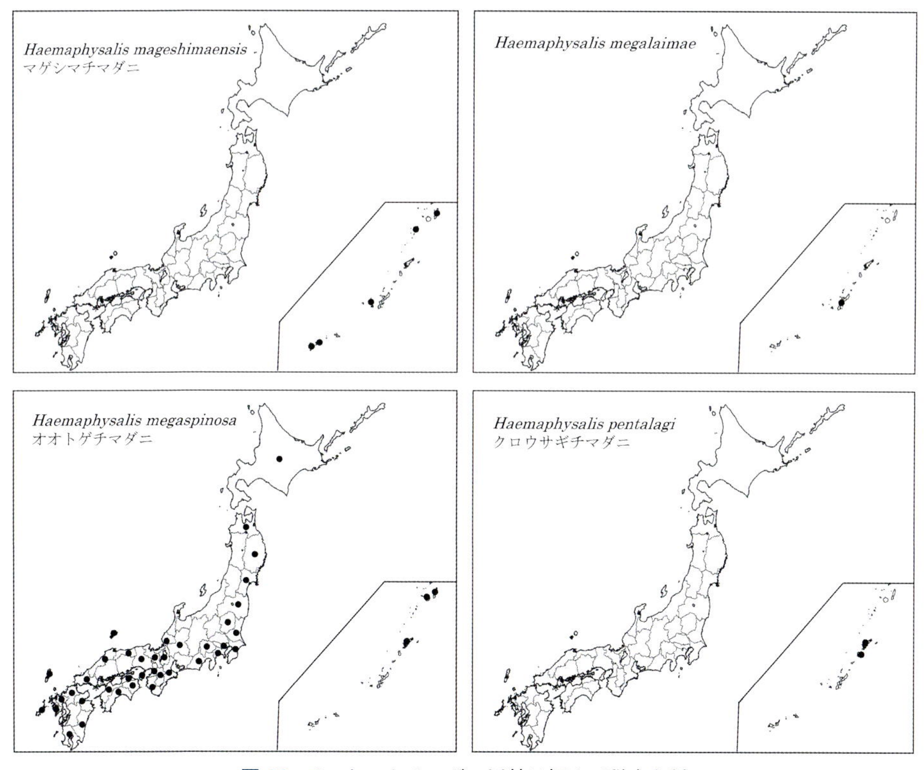

図 30－6　ヤマトチマダニ以外は極めて稀少な種

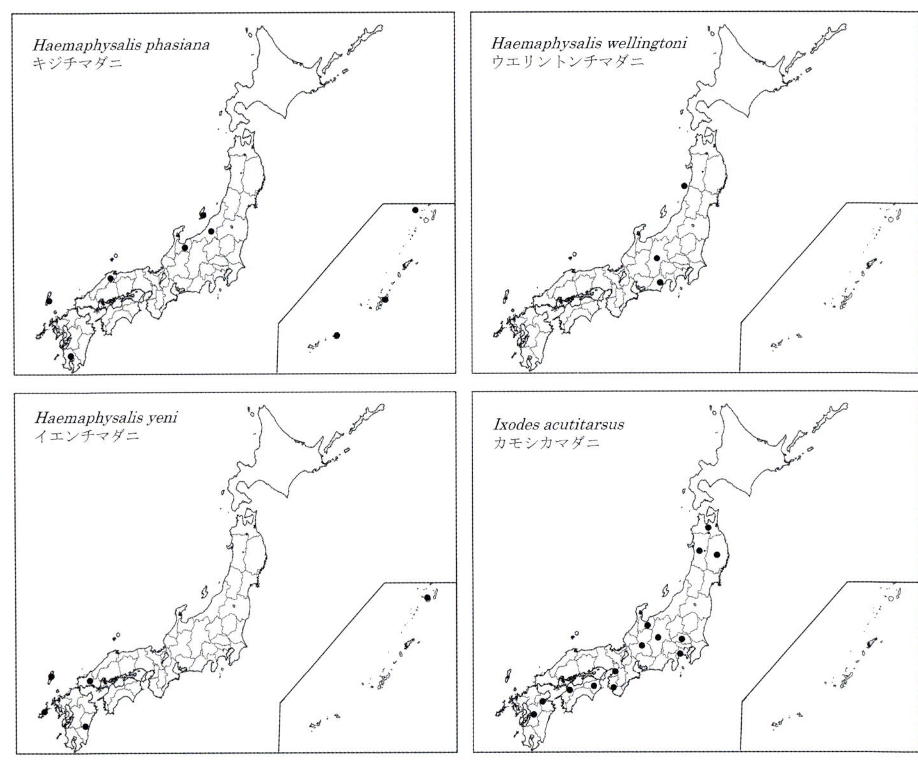

図 30−7　マダニ属で最大の種カモシカマダニ，ほかは極めて稀少な種

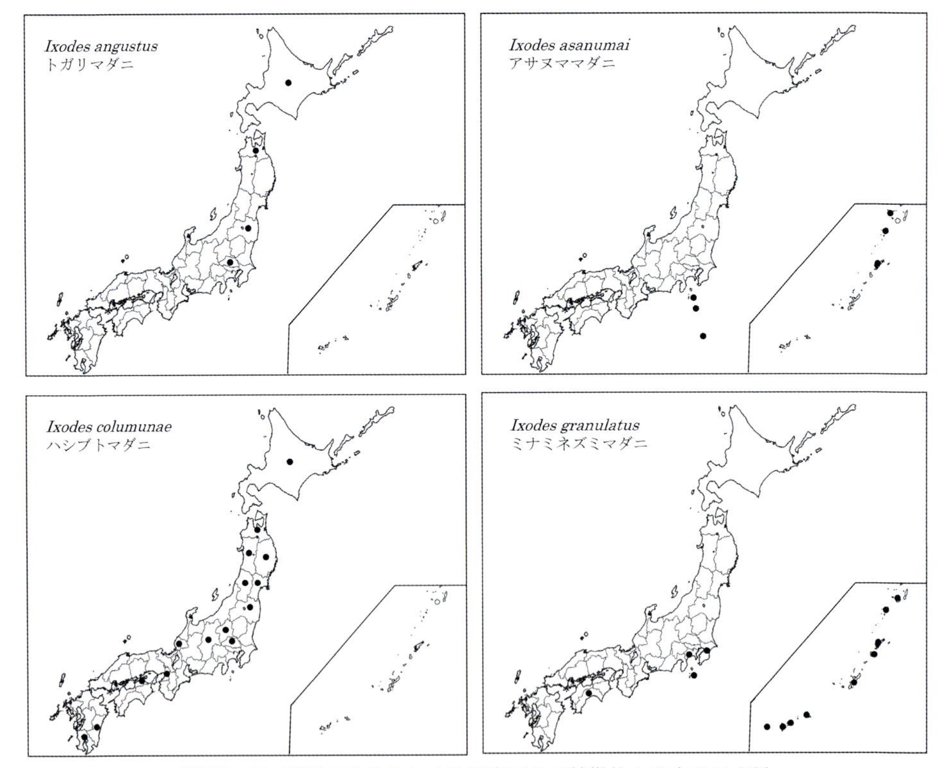

図 30−8　列島の南北もしくは標高によって特徴的な分布を示す種

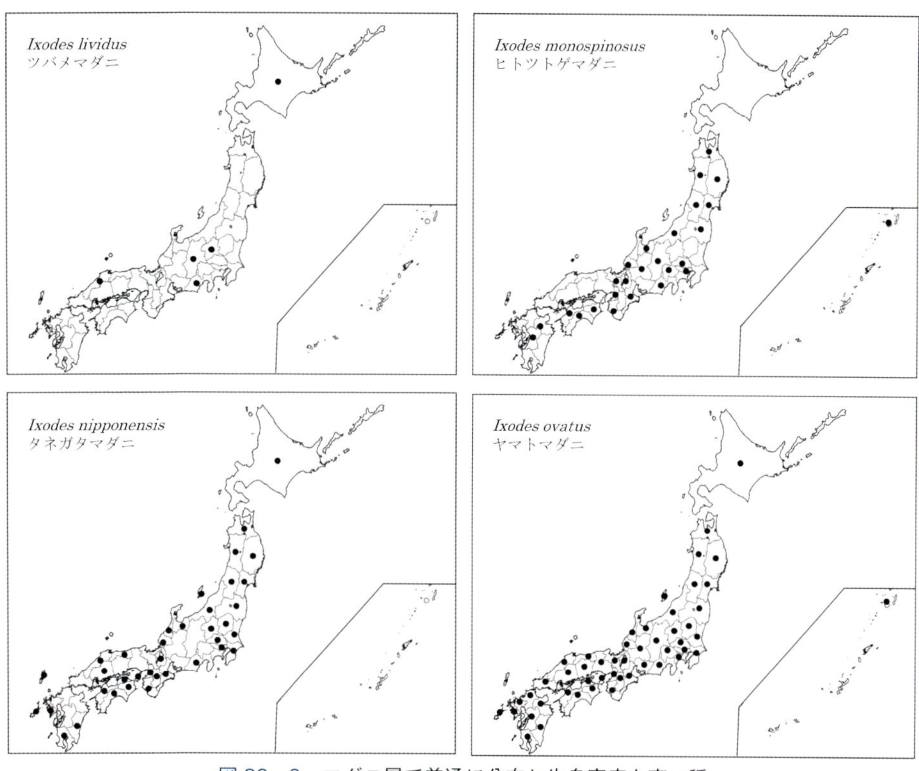

図 30－9　マダニ属で普通に分布し生息密度も高い種

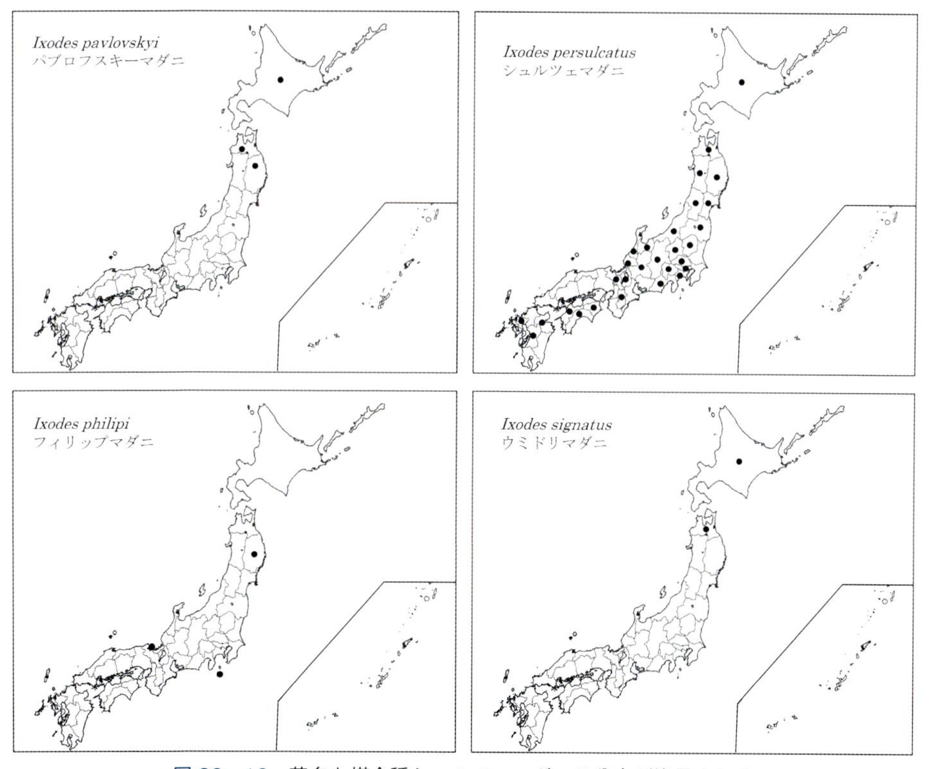

図 30－10　著名な媒介種シュルツェマダニの分布が注目される

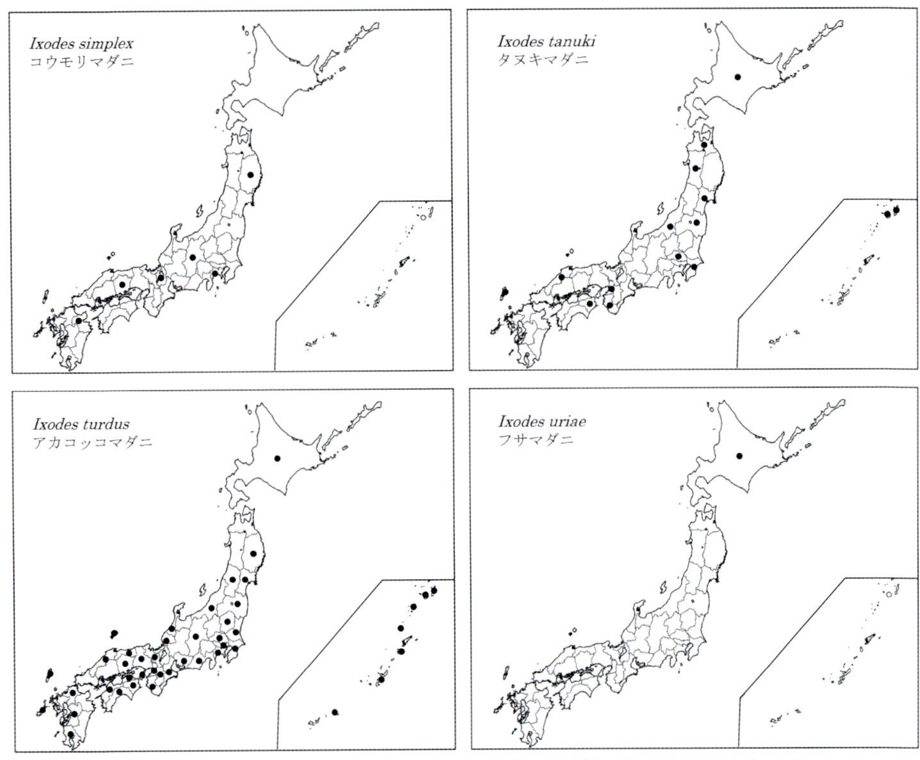

図 30－11　鳥嗜好性のアカコッコマダニは拡散し易く広い分布をみる

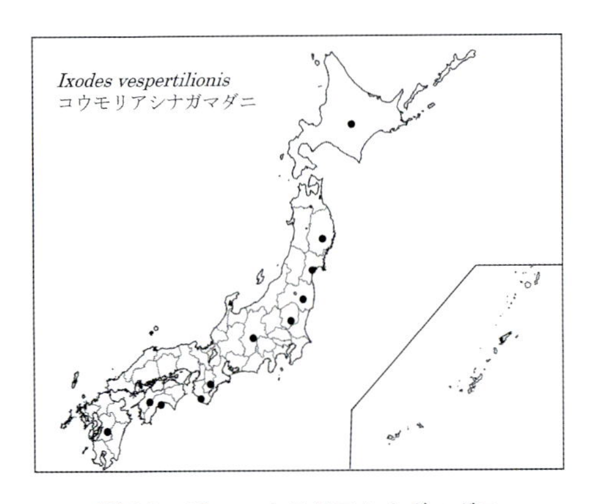

図 30－12　コウモリアシナガマダニ

以上，図示した種は邦産記載数の2／3(45種)である。なお，各プロットは当該県の中央付近に付されたものが多く，細かな分布地指定を保証するものではない。

ともあれ何らかの調査研究を行う場合の目安，あるいは関係症例などへの対応にはほぼ充分な種数である。

〔引用文献〕

Fujimoto K（1994）Comparison of the cold hardiness of *Ixodes nipponensis* and *I. persulcatus* (Acari: Ixodidae) in relation to the distribution patterns of both species in the Chichibu Mountains. *Jpn J Sanit Zool*, 45: 333–339.

Fujimoto K（1996）The difference of the seasonal activities of *Haemaphysalis longicornis* and *Ixodes persulcatus* females (Acari: Ixodidae) observed in a field experiment. *J Acarol Soc Jpn*, 5: 35–38.

猪熊　壽，大西堂文（1995）狩猟期における犬のマダニ寄生状況．日本獣医師会誌, 48: 786–789.

北岡茂男（1989）大型野生動物とマダニ．柏崎市立博物館報, 4: 44–50.
宮本健司，中尾　稔（1993）野鳥に寄生するマダニ類．鳥類標識誌, 8: 37–42.
門崎允昭，小澤良之，河原　淳（1993）日本産クマ類の外部寄生虫．北海道開拓記念館報, 21: 1–21.
Shiraishi S, Yoshino K, Uchida TA（1989）Studies on seasonal fluctuations of populations and overwintering in the cattle tick, *Haemaphysalis longicornis*. *J Fac Agr Kyushu Univ*, 34: 43–52.
髙田伸弘，山口富雄（1974）東北地方におけるマダニ類の研究　1．野生哺乳類寄生マダニ類と人体刺咬例．衛生動物, 25: 35–40.
吉田利男（1977）牧野におけるフタトゲチマダニの分布と生態．ダニ学の進歩－その医学・農学・獣医学・生物学にわたる展望－（佐々学・青木淳一編），489–514．図鑑の北隆館，東京．

Ⅳ. マダニの病原媒介性

(髙田伸弘・夏秋　優・藤田博己)

1. マダニ媒介感染症の多様性

マダニ類の刺症は，その部位が陰部であるとか，何らか認識不足などが重なれば発見の遅れることはあっても，その虫体がコダニ類に比べては大きいので通常は患者自身に気付かれて個人的に処置されることも多いようである。したがって，各地で実際の症例はかなり多いにもかかわらず公式の報告数は案外に少なく推移してきた。ところが，近年に至って，マダニが媒介するリケッチア性やウイルス性の感染症がセンセーショナルにマスコミに取り上げられる事態となって，にわかに刺症患者の外来あるいは問い合わせが全国的に急増している(図 31)。

そうして集まる標本は，アルコール浸ならよいがホルマリン浸で固定したものは困り，また封入あるいは切片化されて鏡検し難いもの，一方，国内からの問い合わせが中心ながらしばしば海外からも届いて，包装や容器また添付のデータなどは様々な過不足あり，そこから先の検討が容易でない事例も時にはある。ともあれ，医療側も以前は単純なマダニ刺症という認識にとどまることが多かったところを，マダニ類は種々の病原微生物を媒介する役割を持つという点で深い配慮が求められてきている。

そこで，それらマダニ媒介感染症について，世界の趨勢にも留意しつつわが国にみる病種を総括してみると表 14 のようになる。病原体はウイルスならびに細菌など微生物が中心ながら，原虫や寄生虫も含んで多岐にわたり，世界各地で地方ごとの疫学相を示しながら浸淫的(風土病的)endemic に存在する。

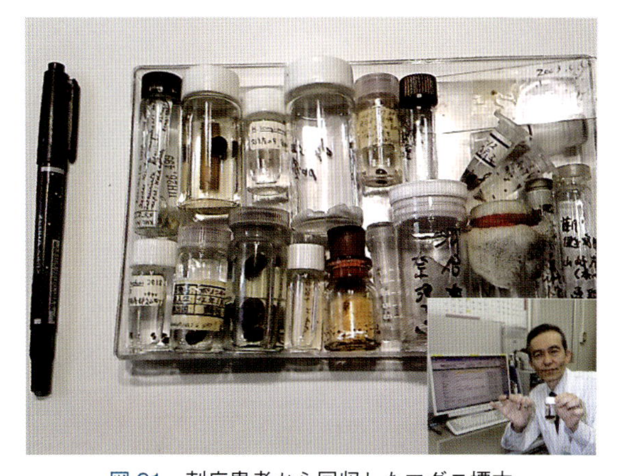

図 31　刺症患者から回収したマダニ標本
著者らが担当（問い合わせ含む）して集まった多数の刺症マダニの標本の一部（挿入は著者の一人，夏秋　優）

2. 媒介感染症とマダニの関係

以下，表 14 の病名に付した番号順に，その命名の経緯から始めて病態や疫学の多様性へ記述を進めるが，本書の趣旨として各感染症での媒介マダニ種の絡み方を中心に記述する。

1) マダニ媒介性脳炎

[病名と病態]

世界の各地に節足動物媒介性ウイルス症が知られるが，このうちマダニ媒介のものとしては脳炎 tick-borne encephalitis(TBE)が有名である。とくに Flavi virus による地方性の脳炎が知られて，世界では年間 1 万から 1 万 5 千例の患者発生が推計される。一般に，感染しても 7 割以上は不顕性に経過するが，発症した場合は次のように型分けされる。

極東亜型：古くからロシア春夏脳炎として知られ，極東ロシアからシベリア，モンゴル，中国東北部などにみる。シュルツェマダニ媒介性で毒性が強い。潜伏期間は 7 ～ 14 日，

表14　わが国を中心とするマダニ媒介感染症

疾患群／疾患名	病原体／主なベクター属種	発生地域の概要
ウイルス		
Flaviviridae		
1) マダニ媒介性脳炎	*Flavivirus* 属／マダニ属	欧州～ロシア～北日本
Bunyaviridae		
2) 重症熱性血小板減少症候群	*Banyangvirus* 属／チマダニ属など	中国～朝鮮半島～南西日本
＊海外の主要ウイルス症	クリミア・コンゴ出血熱	
細　菌		
リケッチア類		
3) 日本紅斑熱	*Rickettsia japonica*／チマダニ属	南西日本～極東～東アジア
4) 極東紅斑熱	*R. heilongjiangensis*／チマダニ属	北アジア～北日本
5) その他の紅斑熱（仮称含む）		
ヘルベティカ感染症	*R. helvetica*／マダニ属	欧州～タイ北部～日本
タムラエ感染症	*R. tamurae*／キララマダニ属	南西日本～東南アジア？
アジアティカ感染症	*R. asiatica*／マダニ属	極東～日本
モナセンシス感染症	*R. monacensis*／マダニ属	ロシア～日本？
＊海外の主要紅斑熱	アメリカ大陸のロッキー山紅斑熱 *R. rickettsii* ユーラシア東半のシベリアマダニチフス *R. sibirica* 地中海周辺のボタン熱 *R. conorii* アフリカダニ熱 *R. africae*	
6) ヒトアナプラズマ症	*A. phagocytophilum*／複数属種	北米，極東～日本
スピロヘータ類		
7) ライム病	*B. bavariensis* など／マダニ属	欧州～極東～日本，北米
8) その他のボレリア症	*B. miyamotoi*／マダニ属ほか	北米，ロシア～日本
その他の細菌類		
9) Q熱	*C. burnetii*／チマダニ属？	世界（日本含む）
10) 野兎病	*F. tularensis*／複数属種	ロシア～日本
11) モンテズマ感染症	*Montezuma* sp.／シュルツェマダニ	ロシア～中国～日本？
原虫ほか		
12) バベシア症	*B. microti*／マダニ属	北米，東アジア～日本
13) 線虫症	*Cercopithifilaria* 属／チマダニ属	日本ほか？

注　？を付した事項は不明な点が残るもの

ヨーロッパ亜型のような二相性は示さず，潜伏期の後に頭痛，発熱，悪心，嘔吐が見られ，極期には精神錯乱，昏睡，痙攣および麻痺など脳炎症状が出現する。致死率は20％以上，回復後も30～40％に神経学的後遺症をみる。

わが国で古くマダニ媒介性が疑われるFlavi virusとして東京の脳炎患者から分離されたNegishi株，あるいは北海道でのApoi株の分離記録もあってヒトや家畜で抗体陽性例

図32 欧州におけるダニ媒介脳炎の事情
左：ドイツ（バイエルン州）の山村で，有力媒介種であるヒツジマダニ *I. ricinus* は画面右側の日照よい草原に多く，左側の森林内では僅少／右：フランクフルト市内の薬局入口に展示されたマダニ対策の薬剤や器材（編者撮影）

も見られたらしいが，後述のように北海道で発症が明らかになっている。

シベリア亜型：シベリア，バルト三国およびフィンランドなどにみる。致死率は6～8%である。

ヨーロッパ亜型：地元では中央ヨーロッパダニ媒介脳炎として知られ，古くから中欧を中心に広くみられるがやや弱毒とされる。市民は本病を周知し，媒介マダニの生息もよく知られて，大都市の薬局にも対応の器具や薬剤が売られている（図32）。本症についてはわが国の海外旅行案内書の欧州編に「**ウイーンの森や中欧各国の森や公園の草むらにはツエッケ Zecke というマダニが生息し，刺されるとウイルス脳炎に感染する恐れもある。地元でワクチンはあるが旅行者は受けられないので，野外では遊歩道外の草むらに入ったり寝転がったりしないように注意したい。**」などと書かれている。症状は時に二峰性で，まず発熱，頭痛，全身の関節や筋肉の痛みなどインフルエンザ様に1週間程度，その後に髄膜脳炎を生じると痙攣や知覚異常などを呈し，致死率は1～2%ながら回復後は10～20%に神経学的後遺症をみる。

[感染環と疫学]

そうした中，1993年にマダニ媒介性脳炎の患者1名（回復するも後遺症）が北海道の渡島地方で確認され，感染環も証明された（Takeda et al., 1998）。そして長い空白を経た後の2016年に1名（死亡）追加，一方，道央などで2017年に2名（1名死亡）の患者が発生している。

マダニは自然界の病原巣となる動物や鳥類を吸血して病原ウイルスを獲得し，経期伝達と経卵伝達で維持する（図33）。各型の媒介種を挙げると，ヨーロッパ亜型ではヒツジマダニ *Ixodes ricinus*，シベリア亜型と極東亜型ではシュルツェマダニ *Ixodes persulcatus* であるが，日本では北海道の第1例発生地の渡島地方の調査ではヤマトマダニ *Ixodes ovatus*，および宿主動物のアカネズミ *Apodemus speciosus* やエゾヤチネズミ *Clethrionomys rufocanus* さらに歩哨動物としてのイヌから極東亜型ウイルスが分離されている。また，札幌周辺でも野鼠やアライグマなどの10%程度から抗体が見出されている。本州側での患者発生記録は未だないが，島根県など複数県の野鼠から抗体検出例があり，国内各地における本疾患の潜在が危惧される。

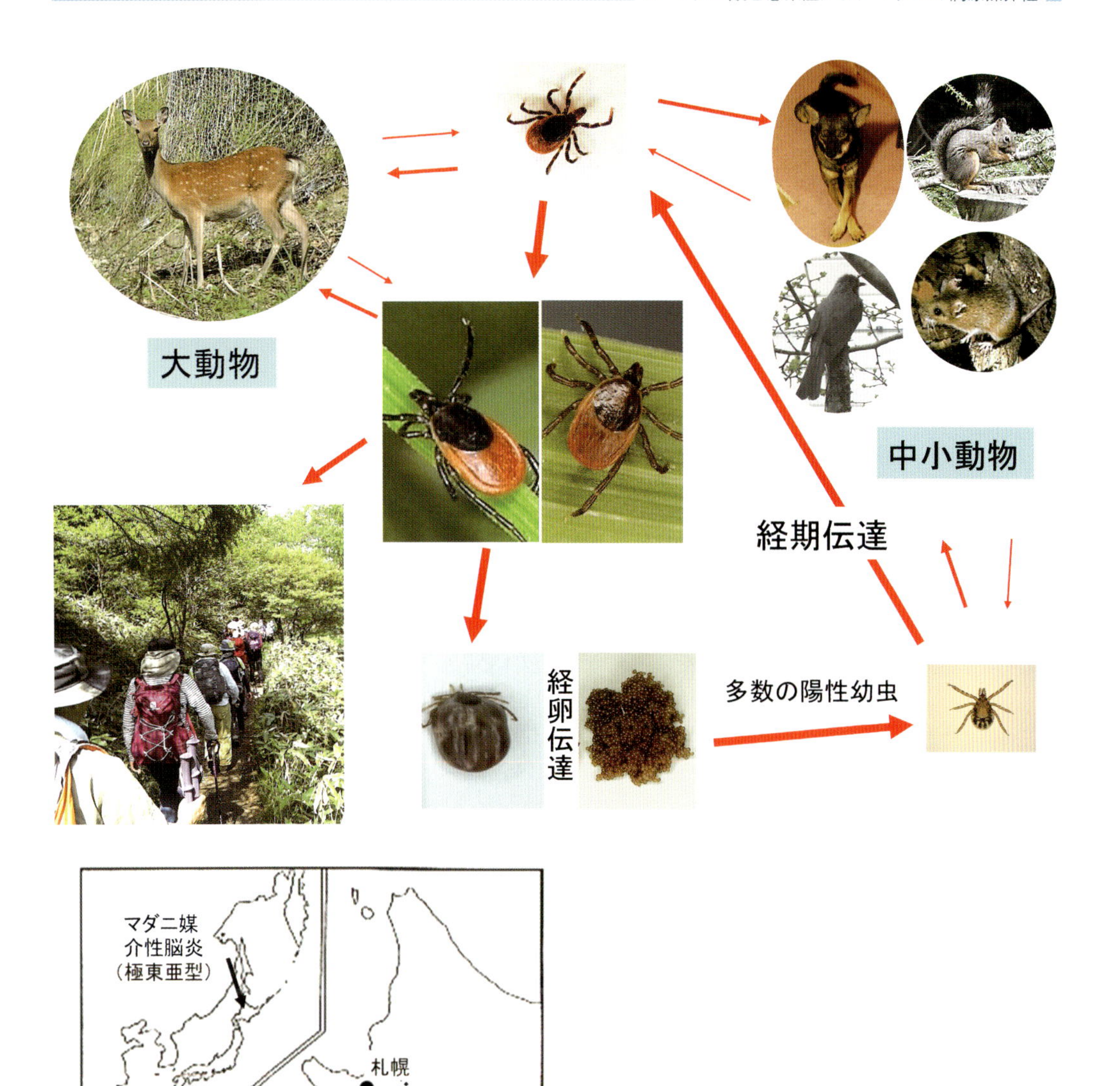

図 33　マダニ媒介性脳炎の感染環と発生確認地域
上段：マダニ属の発育環に伴うウイルスの伝達（赤矢印は病原体の流れ）
下段：2018 年現在の症例確認地域

予防として海外では複数の不活化ワクチンがあり，ヨーロッパでは感染リスクのある住民へ接種される。これらワクチンはいずれの亜型ウイルスにも有効であるが，わが国では症例は未だ稀少であるとされ，輸入手続きなどはごく一部地域の試み以外は進んでいない。

2) 重症熱性血小板減少症候群

[病名と病態]

病名は主な症状を重ねた重症熱性血小板減少症候群であるが，通常はその英訳 severe fever with thrombocytopenia syndrome の略称 SFTS が使われる。

2011 年に中国で見出されたブニヤウイルス系の新種 SFTS ウイルス（最近は *Banyangvirus* 属

として Huaiyangshan banyangvirus とも）による出血熱である。最も早い発生確認は 2006 年秋の安徽省の事例（患者数 14 名）らしいが，当初は類似した症状から後述のヒト顆粒球性アナプラズマ症を疑われたものの，2013 年の SFTS 報告後の再調査で同感染と判明した。血中ウイルス量は 100 余 copies/mL に達し，回復者ではこれら数値は発症後 2 週間ほどで正常に戻るが，抗体は長期に持続する。2018 年までの症例数は 4,000 内外で，症例の累積に伴い計算上の致命率は減少するも 7.8〜12.2％，多臓器不全や播種性血管内凝固症候群（DIC）で死亡する。内出血に由来するウイルスが咽頭スワブ，尿，便などからも検出され得るという。

日本での初確認例は 2012 年秋に発熱や血小板減少を示した死亡例で 2013 年 1 月に公表，後方視的に SFTS ウイルス感染が確認され，新興感染症の仲間入りをした。潜伏期は 1〜2 週間で，症状は中国の場合と似て，発熱，消化器症状（食欲低下，嘔気，嘔吐，下痢，腹痛），その他頭痛，筋肉痛，意識障害や失語などの神経症状，リンパ節腫脹，皮下出血や下血などの出血症状があり，致死率は 6.3 〜 30％，特に高齢の患者では予後不良である。壊死性リンパ節炎や骨髄での血球貪食像を多く見て，ウイルス増殖の中心はリンパ節とされる。本症の症例定義としては，38℃以上の発熱，消化器症状，血小板減少，白血球減少，AST や ALT また LDH の上昇，他に明らかな原因なし，集中治療を要したか死亡したかの重症度，などが挙げられる。

治療は対症療法が主で，リバビリンさらにはファビピラビルなどの治験で一定の効果は示唆されるものの特効薬として確立しておらず，ワクチンもない。なお，急性期にウイルスは患者の各部体液や組織にみるほか，発症 1 ヵ月弱でも精液にまで検出されるらしく，関係者は念には念を入れて二次感染を防止せねばならない。

本症の有効な検査は，患者血液や体液から RT-PCR 法により本ウイルスの遺伝子を検出することが一般的である。

［感染環と疫学］

中国の概況：フタトゲチマダニやオウシマダニから同ウイルスが遺伝子検出もしくは分離され，感染経路はウイルス保有マダニの吸着と考えられた。民間の不潔な扱いの中では血液や気道分泌物を介したヒト－ヒト感染も華中を中心に 10 数省で時に報告されている。

韓国の概況：韓国での初めての確認は後方視的調査による 2012 年 8 月の死亡例であるが，2013 年 3 月以降は年間 30 数名以上の確認が続き，臨床面は中国の場合と類似，致命率も高いらしい。患者発生は，マダニの吸着が多い南部に多い傾向にあるという。

日本の概況：本症の感染環はいずれの国や地域でもおおむね共通しようが（図 34 上段），わが国での患者確認は，南西日本に偏って後述の日本紅斑熱のそれとまるで重なる。それは，両者とも病原保有率の高いチマダニ類の濃い密度に依存するからである（図 34 下段）。

媒介マダニの概況：マダニからの同ウイルス遺伝子の検出法は初期から国立感染症研究所獣医科学部で創意工夫されて RT-PCR 法のマニュアルが各県衛生行政機関へ配布された。陽性例の検証を容易にするための改善なども逐次行われている。このようにしておおむね全国のマダニ調査（編者らも参加）が行われた結果，**同ウイルス遺伝子はヒトもよく嗜好するフタトゲチマダニ，キチマダニ，タカサゴキララマダニ，そしてもっぱら動物を好むオオトゲチマダニ，ヒゲナガチマダニ，タイワンカクマダニなど，チマダニ類を中心とする属種から検出されて，陽性マダニの全国的な分布の概況も示されている**（図 35）。具体的な保有率は森川（2015）を引用

図 34　SFTS の感染環と発生確認地域
上段　主にチマダニ属の発育環に伴うウイルスの伝達（赤矢印は病原体の流れ）
下段　点線は 2019 年までの感染推定県の東端を示す（単に届け出のあった県名で示すのでは実態を把握できない：感染研ホームページを改変）

すれば以下の通りである。

動物もヒトも嗜好する属種：フタトゲチマダニ（12.9％），キチマダニ（20.2％），ヤマアラシチマダニ（7.6％），タカサゴキララマダニ（15.2）

もっぱら動物を嗜好する種：オオトゲチマダニ（20.2％），ヒゲナガチマダニ（10.6％），タカサゴチマダニ（6.1％）

これらは種ごとの被検数や産地が様々なのであくまで参考ながら，編者らが本症出現を受けて感染研獣医科学部と共同で日本海側数県の調査を開始する中でも類似の結果が示されている（石畝ら，2013）。

陽性マダニの確認が空白の県ないし地域も若干あるが，これは充分な調査が行われなかったか，マダニの扱いに不慣れな方法論的な問題があると思われ，推論でいうならば本ウイルス陽

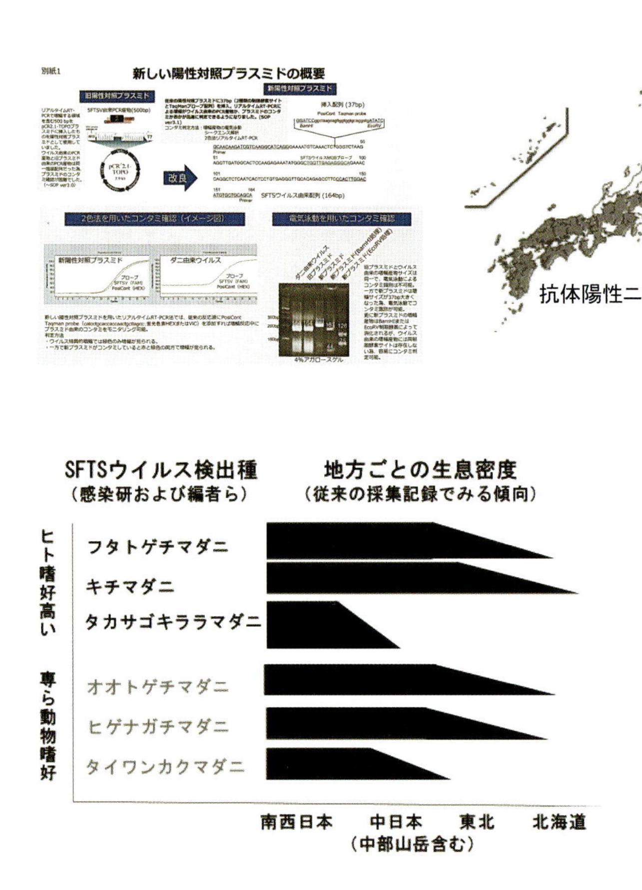

図35　フィールド試料の検査について
上段　左：マダニからのSFTSV遺伝子の検出法で補強された手法（感染研獣医科学部による）／右：遺伝子陽性マダニの分布および抗体陽性シカの分布
下段　本ウイルスの保有が記録されたマダニ種の地方別分布頻度（牧場を除く通常の山野の場合）

性マダニは都市部を除き全国に広く分布するかの印象ではある。一方で，シカが保有する同抗体の頻度は患者の出方に似て南西日本が中心である。この理由を考えるに，東北日本では媒介チマダニ類の分布密度が低まるにしたがってシカの感染頻度も低まるためかと思われる。具体的には，保有マダニの中でヒトを嗜好するフタトゲやタカサゴキララは南西日本の野外では広範かつ密度高く生息するのに対し（山野では路傍の植生から多数採れる経験も），**東北日本ではフタトゲは通常の山野よりも牧野が中心，またタカサゴキララは分布しないのである。したがって，ヒトへの感染圧は東北日本へ向かうにしたがって確率論的に低まるのが実情と思われ，ウイルス保有マダニ種が東北日本に在るにかかわらず何故患者が出ないのかという疑問は，そういう観点で解消される部分も大きいように思われる**（図35）。もちろん，大型野生動物に伴うマダニの北上傾向は強まっているので，そのうち東北地方での希少な発生確認は否定できないが，広範な患者発生は見ないだろう。

以上述べたマダニと本ウイルスの絡みを実地で示すため，編者らが調査を手掛けた兵庫県北部の成績を例に挙げる（図36）。結果として，患者発生地周辺ではフタトゲの生息密度が濃厚かつ本ウイルス保有率も相当高いが，現地から離れるにしたがいマダニのウイルス保有率は低まる傾向がみられた。推論ながら，各地の患者確認地域においても，このような一定の範囲での感染環のフォーカスがあるものと思われる。このような状況は，本章末尾の調査ファイルにおいて福井県若狭地方の例で紹介する。

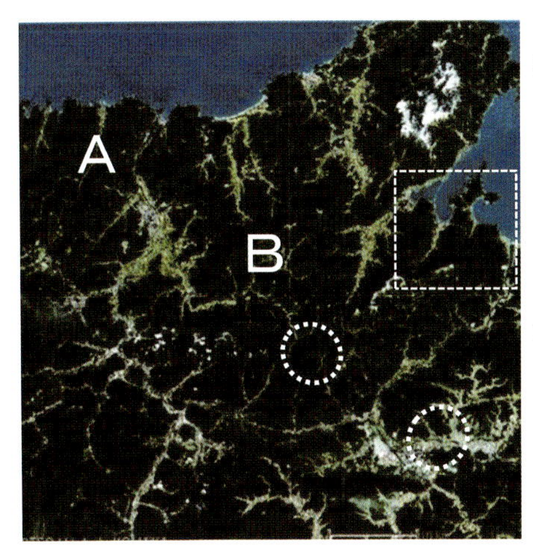

発生地Ａ 〈2014年夏～秋〉

集落上部	*H. longicornis* 5♀4♂34N20L	2/17
	H. megaspinosa 1N	NT
	A. testudinarium 2N	NT
集落内	*H. longicornis* 1♀1♂2N44L	2/12
	H. megaspinosa 6L	NT
集落下部	*H. longicornis* 9♀8♂1N	2/18

発生地Ｂ 〈2014年夏～秋〉

集落内	*H. longicornis* 52♀3♂8N21L	3/61
	H. flava 1♀1♂	NT
	H. kitaokai 5♀	NT
	A. testudinarium 2N	NT
集落外	*H. longicornis* 9♀3♂3N	0/ 9

周辺の非発生地 〈2015年秋〉

Ｂの南東10km	*H. flava* 5♀2♂2L	0/ 7
	H. kitaokai 16♀6♂	1/22
	H. megaspinosa 1♀5N	1/ 6
	H. flava 3♀2♂2N	1/ 7
Ｂの南東30km	*H. kitaokai* 12♀9♂	0/21
	H. megaspinosa 1N	0/ 1

京都府での発生地区

図 36　兵庫県北部の SFTS 発生地周辺での調査

なお補足ながら，編者らは上記兵庫県北部での調査の中で，得られた野鼠血清から本ウイルス抗体を簡便な IP 法で検出できるか否かを試行した。結果として，マダニの本ウイルス遺伝子保有が高かった患者発生地周辺では野鼠に比較的高い率で検出できたが，近畿圏あるいは中部地方の患者をみない数地区の野鼠ではまったく検出はなかった。したがって，野鼠もフィールドの状況を評価する簡便な検査対象になり得るかも知れないことを学会報告していたが，最近は国内外でも多数種の動物に加えて，野鼠類における陽性も言われつつある。

なお，生ウイルスの分離は，患者吸着のタカサゴキララやイヌ吸着のフタトゲなどからのほか，**佐藤ら (2019) は，症例の多い宮崎県で未吸着のフタトゲ (単為生殖系) ほか 5 種から国内初で分離に成功している。方法は通常の Vero 細胞への接種でよく，遺伝子検出と分離の有無は必ずしも一致せず，コピー数が分離を左右するらしい。また，若虫で分離率が高く，若→成の経期伝達の証明もされた。**

SFTS ウイルスの遺伝学： わが国と中国の患者分離株を遺伝解析すると，ウイルスの祖先はそれぞれ中国系で確認される株とわが国で確認される株の 2 つのクレードを分ける位置に存在したという (図 37)。すなわち，本ウイルスは地域に根差した区分ができ上っており，近年に中国からわが国へ侵入したものではない。

・Chinese クレード (C1～C5)：中国にみる株の大半，ただし日本 J3 系もわずかに混在
・Japanese クレード (J1～J3)：国内株のほとんどはジェノタイプ J1 で，J2 と J3 は少数，
　　ただし九州や島根県には中国系 C3～C5 も混在
・韓国の患者やマダニ由来株では，約 25％が中国系，約 75％が日本系

このように，遺伝型が大勢で区分けされながら一部では混在する理由は，中国大陸と日本列島

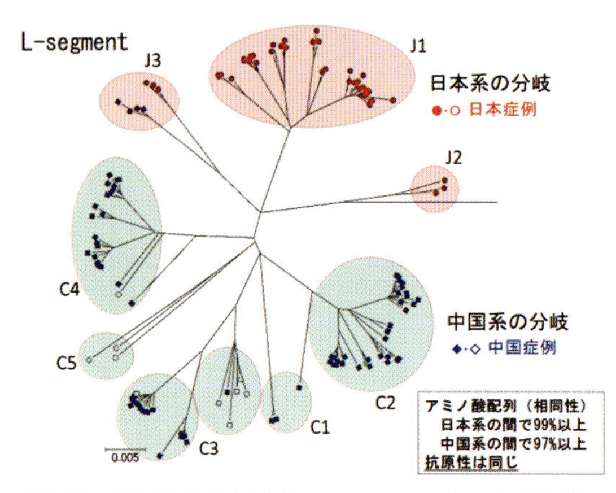

図 37　遺伝子解析の図（Yoshikawa et al.(2015)を改変）

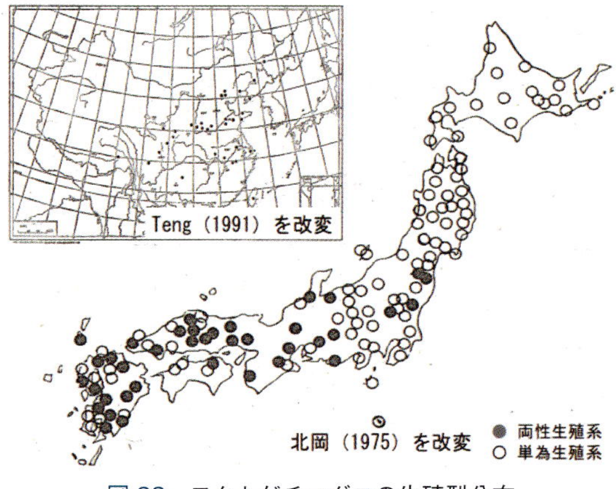

図 38　フタトゲチマダニの生殖型分布
現在は単為系が全国に拡散，中国では両性系を広くみる

の間で，主として検疫のない時代にヒトや家畜もしくは動物に付着あるいは渡り鳥を介してウイルスが長距離移動した機会があったとも思われるが，主な媒介種フタトゲチマダニが氷河期前後に大陸から日本列島に侵入して以後に共進化が進んだことなども理由になり得るように思われる。支持する事実として，前項の解説でも述べたが，わが国のフタトゲチマダニは染色体の上で両性生殖系と単為生殖系に分かれ，中国産の個体群は両性生殖系なのに対し，韓国産の同個体群はそれらの中間型であるということが挙げられる。韓国南海に浮かぶ済州島には，増殖率の高いフタトゲの個体群が牧野に密度濃く生息する事実は暗示的である。筆者らも済州島のダニ相の全般をしばしば調査してきているが，島の中央のハルラ山によって分けられる北半部は冷涼であるのに対して，南半部は温暖で牧野が多くて足の踏み場もないほどフタトゲが繁殖している（マダニは牧草先端から手で容易に採れる）。いずれにしろ，かなり古来からマダニの動きに依存して本ウイルスの性状の差が起きてきた可能性など，種々の検討課題が残されている（図 38）。

一方，ヒトではマダニの吸着による感染経路とは別に，ウイルス感受性の高いネコに咬まれたりイヌの介護の中で便を介して感染したらしい例も時にあることが報告されているので，愛玩動物を含む環境動物（保有率が高くても不顕性のイノシシ，アライグマ，ウシなど）からの感染も注意したい。

<参考>フタトゲチマダニの生殖系と SFTS の関係

フタトゲの両性生殖系と単為生殖系は PCR により遺伝子のわずかな差異で鑑別できるという（静岡県立大学の大橋典男博士の私信）。福岡県でその方法を試行して両性生殖系と判別できた多数のフタトゲからウイルス陽性はみたが 1 例と低率であったという（芦塚，2019）。一方，SFTS 発生が全国最多の宮崎県では，単為生殖系のフタトゲ個体群を含む数種から高率に同遺伝子の検出ないし分離までもできたという（前ページで引用）。

いずれにしても，編者らが本文で指摘もしたように，SFTS の疫学がフタトゲの生殖系の違いと絡むものか否か，今後は各地で精細な調査を要すると思われる。

[クリミア・コンゴ出血熱]

この病名 Crimean - Congo Hemorrhagic Fever は，1940 年代にクリミアで旧ソ連軍兵士に発生して患者やダニからウイルスが確認され，それが 1950 年代にコンゴでもみたことに由来する。エボラやラッサと同じ出血熱で，アフリカ～東欧～中近東～中央アジアそして中国西部にみて，わが国の感染症法では第 1 類とされる。

潜伏期間は 2 ～ 9 日間，発熱や各部の痛み，重症化では多彩な出血像をみて，致命率は 15 ～ 40％に上る（発症率は約 20％）。ワクチンはないが，後遺症はみない。

ヒトへの感染は，ダニの吸着また患者や感染動物の血液汚染である。自然宿主は多くの動物で，媒介種は *Hyalomma* 属マダニなど 20 数種で，中国北部まではみるが朝鮮半島～日本には分布しない。ただ，ウイルス自体は中国西部までみるので，関係のマダニや動物の移動ないし渡り鳥による運搬には注意したい（疑い例は感染研で検査は可能）。

3）日本紅斑熱

紅斑熱群リケッチア症 spotted fever group rickettsioses（略記する場合は SFGR）は世界の各地域に分布し，北米大陸のロッキー山紅斑熱，地中海沿岸の地中海紅斑熱，シベリア一帯のアジアマダニチフスまたオーストラリアのクインズランドダニチフスなどが代表的なものである。わが国では，ツツガムシ病と似て非なる熱病として，前世紀終盤からライム病と双璧をなすマダニ媒介性感染症として注目されることになった。2018 年度に至る数年の年度ごとの確認届け出数はおよそ 200～300 台となって，ツツガムシ病に次ぐ勢いである。そして，**本病は韓国でも症例報告はあり（Chung, 2006），また編者らは相同性の極めて高い菌株をタイ国でも得ているので（Takada et al., 1994），極東アジアから東南アジアにも散在するように思われるが，逆に欧州と共通するような紅斑熱群の病種も国内に散在することが徐々に分かってきており，加えて旅行者による単純な輸入例（後述）も知られつつあるなど，多面的な視野から対応が求められる。**

[病名と病態]

ツツガムシ病の項（p98）であげた緒方らは，1930 年前後に米国のロッキー山紅斑熱の病原リケッチアをも取り寄せて比較研究していたが，その中で担当者が実験室内感染して死亡（霊前に捧げる症例報告あり）するなどあり，わが国でも相当前から紅斑熱は縁遠いものでもなかった。しかし，教科書的には「紅斑熱，わが国にはない」風な記述しかされていなかった中で，既成概念にとらわれない関係者の努力で，四国南岸地域で症例が初めて確認された（馬原ら，1984）。

臨床像の認識が普及してゆく中で，この病原体の患者からの分離もなされて *Rickettsia japonica* として新種記載されたが（Uchida et al., 1992），本病の呼称（命名規約はない）については日本紅斑熱，東洋紅斑熱あるいはわが国の紅斑熱などという提案があった。本群感染症は世界各地にみる風土病的な性格から地方名が付けられてきているが，例えばロッキー山紅斑熱がアメリア紅斑熱とも言われたのと同様に，東洋紅斑熱と呼ぶのは漠とし過ぎており（その後に韓国やタイ国の一部で相同な菌株をみてはいるものの），東アジアから東南アジアにかけて種々の紅斑熱群が分布する中で東洋という総括的な呼称を付してしまってはアジア各地の地理的認識を保つのは難しくなる。加えて，病原種小名が *japonica* でもあるため，対応した病名として「日本紅斑熱」が落としどころのように思われ，現在まで広く使われている。

病態：頭痛，発熱，倦怠感などで発症，三主徴としては発熱，発疹および刺し口をみる。潜伏期は統計的に 2 ～ 8 日でツツガムシ病の場合より短い。ツツガムシ病と類似した所見と症状ゆえにツツガムシ病との臨床的な鑑別は容易ではない。しかし詳細に診察すれば，ツツガムシ病では発疹が主に体幹部にとどまるのに対して，本症では病初に四肢末端部にまで出現(感染力が強いことを示す)，またツツガムシ病に比べて刺し口の中心の痂皮部分が小さい傾向にあるなどが特徴である。これは，マダニは刺し口直下の血管内皮細胞等に病原体を速やかに感染させて血流を介し全身に播種させ得るゆえ，ツツガムシのように浅い部位に大きな潰瘍を作って病原菌を増殖させる必要がない結果と思われる。一般的な検査所見も，ツツガムシ病と同様に CRP 上昇，肝酵素の上昇，白血球数の減少，さらに異型リンパ球の増加そして血小板減少などをみる(図 39)。なお，感染は全身の血管内皮に起こるため，血管の炎症，DIC，出血を意味する紅斑ないし糜爛は胃粘膜などにもみられて内視鏡により確認できる(図 40)。

病原体の性状：本群リケッチアは，グラム陰性の偏性細胞内寄生性桿菌で，核内まで増殖する。細胞壁は，外層の厚いツツガムシ病オリエンチアと反対に内層の方が厚い。壁外は莢膜で包まれて電顕的な空白からハローゾーンと呼ばれる。通常の文献では人為的な継代細胞での像が示されるが，ここではマダニ体内に存在する像を紹介する(図 41)。本リケッチアはマダニ体内の組織臓器の随所にみられる。

本菌の膜構造など菌体成分の性状解析など微生物学的詳細の報告も多々あるが，本書では検査診断の抗原性の問題に絞って触れる。なお，遺伝子型として数グループに分けられるらしい。

病原体の分離培養：紅斑熱群リケッチアについては，マウスは概して感受性が低く接種しても発病することはないが，モルモットのほか免疫抑制剤を投与したマウスやヌードマウスでは発病させることができ，これらの手法が分離に用いられることもある。ロッキー山紅斑熱リケッチアでは自然界で感受性のあるハタネズミによる分離も行われている。

そのような動物を通した分離の困難さを解消する意味でも，「A. ツツガムシ類と感染症」に挙

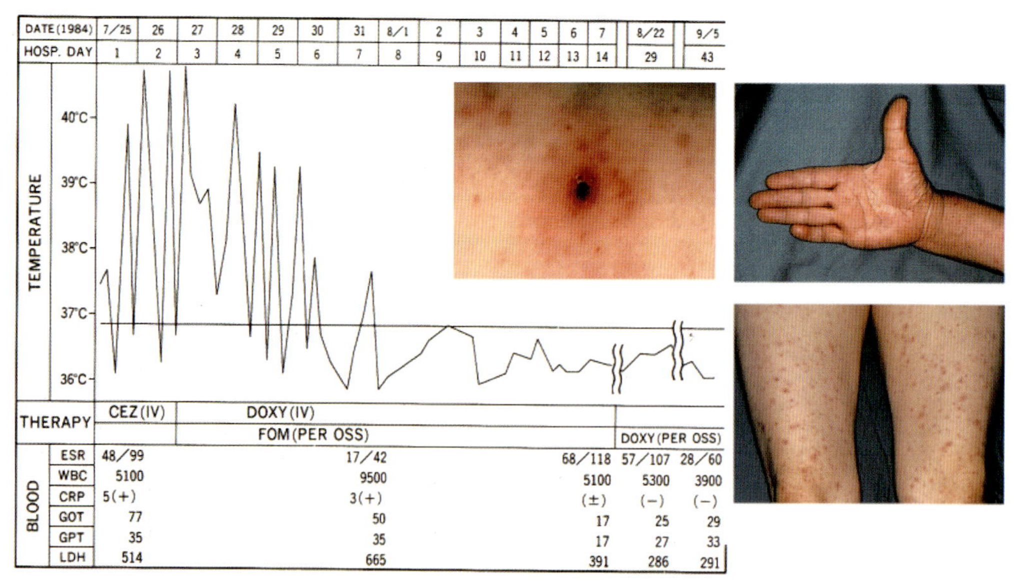

図 39　日本紅斑熱の熱型の例と皮膚所見

臨床経過表は四国南岸で初めて確認された当時の症例(馬原，1987)，皮膚所見の写真画像はその後の著者撮影

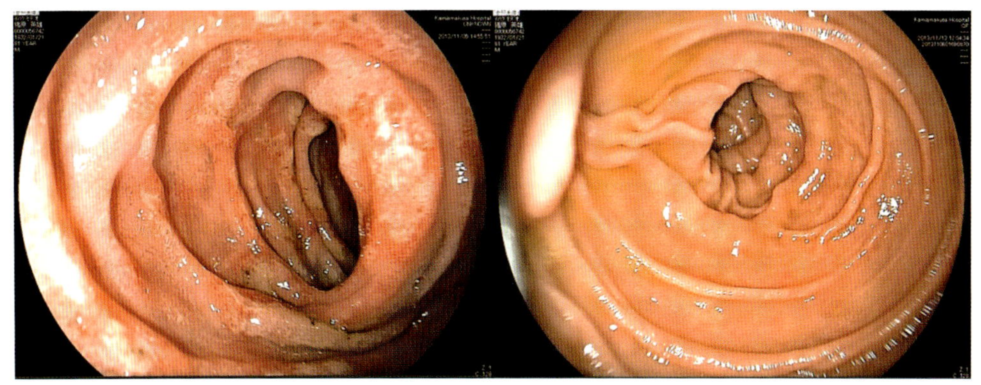

図 40　胃の症状を訴える日本紅斑熱患者の胃内壁にみる紅斑
左：紅斑熱の治療前の胃内壁にみる紅斑像（生検組織の PCR でも陽性）／右：治療後で紅斑は消失（上天草市立上天草総合病院の和田正文博士の提供）

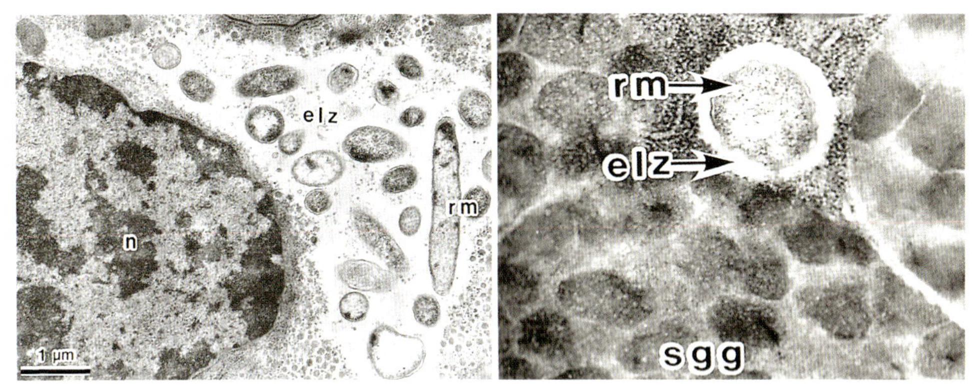

図 41　タイワンカクマダニ体内の日本紅斑熱リケッチアの電顕像
左：マルピーギ管にみる多数リケッチアの縦横の像／右：唾液腺のⅢ型腺胞にみる輪切像 rm はリケッチア，elz はハローゾーン，n は宿主細胞核，sgg は唾液腺顆粒

げたような培養細胞接種法がむしろ簡便であるとさえ言える。もちろん，細菌類一般でも言えることながら，菌種によっては培養の難易度は異なり，藤田(2008)の実績においては次のような順位とされる。

・容易な種(数日～1 週間以内で増殖)：*R. japonica*，*R. asiatica*，*R. tamurae* など
・やや困難(1～2 週間で増殖)：*R. helvetica*，*R. canadensis* など
・かなり困難(増殖に 1 ヵ月以上も)：*Rickettsia* sp. Lon type

このうち，*R. japonica* に限っては，分離されて同種と同定された菌株は，研究の便宜性に優先させたいわゆるテロ防止に向けた法的規制により，相当のレベルに整備されて公に承認されたような施設でしか扱えず，かつ譲渡や輸送方法も限定される点は注意を要する。なお，全国で広く扱われるツツガムシ病オリエンチアについては，類似した病原体ながら規制すれば収拾がつきにくい混乱を招く意味もあって適用されていない。

検査診断：確定診断は，主に間接蛍光抗体法あるいは IP 法による血清診断，加えて最近は刺し口の痂皮ないし潰瘍皮膚片から本病原体遺伝子を検出する方法も普及している。

・血清反応では，紅斑熱群リケッチアは種間で交差反応が強いため，*R. japonica* を抗原に用い得ない場合でも近似の紅斑熱群リケッチアを抗原とすればよく，輸入症例にも一定

の対応はできる。同じリケッチア属のチフス群との交差性については，発疹チフス(ヒトシラミ媒介)とはほとんど交差しないが発疹熱(ネズミノミ媒介)とはほどほど交差するので，鑑別診断では要注意である。また，類似疾患としてのツツガムシ病オリエンチアとはまったく交差しないので，これも検査抗原に加えて鑑別したい。なお，非特異反応を利用するワイル－フェリックス反応(紅斑熱群では OX2 または 19，ツツガムシ病では OXK に陽性)もあるが，病日によって判定が不安定である。

・しかし，明確に *R. japonica* 感染であることを決定するには遺伝子検出が不可欠で，ツツガムシ病の場合と同様に DNA を抽出して PCR 法そしてシーケンスを行う(後述のコラム欄を参照)。なお，末梢血中からの本菌遺伝子の検出は種々条件で不安定らしく，刺し口試料よりは信頼性がない。

治療：ツツガムシ病と同様にテトラサイクリン系が第 1 選択であるが，宮村ら(1989)が感受性試験で有効性を示した報告を基にニューキノロン剤の併用も試行されている。いずれにしろ，リケッチア症に対する抗菌薬の有効性の検定となれば，二重盲検など正確な方法は疫学的に無理があるので，従来からの有効例の蓄積あるいは副反応の評価などに依るしかなく，有効性のエビデンスのレベルはその程度だろう。感染症に広く用いられるペニシリン系やβラクタム系の抗菌薬は全く無効で，ワクチンもない。

＜参考＞臨床対応の実際

各地で臨床上の対応は様々な工夫もあろうが，ここでは多発地における試みを紹介しておく(図 42)。

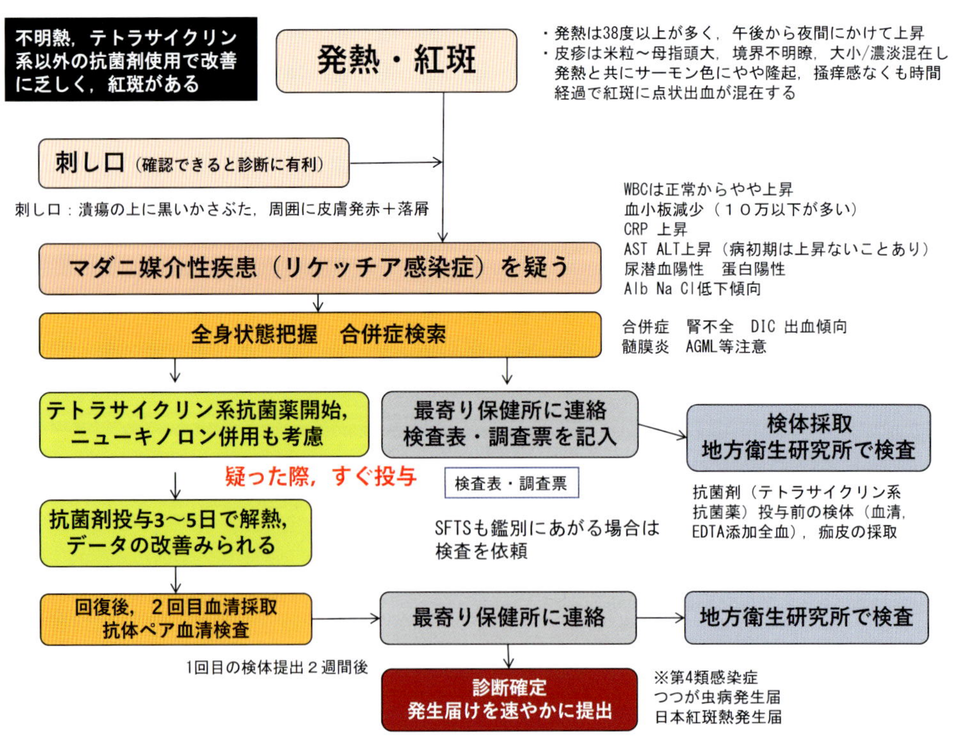

図 42　リケッチア症などの診療のフローチャート：熊本県の和田正文博士(上天草市立上天草総合病院)の提供

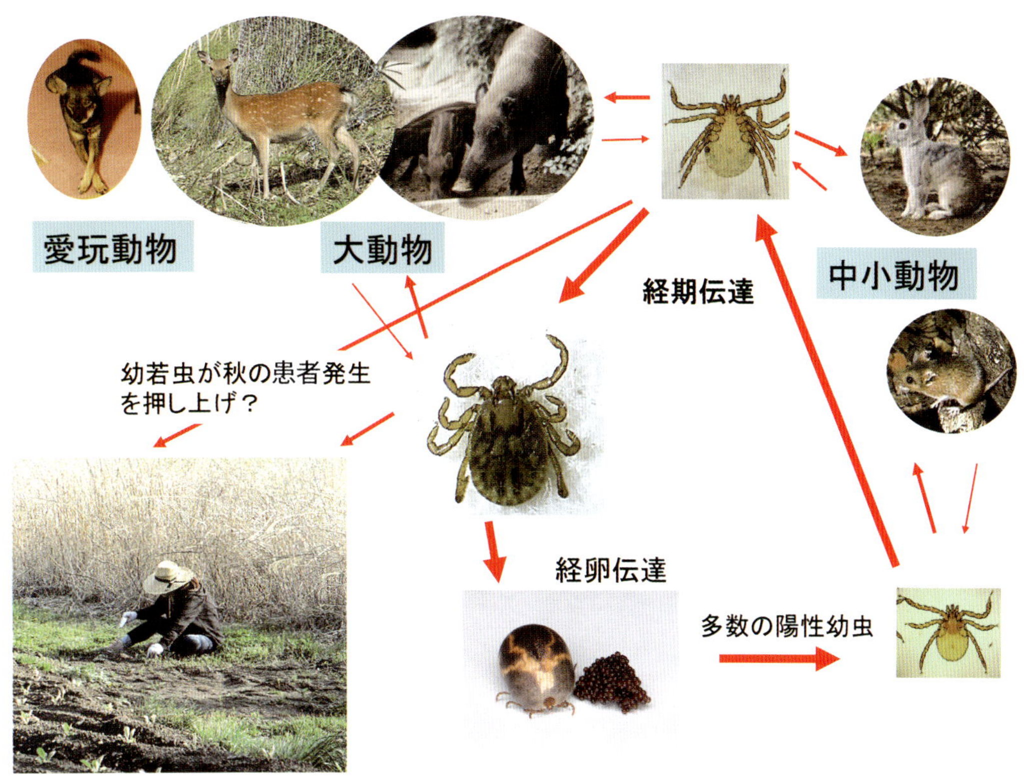

図 43　紅斑熱群全般で考えられる感染環（赤矢印は病原体の流れ）

［感染環と疫学］

媒介マダニの概況：わが国にも紅斑熱の存在することが分かった後，当然ながらマダニ媒介性であることの証明がほしいということで，筆者らが四国の現地で感染環の調査に当たった結果，わが国の紅斑熱もマダニ複数種がヒトへの媒介に関わるだろうことを示唆した(髙田ら, 1992; Takada et al., 1994)。紅斑熱群の一般的な感染環は図 43 の通りである。ただ，マダニであるとする場合，媒介には唯一種を求める従来の考え方もあって，やがてフタトゲチマダニからの分離をみたことから唯一の媒介種ともされかけたが，その後の検討でフタトゲの媒介株は病原性のない遺伝子型(Lon タイプ)であることが分かった。結果的には，今では 8 種ほどの保有マダニ種がノミネートされているが，ヒトへの媒介頻度だけでなく，自然界全体を考えた場合の *R. japonica* の感染環において重要な役割を果たすことが確認されているマダニ種は以下の通りである。

・カクマダニ属	**タイワンカクマダニ**
・チマダニ属	**ツノチマダニ**，キチマダニ，タカサゴチマダニ， **ヤマアラシチマダニ**，**フタトゲチマダニ**，オオトゲチマダニ
・マダニ属	ヤマトマダニ

太字は検出頻度の高い種，検出方法は分離，PCR およびヘモリンフテストなど

これらの検出頻度の順を示すとヤマアラシチマダニ＞ツノチマダニ，フタトゲチマダニおよびタイワンカクマダニなどとなるが，以下に種ごとの媒介役の意義を考察しておく。

- **ヤマアラシチマダニ**：南西日本各地の多発地での調査で検出頻度が高く，幼若虫までもヒトに吸着することがみられるので，媒介種としての可能性が最も高い。
- **タイワンカクマダニ**：各地で検出される例は多い。ただ，本種はヒト嗜好性が低いのでヒトへの媒介の役は小さいように思われる。しかし，この幼虫は現地のアカネズミなどによく吸着しているので自然界における維持の役割は大きいように思える。
  - ＊宮崎県の調査(山本ら, 1991)で国内初としてアカネズミから *R. japonica* が分離され，同ネズミが自然界の感染環を下支えする動物の一つとされた。すなわち，チマダニ属の吸着頻度があまり高くはないアカネズミにおいて保菌率はタイワンカクに依っている部分も大きいように思える。
- **ツノチマダニ**：本種は暖帯ではヒト吸着も認識されているので，意外性として媒介種の可能性を考えた方がよい。
- **フタトゲチマダニ**も媒介種として優位であるとされる地域もあり，そこには供血動物相の違いなど土地ごとの事情はあるだろう。

多発県では似たような状況にあるようで，たとえば愛媛県のホームページによれば，県内で2004～2006年にマダニの *R. japonica* 保有頻度を調べた結果は次の通りらしい。
ヤマアラシチマダニで35／291(12.0%)≫キチマダニ1／192(0.5%)＞タカサゴ，フタトゲ，タカサゴキララ，アカコッコ，ほかの3種マダニですべて検出なし。

加えて，田原(2007)のまとめでは *R. japonica* の検出率は次の通りである。

島根県島根半島のフタトゲチマダニ498個体のうちPCRで3.2%(分離なし)
ヤマトマダニ117個体のうちPCRで1.7%(分離なし)
広島県東部のヤマアラシチマダニ32個体のうちPCRで6.2%(分離2株)
愛媛県中部のヤマアラシチマダニ18個体のうちPCRで5.6%(分離1株)
同県南部のヤマアラシチマダニ65個体のうちPCRで24.6%(分離6株)

発生の季節性(以下で発生状況という場合は届け出の多寡に基づいて述べる)：図44は本病感染環との関わりで極めて暗示的である。すなわち，従来の報告でも発生に季節差がある点は記述されているが，裏に潜むベクターマダニの生態との関わりについても言及する必要がある。

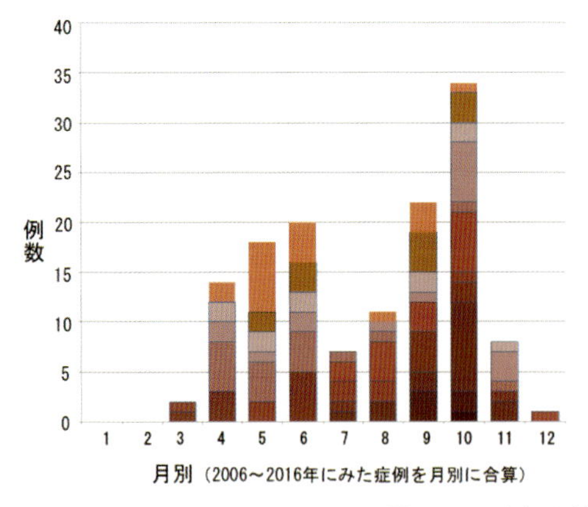

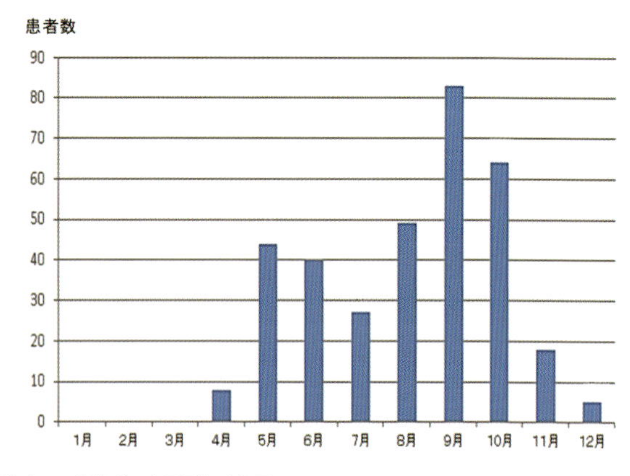

図44　日本紅斑熱発生の季節的（月別）消長
左：上天草市立上天草総合病院の和田正文から提供のデータを改変／右：広島県ですべてが瀬戸内側に発生する症例の1999～2019年の累積（広島県のホームページを改変）

すなわち，**春～初夏はチマダニ類の雌成虫が個別に機会を捉えてヒトに吸着し媒介することが起こる一方，7～8月の夏以降は雌1個体当たり数百以上も産出された有毒幼虫が林野にリリースされ，次いで発育した若虫も加わり秋へ向けてヒトへ媒介をなし得るものと思われる**(微小な幼若虫は多数吸着すれば気が付くが，少なくては視認され難い)。春や秋は田畑の作業が多いことも指摘されようが，夏季全般は野外活動が盛んな季節であるので，均した感染の機会自体は年間でさほどは変わらないはずで，やはり媒介マダニ種側の季節的な出現動向に依存する面が強いと思われる。全国統計では種々の条件が重積するため季節性の高低はやや鈍く現れる傾向にあるが，限局された熊本県天草や広島県のまとめでは季節性が明確に出ている。他の多発地でも類似した傾向はみるので，このような季節性は疫学対応上で参考にしたい。

発生の地理的偏り：図45は，編者らが届け出資料あるいは個人的な情報を基に，複数例の発生をみた地域の地理的位置をプロットして日頃の解説に使っているものである(こうした場合は県単位など行政区画に依ると実際面の判断が難しい)。この図にみる暗示的な点を挙げるなら，**発生地の大半は病原保有率の高いマダニ種が濃密に分布する南西日本(島嶼含む)の海沿い環境(海岸からある幅の中山間地域まで)であって，内陸には例外を除き発生を見ないことである**。この傾向は平均気温12℃内外までの常緑広葉樹林帯に概ね一致する。一見飛び地的な新潟県柏崎市の例も当該樹林帯の範疇にあることを知れば意外性は少ない。編者が柏崎市を踏査したところ，感染推定地は市街地にありながら微小な緑地帯は点在する一方，思わぬ感染マダニの一過性の持ち込みも否定はできないとも思われた。ともあれ，リケッチア類は保有マダ

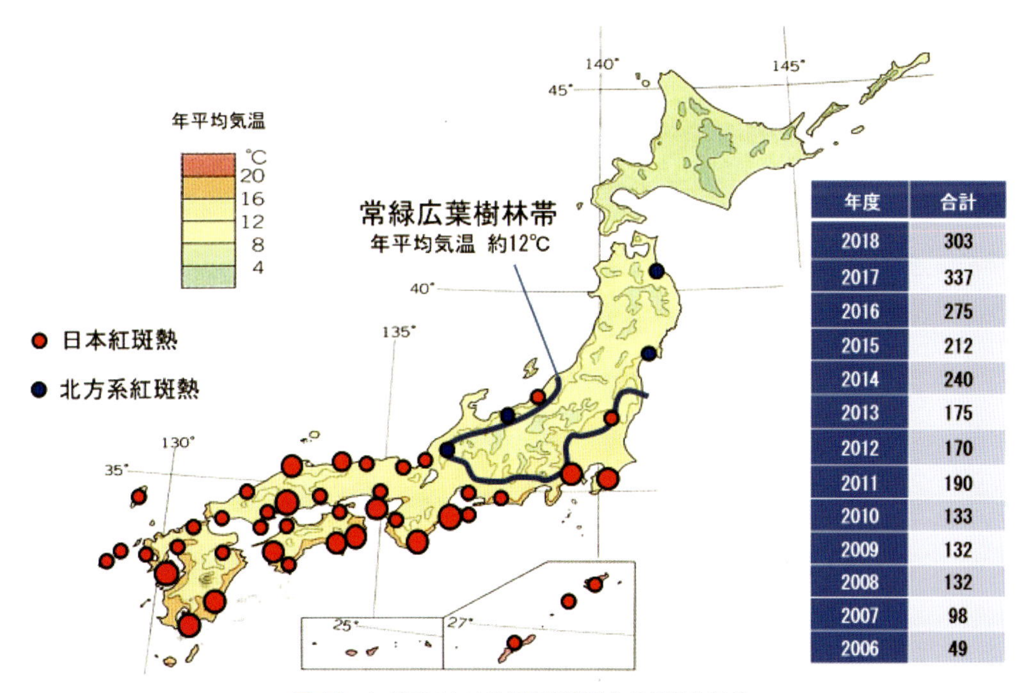

年度	合計
2018	303
2017	337
2016	275
2015	212
2014	240
2013	175
2012	170
2011	190
2010	133
2009	132
2008	132
2007	98
2006	49

図45　わが国における紅斑熱群発生の地理的偏り
地域ごとの発生数の多寡は赤丸の大きさで概略示す，青丸は北方系紅斑熱と思われる症例の発生を示す（付　年度別の全国届け出数）

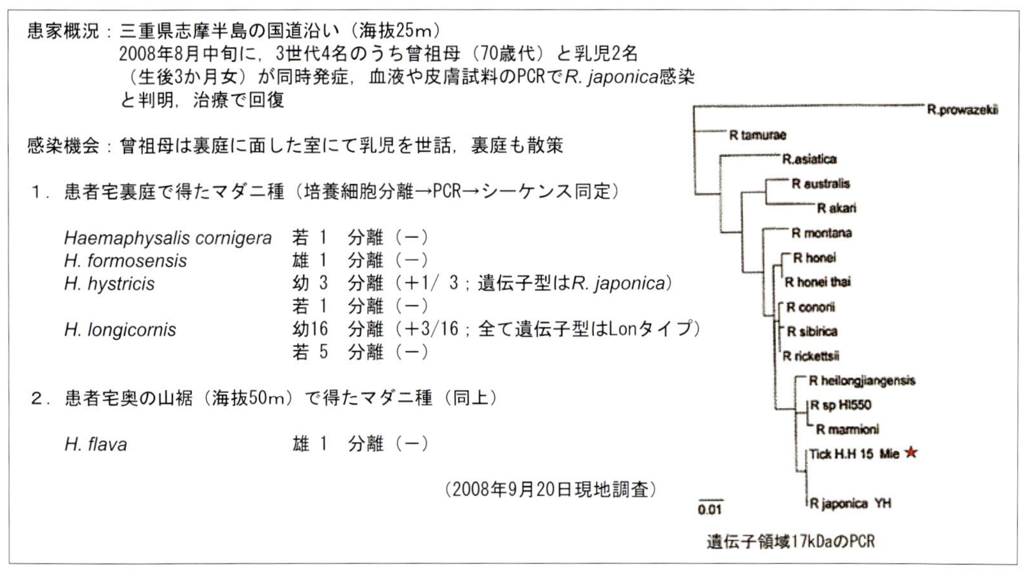

図 46　山沿い宅地での３名同所同時感染例（分離された株は PCR にて *R. japonica* と確認）

ニを温めると増殖し易いことも言われるように，気温が高めないし冬の気温が低くなりにくい海沿いの林野環境にあるマダニで保菌頻度が高く維持されることは充分考えられ，一方で供血動物相も豊かなはずの内陸のスギなど林内では有力媒介種としてのチマダニ類は，一般に充分な繁殖は示さないものである。こういった分布様式の妙も多発地の疫学要因を考える上で参考にしたい（「D. 医ダニ類の地理病理」を参照）。他方，中部地方から東北地方にかけては 2，3 の北方系紅斑熱（極東アジアから果ては欧州とも共通）の発生も言われている（後述）。

感染の集積性：多発地で住民の住む環境には本病感染の様々な集積性をみる。それは，ある地域に感染環が成立すればその一定範囲内で煮詰まって感染圧が高まることは当然あり得るからで，「D. 医ダニ類の地理病理」では各地の例を挙げて触れる。ここでは全国有数の日本紅斑熱多発地区である三重県志摩半島での家族集積性の例を紹介する（図 46）。すなわち，編者らは発症があったとの情報を得て，環境要因が大きく変わらぬように早目に現地調査を行い，聞き込みにて感染場所と疑われた裏庭でマダニを採集して検査に付した。その結果，数少ない試料にかかわらず *R. japonica* の分離株を得たので，この裏庭こそがやはり感染場所かと考えた。このような事実は，**本病の症例（特に多発地では）は自宅周辺に感染の機会があることも多いことを如実に示している**。他の多発地でも，推定ながら自宅周辺が感染場所であることをうかがわせる例が少なくない。

4）極東紅斑熱

北アジアのうち，ロシアの太平洋岸，中国東北部，朝鮮半島そして日本列島は極東地域と呼ばれるが，この比較的狭い地域にも日本紅斑熱と類縁関係にはあるものの，媒介種が異なる紅斑熱群とその病原菌種がいくつか知られている。

［病名と病態］

極東紅斑熱は，中国東北部ないし極東ロシアで患者が見出されたため呼称されたものである。

本菌自体は遺伝的にも *R. japonica* と近似はする。病態は日本紅斑熱を含む本群に共通性を示す。

［感染環と疫学］

病原種 *Rickettsia heilongjiangensis* はロシア極東から中国東北部のカクマダニ属やイスカチマダニ（イスカと略記）に見られ，編者らも科研費調査で赴いた内モンゴルの大興安嶺の牧野にてイスカを採集していたが，これから本菌種を分離している。

わが国でもイスカからほぼ特異的に保有が認められる。すなわち，2008 年の宮城県仙台市郊外の河川敷に感染例（Ando et al., 2010）をみた後，仙台市周辺の海沿いを中心に生息するイスカから本菌が頻度高く分離されている（図 47）。また，青森県の太平洋沿岸でも本種からのみ検出されていて，2007 年に同地で 1 名が届け出の手続き上から日本紅斑熱とされた例があり，病原体の特定はできてないものの，それも極東紅斑熱であった可能性が強く推測される。一方，北海道の釧路市の釧路川沿いなどでもイスカは多く分布するが本菌の検出はまだ知られない。現在知られるイスカの分布地を以下に挙げる。

- 北海道では標津町野付崎（沿岸），釧路市（釧路川）
- 青森県では八戸市尻内～鮫（沿岸），階上町大蛇（沿岸）
- 岩手県では洋野町角の浜（沿岸），奥州市水沢（北上川）
- 宮城県では大崎市鹿島台（鳴瀬川），松島町（鳴瀬川），仙台市（七北田川），岩沼市（阿武隈川，沿岸）

これを一覧して気付くのは，イスカをみたのはほとんど河川敷それも海沿いであり，編者らが現地踏査して見かけたのは白鳥や鴨など渡り鳥の存在であって，これはイスカの故郷極東ロシア方面との関連を想起させて興味深い。なお，本種の幼若虫は現地の野鼠に吸着頻度が高い点は定着の確かな証明であるし，フランネル法で採れずとも野鼠を調べる方法もよいと言える。そういうことで，編者らは関東～中部地方の海沿いや河川敷について採集調査を行ったが見出せない中，辛うじて神通川河口で僅少の若虫が得られたという（山内健生博士の私信）。

なお，極東ロシアでは本菌種と近似する *R. hulinii* あるいは *R. mongolotimonae* などによる紅

図 47　仙台市域におけるイスカチマダニの棲息環境

左：極東紅斑熱の発生をみた市内の河川敷／右：本種は複数の河川沿いで下草のまばらな露地や道端，あるいは海沿いの新興住宅地の道路沿い並木の下草などでも採れるのが特徴

斑熱の発生も知られているので，これらの *R. japonica* との類縁関係は改めて問われる可能性はあろう。

5) その他の紅斑熱（仮称含む）

［ヘルベティカ感染症の概要］

Rickettsia helvetica はスイス産 *I. ricinus* から分離されて以来，欧州では普通種となっている（ちなみに，Helvetica はスイスの旧国名であり，同国の硬貨にはそれが刻印されている）。この菌種の感染による紅斑熱は欧州あるいはタイ国北部で知られてきたが，疫学的に一定以上の問題化はしていないためか，地域にちなむ病名などは提唱されていない。したがって，国内ではここに記したような仮称が使われている。ともあれ，この菌種は北海道から本州のシュルツェマダニ，また本州，四国，九州のヒトツトゲマダニそして本州のハシブトマダニなどから地域的には高頻度で分離ないし遺伝子検出される中，2004 年には福井県の冷涼な山間地から 1 例感染が報告された（Noji et al., 2005）。ただ，吸着していたらしい黒っぽいマダニは患者が捨てており確認はできなかった。そこで，発生地の荒島岳中腹では詳しい探査が行われて，シュルツェとヒトツトゲが多くみられ，それらから本菌種が頻度高く検出される一方，*R. japonica* はみられていない（石畝ら，2008）。ちなみに，福井県の症例は軽症感が強いものであったので，北海道などのマダニに保有頻度が高いにかかわらず症例をみないギャップは，たとえ感染があっても軽症ないし不顕性で終わって潜在することもあり得るためとも思える。

［タムラエ感染症の概要］

タカサゴキララマダニが特異的に保有する菌種 *Rickettsia tamurae*（Fournier et al., 2006）によるものであるため，これも仮称でタムラエ感染症と呼ばれる。国内では島根県で本種マダニの吸着を伴う初確認例が出た（Imaoka et al., 2011）。海外でも，ベルギー人観光客がネパール滞在中にこの種に吸着されて帰国後に発症した例も本感染が疑われたらしいが，思えば，南西日本では本菌種を高頻度に保有する本種が濃密に分布かつ刺症例も最多のマダニ種であるのにもかかわらず本感染症はこれまで 1，2 例にとどまる。したがって，本菌種は基本的には病原性が低く軽症ないし不顕性が多いものと考えざるを得ない。

［アジアティカ感染症の概要］

わが国で最も刺症例の多いマダニ属の種であるヤマトマダニ *I. ovatus* が保有する紅斑熱群菌種は IO タイプと呼ばれていたが，編者らはフランスの共同研究者と協議の末，*Rickettsia asiatica*（Fujita et al., 2006）として記載に進んだ。そうした中，長野県小谷村の白馬栂池の標高 1,700 m 余で山小屋整備中に感染した紅斑熱様患者を編者が検査し対応することがあった。血清抗体は各種紅斑熱菌種に交差しながら *R. asiatica* に最もよく反応したが，ほかに解析できる試料はなく決め手に欠けた。ただ，この推定感染地区は高標高であるためシュルツェとヤマトしか得られず，しかも後者が圧倒的に優占し *R. asiatica* も検出できた。したがって，状況証拠からみればこの症例は本菌種の感染であった可能性は捨て切れず，見なしアジアティカ感染として後学にゆだねたい。

［モナセンシス感染症の概要］

欧州で *I. ricinus* が媒介する *R. monacensis* による紅斑熱（地中海紅斑熱に酷似）が知られるが，

国内ではかつてタネガタマダニとアサヌママダニからほぼ100％ほどの保有率で検出されていた不明菌種In56がそれに相当することが分かった。タネガタマダニは国内から極東に広い分布をみて刺症例も少なくないのであるが，今のところ疑われる症例の情報はない。しかし，潜在的な感染に対しては留意してゆくべきだろう。

［そのほか紅斑熱群を含む多様なリケッチア種］

わが国では上記した菌種のほかにも *R. honei*，*R. canadensis*，*R. tarasevichiae*，*R. aeshlimannii* などが各種マダニから分離ないし遺伝子検出の記録があり（藤田・髙田，2007），国内におけるリケッチア属の分布の細部についてはなお探査の途上にあると言うべきで，日本列島もユーラシアの東端として古来から多様なリケッチア種が分布していたことが分かる。

ところで，南西日本を主体に日本紅斑熱の発生確認がいささか目白押しの現状の中で，留意したいのが海外で感染して持ち込まれる紅斑熱群である（日本人の旅行者に加えて，急増しつつある海外からの入国者についても）。海外の主要な紅斑熱を挙げると次の通りである。

・アメリカ大陸：*R. rickettsii* によるロッキー山紅斑熱は，西部開拓者が悩ませられる中でH. T. Rickettsが病原体を発見したのであるが，まもなく発疹チフスで若くして亡くなったことから，栄誉を讃えてこれら病原菌群をリケッチア属と命名することになった。多発地のモンタナ州にはロッキー山研究所も建てられ，本分野研究の拠点になった。現在はアメリカ紅斑熱とも呼ばれるように米国全土から中南米まであることが分かり，カクマダニ属が主要な媒介種である。

・ユーラシア大陸：*R. sibirica* による北アジアマダニチフス（またはシベリアマダニチフス）は東欧から極東ロシアまで広い分布を示し，わが国に最も近い海外の紅斑熱である。媒介種はカクマダニ属を中心に少なくも20数種を数えるが，トゲダニ類やツツガムシ類あるいは吸血昆虫まで関わりが言われる点は改めての検討がほしい（Rehacek & Tarasevich, 1988；図48）。

・地中海周辺：*R. conorii* による地中海紅斑熱（欧州からアフリカの地中海沿岸にみてボタン熱とも呼ばれる）は主にクリイロコイタマダニによって媒介されるが，本種はイヌを宿主とするため屋内で感染することもあり，リスク対応ではやっかいなものである。

・アフリカ大陸：*R. africae* によるアフリカダニ熱は同大陸のキララマダニ属が媒介する。ただ，本菌種は *R. conorii* と抗原性が交差するので鑑別検査には工夫を要する。

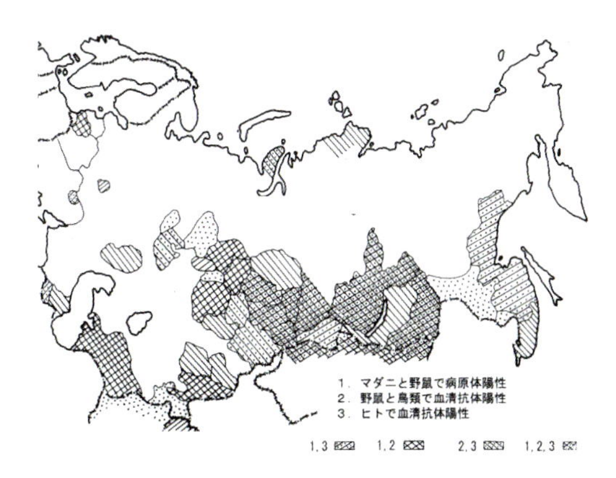

図48　北アジアマダニチフスの広い分布

輸入例：編者らが経験した輸入紅斑熱の例を紹介する。輸入例といえば人口密集の大都市でみられることがほとんどであるが，本例は長野県南半部の山間からの報告で，サファリツアーに参加して帰国した住民であった。すなわち，今は都市や農村を問わずどこでも輸入例が見出

症　例：50歳代女性
主　訴：右股のリンパ節腫脹と全身倦怠感、多発関節痛
現病歴　・2016年4月下旬に南アフリカのサファリツアー
・帰国後の5月上旬に右臀部の皮疹と右股のリンパ節腫脹に気が付く
・近医を受診で経口ペニシリン投与
両大腿の一部に中心が水疱の発疹を散見出現、右手関節に有痛性紅斑
・当院受診で，軽症の紅斑熱群などリケッチャ感染症を疑い，外来にて
テトラサイクリン投与，10日間で寛快

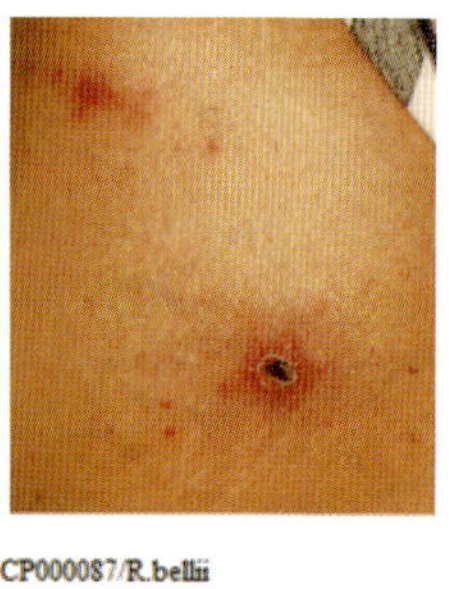

		紅斑熱群			チフス群		恙虫病						Q熱	ライム病
採血日	分画	Rj	Rv	Rm	Rty	Rca	Kw	Gl	Kr	Kp	Kt	Sh	Cb	Ba&g
160511（南ア帰り約２週）	IgM	80	80	80	-	-	-	-	-	-	-	-	-	-
	IgG	640	320	640	80	-	-	-	-	-	-	-	-	-
160517（南ア帰り約３週）	IgM	-	-	-	-	-	-	-	-	-	-	-	-	-
	IgG	640	320	320	80	-	-	-	-	-	-	-	-	-
161110（南ア帰り約半年）	IgM	-	-	-	-	-	-	-	-	-	-	-	-	-
	IgG	160	160	80	-	-	-	-	-	-	-	-	-	-

図 49　中部地方の山間で確認されたアフリカダニ熱の１例
全体に軽症感あり，紅斑熱群抗原で抗体をみるも判定し難いが，刺し口の PCR にて *Rickettsia africae* のクラスターに入る遺伝子を確認（塚平ら(2018)を要約）

される時代であり，感染症対応の臨床分野では従来以上に留意してゆきたいものである(図 49)。

6)ヒトアナプラズマ症

[病名と病態]

本症は正確にはヒト顆粒球アナプラズマ症と呼ばれ，広義のリケッチア類である偏性細胞内寄生性のグラム陰性桿菌 *Anaplasma phagocytophilum* による。かつて所属した *Ehrlichia* 属から *Anaplasma* 属へと配置換えされたのであるが，本来の *Ehrlichia* 属による感染症としては米国の南東部および中南部にみるヒト単球エーリキア症があり，両者は標的細胞が顆粒球(好中球か好酸球)か単球かの違いはあるものの臨床上で著しい違いはない。

すなわち，ダニ刺症のおよそ 12 日後から突然に発熱，筋肉痛，脱力感などインフルエンザ様として発症するが発疹はまれである。白血球減少，血小板減少や肝機能の異常をみることがある。そして免疫抑制療法や HIV 感染または脾臓摘出で免疫低下した患者などではより重症化する一方で，感染後も無症状で経過する例もあるらしい。近似のエーリキア症(病原が *E. chaffeensis*)では体幹や四肢に皮疹が出現する場合があり，DIC ないし多臓器不全，痙攣や昏睡を来して死亡することもある。診断は，血液所見での検出率は 20〜80％と不安定ながら血液の PCR や抗体検査で可能，治療はテトラサイクリン系で早期の治療なら良好な回復を得るが，遅れるとウイルスや真菌の重複感染も含めて難しいこともある。

国内では高知県の確かな 2 症例のほか静岡，長野，和歌山，岡山，鹿児島県など各地で検討を要する症例があり，広い潜在も考え得る(大橋，2015)。なお，SFTS と症状が酷似する点があって慎重な鑑別が必要であり(中国の SFTS も当初はアナプラズマ症が疑われた)，紅斑熱などとの複合感染で本症が覆い隠されるような点も問題である。編者がライム病調査のためモン

ゴルに赴いた折に，シュルツェに刺症されて1年経過した大学生からコンサルトがあり，大橋典男博士(静岡県立大学)の検査で本症とされたが，治療によっても難治性であった。

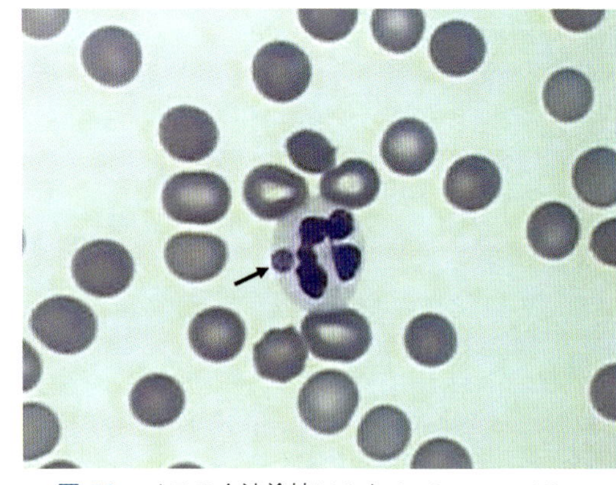

図50　イヌの血液塗抹にみた ***A. phagocytophilum***
→：顆粒球内にみる菌体の桑実胚（福井祐一獣医師の提供）

［感染環と疫学］

病原体は *Anaplasma phagocytophilum* であるが，米国(北東部，中部大西洋沿岸から西海岸で発生)の場合と同様にヒト患者由来株近縁型とシカなど野生動物特有型が存在して，前者は国内のシュルツェやフタトゲから遺伝子が検出されているものの，その感染環の細部は確認できないので図示は省く。ただ，国内では飼い犬の感染例が見つかっており(福井ら，2016；図50)，ほかに数例も感染犬はいるらしい。いずれにしろ，アナプラズマはリケッチア類とはいいながら通常では分離できず扱いに難があり，マダニを介してヒトと動物の間で交錯し，急性感染で気付かないドナーからの輸血でも感染し得るようである。

column

リケッチア症の検査法 ―三重県での疫学調査を例に―

（赤地重宏〔三重県保健環境研究所〕）

近年発生件数が増加傾向にある日本紅斑熱の病原体はリケッチア *Rickettsia japonica* であり，つつが虫病の病原体 *Orientia tsutsugamushi* も広義のリケッチア類である。とくに日本紅斑熱は全国的に発生地域が拡大傾向にあるが，三重県では過去10数年に渡り多くの日本紅斑熱患者を確定してきている。検査実施主体となっている三重県保健環境研究所では日本紅斑熱として提出された患者検体に対し，感染症発生動向調査事業に基づきPCR法によるリケッチア遺伝子の検出および蛍光抗体法による抗体検査を実施している。

［リケッチア症のPCR検査法］

基本的には国立感染症研究所より示された病原体検出マニュアルに準拠して，日本紅斑熱及びつつが虫病の病原体遺伝子検査を実施している。

1. 検体の種類と管理

遺伝子検査用の検体は基本的に凝固防止剤EDTA加血液とマダニ刺し口痂皮が搬入されるが，マダニ刺し口は見つからないことも多い。検体は医療機関で採取された後冷凍保存され，当所に搬入される。搬入された検体は主にQIAamp DNA Mini Kit（QIAGEN社）を用いDNAを抽出した後後述の検査に供されている。

2. 検査の機器

当所では前述のマニュアルに基づきConventional PCR法によるPCRによって *R. japonica* および *O. tsutsugamushi* 遺伝子を検出している。使用する機器は市販のTakara TP600（タカラバイオ社)やG-STORM GS4(日本ジェネティクス社)などである。また，近年ではKawamori(2018)の*R. japonica*および各種*O. tsutsugamushi*を同時に検出するRealTimePCR法も報告されている。遺伝子配列解析実施の必要がある場合はABI 3130 Genetic Analyzer（Thermo Fisher Scientific社）を用い配列解析を実施している。

3. 遺伝子検出用プライマー

プライマーは前述のマニュアルに基づき，*R. japonica*用としてR1-R2（1st）およびRj5-Rj10（2nd）の組み合わせによるNested PCRを実施している。つつが虫病も同様に34-55（1st）および10-11（2nd）の組み合わせのNested PCRによるが，この手法では近年報告のShimokoshi型は検出できないため，Sato（2014）らの報告に基づく検査を追加している。

4. 検査手順

1）検体搬入

医療機関に保存（主に冷凍）されていた検体が管轄保健所を通じ前述の検体（血液，痂皮）が持参もしくは郵送（ともに冷蔵状態）により当所に搬入される。

2）遺伝子抽出

前述の遺伝子抽出キットを用い，検体からDNAの抽出を実施する。

3）PCR検査

*R. japonica*および*O. tsutsugamushi*遺伝子を標的としたPCR法により遺伝子検査が実施される。電気泳動法によりPCR増幅産物を確認し，*R. japonica*であれば検体からの増幅産物のサイズが理論値と同一および陽性対照の検出がなされていれば検査成立とし*R. japonica*遺伝子検出陽性と判定する。*O. tsutsugamushi*の場合は検体からの増幅産物のサイズが理論値の範囲内および陽性対照の検出がなされていれば検査成立とし，増幅産物の遺伝子配列を解析し型別同定を行っている。

[リケッチア症の抗体検査法]

1. 検体の管理

抗体検査用検体である血清は，医療機関で遠心分離され血清として冷凍保存されたものが管轄保健所を通じ搬入される。急性期は遺伝子検査用検体と同時に搬入され，後述の蛍光抗体法による抗体検査に供される。また，回復期血清として発症より約2週間ほど経過した血清が急性期同様，管轄保健所を通じ搬入され，急性期の結果と比較し最終的な検査結果として判定される。検査手法は前述のマニュアルに準拠している。*R. japonica*および*O. tsutsugamushi*も抗原が異なるのみで検査手法は同一であるが，*O. tsutsugamushi*は一部の血清型が民間の検査機関で実施可能なことから当所では主に*R. japonica*の抗体検査を実施している。

2. 検査手順

1）国立感染症研究所より分与されたホルマリン固定*R. japonica* YH株（抗原）を24穴MASコートスライドグラス（松浪硝子工業社）にスポットし，風乾後アセトン固定を行い検査供試スライドとする。

2）血清検体をリン酸緩衝食塩液にて20倍より1280倍まで階段希釈し，それぞれの希釈段階を前述の抗原塗抹スライド各穴に10uLずつ滴下，湿潤下37℃で60分反応させる。

3)反応後のスライドガラスをリン酸緩衝食塩液にて5分間3回洗浄する。当所ではビーカーにリン酸緩衝食塩液を満たした中にスライドガラスを入れ，スターラーで軽く撹拌しつつ5分毎に溶液を交換する手法としている。

4）余分な溶液を手で軽く振り飛ばした後，蛍光標識抗ヒトIgG抗体（Dako社，50倍希釈で使用）もしくは蛍光標識抗ヒトIgMウサギ抗体（Dako社，25倍希釈で使用）を各穴 10uL ずつ滴下，湿潤下 37℃で 30 分反応させる。

5）3）と同様にリン酸緩衝食塩液にて 5 分間 3 回洗浄した後，50% グリセリン－リン酸緩衝食塩液を各穴に約 5uL 程度（覆う程度で充分）滴下し，カバーグラス（24 × 50mm を使用しているが目的の各穴が覆われればサイズは不問）をかけて蛍光顕微鏡下 200 倍拡大にて観察する。リケッチア粒子は細胞質に存在するため，1）の抗原は陽性であれば細胞質が砂粒状に染まるが，抗体価が高すぎると細胞全体が染まっているように見える。また，明瞭に細胞核のみが染まる等の非特異染色像が認められることもあるため，必ず陽性対照を置き比較することが必要である。

[三重県での検査成績]

2007 年から 2016 年の過去 10 年間において 565 例の検査を実施し，うち 372 例が日本紅斑熱の届出基準を満たし陽性と判定された（表①）。これは県別の統計から見ても，しばしば全

表①　三重県における日本紅斑熱の検査結果

年	陽性数／被検数（%）	病期	検査法	被検数	陽性数	陽性%
2007	20 ／ 26（77）	急性期	全血（PCR）	361	130	36.0
2008	34 ／ 50（68）	（初診時）	皮膚（PCR）	180	154	85.6
2009	46 ／ 59（78）		血清（蛍光法）			
2010	23 ／ 43（53）		IgM	343	114	33.2
2011	49 ／ 71（68）	回復期	血清（蛍光法）			
2012	44 ／ 58（76）		IgM	214	202	94.4
2013	56 ／ 77（73）		IgG	214	185	86.4
2014	31 ／ 54（58）	（2007～2016 年の日本紅斑熱陽性例につき検査法を比較）				
2015	29 ／ 58（50）					
2016	40 ／ 69（58）					

（PCR 法による抗原検査）

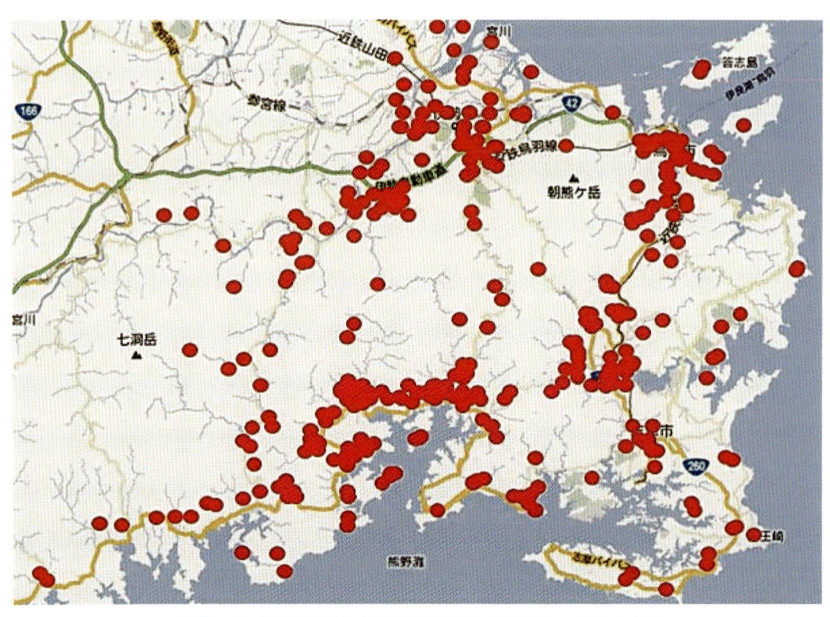

図①　日本紅斑熱患者の居住地域（2007 ～ 2016 年）

国最多などと非常に多い傾向にある。つつが虫病は届出としては三重県北部を中心に36例の事例があったが，民間検査機関での抗体陽性での届出がほとんどであり，当所で遺伝子検出がなされたのは2008年に3例（Karp型2例，Kawasaki型1例），2014年に1例（Karp型），2015年1例（Karp型），2016年1例（Kawasaki型）のみであった。

日本紅斑熱については表①の通り，各年の陽性患者数は20～56例の間で推移して過去10年間の患者発生数に大きな変動は認められなかった。また，図①に示すように，患者届出地域は伊勢志摩半島を中心に分布して明確な偏在性が認められた。事実，10年間を経過しても患者届出地域の北限である宮川流域を超える事例はほとんどなく，また西側は国道42号線を超える事例も認められなかった。しかしながら三重県南部の紀州地域において，既知の患者届出地域との疫学的リンクが不明な患者も存在し，限局的ではあるものの紀州地域にも日本紅斑熱リケッチア保有マダニの存在が伺われた。さらに，伊勢志摩半島内においても患者がほぼ発生しない地域が点在していた。したがって，日本紅斑熱を媒介するマダニおよびそれを付着し移動する動物たちに何らかの理由で行動の制限が存在し，患者届出地域が限局するものと考えられた。

[検査法についての考察]

表①の通り，検体種別で検出感度に大きな差が認められた。すなわち，日本紅斑熱陽性と判定された検体では，痂皮等の皮膚材料および回復期血清の感度が高かった。

- *Rikettsia japonica* はマダニ刺咬により皮膚から体内に侵入した際，刺し口直下の血管内皮細胞等で増殖し，その後血流等を介し全身に播種性に移行するものと考えられている（Tsutsumi & Mahara, 2006）。したがって，マダニ刺し口周辺では多数の感染細胞が存在していると推察され，PCRの検査材料として用いた場合は感染細胞中の多数のリケッチアを拾うことが可能と考えられる。
- 血液中においてはリケッチアを捕獲した貪食細胞等あるいは血中のリケッチアそのものを拾えれば検出可能と考えられるが，PCR法では検出限界の関係から（理論上，一般的に5uLに1個以上のリケッチア粒子が必要，つまり血液1mL中に200個以上が必要。また，血液等はPCR反応の阻害物質として作用しやすい），リケッチア血症等を起こしている時期でないと検出限界を下回ってしまうと考えられた。
- 抗体検査については急性期患者検体として提出された血清のIgM抗体検出率は低く，急性期IgMの測定により検査診断確定とされたのは3割程度であった。回復期血清についてはIgGの有意な上昇およびIgMの検出とも感度は良好であったが，一部抗体上昇の認められない患者も存在した。
- 以上から，**急性期の患者を検査診断する場合，最適なのはマダニ刺し口痂皮（皮膚）材料と考えられたが，刺し口を見出せない事例が少なからず存在し，また，血液検体のPCR陽性であっても痂皮材料は陰性の検体も存在していた。偶然，病原体を保有しないマダニに刺咬された刺し口が同時に存在した可能性も否定できず，確実な検査診断のためには回復期血清の抗体検査を改めて考慮する必要があると考えられた。**

〔引用文献〕

Kawamori F, Shimazu Y, Sato H, Monma N, Ikegaya A, Yamamoto S, Fujita H, Morita H, Tamaki Y, Takamoto N, Su H, Shimada M, Shimamura Y, Masuda S, Ando S, Ohashi N（2018）Evaluation of diagnostic assay for rickettsioses using duplex real-time PCR in multiple laboratories in Japan. *Jpn J Infect Dis*, 71: 267–273.

佐藤寛子，柴田ちひろ，斎藤博之，須藤恒久（2014）秋田県における Shimokoshi 型つつが虫病の遡及的疫学調査．衛生動物, 65: 183–188.

Tsutsumi Y, Mahara F（2006）Prompt diagnosis of Japanese spotted fever. Usefulness of immunostaining using skin biopsy specimens.*Infect Agents Surveil Rep.*,27: 38–40.

7）ライム病

20世紀終盤に新興感染症として紅斑熱が確認されて間もなく，やや洋風の名で現れたのがライム病であった。既に米国では多くの症例をみてLyme Timesなどという市民の広報誌までが出たりで，わが国へも世紀末の難病が渡来してくるといった風聞が立った。

［病名と病態］

少なくも1900年初頭から，北ヨーロッパを中心に，マダニ刺症に伴う神経症状が種々の病名で呼ばれていた。一方，1970年以降にアメリカ合衆国のニューヨークとシカゴの間に位置するコネチカット州ライム地方に地域集積性を示して発生した関節炎などがライム病Lyme disease（borreliosis）と呼ばれるに至ったが，これもマダニ刺症後に起こり，病初は皮膚に慢性遊走性紅斑Erythema chronicum migrans（ECM；現在では遊走性紅斑EMの表記が一般的）が知られた。そういう中，ロッキー山研究所のBurgdorferらはシカマダニ*Ixodes scapularis*から不明のスピロヘータを分離したが，これが上記EMの患者の病変部からも分離されて，ライム病の起因菌*Borrelia burgdorferi*（Lyme disease *Borrelia*：LDB）として新種記載された。

本病が自然経過した場合の症状ないし所見は，下記のように急性期から播種そして慢性期へと移行してややこしい（図51）。

第Ⅰ期（早期／限局性）：マダニの刺し口に現れた浮腫性紅斑は次第に遠心性に拡大，多くは環状ながら時に数10cm径に及ぶこともあるが通常は数週間で消退，ただし紅斑を認めない場合もある。皮膚科でも他の原因による環状紅斑と鑑別が容易ではない。

第Ⅱ期（早期／拡散性）：播種期であり，体深部に及ぶ全身性感染として多彩な症状を示すためカメレオン病などとたとえられる。

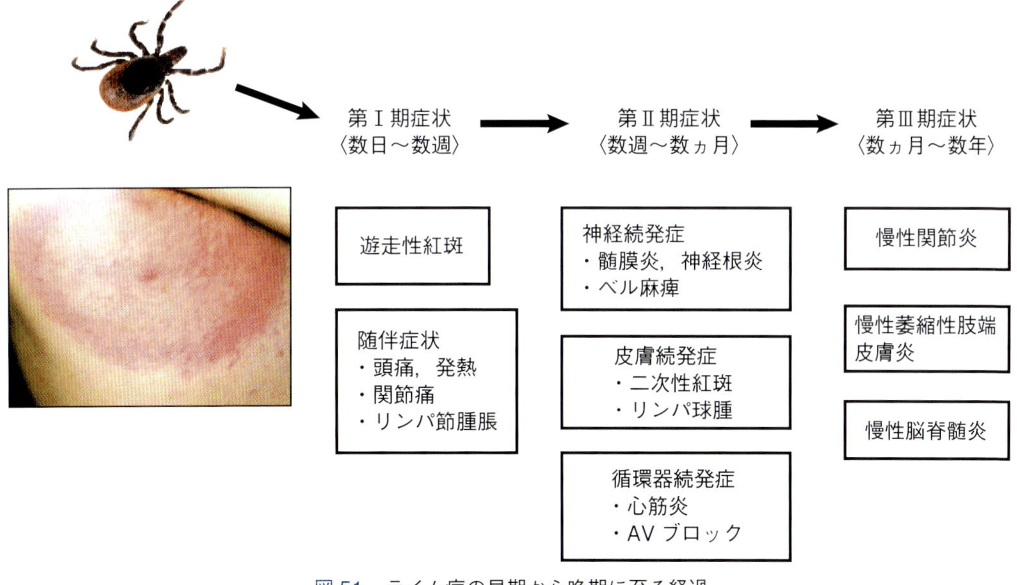

図51　ライム病の早期から晩期に至る経過

第Ⅲ期(晩期)：慢性期に移行して難治性の症状をみるが，わが国の感染例では明確な報告は少ない。一般に，米国の例では関節炎を，欧州では神経系の障害をみることが多いらしい。

検査診断：保健所経由で感染研による行政検査としてボレリア遺伝子の検出(病初の患者血清や紅斑部の皮膚から PCR にて)および特異抗体の検出(米国の診断基準も参考に Western Blot 法にて)が行われるも，国内例と欧州からの輸入例は病原菌種が同じでよいが，米国由来の例は米国系の検査機関がよい。いずれも，抗体上昇が遅いとか，国内分離株を抗原としなければ感度が悪いこともある。それでも，マダニ刺症に遊走性紅斑を認める頻度の高い地方(長野県や北海道)では認識し易い。病原ボレリアの分離は，紅斑部の生検皮膚片を BSK-Ⅱ(Barbour-Stonner-Kelly)培地に投入していささかの日数を待つ。

治療：マダニ刺症後の遊走性紅斑にはドキシサイクリン，また髄膜炎などの神経症状にはセフトリアキソンが第一選択薬とされ，薬剤耐性の報告はない。刺症によりヒトアナプラズマの重複感染もなしとしないが，同様の治療を入念に行う。現在，ワクチンはない。付記すれば，「C. 刺症・アレルギーほか」に詳述した TARI との鑑別に留意する。ライム病媒介能が言われるマダニ種が吸着して飽血に近い場合は予防内服としてドキシサイクリン単回投与もよいが，吸着時間が満 3 日以内で飽血していなければとりあえず不要で，吸着しているマダニを早い時期に体部を圧迫せずに皮膚ごと摘除するのが感染防止になり得る(圧迫によってマダニ中腸内のボレリアを刺し口から注入させる危険性を回避)。

[感染環と疫学]

媒介種は *ricinus* グループのマダニが中心で，これらが媒介するラセン菌のボレリア属の一般的な形態は図 52 の通りである。基本種 sensu stricto は *Borrelia burgdorferi* であるが，ほかに多くの遺伝種 sensu lato がマダニ種との微妙な組み合わせで北半球に生息する(図 53)。

自然界での一般的な感染環は図 54 の通りで，ボレリア菌はマダニ属の中腸微絨毛に潜り込む。そのマダニが吸血すると増殖を始めて唾液腺に移行して，やがて唾液の流れに沿って宿主へ媒介される。ただ，卵細胞に入って増殖できるほどは微小でないので次代への経卵伝達はなくて，マダニは全発育期で大中小の保有体動物から吸血する中で経期伝達する。有力媒介マダニ種と病原性ボレリア菌種の組み合わせは右欄に付記しておく(現在知られる大半の菌種は後記コラムに記されている)。

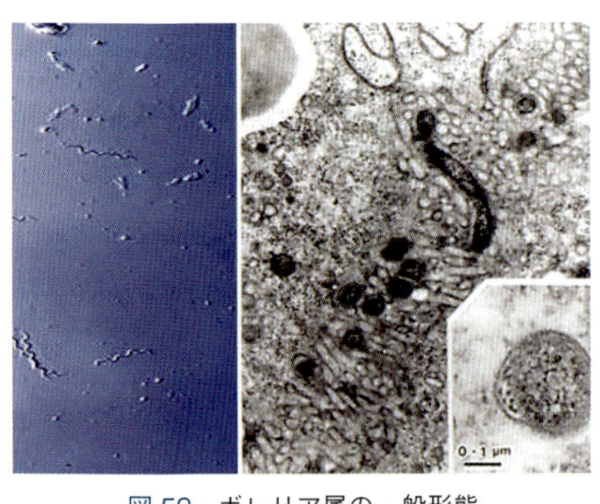

図 52　ボレリア属の一般形態
左：BSK-Ⅱ培地での菌体（微分干渉顕微鏡像）／右：マダニ中腸微絨毛での増殖像および菌体横断面（鞭毛をみる）

国内の媒介種であるシュルツェマダニは北海道では平地からみられて，東北地方では北部なら低山地にも生息するが，南下するにつれ本州中部では標高 800～1,000 m以上にしかみられず，中国～四国～九州では 1,300～1,500 m以上でしかみられない。九州の南半部の霧島火山群は 8,000 年前頃から形成されたものゆえ氷河期の本種遺存はありようなく，編者らの踏査でもそこから屋久島の高山帯までもヤマトマダニはみる

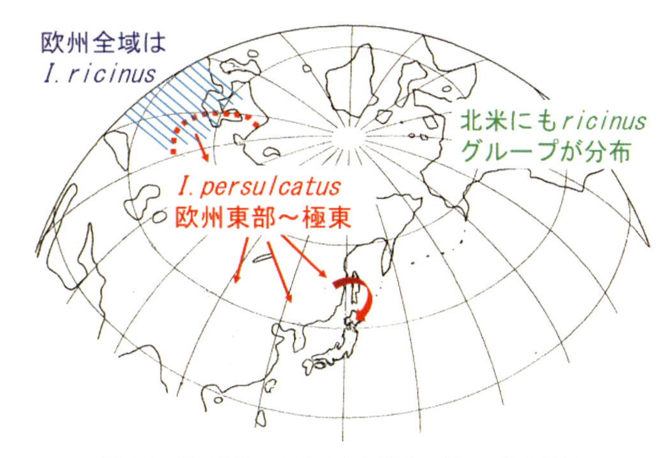

図 53　新旧大陸における主な媒介マダニの分布状況
東欧とロシアの境界域で *I. ricinus* と *I. persulcatus* は混棲，北米にも同群の数種をみる

がシュルツェはない。このようなシュルツェの分布にほぼ完全に依存してヒトのボレリア感染は起こる（図 55）。

わが国でのボレリア菌の認識の経緯として，1977 年に山形県でヤマトマダニに *Borrelia* sp. をみた記録（斉藤）などもあったが，長野県北部の妙高山でシュルツェの雌成虫が媒介した例がわが国初の確定例であった（Kawabata et al., 1987）。それを契機に病原種の検索と整理が行われて，**国内でのヒトへの病原菌種はガリニ *B. garinai* とアフゼリ *B. afzelii* の 2 種とされ，加えて前種は遺伝的には保有体動物を野鼠とする亜型と鳥を保有体とする亜型の 2 つに区分された。一方，欧州で野鼠にみていたガリニから新たな遺伝種としてババリエンシス *B. bavariensis* が区分されていたが，この種は広くアジアにもみるとされ，わが国の症例の大部分がババリエンシスらしい（Margos et al., 2013）。**

疫学：欧米では年間数万人の患者が発生して社会問題となっている。日本国内では感染症法施行の 1999 年から 2018 年まで 20 年間の届け出数は 230 例余らしいが，大半の症例を生じる北海道および中部山岳地方ではシュルツェが濃密に生息する。一方，北国とされる東北地方では，編者らの基礎調査によれば，人口密集地は沿岸に多くて山間に少なく，加えてシュルツェの密度とボレリアの保有率は中部地方ほどに高くないためか，症例は少ないまま経過してきて

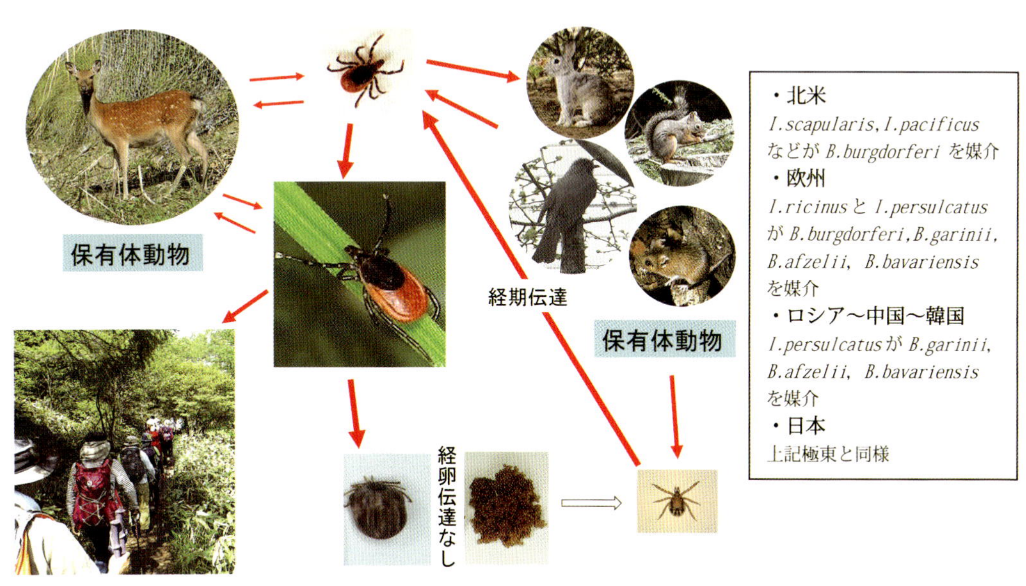

図 54　ライム病の一般的感染環：赤矢印は病原体の流れ（白抜き矢印は病原体なし）

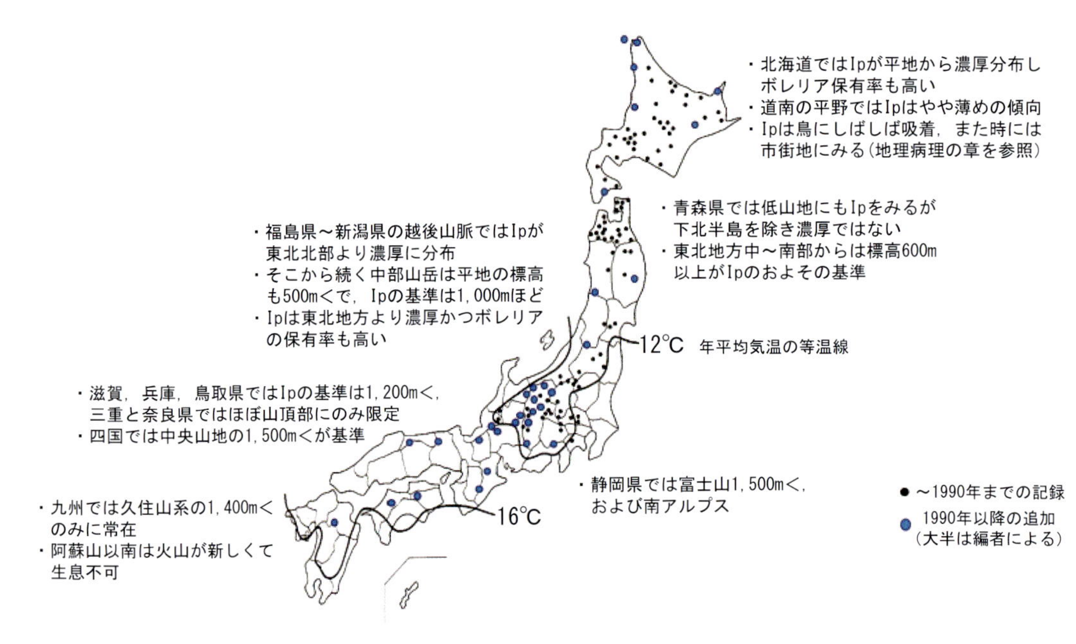

図 55　ライム病ボレリアと直結し得るシュルツェマダニの分布相

いる。届け出に依存する統計上では，中部地方の発生分は東京圏で届け出されるなど，感染した県と届け出県の乖離が大きくて実態が見えず，季節消長も判然としない。また欧米で感染して持ち帰った輸入分も少なからず含むので，国内の患者発生の傾向はシュルツェ採集の多寡から窺う方が分かり易い(図 55)。欧米と比べると国内の報告数は少ないが，国内にみる感染環は欧米に匹敵する濃さなので，軽症を含めて潜在感染は少なくないとは思える。

なお，本病は媒介マダニ種の分布にしたがって北半球にみるものであるが，以前に皮膚科分野からの情報によれば，マレーシアなど東南アジアにもライム病疑いの症例があるとされた。それはアジアのチマダニ属から見つかる牛ボレリア症起因の菌種と関連するものであったかも知れない。ただ，東南アジアから東アジアにかけて分布する野鼠寄生性ミナミネズミマダニ *I. granulatus* が媒介する種として *B. yangtzensis*(編者らはかつて欧州の *B. valaisiana* と関連する種という形で扱っていた)があり，これが時にヒト感染を起こすことも知られ，北半球の南半には例外的なライム病が存在する事実は知っておきたい。

ついでながら，シュルツェとヒツジあるいはシュルツェとパブロフスキーの各マダニ種にハイブリットが存在するらしいことが言われ，それらが次項の新興回帰熱の *B. miyamotoi* を保有する可能性も検討されつつある。自然界にはメジャーな感染環の本線の一方で，マイナーな支線も絡むものである。

8) その他のボレリア症

海外ではヒメダニ類媒介の 10 数種の回帰熱ボレリアが知られて，国内では伊豆諸島や日本海側島嶼の海鳥寄生カズキダニから検出記録がある。輸入される爬虫類や南西諸島のカメの寄生マダニからもしばしば検出される。ところが，ライム病ボレリア調査の過程で，変わり種の

column

ライム病ボレリアの分離と分類の概要

（髙田伸弘〔編者〕・石畝　史〔元福井県衛生環境研究センター〕）

ライム病ボレリアは媒介マダニや保有体動物の関係の解析が進み，今では10数種の遺伝種に分類されている。以下，基本的な分離法と分類法そして各種について簡単に説明する。

1. マダニからのボレリア分離

・分離に供するマダニは3％過酸化水素水で20～30分間振盪洗浄後，80％エタノールに約2～3分間浸して体表を殺菌，次いでBarbour-Stoenner-Kelly（BSK-Ⅱと略）培地を数滴ずつ入れた2穴ホールグラスの1穴に虫体を浸してアルコールを除き別の穴に移す。
・実体顕微鏡下で中腸を含む内臓を摘出してバイアルのBSK-Ⅱ培地に投入，32℃に置く。培養液を週1で交換し8週目まで位相差顕微鏡で菌体を検索する。コンタミの除去は，5FUとナリジクス酸を50mgずつ溶解した0.1N NaOH 5mLを濾過滅菌して6～7mLのBSK-Ⅱ培地に3～4滴加え，10日間ほど32℃で培養後に通常のBSK-Ⅱ培地にもどす。

2. ライム病ボレリアの分類同定法

・DNA相同性試験

培養可能な細菌種の記載は，基本的にはDNA相同性試験（DNAハイブリダイゼーション）による。原則としてゲノムの相同性が70％以上で同一種とみなす。ただ，試験には大量の精製DNAが必要ゆえ，培養が難しい菌種の場合は不可である。

・Multilocus sequence analysis（MLSA）

多くの微生物と同様，ライム病ボレリアでも16SrDNAや鞭毛遺伝子flaB配列，5S-23S intergenic spacer（IGS），主要外被膜タンパク質A遺伝子（*ospA*）の配列に基づく系統解析で実績がある。ただ，そうした遺伝子配列だけに注目してしまうと，大幅な塩基配列の組換え変異の1回の出来事だけで，それが進化にさほど反映しなくとも，解析に影響を受けてしまう。これを解消するため，複数のHouse keeping遺伝子の配列を解析し，複数遺伝子のコンティグ配列を用いる解析がMLSAである。これは，少数の遺伝子だけによる解析の限界を補うもので，用いられる遺伝子は16S rRNA，*flaB*，熱ショックタンパク質*groEL*，*hbb*，*recA*，*ospA*，IGSなどである。

・制限酵素断片長多形性解析（Restriction fragment length polymorphism, RFLP）

5S-23SrRNA遺伝子間スペーサーのPCR増幅産物を制限酵素で切る方法であるが，DNA配列の解析が容易になった現在ではやや古典的である（しかし，複数のライム病ボレリアが混在する試料からPCR産物の同定を行う場合は今でも有用）。骨子を記すと，分離株の培養液2mLを5,000rpmで10分間遠心後にPBSで洗浄，100μLの精製水に浮遊して100℃10分間煮沸してPCR試料とし，プライマーはRIS1（5'-CTGCGAGTTCGCGGGAGA-3'）およびRIS 2（5'-TCCTAGGCATTCACCATA-3'）を用いる。抽出した0.5μgのDNAを鋳型として熱変性（94℃，1分）→アニーリング（52℃，1分）→DNA鎖合成（72℃，2分）の反応を30サイクル行い，この250bpの増幅産物を2種類の制限酵素MseⅠおよびDraⅠで処理して電気泳動，得られたRFLPパターンを既知種のそれと比較する。

・OspA血清型分類

特異的単クローン抗体を用いる方法ながら，単クローン抗体の普及度に依存する。

3. ライム病関連ボレリア種の多様性

ボレリアの新種記載が隆盛を極めた2010年頃までの種について，著者らの共同研究者である増澤（2011）のまとめを参考に，国内にみる種を中心に略記する。文末に記したように正式発表による公認がされてない種は“ ”で括ってある。なお，種記載の文献の引用は省く。

［国内にみる種］

・***B. garinii***（病原性あり，Baranton et al., 1992）

IGSのRFLPで分別可能なユーラシア型（20047型；欧州～極東～日本；*I. ricinus* と *I. persulcatus* の両種が媒介；小型鳥類が保有体）およびアジア型（NT29型；モスクワ～日本；*I. persulcatus* のみが媒介；野鼠と鳥類が保有体）に分けられる。本種の感染では神経症状の誘発をみる。日本の患者からは本種がよく分離される。

・“***B. bavariensis***”（病原性あり，Margos et al., 2009）

欧州の *B. garinii* のうちOspA血清型4とされていたが，他の型は鳥類が保有体なのに，これは野鼠が保有体でMLSAにより新種の提案がされた病原性の強いタイプである。

＊その後，新種記載され（Margos et al., 2013），日本の症例はこれが大半とされる。

・***B. afzelii***（病原性あり，Canica et al., 1993）

欧州からアジアに分布し，野鼠を保有体とする。欧州では *I. ricinus*，アジアでは *I. persulcatus* が媒介し，欧州では遊走性紅斑や慢性萎縮性肢端皮膚炎を惹起する。

・***B. japonica***（病原性はほぼない，Kawabata et al., 1993）

日本の *I. ovatus* のみから分離されるが，明らかな患者は知られない。

・***B. tanukii***（病原性は不明，Fukunaga et al., 1996）

I. tanuki が媒介し野鼠が保有体である。日本からネパール，中国にみる。明らかな患者は知られない。

・***B. turdi***（病原性は不明，Fukunaga et al., 1996）

日本でのみ *I. turdus* から見られ，保有体は鳥類と推定される。病原性は不明である。

・***B. valaisiana***（病原性あり，Wang et al., 1997）

I. ricinus が媒介，鳥類が保有体で，欧州に広い。患者の遊走性紅斑からの遺伝子検出もある。日本で *I. columnae* から唯一分離されたが，遺伝系統は欧州に近い。

・***B. valaisiana*** 関連群（病原性あり）

I. granulatus が媒介，野鼠が保有体で，沖縄～台湾～韓国や中国の南部そしてタイなどにみる（韓国の *I. nipponensis* からの分離はマダニの同定過誤）。*B. valaisiana* と近縁だが媒介種と保有体種が異なる。*I. granulatus* に吸着されてライム病を発症して本遺伝子も検出された症例報告あり，南回りのライム病の例となった。

＊その後，*B. yangtzensis* として新種記載された（Margos et al., 2015）。

［海外にみる種］

・***B. burgdorferi*** sensu stricto（病原性あり，Johnson et al., 1984）

鳥類と野鼠の両方が保有，米国では *I. scapularis* が媒介，欧州では *I. ricinus* が媒介するものの西から東に向けて検出率は低下して，モスクワが最東端と思われる。皮膚や関節に炎症を惹起するが，神経症は少ない。*I. persulcatus* は関わらない。そのほかに，“*B. andersonii*”（病原性なし），*B. lusitaniae*（病原性あり），“*B. bissettii*”（病原性は不明），*B. sinica*（病原性は不明），*B. spielmanii*（病原性あり），“*B.californiensis*”（病原性は不明），“*B. carolinensis*”（病原性は不明），*B. americana*（病原性は不明）。

以上の記載種の中で，国際命名規約を満たすものと満たさぬものがあるが，その違いは何であるか以下に示す（河村好章，2000）。

発表手続き：微生物の分類に関する専門誌International Journal of Systematic Evolutionary Microbiology（IJSEM）誌に新種記載，または他誌の場合は別刷りを上記編集委員に送ってValidation list（正式発表リスト）への掲載を依頼する。新種の記載では，種の定義（ラテン語種名の命名由来，形態学，遺伝学，生化学，生理学）など同定の基礎情報を載せ，基準株を設定して次のように寄託する。

2000年以前は公の1ヵ所の微生物コレクション（Japanese Collection of Microbiology（JCM）やAmerican Type Culture Collection（ATCC）など）への寄託で済んだが，2000年以降は最低でも異なる2ヵ国の2ヵ所への寄託を要する（利便性と安全性）。

いずれにしろ，ライム病ボレリア種にはまだ分類が未確定，あるいは培養が難で分類学的検討が済んでないものもあり，今後もまた新たな種の追加があるか知れない。

〔引用文献〕

河村好章（2000）医学細菌の分類・命名の情報5．学名の正式発表・引用形式，修正名．感染症学雑誌，75: 259–262．．
増澤俊幸（2011）マダニ媒介性ライム病ボレリアの分類（2010年現在）とその問題点．ダニ研究，6: 1–12.

回帰熱系ボレリアが見出されて，厚労省の注意喚起扱いにも含まれることになった。

［新興回帰熱（BMD）の概況］

近年になり回帰熱系の *B. miyamotoi* による疾患が見つかり，ボレリア菌の立ち位置を示す意味では新興という呼称が分かり易いが，*Borrelia miyamotoi* disease（略してBMD）という呼び方もあって，生態系の異なる既知のヒメダニ媒介性回帰熱と一線を画する意味ではよい。

病原体 *B. miyamotoi* は1995年にわが国のシュルツェマダニから分離され新種記載されていたが，病原性については長く不明のままであった。しかし，2011年にロシアで本菌の人体感染例が報告され，ついでアメリカでも確認された。わが国では2013年に北海道で感染例が確定して後，本州側にも散発していることが分かりつつあるが，シュルツェ以外にパブロフスキーマダニあるいはヤマトマダニなどでの保有も明らかにされ，遺伝子型は国内とモンゴルなど国や地方により微妙に変異があるらしい（Iwabu-Itoh et al., 2017）。

以下，本州側で得たシュルツェからのボレリア属遺伝子の検出率を引用しておくが（高野，2015），各地で潜在的な感染が見つかれば早く発掘しての対応が望まれる。

・東北ではBMDが1.3%，LDBが10%

・関東～東海～北陸まで，BMDが1.7%，LDBが28%

このように，シュルツェは両方のボレリア症の重複感染を起因する可能性もある。

9）Q熱

［Q熱の概要］

1930年代にオーストラリアの屠畜場で多発した熱性疾患が原因不明であるためにQuery fever（＝不明熱）と呼ばれたため，その後はQ熱という病名が定着した。やがて，見出された病

原体が *Coxiella burnetii* と命名された。2～3週間の潜伏後に，急性型として急な高熱，筋肉痛，全身倦怠感そして呼吸器症状などをみてインフルエンザに似るが，その10%以内は心内膜炎など慢性型に移行して重症化をみる。回復後も長く慢性疲労症候群との誤診もあるように鑑別診断が難しいので，本症を疑ってみることが早期診断のポイントである。病原 *C. burnetii* は偏性細胞内寄生の小桿菌ゆえにリケッチアの仲間と思われたが，近年はレジオネラ類であることが分かっている。菌体は多型性で大型と小型があり，後者は芽胞様構造により環境中で安定なために，リケッチア類とは違って伝播にダニなどの媒介者は不要である。また，相変異をおこす，すなわちⅠ相菌は病原性をもつ野外株で，そのⅠ相菌を長期継代すれば弱毒のⅡ相菌となる。本病診断では両株で反応が微妙に違うため，感染研による検査マニュアルなどを参照するとよい。PCR による遺伝子検出もよい。治療はテトラサイクリン系が第一選択で，難治性の慢性型に移行させぬよう急性発症時に適切な治療を要する。

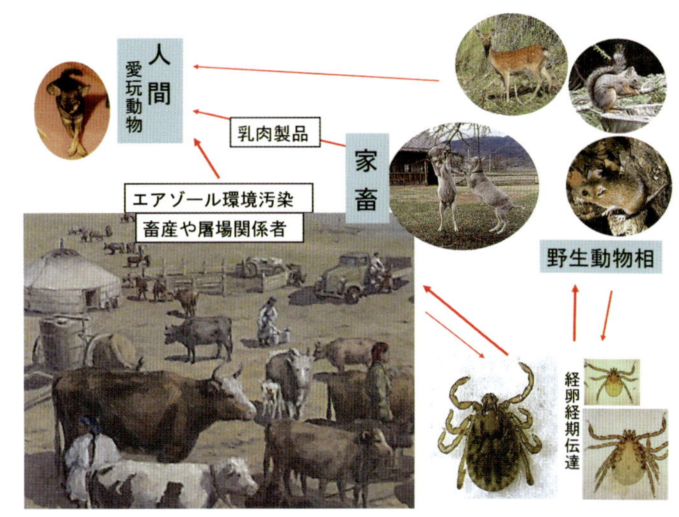

図 56　Q熱の感染環：赤矢印は病原体の流れ

疫学面については，発見以後に世界中で広く認識されるようになったが，本菌は感染動物から排泄されて環境を汚染する点が重要である。ヒトは汚染された環境中の粉塵やエアロゾールを介して，また時には殺菌不充分な乳肉製品の摂食で感染する。いずれにしろ，自然界では多くの動物やマダニが保菌しているが，動物では不顕性感染のことが多い。ただ，妊娠ウシやヒツジが感染すると流産や死産をおこすこともあり，胎盤や羊水からヒトの感染もあり得る。国内の感染事例は，1988 年に医学留学生が帰国して発症したのが最初の例らしく，これを契機に国内の調査研究が進み，1999 年の感染症法以後は届け出が暫増の傾向にある。都市部で散発する例が多く，患者の愛玩動物が重要であるらしい。岐阜県などで牧野マダニから本菌の検出記録があり(To et al., 1995)，編者らも同地で採集調査したところ牧草の先端にフタトゲチマダニが密集状態になっていた。牧野中心の感染環ならフタトゲが主要な媒介種として環境の底辺で本菌を維持していると思われる(図 56)。

10）野兎病

[野兎病の概要]

古くわが国のマダニが媒介する唯一の感染症とされていた。海外ではツラレミア tularemia と呼ばれ，およそ北緯 35 度以北に散在し，感染経路は動物との接触，マダニや昆虫による吸血あるいは河川の汚染水など多様である。国内では，1924 年以来，大原研究所(福島市)が主に東北地方で調査研究を進め，野兎との接触(皮剥，調理や摂食)による感染として野兎病(俗には大原病）と呼ばれるようになった。

病原菌種は *Francisella tularensis* で，一般に感染力は強くて発熱など感冒様症状を現わし，マダニの吸着で感染した手指，眼，鼻などの原発巣の所属リンパ節に膿瘍を作るほか，経口感染で咽喉部や胃を侵す例も知られる。簡便で有用な各種血清診断法が知られ，治療はストレプトマイシンやゲンタマイシン（最近ではキノロン薬も適用）にテトラサイクリン系を加えて投与，またリンパ節の摘出と郭清術も行われる。北日本を中心に関東から北九州まで，2014 年までの 80 年間に 1,400 例ほどの報告があり潜在例も相当あるとされる。やや古い症例記録をまとめると表 15 のようになり，マダニの吸着による感染のほかに，その感染力の強さからマダニを潰す手指からの感染も予想外に多い。野兎との接触が激減し，衛生観念も高まった近年は僅少な散発以外に症例報告は消滅しかかっているが，国内に常在はしている感染症で，かつテロ対応上では強い感染力から要注意とされる菌種である。

表 15　東北における発症例のまとめ

県別発生数	青森 1／秋田 1／岩手 1／宮城 2／福島 9
性別・年齢	男 9（32〜56 才）女 5（48〜74 才）
症　状	発熱 14/14，リンパ節腫脹 11/14
検査陽性	凝集反応 14/14，皮内テスト 8/ 9，菌分離 2/3
媒介種	*I. ovatus*♀1 件　種名不詳 13 件
感染の機会	マダニの直接吸着例（顔面 4，上肢 1，背部 3，陰部 2）
飼イヌの吸着個体を潰した例（眼瞼 3，手指 1）	

1972〜1988 大原研究所の資料から整理

図 57　野兎病の感染環：赤矢印は病原体の流れ

本菌は地方ごとの株で毒力は異なり，キチマダニ，ヤマトマダニ，タネガタマダニおよびシュルツェマダニから菌分離や抗原検出があり，各種野生鳥獣が保菌する（小型哺乳類ではヒミズからの菌分離例がある。すなわち，自然環境では，野兎を中心とした動物間でマダニが吸着を繰り返して本菌が維持され，地域ごとに感染環のフォーカスを形成する（図 57）。

11）モンテズマ感染症

［モンテズマ感染症の概略］

これは細胞偏性寄生菌の Montezuma（正規学名は未命名）感染による発熱性疾患であり，ロシアでは症例をみるほか，現地で媒介種とされるシュルツェマダニからは最大で 50％の確率で検出されるという。生菌の分離培養はこれまで成功の報告はなかったが，筆者らは中国の黄山系のヤマトマダニから Montezuma とみなされる株を得た（Fujita et al., 2007）（図 58）。ロシア以外で患者の発生報告はまだないが，分離がし難い菌種であることから考えるなら日本国内にも潜在的に分布する可能性も否定できないので紹介しておく。

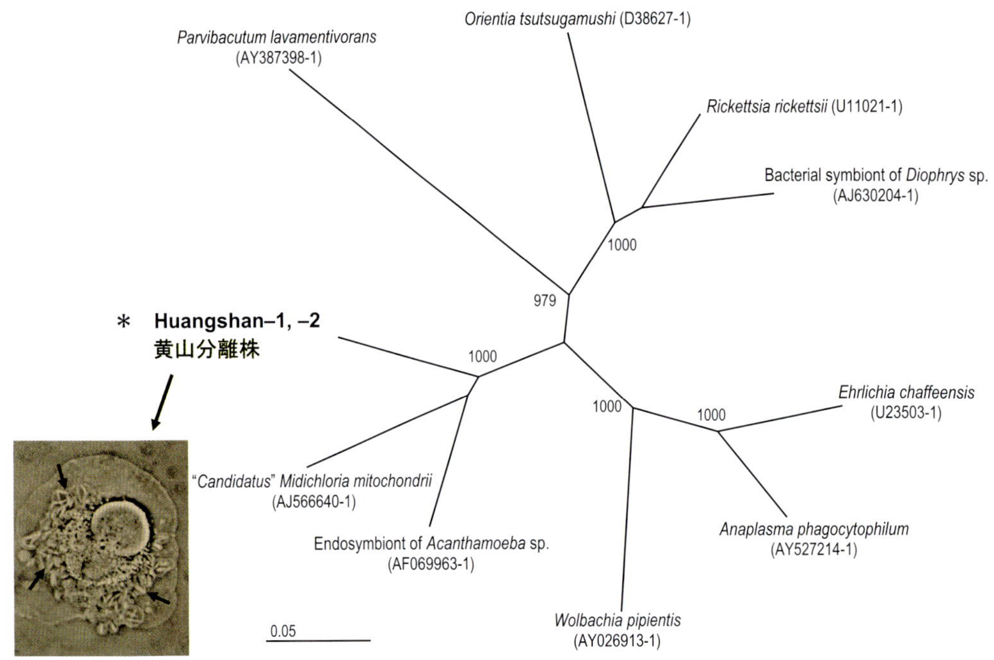

図 58　未命名微生物モンテズマ

ヤマトマダニから分離できた未命名微生物の Huangshan-1 および -2 株，その mt-*rrs* に基づく系統位置を示す

12) バベシア症

[ヒトバベシア症の概要]

主に牛でみられるバベシア科とタイレリア科の原虫（寄生性原生動物）を総称してピロプラズマ類というが，このうち *Babesia* 属が重要で，赤血球に寄生する感染形態と肝腫脹を伴う症状はマラリアに似る。欧米でヒトに感染の知られるものに *Babesia bovis* や *Babesia microti* などがあり，様々な症例がみられる一方で不顕性感染も多いという。欧米では多数種マダニが媒介の役を果たすらしいので，広く家畜，イヌそしてネズミに類似した原虫の感染が起こっているにかかわらず，ヒトへの確実な症例は容易に知られずに潜在している可能性が高いというのである（図 59）。

ヒトバベシア症：わが国での確実なヒトバベシア感染例は神戸市で見つかったが（斎藤，1999），その症例は溶血性貧血のため頻回に輸血を受ける中で淡路島のドナーから供血されており，そのドナーが淡路島で本原虫（遺伝種的に神戸タイプ）の感染を受けていたことが判明したのである。編者らによる淡路島の現地調査でも野鼠で同タイプ原虫の浸淫が確認された。

本症は疑診さえできればマラリアとの鑑別に留意しながら血液塗抹の鏡検や血清診断が有効であるが，この発病では免疫能低下による日和見感染的な要素が強いようで，顕症例は容易には見つからないものとも思え，初発の 1 例の後で報告が見当たらない。ただ，赤血球寄生原虫であるため，ヒトにおいては輸血が問題になる。ともあれ，治療はいささか工夫も要るようで，症例の多い欧米の場合に準ずるのがよい。

国内における媒介マダニ種はいまだ判然としていないが，筆者らによる 2000 年初頭からの調査では，タヌキマダニがバベシア陽性アカネズミに吸着，加えて同じ地区で同マダニがよく採れるので，それが有力種との感触は持つ。なお，「D. 医ダニ類の地理病理」で示すが，日本から中国にかけて，神戸タイプは日本限定の大津タイプと微妙な分布の違いを示している。

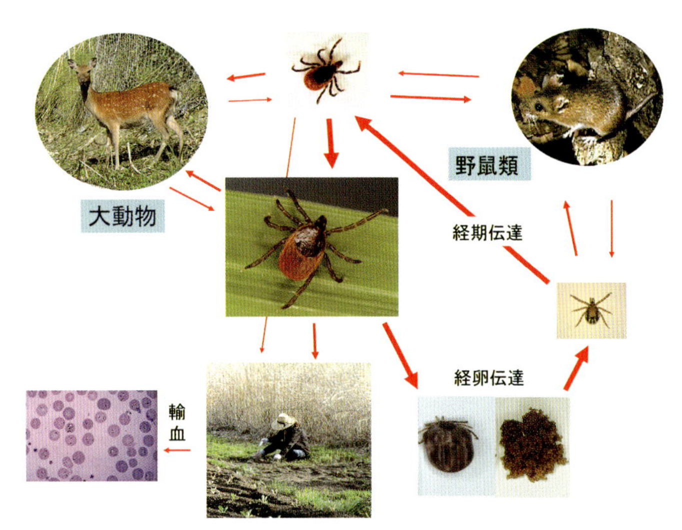

図 59 ヒトバベシア症の感染環：赤矢印は病原体の流れ

[バベシア以外の原虫]

マダニ類の一部からはトリパノソーマ科原虫の検出例もある。国内の複数の地域のキチマダニからは不明の原虫種がしばしば見出される。すなわち，培養細胞によるリケッチア分離において培養液中で想定外にこの原虫の増殖をみる。鹿児島県のヤマアラシチマダニの培養中に見つかったものは，追跡調査によればアフリカ睡眠病病原体に近い種類であることは分かったが(本田ほか，2006)，ヒトや動物への病原性については不詳なままである。

<参考>原虫病研究センターにおけるマダニ研究の展開

帯広畜産大学の共同利用研究施設「原虫病研究センター」は次のようなプロジェクトを公開しているので骨子だけ紹介する。

趣旨：海外では重要なマダニ類につき，ゲノムやトランスクリプトーム等の情報が公開され，マダニセルバンク The Tick Cell Biobank も設立されている。しかし，国内では利用可能なデータベースやマダニの供給体制は充分でない。ただ，原虫病研究センターではフタトゲチマダニを累代飼育して「モデルマダニ」として国内では活用されている。そこで，平成 29 年度よりプロジェクト「共同利用・共同研究拠点事業　マダニバイオバンク整備とベクターバイオロジーの新展開」を開始し，フタトゲチマダニ遺伝子情報の充実など「モデルマダニ」の有用性向上，あるいは他の重要マダニ種の実験室順化株の樹立そして安定供給体制(マダニバイオバンク)の整備を目指す。

13) 線虫症

[線虫症の概要]

国内においては，フィラリア類の *Cercopithifilaria* 属の感染幼虫が，カモシカに寄生していたヤマトチマダニとキチマダニから，またシカ寄生のヤマトチマダニから，さらにクマ寄生のキチマダニとオオトゲチマダニから，それぞれ検出されている。これらのマダニ類は中間宿主かつ媒介動物とみなされている(宇仁ほか，2010)。これらの人体例は確認されていないが，マダニ類の多様な媒介能の一面として忘れるべきでない。

column

各種病原体のマダニ体内存在様式から感染時期を推察する

（矢野泰弘〔福井大学医学部〕）

一般に感染症においては，その感染経路が第一に解明されなければならない。マダニからの各種病原体の古典的な検出方法として，ヘモリンフテスト（マダニの血液検査），各種培養細胞や培地を用いた病原体の分離，実験室における感染実験などがある。近年 PCR 法の開発によってマダニから病原体特異遺伝子の検出が容易にできるようになり，現在では検出方法の主流となっている。しかしながら，病原体はマダニのどの器官に存在しているのか，また，増殖などの活動的な状態にあるかを知ることはできない。

マダニの幼若虫は約 5 日間，雌成虫は約 7 日間吸血して飽血離脱する。吸血初期には体重の増加は緩やかであるが，離脱直前にその速度を増し，飽血時の体重は未吸血時と比べて，幼若虫で約 10 倍，雌で約 200 倍に達する（矢野ら，1985）。また，吸血開始時にはマダニ唾液腺からセメント様物質が分泌され，固着をさらに強固なものとする。唾液腺は一対の房状の器官で，顆粒を有しないⅠ型腺胞と顆粒を有するⅡおよびⅢ型腺胞からなる。この顆粒はセメント様物質で，吸血期間の初期に放出される（Yanagawa et al., 1987）。このように唾液腺はマダニの吸血にとって重要な器官であり，病原体の媒介に関与する場所と考えられる。われわれはこれまでにマダニ体内における各種病原体（紅斑熱群リケッチア，ネズミバベシアおよびライム病ボレリア）を電顕的に検索し，存在様式を明らかにしてきた。以下，その結果を基に病原体の感染時期を推察する。

［紅斑熱群リケッチア］

紅斑熱群リケッチアは，観察に供したタイワンカクマダニ *Dermacentor taiwanensis*，タカサゴキララマダニ *Amblyomma testudinarium* およびヤマアラシチマダニ *Haemaphysalis hystricis* のすべての器官，すなわち中腸，直腸嚢，筋肉，中央神経塊，卵巣および唾液腺の細胞質内に遊

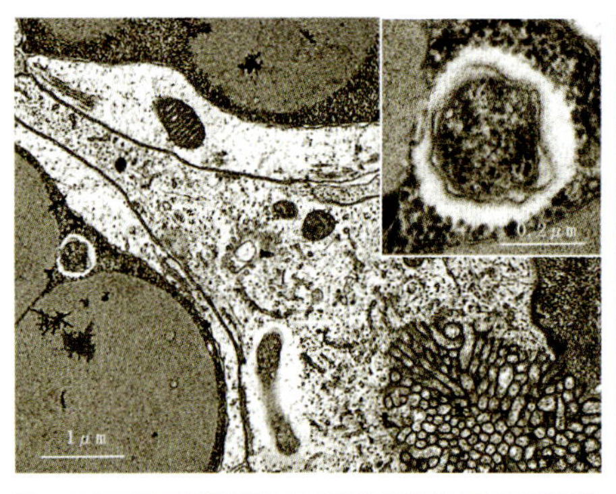

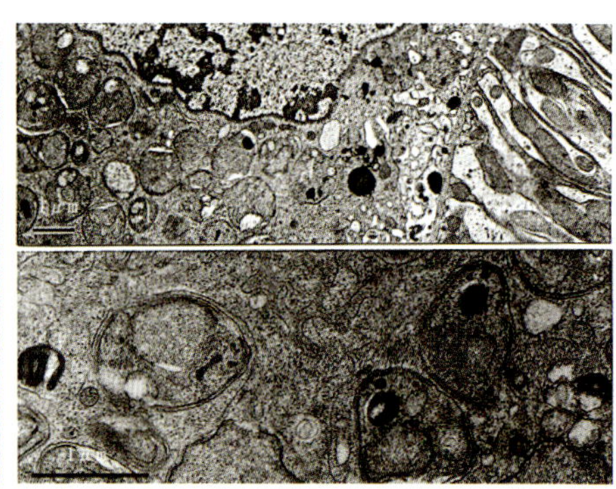

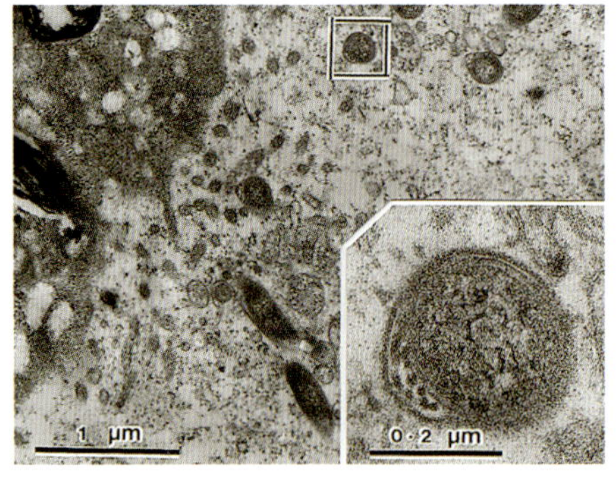

図① マダニ体内にみる病原体の微細形態と存在様式

上段 左：ヤマアラシチマダニの唾液腺顆粒細胞にみた日本紅斑熱リケッチア／右：ヤマトマダニの唾液腺のⅢ型腺胞の細胞質内にみたヒトバベシア症原虫

下段 未吸血のシュルツェマダニ中腸内腔にみたライム病ボレリア（挿入は横断像で，左下に鞭毛をみる）

離して存在していた（Yano et al., 1993; 2000; 2016）。リケッチアの周囲は電子密度の低い halo zone で包まれ，本群リケッチアに特徴的な細胞壁の明瞭な3重構造を呈していた。また，リケッチアの唾液腺細胞核内への侵入および増殖像を初めて確認した。唾液腺における存在状況から，リケッチアはマダニの吸血期間初期に唾液腺物質と共に宿主へ媒介されるものと考えられた。

[バベシア原虫]

バベシア原虫は，ヤマトマダニ *Ixodes ovatus* 唾液腺のⅢ型腺胞細胞質内に検出された。未吸血時にはバベシア原虫は未分化の状態であったが，吸血2日目にはスポロゾイトに発達した（Yano et al., 2005）。このことから，バベシア原虫の感染は吸血期間の中盤に起こるものと考えられた。

[ライム病ボレリア]

ライム病ボレリアは，未吸血時ではシュルツェマダニ *Ixodes persulcatus* 中腸内腔のみに検出され，微絨毛に接して存在するものの上皮細胞への侵入像は確認できなかった（Yano et al., 1993）。ボレリアは吸血中に唾液腺に移行して媒介されるといわれているので，感染は吸血期間の後期に起こるのかもしれない。

〔引用文献〕

矢野泰弘，白石　哲，内田照明（1985）久住高原地域のフタトゲチマダニ防除に関する研究. Ⅱ. 室内におけるダニの発育過程. 九大農学芸誌, 39: 159–164

Yanagawa H, Mori T, Shiraishi S, Uchida T-A（1987）Ultrastrucural changes in the salivary gland of the female cattle tick, *Haemaphysalis longicornis*, during feeding. *J Zool. London*, 212: 283–301.

Yano Y, Takada N, Fujita H（1993）Ultrastrucure of spotted fever ricketsialike microorganisms observed in tissues of *Dermacentor taiwanensis* (Acari: Ixodidae). *J Med. Entomol.*, 30: 579–585

Yano Y, Takada N, Fujita H（2000）Ultrastrucure of spotted fever group ricketsiae in tissues of larval *Amblyomma testudinarium* (Acari: Ixodidae). *J Acarol. Soc. Jpn*, 9: 181–184

Yano Y, Takada N, Fujita H, Gokuden M, Ando S（2016）Location and ultrastrucure of spotted fever rickettsiae in nymphal *Haemaphysalis hystricis* tick. *J Acarol. Soc. Jpn*, 25(S1): 185–188

Yano Y, Saito-Ito A, Anchalee D, Takada N（2005）Japanese *Babesia microti* cytologically detected in salivary glands of naturally infected tick *Ixodes ovatus*. *Microbiol. Immunol.*, 49: 891–897

Yano Y, Ishiguro F, Takada N（1993）Preliminary observations on ultrastrucure of borreliae in tissues of *Ixodes persulcatus*. *Microiol. Immunol.*, 37: 905–907

column

超高速遺伝子解析技術のマダニ媒介性病原体検出への応用

（中尾　亮〔北海道大学大学院獣医学研究院〕）

近年の超高速遺伝子解析技術，いわゆる次世代シーケンス（NGS）技術の開発により，マダニ媒介性病原体の探索は新たな時代を迎えつつある。これまでは検索対象とする病原体に対し特異的なプライマーを用いた核酸増幅法（PCR など）が広く用いられてきた。一方，NGS 技術を活用することでマダニが保有する微生物群の遺伝子情報を網羅的に取得できるため，予めターゲットを決めずに多数の病原体を一度に検出することが可能となった。NGS 技術は日進月歩で発展しており，病原体検査の手法として一般化する日もそう遠くないかもしれない。

1. NGS 技術について

塩基配列を決めるためには，サンガー法を用いたキャピラリー型シーケンサーが使用されてきた。2000 年半ば以降，サンガー法によらない塩基配列決定法が複数開発され，一度に多数の配列を同時平行でしかも高速に解読できるシーケンサーが相次いで登場した。それらの機器は従来型のサンガーシーケンサーとの対比から，次世代シーケンサー（NGS: Next Generation

Sequencer）と呼ばれはじめた。現在，Illumina 社や Thermo Fisher Scientific 社などから多数のシーケンサーが販売されているが，Illumina 社の MiSeq はベンチトップ型シーケンサーとして国内外で主流であり，1 回の解析あたり約 15 Gb（一般的なリケッチア属細菌ゲノムの 10,000 倍）のデータが出力される。また，連続して数万塩基以上の配列を解読できるロングリードシーケンサー（Pacific Biosciences 社の PacBio RS Ⅱ）やノートパソコンに接続して解析できるポータブルシーケンサー（Oxford Nanopore Technologies 社の MinION）なども販売されており，用途に応じて有効に活用できる。

2. NGS 技術による病原体検出の方法

NGS 技術を利用した病原体の検出方法は大きく分けてショットガンシーケンス解析とアンプリコンシーケンス解析の 2 通りに分かれる。前者はサンプル中の核酸配列をごっそり全て解読するのに対し，後者ではサンプル中に含まれる目的遺伝子の配列の PCR 増幅産物（アンプリコン）のみを解読する。それぞれの解析ワークフローを図①に示した。

【ショットガンシーケンス解析】

本解析では，マダニ検体から抽出した DNA・RNA を直接解析する方法と，マダニ検体から遠心操作や異なる径のフィルターを複数用いてウイルス・細菌を精製して抽出した DNA・RNA を解析する方法がある。ウイルス・細菌の精製過程を経ない解析法を選択した場合，最終的に得られるデータのほとんどがマダニ由来の配列情報となるというデメリットがある。一方で，ウイルス・細菌の精製過程を経た場合は，微生物に由来する配列の割合が格段に増えるというメリットがある反面，マダニから効率的にウイルス・細菌を精製する手法が確立されていないため精製過程で特定のウイルス・細菌集団を失うリスクが生じる。ショットガンシーケンス解析で得られた配列データは様々な遺伝子に由来することから，配列の由来微生物種推定を行うためには膨大な参照配列データベースが必要となる。そのため，由来微生物種の特定には高い計算能力を有した計算機（スーパーコンピュータなど）が必要となる。

【アンプリコンシーケンス解析】

マダニ検体から DNA を抽出し，解析対象とする遺伝子の一部分を PCR で増幅し，その

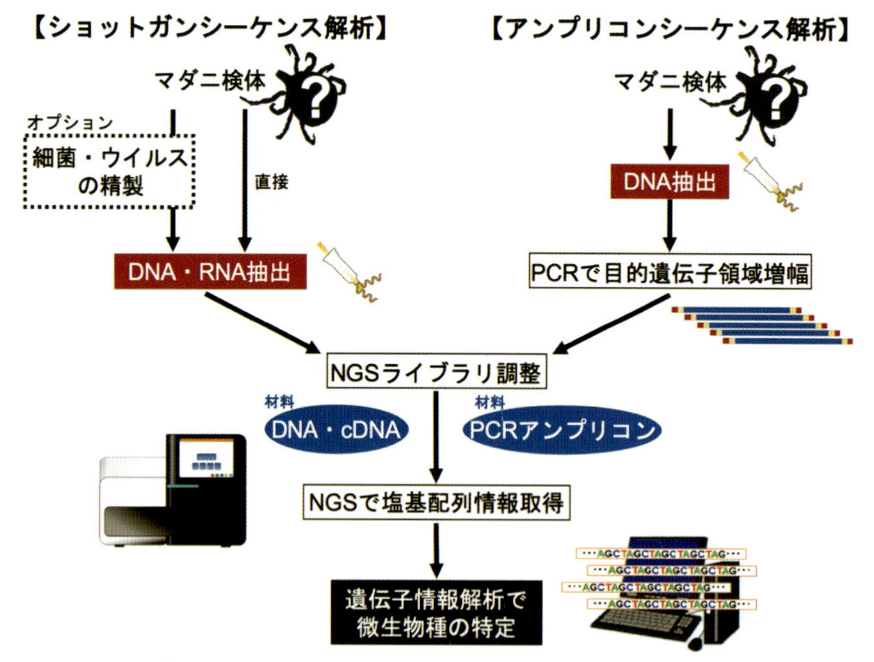

図①　NGS を用いたマダニが保有する病原体の検出ワークフロー

PCR 産物を NGS で解読する手法である。一般的には，細菌群の遺伝子同定に使われる 16S リボソーマル RNA 遺伝子の高度可変領域（V1-3 領域や V4 領域）を対象とした手法が広く用いられている。16S リボソーマル RNA 遺伝子の PCR 産物のみを NGS で解読するため，一検体あたりに必要なデータ量が限られており，一度に多数の検体を混ぜて同時に解析ができる（マルチプレックス化）。また，16S リボソーマル RNA 遺伝子配列データベースが整備されているため，ショットガンシーケンス解析に比べ由来微生物種の特定が容易である点もメリットとなる。一方で，現行の手法では 16S リボソーマル RNA 遺伝子の一部分の配列のみ（約 500 bp ほど）を解析するため，細菌の種レベルの同定が困難な場合が多い。ウイルス種間で保存された遺伝子は存在しないため，ウイルスの検出目的にも使えない。

3. 応用例

シュルツェマダニ，ヤマトマダニ，タカサゴチマダニ，フタトゲチマダニおよびタカサゴキララマダニを対象にショットガンシーケンス解析が行われており，既知のマダニ媒介性病原体（アナプラズマ属細菌，エーリヒア属細菌，バルトネラ属細菌，フランシセラ属細菌，ボレリア属細菌，リケッチア属細菌など）に加え，クラミジア門に属する新規細菌などが報告された（Nakao et al., 2013）。また，シュルツェマダニが保有するウイルス叢の解析にも応用され，ブニヤウイルス科，フラビウイルス科およびレオウイルス科のウイルスが見つかっている（Qiu et al., 2019）。

アンプリコンシーケンス解析は静岡県で採集されたマダニ（シュルツェマダニ，ヤマトマダニおよびキチマダニ）の唾液線内の細菌叢解析に応用されている。マダニ種ごとに固有の細菌群組成を持つことや，マダニが既知の共生菌（コクシエラ属細菌やスピロプラズマ属細菌）に加え，アルファプロテオバクテリア門に属する新規細菌を保有することなどが報告されている（Qiu et al., 2014）。

4. 今後の課題

NGS 技術の活用により，新規のものを含めた多数の微生物由来配列を網羅的に取得できる時代となった。一方で，NGS から生み出される膨大な塩基配列データを処理するためには，バイオインフォマティクス（生命情報科学）解析ツールを適切に使いこなす必要がある。現在のところ，遺伝子情報解析のための技術的なハードルは決して低いとはいえず，NGS 技術がさらに一般的な検査等で用いられるためにはまだしばらく時間が必要である。また，マダニが保有する微生物叢に関するデータ収集は近年始まったばかりであり，塩基配列データベース上に情報が乏しいために微生物種の同定ができない場合も多い。より正確な微生物種同定のため，マダニが保有する微生物の遺伝子データベースの拡充が待たれる。最後に，微生物の病原性は遺伝情報から読み取れるほど単純ではなく，個々の微生物の病原体としてのリスク評価のためには分離培養を基本とした微生物学的特徴付けが今後も必要不可欠である。

〔引用文献〕

Nakao R, Abe T, Nijhof AM, Yamamoto S, Jongejan F, Ikemura T, Sugimoto C.（2013）A novel approach, based on BLSOMs (Batch Learning Self-Organizing Maps), to the microbiome analysis of ticks. *ISME J*, 7: 1003–1015. doi: 10.1038/ismej.2012.171.

Qiu Y, Nakao R, Ohnuma A, Kawamori F, Sugimoto C.（2014）Microbial population analysis of the salivary glands of ticks; a possible strategy for the surveillance of bacterial pathogens. *PLoS One*, 9:e103961. doi: 10.1371/journal.pone.0103961.

Qiu Y, Abe T, Nakao R, Satoh K, Sugimoto C.（2019）Viral population analysis of the taiga tick, *Ixodes persulcatus*, by using Batch Learning Self-Organizing Maps and BLAST search. *J Vet Med Sci*, 81: 401–410. doi: 10.1292/jvms.18-0483.

3. マダニ媒介感染症への対応(髙田伸弘)

ここでいう対応とは，感染が起こらないような手段や環境造り，また感染が起こった環境の事後処理である。

1)行政対応

感染症対応の機関や部署は国にも各県にもおおむね備わっており，マダニ媒介性の感染症への対応も様々に図られている(図60)。ただ，このような行政システムへの理解はむしろ住民側に薄い傾向が感じられる日々であるが，それは住民側の無関心というより，編者らも含む感染症対応側の啓蒙不足にあるような気がして，心したい点である。

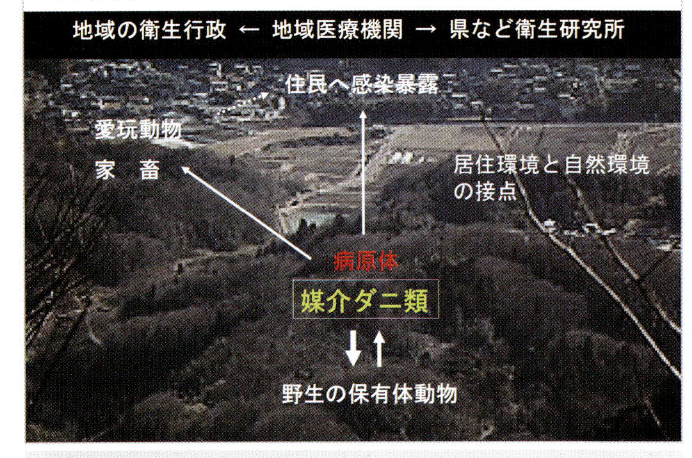

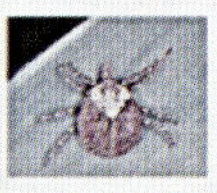
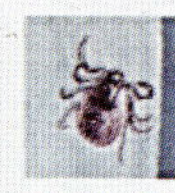

ダニ類に咬まれてうつる病気とは

病　名	日本紅斑熱	重症熱性血小板減少症候群(SFTS)	つつが虫病
病原体	日本紅斑熱リケッチア	SFTSウイルス	つつが虫病リケッチア
媒介ダニ	マダニ類	マダニ類	ツツガムシ類*
潜伏期間	2～8日	6～14日	5～14日
症　状	高熱、発疹、刺し口等 重症化し死亡することがある	発熱、消化器症状等 重症化し死亡することがある	高熱、発疹、刺し口等 重症化し死亡することがある ※日本紅斑熱との鑑別が重要
国内発生状況	主に西日本	近畿・北陸地方以西	全国

＊ツツガムシ類はマダニ類とは別のダニの仲間で、幼虫だけが動物から体液を吸います。

兵庫県内で日本紅斑熱の患者が増加傾向、感染地も拡大傾向

県内では近年、春から秋にかけて、日本紅斑熱の患者発生数が増加傾向で、マダニに咬まれたと推定される感染地も拡大傾向にありますので、野外活動時、ダニに咬まれないための予防対策が必要です。

図60　疫学対応の現状
上段：ダニ媒介感染症の調査や疫学対応／
下段：兵庫県における注意喚起の見本（各県でも様々に作成されている）

2)マダニの防除

通常は目で見えないほど微小かつ淡色なツツガムシを避けるには下草や地面に触れぬように，あるいは忌避剤ないし殺虫剤を利用するしかないが，マダニの場合は幼若虫であっても見えぬことはない大きさで濃色なので刺症を回避することは薬剤を使わずともできないことではない。要は考え方しだいという面もあるためか，衛生行政においても注意喚起のアナウンスはできても，現地一帯の対応は乗り出し難いことは事実である。しかし，これは責められることではないように思われる。なぜなら，外来のデング熱ウイルスを保有して公園の藪に陣を構える蚊類なら周囲から噴霧殺虫もできるが，諸所に常在して地面や下草を這うだけで見えず飛翔音もない微小なダニ類の場合は，選択的かつ有効に，また環境を保全しつつ殺虫するのは至難なことくらい誰しも納得できるからである。

とは言え，できることは少しでも試みた上で，不運にも感染したらしい時は早期診断，早期治療によって早い治癒を図り，あるいは重症化を回避するのが消極的ながら予防と言えよう。以下，防除につき公衆衛生の，そして個人衛生の両面から考えてみる。

表 16　三重県でのマダニに対する薬剤防除の試験

	鳥羽市郊外の住宅裏庭		同住宅近隣の市道路肩	
	散布区	無散布区	散布区	無散布区
散布日 (2009.09)	Hl13N Hfo3N	Hl9N Hfo4N	Hl6N Hf3N2L	Hl7N Hf2N2L
評価日 (2010.01)	採れず	Hl1N Hfo1N Hk1F	Hk1F	Hf2N Hfo1N Hm1N
放置後 (2013.06)	区画全域で At20N Hl2F6M37N Hco4N Hf1N Hh1F7N Hfo2M1N Hm1N		注：試験後に家人は庭の出入りを回避して完全放置の状態	

試験条件：15 m平方の区画を 2 つ縄張り設定して各々を殺虫剤散布および無散布区に当てて，防除業者の協力も得て市販の混合粉剤「虫コロパー」を用手散布した。
Hl：フタトゲチマダニ，Hf：キチマダニ，Hfo：タカサゴチマダニ，Hk：ヒゲナガチマダニ，
Hm：オオトゲチマダニ，Hco：ツノチマダニ，Hh：ヤマアラシチマダニ，At：タカサゴキララマダニ，
F：雌，M：雄，N：若虫，L：幼虫

[公衆衛生として]

例えば，紅斑熱の多発地区がある場合，広い自然(草地，道路，田畑周縁，河川敷など)にあるマダニをあまねく薬剤防除するのは極めて困難ないし許されないが，地域住民の利用度の高い庭周辺，道路沿い，駐車場，空き地などに限定して防除を考えるのは，長期の実行が可能か否かは別にして無理ではない。以下に編者らが試みた防除について簡単に記す。

試験地は三重県鳥羽市郊外で日本紅斑熱が同時 3 名感染した住宅裏庭であった。狭い通路以外は膝上まで雑草が茂った環境で，奥は海沿いの低山地の麓に続いていた。散布直前に区画ごとにフランネル法にてマダニの採集を行い，4 ヵ月後に同様採集して防除効果を評価した。対照として近隣の市道路肩にて同様に試みた(表 16)。一般に大半の殺虫剤はマダニに有効なことは周知であるが，患者感染地点での試験であるだけに興味が持たれた。結果は比較的単純で，採集ごとのマダニの種構成はやや不安定であるものの防除効果はあって，散布後 4 ヵ月を経ても散布区では採れずに，残留効果もあろうし動物とて忌避したものか，新たな侵入はほとんどないものと見えた。しかし，それ以降，家人が庭での感染を恐れて立ち入りをまったく回避した 3 年間については，庭の奥の山側から新たなマダニの侵入があったのは明らかであった(実際，放置後に侵入したマダニ種は多彩になっており，家人の立ち入りのないままイノシシなどの侵入もうかがわれるものだった)。いずれにしろ，**宅地程度の面積なら殺虫剤はマダニ類の生息を数ヵ月内なら抑え得るものの，少しでも環境整備をしなければ動物そしてマダニの侵入を許してしまう，つまり薬剤防除と環境整備は車の両輪である**。

[個人衛生として]

個人が注意して屋外活動をすることでもマダニの吸着を相当は回避できるはずである。マダニは一般に林内には意外に少なく，たとえばキャンプ場周辺でも一定の日照があって暖かい場所を好み，日中はヒトが歩き，夜間は動物が闊歩するような道筋の路肩植生にむしろ多い(図 61)。すなわち，ヒトは道を歩いて草に触れるとマダニが下半身を中心に乗り移ってきて，衣服の隙間から内部へ侵入した後でやや時間を置いてから柔らかい部位に吸着するのであるか

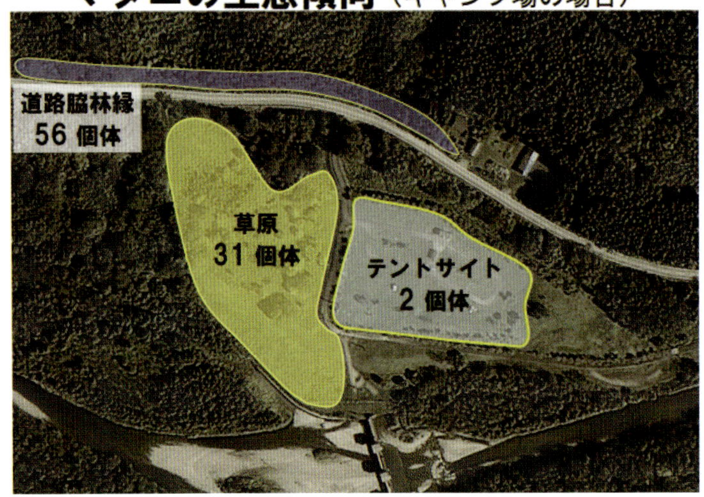

日常でマダニを避ける心がけ

- マダニが潜む草薮に入らない・・・蚊と違い飛ぶ音なし
- 忌避剤は一定の効果あり・・・蚊と違い噴霧殺虫は難しい
- 屋外作業での工夫として、下半身はゴム長靴、マダニ類が付きにくい薄手のナイロン製オーバーズボンとし、上半身は熱中症になる長袖は不要、帽子は必要・・・蚊刺しと異なる
- 草地に直には座らず、田畑では一角に殺虫剤を撒いて置きシートを敷いて休憩場所とする（マダニの接近回避のため草薮内に長くとどまらない）
- 作業衣、草木、土などを不用意に屋内に持ち込まない
- 屋外活動から帰宅後は入浴して体表を点検する
- 吸着したマダニは受診して摘除（その後もしばらくは体調に注意）

図61　マダニの吸着を回避する工夫や注意点
上段：マダニの生息傾向の目安，各区画で 15〜30 分の採集数（北海道衛生研究所の伊東拓也博士の提供）／
下段：屋外の活動でマダニを避ける工夫

ら，蚊の場合と異なり長袖を着て「刺されぬように」という概念は違うのであって，マダニはまず「衣服に付かれぬように」するのが正しい。したがって最近は使いやすくなった忌避剤が有効でもある。これらは，次のような聞き込み（上天草市立上天草総合病院の和田正文博士からの私信）の事実からも裏付けられる（いずれも日本紅斑熱患者の実数）。

- **推定される感染場所**

  畑（多くが地面に座る）59 名，居住地区 39 名，森林 17 名，果樹園 7 名，ほかや不明 14 名

- **マダニの吸着部位**

  下半身 38 名（下腿 21，大腿 12，膝窩 5），躯幹 17 名，上半身（上肢や顔）9 名

加えて，同博士の観察によれば，マダニ媒介感染症につながる刺症の起こる日の気象がおよ

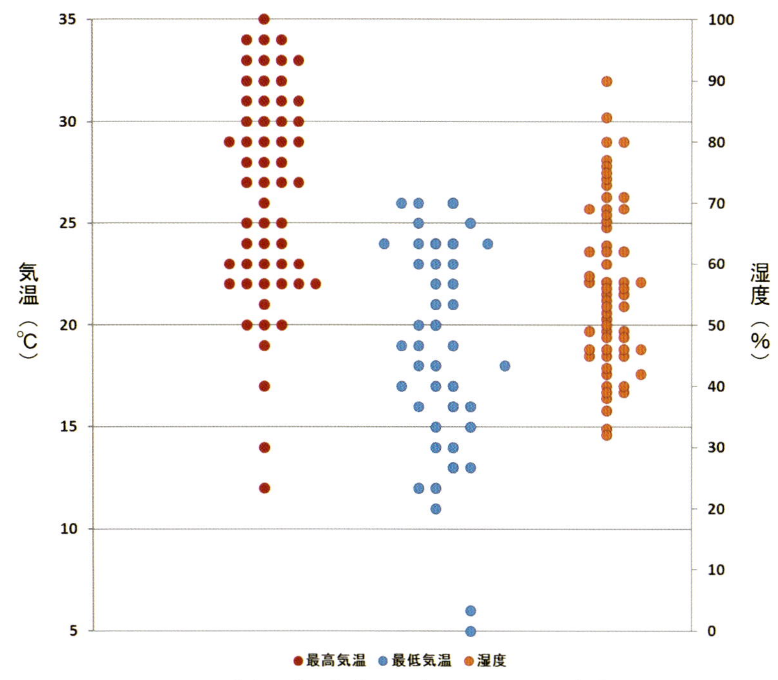

図 62　日本紅斑熱の発生と関連すると思われる気象要因
天草地方でみた日本紅斑熱症例の頻度を気象別に整理（和田正文博士の提供）

そは予知できて図 62 の通りという。すなわち，気温と湿度の高い日に刺症リスクが高く，それは大雨ないし台風の去った後で晴れることになった日がよく相当するらしく，統計的には気温 12℃から上という。

〔引用文献〕

Ando S, Kurosawa M, Sakata A, Fujita H, Sakai K, Sekine M, Katsumi M, Saitou W, Yano Y, Takada N, Takano A, Kawabata H, Hanaoka N, Watanabe H, Kurane I, Kishimoto, T（2010）Human *R. heilongjiangensis* infection, Japan. *Emerg Infect.Dis.*, 16:1306–1308.

芦塚由紀（2019）福岡県内のマダニにおける SFTS ウイルスおよび紅斑熱群リケッチアの保有状況調査．第 27 回 SADI 天草大会，上天草市，2019 年 5 月 31 日．

Balashov YS（1972）Bloodsucking ticks (Ixodoidea-vectors of diseases of man and animals). *Zoo I. Inst., USSR Acad. Sc. Nauka, Leningrad (1968) (in Russian; English transl. by Enromol. Soc. America), 319pp., New York.*

Chung M-H et al.（2006）Japanese spotted fever, South Korea. *Emerg Infect Dis*, 7: 1122–1124.

Fujita H, Takada N, Chaithon U（2002）Preliminary report on rickettsial strains of spotted fever group isolated from ticks of China, Nepal and Thailand. *Ann Rep Ohara General Hosp*, 44:15–18.

Fournier P-E et al.（2006）*Rickettsia tamurae* sp. nov., isolated from *Amblyomma testudinarium* ticks. *Int J Syst Evol Microbiol*, 56: 1673–1675.

福井祐一，福井祐子，吉村啓太，猪熊　壽（2016）犬における *Anaplasma phagocytophilum* 感染症の本邦初の症例報告．日獣会誌, 69: 97–100.

Fujita H et al.（2006）*Rickettsia asiatica* sp. nov., isolated in Japan. *Int J Syst Evol Microbiol*, 2365–2368.

藤田博己，髙田伸弘（2007）日本産マダニの種類と幼弱期の検索．ダニと新興再興感染症（SADI 組織委員会編），p.53–68，全国農村教育協会，東京．

藤田博己，髙田伸弘（2007）マダニ類から検出されるリケッチアの多様性．ダニと新興再興感染症

（SADI 組織委員会編），p.129–139. 全国農村教育協会，東京.

藤田博己（2008）過去 15 年間における培養細胞を用いた病原体分離法の改良と実績．大原年報, 48: 21–42.

Imaoka K, Kaneko S, Tabara K, Kusatake K, Morita E（2011）The first human case of *Rickettsia tamurae* infection in Japan. *Case Rep Dermatol*, 3: 68–73.

石畝　史，藤田博己，山崎史子，永田泰弘，髙田伸弘（2008）福井県の紅斑熱発生に係るベクターと病原リケッチアの調査．福井県衛環研センター年報, 7: 46–49.

石畝　史，宇田晶彦，森川　茂，大村勝彦，矢野泰弘，髙田伸弘（2013）福井県内のマダニにおける SFTS（重症熱性血小板減少症候群）ウイルス遺伝子の検索．福井県衛環研年報, 12: 64–67.

To H, Htwe K, Yamasaki N, Zhang G, Ogawa M, Yamaguchi T, Fukushi H, Hirai K（1995）Isolation of *Coxiella burnetii* from dairy cattle and ticks, and some characteristics of isolates in Japan. *Microbiol Immunol*, 39: 663–671.

本田俊郎，藤田博己，蔵元　強，渡辺百合子，髙田伸弘（2006）鹿児島県産ヤマアラシチマダニからのトリパノソーマ科原虫の分離例．大原病院年報, 46: 11–13.

Iwabu-Itoh Y, Bazartsersn B, Naranbaatar O, Yondonjamts E, Furuno K, Lee K, Sato K, Kawabata H, Takada N, Andoh M, Kajita H, Oikawa Y, Nakano M, Ohnishi M, Watarai M, Shimoda H, Maeda K, Takano A（2017）Tick surveillance for *Borrelia miyamotoi* and phylogenetic analysis of isolates in Mongolia and Japan. *Ticks & tick-borne Dis*, 8: 850–857.

Kawabata M, Baba S, Iguchi K, Yamaguti N, Russell H（1987）Lyme disease in Japan and its possible incriminated tick vector, *Ixodes persulcatus*. *J Infect Dis*, 156(5): 854–854.

川端寛樹（2013）＜速報＞国内感染が確認された回帰熱の 2 例．病原微生物検出情報, 34: 305.

岸本壽男（2013）最近のダニ媒介性疾患―マダニ媒介の SFTS（重症熱性血小板減少症候群）．日本内科誌, 102: 2846–2853.

北岡茂男（1975）わが国の放牧牛寄生マダニの種類とその分布．畜産の研究, 29: 1085–1088.

前田　健（2014）重症熱性血小板減少症候群（SFTS）ウイルスの分離から最新の知見まで．化学療法の領域, 30: 291–304.

馬原文彦（1987）日本紅斑熱．大原年報, 30: 83–91.

馬原文彦, 藤田博己（2002）日本におけるダニ媒介性のリケッチア－日本紅斑熱－. 感染症, 32: 237–243.

馬原文彦（2007）日本紅斑熱－臨床の最前線－．ダニと新興再興感染症（SADI 組織委員会編），p.113–118. 全国農村教育協会，東京.

Margos G, Wilske B, Sing A, Hizo-Teufel C, Cao WC, Chu C, Scholz H, Straubinger R, Fingerle V（2013）*Borrelia bavariensis* sp. nov. is widely distributed in Europe and Asia. *Int J Syst Evol Microbiol*, 63: 4284–4288.

Margos G, Chu CY, Takano A, Jiang BG, Liu W, Kurtenbach K, Masuzawa T, Fingerle V, Cao WC, Kawabata H（2015）*Borrelia yangtzensis* sp. nov., a rodent-associated species in Asia,is related to *Borrelia valaisiana*. *lnt J Syst Evol Microbiol.*, 65: 3836–3840.

Masuzawa T, Takashi S, Fukui T, Okamoto Y, Bataa J, Oikawa Y,Ishiguro F, Takada N（2014）PCR detectino of *Anaplasma phagocytophilum* and *Borrelia burgdorferi* in *Ixodes persulcatus* ticks in Mongolia. *Jpn J Infect Dis*, 67: 47–49.

宮村定男，太田達夫（1991）本邦で分離された紅斑熱リケッチアの化学療法剤，特にキノロンおよびペニシリンに対する感受性について．*CHEMOTHERAPY*, 39:258–259.

森川　茂（2013）＜速報＞重症熱性血小板減少症候群（SFTS）ウイルスの国内分布調査結果（第一報）．病原微生物検出情報, 34: 303–304.

森川　茂, 木村昌伸, 朴ウンシル, 今岡浩一, 宇田晶彦, 堀田明豊, 藤田　修, 古山裕樹, 加来義浩, 澤辺京子, 川端寛樹, 安藤秀二, 西條政幸, 前田　健, 鍬田龍生, 下田　宙, 高野　愛, 藤田博己, 髙田伸弘（2016）重症熱性血小板減少症候群（SFTS）ウイルスの国内分布調査結果（第三報）. *IASR*, 37: 50–51.

Noji Y, Takada N, Ishiguro F, Fujino S, Aoyama T, Fujita H, Yano Y, Shiomi S, Mitsuto I, Takase K, Hada T, Mabuchi H（2005）The first reported case of spotted fever in Fukui Prefecture, the northern part of central

Japan. *Jpn J Infect Dis*, 58: 112–114.
Ohashi N, Yoshikawa Y, Gauwa, Wuritu, Wu D, Kawamori F（2014）Tick-associated anaplamataceae pathogens in Japan. *XIV Int. Cong. Acarol.*, Kyoto.
大橋典男（2015）アナプラズマ症の血清検査による実態調査　平成26年度厚労科研費報告書「ダニ媒介性細菌感染症の診断・治療体制構築とその基盤となる技術・情報の体系化に関する研究」, 67–73.
Rehacek J, Tarasevich I（1998）Acari-borne rickettsiae and rickettsioses in Eurasia. 343pp, Veda Publishing House Slovak Acad Sci, Bratislava.
西條政幸（2013）国内で初めて確認された重症熱性血小板減少症候群（SFTS）患者に続いて後方視的に確認された2例．病原微生物検出情報, 34: 108–109.
Saijo M（2018）Pathophysiology of severe fever with thrombocytopenia syndrome and development of specific antiviral therapy. *J Infect Chemother*, 24: 773–781.
斎藤あつ子，矢野泰弘，髙田伸弘（2007）ヒトバベシア症の新展開．ダニと新興再興感染症（SADI組織委員会編），p.233–241．全国農村教育協会，東京．
佐藤優貴子，Sudaryatma PE，桐野有美，山本正悟，安藤秀二，岡林環樹（2019）宮崎県で採集されたマダニからの重症熱性血小板減少症候群ウイルスの分離．第27回SADI天草大会，上天草市，2019年5月31日．
田原研司（2007）中国・四国地域におけるリケッチア症（つつが虫病・日本紅斑熱）の発生状況と疫学　平成18年度厚労科研費報告書「リケッチア感染症の国内実態調査及び早期診断体制の確立による早期警鐘システムの構築」, 67–73.
Takada N, Fujita H, Yano Y, Tsuboi Y, Mahara F（1994）First isolation of a rickettsia closely related to Japanese spotted fever pathogen from a tick in Japan. *J Med Entomol*, 31: 183–185.
Takada N（1995）Recent findings on vector acari for rickettsia and spirochete in Japan. *Jpn. J. Sanit. Zool.*, 46: 91–108.
髙田伸弘ほか（1992）日本紅斑熱の媒介動物．感染症誌, 66: 1218–1225.
髙田伸弘（2002）寄生性ダニ類の病原媒介様式－特にわが国とアジア大陸との関係－．衛生動物, 54: 1–12.
Takano A, Fujita H, Kadosaka T, Takahashi M, Yamauchi T, Ishiguro F, Takada N, Yano Y, Oikawa Y, Honda T, Gokuden M, Tsunoda T, Tsurumi M, Ando S, Sato K, Kawabata H（2013）Construction of a DNA database for ticks collected in Japan: application of molecular identification based on the mitochondrial rDNA gene. *Med. Entomol. Zool.*, 65: 13–21.
高島郁夫（2013）ダニ媒介性ウイルス感染症．衛生動物, 64: 61–66.
Takeda T, Ito T, Chiba M, Takahashi K, Niioka T, Takashima I（1998）Isolation of tick-borne encephalitis virus from *Ixodes ovatus* (Acari: Ixodidae) in Japan. *J Med Entomol*, 35: 227–231.
Teng K, Jiang Z（1991）Acari: Ixodidae. Economic insect fauna of China 39, 359pp. Science Press, Bejing.
塚平晃弘，山崎善隆，松本和彦，佐藤寛子，髙田伸弘（2018）飯田市で診断された輸入感染症（アフリカダニ熱）の一例．信州公衛誌, 12: 85–91.
Uchida T et al.（1992）*Rickettsia japonica* sp. nov., the etiological agent of spotted fever group rickettsiosis in Japan. *Int J Syst Bacteriol*, 42: 303–305.
内川公人，仲間秀典，斎田俊明，堀内信之，村松紘一，山岸智子（1994）長野県下のマダニ咬症と主要原因種の分布．環境科学年報－信州大学－, 16: 69–74.
山本正悟，森田千春，土屋公幸（1991）日本の流行地におけるアカネズミからの紅斑熱リケッチアの分離．宮崎県衛環研年報, 3: 103–105.
Yoshikawa T, Shimojima M, Fukushi S, Tani H, Fukuma A, Taniguchi S, Singh H, Suda Y, Shirabe K, Toda S, Shimazu Y, Nomachi T, Gokuden M, Morimitsu T, Ando K, Yoshikawa A, Kan M, Uramoto M, Osako H, Kida K, Takimoto H, Kitamoto H, Terasoma F, Honda A, Maeda K, Takahashi T, Yamagishi T, Oishi K, Morikawa S, Saijo M（2015）Phylogenetic and geographic relationships of severe fever with thrombocytopenia syndrome virus in China, South Korea and Japan. *J Infect Dis*, 212: 889–898.

V．調査ファイル

（髙田伸弘）

本項では，マダニの生態学への理解を深めるため実地調査のコツや考え方を紹介する。

ファイル1　山岳系マダニの季節的消長 －採集調査の基準化へ向けて－

目 的

中部山岳は山を楽しむ人が集まり，特に年配者や学童の集団トレッキングが増える中で，マダニに刺されての感染症が気になる地域である。著者らや共同研究者は機会あれば中部山岳でマダニの分布とその病原保有状況を調べてきている。そういう中で，マダニがどの季節に多く現れるかなど季節的消長については，経験的に春に多いとは言われながら，明確な報告はないらしいことに気付いた。そこで，改めて季節的消長の観察を試みることにした。

方 法

中部山岳の標高1,000 m以上では，シュルツェマダニとヤマトマダニが並行して見られるが，近年になり，高野らとの共同でそれらから病原体とくにライムボレリア類を検出できている。その中で，最近注目されるBMD（新興回帰熱）のボレリアミヤモトイも浅間山系とその周辺で検出できた。そこで，著者らは観察定点を浅間山系に設けることとした。

図63の上部の浅間山系左端（湯ノ丸高原から烏帽子岳へ向かう登山道）が観察地区で，方法も記入の通り，4～9月まで毎月中旬の晴れた日に試みた。採集のコツとして，道の山側を2名で15分だけフランネルハタを振り通し，マダニが付けば拾ってカップインを続けた。各区間の季節的変化は風景写真の通りながら4月は路肩が残雪で実質の採集はなかった。なお，集計は雌雄別にすれば数値が輻輳して消長傾向が分からず，実際の年ごとの採集比率もぶれると思われ，また今回は方法論の問題であるので，雌雄合計で示すこととした。

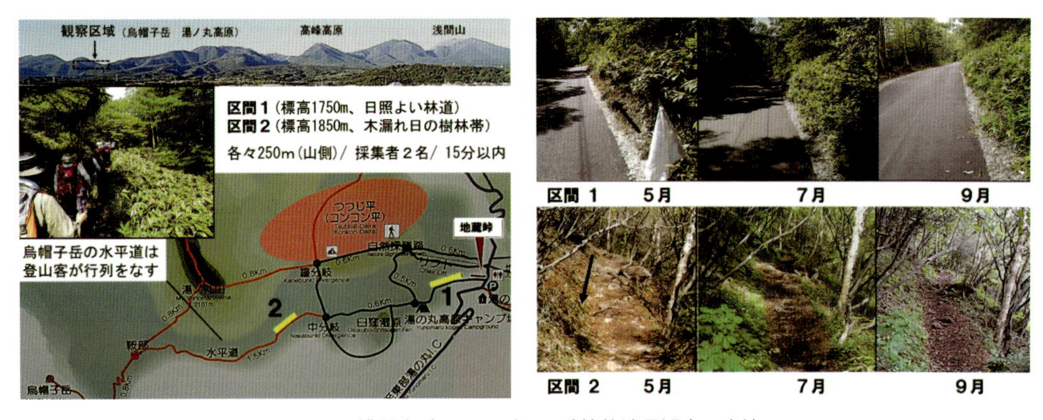

図63　浅間山系でのマダニの季節的消長観察の方法

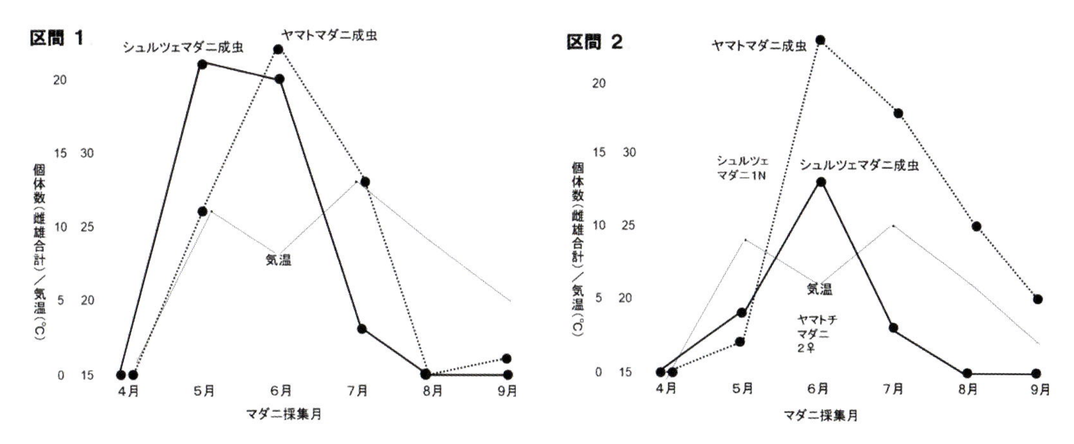

図64　区間１および２におけるマダニ採集数の月別消長
シュルツェとヤマトの成虫以外にはシュルツェ若虫およびヤマトチマダニ成虫の少数のみ

成績

区間1：日照の多い南斜面であり，図64(左)の通り，シュルツェは5月から6月にピークを示すが，7月中旬に急落，それ以降は全く消失した。したがって，シュルツェがヒトに吸着するリスクは5月上旬から7月中旬の2ヵ月半ほどと思われる。ヤマトはひと月遅れでピークを示し，下降を見るのもひと月遅れた。この間の気温は，里では暑い夏だったがこの山上は通常とさほど変わらなかった。

区間2：通年で木漏れ日環境にある樹林帯で，シュルツェは区間1と同様に5月から現れるものの6月のピークは低目で，やはり7月中旬以降は消失した。ヤマトはやや遅れがちながら6月のピークでは区間1と同じほど得られ，以降も9月まで見られた。この区間では過去に10月でも数個体を得たことがあり，出現は長目に残るものかと思われた。なお，この樹林帯の気温は区間1より1～2℃低く推移した。

考察

- 今回の標高1,800 m内外での季節的消長の観察では，シュルツェマダニとヤマトマダニが5～7月の間に出現のピークを示したが，シュルツェは従来知られたように林道の日照環境を好み，ヤマトマダニは樹林帯であっても適応することが示唆された。
- 定点とした道の路肩植生はおよそ笹であり，信州ではマダニ類を「笹ダニ」などとも言うように，トレッカーにはマダニの認識がありながらも毎年のように入山するらしかった。内川ら(1994)によれば，この烏帽子岳の集団登山は同県内の小中学校生で行われ，一度の登山でシュルツェに集団吸着されることもしばしばらしい。したがって，集団の野外活動はシュルツェが消える夏休み7～8月にすればリスクは相当に低まるかと思われる。ただし，シュルツェの幼若虫の動向は分からなかったため注意は要するし，これら消長傾向も複数年の観察で確認したいものである。

ファイル2　SFTSの疫学 －現地調査で試料を得る方法－

目 的

重篤化を危惧されるSFTSも，愛玩動物からの感染など微妙な機会によることもありながら，基本的にはマダニ媒介性である。したがって，各地域で患者発生があった場合，関係者は当該地域でのマダニ相やそれへの対応が気になる。医療衛生関係者ならことさら強い思いをいだくし，地域の疫学担当になってしまえば，その分野への慣れ不慣れに関わらず，必要最小限でも現地試料を得て当該ウイルスの検査など試みなければならない。そうした場合にはどうすればよいかなどの問い合わせが編者らに届くことは少なくないので，役立つであろう指針の一つとして調査の例を示しておきたい。

方 法

北陸と近畿の境目になる中山間地域(日本海側に面した市街地の郊外に当たる)で感染したSFTS症例が見出された。当該病院は，本症に先立つ2年前から続発する日本紅斑熱について編者らと共同研究の途上にあったためもあろうか，しかし本症経験のなかった地域の中核病院でよくぞ診断された例であった(図65)。そこで，主治医らと関連の情報を共有して患者と面談して聞き取りまで行い，感染機会のあった場所を踏査した。その上で，媒介マダニ相の調査と病原ウイルス(SFTSV)の検索まで行うこととした。フランネル法でマダニを採集して分類し，それを感染研(宇田晶彦博士)と共同でSFTSV遺伝子の検出に供するまでの作業である。

症例の概要

【症　例】 後期高齢者（男）
【主　訴】 歩行障害
【既往歴】 不安定狭心症、前立腺肥大症、緑内障＆白内障
【職　業】 農業（栗園、畑）
【行動歴】 国内外の旅行や特記すべき入山歴なし
【現病歴】 ●年夏の●月21日にて農林作業を終了
24日頃から食欲低下、歩行障害
26日に近医受診、白血球＆血小板減少
27日に地域基幹病院内科へ救急搬送
当該県衛生行政機関の検査でSFTSと確定診断
翌月 2日に同院皮膚科で腰部に疑似刺口をみる
徐々に回復し退院へ

図65　症例の概要

成 績

現病歴にある通りの症状で重症ではあったが回復した。自宅近くの栗園と畑の作業中に感染を受けたようで，腰背部にマダニ刺し口様の潰瘍跡があり，そこの生検組織からSFTS遺伝子が検出された。栗園の上部には広いイノシシのヌタ場があるなど，種々野生動物の出没も多いらしかった(図66)。マダニはこの作業地区のほか，患者の居住集落および隣接する岩篭山の登山口で採集できた。記録は細かな地点

図66　患者が作業した栗園と畑
広くイノシシのヌタ場がある

表 17　感染推定地でのマダニ採集結果

初回サンプリング（170806〜07，晴）	
1．集落西端（旧道沿い竹林草藪）	Hl5♀2♂35N28L　At1N
2．神社境内（雑木，竹林，下草）	Hl2♀5N61L　Hf1♀　At4N
3．集落前の畑地（草藪／ヌタ場）	Hl♀3N
4．患者の栗園と畑（広いヌタ場）	Hl2♀1♂3N
5．岩篭山登山口（道沿い草藪）	Hl2♀4♂　Dt1♂
2回目サンプリング（180615，曇）	
4．患者の栗園と畑	Hl4♀1♂50N → 1♀＋（RT-PCR で SFTSV 陽性） Hk1♂　Hm1N
3回目サンプリング（1809〜10，曇）	
4．患者の栗園と畑	Hl43N 多数 L → 1N±（RT-PCR で SFTSV 擬陽性）
5．岩篭山登山口	Hl4N　Hm1♂1N 多数 L　Dt1♀
対照サンプリング（180702，晴）	
隣接の野坂岳	Hl3♀1♂85N1L　Hf2N　Hk1♀1♂　Hm35N　At3N

Hl：フタトゲチマダニ，At：タカサゴキララマダニ，Hf：キチマダニ，Dt：タイワンカクマダニ，
Hk：ヒゲナガチマダニ，Hm：オオトゲチマダニ，♀：雌成虫，♂：雄成虫，N：若虫，L：幼虫

ごとに分けて，地点ごとの環境や植生もおおよそ記録した。なお，その岩篭山の裏に当たる野坂岳山麓を対照地区として採集した(表 17)。

結果として，初回(夏)に試みた集落周辺で圧倒的にフタトゲチマダニが優勢で，この傾向は 2 回目以降も同様，対照の野坂岳方面でもやはり似ていた。

これらマダニ個体のほとんどを RT-PCR にて SFTSV 遺伝子の検索に供したところ，患者が作業していた栗畑で得たフタトゲチマダニから陽性および擬陽性の個体を見出した。ほかの地点では陽性個体がなかった。

考 察

- しばしばあることながら，調査地区全体で得たマダニ類をプールして試料にしてしまうと，病原体の検出がどの地点であったか分からなくなるので，**成果がピンポイントで分かるように，地点を細分して当たるのがよい**。ここではずばり患者が働いていた栗園でのみ SFTSV 遺伝子は陽性であって，感染環の局在性が強く示唆された。
- そうした場合，地点ごとの環境や植生もおよそ記録し，対照地区も設定すれば，再調査など継続する場合に有用となる。
- なお，この地区にごく隣接した地区でも同年末に症例の続発をみており，この山合いはフタトゲチマダニの優占状態に呼応して感染環のフォーカスができ上っている可能性が指摘できる。さらに言えば，編者らは症例確認に先立つ 2 年前に若狭沿岸のマダニについて SFTS の検索を行っており，その中で今回の地区から遠くはない 2 地区でも陽性個体をみている。加えて，この県境を越えて隣接する滋賀県側でも患者確認があったので，おおよそ考えて福井－滋賀県境の山系には SFTS 感染環が濃いもののようである。

C. 刺症・アレルギーほか

病害性のダニ類には，病原体媒介性のもののほか，われわれに刺症やアレルギーを惹起するものが多く含まれる。それらの大半は属種が多岐にわたる微小なコダニ類であり，ヒゼンダニなどいくつかの寄生性のものを除き，多くは自由生活性である。ここではそれらコダニ類を分類学的に整理し，およその生態や対応などについても触れる。

その場合，コダニ類は光学顕微鏡では最も撮影しづらい中間的な大きさ（0.2～2mm ほど）かつ半透明であるため形態的特徴の細部を通常の写真では示しにくい。とはいえ線画では実物との見え方にギャップが大きい，そこで視覚に馴染みやすい微分干渉顕微鏡による立体画像を中心に示す。一方，「B. マダニ類と感染症」に分類や生態を詳述した完全寄生性のマダニ類についても皮膚障害の面はここに述べる。

また，本書では一定以上の医学的な意義を有する種類を中心に取り上げるため，障害性が不定ないし不明な種の分類については割愛した。必要に応じて旧著（高田, 1990）ほか別途資料を参照されたい。

用語について：本書では，凡例で述べたように，用語の使い方に留意することとしたが，特に本章の皮膚病害については，日常会話風に使われる「刺す」，「咬む」といった語句の見直しをした。要点を再掲すれば，コダニもマダニも口器先端の鋏角や口下片など全体を皮膚に密着ないし刺入するので病名としては「○○ダニ刺症」，そして重要なのは蚊など昆虫と違い比較的長時日かけて血液ないし組織液を吸飲するものであるため，皮膚に対する病理学的動作としては「吸着」を使いたい。すなわち本章では，ダニが刺すことを「吸着する」，そしてダニがついた部位を「吸着部位」などと書き，刺咬や刺咬部位などの語よりも病態表現を明確化した。なお英語論文では，あいまいな bite や infestation のほか，attachment，feeding，bloodsucking などの語を適宜使い分けている。

I. 病害性コダニ類の分類

（高田伸弘・夏秋　優・高橋　守）

この章に含む主なコダニ類は 3 亜目であるが，これらがもたらす病害を発生源で分け，それら要因の絡み方を以下に示す。

・住居構造内：至適環境で増殖した種による皮膚炎やアレルギーまた不快ないし恐怖感
・食品や植物：至適条件で増殖した種による皮膚炎，食品汚染また不快ないし恐怖感
・環境動物：野生，家畜，伴侶動物由来種（屋内外問わず）による皮膚炎や病原体媒介

人の条件				環境条件
・住み方	⇔	ダニの生態	⇔	・地理地勢
・家屋構造		（生殖・行動）		・気候

・・・・・・・経年変化あり・・・・・・・

病害性コダニ類への大まかな検索

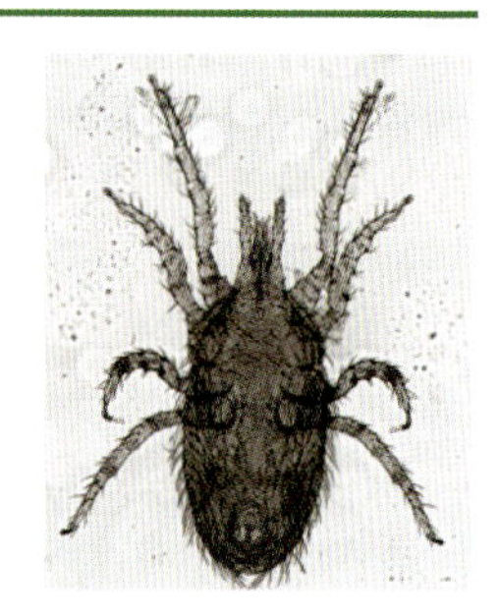

1. トゲダニ亜目（本亜目の病原種のすべてはヤドリダニ上科）

自活性または寄生性, 外皮は褐色革質で成虫は中型(1mm 内外), 第 2･3 脚基節外側に気門と周気管, 腹面に種々の肥厚板をもつ …… p251 から

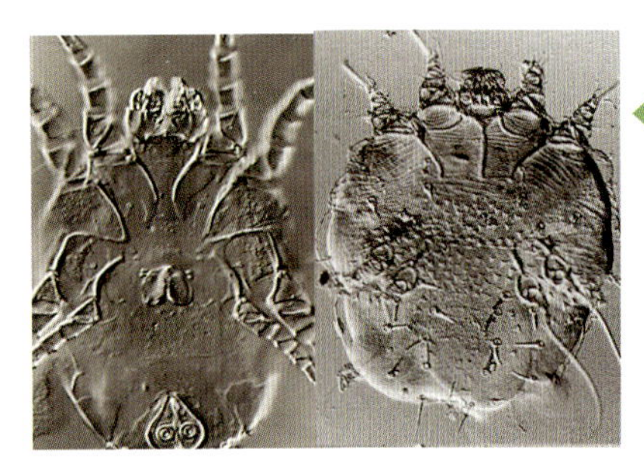

2. コナダニ亜目（病原性の大半はコナダニ団およびキュウセンダニ団）

自活または動物寄生, 多くは無色で外皮は薄く小型(0.3～0.5mm), 気管系を欠く, 鋏角は鋏状のもの多く脚末端には肉盤を備える …… p257 から

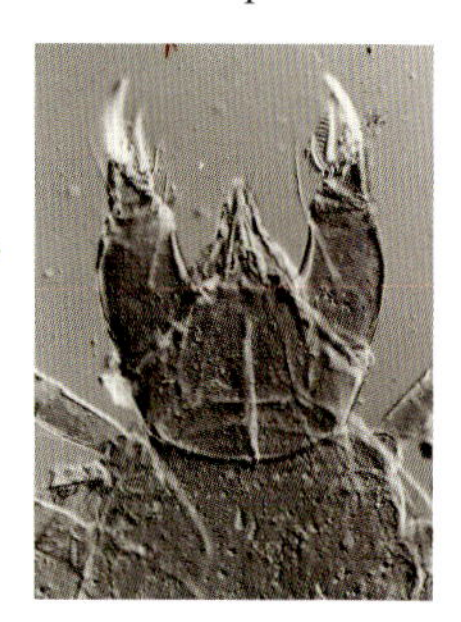

3. ケダニ亜目（病原性はツメダニ, シラミダニおよびツツガムシ類）

自活または動物寄生, 無色ないし赤色で外皮は薄く小型（0.3～0.8mm), 体前部に気門, 多くは胴部毛が列をなさず鋏角は針状 …… p264 から

これらコダニ類による具体的な病害の例を挙げると, たとえば 10 数軒の家庭内でみる虫刺症の調査では以下のようになる（表 1：高岡, 2016)。

表 1　家庭内で見られる虫刺症の内訳

・ウモウダニ（鳥由来）	1 件	・トリサシダニ（鳥由来）	1 件
・シラミダニ（昆虫など由来）	1 件	・ほか不明トゲダニ類	3 件
・ツメダニ　（タタミなど由来）	5 件	・ネコノミ〈ネコ由来〉	2 件
・イエダニ　（家鼠由来）	3 件		

この結果から推測されるが, **近年は, 肉眼で見える大きさの衛生昆虫類は収束傾向にある一方, 微小なコダニ類は対応もしづらく室内環境で増殖し続けている**といえよう。

1. トゲダニ亜目 Gamasida

本亜目は, 雌の生殖板の数によって単生殖板上団および三生殖板（3 枚）上団の 2 つに大別するのが自然分類に近いとされる。単生殖板上団の中のヤドリダニ団には約 35 科が知られ, このうちヒトに何か病害をなす種類はすべてヤドリダニ上科のワクモ科, オオサシダニ科およびトゲダニ科に含まれる。

本類の形態は，外皮が褐色で硬く，大きさは0.5～2mm，第2・3脚基節付近に1対の気門を備え，胴部剛毛が列をなす点で，マダニ類や他の微小ダニ類と容易に鑑別される。なお，これらの幼虫や第1・2若虫の形態については，多くの場合は同時に得られる成虫と関連させて種の見当はつけられる。以下，主な科属種を挙げるが，コウモリや爬虫類に特異的な属種はヒトへの病原性が未だ知られぬため割愛した。

[主要な科属種への検索]

わが国で1940年代から蓄積された本類の調査報告では種の同定に混乱がみられ，順次，同物異名シノニムないし異物同名の修正や再記載あるいは新種の追加も行われてきた。ただ，その経緯はやや混沌の感もあるので，ここでは分布頻度の高いと思われる属種に重点を置いて総括した。形態の説明は，互いに類似する雄でなく，雌の特徴によって示す。

1）サシダニ類

ワクモ科 Dermanyssidae

ワクモ属 *Dermanyssus*（図1）：鳥類寄生，背板は単一で卵円形，胸板は幅広で後縁は内湾，生殖腹板後端は円く終わる。

- **ワクモ *D. gallinae***：世界的に主にニワトリ，飼鳥，家屋営巣の鳥にみるが，時にヒトを吸血する。鋏角が極めて長く鞭状，背板は前側縁が角張り後半は幅狭，生殖腹板は舌状，肛板は幅広。吸血で鳥類を衰弱させるほか，北米で脳炎ウイルスの分離あり。
- **スズメサシダニ *D. hirundinis***：世界的にスズメやイワツバメなど野鳥に多い。夏に人家周辺でしばしばヒトを刺す。ワクモに似るが背板は前側縁が円く，生殖腹板は舌状，肛板は縦長。吸血するも病原体伝播は不詳。

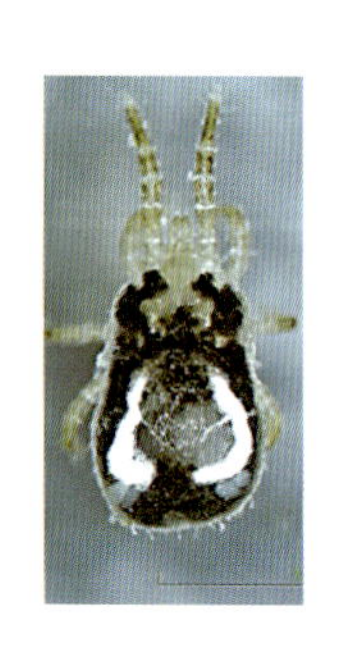
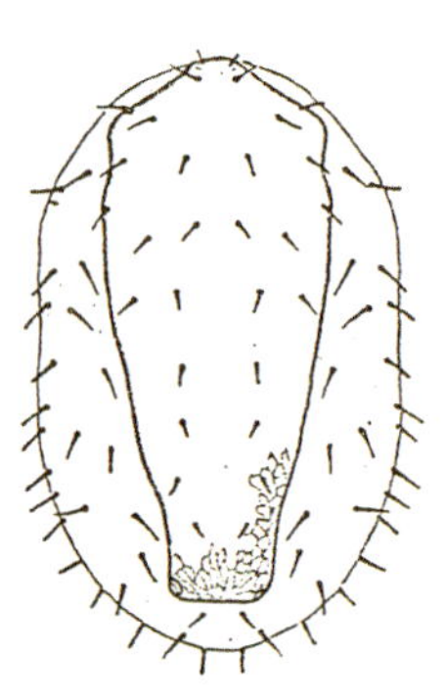
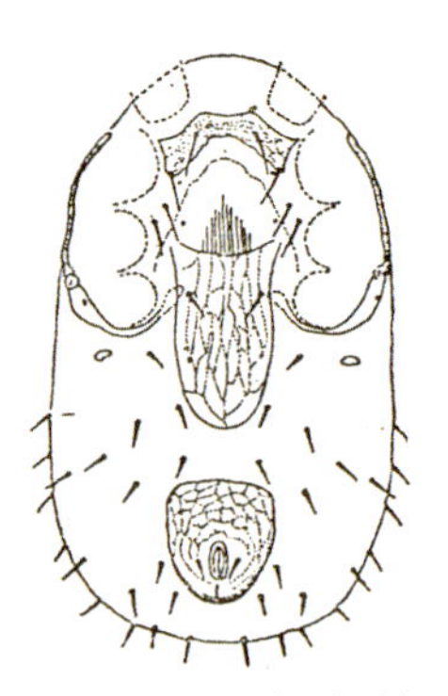
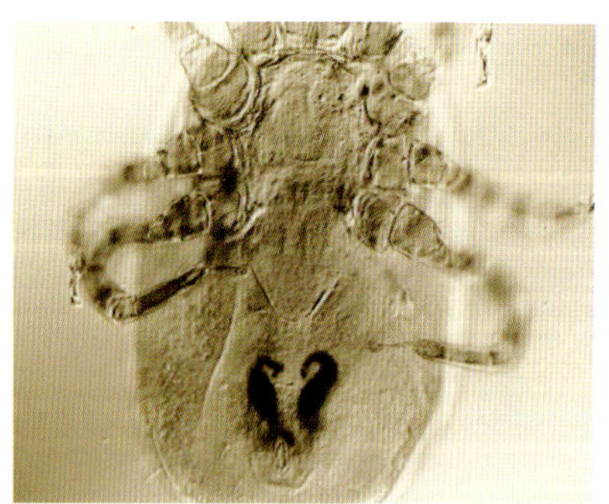

図1　サシダニ類(1)
左：ワクモ雌生体の背および背腹の線画（Pan & Teng, 1980）／右：スズメサシダニ雌の腹

ネズミサシダニ属 *Allodermanyssus*：鼠類寄生，背板は前後に2分（後背板は小型），胸板は円みある梯子形。現在，朝鮮半島まで記録あり。

- **ハツカネズミダニ *A. sanguineus***：鼠類とくにハツカネズミにみて，人家に発生すればヒトを刺す。世界では韓国までみるがわが国に認めない。前縁が幅広い前背板と小さな後背板をもつ。肛板は長楕円形。北米でリケッチア痘の伝播が知られる。なお，わが国ではトゲダニ類によるリケッチア媒介能の証明は未だない。

オオサシダニ科 Macronyssidae

イエダニ属 *Ornithonyssus*（図 2）：鳥や哺乳類に寄生，背板は単一で細長く，胸板は幅広の梯子形，胸板毛は 3 対，生殖腹板の後端は尖る。

- **イエダニ *O. bacoti***：世界的にクマネズミ属に普通。背板および生殖腹板は細長く後方に尖り，肛板は洋梨状，背腹部ともに剛毛が密。温暖な時期や場所で増殖してヒトに強い痒みの皮疹を起こす。実験的にリケッチア媒介が可能。
- **トリサシダニ *O. sylviarum***：世界の温～寒帯に普通。背板と生殖腹板はイエダニより広め，胸板毛は 2 対で背腹部ともに剛毛は少な目。鳥やヒト刺症の頻度はワクモ以上で，セントルイス脳炎ウイルスの媒介あり。

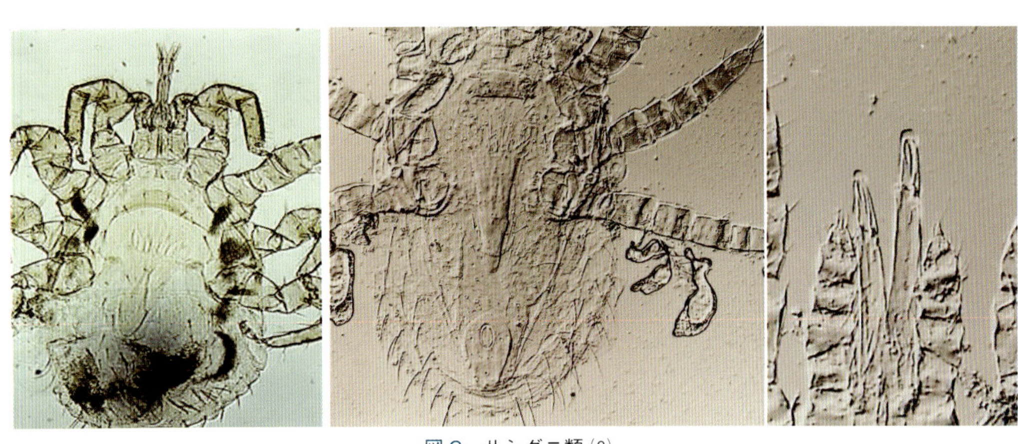

図 2　サシダニ類（2）
左：イエダニ雌の腹／中：トリサシダニ雌の腹／右：サシダニ類の挟角

2）*Laelaps* 系トゲダニ類

トゲダニ科 Laelapidae

トゲダニ属 *Laelaps*：鼠類に固有，生殖腹板毛は 4 対で後半部は左右に膨れ，第 1 脚基節腹面に肥厚した毛あり。

- **アカトゲダニ *L. jettmari***（図 3 上段左）：アカネズミ属に限る。本土に広く分布，また台湾島，朝鮮半島からロシア，中国にみる。胸板の後縁は二重構造で全体はほぼ方形，周気管の繊毛を生じる部分（縞状にみえる）の先端は第 2 脚基節の線までで気門後方の伸長部は長いひょうたん型。ロシアの *L. pavlovskyi* や中国の *L. huaihoensis* は本種のシノニムで，欧州～ロシアにみる *L. agilis* は極めて近縁ながら胸板がやや幅広で気門後方の伸長部は短い角状になる点で区別される。従前の和名ホクマントゲダニは不適当とも言われ，本種の強いアカネズミ特異性を表すため本和名に変更された。旧満州で流行性（腎症候性）出血熱ウイルスの分離記録もあるが，改めて現代の手法による検証が望まれる。
- **ハタトゲダニ *L. microti***（図 3 上段右）：ハタネズミ属にみる。後側縁をのぞく背板剛毛の大半と胸・腹板毛の一部は短くて肥厚，胸板後縁は大きく湾入する。古く同定された *L. kochi* ほかはシノニム。
- **ヤチトゲダニ *L. clethrionomydis***（図 3 下段左）：ヤチネズミ類にみる。北日本を主体に

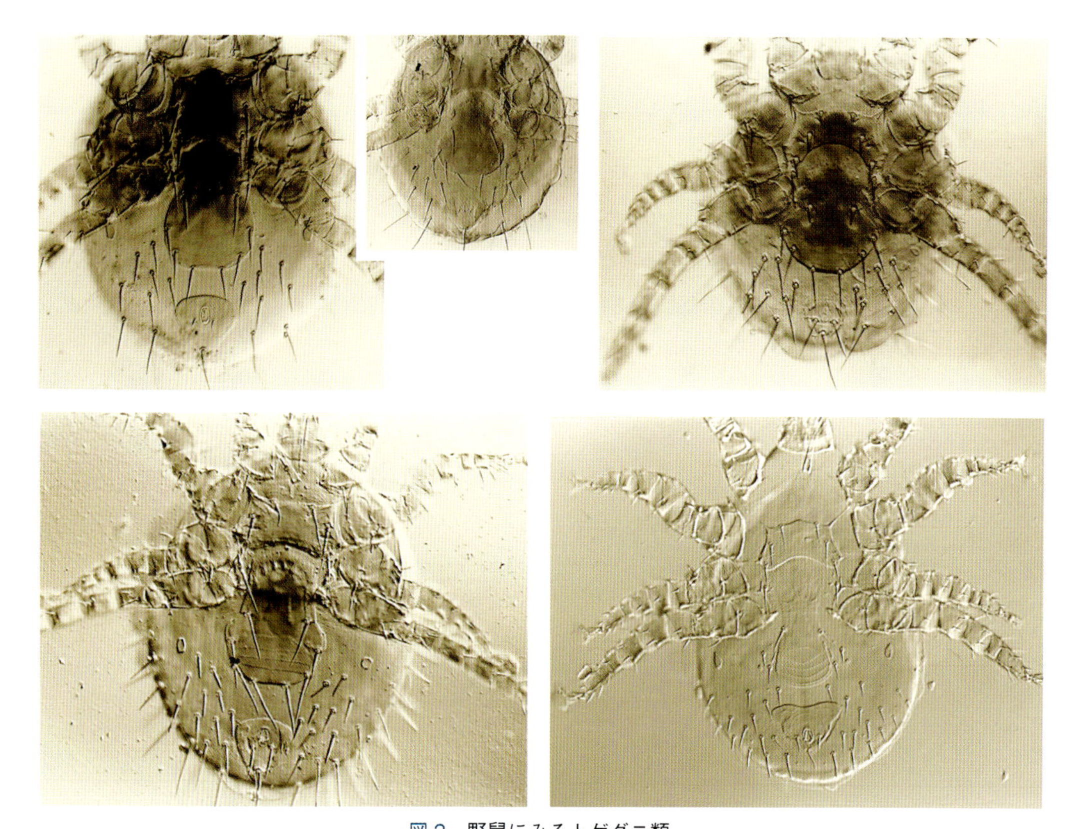

図３　野鼠にみるトゲダニ類
上段　左：アカトゲダニ雌の腹（右上：比較として *L. agilis* 雌の腹）／右：ハタトゲダニ雌の腹
下段　左：ヤチトゲダニ雌の腹／右：ヒミズトゲダニ雌の腹

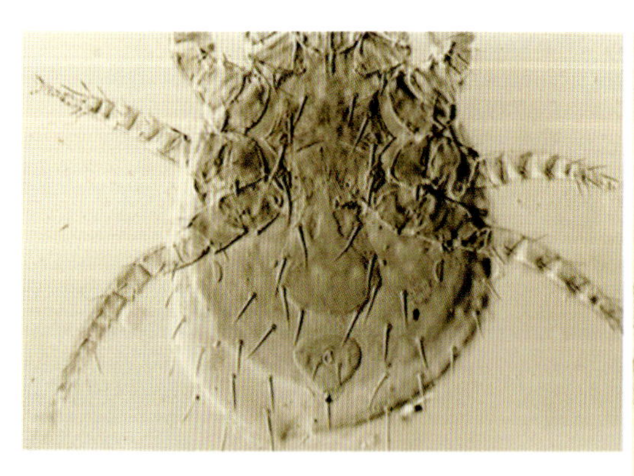

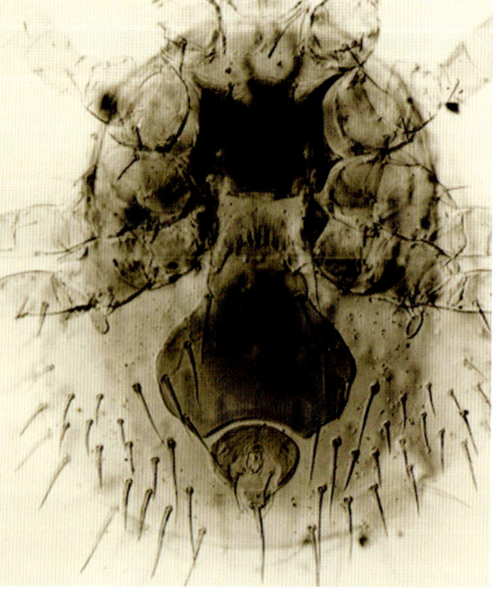

図４　家鼠にみるトゲダニ類
上：ヒメトゲダニ雌の腹／右：ネズミトゲダニ雌の腹

本州に広くみて，東アジア～欧州までみる。胸板は幅がやや広目で，生殖腹板の外側の剛毛だけが短い。本種とハタトゲダニいずれの寄生をみるかでヤチネズミとハタネズミをほぼ区別できる。

- **ヒメトゲダニ *L. nuttalli* およびネズミトゲダニ *L. echidninus***（図 4）：世界的に住家性のネズミ属にみる。前者は上記 3 種に似るが *Laelaps* 属の平均的形態を示す。後者は本属中の最大種で，生殖腹板の後縁は凹入して肛板を囲む。

3) その他のトゲダニ類（図 5）

チトゲダニ属 *Androlaelaps*：生殖腹板毛は 1 対，脚は細長く基節には肥厚した毛を欠くが第 2 脚の腿・漆節に種々の肥厚した毛を生じる。*Haemolalaps* 属とされた種は本属に含まれるとの意見が大勢。

- **チトゲダニ *A. fahrenholzi* およびホソゲチトゲダニ *A. casalis***：いずれも世界的に小哺乳類にみるが，後者は貯蔵飼料や室内塵にもみる。このほか，食虫類ヒミズに特異的なヒミズトゲダニ *A. himizu* や種々の野生動物に固有の種が知られる。

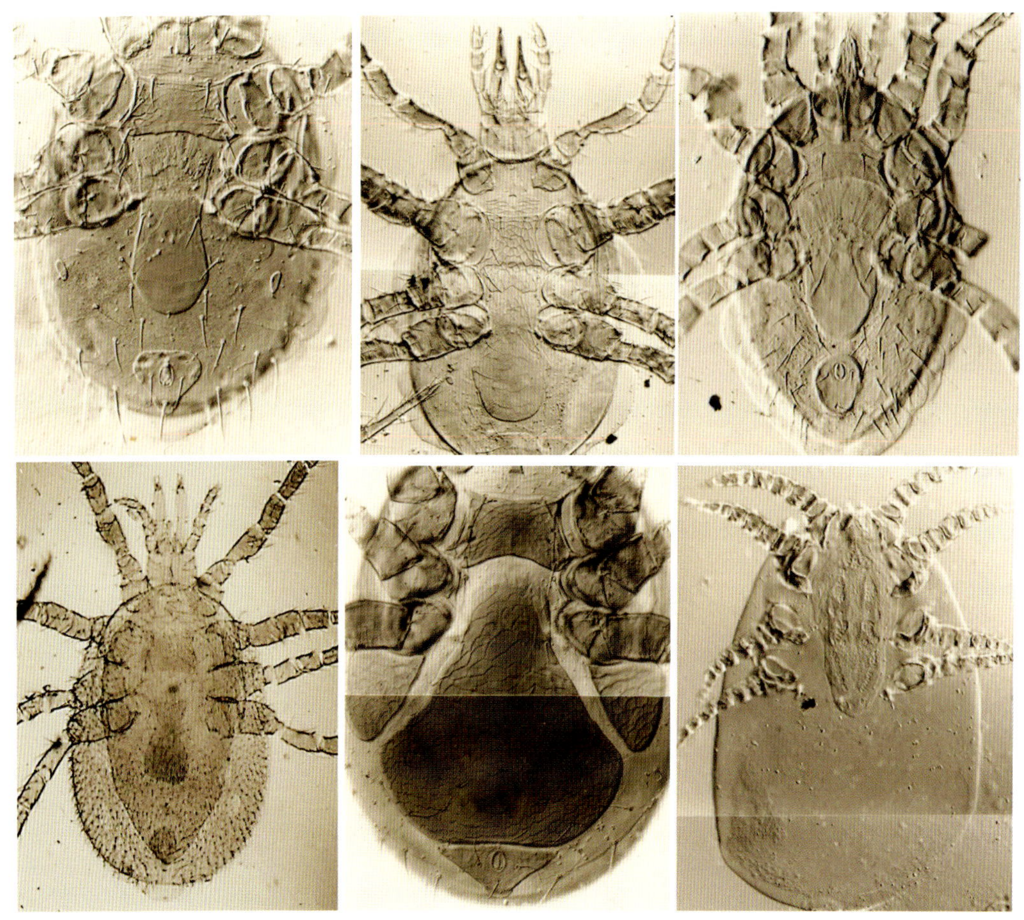

図 5　各属種のトゲダニ類
上段　左：チトゲダニ雌の腹／中：パブロフスキートゲダニ雌の腹／右：ナミアシブトダニ雌の腹
下段　左：ヤマトアシボソダニ雌の背腹／中：ナミキヌゲダニ雌の腹／右：サルハイダニ雌の腹

ナガムネトゲダニ属 *Hypoaspis*：主に小哺乳類にみられる。上記属に似て生殖腹板の毛は1対だが，ほとんどは胸板が縦長ないし長幅が等しく後縁は弧状に突出。

- **パブロフスキートゲダニ *H. pavlovskii***：全国の小哺乳類にしばしばみて，ロシア〜中国に広い。胸板は縦長で明瞭な紋理，生殖腹板は2対の毛を生じてフラスコ状。

アシブトダニ属 *Hirstionyssus*：主に小哺乳類にみる。胸板の後縁は湾入，生殖腹板に1対の毛，肛板は短楕円または卵形，どれかの脚基節に鋭い棘を生じる。

- **ナミアシブトダニ *H. isabellinus* およびニッポンアシブトダニ *H. japonicus***：主に野鼠類にみて，前者は世界的，後者は本土各地にみる。胸板は前者で常形だが後者のそれは第2胸板毛の位置まで深く湾入，生殖腹板や肛板も微妙に異なり，前者では第4脚基節の棘を欠く。食虫類にもいくつか近似種あり。

アシボソダニ属 *Haemogamasus*：主に小哺乳類にみる。胴の背腹に対をなさない極めて多くの毛がビロード状に生じる。

- **ヤマトアシボソダニ *H. japonicus*，ケナガアシボソダニ *H. quadrisetatus* およびセルジュコフアシボソダニ *H. serdjukovae***：種々の野鼠類にみて，前者は本土から朝鮮半島にみて（近似の *H. ambulans* などはロシア〜中国），胸板上に多くの副毛を備え，次者は南方系で胴後端に2対の長大毛あり，後者は北方系で，胸板上に副毛を生じない。本属にはヤドリアシボソダニ *H. liponyssoides*，タカネアシボソダニ *H. nidiformis*，エグリアシボソダニ *H. pontiger* など近似種も多く検討を要する。

キヌゲダニ属 *Eulaelaps*：主に小哺乳類にみて大型，胴の背腹に対をなさない多数の毛を生じる。生殖腹板後半は左右に大きく膨れ，亜三角形の大きな脚後板を備える。

- **ヨウチキヌゲダニ *E. multisetatus*，ナミキヌゲダニ *E. onoi* およびモリキヌゲダニ *E. silvaticus***：前者は主にヤチ・ハタネズミにみて，山野の陽地に頻度が高く，生殖腹板の前半に切れ込みあり，次者は多くアカネズミ属にみて本土に広く生息し，生殖腹板に切れ込みはない。後者は野鼠類に多く北方系で，前2者より一回り小型，生殖腹板に切れ込みあり。3者の間で周気管板と気門の形態も異なる。欧州系 *E. stabularis* との異同，そしてムササビやツバメ嗜好種など検討を要する。

ハイダニ科 Halarachnidae

ハイダニ属 *Pneumonyssus*：哺乳類の呼吸器寄生，生殖板や胴部剛毛は退化または消失。

- **サルハイダニ *P. simicola***：東南アジア〜アフリカ系の輸入サルの肺内で全発育期が回る。背板は小型で5対の毛を生じ胸板は縦長で3対の毛をもち，生殖板はなく肛板は胴後端。実験用輸入サルにしばしばみてヒト寄生も可能らしい。

[トゲダニ類の生態と採集法]

本亜目のうち寄生性の種であっても，幼虫から第1・2若虫そして成虫は宿主体上で一過性に吸血し，その後に離脱して宿主の巣内で各々脱皮や産卵を行うものが大半であり，一方で微小な昆虫や餌を捕食して繁殖できる種もあるなど，生態は極めて変化に富むらしい。しかし，獣医学の分野で問題の多いワクモやトリサシダニあるいはイエダニ（ほぼ2週で発育環が回る）については調べられているものの，そのほか多くの種では知見が乏しい。もっとも，環境の温·

湿度や餌の在り方などが分布密度を左右することは当然なので，ヒトへの病原性も居住域での本類の生息状況いかんにかかってくるといえる。

採集法や標本作製法はツツガムシ類のそれに準ずるが，本類は捕獲した宿主野鼠などから足早に離脱するので野鼠はビニール袋に密封あるいは手早い処理を心掛けるのがよい。できれば宿主の巣材料も積極的に検査すべきである。

2. コナダニ亜目 Astigmata

本亜目に含まれるヒゼンダニ類およびチリダニ類は刺症やアレルギーなどを惹起する点で医学上極めて重要である。またコナダニ類は食品衛生上の意味に限られるが，前 2 類との形態的な鑑別で注意を要する。

[主要な科属種への検索]

ヒゼンダニ類は，動物寄生性の一群キュウセンダニ団に含まれるが，その体系をまず整理しておく。皮内へ穿孔性の有無（形態の特化度が変わる）で大別する。

キュウセンダニ団

- **ヒゼンダニ科 Sarcoptidae**（皮内へ穿孔）
  - **ヒゼンダニ属 *Sarcoptes***
    - 例：ヒゼンダニ *S. scabiei* var. *hominis*，var. *canis* など動物ごとに変種
  - **ショウヒゼンダニ属 *Notoedres***（上属より小型）
    - 例：ネコショウヒゼンダニ *N. cati* など
- **キュウセンダニ科 Psoroptidae**（皮内へ穿孔しない）
  - **ミミヒゼンダニ属 *Otodectes***
    - 例：イヌミミヒゼンダニ *O. cynotis* など

ヒゼンダニ科 Sarcoptidae

ヒトに直接関わりの深いものは 2 属あり，おおむね白色で大きさは 0.5mm 以下，外皮には紋理ならびに鱗状突起か短い剛毛を備えて脚は短く退化するなど皮内穿孔に向けて寄生適応が著しい（図 6）。

ヒゼンダニ属 *Sarcoptes*：ヒト皮膚の真性寄生種で，前体部の背枚は幅広，胴背に 20 本ほどの鱗状の棘あり，肛門は胴部後端に開く。

- **ヒゼンダニ *S. scabiei***：ヒトにみられるが各種動物ごとに変種あり。胴はほぼ円形で外皮に横縞，胴後端に線状の溝として肛門が開く。雌は第 1・2 脚末端に有柄肉盤を，3・4 脚には長い単条毛を備える（雄では第 3 脚のみに長い単条毛）。ヒトの指間や陰部など間擦部そして全身の皮膚を穿孔する。なお，動物種ごとに変種（寄生群）があり，たとえばイヌにみられるイヌヒゼンダニ *S. scabiei* var. *canis* は一方通行でヒトに一過性に寄生し得るが繁殖は難しい。類人猿サルとの相互関係も興味深いが不詳。

ショウヒゼンダニ属 *Notoedres*：動物が主な宿主，上記ヒゼンダニ属より小型（ショウセンコウヒゼンダニとも呼ばれるが，宿主条件でも変わり得る穿孔性を冠するのはややこしい

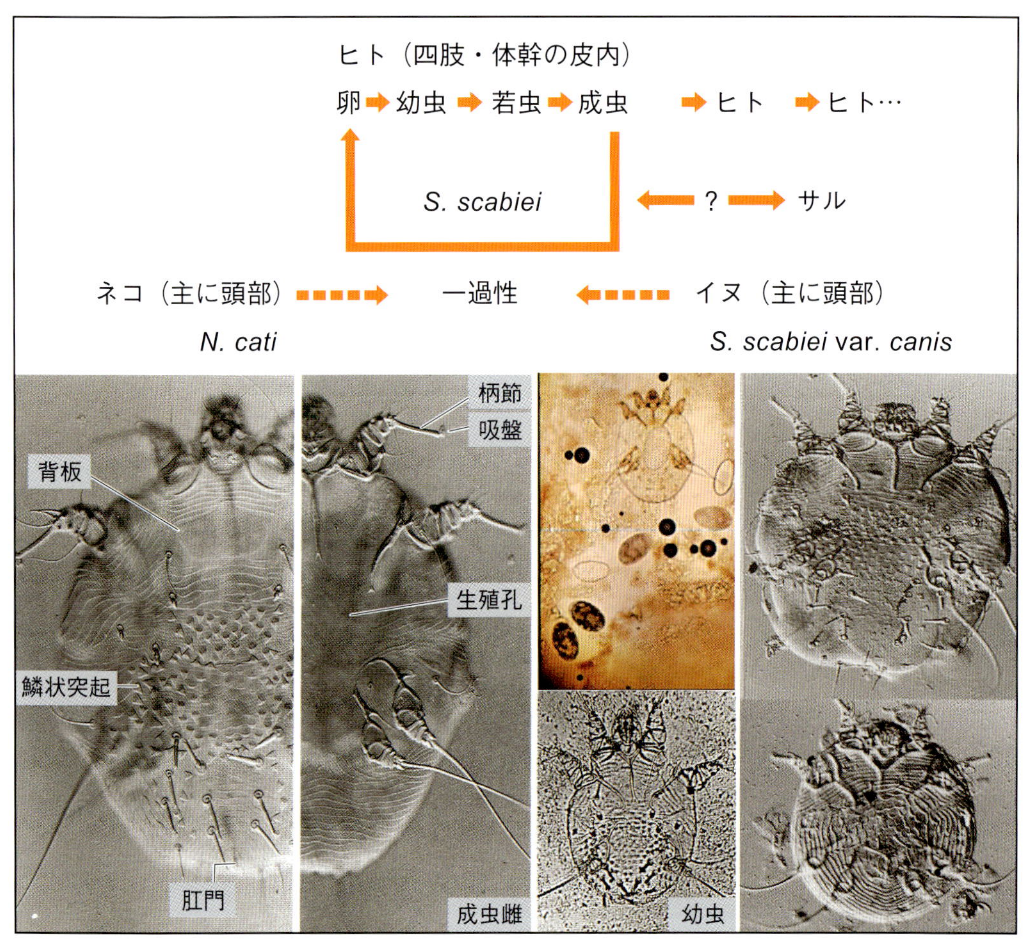

図6 ヒゼンダニ類の属種関係と形態

上段（模式図）：属種関係
下段（写真）：形態（左：ヒゼンダニ／中上：坑道内のヒゼンダニ雌や卵および幼虫／中下：ヒゼンダニ幼虫／右上：イヌヒゼンダニ（var. *canis*）／右下：ネコショウヒゼンダニ）

ので本書ではセンコウを省いた和名を採用），胴背に短く鋭い剛毛，雄では小さな2〜3枚の背板，肛門は胴背中央に開く。

- **ネコショウヒゼンダニ *N. cati***：ネコやウサギの顔，耳，四肢などに多く，外形や脚の形状は前種ヒゼンダニに似るが，肛門は胴背の後ろ1/3に開く。ネコではよく重症となり寄生数が多いので虫体を検出し易い。患猫に接触したヒトでも一過性に刺されて紅色丘疹をみるも孔道は作らない。別科ながらイスやネコの外耳道に寄生するイヌミミヒゼンダニ *Otodectes cynotis* がヒトに皮疹を起こす例もある。

以上のヒゼンダニ類の属種関係と形態をまとめると図6の通りである

［ヒゼンダニの生態と検査法］

この類の受精雌はヒトや動物の皮膚角質層に数mm長（雄では1mmほど〉の坑道を穿って進み，進路上に産卵してゆき，孵化幼虫ならびに若虫（第1，2）の脱皮は外に開口した毛包孔で行われて，成虫となった雌雄は表皮上で交尾して再び皮内にもぐる。全発育環は2〜3週で回るものがほとんどで，雌の生存期間は1～2ヵ月ほどといわれるが，宿主を離れると数日以内で多くが死滅する。宿主特異性はやや強く，イヌ・ネコの寄生種はヒト皮膚に一過性に侵入しても坑道は作らない。虫体の検出には，墨汁や油で患部を拭いて表皮上に坑道を観察すればよいが，皮膚科臨床ではダーモスコピーで効率よく行う。新しい病巣からメスでこすりとった材料をスライドグラス上で苛性カリや油浸オイルでほぐして鏡検，ないしガム・クロラール液に封入すれば標本扱いもできる。ただ，動物由来種による一過性の刺症では虫体を得難い。なお，簡便法としては皮膚面や汚染された寝具表面などに繰り返し接触させたセロファンテープをスライドグラスに貼り付けて鏡検するとよい。

チリダニ科 Pyroglyphidae

チリダニ類のダニは体長0.3～0.4mmとごく微小で，ヒトの居住環境で増殖するも認識されないまま塵埃とともに吸入される。特にチリダニ科の種が様々な吸入性（気道性）アレルギーを誘発する抗原allergenとして検索の対象となる。チリダニ類は英名の総称でhouse dust miteといい，重要な*Dermatophagoides*属の存在は古く1864年にモスクワで知られた。当初は鳥寄生のEpidermoptidae科に，次いでPsocoptidae科に移されたが，この属に含まれる種は*Mealia*属（仮称チリダニ属）に移すべきとの議論など複雑な変遷があった。その後，これは自活性のPyroglyphidae科でよいこと，また上記*Mealia*属自体は*Dermatophagoides*属のシノニムとして処理された結果，チリダニ科Pyroglyphidae科にヒョウヒダニ属*Dermatophagoides*が含まれることで意見の一致をみた（Fain & Lowry, 1974）。ことほどさように本類の鑑別はいささか困難であるが，ここではわが国の重要な属種を区別するだけの実際的な目安を示す。

イエチリダニ属 *Hirstia*：外皮の線状紋理は胴背毛d2～d3の間で垂直に流れ，上生殖板は短く，第4脚は著しく短い。

- **イエチリダニ *H. domicola***：わが国の室内塵での組成率は高いが欧米では低い。外皮の線状紋理は胴背毛d2以下で垂直に流れ，第4脚が極端に短い。

ヒョウヒダニ属 *Dermatophagoides*：外皮の線状紋理は胴背毛d2～d3の間で斜めに流れる傾向あり，上生殖板は大きく湾曲，雄の肛吸盤は大きい。本属の下記2種だけで室内塵ダニの40～50％を占めるが，組成率は種によりムラがあり，欧州ではやや低率。室内塵のほか食品，飼料，医薬品にも検出される（図7）。

- **コナヒョウヒダニ *D. farinae***：Dfと略記。雌の胴長は0.4mm内外，外皮の線状紋理はd2～d3のレベルの胴背中央でも斜めに流れ，第3脚より4脚が長い。雄の胴長は0.3mm内外で後背板の形は不規則，雌と逆に第3脚より4脚が短く，肛板はレモン状で吸盤と共に大きい。
- **ヤケヒョウヒダニ *D. pteronyssinus***：Dpと略記。わが国で室内塵ダニの最優占種で組成率はおおよそ30～40％，欧米では60～70％とさらに高い。前種よりひと回り小さく，雌の胴長は0.3mm強で外皮の線状紋理は胴背毛d2～d3を中心に斜めに流れ，第3脚が4脚よりも長い。雄の胴長は0.25mm内外で後背板は発達してd1～d2間に達し，肛板は幅広の洋梨状で吸盤も大きい。世界的に最も重要な抗原と認識される。

［チリダニの生態と検査法］

ヒトの居住環境における塵埃を“室内塵”と呼び，この中にはヒトやペットの体表皮膚から

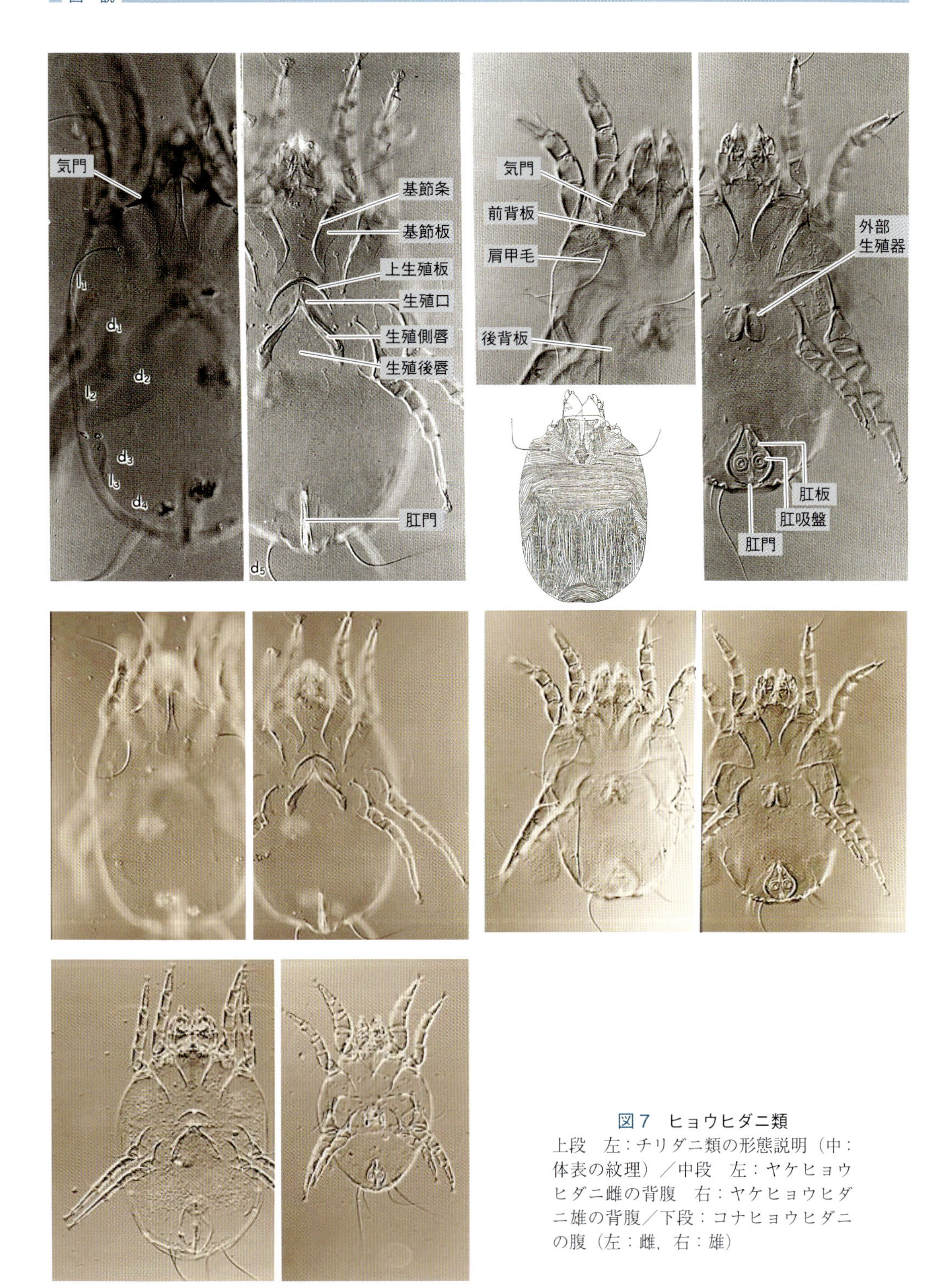

図７　ヒョウヒダニ類
上段　左：チリダニ類の形態説明（中：体表の紋理）／中段　左：ヤケヒョウヒダニ雌の背腹　右：ヤケヒョウヒダニ雄の背腹／下段：コナヒョウヒダニの腹（左：雌，右：雄）

落ちる角質片や毛髪（数 g / 日），昆虫やダニの死骸や脱皮殻，また食物破片などが含まれて，本類のダニはこれら動物性蛋白質を餌として生息する。その証拠として，ある新築家屋へヒトが入居する前に比べて，入居後まもなく本類ダニの優先率と個体数が急増したという観察報告は多い。

室内塵由来の小児喘息は，文科省統計によれば右肩上がりで，この増加が検査診断の普及による見かけ分を含むとしても，増えていることは否めないだろう。

一方，近年注目されるのは穀粉の経口摂取によるアナフィラキシー症例である。国内ではお好み焼き粉などが問題で，それを証明する一つの実験例を紹介する（橋本，2016）。

1. 単味の小麦粉に混ぜ込んだ Dp はほとんど増殖しなかったが，調味料や魚粉を含むお好み焼き粉に混ぜるとよく増殖した。
2. そのお好み焼き粉を 200℃で加熱調理しても Der の抗原性（p291 のアレルギー事項を参照）はあまり低減しなかった
3. したがって，お好み焼き粉などは開封後にダニを混入させず，冷蔵すべきである。

発育環：食品や医薬品またヒト皮膚上にまで発見されるのは求餌行動によるものであり，餌は動物性脂質の含有が必要である。したがって，ヒョウヒダニ類の人工飼育では熱帯魚用の乾燥餌や実験動物飼料また乾燥酵母などで容易に増殖できる。これまでの観察によれば，卵→幼虫→前・後若虫→成虫の発育環は約 1 ヵ月で回り，雌成虫は一度だけの交尾で精子を蓄えてから日に 1～3 個ずつ産卵して 2～3 ヵ月間も生存することが分かっている。

気象条件：各期の発育に要する日数に大きく影響する因子は温度で，成虫は 25～28℃（相対湿度 60～80％）なら 20～30 日ほどで充分に増殖し，幼若虫も 20～30℃なら数日から半月以内で発育する。気温や湿度の高い夏場に増えるのだが，異常な高温には弱く 50℃では 30 分以内に死滅する。すなわち，生存条件としては温度と湿度のバランスが重要で，室内の気相とダニ虫体の間で水分の出入りが平衡する相対湿度が繁殖のキーポイントとなる。主な種での至適湿度をいえば，Dp は 75％，Df は 65％ほどなので国内外の地域ごとに湿度の違いに伴って優位な種が決まってくる。そのように，湿度の低い高原地帯や長期の暖房で乾燥する寒冷地の屋内は生息密度が低い結果となり，p291 にある喘息の改善の場となる。一方，湿度と密接なカビ類の共存もチリダニ繁殖に関与するとされる。日本家屋の実際では，タタミの含水量などとダニの好気的な性質も相まって，タタミや寝具または餌材料の内層ではなく表層で多く繁殖する。毎年の季節的消長としては，7～9 月に増殖のピーク，冬に底となるのが自然経過であるが，近年の居住環境では冬季も暖房が効いて特にコンクリート建築では密閉度の高さから高湿度となり，微気象的にチリダニ類の過剰増殖も起こり得て，加えてカーペットやソファーまたベッドの使用など生活様式の多様化（欧米化）もこれに拍車をかけ得る。室内の生活用品にみるチリダニ類の分布頻度（個体数 / m^2）の例を表 2 にあげる。これによれば，およそどういった環境にチリダニ密度が高いか知れよう。すなわち，対策といえば環境の除湿が基本と言える。

表 2　生活用品にみるチリダニ類の分布頻度（個体数 / m^2）の例

・マットレス	家庭で 149，ホテルで 16，病院で 24	・ソファー	家庭で 2886
・タタミ	家庭で 84，旅館で 10	・縫いぐるみ	家庭で 1230
・カーペット	家庭で 300～1274	（高田，1990 より抽出）	

表3　チリダニ類の主な検査法

- **ツルグレン法**（改良法や変法が多い）
- **遠心分画法**（ダーリング液遠心沈澱法，有機溶媒比重分画法）
- **浮遊法**（飽和食塩水法、グリセリン加法、ワイルドマントラップ法）

本法は簡便でよく用いられてきた古典的方法で改良や変法は多くある。

1. 計量された微細塵の 1〜2g を 30〜50mℓ三角フラスコに入れる。
2. 0.5%中性洗剤液 3mℓで混和した後，比重 1.2 の飽和食塩水 10mℓを加えてマグネチックスターラーでよく攪拌する。
3. 飽和食塩水を三角フラスコの口まで盛り上げて 20〜30 分静置した後，フラスコ下部の残渣層は残して上〜中層をブフナーロートの濾紙に展開し，フラスコ壁面を洗った液も加えてロスを減らす。
4. 実体顕微鏡下で有柄針にてダニを拾いガム・クロラール液に封入する。

- **アカレックステスト法**（塵中ダニの排泄物をグアニンの呈色反応で簡易定量)。
- **寒天包埋法**

古くから行われた方法の煩雑さを避けるため，塵とダニがある程度ほぐれた懸濁液を培地用寒天で固めた状態でダニを回収して同定，計数する。試料としての塵挨は、目的に応じた区画につき一定規格の電気掃除器（袋交換式）を使って一定の時間あたりで収集する。試料をすぐに供試できない場合はビニール袋に密封して冷蔵する。必要により，繊維塵をよくほぐして少しずつ JIS10 メッシュ（2㎜弱）のフルイで濾過した微細塵を計量する。

- **粘着クリーナー法**

さらに新たな見方で考案された方法で，作業が時短化できる（橋本，2016)。検査対象につき市販の手軽な回転粘着式クリーナーを充分に回転させてダニを含む塵を付着させ、その粘着面を剥がして透明ラップで覆って鏡検することでダニを同定，計数できる。

検査法：室内塵などからのチリダニ類の採集は，極めて不均一で水になじみ難い抽出基材を対象とする点で定量的な検査には苦労がある。主な検査法を列記すると（表 3)，技術的な難易度に加えて再現性や経済性そして後始末までそれぞれ長所短所がある。

ところで，喘息などアレルギーを惹起する抗原ダニ量の目安については，WHO や関係研究によれば次の通りで，予防など対策において考慮されたい。

≪ダニ 100 個体／塵 1g（感作抗原量として Der-P1 で 2μg／ g，発作の基準値として 10μg／ g)，ただし算定方法の違いによっては倍程度まで。≫

これが一般家庭でみられるダニ数あるいは抗原量として多いか少ないかは，患者個人ごとの喘息など症状の度合いにより微妙に異なってくるだろう（本章の p291〜293 を参照)。

なお，近年，研究試薬の企業からはアレルギー研究に向けてダニの排泄物由来粗抽出物が販売されているので，基礎，臨床各分野で利用できる。

対策：ダニすなわち抗原量を減らす方法としては住環境ないし生活様式の改善が必須である。以下，日常で可能な改善策を挙げる。

・住環境の管理や住家構造の改善（換気や除湿乾燥，塵埃処理）
・発生源の処理（室内清掃，日光干しや熱処理，薬剤散布，寝具など丸洗い）
・補助的工夫（空調含む住構造の改善，ダニ対策グッズの利用，関連知識の普及）

コナダニ団

チリダニ類と同様に室内塵にも微小な類であるが，貯蔵食品や薬品類で過剰に増殖した場合は肉眼でもみえるほどで，食品衛生上の問題あるいは不快害虫となる。コナダニ団として世界で16科ほど，国内では5科30種内外をみるが，ヒトと関わり深いものは形態が互いに類似したコナダニ上科の数科に含まれる多数の種である。ただ，本類は必ずしも人体へ強い直接的な害を与えるものではないため，ここでは概要だけを述べる。

コナダニ科 Acaridae：体長は0.3～0.8mmと幅があり，食品や室内塵また植物根にみる。

ケナガコナダニ属 *Tyrophagus*：体は半透明，胴部毛の多くが単状で長い。食品全般やタタミに広くみる。

・**ケナガコナダニ *T. putrescentiae***（図8左）：体は乳白色，胴後縁毛の6対が体長と同じほど長い。10数種のシノニムがあったように世界に濃密に分布して室内塵での出現率は90％以上，ビニールハウスにまでみる。

本属のほかにムギコナダニ属 *Aleuroglyphus*，ホシカダニ属 *Lardoglyphus*，アシブトコナダニ属 *Acarus*，チビダニ属 *Suidasia*，ネダニ属 *Rhizoglyphus* などがある。

ニクダニ科 Glycyphagidae：体長0.3～0.6mm，室内塵，穀物また味噌や砂糖にみる。

ニクダニ属 *Glycyphagus*：体長0.4～0.6mm，胴部毛は微側枝を備えて長い。穀物や室内塵にみる。本属のほかにマルニクダニ属 *Chortglyphus*，タマニクダニ属 *Blomia*，キナコダニ属 *Gohieria* などがある。

・**サヤアシニクダニ *G. destructor***（図8中）：胴は卵形，微側枝を備えた胴部毛は非常に長い。穀物や干物全般によくみる。

サトウダニ科 Carpoglyphidae：第1・2脚の基節条は融合してX字状，味噌や甘味食品に広くみる。

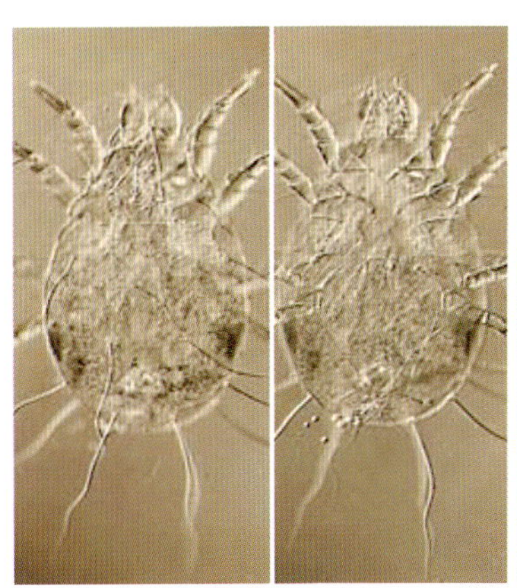

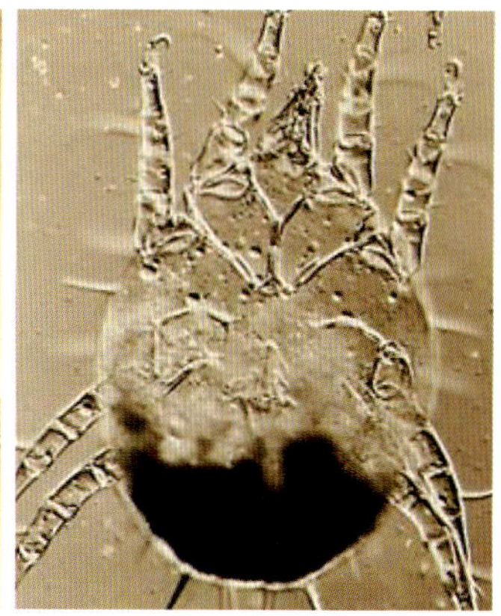

図8　コナダニ類
左：ケナガコナダニ雄の背腹／中：サヤアシニクダニ雌の背／右：サトウダニ雄の腹

サトウダニ属 *Carpoglyphus*：体長0.4mm内外，味噌や甘味食品に多い。第1～2脚の基節条は融合してX字状。

・**サトウダニ *C. lactis***（図8右）：世界共通種，卵形で乳白色，胴後縁毛は2対だけ長い。

[コナダニの生態と対応]

コナダニの繁殖は夏季前後の高めの気温と湿度において著しく，卵から成虫まで10数日内外で回り得るのが普通である。なお，若虫では不適な条件に置かれた場合，動物体に付着して運ばれるところの移動若虫hypopusという型に変わる種もある。好気性で一定以上の湿度も必要，それは本類のカビ食性にも合致する。

室内や食品に白い粉状に発生した場合，不快感そしてダニノイローゼacarophobiaのきっかけにもなる。これらが食品を介して人体内に入っても，寄生状態には至らず腸管内を素通りする。何らかの皮疹をみた場合，本類が原因とはみなさず，背景にツメダニやシラミダニなど刺症起因性の種の混在を検索したい。室内塵検査ではアレルギー起因のチリダニ類と鑑別を要する。市販殺虫剤による防除では室内汚染や吸飲に留意して限定的に使用する。

3. ケダニ亜目 Prostigmata

本亜目は自活または動物寄生性，外皮は薄く生時には淡い黄色～赤色を帯びる点が共通イメージとなる。小～中型（0.3～0.8mm）で体前部に気門，多くは胴部毛が列をなさず鋏角は針状である。このうちツメダニやシラミダニなど哺乳類の被毛そしてヒト皮膚にたかる病害性のものを以下に述べるが，ヒトに軽微に関わる類にも言及するため，全体の関係性を以下に一覧する（ただし，分類体系は充分に確立されてはいない）。

ケダニ亜目 Prostigmata
- **ツメダニ上科 Cheyletoidea**
  - ・**ツメダニ科 Cheyletidae**
  - ・**ケモノツメダニ科 Cheyletiellidae**
  - ・**シラミダニ科 Pyemotidae**
  - ・**ニキビダニ科 Demodicidae**
- **ホコリダニ上科 Tarsonemoidea**
- **ケダニ上科 Trombidioidea**
  - ・**タカラダニ科 Erythraeidae**
  - ・**ツツガムシ科 Trombiculidae**
- **ハダニ上科 Tetranychidae**

[主要な科属種への検索]

ツメダニ科 Cheyletidae

触肢末端に発達した触爪を備える点が特徴で，胴体部は前後に分かれ毛は変化に富む。世界で20属以上知られ，国内にはツメダニ属*Cheyletus*やケモノツメダニ属*Cheyletiella*，ほか*Chelacaropsis*，*Eucheyletus*，*Chelatomorpha*などの属をみる（図9）。

ツメダニ属 *Cheyletus*：触肢跗節に各2本の鎌状および櫛状毛，背板縁毛は羽毛状，第1脚跗節の爪は2本，しばしば雄の異形性が強い。

・**ホソツメダニ *C. eruditus***（図9中）：胴部は短楕円形，前背板はほぼ半円状で側縁に4対の毛を生じ，触肢の爪の基部に2本の歯状突起あり。雄はほぼ類似するが背板の毛は1～2対多い。本種に類似するも細部で異なるものにフトツメダニ（クワガタツメダ

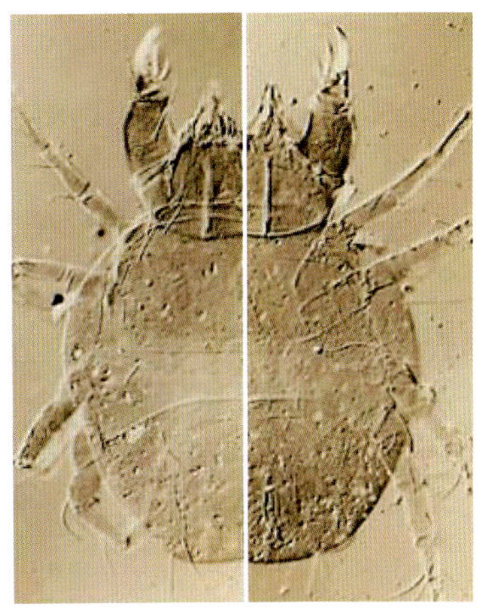
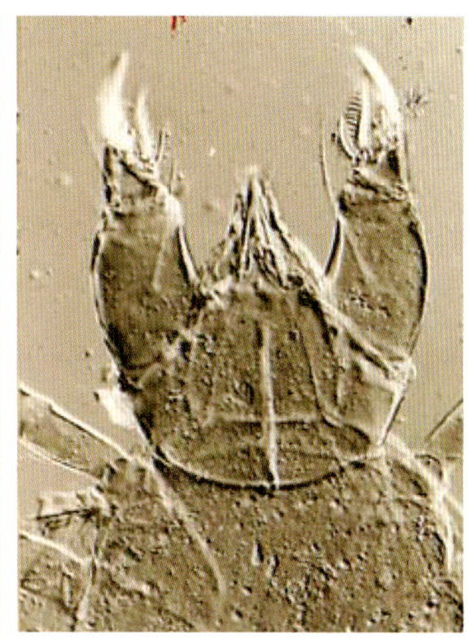

図９　ツメダニ類
左：フトツメダニ雌の背腹／中：ホソツメダニ雌の背／右：ヤソツメダニ雌の背

ニ）*C. malaccensis* があり，これらにシノニムも多い。いずれも世界的に普通でタタミや屋外のワラにみる。

和名保留 *Chelacaropsis* 属：体は小型で細長く，胴背毛は有枝の棍棒状。

- **ミナミツメダニ *C. moorei***：東南アジアから輸入のタタミワラ材などから都市部に広がり，ヒョウヒダニを餌に増殖するらしい。起因種のはっきりしない事例の大半も本種による可能性が高い。

和名保留 *Eucheyletia* 属：ツメダニ属に似るが，体は長めで雌雄とも背板縁毛は有枝棍棒状。

- **ヤソツメダニ *E. flabellifera***（図９右）：体全体の毛が房状，世界的に各種野鼠にたかるので野鼠調査の折にしばしばみる。

ケモノツメダニ属 *Cheyletiella*：触肢跗節に単条毛のみ，各脚の跗節に爪はない。

- **イヌツメダニ *C. yasguri***：背板の後方に１対の小板および第１脚膝節にハート形の感覚器をもつ。イヌに多く，愛犬家に痒い皮疹を起因する。ネコには酷似のネコツメダニ *C. blakei* が多い。

[ツメダニの生態と対応]

本類は基本的に自活性で小昆虫を捕食したり穀類に発生するが，国内どこでも春～秋，特に8～10月に高いピークをみせて，室内塵やタタミに発生したチリダニまたコナダニ類を捕食するために家屋で増殖することがある。それが触肢の大きな爪で居住者の皮膚を刺すことがあるため皮膚炎起因種となる。大都市圏の住宅やマンションに多くみられる原因として，畳床用ワラを東南アジアから輸入していることもいわれる。採集法はチリダニ類の場合に準じる。

シラミダニ科 Pyemotidae

全体に微小で昆虫寄生または自活性，雌は第１～2 脚間の背面にシャモジ型感覚毛をもつ。国内の本科は 20 数属をみるが分類体系は未整理といってよい。口器先端の鋏角が長く鋭いゆえに激しい皮疹を原因する。

ナミシラミダニ属 *Pyemotes*：顎体部はほぼ円形，触肢がこれに密着，胴背部の前半は剛毛 3

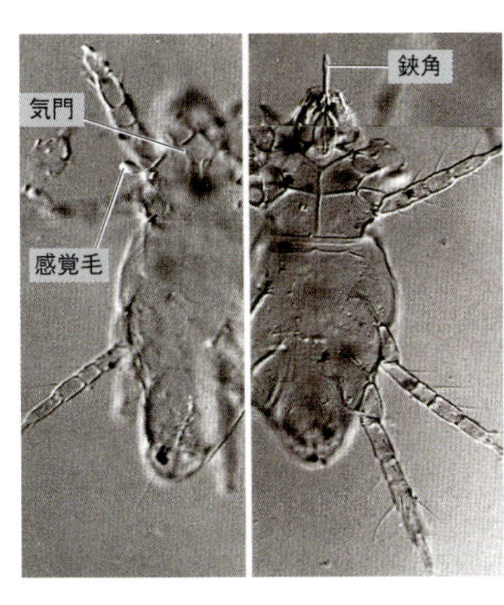

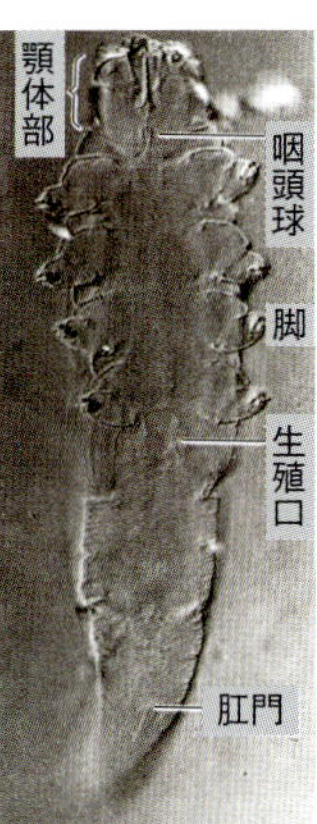

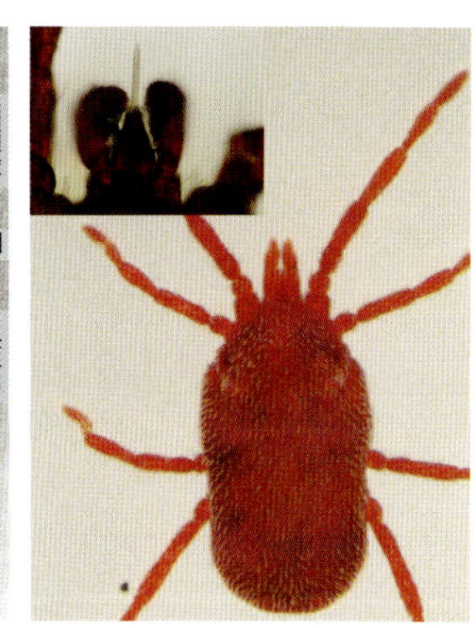

図10　ケダニ類

左：ムギシラミダニ雌の背腹／中：ニキビダニ雌の背腹／右：カベアナタカラダニ雌の背（宮内俊次博士提供）

対を備え，後半部はしだいに細まる。

・**ムギシラミダニ *P. tritici***（図10左）：体長約0.2mmの淡黄色で，雌は第1〜2脚間の背面側縁にシャモジ型の偽気門をもち，受精すると胴後半が大きく膨れる。本グループは種同定が困難で，欧州で木材に発生するカミキリムシ寄生種は *P. ventricosus* などとされるが，これまでの本邦におけるシラミダニ刺症は *P. tritici* が原因とされている。海外では straw itch mite，grain itch mite などと呼ばれる。

［シラミダニの生態と対応］

本科の多くの種は乾草また貯蔵穀物や飼料に発生する昆虫類に寄生して，高温多湿の夏季に繁殖して秋口に多く出現し，特にカイコに発生すると養蚕経営上の問題となる。受精した雌は胴後半部が約2mm径に膨れ，その中で幼若の発育環が完了して雌雄成虫（雌が9割）が産出され，直ちに交尾する。受精できなかった雌は単為生殖で雄のみを産む（産雄生殖）。

肉眼では見難い微小なダニながら動きは素早く，これが繁殖する植物や穀類に接触した場合（農業また食品や倉庫業従事者），瘙痒感の強い皮疹がみられる（本章のp277，p305を参照）。

採集法は，ヒト刺症との因果関係に留意するため植物や穀類を特定した上で，チリダニやツメダニ類などの場合と同様でよい。なお，発生源対策としては密閉，乾燥また燻蒸などを要する。

ニキビダニ科 Demodicidae

本類は微小で動物の皮膚毛包に寄生性，卵から成虫まで全発育環が毛包内で回る。

ニキビダニ属 *Demodex*：体長0.2〜0.3mmで胴後半部はイモ虫状に伸長して環紋をもつが剛毛は生じず全脚とも太短い。ヒトにおける保有率は100％近いといわれ顔面に多い。感染経路は生後の親との接触によると考えられる。

・**ニキビダニ *D. folliculorum***（図10中）：生殖口は雌で第4脚位置の腹面に，雄では第2脚位置の背面に開く。本種はヒトの毛包内に寄生するが，皮脂腺には別種 *D. brevis* が棲み分け，形態の違いとして体長が短く毛の性状がわずかに異なるが寄生頻度は低いらしい。過剰増殖では種々の皮膚炎をみる（本章のp273を参照）なお，さらに小型でイヌ固有の *D. canis* やネコ固有 *D. cati* はしばしば二次感染で皮膚炎が増悪する。採集するには，皮脂を圧出してガム・クロラール液に封入したり，皮膚面にセロファンテープを圧着させてもよく採れる。

タカラダニ科 Erythraeidae

昆虫に種特異的に宝物風に寄生する。本科の属するケダニ上科 Trombidioidea は自活性の赤味の強いナミケダニ科 Trombidiidae や発育期で自活性と動物寄生性を変えるツツガムシ科 Trombiculidae を含む。

アナタカラダニ属 *Balaustium*：種の説明にある通り美しい橙赤色のダニで，体の柔らかい昆虫類に付着することが多く，関係種は 20 種ほど知られるが正確な分類は定まっていない。本属は岩やコンクリート壁などの細かい穴に生息する。

- **カベアナタカラダニ *Balaustium murorum***（図 10 右）：体長 1mm 内外の卵円形でつやのある美しい橙赤色，体や長い脚に短毛を密生する。口器は先端が発達して前方に突出する（触ると刺さる）。浜辺に広くみるハマベアナタカラダニと混同されていたが，内陸環境のコンクリート壁や道路に春夏に大量発生をみるのが本種ですべて単為生殖雌である。

4. そのほかの刺症関連コダニ類

まったく偶発的にヒト皮膚に接触して口器ないし棘が軽く刺さる，あるいはアレルギー反応として痒みを与えるダニ類はいろいろあるが，医学的な意義は不明ないし不定なので，以下に項目だけ挙げておく。

ホコリダニ科 Tarsonemidae

この章で扱うコダニの仲間でもとりわけ微小で体長 0.15〜0.2mm に過ぎない。花木や野菜に付着して人家に侵入，病害性は不明ながら，室内塵ダニとの鑑別で留意したい。

ハダニ上科 Tetranychidae

本類はすべて植食性なのでここでは分類や形態の細部は割愛するが，植物から汁を吸うため鋏角が左右合わさって先端は針状（口針）になっているので，時にヒトが接触した場合に刺激となり得る。中型で脚が細長く，体は柔らかくて赤・黄・緑色なので目につきやすい。

ササラダニ亜目 Cryptostigmata

本類は元来土壌生活の種群で，多くは濃褐色で外皮が堅く小・中型（0.2〜1.5mm），胴部は前後に分かれ顎体部は胴下面に生じる。ここでは分類や形態の細部は割愛するが，まれに室内塵に混じって見出されるため鑑別を要することはある。

<参考>コダニ類の病原体媒介の可能性

本章全体で扱うコダニ類は，完全な吸血依存性のマダニ類とは異なり，病原体媒介の確率は不定なようで把握しにくいし，媒介があったとして動物間での役割かヒトへの直接媒介もあり得るのかなど，感染環の意義づけは難しい。以下に留意点だけ挙げておく。

- ツツガムシ類は，当該章にある通り，共生オリエンチアを媒介することは周知であるが，ほかの細菌やウイルスなどの遺伝子検出の報告（Yu & Tesh, 2014 ほか）も出始めているので，最新の手技による詳細調査は望まれる。
- 皮膚に真正寄生性あるいは接触で刺すダニ類では，特別な病原体媒介はほぼ知られない。
- 室内棲アレルギー起因のチリダニ類の一部では電顕的にリケッチア様構造体の検出記録は知られる。
- トゲダニ類は，動物（余波としてヒトも）を激しく吸血する属種では細菌やウイルスの媒介例もまれではなく知られるが，小型動物にたかって緩序に吸血ないし毛被を餌とする属種でも遺伝子的な陽性記録（前記同様）は出始めているので，これも詳細調査は望まれる。

〔引用文献〕

Fain A, Lowry J (1974) A new pyroglyphid mite from Australia (Acarina: Sarcoptiformes, Pyroglyphidae). *Acarologia*, 16: 331–339.

橋本知幸（2016）ヒョウヒダニ類を中心とした室内塵性ダニ類に関する発生状況と防除に関する研究．衛生動物学の進歩，第2集，pp.261–272，三重大学出版会，津.

Pan ZW, Teng KF (1980) Acarina: Gamasina. Economic insect fauna of China Fasc.17, 155pp, Science Press, Beijing.

高田伸弘（1990）病原ダニ類図譜．216pp., 金芳堂，京都.

高岡正敏（2016）室内塵中のダニ類の生態とアレルギー患者宅における住環境整備によるダニ対策について．衛生動物学の進歩　第2集，225–259．三重大学出版会，津.

Yu X-J, Tesh R (2014) The role of mites in the transmission and maintenance of Hantaan virus (Hantavirus: Bunyaviridae). *J Infect Dis.*, 210: 1693–1699.

Ⅱ. 真正寄生

（夏秋　優・髙田伸弘）

コダニ類は多くが自由生活する中で，機会があればヒトを障害するのであるが，ヒト皮膚に固有寄生するものも 2，3 ある。

1. 疥癬

1）ヒト疥癬

疥癬は体長 0.2〜0.4mm のヒトヒゼンダニ *Sarcoptes scabiei* var. *hominis*（図 11）が皮膚の角質層に寄生して生じる感染症である。通常は介護行為や性行為などに伴う肌の直接接触によって感染するが，乳幼児では家庭内での肌の接触や保育所での寝具の共用，雑魚寝などによっても感染する。成虫は人肌を離れると比較的短時間（通常，24 時間以内）で死滅するため，肌の接触がなければ感染は成立しにくいが，疥癬患者の使用した寝具類や入浴施設の脱衣カゴなどでの感染は起こり得る。ただし，感染力の強い重症型疥癬（角化型疥癬）ではこの限りではない。

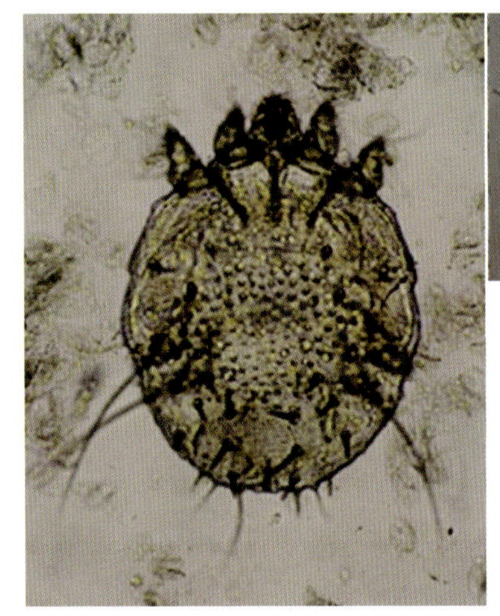
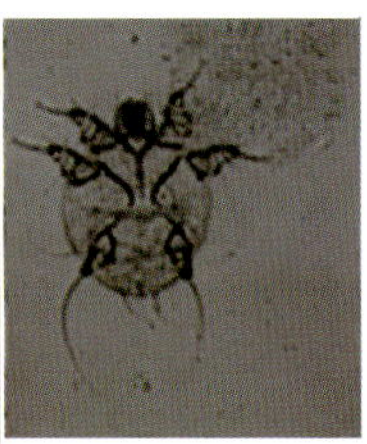

図 11　ヒトヒゼンダニ
左：成虫雌（0.4mm）／右：幼虫（0.2mm）

・疥癬の臨床

ヒゼンダニの感染後 4〜6 週間の無症状期間（潜伏期間）を経て，図 12 のような皮膚症状が出現する。

・疥癬トンネル

雌成虫が角層下に坑道を作って産卵をすることで形成される灰白色の細い線状皮疹で，幅 0.4mm，長さ 5mm 程度である。通常，疥癬トンネルの先端部には雌の虫体が認められる。疥癬トンネルの確認にはダーモスコープが役に立つ。丘疹や結節などの皮疹は虫体や虫卵，糞などに対するアレルギー反応が関与しており，多くの場合は激しい瘙痒を伴い，夜間に増強するのが特徴である。時には小水疱や膿疱を認めることもあり，特に小児では手掌や足底に膿疱が多発する臨床像を呈する場合がある。

・病型

ヒゼンダニの寄生数が 5〜数 10 個体程度の「通常疥癬」と，寄生数 100〜200 万個体の「角化型疥癬（痂皮型疥癬）」に分けられる。しかし通常疥癬でも寄生数が多い場合があり，これらの病型はヒゼンダニの寄生数だけでは明確に分類できない。図 13 のような角化型疥癬はステロイドホルモンや免疫抑制剤などの投与中で免疫能の低下している人，全身衰弱状態や重篤な基礎疾患を有する人などに発症する病型であり，感染力が強い。皮疹としては手足や臀部，肘頭部，膝蓋部などに角質増殖を認め，厚い鱗屑や痂皮を付着する。全身の皮膚には潮紅と落

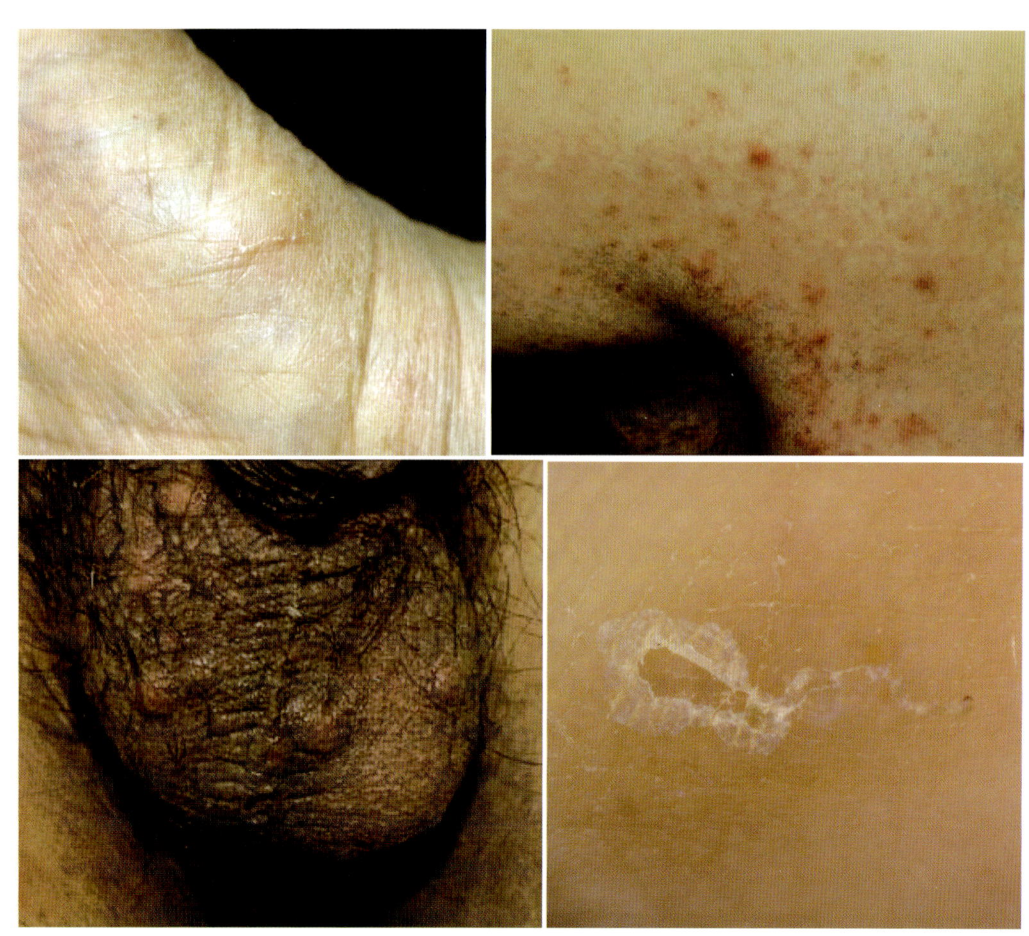

図12　通常疥癬の皮膚所見
左上：主に手関節，手掌，指間部に好発する疥癬トンネル／右上：腹部，腋窩，大腿，上腕などに散在する紅斑性小丘疹／左下：主に男性外陰部の瘙痒を伴う赤褐色結節／右下：疥癬トンネル（ダーモスコピー所見：右端に成虫が透見できる）

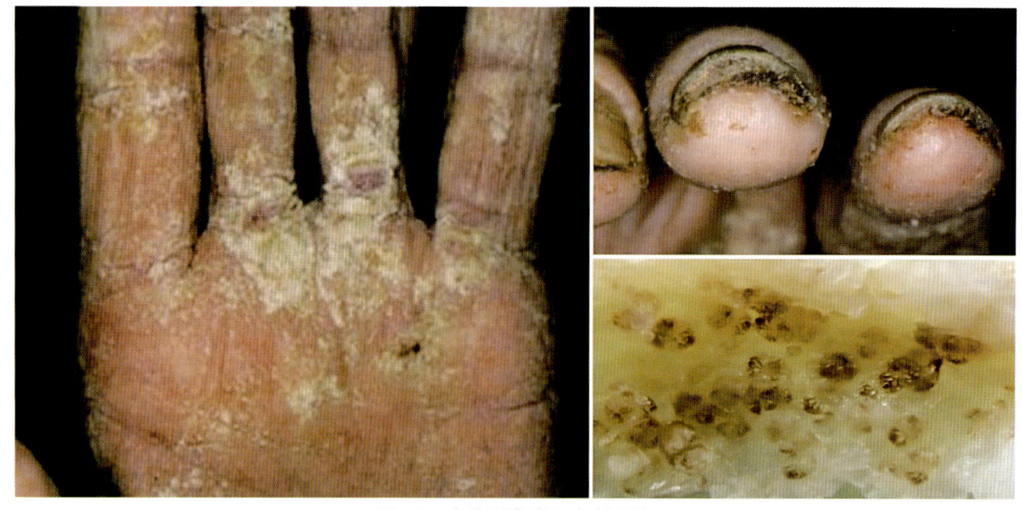

図13　角化型疥癬の皮膚所見
左：手掌の皮疹／右上：爪疥癬／右下：角化型疥癬の角化性病変ではきわめて多数の虫体が認められる

屑を認め，紅皮症状態になる場合もある。また，手足の爪が肥厚して角質増殖を伴うこともあり，爪疥癬と呼ばれる。これらの角化性病変が手掌，足底，爪甲など皮膚の一部にのみ認められる例もある。その角化性病変には図13のように，きわめて多数の虫体が認められる。角化型疥癬では瘙痒感に乏しいか，瘙痒を認めない場合がある。

なお，重症型の疥癬に対して従来用いられていた「ノルウェー疥癬」という病名は，最初にノルウェーの学者によってこの病型が報告されたことにちなむが，国名とは無関係であることから近年では用いない傾向にある。

・診断，治療そして予防

診断は，臨床症状，およびヒゼンダニ（虫体，虫卵，糞など）の検出によって確定される。虫体や虫卵は，図14のように手関節や手掌などの疥癬トンネルから高率に検出できる。病初期には虫体の検出が困難な場合があり，感染源との接触機会の調査や疫学的流行状況を勘案して診断せざるを得ないこともある。

治療方針として，通常疥癬ではフェノトリン外用あるいはイベルメクチン内服のいずれかを行う（表4）。角化型疥癬では，過剰な角質の除去とともに，フェノトリン外用かイベルメクチン内服，あるいはこれらを併用して治療する。瘙痒が強い場合は非鎮静性の抗ヒスタミン薬の内服を併用する。

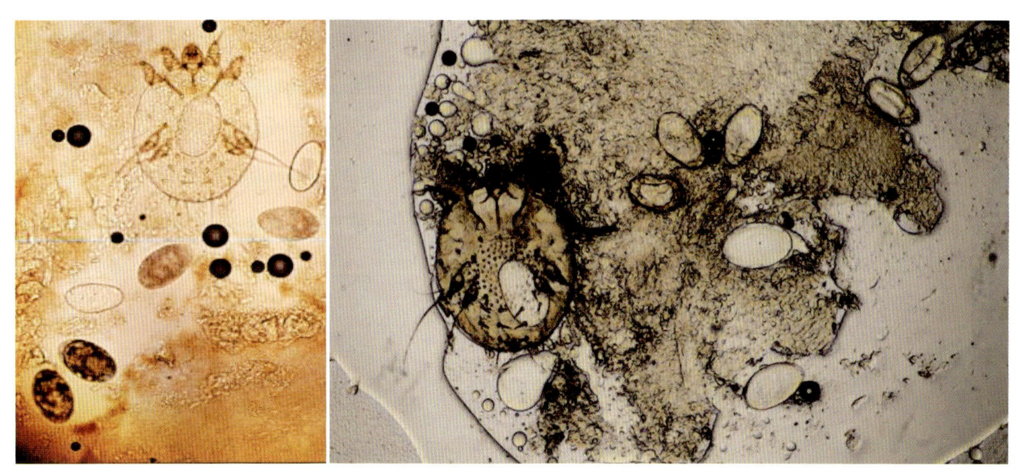

図14　皮膚からのヒゼンダニ検出
左：皮膚新鮮標本にみる雌成虫と虫卵／右：通常の皮膚科外来で検出される同標本

表4　疥癬治療の外用薬と内服薬

- **外用薬**：フェノトリンを1週間の間隔をあけて2回外用する。外用薬は頸部以下の全身に広く塗布する。特に指間部，腋窩，外陰部などを塗り残さないようにする。なお，乳幼児・高齢者には通常疥癬であっても顔面，頭部も含めて全身に塗布する。外用後12時間以上が経過してから，入浴して洗浄する。
- **内服薬**：イベルメクチンを200 μg /kgの量で空腹時ないし眠前に1回内服し，1週間後に効果が乏しい場合は同量を再度，投与する。

疥癬の予防対策として，**通常疥癬であれば感染力が強くないため，寝具の共用や肌の直接的な接触を避けるだけでよい。しかし病院や介護福祉施設，高齢者施設，保育園などで疥癬患者が確認された場合は集団発生のリスクがある。特に，感染力の強い角化型疥癬の患者が発生していないかを早急に確認する必要がある。**角化型疥癬が確認された場合は原則として個室管理とし，スタッフや家族の入退室の際にはガウンテクニックによる感染防御を行う。すなわち，患者の衣類やリネン類の交換の際には，鱗屑の飛散を避ける。患者との接触があったスタッフや家族などの疥癬発症の有無を慎重に監視し，必要に応じて予防治療を検討する。

付：疥癬の診断，治療などの詳細に関しては日本皮膚科学会の診療ガイドラインを参照されたい（石井ら, 2015）。

2）動物疥癬

動物疥癬とは動物固有のヒゼンダニがヒトの皮膚に一過性に移行し，アレルギー反応により皮疹を生じた場合を指す。その主な原因としてイヌヒゼンダニ（イヌセンコウヒゼンダニ）*S. scabiei* var. *canis* がある。本種はヒトヒゼンダニ *S. scabiei* var. *hominis* の変種であり，形態学的に区別はできないが，ヒトの皮膚に一過性に寄生するものの繁殖はできない（イヌ疥癬）（図15）。なお，このイヌヒゼンダニはイヌやタヌキでは著しい脱毛をきたし，衰弱して死に至らしめる例が近年は増えている。

動物疥癬の原因としては，イヌヒゼンダニ以外にネコショウヒゼンダニ *Notoedres cati* やイヌミミヒゼンダニ *Otodectes cynotis* などもあるが，ヒトに一過性に寄生はするもののやはり皮内には穿孔しない。

・診断と治療

図15のように，動物疥癬の臨床像は通常のヒト疥癬に類似し，紅斑性小丘疹が体幹，四肢に多発して強い瘙痒を伴う。稀に皮疹部からヒゼンダニが検出される場合がある。

診断には，身近な愛玩動物の皮膚症状，特に脱毛の有無を確認し，鱗屑からヒゼンダニが検出できれば確定する。動物を持参できない場合は獣医を受診させる必要がある。

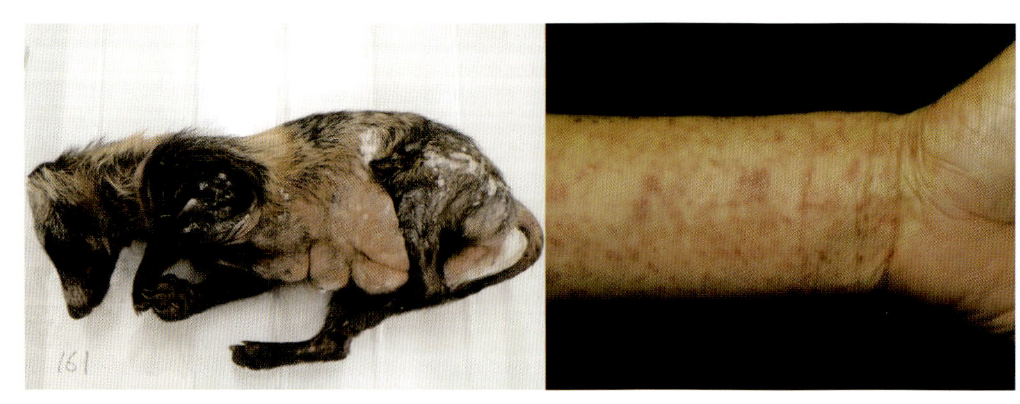

図15　イヌ疥癬の病像
左：イヌヒゼンダニの寄生で衰弱死したタヌキ（高田歩氏撮影）／右：イヌヒゼンダニによる動物疥癬の症例

治療は，まず感染源となっている罹患動物との接触を避け，獣医師に依頼してその動物を治療することである。ヒトの皮疹は動物由来のヒゼンダニに対するアレルギー反応であり，ヒトの皮膚では動物のヒゼンダニは繁殖しないので殺ダニ剤を使用する必要はなく，ステロイド外用薬と抗ヒスタミン薬の内服を用いる。

2. ニキビダニ症

・原因

ニキビダニは主に皮脂腺の発達した顔面，特に前額部や鼻唇溝部，眼瞼部などの毛包内に生息する常在のダニである。ヒトの固有種として，ニキビダニ *Demodex folliculorum*（図 16）とコニキビダニ *D. brevis* の 2 種類が知られる。前者は体長約 0.3mm で毛包漏斗部に生息し，後者は体長約 0.2mm 程度で皮脂腺やマイボーム腺に生息する。

・臨床

ニキビダニ類の病原性については議論があるが，過剰増殖した場合に毛包虫性痤瘡というニキビの 1 種の原因となる（図 16）。特に免疫抑制剤の投与中や HIV 感染による免疫不全状態，ステロイド外用薬やタクロリムス外用薬の継続塗布などで発症しやすい。その他，脂漏性皮膚炎や口囲皮膚炎，眼瞼炎の発症や悪化にも関連する。

・治療

よく洗顔して顔面を清潔にする。外用薬としてはイオウ外用薬やクロタミトン外用薬などが有効である。また健康保険の適用ではないがメトロニダゾールやイベルメクチンも有効である。

〔引用文献〕

石井則久，浅井俊弥，朝比奈昭彦，石河　晃，今村英一，加藤豊範，金澤伸雄，久保田由美子，黒須一見，幸野　健，小茂田昌代，関根万里，田中　勝，谷口裕子，常深祐一郎，夏秋　優，廣田孝司，牧上久仁子，松田知子，吉住順子，四津里英，和田康夫（2015）疥癬診療ガイドライン（第 3 版）．日本皮膚科学会雑誌，125: 2023–2048.

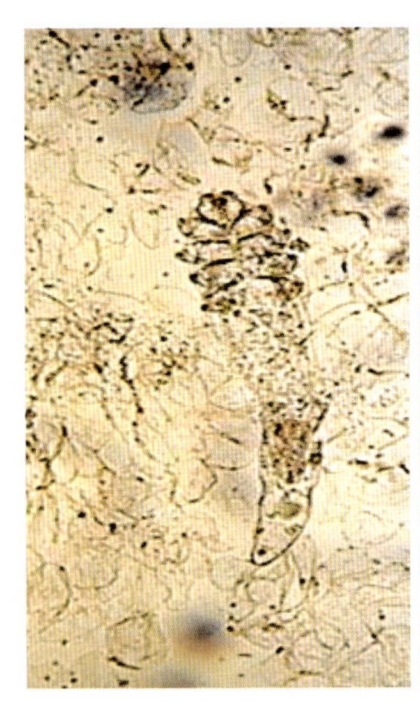
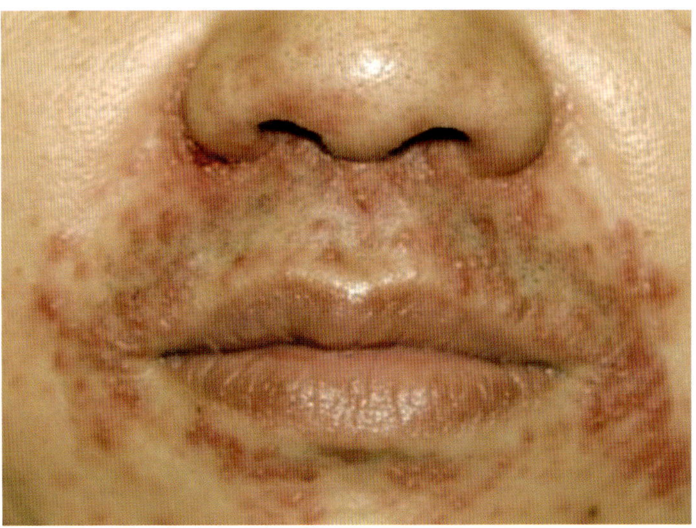

図 16　ニキビダニによる毛包虫性痤瘡の臨床像（左図：ニキビダニ虫体）

Ⅲ．刺症・吸着

（夏秋　優・髙田伸弘）

以下，様々なダニ類による刺症の臨床と関連事項を順に挙げる。

1．ツツガムシ刺症

・原因

ツツガムシ類は幼虫期に主に温血動物（種により変温動物）に吸着して組織液を吸う。わが国でヒトに吸着するツツガムシとしては，アカツツガムシ，タテツツガムシ，フトゲツツガムシ，アラトツツガムシ，ナンヨウツツガムシなどが知られる。

これらのツツガムシがツツガムシ病の病原体である *Orientia tsutsugamushi*（Ot）を保有していた場合には**刺し口に紅斑を生じ，生体の免疫反応の結果として真皮に血管炎を生じて表皮が壊死に陥って潰瘍を形成，やがて同部は痂皮となって特有の臨床像（焼痂 eschar）を呈する**（「A. ツツガムシ類と感染症」を参照）。しかし Ot を保有しない無毒のツツガムシ幼虫に刺された場合は，痒みを伴う皮疹が出現する場合があり，これをツツガムシ刺症と呼ぶ。

・病態

ツツガムシの幼虫はおおむね 2～3 日の間は皮膚に吸着し，皮疹として紅斑や丘疹，水疱を生じるが，症状には個人差がある。アカツツガムシ *Leptotrombidium akamushi* 幼虫による刺症（図 17）では，吸着部にチクチクとした違和感，ないし軽い疼痛を自覚するのが特徴で（小畑ら, 1958），それにより幼虫の吸着に気付く可能性が高い。すなわち，肌の吸着部に着衣などが触れると小さな棘の刺さったような痛みを感じて「イラ感」と表現され，大多数の人は気付くものである。これは実験的にも確認され，イラ感を自覚するまでの時間は 10～20 時間とされる。秋田県でのアカツツガムシ刺症の例では，幼虫脱落後も 24～96 時間にわたる疼痛の持続があり，病理組織学的に吸着部の表皮直下の真皮内に吸収管 stylostome の形成が示され，これがイラ感発生のひとつの原因と考えられる（Takahashi et al., 2013）。アカツツガムシに刺されて約 35 時間後の例では，宿主側の細胞層を利用して形成される吸収管周囲の炎症性反応の細胞構

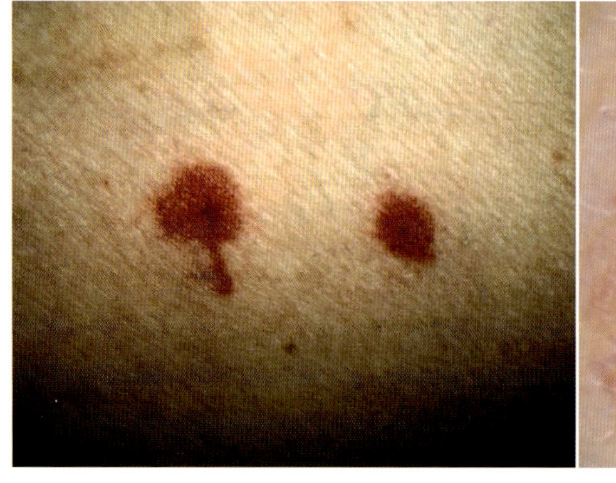
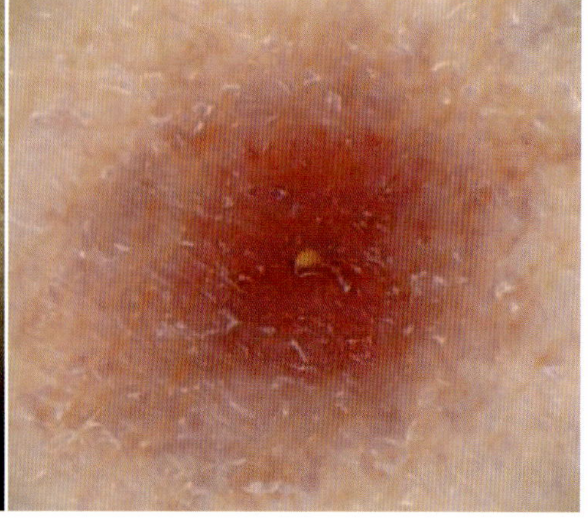

図 17　アカツツガムシ刺症（右：そのダーモスコピー所見）

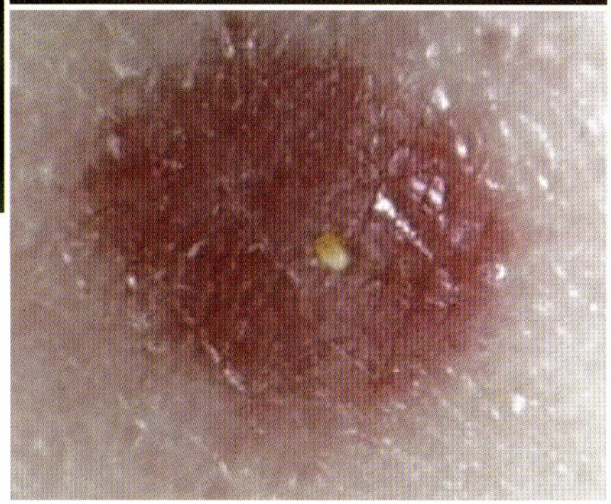

図 18　タテツツガムシ
左：枯草先端にみるタテツツガムシ幼虫のクラスター／右上：タテツツガムシ刺症／右下：そのダーモスコピー所見

成としてはCD4 陽性細胞（ヘルパーT細胞）が主体で，他の炎症細胞は散在ないし周囲を囲む程度であった（図 19 上）。

一方，タテツツガムシ *L. scutellare* の幼虫は，ツツガムシ種の中でも地表の突起や下草の先端に上って待機する性質が特に強く，それに触れた動物やヒトの被服や肌に移乗して刺症ないしツツガムシ病を起因する（図 18）。ただ，刺症では吸着に伴う疼痛は全く感じず，したがって吸着に気付かない。そして虫体吸着後，2〜3 日後をピークとして痒みを伴う紅斑，丘疹を生じ，病理組織学的にはアカツツガムシの場合と同様に真皮の血管周囲に CD4 陽性細胞が主体の炎症細胞浸潤を認める（図 19 下）。このことから，本症における皮膚病変の発症にはツツガムシの幼虫が吸着した際に注入する唾液腺物質に対する遅延型アレルギー反応が関与すると考えられる（夏秋ら，2013）。本種は各地方に散在性に，しかし地区によっては濃厚に産し，秋季になると幼虫刺症による瘙痒性皮疹を有する患者が多発する事例も報告されている（馬庭ら, 1999）。

・臨床

ツツガムシ刺症では臨床的に四肢・体幹を中心に痒みを伴う孤立性の紅色丘疹が散在する（図 17 左，18 右上）。吸着後 2〜3 日以内の皮疹をダーモスコピーで観察し，中央部に虫体を認めることができれば診断を確定できる（図 17 右，18 右下）。しかし，虫体の脱落が早いため，皮疹部に虫体を認めないことも多い。その場合，診断のためには詳細な病歴聴取と，患者の活動範囲内におけるツツガムシ幼虫の生息を確認する必要がある。なお，アカツツガムシ刺症では皮疹の臨床所見はタテツツガムシ刺症と同様であるが，上述のイラ感，ないしチクチクした刺激感を伴うため，幼虫の吸着に気付くことが多い。こういった皮膚反応ゆえに，昔の古典的

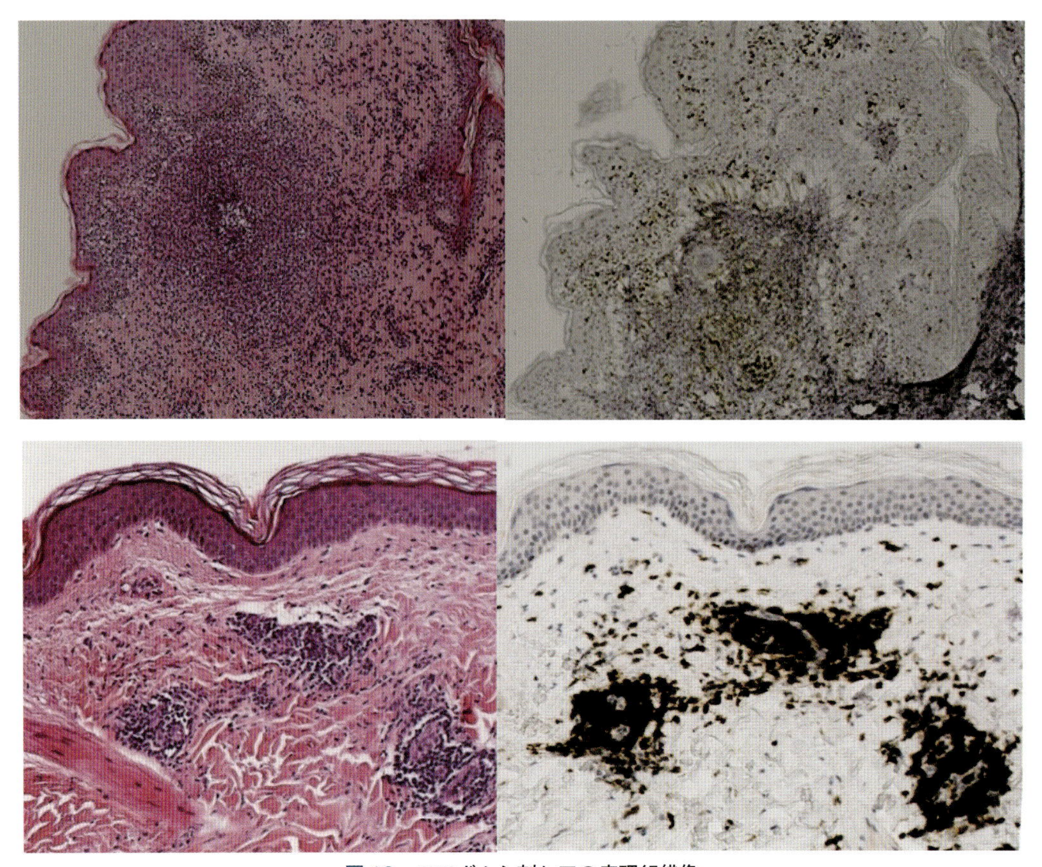

図 19　ツツガムシ刺し口の病理組織像
上段　アカツツガムシ刺症の水平断面像（高橋撮影）
下段　タテツツガムシ刺症の垂直断面像で，いずれも左は HE 染色，右は免疫染色（CD4）

ツツガムシ病発生地においてはアカツツガムシに本病媒介の嫌疑がかかったものと思われる。

<参考>タカラダニ偶発刺症

ツツガムシ類と近縁のコダニとしてタカラダニがある。カベアナタカラダニ *Balaustium murorum*（図 20）はビルの壁やコンクリートブロックなどに発生する体長 1mm ほどの赤いダニである（本章の p267 を参照）。この仲間のダニ類の生態の詳細は不明で，明確なヒト刺症性の証明もないが，偶発的に刺すことがあり，皮膚炎として症例報告もある（Ido et al., 2003）。

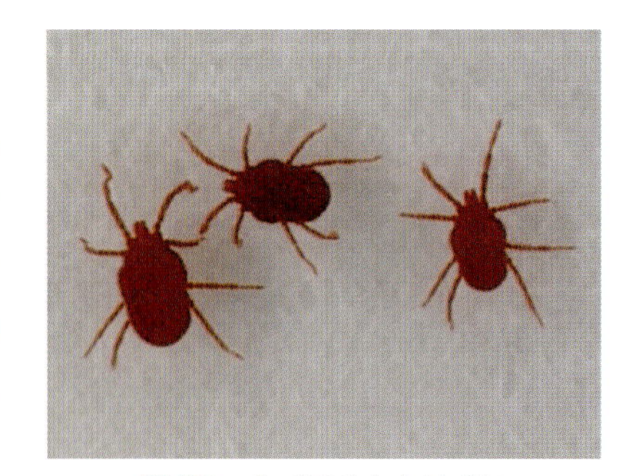

図 20　カベアナタカラダニ

2. ツメダニ刺症，シラミダニ刺症

ツメダニ類，シラミダニ類はヒトから吸血する習性を持たないが，皮膚に接触することで偶発的に刺すことがある。刺されると皮膚炎を生じるため，臨床的には問題となる。

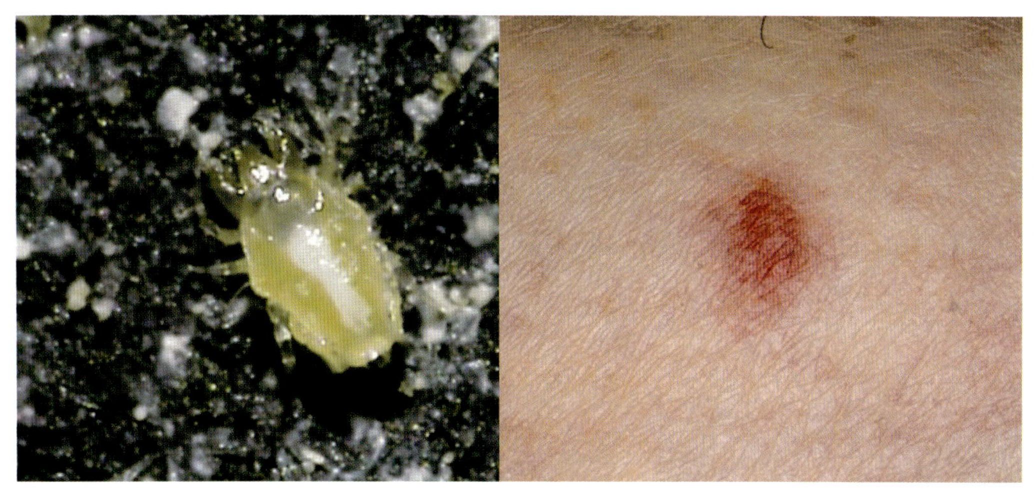

図 21　ツメダニ刺症の臨床像
左：フトツメダニ雌成虫／右：その刺症

1) ツメダニ刺症

・原因

ヒトに被害を与えるのはフトツメダニ，ミナミツメダニなどである。いずれも畳や絨毯などに発生するコナダニ類，ヒョウヒダニ類を捕食して生活し，本来的にはヒトから吸血する性質はない。しかし，夏の高温，多湿環境の室内でコナダニ類が大発生するとツメダニ類も増加し，ヒトの皮膚に触れることで偶発的に刺す（図 21）。

・病態

フトツメダニ *Cheyletus fortis* は体長 0.5〜0.8mm で，実験的にはフトツメダニに接触して 24〜48 時間で瘙痒を伴う紅斑，ないし紅色丘疹が出現し，1 週間程度で軽快する。これはツメダニ由来成分に対する遅延型アレルギー反応によって生じていると考えられる。

・臨床

ツメダニ類による刺症を証明することは難しい。夏場に高温・多湿の畳の部屋で生活し，瘙痒性皮疹が孤立性に散在ないし多発する臨床像が見られた場合は，他の虫刺症が除外できればツメダニ刺症を疑う。その部屋の室内塵をパック式掃除機で集めて専門家に同定を依頼し，多数のツメダニが検出されればほぼ確定できる。

・治療と対策

個々の皮疹に対してはステロイド外用薬を用いる。生活環境からツメダニ類を排除するため，殺虫剤による畳の処理，あるいは部屋の燻煙がよい。また部屋を乾燥させ，充分な清掃を行うのがよい。

2) シラミダニ刺症

・原因

シラミダニ類は貯蔵穀物や乾燥した草などに発生した甲虫や蛾などの昆虫類や蚕に寄生する。体長約 0.2mm で，ヒトから吸血する性質はないが，麦ワラや米俵，カイコなどを扱う際

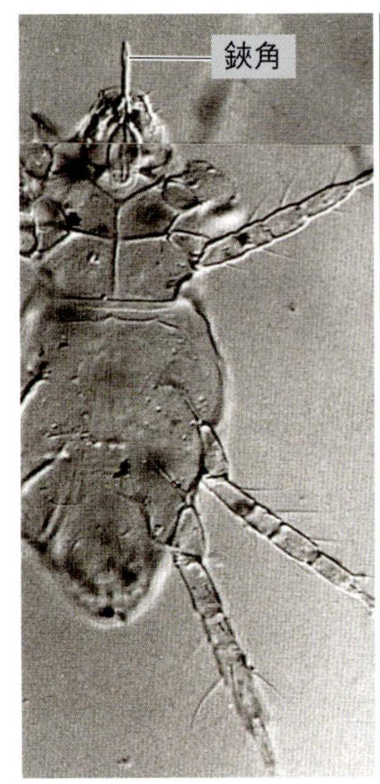

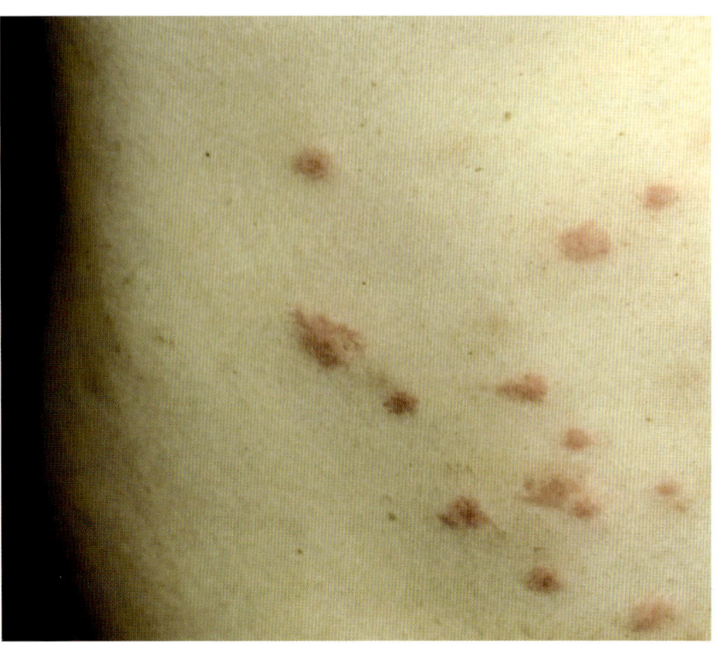

図22　シラミダニ刺症の臨床像
左：シラミダニ雌成虫／右：その刺症

にヒトとシラミダニが接触することで刺症被害を生じることがある。

また，近年では薪ストーブ用の薪材に発生するカミキリムシに寄生するシラミダニ による被害もある（久米井ら, 2012）が，種同定はされていない。時に吸入すれば呼吸器障害もあり得るらしい。

・臨床

臨床的にはシラミダニと接触した部位に，一定時間後に痒みを伴う紅色丘疹が多発する（図22）。米俵を担ぐなどの作業で多数の個体に刺されると，広い範囲に激しい痒みを伴う紅色丘疹や浮腫性紅斑を生じる場合がある（流れるような線状皮膚炎 comet sign を含む）。対策として, シラミダニが発生しているワラ, 古米, 薪などの処分や殺虫処置を実施する必要がある。

3. トゲダニ刺症

国内で人体から吸血して被害を及ぼすトゲダニ類（イエダニ類）として，オオサシダニ科イエダニ属のイエダニ，トリサシダニと，ワクモ科ワクモ属のワクモとスズメサシダニが問題となる。

1）イエダニ

・原因

イエダニは体長約 0.7mm で，主にドブネズミ，クマネズミに寄生するコダニであるが，ネズミの巣から移動して室内に侵入し，人からも吸血する。特に寄主であるネズミが移動あるいは死亡して，巣からいなくなると，多くのイエダニが床下や天井裏などのネズミの巣から出てきて室内に移動し，激しく人を襲う。ネズミが生息している一戸建ての古い家や小屋，倉庫，

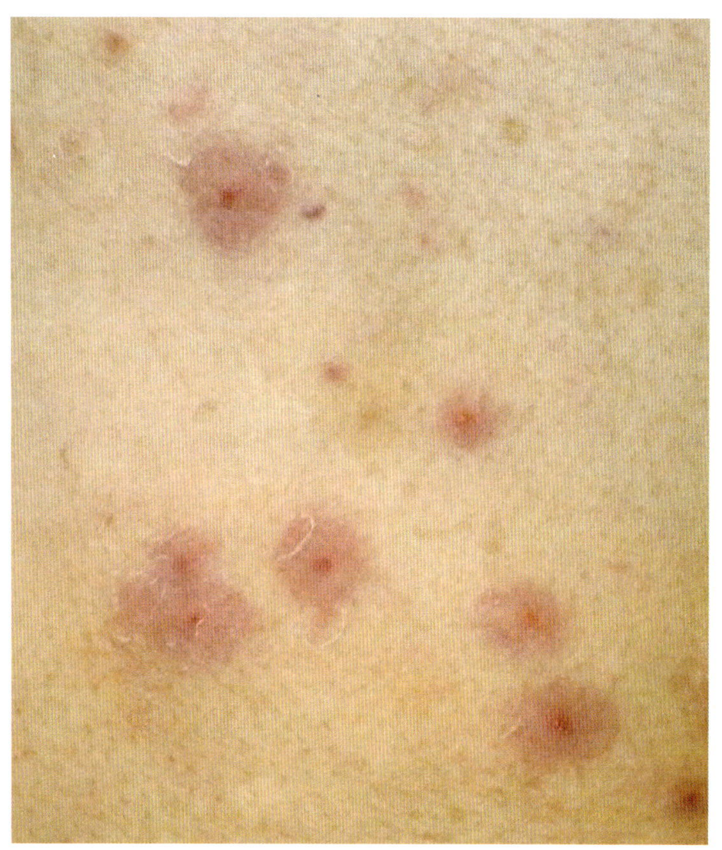

図23 イエダニ刺症の臨床像
左：上は吸血前のイエダニ，下はその吸血後／右：その刺症

食堂などで被害にあう。一般にイエダニによる被害は6〜9月に多い。

・病態

イエダニ類の吸血によって生じる皮膚炎はダニ由来の唾液腺物質に対するアレルギー反応と考えられるので，症状には個人差が大きい。多くの場合は遅延型アレルギー反応として現れるので，刺された翌日，あるいは翌々日に瘙痒を伴う紅斑，ないし紅色丘疹が出現する。中央部に小さな刺点を認めることもあり，時には小水疱を伴うこともある。

・臨床

夜間就寝中に室内に侵入し，寝具の中にもぐり込んで衣服に被われた皮膚の柔らかい部位を選んで刺すことが多い。そのため顔面や手などの露出部を刺すことはほとんどなく，皮疹は下腹部や腋の下，腰部や大腿内側などに好発する。個々の皮疹は孤立性，不規則に散在するが，一部に集簇して見られることもある（図23）。ただし，多数のイエダニが室内に侵入した場合は四肢を含めて広い範囲に皮疹が認められることもある。

・治療

イエダニ刺症の皮疹はステロイド外用薬で改善する。しかし原因ダニを駆除しないと刺症の繰り返しが続く。イエダニ類は刺している現場を確認することは困難であるが，稀に皮膚からイエダニが見つかることもある。通常は被覆部を中心とした皮疹の分布や状況から推定診断をするしかない。同じ部屋で就寝している家族でも，皮疹が認められる人と認められない人がいることをしばしば経験するが，これは個々の体質の差による皮膚反応の相違である場合と，イエダニ類の室内への侵入ルートの違いによる場合などが考えられる。対策としては，ネズミの生息が確認できた場合はネズミの巣を除去する必要がある。

2）ワクモ，トリサシダニ，スズメサシダニ

これらは鳥に寄生するコダニで体長は0.5～1mm程度である。ワクモは主に鶏舎でニワトリから吸血する種類であり，鶏舎に勤務する人での被害が知られている。トリサシダニやスズメサシダニはツバメ，スズメ，ハト，ムクドリなどの野鳥に寄生する。人家の軒先や屋根裏，排気口などの巣からはい出して室内に侵入し，人からも吸血する。飼い鳥に寄生することもある。被害は6～7月に多い。駆除対策として，軒下や雨戸の戸袋などに野鳥の巣が見つかった場合はその巣を除去する必要がある。通風口や換気扇などからダニが侵入する可能性があるので，殺虫剤を撒布する。

4. マダニ刺症

マダニ類は林内の下草や道沿いのササ藪，河川敷の草むらなどに生息し，葉の先端部に静止して吸血源である野生動物が通るのを待っている。ヒトがこれらの場所に入ることで肌や衣服が葉に触れると素早く皮膚あるいは衣服などに乗り移る。そして吸血場所を探して体表面をしばらく徘徊し，下腹部や腰の周囲，腋周囲，頭皮などで顎体部先端の口器を刺入して吸血を開始する（「B. マダニ類と感染症」を参照）。通常は数日～2週間ほど（幼虫では約3日，若虫で約7日，成虫では7～14日）の間，吸血を続けて次第に腹部が膨大する。その間，水分を皮膚に戻しながら吸血を繰り返し，充分に吸血して飽血状態になると自然に脱落する。

マダニが皮膚に吸着しても，通常はほとんど痛みなどの自覚症状がなく，いつの間にか吸血されていることが多い。そのため，吸血に伴って虫体がかなり大きくなるまでマダニの吸着に気付かない症例が多い。完全に飽血した場合は5～10mm大かそれ以上（時には20mm以上）になり，灰白色から赤褐色調を呈する。その外見がホクロ（色素性母斑）や腫瘤状に見えるため，「急にできものができた」との訴えで受診する患者も少なくない。

このように，マダニ類がヒトの皮膚に口器を刺入して吸血する状態（疾患）をマダニ刺症と呼ぶ（図24）。なお，病名としてマダニ咬症，マダニ刺咬症などと表現される場合もあるが（橋本，2003），本章の冒頭にも記したようにマダニ刺症を用いる。

1）マダニ刺症の病態

・感染の成立と異物としての認識

マダニは吸血の際に，刺入した口器から唾液腺物質を皮膚内に注入する。その際，病原体（ボレリア，リケッチア，ウイルスなど）が侵入することで感染が成立すると，感染症を引き起こすことになる。代表的なマダニ媒介性感染症はライム病，日本紅斑熱，重症熱性血小板減少症候群，マダニ媒介性脳炎などである（「B. マダニ類と感染症」を参照）。

一方，この唾液腺物質には種々の免疫調整因子や吸血調節因子などの生理活性物質が含まれており（Titus et al., 2006; 辻ら, 2016），生体側がマダニを認識して排除することを妨げる作用

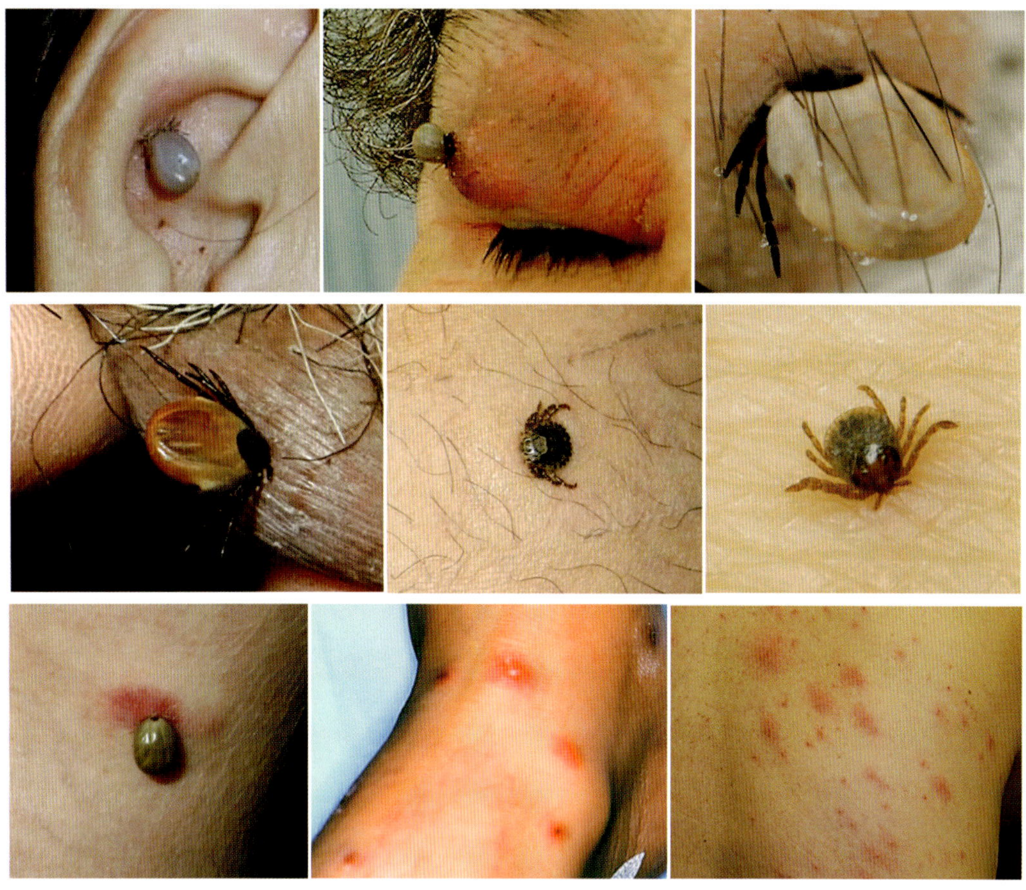

図24　マダニ刺症の臨床像

上段　左：シュルツェマダニ雌成虫（飽血）／中：ヤマトマダニ雌成虫（及川博士より金沢医大の症例）／右：タネガタマダニ雌成虫（及川博士より金沢医大の症例）
中段　左：カモシカマダニ雌成虫（飽血途上）／中：タカサゴキララマダニ雄成虫／右：タカサゴキララマダニ若虫
下段　左：タカサゴキララマダニ若虫（飽血）／中：フタトゲチマダニ幼若虫の多数刺症（及川博士より金沢医大の症例）／右下：タカサゴキララマダニ幼虫（多数刺症）

も知られている（Konnai et al., 2008）。

これらの唾液腺由来物質は生体にとっては異物であり，アレルゲンとして認識されると各種の免疫反応を惹起する場合もある（図25）。

・遅延型アレルギー反応

マダニによる吸血を何度か受けた場合は，吸着部に痒みを伴う紅斑を生じる例が少なくなく，時には水疱を生じる場合もある。マダニの寄生後2〜3日で生じる炎症反応は，唾液腺物質に対する遅延型アレルギー反応と考えられる。

マウスを用いた著者らの基礎実験では，タカサゴキララマダニ唾液腺抽出物（AtS），シュルツェマダニ唾液腺抽出物（IpS），タイワンカクマダニ唾液腺抽出物（DtS）を背部に皮下注射し，5日後に耳介に同じ唾液腺物質を投与することで注射後24時間をピークとする遅延型の耳介腫脹反応を生じることが確認された（図26）。このことからそれぞれの唾液腺物質による

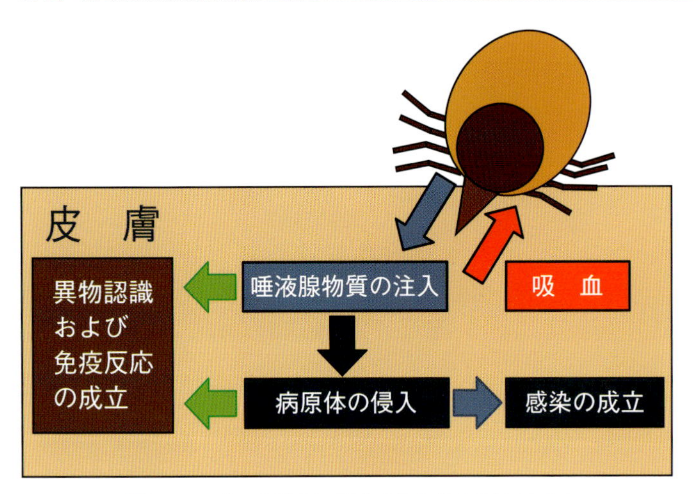

図25　マダニの吸血に伴う感染と免疫反応の成立

遅延型アレルギー反応の感作が成立することが判明した。また，異なるマダニ種の唾液腺物質による感作誘導，反応惹起を行ったところ，AtS と DtS の間には交差反応が認められたが，AtS と IpS の間の交差反応性は弱いことが明らかとなった（図26）。

これらの結果から，初めてのマダニ刺症では，皮膚の炎症反応は生じにくいが，2回目以降はマダニ由来の唾液腺物質に対する感作が成立することにより，遅延型アレルギー反応を生じるものと推察される。

・即時型アレルギー反応

マダニ刺症に伴って即時型アレルギー反応を生じる例があり，マダニ由来の唾液腺物質に対する IgE が産生される場合があると思われる。そして，稀にアナフィラキシーショックに至った症例があることも知られている（Acero et al., 2003）。その場合，抗原としてマダニ唾液腺に含有される糖鎖抗原である galactose-α-1,3-galactose（α-Gal）が問題となっており，これに対する IgE が産生されると，α-Gal との交差反応性を有する牛肉などの獣肉に対する即時型アレルギー反応を生じる可能性があるとされている（Commins et al., 2013）。また，抗癌剤であるセツキシマブは α-Gal の構造を有するため，α-Gal に対する IgE が産生されていると抗癌剤治療の際にアナフィラキシーを生じる可能性が指摘されている（Berg et al., 2014; 千貫ら, 2016; Hashizume et al., 2018）。

・好塩基球の関与

動物においては，繰り返すマダニ寄生によってマダニ吸着に対する抵抗性が獲得されることが知られており（「B．マダニ類と感染症」p181 を参照），そのメカニズムとして好塩基球の役

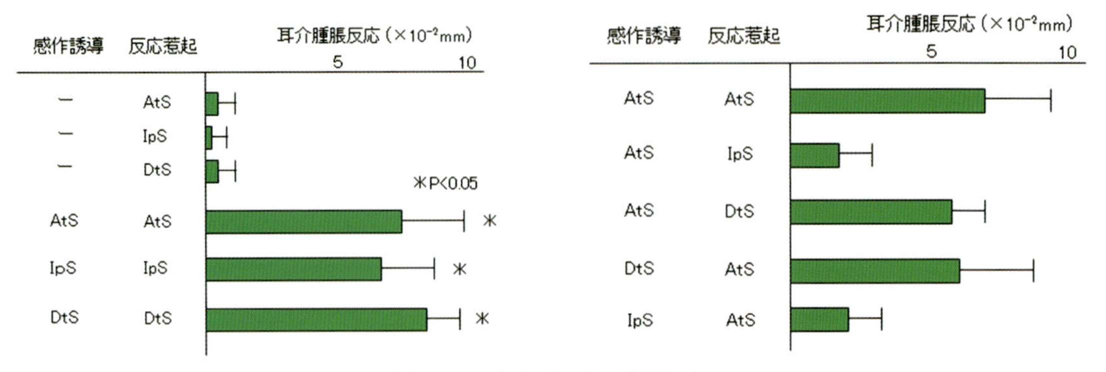

図26　マダニによる耳介腫脹反応
左：各種のマダニ唾液腺抽出物による耳介腫脹反応／右：各種のマダニ唾液腺抽出物による耳介腫脹の交差反応

割が重要であることがマウスの実験で示されている（Wada et al., 2010）。

またヒトにおいてもマダニ刺症部では真皮内に好塩基球の浸潤が認められることから，吸血の阻止に好塩基球が関与することが示唆されている（Nakahigashi et al., 2013）が，実態の解明には至っていない。

2）マダニ刺症の臨床的特徴

・皮膚症状

マダニが口器を刺入しても，唾液腺物質の麻酔作用によって通常はほとんど疼痛を感じないので吸着に気付かないことが多い。しかし時には軽度の疼痛を自覚する場合がある。

マダニが吸着した部位の皮膚には全く紅斑を認めない場合もあるが，紅斑や水疱形成を認める症例もあり，その場合は自覚症状として瘙痒を伴うことが多い。このような症状は上述した遅延型アレルギー反応による症状と考えられる。抗凝固療法中の患者では紫斑を生じることもある。また，炎症が強い場合は稀にリンパ管炎などを合併する。

マダニ幼虫刺症では，多数の個体による吸着を受けた症例が報告されており（石田ら, 2004, ほか数編），全身に紅斑が多発する臨床像を呈する場合がある（倉沢ら, 2015）。

なお，マダニの吸着部にライム病を疑うような大きな紅斑を認める場合は tick-associated rash illness（TARI）と考えられ，この疾患に関しては後述する。

・病理組織所見

マダニ刺症の病理組織所見として，真皮の赤血球の血管外漏出，好中球を主体としてリンパ球，好酸球などから成る著明な炎症細胞浸潤が認められる。また，表皮の壊死や潰瘍を認める場合もある（村澤・木村, 2005）。刺入された口下片が残存している場合はその周囲に好酸性に染まる無構造物質を認める（図 27）。これはセメント物質と呼ばれる場合もあるが（橋本, 2003; 新井ら, 1999），実際にマダニが皮膚に固着するために分泌する物質とは異なり，硬化した膠原線維であるとの指摘がある（村澤・木村, 2005）（マダニの吸着の仕組み自体については「B. マダニ類と感染症」を参照）。

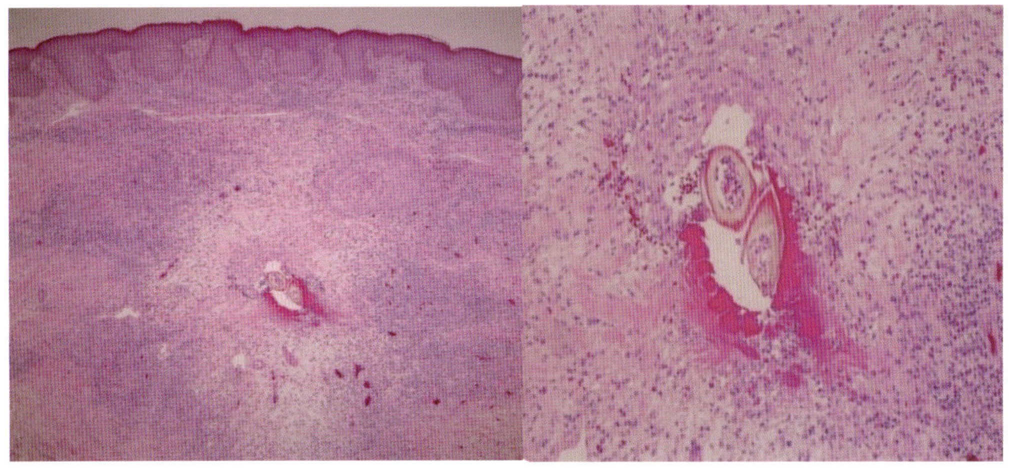

図 27　マダニ刺症の病理組織所見（垂直断面像；口器は斜め切り）
左：弱拡大像／右：強拡大像

なお，マダニ刺症を受けた頻度やマダニの種類によっても病理組織所見が異なる可能性がある。2 回以上のマダニ刺症を経験した症例では，真皮に浸潤する好酸球や好塩基球の数が増加するとされる（Hashizume et al., 2018）。

3）マダニ刺症の疫学的特徴

・原因となるマダニ種

国内において，ヒトに対する嗜好性が強く，マダニ刺症の原因となる主なマダニとしては，マダニ属のシュルツェマダニ，ヤマトマダニ，タネガタマダニ，カモシカマダニ，キララマダニ属のタカサゴキララマダニ，チマダニ属のフタトゲチマダニなどが挙げられる。しかし，実際にはマダニ類の分布は南北で違いがあり，おおよその傾向は表 5 の通りである。

このまとめの要点を挙げると次の通りである。

- **北海道ではシュルツェマダニ（Iper）が圧倒的に多い（橋本ら，2002）。**
- **東北地方ではヤマトマダニ（Iova）やカモシカマダニ（Iacu）が中心になる。**
- **関東〜中部地方ではいろいろあるが，ヤマトマダニやシュルツェマダニそしてタネガタマダニ（Inip）が目につく。**
- **西〜南日本ではタカサゴキララマダニ(Ates)が圧倒的に多く，次いでフタトゲチマダニ(Hlon)が多いが，混じってヤマアラシチマダニ（Hhys），キチマダニ（Hfla），ヒトツトゲマダニ(Imon)，タイワンカクマダニ，アカコッコマダニ，タヌキマダニなども見られる。**
- 稀な例としては，各地にアサヌママダニ，ハシブトマダニ，ヤマトチマダニ（Hjap），クリイロコイタマダニ，コウモリマルヒメダニ（Aves），ツバメヒメダニなど（山口，1994）やパブロフスキーマダニ（安藤ら，2014）も見る。

ただ，ここ 10 年ほどの間に，気象要因としては温暖化傾向が，また動物相としてはイノシシの北進（北陸北部そして東北南部〜北部まで），あるいは全国的なシカの分布拡散が著しくなり，以前から知る分布傾向がいささか変動し，それに伴って刺症種も変わる状況にある。例えば，能登半島などでも南方系のタイワンカクマダニやタカサゴキララマダニが出現し，それらによる刺症例も新たにみられつつある（及川陽三郎博士の私信）。

これらのデータはいずれもヒト嗜好性のマダニ種を指し示している。しかしその種相がその地域の野外環境での採集で得られる種相と必ずしも一致しない。すなわち，フランネル法によ

表 5　大まかな地方別にみる刺症マダニ種の違い

地方／種名	Iper	Iova	Inip	Imon	Iacu	Hlon	Hfla	Hhys	Hjap	Ates	Aves
1. 北海道	52	7	3								
2. 東北	24	45	12	11	40		3		2		1
3. 中日本	6	32	23	4	6	10	5		2	2	3
4. 関西		2		1		32	1	3		205	
5. 九州		1	2			10				27	

1 と 2 は山口（1994）に高田の経験例を加え，3 は石川県（及川らの学会発表，2016）と富山県（山内，2009）を合わせ，4 は兵庫県周辺（夏秋まとめ）そして 5 は大分県周辺（安西，2011）での外来患者を集計したもの。なお，ここでは各地方のヒト嗜好種の生息相を窺うものなので，不明種は除外，発育期も明記していない。

る野外調査で得られるマダニがヒト嗜好性とは限らないし，ヒトと野生動物のいずれを好むかは種により異なる。この点は病原体を直接にヒトに媒介するか，あるいは野生動物を介した間接経路かの違いであって，疫学調査でベクターを言う場合は留意したい。

一方，マダニ種ごとの性質の違いも観察され，タカサゴキララマダニやフタトゲチマダニなど活動性が高くて動きの速い種は，動きの遅い種よりもヒトに付き易いことはあると思われる。

・好発時期

マダニ刺症はヒト嗜好性マダニの活動時期に一致して症例が多くなるが，北日本や南日本など，地域によっても好発時期が異なる。一般的には5〜7月に被害を受ける例が多いが，稀に冬でもみられる例がある。図28に兵庫県における2014〜2016年のマダニ刺症の月別症例数を示す。

・好発年齢

マダニ刺症は北海道では小児と40〜60歳代の中高年に多いとされる（橋本, 2003）。兵庫県でのデータでは9歳以下の小児と，60歳代，70歳代に多い（図28）。これは学校行事などで野外活動の機会が多い学童と，ハイキングなどの野外レジャーを楽しむ高齢者が被害を受けやすいためと考えられる。

・吸着部位

2014〜2016年の兵庫県におけるマダニ刺症244例ではタカサゴキララマダニが205例（成虫11例，若虫187例，幼虫7例）と最も多く，次いでフタトゲチマダニ32例（成虫18例，若虫10例，幼虫4例）で，その他はヤマアラシチマダニ3例，ヤマトマダニ2例，ヒトツトゲマダニ1例，キチマダニ1例であった。ヒト嗜好性とは別に，刺症例の多い種は分布域が広く生息密度も高いと考えてよい。図29に兵庫県でみたタカサゴキララマダニとフタトゲチマダニの吸着部位をまとめた。タカサゴキララマダニは下半身へ付くことが比較的多く，フタトゲチマダニは頭部にやや多い傾向が認められる。また，小児では頭部へ付く例が多い。

・その他のマダニ刺症

住家に作られたツバメやコウモリの巣内で過剰に増殖したヒメダニ属*Argas*がヒトを刺す（繰り返し吸血）例も各地でみられるが，防除に当たっては宿主動物に対する自然保護絡みで対応しなければならず簡単にはゆかない現状もある。

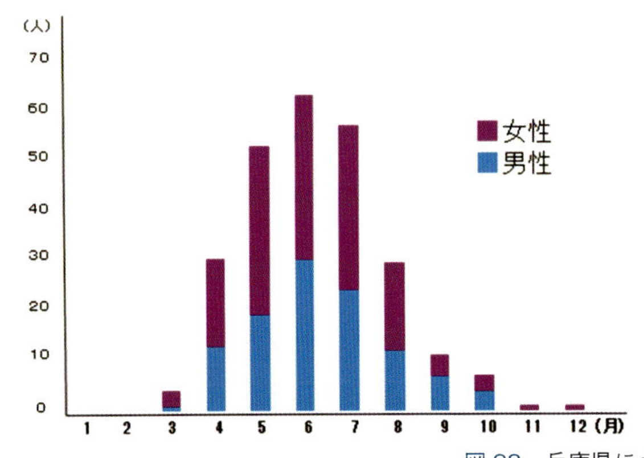

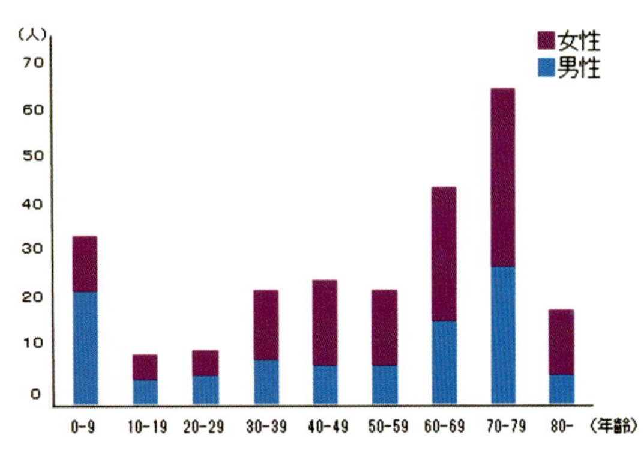

図28 兵庫県におけるマダニ刺症
左：月別患者数／右：年齢別患者数

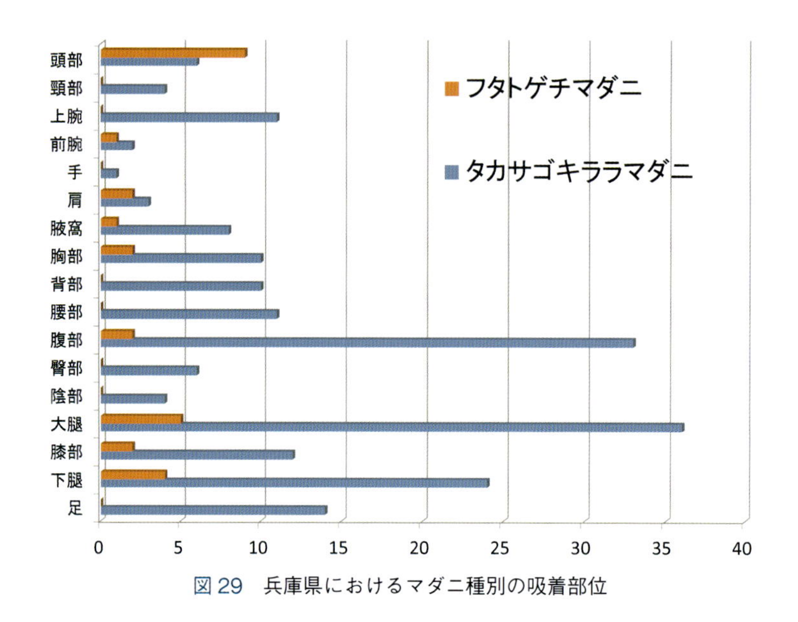

図 29　兵庫県におけるマダニ種別の吸着部位

4）マダニ刺症の処置

皮内に突き刺さった口下片は 1mm 長に満たないとはいえ，鋸歯状を呈しており，凝固物質（いわゆる「セメント物質」）で皮膚組織と固着しているので，強引に引き抜くと口器が破損して皮膚内に残存する場合がある。自然の飽血脱落を待つ考え方もあるが，不快な長時日を要するほか，マダニは種々の感染症を媒介することがあるので早急にこれを除去すべきである。

・吸着したマダニの除去方法

除去方法は以下の通り様々ある（表 6）。

表 6　吸着したマダニの除去方法

・皮膚切除

局所麻酔下で皮膚ごとマダニを切除する方法であり，最も確実である。虫体が小さい場合は，メスを用いずにパンチ生検の要領でくり抜くとよい。
切除に準じた方法として，局所麻酔の後にマダニ虫体の下方に先の尖ったハサミを刺入して先端を開き，虫体を取り除く「後方刺入法（馬原法）」もある。

・ワセリン法

吸着したマダニ虫体に白色ワセリンなどを塗布し，約 30 分後に異物鑷子でマダニを抜除する方法で，吸着後早期（若虫や成虫では吸着後 1～3 日以内），あるいは幼虫による刺症では有効と思われる。飽血に近い状態でも，ワセリン法でうまく抜除できる例もある。局所麻酔などの処置を実施しにくい乳幼児の症例などでは，まずワセリンを塗布して待機する方法がとれるので試す価値はある。ただし，米国ではワセリンなどを塗布する方法は推奨されていない。

・マダニ抜除用器具を用いる方法

マダニ抜除用の器具（Tick twister®など）を用いる方法は，本来ペットに吸着したマダニを除去するために用いられるものであるが，人体に用いても有効であるとの報告があり，用いる価値があると思われる。この器具の使い方は，吸着したマダニを挟んでその場でゆっくり回転させて抜く。一方，先端の細いピンセットを用いて，マダニ顎体基部をしっかりつまんで真っ直ぐ上方に引き抜く方がよいとの考え方もある。

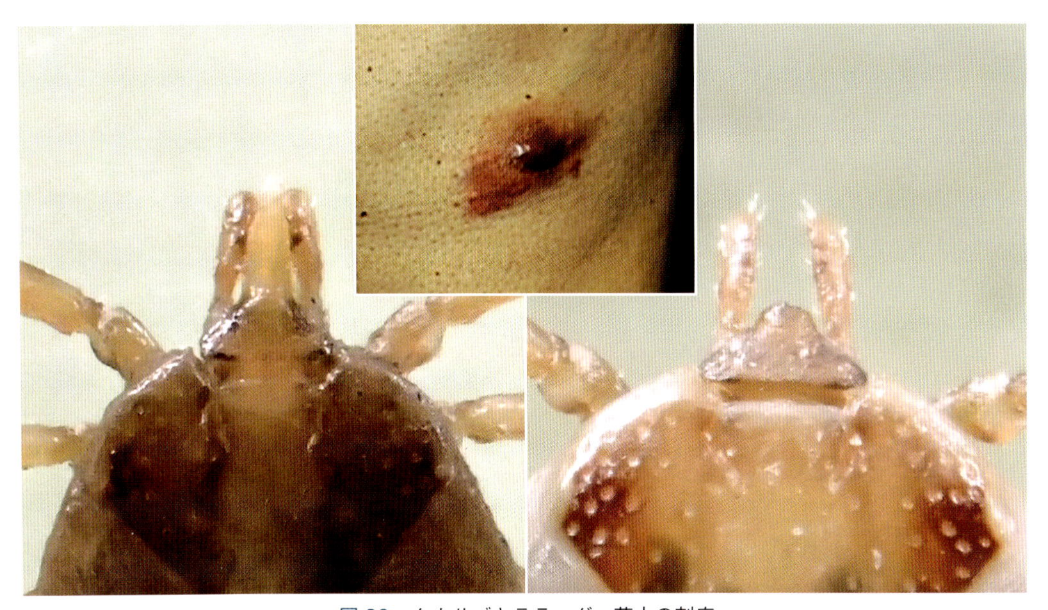

図 30　タカサゴキララマダニ若虫の刺症
左：口器を含めて完全に抜除／右：触肢はあるが口下片が欠損／中：マダニ抜除後に硬結が残った症例

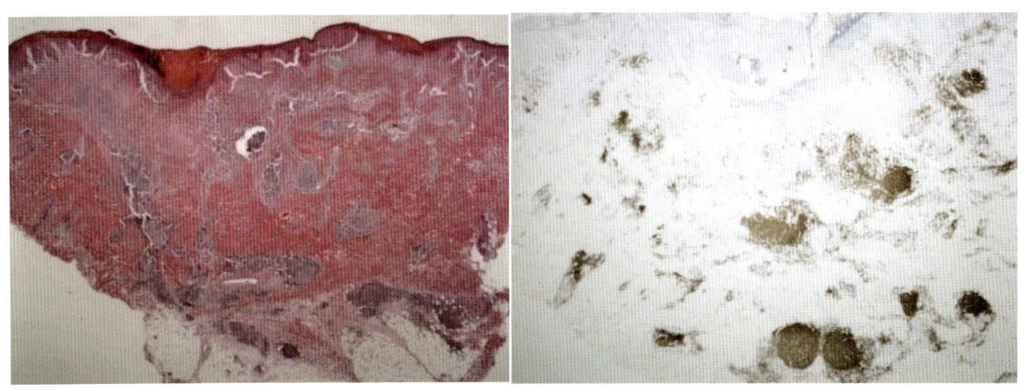

図 31　偽リンパ腫の所見が見られたマダニ刺症
左：HE 染色／右：免疫染色（CD20）

最も確実な方法は皮膚切除であるが，時と場合に応じて使い分けしたい。除去後の跡はよく消毒する。

いずれの方法も，失敗すると口器がちぎれて皮膚内に残存する可能性があるので，除去されたマダニをルーペやダーモスコピーなどで観察して，口器も含めて完全に除去できたかどうかを確認することが望ましい。除去されたマダニに口器の欠損が認められた場合は，皮膚を含めて残存した口器をさらに除去する必要がある。口器が残存した場合，感染症のリスクは変わらないが，違和感が残る場合や，硬結が残って後に異物肉芽腫，潰瘍などを形成する場合がある（図 30）。結節性病変が長期間残存した症例では，B リンパ球が浸潤してリンパ濾胞様構造を呈し，偽リンパ腫に合致する病理所見が認められる（図 31）。

5）マダニ刺症の予防

マダニに付着されて刺されないようにするには，野外活動の際に肌の露出を避けること，シカやイノシシの多い獣道などにむやみに入らないこと，イカリジンやディート（ジエチルトルアミド）などの忌避剤を含有した虫除けスプレーを適切に使用することが勧められる。これらの忌避剤は吸血性節足動物の触角に存在する感覚細胞に過剰な刺激を与えることで吸血源を認知できなくする機序で，忌避効果を発揮すると考えられる。ただし，ディートは小児に対しては使用可能年齢や使用回数の制限がある（6ヵ月未満の乳児には使用しない，6ヵ月以上2歳未満は1日1回，2歳以上12歳未満は1日1～3回の使用）。イカリジンには年齢による使用制限はない。

忌避剤は，特にハイキングやキャンプなどの際に，マダニが潜り込みやすい下半身（靴や靴下，ズボンの裾など）を中心に，また首筋や腕などにしっかり噴霧しておくことで，マダニのみならずカ，ブユ，アブなどの吸血性節足動物から身を守ることもできる。

6）Tick-associated rash illness（TARI）

タカサゴキララマダニ刺症に伴ってライム病に類似した遊走性紅斑が出現する場合があり，tick-associated rash illness（TARI）と呼ばれている（夏秋ら, 2013）。これはおそらく米国における *Amblyomma americanum* 刺症によって生じる southern tick-associated rash illness（STARI）と同様の疾患と思われる。また，本症はタカサゴキララマダニ以外のマダニでも生じる可能性がある（夏秋ら, 2013）。

TARIの疾患定義については検討中であるが，ライム病と同様にマダニ吸着部の周囲に直径50mmを超える紅斑が出現した場合をTARIとしている。皮疹としてはライム病と同様に環状紅斑を生じる例，均質性紅斑を生じる例がある（図32）。シュルツェマダニ以外のマダニ刺症

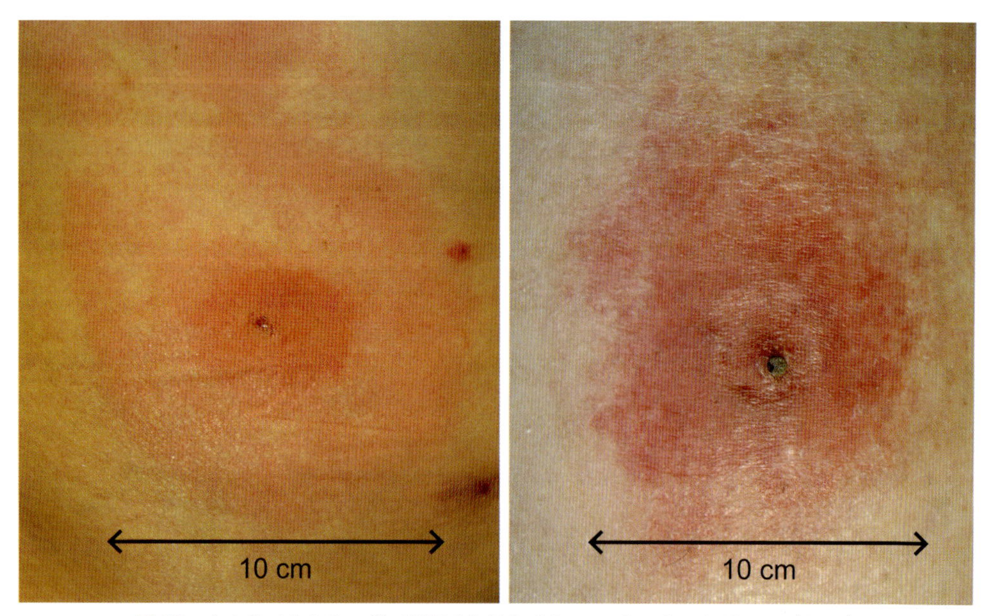

図32 タカサゴキララマダニ刺症で生じた tick-associated rash illness（TARI）
左：環状紅斑を生じた症例／右：均質性紅斑を生じた症例

で大きな紅斑を生じた症例に関して，これまで多くの臨床医がライム病を疑ったものと思われるが，実際にはその大半がTARIであった可能性が高い。

TARIは初めてマダニの吸着を受けたと思われる小児や若年者の症例では見られず，過去にマダニ刺症を経験した患者に多いこと，マダニ吸着後2，3日で紅斑が出現して7～10日以内に消退する症例が多いこと，皮膚病変部に浸潤する炎症細胞はT細胞が主体であることから，その発症機序としてマダニの唾液腺物質に対する遅延型アレルギー反応が関与している可能性が示唆される（Natsuaki et al., 2014）。しかし実際にアレルギー反応によるものか，唾液腺に共生する微生物が関与する可能性は少しでもないものか，現時点ではまだ明らかではない。

〔引用文献〕

Acero S, Blanco R, Bartolomé B (2003) Anaphylaxis due to a tick bite. *Allergy*, 58: 824–825.

安藤佐土美，松村和子，伊東拓也（2014）パブロフスキーマダニによる刺咬症の1例．日本皮膚科学会雑誌，124: 1923–1925.

新井健男，新井裕子，中嶋　弘（1999）マダニ刺症の3例．皮膚科の臨床，41: 715–721.

Berg EA, Platts-Mills TA, Commins SP (2014) Drug allergens and food--the cetuximab and galactose-α-1,3-galactose story. *Ann Allergy Asthma Immunol*, 112: 97–101.

Commins SP and Platts-Millsa TAE (2013) Tick bites and red meat allergy. *Curr Opin Allergy Clin Immunol*, 13: 354–359.

橋本喜夫（2003）マダニ刺咬症．（玉置邦彦編）最新皮膚科学体系16: 74–77. 中山書店，東京.

橋本喜夫，木ノ内基史，高橋英俊，松尾　忍，川岸尚子，岸山和敬，広川政己，宮本健司，飯塚　一（2002）北海道のマダニ刺咬症―ライム病発症との関連―．日本皮膚科学会雑誌，112: 1467–1473.

Hashizume H, Fujiyama T, Umayahara T, Kageyama R, Walls AF and Satoh T (2018) Repeated *Amblyomma testudinarium* tick bites are associated with increased galactose-α-1,3-galactose carbohydrate IgE antibody levels: A retrospective cohort study in a single institution. *J Am Acad Dermatol*, 78: 1135–1141.

Ido T, Kumakiri M, Lao L, Yano Y and Takada N (2003) Dermatitis caused by Balaustium murorum. *Acta Derm Venereol*, 84: 80–81.

石田勝英，塩入有子，石坂泰三，岩崎博道，藤田博己，髙田伸弘（2004）200匹以上のタカサゴキララマダニ幼虫に寄生されたマダニ刺症の1例．皮膚の科学，3: 55–61.

Konnai S, Nakajima C, Imamura S, Yamada S, Nishikado H, Kodama M, Onuma M and Ohashi K (2008) Suppression of cell proliferation and cytokine expression by HL-p36, a tick salivary gland-derived protein of *Haemaphysalis longicornis*. *Immunology*, 126: 209–219.

久米井晃子，中山秀夫（2012）マントルピースの薪に由来したシラミダニ刺咬症の親子例．臨床皮膚科，66: 1103–1108.

倉沢友輔，庄司昭伸，夏秋　優（2015）タカサゴキララマダニの幼虫による多発刺咬症の1例．皮膚の科学，14:67–72.

馬庭芳朗，髙田伸弘，矢野泰弘，石畝　史，小畑宗機，北尾治一，柴山慎一（1999）オオヤ・ミナミダニ病の発生からツツガムシ浸淫地の確認まで．公立八鹿病院誌，(8): 47–53.

村澤章子，木村鉄宣（2005）マダニ刺症62例の病理組織学的検討．日本皮膚科学会雑誌，115: 571–578.

Nakahigashi K, Otsuka A, Tomari K, Miyachi Y, Kabashima K (2013) Evaluation of basophil infiltration into the skin lesions of tick bites. *Case Rep Dermatol*, 5: 48–51.

夏秋　優，髙田伸弘（2013）タテツツガムシ幼虫の実験的刺症における臨床像および病理組織像の検討．衛生動物，64: 17–19.

夏秋　優，髙田伸弘，川端寛樹，佐藤　梢，高野　愛（2013）タカサゴキララマダニ刺症に伴う遊

走性紅斑：Tick-associated rash illness (TARI). *Med Entomol Zool*, 64: 47–49.

夏秋 優，髙田伸弘，高嶋 渉，熊切正信，川端寛樹，佐藤 梢，高野 愛（2013）シュルツェマダニ刺症で環状紅斑を呈したがライム病ボレリア感染は確認できない症例についての新たな見解．*Med Entomol Zool*, 64: 51–54.

Natsuaki M, Takada N, Kawabata H, Ando S, Yamanishi K (2014) Case of tick-associated rash illness caused by *Amblyomma testudinarium*. *J Dermatol*, 41: 834–836.

小畑義男，青木忠夫（1958）恙虫幼虫の人体吸着実験．衛生動物，9: 149–152.

Takahashi M, Kadosaka T, Takahashi Y, Misumi H, Sato H, Shibata C, Saito S, Fujita H, Takada N, Matsumoto N (2013) Human dermatitis caused by the natural infestation of larval trombiculid mites *Leptotrombidium akamushi* (Brumpt, 1910) (Acari: Trombiculidae) at the hot spot of Tsutsugamushi disease in Akita Prefecture, Japan. *Med Entomol Zool*, 64: 27–32.

Titus RG, Bishop JV, Mejia JS (2006) The immunomodulatory factors of arthropod saliva and the potential for these factors to serve as vaccine targets to prevent pathogen transmission. *Parasite Immunol*, 8: 131–41.

辻 尚利，八田岳士（2016）マダニの吸血生理—吸血プロセスを支えるマダニ唾液腺物質のロンギスタチン—．医学のあゆみ 259: 1187–1192.

Wada T, Ishiwata K, Koseki H, Ishikura T, Ugajin T, Ohnuma N,Obata K, Ishikawa R,Yoshikawa S, Mukai K,Kawano Y, Minegishi Y, Yokozeki H,Watanabe N and Karasuyama H (2010) Selective ablation of basophils in mice reveals their nonredundant role in acquired immunity against ticks. *J Clin Invest*. 120: 2867–2875.

山口 昇（1994）マダニによる人体刺咬症例の概要．（SADI 組織委員会編）ダニと疾患のインターフェース，16–23. YUKI 書房，福井.

Ⅳ. 医ダニ類によるアレルギーほか

（夏秋　優・髙田伸弘）

1. ダニアレルギー

ハウスダスト室内塵中のダニとアレルギー性疾患 house dust allergy との関連は古くより想定はされていたものの，より明確に指摘したのはオランダの Voorhorst（1961）である。相前後して，わが国でも Miyamoto ら（1968）や大島（1968）によって臨床・疫学の両面からよく調べられ，吸入性（気道性）アレルギー respiratory allergy とチリダニ類が関与すると報告された。

ハウスダストに含まれるコダニのほとんどはコナダニ亜目チリダニ科に属するコナヒョウヒダニとヤケヒョウヒダニの 2 種類である（図 33）。これら 2 種類は気管支喘息やアレルギー性鼻炎，アレルギー性結膜炎などの原因アレルゲンとして知られるが，生きたダニだけでなくその死骸や排泄物もアレルゲンとなる。そのため，乾燥した死骸や糞が多くなる秋に室内のダニアレルゲンの量が増えるとされる。気密性に優れた現代の住宅内で，エアコンの効いた室内では，ダニアレルゲンは多かれ少なかれ，常に存在すると考えてよい。

1）ダニアレルゲンの多様性

チリダニ類からは Der p1〜Der p23，Der f1〜Der f24 など，30 種類以上の多くのアレルゲン蛋白質が見つかっているが，それらの多くはチリダニ由来のプロテアーゼなどの酵素類である。中でも，主要なアレルゲンはグループ 1（Der p1/Der f1），およびグループ 2（Der p2/Der f2）とされている（神﨑, 2015）。分子量は Der p1 が 24kDa，Der f1 が 27kDa，Der p2，Der f2 は 15kDa である。グループ 1 は熱に不安定な蛋白でチリダニの糞に由来するシステインプロテアーゼである。グループ 2 は熱に抵抗性を示す蛋白で虫体成分に由来する。自然免疫分子である MD-2 との類似構造を示し，toll-like receptor（TLR）4 との結合により炎症反応を誘導する

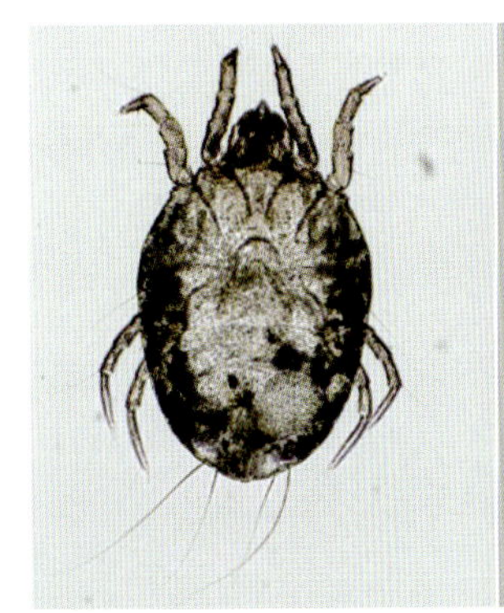

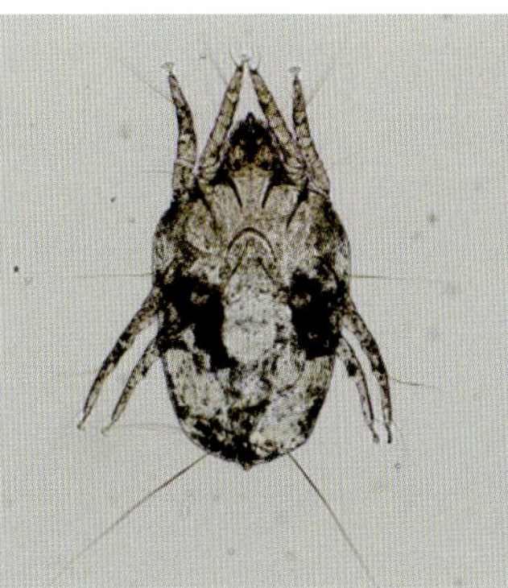

図 33　ハウスダストに含まれる主なコダニ 2 種とその消化器系
左：コナヒョウヒダニ／中：ヤケヒョウヒダニ／右：その消化器系（アレルゲンは主に後胃で作られて糞粒にも多く含まれる）

とされる。グループ3，6，9はセリンプロテアーゼ活性を有しており，グループ1と共にプロテアーゼアレルゲンに分類される。

ただし，ヤケヒョウヒダニとコナヒョウヒダニのアレルゲンの間には高い構造的類似性があることから，臨床的には両者を分けて考える必要はなく，ハウスダストアレルゲンとして同等に扱ってもよいと考えられる。すなわち，いずれのダニ数の多少にかかわらずアレルゲンが存在して反応する体質があることが問題となる。

2）アレルギー性疾患との関わり

ハウスダスト中のダニは環境アレルゲンの主たるもので，特に即時型アレルギー反応の原因としてダニアレルゲンに対する特異的IgEが産生されることで気管支喘息や通年性アレルギー性鼻炎，アレルギー性結膜炎が誘発される。そのため，血清中のダニ特異的IgE抗体の定量，皮膚テスト（プリックテスト，皮内テスト），誘発テストなどによってアレルゲンの検索を行うことが重要である。ここではダニアレルゲンに関する最近の知見を述べる。

・チリダニ類の経口摂取によるアナフィラキシー

気管支喘息やアレルギー性鼻炎など，チリダニ類によるアレルギーを有する患者が，チリダニ類が過剰に繁殖したお好み焼き粉やたこやき粉を摂取することでアナフィラキシー症状をきたす症例が数多く報告されており，**近年ではoral mite anaphylaxisと呼ばれて注目されている（Takahashi et al., 2014）。これは，アミノ酸などの成分を多く含むお好み焼き粉などを開封した後に，不完全に封をされた袋の中に侵入したチリダニ類が大量に増殖することによって生じる。**粉1 gの中に1万匹を越えるダニ類が検出される場合もある。天ぷら粉やホットケーキミックスなどの摂取によって発症する例もあるが，いずれも小麦アレルギーとの鑑別が重要である。原因としてはコナヒョウヒダニが最も多いが，ケナガコナダニも原因となる。対策としては，小麦粉製品などの開封後は，密封できる容器内に入れて，冷蔵庫で保管することが推奨される。

・アトピー性皮膚炎とチリダニ類

アトピー性皮膚炎は，増悪，寛解を繰り返す，瘙痒のある湿疹を主病変とする疾患であり，患者の多くはアトピー素因をもつと定義される。発症要因として遺伝的背景，環境要因，免疫学的要因，皮膚バリア機能異常の要因など多因子が関与する。アトピー性皮膚炎では血清中の総IgE値や種々のアレルゲンに対する特異的IgEが高値を示す例が多いが，本症における皮膚病変の形成にはTh2細胞が重要な役割を果たすとされており，必ずしもIgEが病態の主役ではない。従来，食物アレルゲンや環境アレルゲン，特にダニアレルゲンの関与が重視されてきた。これらは悪化要因であり，根本的な原因ではないが，継続的なアレルゲンの経皮的侵入により，更なる炎症の増悪，慢性化に繋がることが想定されるため，適切なスキンケアや外用療法と共に，環境調整は本症の治療を進める上で重要と思われる。

・舌下免疫療法

アレルゲンを少量ずつ投与することでアレルギー性疾患の根本的な治療を行うアレルゲン免疫療法（減感作療法）は，標準化アレルゲンエキスを用いた皮下免疫療法として実施されてきた。近年，チリダニ類をアレルゲンとするアレルギー性鼻炎の治療として，ダニアレルゲンを用いた舌下免疫療法が活用されるようになっている。その概要としては，ダニアレルゲンエキスを含有する舌下錠を1日1回，舌下に1分間保持して飲み込み，これを3〜5年間継続する。この治療法は長期間の治療継続を必要とすること，ショックなどの強いアレルギー症状誘発のリスクがあることなど，問題点はあるものの，一定の効果が期待できる。

3）チリダニ類によるアレルギー対策

チリダニ類をアレルゲンとするアレルギー疾患への対策は，抗アレルギー薬物による患者の症状緩解や減感作療法また体質改善，あるいは発症誘因としての気象条件・心身状態など非特異的刺激をコントロールすることだけでは不充分で，程度の強いアレルギー体質の家庭では積極的にダニ自体を防除するといった居住環境の改善が望まれる。アレルギーが発症し得ないダニの生息密度は一応の目安として1m^{2}当たり100個体以下といわれるので，その死体や糞成分の低下も含めてこのようなレベルに保つ努力が必要である。ダニの生態と絡めた環境対策については基礎編（p259〜p263参照）を参照されたい。

2. ダニ麻痺症

オーストラリアの東海岸には *Ixodes holocyclus* という神経毒を有するマダニが生息している。本種による刺症では，唾液腺に存在する神経毒（分子量4〜8万のholocyclotoxins）の作用で局所の神経麻痺症状や食欲不振，筋力低下，歩行不安定などの全身症状が出現することがある。オーストラリアではイヌなどの動物が本種の吸着で麻痺症状をきたし，死亡する場合がある。観光で同地域を訪れる日本人も少なくなく，本種による吸着を受けて帰国する症例が散見されるが（図34），時に麻痺症状を生じた症例（曽和ら, 2001）が報告されているので注意が必要である。また，北米に広く分布する *Dermacentor variabilis* も麻痺性の毒素を保有することが知られている。

加えて，麻痺症が知られない各国への海外旅行（エコツアーなどで現地の自然環境を知る企画など）も多くなっており，実際に現地でマダニに吸着されたままで帰国する例は決して少なくない（図35）。場合によってはマダニ媒介性の感染症を発症する事例もあり，たとえば長野

図34　麻痺症の起因で知られるマダニ種
左：*Ixodes holocyclus*／右：*Dermacentor variabilis*

図 35　輸入マダニ刺症の起因種の例
左：*Amblyomma americanum* ／右：*Rhipicephalus pulchellus*

県南部の山間住民ですらたまたま南アフリカのサファリツアーに参加してマダニに刺され，帰国後にアフリカ紅斑熱を発症した例もある（塚平ら, 2017）。それぞれの地域に生息するマダニに刺されないよう対策をとるべきである。

3. 偶発的な人体内迷入ダニ症

ケナガコナダニ，ムギコナダニなどのコナダニ類は体長 0.2〜0.4mm で，畳や各種の貯蔵食品中で繁殖する。そのため室内環境で日常的に検出される。喘息の原因アレルゲンになることが知られるが，食品への混入による劣化（変色，悪臭など）の原因にもなる。稀に，これらのダニがヒトの皮膚や爪，耳穴，喀痰などから検出されることがあるが，これは偶発的な混入である。決してヒトの皮膚で生活し，世代を繰り返すことはない。古くは，消化器系に入って増殖したとの誤った認識で言われた人体内ダニ症も同様にあり得ることではない。

4. 皮膚寄生虫症妄想

本症は自らの皮膚に「虫（ダニと主張することが多い）」が寄生しているという誤った確信を持つ状態であり，それは訂正不能である。比較的稀な疾患であるが，中年以降の女性に多い。あらゆる社会階層，文化程度の人間に生じるが，知的な職業人も少なくない。

「虫」の寄生に関する訴えは執拗である一方で，それ以外の日常生活は全く普通であり，ほぼ正常な社会生活を営んでいることが多い。医療機関受診までに種々の自己治療や家屋内の徹底的な殺虫・燻煙処置，あるいは専門の害虫駆除業者に依頼する，などの行動をとっていることが多い。しかし駆除できていないとして苦悩の日々を過ごしている。また，実際に疥癬に罹患したあとにこのような妄想が発症する例もある。

患者の多くは自分が採取した多くの「虫」を証拠として持参する。実際にはフケ，ゴミ，糸くず，毛髪などが主であるが，稀に小型の昆虫（ゾウムシ，シバンムシ，コクヌストなどの家屋害虫）を含むこともある。「ダニ」は嫌われる虫の代表であるせいか，これらの物品を「ダニ」

と表現する症例が少なくない。したがって，本症は俗にはダニ恐怖症あるいはダニノイローゼ acarophobia ともいわれる。

患者は「虫の寄生」を訴えるが「虫はいない」と訴えを否定すると必ずドクター・ショッピングをして，虫の存在を認めてくれる医師や研究機関を探す。誰も相手にしないと自ら死を選ぶ可能性があるので注意が必要である。精神疾患としての本症の位置付けは議論のあるところであるが，患者は精神病扱いされることを極端に嫌い，精神科への受診を勧めても，ほとんどの場合は拒否される。

このような事情で，皮膚科医が対応せざるを得ないことが多いが，苦悩の実情など，話をじっくり真剣に聞くことが重要である。そして「虫」の存在を肯定した上で「虫を追い出す薬で気長に治療しましょう」と説得し，適切な薬物療法を行うのが基本的な治療方法となる（夏秋, 2007）。

〔引用文献〕

神﨑美玲（2015）チリダニ類アレルギー．MBDerma，229: 113–118.

Miyamoto T, Oshima S, Ishizaki T, Sato SH (1968) Allergenic identity between the common floor mite (Dermatophagoides farinae Hughes, 1961) and house dust as a causative antigen in bronchial asthma. *J Allergy*, 42: 14–28.

夏秋 優（2007）皮膚寄生虫症妄想．日常皮膚診療における私の工夫（宮地良樹編），273–277, 全日本病院出版会，東京.

大島司郎（1968）室内塵中の日本産チリダニ属（*Mealia*）3 種について（Acarina：Pyroglyphidae）．衛生動物，19: 165–191.

曽和順子，有馬 豪，鈴木加余子，松永佳世子，山本纊子，楠原康弘，岡本紀久（2001）オーストラリア種マダニ（*Ixodes holocyclus*）によるマダニ麻痺症の 1 例．皮膚，43: 62–66.

Takahashi K, Taniguchi M, Fukutomi Y, Sekiya K, Watai K, Mitsui C, Tanimoto H, Oshikata C, Tsuburai T, Tsurikisawa N, Minoguchi K, Nakajima H, Akiyama K (2014) Oral mite anaphylaxis caused by mite-contaminated okonomiyaki/ pancake-mix in Japan: 8 case reports and a review of 28 reported cases. *Allergology International*, 63: 51–56.

塚平晃弘，山崎善隆，松本和彦，佐藤寛子，髙田伸弘（2018）飯田市で診断された輸入感染症（アフリカダニ熱）の一例．信州公衆衛生雑誌，12: 85–91.

Voorhorst R (1961) Allergy to house dust. *Allerg Asthmaforsch*, 4: 237–57.

V．ダニによる疾患とダニ以外による皮膚障害との鑑別

（夏秋　優）

1. ダニ類と吸血性昆虫による刺症鑑別

ヒトの皮膚から吸血，吸液することで被害を与える節足動物として，カ，ブユ，ヌカカ，アブ，ノミ，トコジラミ，イエダニ，ツツガムシ，マダニなどが挙げられる。これらのうち，ヌカカは吸血の際に皮膚に軽い疼痛がある場合が多く，アブの場合は激しい疼痛をきたすので，被害の状況がわかりやすい。マダニは皮膚に吸着した状態で気付くことが多いので，診断は容易である。しかしそれ以外の吸血性節足動物は，気付かないうちに吸血されていることが多く，現れた皮膚症状を診ただけでは，原因が分からない場合も少なくない。そこで原因虫を推定する場合に参考になるのは，被害を受けやすい部位，被害を受けやすい場所，被害を受けやすい時間帯である（表7）。いわゆる**虫刺され（虫刺症）で外来を受診する患者の多くは，自分を刺した虫を持参するわけではないので，病歴や皮膚症状から原因虫を推定することになる。その際，それぞれの節足動物の生息環境や生態を知ることで，いつ，どこで被害を受けるのか，皮疹の好発部位はどこか，などが理解できるので，診断に役立つ。**

また，実際の皮膚症状は吸血性節足動物が吸血の際に皮膚に注入する唾液腺物質に対するアレルギー反応によって現れる。そのため，感作の成立状況によって，出現する皮膚症状には個人差が大きい。多くの場合，まず遅延型アレルギー反応が成立するので，皮疹は吸血の翌日から出現し，2～3日でピークを迎え，その後は徐々に回復する。臨床的には痒みを伴う紅斑や紅色丘疹が認められ，時には強い腫脹や水疱を生じる場合もある。ブユ刺症では，吸血の翌日に大きく腫れることが多いのが特徴である。ネコノミ刺症ではしばしば水疱を形成する。頻繁に吸血されていると，即時型アレルギー反応が見られるようになるので，吸血直後から膨疹が出現する。カの場合は，年齢と共に出現する皮膚症状が変化することが知られており，幼小児期は遅延型反応が主体，青年以降は即時型反応が主体になるが，両者が出現する時期もある。

皮疹の好発部位としては，カやブユ，トコジラミは肌の露出部，ネコノミは下腿や足，イエ

表7　吸血性節足動物による虫刺症の特徴比較

節足動物	部　位	場　所	時間帯
カ	顔、四肢	家屋周辺、山野	日中、夜間
ブユ	四肢	渓流沿い、高原	主に朝夕
ヌカカ	頭、首、四肢	山林内、海岸	主に日中
アブ	四肢	渓流沿い、高原	日中
ネコノミ	下腿、足	室内、庭、公園	日中
トコジラミ	顔、首、四肢	室内	夜間
イエダニ	腋、下腹部、股部	室内	夜間
ツツガムシ	体、四肢	山野	日中
マダニ	頭、体、下肢	山野	日中

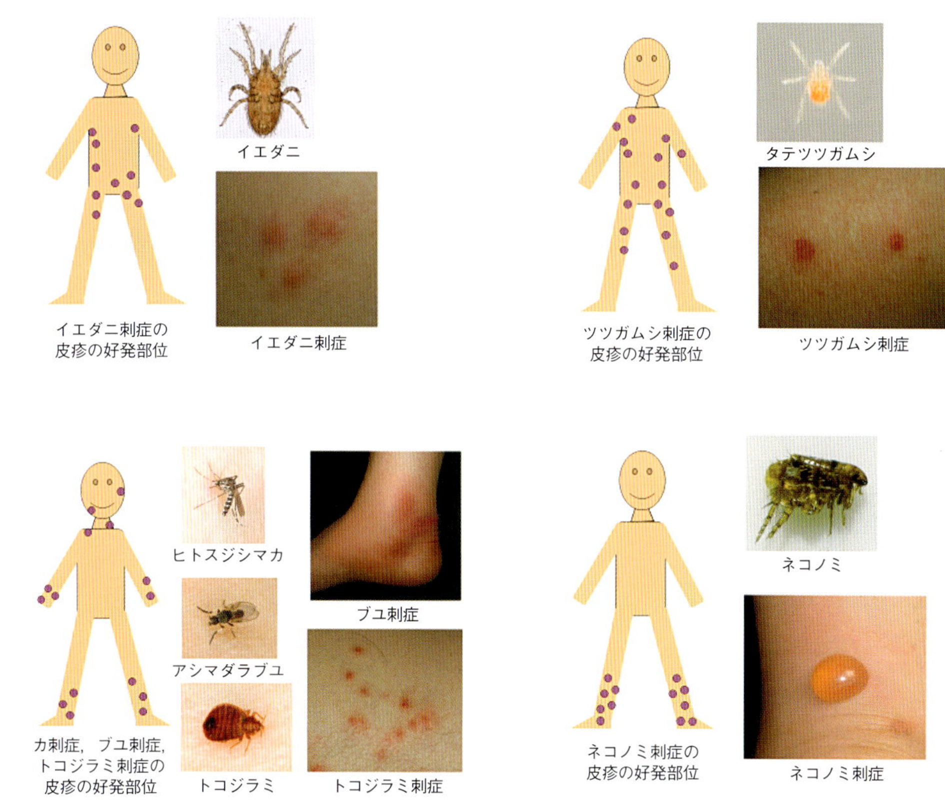

図 36　吸血性節足動物による刺症の好発部位
上：ダニ類／下：昆虫類

ダニは腋や下腹部などの被覆部であることが多く，ツツガムシの場合は被覆部が主体であるが，頭から体幹や四肢などの比較的広い範囲に皮疹が分布する傾向がある（図 36）。

虫刺症を的確に診断するには，患者の病歴を詳細に聴取し，いつ，どこに行ったのか確認すること，皮疹の分布や性状を観察すること，そして個々の節足動物の生態を理解しておくことが重要である。

2. ダニ類による疾患と鑑別を要する各種の皮膚疾患

ここでは，ダニ起因性疾患と間違われる可能性のある各種の皮膚疾患を紹介する。個々の疾患の詳細は皮膚科の専門書に譲り，概略についてのみ述べる。

1）蕁麻疹

蕁麻疹は皮膚の肥満細胞が活性化され，ヒスタミンを主体とする化学伝達物質が放出されることによって生じる皮膚疾患である。アレルギー性，あるいは非アレルギー性の機序により発症するが，原因が特定できない特発性蕁麻疹が多い（図 37）。

臨床的には，皮膚に激しい痒みを伴う膨疹，紅斑が突然出現し，周囲に拡大する。通常は，個々の皮疹は 24 時間以内に消退する。急に痒みや皮疹が現れるため，肉眼では見えない「ダニ」

に刺されたと思い込む患者もいる。

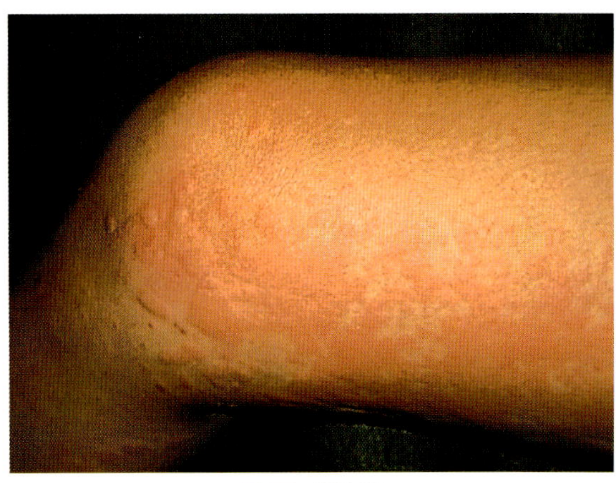
図 37　蕁麻疹

2）毛虫皮膚炎

主にドクガ類やカレハガ類の幼虫の毒針毛に触れることによって生じる皮膚炎である（図 38）。皮膚症状は体質によって異なるが，毒針毛に触れた直後から痒みを伴う膨疹が出現し，掻破に伴って拡大，増数する場合と，毒針毛に触れた 1～2 日後から痒みを伴う紅色丘疹が多発する場合がある。毛虫と接触した病歴を確認することが重要であるが，毛虫に接触した覚えがない，という症例も多い。臨床的にイエダニ刺症やシラミダニ刺症などと類似する場合がある。

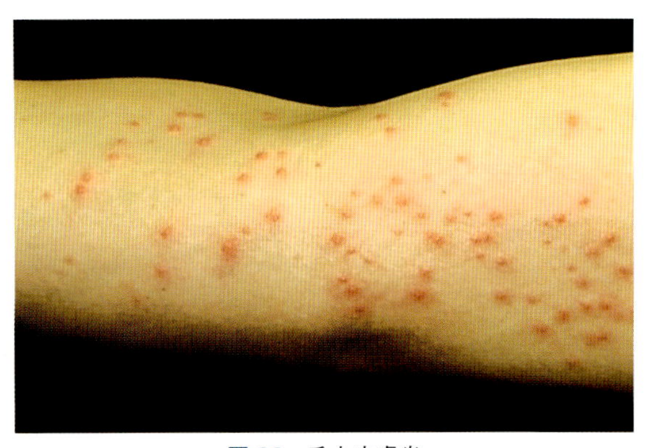
図 38　毛虫皮膚炎

3）アトピー性皮膚炎

強い痒みを伴い，慢性に経過する湿疹病変を主症状とする疾患である（図 39）。患者の多くは，アトピー素因を有しており，小児期に発症することが多い。思春期頃までに改善することが多いが，成人期以降も症状が継続する症例や，成人期以降に発症する症例もある。臨床的には顔面，頸部，四肢屈側などに湿疹病変が好発し，軽快と悪化を繰り返す。悪化要因のひとつとして，室内のヒョウヒダニ類がアレルゲンとして関与するとされているが，決して根本的な原因ではない。ヒョウヒダニに対する IgE 抗体を産生している患者では，アレルギー反応によって痒みや炎症を誘発し，皮疹の悪化につながる，という解釈が妥当である。しかし「ダニが原因」との思い込みや「ダニに刺されて発症する」という勘違いなどもある。

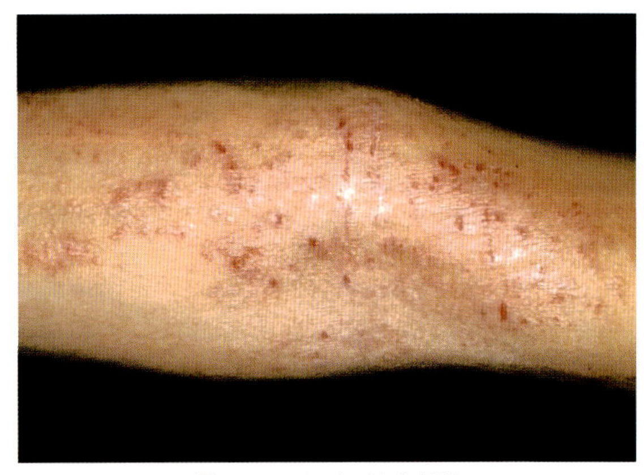
図 39　アトピー性皮膚炎

4）膠原病に伴う皮疹

自己免疫疾患の中には環状の紅斑が出現する場合があり，自己免疫性環状紅斑とも呼ばれる

（図 40）。本症はシェーグレン症候群（涙腺や唾液腺などの外分泌腺に対する自己免疫疾患）で出現することが多く，一見するとライム病で見られる遊走性紅斑に類似する。

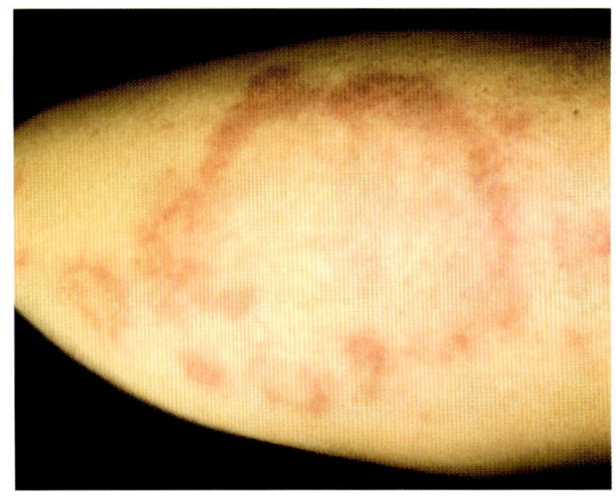

図 40　自己免疫性環状紅斑

5）中毒疹，薬疹

中毒疹は病原微生物や，薬剤などの体外性物質，あるいは何らかの体内性物質によって生じた皮膚・粘膜の発疹を総称した疾患名である。その中で，薬剤が原因と考えられる場合は薬疹と表現される。しかし，実際には原因不明の場合も多い。発症機序にはアレルギー性と非アレルギー性があり，皮膚に現れる発疹型は紅斑丘疹型（図 41 左），多形紅斑型（図 41 右），扁平苔癬型，中毒性表皮壊死症など，多種多様である。重症型薬疹では高熱を伴う場合もあり，特に病初期ではダニ媒介性のリケッチア感染症との鑑別が問題となることもある。

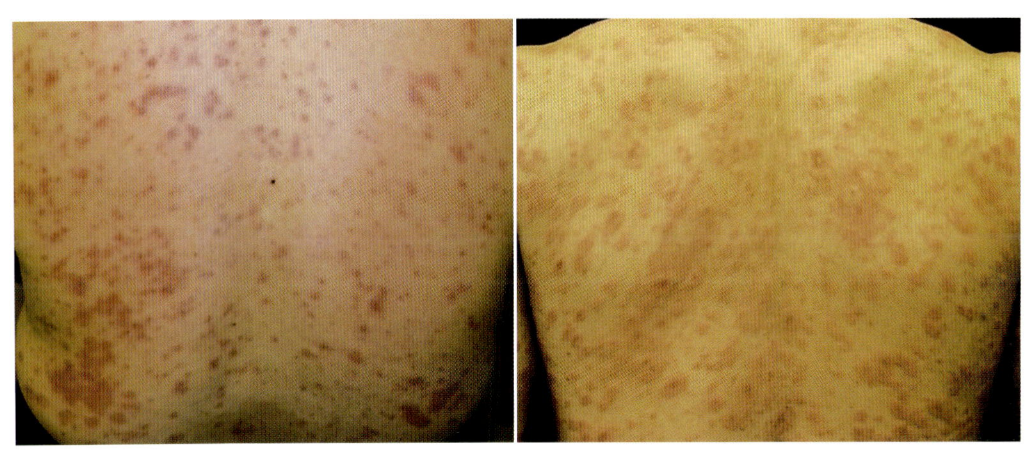

図 41　中毒疹
左：紅斑丘疹型／右：多形紅斑型

6）水痘と帯状疱疹

水痘は水痘･帯状疱疹ウイルスの初感染によって生じるウイルス性発疹症である（図 42 左）。発熱と共に紅色丘疹や小水疱が出現して次第に増数する。口腔内にも水疱を認めることが多い。水痘ワクチンの接種によって患者数は減少しているが，抵抗力を持たない場合は高熱を伴って重症化することもある。本症の病初期には紅色丘疹が少数，散在する臨床像となり，イエダニ刺症やツツガムシ刺症などとの鑑別を要する例がある。

帯状疱疹は神経節に潜伏感染している水痘・帯状疱疹ウイルスが，抵抗力の低下に伴って再活性化することによって生じる疾患である（図 42 右）。まず左右いずれか一方の神経領域に痛

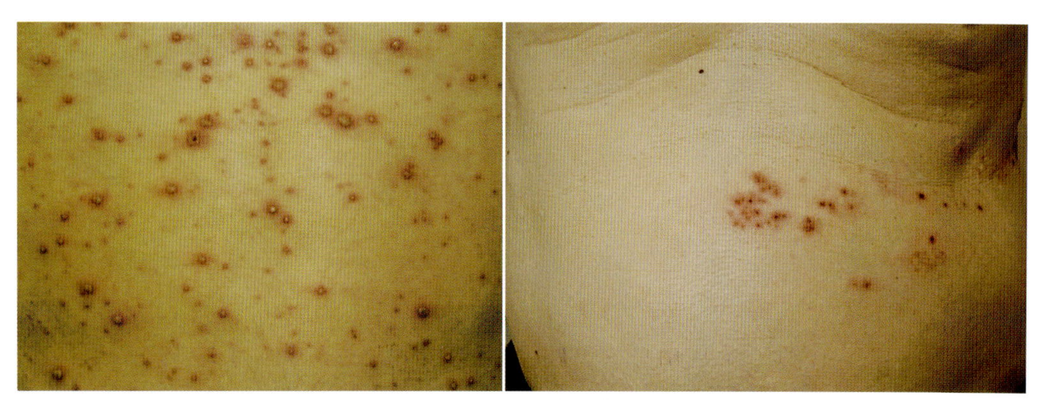

図 42　ウイルス性発疹症
左：水痘／右：帯状疱疹

みが出現し，その後，その神経支配領域に沿って紅色丘疹や小水疱が集簇性に出現し，帯状に配列する。紅色丘疹が散在する病初期であれば，ダニ類による刺症との鑑別を要する場合がある。

7）皮膚腫瘍や母斑

表皮細胞の良性腫瘍である脂漏性角化症や色素性母斑（いわゆるホクロ）は，一見すると吸血したマダニに見える場合がある（図 43）。実際にマダニ刺症の症例で，急にホクロができた，という主訴で外来を受診する場合がある。

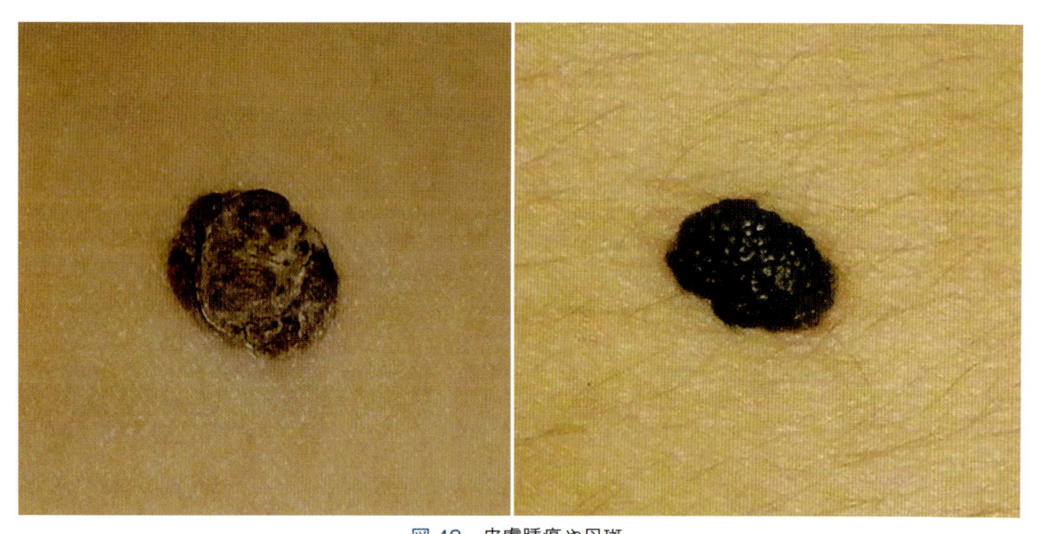

図 43　皮膚腫瘍や母斑
左：脂漏性角化症／右：色素性母斑

column

マダニ刺症にどのように対応するべきか　（夏秋　優）

近年，日本各地でシカやイノシシなどの野生動物が増加しており，それに伴ってマダニも増殖し，その分布域が拡大しているようである。そのため，人間が野外活動を行う際にマダニと遭遇する機会が多くなり，マダニ刺症の症例が増加している。それに加えて，重症熱性血小板減少症候群を媒介するマダニが「殺人マダニ」などと称され，世間を騒がせるようになって以来，マダニ刺症で皮膚科や救急医療機関の外来を受診する患者が特に多くなっているようである。おそらく，それまではマダニに刺されたくらいでは医療機関を受診せず，自分でむしり取って廃棄していたような人々が，急に医療機関を受診するようになったことも，受診症例数の増加の要因になっていると考えられる。

一般市民に対する啓発文書として，マダニに刺されたら安易に自分で除去せずに，医療機関を受診して除去してもらうように，という内容をよく目にする。しかし，マダニ刺症の患者が来院した場合の対応の仕方について，医療機関として一定のルールがあるわけではなく，担当医の経験と判断で対処してきたのが実情である。その問題点として，マダニの除去方法が確立されていないために担当医によって除去方法に関する判断が異なること，除去されたマダニの扱い方（観察のポイントや保存方法，同定の依頼など）が明確ではないこと，どの地域でどのマダニに刺されるとどのような感染症のリスクが想定されるのかが明確ではないこと，そして無駄とも思われる抗菌薬の予防投与が日常的に行われていることなどが挙げられる。では，実際にマダニ刺症にどのように対応するのがよいのか。ここでは教科書的な記述とは別に，実際面での機微を含んだ考察をしておきたい。なお，本文は「マダニ刺症への対応に関する提言」（夏秋，2018）を元に引用，改変したものである。

1．マダニ刺症で医療機関を受診する必要があるか

国内における代表的なマダニ媒介性感染症として，ウイルス感染症の重症熱性血小板減少症候群（severe fever with thrombocytopenia syndrome：SFTS）やマダニ媒介性脳炎（tick-borne encephalitis：TBE），リケッチア感染症の日本紅斑熱（Japanese spotted fever：JSF），ボレリア感染症のライム病（Lyme disease：LD）などが挙げられる。SFTSは西日本でのフタトゲチマダニ，タカサゴキララマダニ刺症，TBEは主に北海道でのヤマトマダニ刺症，JSFは主に西日本でのチマダニ類による刺症，LDは北海道，本州中部山岳でのシュルツェマダニ刺症による感染に注意する必要がある。

マダニの病原体保有率は，地域やマダニ種によって大きく異なるものの，一般的にはマダニ刺症における感染症の発症確率はきわめて低いと考えられる。したがって，皮膚に吸着するマダニを発見しても，発熱や皮疹を認めず，全身状態にまったく問題がない場合は必ずしも緊急性はない。ただし，吸血時間が長くなると感染症のリスクが上昇する可能性があることから，早目（1～2日以内）にマダニ虫体を除去することが望ましい。しかし患者心理としては，マダニの吸着に気付けば直ちに除去したいと考えるのが当然であり，医療機関への受診希望がある場合には救急外来の受診もやむを得ないかもしれない。

1～2日以内に医療機関を受診することが困難な場合は，マダニの吸着に気付いた時点で，患者が自らマダニを除去してもよいと思われる。実際にマダニ刺症の多い山林労働者などは日常的に吸着したマダニの自己抜去を実施しており，ほとんどの場合はそれで問題なく済んでいる。しかし，確率は低いながらも，感染症の発症など，何らかの問題を生じた場合のことを考慮すると，口器の確認や種類の同定のため，除去した虫体は廃棄せず，医療機関などに持参してもらうことが望ましい。

マダニ媒介性感染症を疑う何らかの症状が現れている場合は直ちに医療機関を受診すべきである。特にSFTSは早期の全身管理を必要とする疾患であり，死亡率も高い（約20%）ので，

全身管理に対応できる感染症専門の医療機関に搬送する必要がある。判断の目安は，マダニ吸着後6〜14日で高熱，下痢や嘔吐などが出現した場合で，検査所見では血小板減少，白血球減少，肝機能障害などを認める。SFTSでは高熱を呈するにもかかわらずCRPが低値を示すことが多いので，本症を疑う際の重要な参考所見となる。また，TBEも死亡例が出ている疾患であり，発熱や神経症状の出現には特に注意する必要がある。

2. マダニの除去方法

皮膚に吸着しているマダニの腹部を圧迫すると，体液成分が皮膚内に逆流し，病原体を保有している場合はそれを注入する可能性もあるため，指でつまんで引き抜くことは避けるべきである。マダニの除去に関しては様々な方法が報告されてきたが，実際にはエビデンスレベルの高い報告はない（Huygelen et al., 2017）。

吸血中のマダニを除去するための最も確実な方法は，局所麻酔をして皮膚ごと切除することである。特に，皮膚に吸着して3日以上が経過し，口器が深く食い込んだ状態であれば，切除するのが望ましい。具体的にはパンチ生検用の器具（直径3〜5mm程度の皮膚トレパン），あるいはメスを用いて，マダニ吸着部位の皮膚をマダニごと切除して縫合する。切除後の皮膚欠損が小さい場合は縫合せずにドレッシングして創部の上皮化を待ってもよい。

局所麻酔による切除以外の方法として，先端の尖ったピンセット（あるいは異物鑷子）でマダニの顎体基部をはさんでゆっくり引き抜く方法がある。口器が短いチマダニ属のマダニはピンセットで引き抜くだけで除去できることが多いが，口器が長いマダニ属やキララマダニ属のマダニの場合は，引き抜く際に口器（特に口下片）がちぎれる場合がある。通常は，マダニ吸着後，早期の方が除去に成功する確率が高い。

それ以外では，マダニ除去用の器具（ティックツイスターなど）を用いる方法があり，比較的高い確率で除去できるとされる（馬原，2018）。これは吸着しているマダニと皮膚の隙間に器具を挟み込むように挿入し，その場でゆっくり2回ほど回転させる方法であり，使い慣れると便利な器具である。しかしマダニ除去器具は医療機器ではないため，担当医の判断で患者の同意を得て実施する必要がある。また，患者の体液が付着した場合には器具の廃棄ないし充分に有効な滅菌処理を行って感染予防対策を実施する必要がある。マダニに日常的に刺される人の場合は，個人的にインターネットなどで除去器具を購入して自分で活用して頂く方法もある。

その他の除去方法として，マダニを熱する，液体窒素で凍結させる，油脂（ワセリンなど）を乗せる，エタノールに浸す，などの方法があるが，いずれも確実な除去方法ではないので，推奨されない。ただし，ワセリンを乗せる方法（ワセリン法）は，容易にマダニが除去できる場合があり，特にマダニ幼虫刺症では効果的である。幼虫刺症は10ヵ所以上の多発例が少なくないため，個々に除去する手間を考えると，ワセリン法は便利かもしれない。また，局所麻酔やピンセットによる除去を実施しにくい小児，除去のための器具が何もない場合には，試しても良い。その方法としては，マダニ虫体を覆うようにワセリンを塗布して20〜30分後にピンセットでマダニ顎体基部をはさんでゆっくり引き抜く。症例によってはワセリンを乗せて20分程度で自然に脱落している場合がある。

3. マダニの口器が皮膚に残った場合の対応

皮膚を含めて虫体を切除した場合は，皮膚内に口器が残存することはまずない。それ以外の方法でマダニを除去し，口器の一部が皮膚内に残存した場合は，違和感や軽い疼痛が残る場合がある。また，残存した成分に対して異物肉芽腫を形成し，結節や皮膚潰瘍を生じる可能性もある。その場合は，局所麻酔をして手術的に皮膚に残存した口器や異物肉芽腫を切除する必要がある。ただし，わずかな異物が残存したとしても，局所の違和感や異物肉芽腫，皮膚潰瘍の形成は必発ではないので，対応を急ぐ必要はない。また，口器の残存と感染症のリスクとは無関係と考えられる。

患者がマダニを自己抜去して，虫体が廃棄された場合は，皮膚を詳細に観察しても口器残存の有無を確認することはできない。その場合，患者には，皮膚に口器の一部が残っていると違和感や「しこり」などを生じる可能性があることを予め説明しておく必要がある。なお，口器の残存がなくても長期間硬結が残り，偽リンパ腫を生じる症例がある。

4. 除去されたマダニ虫体の扱い方

まず口器部分の残存の有無を確認するために，ルーペやダーモスコピー，あるいは実体顕微鏡などを用いて虫体を詳細に観察する必要がある。特に顎体部中央の口下片の欠損には注意が必要で，欠損があれば皮膚内に口下片が残存していると判断すべきである。

また，感染症のリスク評価のためにマダニ種を同定するのが望ましい。その場でマダニの観察や同定ができない場合は，70～80％エタノールを入れたサンプルチューブやスピッツに虫体を入れて保管する。虫体が生きている場合は，密閉できる容器（軟膏カップやスピッツなど）に入れて冷蔵庫（あるいは冷凍庫）で保管しても良い。エタノール漬けにしない方が，虫体の色調は観察しやすいが，暑い時期は室温に放置すると腐敗するので，注意が必要である。そして，同定可能な研究者や検査機関などに同定を依頼する。依頼方法や虫体の移送方法については個々に担当者と相談する。

5. 抗菌薬の投与は必要か

マダニに刺されても，実際には感染症を発症する確率はきわめて低いこと，感染症を疑う症状が何もない場合に予防的に抗菌薬を投与することは医療保険で認められないこと，抗菌薬には少ないながら副作用があることなどを勘案すると，マダニ刺症に対する予防的抗菌薬投与は推奨されない（夏秋，2017）。ただし，北海道や本州中部山岳でのシュルツェマダニ刺症で，マダニが飽血状態にある場合は，LD の感染リスクがあるので，抗菌薬を投与してもよい。それ以外のマダニ刺症では，抗菌薬の投与はむしろ無駄と言える。

Tick-associated rash illness（TARI）は LD の遊走性紅斑に類似するが，アレルギー反応による皮疹と考えられており，これに対しては抗菌薬の投与は不要と思われる。SFTS や TBE などのウイルス感染症に抗菌薬は無効である。また，マダニが吸着した状態で来院した患者で，その後に JSF を発症する例はほとんどなく，実質的には JSF の予防目的でテトラサイクリンを投与する必要はない。マダニ刺症に対するミノサイクリンの予防投与で，薬剤性好酸球性肺炎を生じた症例もある（井上ら，2015）。このようにみると，マダニ刺症の症例に対して漠然とした感染症対策としてミノサイクリン等の抗菌薬を処方している現状は，薬剤耐性（antimicrobial resistance：AMR）の問題を考慮すれば，見直す必要がある。

なお，リケッチアやボレリアなどによる感染症が強く懸念される場合や，感染症に不安を持つ患者の強い希望がある場合には，主治医の判断でドキシサイクリン 200mg（成人の場合）の単回経口投与（処方例：ビブラマイシン錠 100mg × 2 錠，夕食後，1 日分）を行ってもよい。この方法で感染予防の意義があるのかどうかは検証されていない。ただし，抗菌薬は絶対に使ってはならない，というわけではなく，様々な共生微生物を保有するマダニによる未知の感染症への対応として抗菌薬を投与する，という考え方もあってもよい。

〔引用文献〕

Huygelen V, Borra V, De Buck E, Vandekerckhove P. (2017) Effective methods for tick removal: A systematic review. *J Evid Based Med*, 10: 177–188.

井上裕香子，夏秋　優，羽田孝司，山西清文，政近江利子，金村晋吾，中野孝司（2015）マダニ刺症に対して処方されたミノサイクリンによる好酸球性肺炎．皮膚病診療，37:545–548.

馬原文彦（2018）マダニ媒介性感染症の初期対応－マダニを付けてきたら．日本医事新報，4909:47–53.

夏秋　優（2017）マダニ刺症の現状と対応．西日本皮膚科，79:5–11.

夏秋　優（2018）マダニ刺症への対応に関する提言．*J Visual Dermatol*，17: 1064–1070.

Ⅵ. 症例ファイル

（夏秋　優）

本項では，ダニ刺症の臨床につき理解を深めるため，実症例を紹介する。

1. 疥癬

症例：70 歳代，男性。

病歴：約 3 ヵ月前より手指，腋の周囲や陰部などに痒みの強い皮疹が出現し始めた。市販薬を塗って様子を見ていたが次第に全身に拡大したため，かかりつけ医を受診したところ保湿剤を処方された。しばらく外用したが改善しないため皮膚科を受診し，抗ヒスタミン薬やステロイド外用薬を処方された。約 1 ヵ月間治療したが痒みや皮疹が改善しないため当科を受診した。

現症と経過：体幹，特に腋周囲，背部，腰部，下腹部などに直径 5mm までの紅色丘疹が多発しており，掻破痕を伴う（図 44a）。陰嚢部やその周囲には直径 10mm 程度の紅褐色結節が散在する。手首，手掌また指間部には多数の疥癬トンネルが認められた（図 44b）。治療としてフェノトリン外用薬を処方し，当日の夜の入浴後に 1 回，首から下の全身に塗布し，翌朝に入浴すること，1 週間後に同じ処置を行うことを指示した。皮疹は 2 週間後には著明に改善したが，痒みが少し残るため，抗ヒスタミン薬の内服とクロタミトン外用薬による治療を行い，約 1 ヵ月後には略治した。

考察：患者は糖尿病の治療中であったため，初診時は糖尿病に伴う痒み，あるいは薬疹の可能性なども考えた。しかし詳細に問診したところ，介護中の妻にも痒みを伴う皮疹があることが判明した。そこで手指を注意深く観察して疥癬トンネルを発見し，ヒゼンダニ虫体を確認することで確定診断できた。翌日には妻も受診し，虫体を検出したので疥癬と診断して同じ治療を行った。疥癬の診断は専門医でも意外に難しい。詳細に病歴を聴取し，まずは疥癬の可能性を疑う姿勢が重要である。

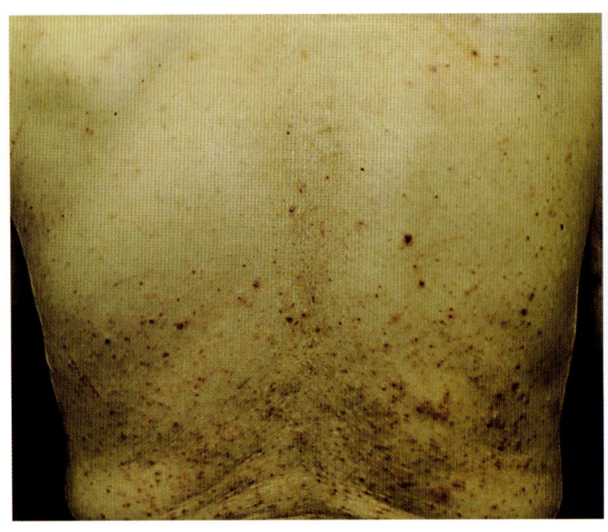

図 44a

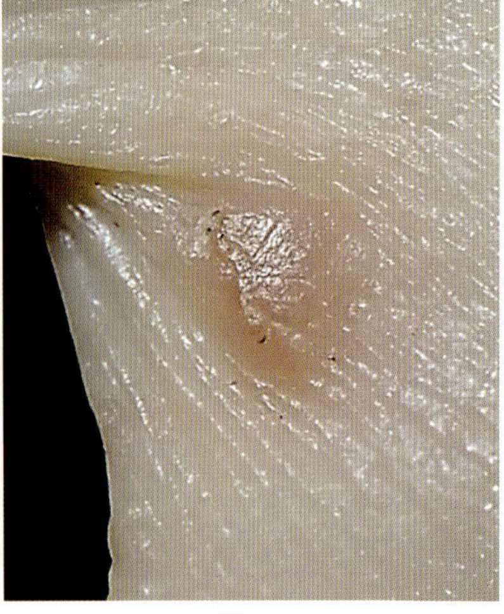

図 44b

2. シラミダニ刺症

症例：60 歳代，男性。

病歴：某年 5 月に薪ストーブ用の薪材を倉庫から出したところ，カミキリムシ幼虫による食害で薪材がボロボロになっていたため，両腕で抱えて廃棄した。その翌日から両前腕を中心に激しい痒みを伴う紅色丘疹が出現した。市販の痒み止め外用薬を塗布していたが痒みがなかなか治まらず，赤みは徐々に改善しているが約 4 週間が経過しても丘疹が残るため当科を受診した。

現症と経過：左右の前腕に紅褐色調の小丘疹が孤立性に散在していた(図 45a)。残っていた薪材には樹皮に数ヵ所の孔が散在し，樹皮を剥がすと木質部分がボロボロになっており，樹皮下は粉状の木屑で一杯になっていた(図 45b)。この樹皮下の粉状の木屑を実体顕微鏡で観察すると，体長約 0.2mm の虫体が動いているのが確認された。虫体をスライドグラスに乗せて透過型顕微鏡で観察すると，シラミダニと確認された(図 45c)。皮疹はステロイド外用薬を塗布することで徐々に改善し，約 2 週間で略治した。

考察：シラミダニは昆虫類に寄生して体液を吸うダニで，ヒトから吸血する性質はないが，皮膚に触れる機会があると偶発的に刺す。その際に皮膚に注入された成分に対するアレルギー反応によって痒みを伴う皮疹が出現すると考えられる。シラミダニ刺症では，米俵や薪材などで発生した多数の虫体との接触によって，かなり激しい皮膚炎を生じる場合があるが，虫体が小さいため原因を確定することは難しい。病歴や皮疹分布などから原因を推定し，発生源を見つけて対策をとる必要がある。

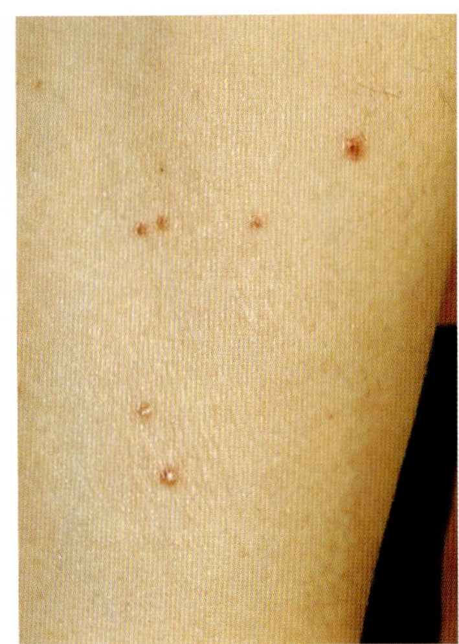
図 45a

図 45b

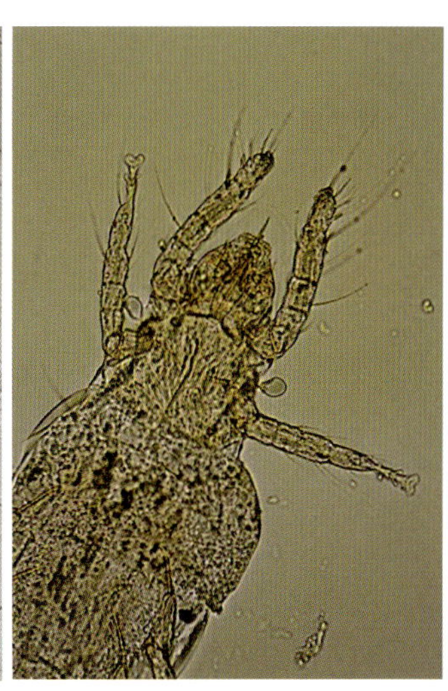
図 45c

3. タテツツガムシ刺症

症例：50 歳代，男性。

病歴：某年 11 月に山間部で疫学調査の一環でタテツツガムシ幼虫の観察を行った。その翌日に大腿部に痒みを伴う小さな紅斑があることに気付き，2 日目には紅斑がやや増大したため当科を受診した。

現症と経過：大腿部内側に直径約 5mm の紅斑を認め，拡大して観察するとその中央にはツツガムシの吸着を認めた(図 46a)。その後，翌日にはその紅斑は直径約 10mm になり，中央部にはツツガムシの吸着を認めたが(図 46b)，その翌日には紅斑は消退傾向を示し，ツツガムシの吸着は認められなかった(図 46c)。

考察：タテツツガムシ刺症の症例であるが，痒みを伴う紅斑はツツガムシの吸着の翌日から出現し始め，3 日目をピークとした後に消退傾向を示したことから，遅延型アレルギー反応と思われる。ツツガムシ虫体は吸着後 3 日目までは認められたが，その後は脱落しており，実際の臨床では痒い皮疹を主訴に来院された時にはすでに虫体が脱落している可能性がある。ツツガムシ幼虫は体長約 0.3mm と小さいため，吸着していても気付かないことが多いが，2～3 日で脱落して虫体が確認できない場合は原因の確定は困難である。皮疹の出現前にツツガムシの生息する環境(特に，日照の良い草原あるいは河川敷など)での野外作業を行ったかどうかなど，詳細に病歴を確認し，状況証拠から推定診断せざるを得ない。

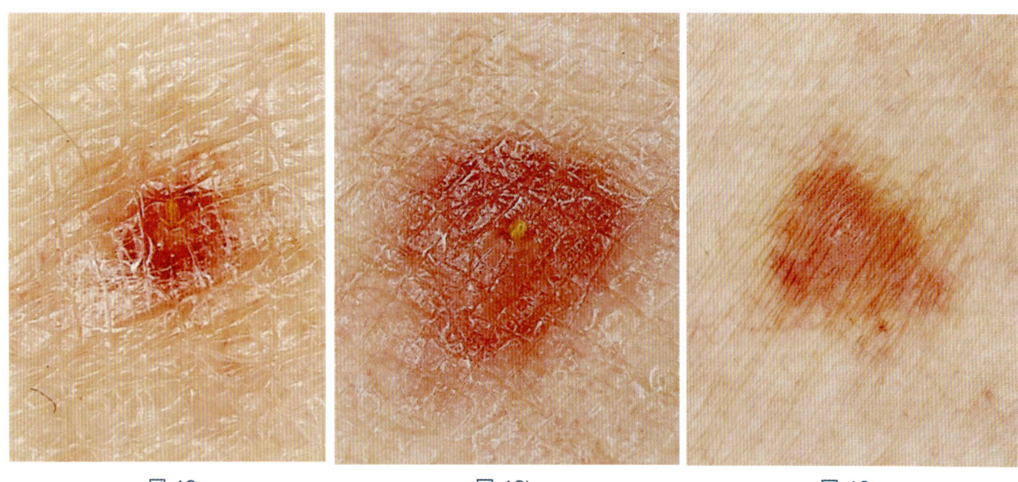

図 46a　　図 46b　　図 46c

4. Tick-associated rash illness

症例：60 歳代，男性。

病歴：初診の 4 日前に兵庫県内の山にハイキングに行き，2 日前に左大腿部にマダニが吸着していることに気付いた。皮膚科を受診したところ，左大腿部に直径約 2cm の紅斑があり，その中央にタカサゴキララマダニ若虫の吸着を認めた。局所麻酔下で皮膚と共にマダニを切除して縫合処置を受けた。その後，紅斑はさらに拡大したため当科を受診した。

現症と経過：初診時，左大腿部に直径約 5cm の浸潤性紅斑を認めた（図 47a）。皮疹部には痒みを伴う。発熱なし。血液検査では血算に異常なく，CRP は陰性。その 3 日後には紅斑は直径約 9cm にまで拡大し（図 47b），痒みも強くなったが，さらに 3 日が経過した頃から紅斑，痒みは徐々に軽快し始め，初診より約 10 日で紅斑はほぼ消退した（図 47c）。

考察：本症例はタカサゴキララマダニ刺症に伴って直径 5cm を越える大きな紅斑を生じたことから tick-associated rash illness（TARI）と考えられる。本人の記憶によるとマダニ刺症は今回が 3 回目とのことであり，過去 2 回の吸着によってマダニ唾液腺物質に対する感作が成立していたと推察される。今回はマダニ吸着の 2 日目には紅斑が出現しており，4～7 日でピークとなった後，約 2 週間で消退していることから，遅延型アレルギー反応に合致する経過と考えられる。TARI では大きな紅斑が出現しても通常は 2 週間程度で消退すること，自覚症状としてしばしば痒みを伴うことなどがライム病の遊走性紅斑との違いであろう。

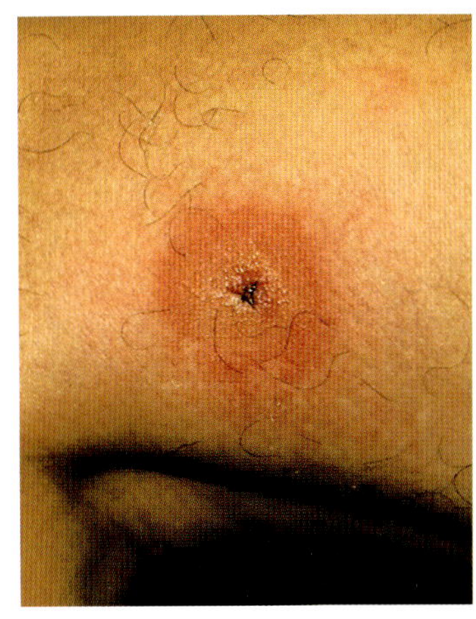

図 47a

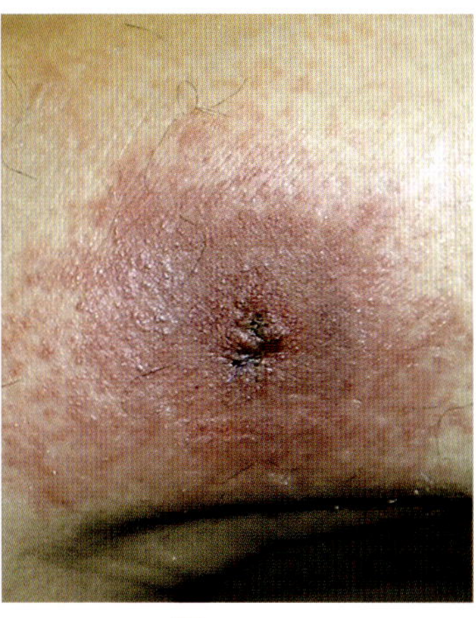

図 47b

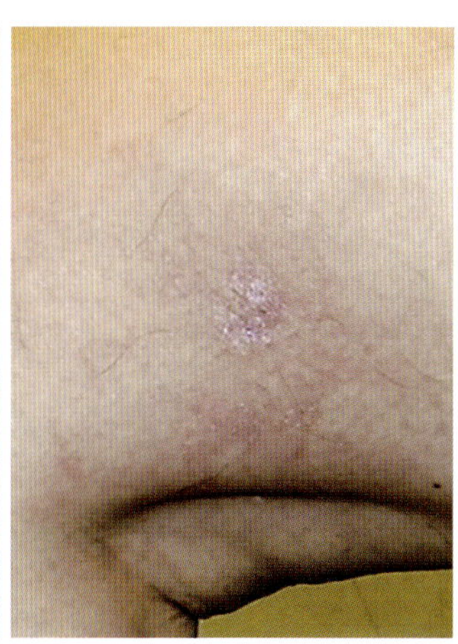

図 47c

5. 重症熱性血小板減少症候群が疑われたマダニ刺症

症例：60 歳代，女性。

病歴：某年 7 月に山間部で農作業を行った翌日に左膝窩にマダニが吸着していることに気付き，自分で除去した。その 2 日後から全身倦怠感，38℃台の発熱，頭痛を生じたため近医を受診し，レボフロキサシンと消炎鎮痛薬を処方された。その後，解熱傾向を認めたが全身倦怠感が強いため重症熱性血小板減少症候群(以下，SFTS)を心配して当科を受診した。

現症と経過：左膝窩のマダニ吸着部位には痂皮を付着した紅斑を認め(図 48a)，腹部(図 48b)と胸部(図 48c)にも痂皮を付着した紅斑を 1 ヵ所ずつ認めたがマダニは吸着していなかった。除去されたマダニはフタトゲチマダニ若虫と同定した。初診時の血液検査で白血球数 2010 / μl，血小板数 11.7 万 / μl と血球減少を認めたが，CRP 0.1mg / dl で陰性。肝機能，腎機能に異常なく，腹痛や下痢，嘔吐などの消化器症状がなかったため経過観察とした。しかしその後，激しい嘔吐と下痢を生じたため救急搬送されて入院した。入院中の検査では白血球数 1500 / μl，血小板数 9.2 万 / μl まで低下を認めたが，SFTS ウイルス検査は陰性であった。治療としては輸液を中心とし，念のためにミノサイクリンを 5 日間投与して経過観察したところ徐々に全身状態と血球数が回復し，約 10 日で退院となった。

考察：この症例は症状や経過から SFTS が強く疑われたが，入院時の当該ウイルスの遺伝子検査では陰性であった。その後，初診時と回復期の血清を用いて抗体検査を行ったが，SFTS, 日本紅斑熱, つつが虫病など, 既知のダニ媒介性感染症は否定された。このように，マダニ刺症に伴って何らかの感染症を生じた可能性があっても病原体検査や抗体検査で既知の感染症が否定される症例を時に経験するが，その病態をどのように考えるか，今後の検討課題である。

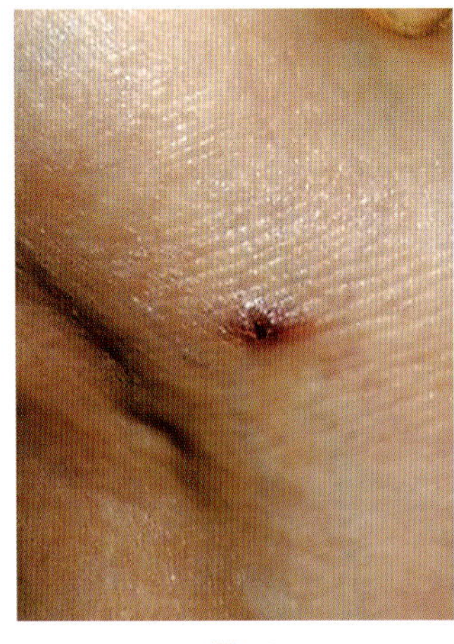

図 48a

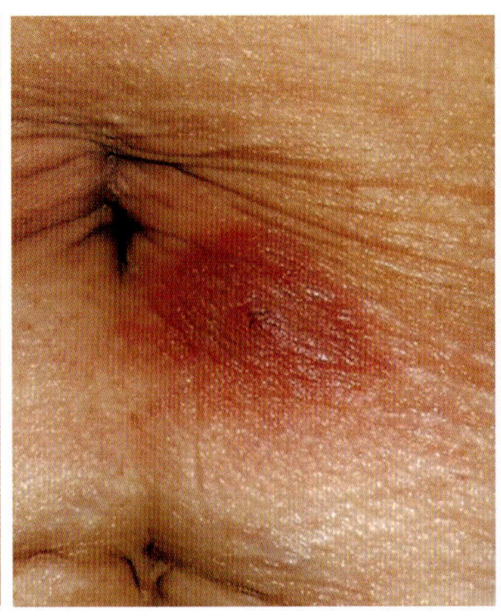

図 48b

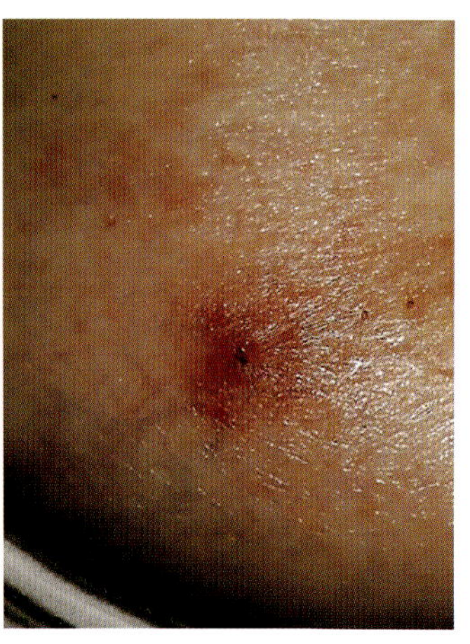

図 48c

D. 医ダニ類の地理病理

衛生昆虫類の多くは飛翔能力を持って条件がそろえば分布を広げ易いが，飛ぶだけに薬剤噴霧など防除の対象になる。一方，無音で徘徊するダニ類は，特に屋外では薬剤噴霧の対象にはなり難く，防除の範囲もまるで絞り得ない。ことほどさように，医ダニ類は「何が，どこに，どれだけ在るか」ということが掴みにくいので，各地の情報を集積せねばならない。そのためには，病原体を保有するダニ類の生態分布の情報に加え，それを持ち歩く宿主動物（地域住民も関わる）の動態まで知らねばならない。これに対応するのが地理病理学 geopathology である。

＜屋外：地理地勢の要因＞　　　　　　　　　　　＜屋内＞
野獣，家畜 ⇔ 寄生性ダニ　住民（個人／集団）　自活性ダニ ⇔ 生活態様（愛玩動物）
（病原体の共生，授受）　　　　　　　　　　　（病原因子の接触，吸引）

では「地理病理」という用語について，感染症分野から定義付けを試みると「**病原体の媒介様式およびその症例の発生状況を，地勢，気象，生物相また社会環境などの地域特性に基づいて探ること**」くらいだろうか。医ダニ分野の調査研究にたずさわる時，意識する，しないに関わらず，こういった方向で進むものである。さらに，次のような考え方にも触れておきたい。

［ビオトープ］

ビオトープ biotope とは，生物の生息場所を意味する概念で「有機的に結びついた生物社会が在る空間」であり「周辺から区分できる地理的最小単位」でもある。一般に言う生態系は，このビオトープによって構成され，地理地勢，気候，水系などの環境下でどのような生物種が共同体をなしているかを見る。近年は，都市造りや産業活動の場の整備に動植物の生息環境を人為的に再構成する場合でも言われる。医ダニ学においても重要な考え方である。なぜなら「地理地勢，気候などの環境条件ごとに，どのようなダニ種がヒトを含む動物相と共同体をなして，時に病害を与えるものか」を探査するからである。

［地理情報システム］

これは geographic information system(s) を略して GIS といい，地理情報および付加情報をコンピューター上で作成して，管理，利用，検索するシステムである。近年は，人工衛星データも重要であるが，裏付けの現地踏査も加えて多くのデータについて，空間と時間の面から分析し編集することになる。普及したコンピューターを用いて膨大なデータの扱いも容易で，リアルタイムでデータを編集（リアルタイム・マッピング）したり，シミュレーションを行ったり，データを時系列で表現することができ，従来の紙面地図とは別に，画面上で高度な利用（双方向も含め）が可能である。

［ランドスケープ疫学］

英語では Landscape epidemiology で，風景を構成する諸要素（地形，森林，河川，町並みなど）に土地ごとの歴史や社会的特質まで加えた空間を背景にしながら，そこで展開する疾病の成り立ちや予防までを考えることである。必要に応じて，ビオトープの概念や地理情報を活用する。「Landscape epidemiology describes how the temporal dynamics of host, vector, and pathogen populations interact spatially within each environment. The spatially defined focus of transmission may be characterized by vegetation as well as by climate, latitude, elevation, and geology. The concept of landscape epidemiology has been applied analytically to a variety of infectious disease systems, including spotted fever, Lyme disease, SFTS, tsutsugamushi disease and so on.」

（Reisen, 2009 を改変）

I．感染拡大の地理病理

（高田伸弘・夏秋 優）

近年の医ダニ類自体そして媒介される感染症を考えると，それが増えた，広がったという問題が関係者すべてにとって重要な命題であり，その実態と原因について知りたいものであろう。まず考えねばならないのは，症例の増加というものが環境での感染機会の増加に伴う純増であるのか，あるいは潜在していた感染が後方視野的に発掘されたことによるのか，これを客観的に考えてみれば次のような公式めいたものが見えてくる。

真の発生数＝届け出（積極的な診断）＋ 発掘（後方視野的調査）＋ 潜在（非定型や自然治癒）

この場合，純増と分かればリスクの上昇が示唆されるので対策を急ぎ強化せねばならないし，発掘の増加であれば当面のリスクについては著変なしとみなして平常対策の維持でよいかも知れない。すなわち，地域ごとの発生増加はどのパラメーターの増加によるものか，または複合か，それを見極めた上でなければ本当の疫学対応は難しいことになろう。例えば，最近になって福井県日本海の若狭湾岸で続発をみた日本紅斑熱症例は主治医による積極的な診断により積極的に届け出されたものであったが，さらに潜在分もあろうことは現地調査によって媒介種と病原菌種が証明できたことから強く示唆される。一方，六甲山系で近年になり続発してきた同様症例は臨床家のネットワークと衛生行政の啓蒙による発掘分が主でありながら，今後の啓蒙ではさらに潜在分が明らかにされてゆくような背景が強く示唆されている。

上記の公式にある3つのパラメーターの背景にはとにかく増えた，広がっているのだという印象はあるとして，その実態と原因を考えてみようとすれば現状では明確な特定はむずかしい。しかし，以下に種々の可能性を列記して考察を続ける手がかりとしたい。

・日本列島でも温暖化の影響 → 徐々にダニの宿主動物の**感染環の拡大や北進，拡散の傾向あり**

・病原体や保有体の突然変異 → 何らかはあり得るが地区限定的で一斉方向にはなり難いもの

・海外から感染環の持ち込み → 個々にはあるが国内大勢の撹乱はなし

・ダニや動物と住民との接触 → 耕作地の荒廃や干渉帯の減少で**感染機会の頻度増加の傾向あり**

・検査や調査の進歩と普及 → ダニ類や症例の発掘が進むと，まるで**感染環の拡散に見える**

上記の最後の項目の意味は，もちろん感染環自体の増大もあるとして，実は昔から感染環の増減はあまり違わない場合であっても，臨床や検査関係者自らの努力ないし啓発の結果として増えただけなのに気付かないこともあり得るということである。ではそれで症例は下火になるかと言えばそうでなく，確認力がついた結果，むしろ続発傾向となってさらに増えてゆくことは多々みかける。

1. 感染環境のとらえ方（多発地の定義を含む）

1) 感染環境の機微を知る

自然界の動物に由来する医ダニ類は，必然的に自然環境の様々な要因の影響を受けるので，感染例があった場合は，どのような環境実態であったかを考えてみたい。

- まず，自然環境という場合も，山野だけでなく，居住地の庭先の草藪の在りようや都市に親しむ動物の潜伏先まで，その地域のダニ類の栄枯盛衰にかかわる一切の環境を指すと考えたい。そうすれば，ある地区で裏山から住家にかけて草藪が繁茂して野獣が侵入していたらしい実態が掴めて，その環境整備によって繰り返し感染も断てるだろう。
- しかし，このような把握ができないと，環境のレトロ化が小刻みにでも進み感染環が定着すると，従来はなかったような感染症の続発を経験することになってしまう。ここに温暖化や気候変動の修飾まで加われば，マダニの生息相などは急速に2〜3年ででも増長してややこしいことになる。発育史が土壌に根差すツツガムシ類の場合は環境変化の影響はやや緩徐に進むが，10年もあれば変わり得ると思われる。
- 一方，医ダニ類の基本的な性質として北方系あるいは暖帯系といった違いがあり，冷涼な気象を好む種，逆に温暖に偏る種におおまかに分けられる。その結果として，媒介感染症の頻度も南北など地域で変わってくるものである。よくある話で，ある感染症がある地域で発生したと言われた場合，それが確かにその地域で発生したものであるのか，ひょっとして，他地域で感染した患者が現住所に戻った後でカウントされたものではないのか，よく確認すべきである。当然ながら，感染例を受けての疫学対応をどこで，どのようにすればよいかという問題にかかってくるからである。

2) 感染経路について認識転換

医ダニ類は，単純に，日常で物を眺める時の視力や注意力で気付く大きさか否かが問題である。例えば，下草から皮膚に移って吸着するツツガムシまたマダニの幼若虫は微小で，すぐには目で見え難いため予防や防除が難しく，知らぬ間に感染を許すことになる。患者側も医療側も，医ダニの大きさや存在の認識を共有して対応できるのが理想，なぜなら患者が加害ダニ類を認識した上で受診するか否かで，病初の臨床対応も左右されがちだからである。すなわち，この「存在感」は，住民が感染を防止できるか否かの分かれ目になり，さらに言えば，住民と医療側の双方が持っていた従来の認識も変える必要がある。

- その認識の第一は，医ダニ類は「山，野」に生息する，という漠然とした大まか過ぎる先入観のことである。もちろん林野には生息するが，**相当多くのダニ種は，日本の各地でそうであるように，山に沿って立ち並ぶ住家裏庭や家庭菜園，軒下，また散歩道，草付きの河川敷や土手（都市内も含む），さらに丘陵地に食い込んだ新興住宅地など，通常の予想以上に居住環境に近く生息して感染を惹起するものであることを認識したい。**

・屋外から家庭に持ち込んだ花木や土壌にもダニ類は付着していることがある．主治医が従来の認識で患者に山野での活動歴を尋ねると，患者の心理として自宅の庭などを疑いたくもないゆえ，どこか特別な山岳や草原に思いを馳せがちで食い違いの元になる。したがって，**聞き取りでは住家周辺の環境からまず問うのが誤解を避けるコツとなる**。
・ともかく，地域住民における感染の頻度は，地方ごとの中山間地域の人口密度や職業，屋外活動の回数に依るため，住民自身に対して本病の認識を持つよう啓蒙することは必要である。ついでに触れると，具体的なダニ回避のポイントは，**ダニ類はすぐさま刺す蚊とは違うので，刺されぬようにというよりも取り付かれぬようにすることが第一である**。**肌を露出しようがしまいが，知らぬ間に衣服(主に下半身)に取り付いて衣類の隙間から這って入り，やや時間をかけていずれかの皮膚部位に口器を挿入して吸着する**からである(「A－Ⅲ. ツツガムシの病原性と疫学」および「B－Ⅳ. マダニの病原媒介性」参照)。

3) 多発地(みなし隔離地域)

しばしば「多発地」と言われるが，それは何なのか，それが具備する条件は何かを考えてみると，住民が動物とそれにたかる媒介ダニ類に接触し易く成り立っている自然／社会環境のことなのではあるが，もう一つ重要な点は，それら要因が隔離温存される条件が備わっていることであろう。手っ取り早く図1で示すと，河川や湖沼あるいは種々地形などで取り囲まれて媒介感染症が周辺環境へ拡散してゆきにくい煮詰まった状態がそれであると言えよう。臨床や衛生行政の関係筋も，こうした要因に目を向けるなら，長期的な見通しや啓蒙，予防がさらに容易になると思われる。

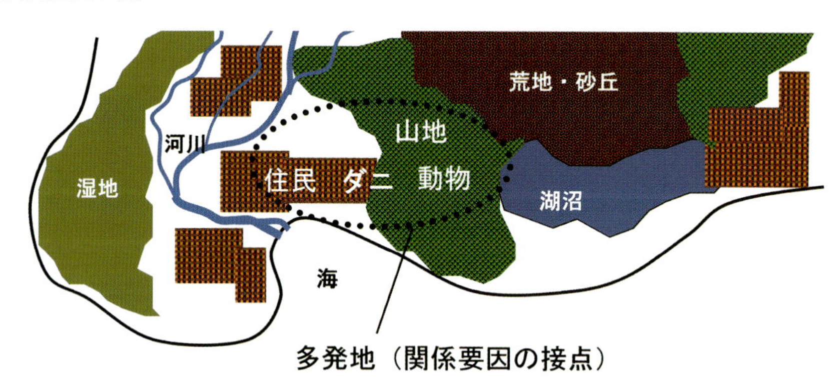

図1　多発地の造りの模式図

では，国内における実際の多発地の例を以下に紹介する。

[三重県志摩半島：地理的隔離]

志摩半島は日本紅斑熱の最大発生地であるが，患者の感染地は居住地の近傍であることが多いので，自ずと山あいの集落に沿って配置しているが，その山々は古くから保護されてきた神宮の森でもある。このように発生が煮詰まった多発地は，編者の踏査によれば，宮川の深い渓谷とそれに沿った鉄道，高速道路や国道など道路そして数珠繋ぎの集落によって紀伊半島本体から隔離されたような状態にある。生息が極めて多いニホンジカ(チマダニ属の主要な宿主)などは，もちろん隔離帯の一部を越えて出入りできる個体もあろうが，大勢でみれば自由な移動はかなり抑え

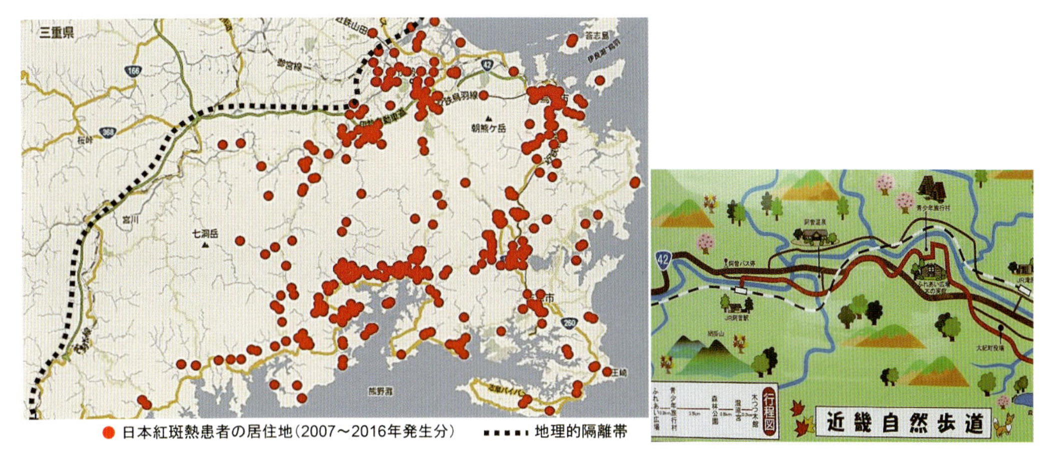

図2　志摩半島の日本紅斑熱発生地を囲む地理的隔離

左：同半島の北西側を宮川渓谷（点線）が地理的隔離様に貫流（三重県の赤地重宏博士による患者分布図を改変）／右：宮川に沿って高速道路，一般国道，地方道，JR線が並走し，集落も数珠繋ぎ（地元の観光標識）

られている。これは隔離によって形成された本病多発地のみごとな例である（図2）。

[和歌山県紀伊半島：環境による住み分け]

紀伊半島南半の植生は，南端に広がる森林地帯と西海岸に広がるミカンや梅の果樹丘陵に分けられる。そして各々が日本紅斑熱（深い山林で動物相の豊かな中で棲息する暖帯性のマダニ属種が起因）とツツガムシ病（人家を伴い開けた果樹林や草地の中で大半がタテツツガムシ起因）の多発地となっている。特筆すべきは両者が大きな川と山系を境に住み分け状態にあることで（図3；富田川のごく一部で例外的な接点があるに過ぎない），各々の多発地が異質な環境で隔離されて交わることのほとんどない状態で居並ぶ独特の例である。

図3　紀伊半島南端地区にみる日本紅斑熱とツツガムシの住み分け

南端の森林環境と田辺の果樹地帯を川と山が隔てる（患者分布は過去10数年の概略データにより，各行政区の人口10万人当たりの本病罹患数を示す）

[熊本県天草上島：島嶼での煮詰まり]

天草上島は近代になり5橋で結ばれることになった天草諸島の九州本土寄りの島であるが，イノシシの増殖と並行するように日本紅斑熱そして最近はSFTSも加わって焦眉の的になっている。これら発生確認は南東海岸側に偏重して，島という隔離条件に加えて南向きの気象条件による媒介マダニの分布相が問題であると地元関係者により示唆されている(図4)。

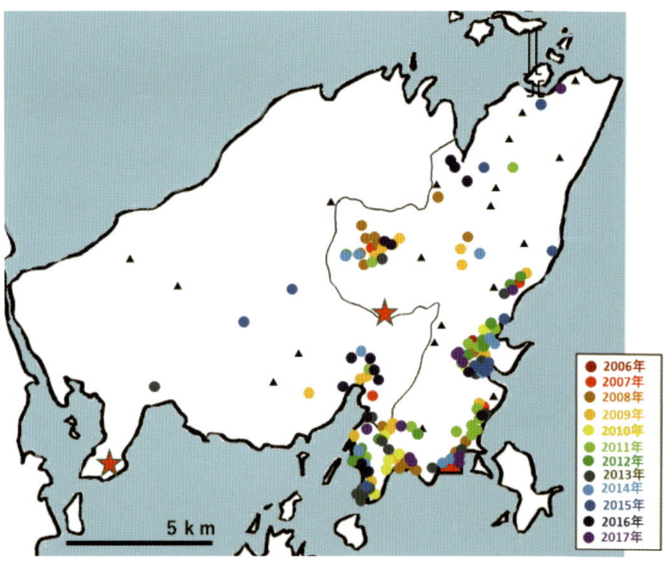

図4　熊本県天草上島にみる日本紅斑熱とSFTSの発生分布
2006～2017年の件数のプロットで発生の偏在性をみる（上天草市立上天草総合病院の和田正文博士の提供）

[湾岸地方で多発傾向]

日本紅斑熱の発生状況を俯瞰した時，ふと気付く重要な事実がある。それは全国の多発地は内陸の奥深い山間でなく，ほとんどが海沿いや湾岸にみられるということである。湾岸地域では，前面が海，背後には漁業関係者の手によっては切り開くことが少ない丘陵があってマダニの感染環が迫る地勢がほとんどである。それら地域は陸側に少々入っても，大勢としては海に沿っており，基本的に暖流に洗われて冬期も平均10℃以下になりにくい温暖な土地(暖帯)となっており，現地に立って一望すれば照葉樹林帯が目に付く。まさに地理病理が議論されるゆえんである。採れるマダニ種の指標としてはチマダニ属，キララマダニ属また

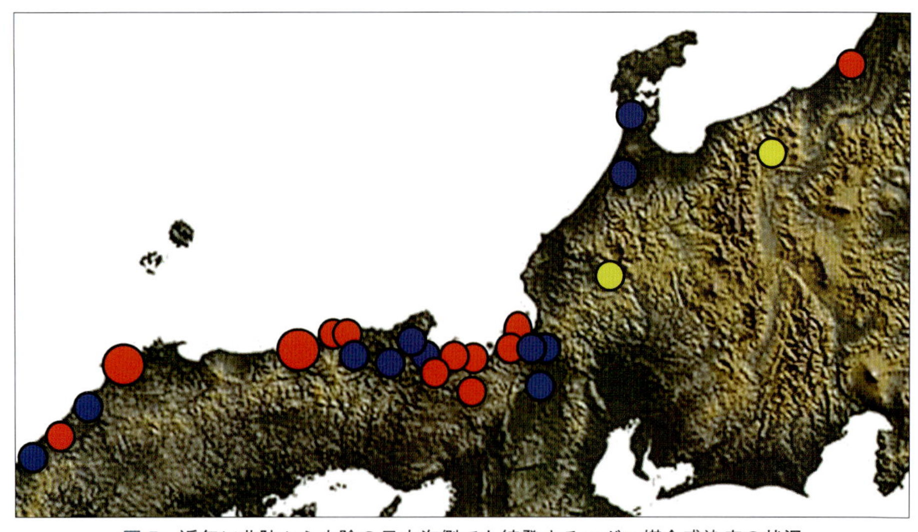

図5　近年に北陸から山陰の日本海側でも続発するマダニ媒介感染症の状況
赤丸は日本紅斑熱（黄丸は対照として山間にみる紅斑熱），青丸はSFTS

カクマダニ属で，動物相としてはシカのほか，イノシシの問題が多いものである。これらを示す画像は，マダニの章の病原性の事項などにもあるので逐一は省くが，ここでは最近になって紅斑熱とSFTSの発生確認が続く北陸〜近畿の日本海側の状況を紹介しておく(図5)。

[兵庫県神戸市：都市部での多発]

従来，都市の近くでダニ媒介感染症をみる例は僅少であったが，近年，六甲山系の南面で日本紅斑熱が続発している例はいささか特異である(図6)。すなわち，六甲の山並みとは言うものの，実際は横に長い神戸市街地の山腹を這い上がる住宅地とその隣接部の植生や登山道など生活の場で感染が起こっているので，神戸市の都市環境自体が危ないという表現ができ，実際，関係者は大変な困惑にあり，編者らも疫学対応に関わっているが，都市部ゆえ医療機関や情報が輻輳しがちで慎重な調整を要する。これら発生は最近になって浸淫してきたものか否かが問題となろうが，編者らは先立つ10数年前に同山系の野鼠から *R. japonica* の遺伝子を検出しているので，ごく最近に浸淫したものでなく，感染環の要素は同地に潜在したものと思える。

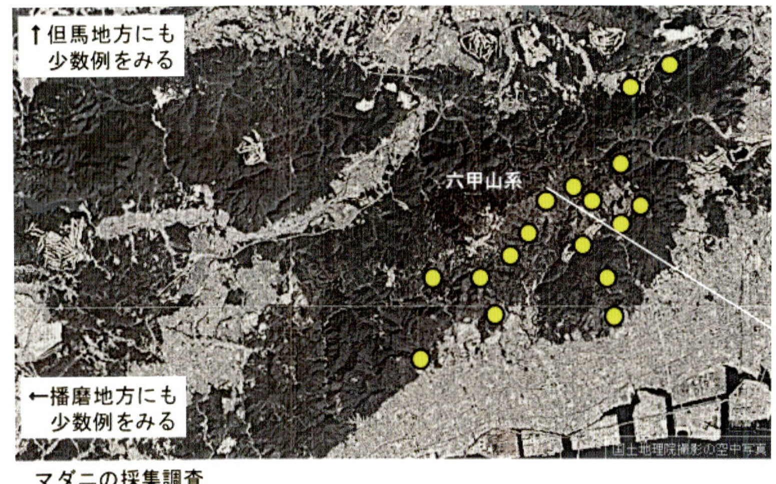

患者の内訳

年月	性別	年齢
2013.6	1女	70
2014.8	2女	33-66
2015.9-10	1男1女	61-90
2016.8-10	2男3女	57-79
2017.9	1男	42
2018.7-9	2男4女	68-82

六甲山頂周辺の野鼠で
Rj 遺伝子陽性 1/20
(2001年4月捕獲)

マダニの採集調査

年月	Dt+	At	Hf+	Hfm	Hhy	Hk	Hl	Hmg	Io
1510〜1701	-	4N1L	6F5M42N	2F76N	5F2M1N	-	-	-	1M
1604-05	1F	-	2F19N	2F1M11N	2M	2F1M	1F4M22N	1N	2F4M
1607-09	1F1M	-	-	-	1F	-	-	-	-

+：紅斑熱群遺伝子陽性
(*R. japonica* および不明種)

図6　六甲山系にみる日本紅斑熱の発生状況と疫学調査：患者は兵庫医大への受診者をまとめる
Dt：タイワンカク，At：タカサゴキララ，Hf：キ，Hfm：タカサゴ，Hhy：ヤマアラシ，Hk：ヒゲナガ，Hl：フタトゲ，Hmg：オオトゲ，Io：ヤマト，F：雌，M：雄，N：若虫，L：幼虫

<参考>市街地でみるマダニ

上記の神戸市の場合は都市部にモザイク様に入り組んだ植生などを基盤にしているが，都市の市街地でみるマダニについての考察は，伊東拓也(2013)から引用できる。

シュルツェマダニは北海道では平地でもよく採れるが，本州などの高地に点在する隔離的分布は，氷河期の遺存であるほか，本種の幼若虫が鳥によって運ばれたりした分も考えられる。実際，札幌市近郊でも鳥に付くことは充分証明できている(表1)。ところで，北海道内において，本当の生息地(毎年たくさんとれて，そこの動物にも付いている場所)とは考えにくい所で採れることがある。つまり，シュルツェマダニはエサが無いか，個体密

表1　札幌市近郊の鳥の標識調査で得られたマダニ類（2013年10月）

	シュルツェ		パブロフスキ		ハシブト		タヌキ	キチマダニ
	若	幼	若	幼	若	幼	若	若
アオジ	4	7	1	3		3	10	
ノゴマ	1	2						
アカハラ	1	1						
クロジ		1						
ウグイス	1							
シジュウカラ					1			
ミヤマホウジロ								1

北海道環境科学研究センター 玉田克巳氏採集

度が低すぎて生活環が維持できないと思われる場所でも採れることがある。例として，札幌市街地の商業地や住宅地に点在する小さな公園で幼稚園児がシュルツェマダニ雌成虫に吸着された。そこはシンジュの植栽とネグンドカエデの生け垣が主で，最も近い広葉樹林とは住宅や幅広道路で400m隔てられている。また，シュルツェマダニ雌が留萌沖の焼尻島から送られてきたが，現地調査してみても発育環は全く見出せなかった。これら生息地とは思われない場所で得られるのは成虫のみで，そこでは幼若の宿主野鼠はいないか，いても野鼠からは得られない。そうなれば，当該地区で鳥類から飽血落下した若虫がそのまま脱皮して成虫になった個体が見つかったと考えるのが最も自然である。したがって，市街地でもマダニ媒介感染症が発生する可能性は考えておかなければならない。

4）多発地の変遷

多発地とは言っても必ずしも恒久的ではなく，条件が大きく変われば消えたり，移動などはある。マダニ媒介の場合は，隔離的な地域もある一方で宿主動物の拡散によって他の地域へ遠

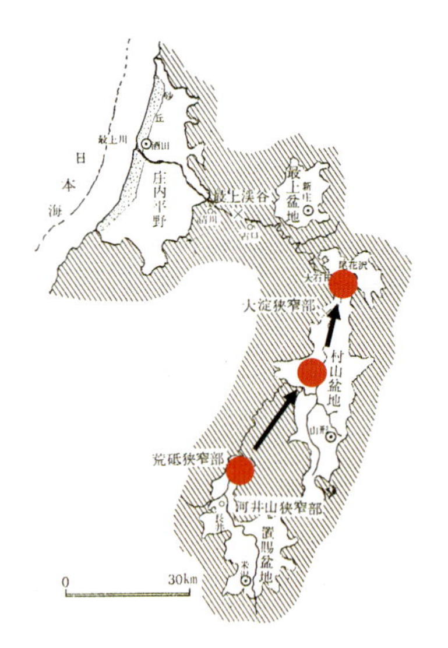

図7　河川の狭窄による氾濫原でのツツガムシ病多発地

左：最上川での多発地（●）の遷移（山形県，1982を改変）／右：野田川河口にある岩滝狭窄部の手前にみる氾濫原

く移ろう可能性は低くないが，ツツガムシの場合は，基本的に地域の表土に由来するものなので各地ごとに理由がある(図 7)。

・やや古い例として，山形県最上川の上流部でのアカツツガムシの場合，上流部の荒砥狭窄部にあった患者多発地が狭窄の解消により鎮静化したが，ここから流れ下ったアカツツガムシが中流部の 2，3 の盆地に新たな多発地を作ってしまったという著明なできごとがあった。これは，河川依存度が高いアカツツガムシゆえである。
・京都府の野田川の場合は，海に注いで天橋立を成す手前にある岩滝の狭窄部から上にフトゲツツガムシ媒介の多発地が近年まであった。しかし，多産していたハタネズミ(穴居性の強いフトゲの主たる宿主)が消滅するのに呼応したかのように，ここ 10 年ほどは感染が減衰している。
・タテツツガムシの場合も，四国の吉野川の中流にある大歩危小歩危の狭窄部から上流一帯に患者発生があるも，消長を繰り返す。全国の多発地でも時にみられ，それらが消滅の一方で回復ないし新たな勃興もあるなど変遷する様はまさに地理病理的である。

＜参考＞絶滅危惧のハタネズミと台頭著しいアカネズミ

ハタネズミ *Microtus montebelli* は，四国を除く日本各地に生息する(した)固有種で，ユーラシア大陸のタイガと台湾の高地に類縁種があるというほどの北方系の種である。本種は被毛豊かで，手づかみも可能なほど動きが鈍くて穴居性が強く，全国的に張り巡らされている中小河川の河川敷など草地に営巣して，古くからツツガムシほかの宿主として重要な医動物であったが，気が付けば 10 数年前から捕獲し難くなって減衰が危惧され，現在は南西日本を中心に準絶滅危惧種または絶滅危惧Ⅱ類相当に指定されてしまっている。中部～関東でも採れは期待できず，東北でも採れはするが過去のように本種しか採れないほどの地域は見られず，絶対的にも相対的にも取って代わったアカネズミの繁殖が著しい。ツツガムシの章でも述べたように，草上に現れるタテツツガムシは別として，フトゲツツガムシあるいはヤマトマダニ幼若期などは鼠穴に群がるため，ハタネズミは医ダニ類の重要宿主の一つになっていた。本種が減衰した理由を以下に考えてみる。

・近年，都市近郊などで河川敷など生息場所が急速に失われ，植生も変化した。
・ただ，手つかずの草地も各地の水系や農村には多く残っていることを思えば，地球温暖化の影響で北方系種として繁殖がしにくくなったことが最も考え易い。
・そういう中で，元来がはしっこいアカネズミに草原テリトリーを奪われ，それが加速した。

編者らを含む医ダニの調査関係者は，長く全国各地で，問題が起こるたびどこでも鼠類を捕獲してきて，上記がリアルタイムの実感である。鼠類や哺乳類に関する成書では刊行の都合上，分布実態の記載については間に合わぬことが多い。いずれにしても，今後は，ハタネズミがもし回復するにしても長年月を要するので，代わって台頭して手づかみもできぬほど俊敏なアカネズミを医ダニ類の宿主動物として改めて重視せねばならない。思えば，珍奇な動物種はテレビ画像に取り上げられることの多い昨今，このような普通種かつ底辺動物への注目度は一般に低いが，近年になりダニ媒介感染症の感染環が広がる中で，大動物の拡散に加えて，これだけ活動力も高いアカネズミが果たす役割には注目すべきである。

5) 感染機会を低減する対策

では，感染環自体の増大や拡散(北進を含む)により患者が増えたという場合，各フィールドの地理地勢に合わせて可能なだけの防圧対策はとらねばならない。ここでは，そうした現場の2，3の問題点を紹介しておく。

[媒介ダニ類の薬剤防除]

殺虫防除剤は限定的には有用ながら，環境保全の観点から広範な散布は不可であることが一般的に前提である。マダニについてはマダニの章の病原媒介性の項で研究的な防除試験について述べてあるので(p241 参照)，ここではツツガムシについて実務的な防除試験を紹介する(表 2)。

表 2　アカツツガムシに対する薬剤防除の試行

直前に葦を刈って下草を露出させた 2×3m の散布区画と無散布区画を設定，同市の担当者が常用のスミチオン®乳剤を手動散布器で散布。ムシの生息数は，20×20cm の黒布見取り法を 10 回繰り返した平均値。

			散布区画	無散布区画
花火会場	散布直前	(080804　晴　30℃以上)	5	6
	散布翌日	(080805　晴　〃　)	0	3
	散布後 1 週	(080811　晴　〃　)	28	9
会場近傍	散布直前	(080804　晴　〃　)	3	3
	散布翌日	(080805　晴　〃　)	0	2
	散布後 1 週	(080811　晴　〃　)	0	13

近年，秋田県大仙市の雄物川河川敷で夏発生のアカツツガムシによる病原性の強いカトー型ツツガムシ病患者が続発したため，同市は大きな花火大会での患者発生を危惧し，市自身で実務として行ってきた薬剤防除が有効か否か，地元健康環境センターを仲介して編者らに外部評価を求めてきた。結果として，散布翌日は概ね有効らしかったが 1 週後では大きくぶれた。したがって，花火大会直前に散布すれば短期的効果を期待し得るが，根本的な防除には至らないと推測された。ツツガムシもマダニも薬剤を実験的に接触させると相当速やかにノックダウンするデータは編者らも得ているものの，今回は同市担当者が現場で実務的に可能な範囲の防除法をシミュレーションしたもので，これは散布の方法を変えても試験観察を細かくしても，多かれ少なかれ結果は似たものと予想できていた(実験室では得られる均一な結果を現場で得るのは不可能)。ただ，実際の会場整備の折は薬液を車載の動力ノズルで噴射して草藪の根本をえぐるほど強く散布もしており，こういう手法なら短期決戦で相応の効果はあろうと思われた。

[病原微生物の保有体動物の抑制]

この基本的理念は，地域ごとに動物相の保護枠を維持しつつ，動物の生息密度を管理することである。

島根半島の西部域は日本紅斑熱の多発地の一つで，図 8 のとおり 2000 年代の集計で百数 10 名の患者確認があり，そこにはニホンジカが濃密に生息してチマダニ類とくにフタトゲチマダニの寄生が多く，病原の *R. japonica* もしばしば検出される。そのため，リスクコントロール(＝シカ生息数コントロール)としてシカの生息管理(ゾーニング管理)が行われ，生息の森で 5 頭 / km^2，共存の森で 1 頭 / km^2 を目指して，害獣駆除のサイズは年間 50～100 頭に設定されている。同半島で 1,500 頭以上をみた頃と比べ 1,000 頭未満となった近年は患者数も減少傾向にあるの

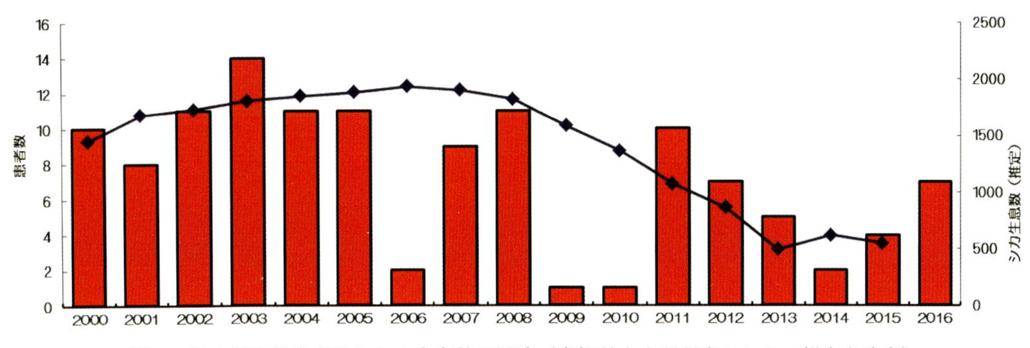

図８　日本紅斑熱患者数とシカ生息数の関連（島根県中山間研究センター報告を改変）

は確かながら，これに確かな正の相関があるか否かはさらに観察して判定したいという（島根県の田原研司博士による）。なお，近年は島根半島より東部で患者確認が相次いでいるが，そこでの動物の関連はまた別の調査を要しよう。

［リスク地域住民への対応］

住民対応の問題は地理病理からやや逸れるが，各地でダニ媒介性感染症に対する積極的な啓蒙や予防が続けられてきて重要なことである上，ここで紹介するのは地理病理の要素も強い沖縄県宮古島の属島「池間島」の問題である。

この島では2010年以来，東南アジア共通のデリーツツガムシによるツツガムシ病の確認が始まり，積極的な疫学対応が展開されているが（ツツガムシの章を参照），本土にみる本病といささか異なる感染環の要素をもつため，試行錯誤も多いのが事実である。そういう中，2013年には5例目の患者が見つけられた折に，現地保健所の主催で3度目の連絡会を持った（図9）。

このような連絡会を基に実際の住民説明会も島内で開かれ，保健所からは妙案として本病の注意喚起を印刷したウチワの配布などもあった。一方，デリーツツガムシの季節的消長をツルグレン法の採集データで表して注意報を発令するなどの試みもむずかしい中，2014年に2名，2015年に4名そして2016年には一気に10名の患者を見ることになり，やはり住民説明会などの予防啓蒙には限界があると考えるべきか，逆に有効な素早い検査診断に導けるようになった結果として症例が増えたように見えるものか，論は分かれることになった。一般に，情報公開あるいは啓蒙などは必要でありながら有用性の評価は微妙で慎重を要する。

［宮古島つつが虫病対策の連絡会］
厚労省研究班の調査が一息あったこと，また貴保健所ご担当係の交代もあったことなどを勘案し，この年末の現地調査の機会に連絡会を開くことで相互の確認としたい。

日　時	平成２５年１２月２４日１１時～
場　所	宮古島福祉保健所２階会議室
参加者	宮古島福祉保健所，宮古島市および県衛生研究所の担当者とリケッチア研究班（計20名余）
議　題	１．研究班によるこれまでの調査概要を説明　…　高田 ２．保健所と市による現地対策の経過を説明　…　保健所担当 ３．今回が正規の調査として最終である説明　…　山本 ４．研究班が今後も継続できる疫学的支援　　…　安藤
目　的	基本的な合意として，関係者皆が情報の共有に努め，今後も連絡し合って防圧を進める方策を協議する

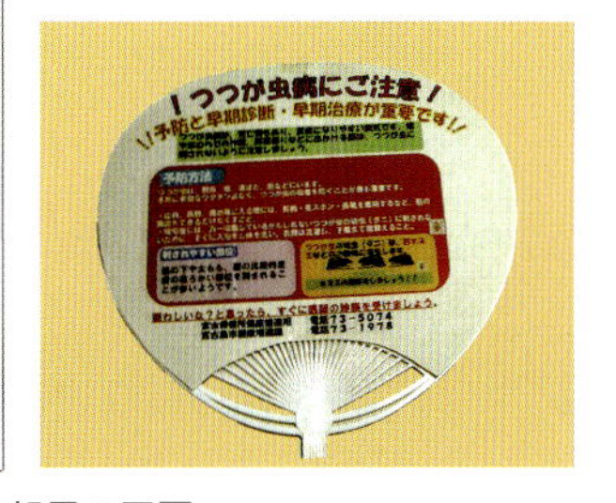

図９　「宮古島つつが虫病対策の連絡会」の説明書と広報用の団扇

2. 地球温暖化(気候変動)との関わり

前から述べてきているように，気象要因は医ダニ類の在り方に大きくかかわるものなので，温暖化ないし気候変動の問題は地域ごとの医ダニ類の分布や動態をみてゆくためにはけっして看過できない。ただ，医ダニ類に関して言えば，飛翔する昆虫類などと異なり気温の変化幅が少な目の地面を這うものでもあり，近年になり足早に進んだと言われる地球温暖化にリアルタイムの足並みでは影響を受けないが，しばしのタイムラグをもっては影響あると思われる。

1)氷河期は待てない

・やがて氷河期，少なくとも小氷期に入っているから温暖化はさほど問題ではないような主張もあるが，地球周期としての僅少かつ徐々の冷え込みは人為的な温暖化によって簡単に相殺されてしまうという納得ゆく見解がある。氷河期なる言葉は妙な誤解にもつながりかねないので気候変動という方がよいかも知れず，地球各地が加熱ぎみの中でエネルギーの偏りで地域ないし季節によっては寒冷が起こることもある。したがって，温暖か寒冷かは年ごとの推移を見たり俯瞰することが必要のようである。少なくも，すぐ目にすることのできる氷河そのものの減衰は明らかで，すぐに回復するものではない(図 10)。

図 10　仏モンタンヴェールのメール・ド・グラス氷河
数 10 年で大きく減衰した氷河の状態を見て取れる

・いずれにしても，周期がおおよそ 10 万年で間氷期が 1～2 万年という地球物理学分野の議論は，医ダニ学ではあまり有用でない。なぜなら，ムシの増減の多くはわれわれの生涯でも見ることのできるスパンの問題であり，問題が起きれば直ちに対処しなければいけない。逆説的に，ムシが少なくて感染症も減るであろう氷河期はよいと言っても，1 万年はもちろん 100 年だって待てない。このような問題の議論では地球物理暦とダニ暦のボタンの掛け違いに留意したい。ただ，現在の極東の生物相や生態系の基盤は 2 万年余前の氷河最盛期をスタートとしている面はあり，その点は従来通り念頭においてゆかねばならない。

・ともかく，見えつつある温暖化とそれによる媒介感染症については数 10 年先まで見据えるだけでよいから分析を進めて，温暖化との関わりを重視する必要がある。

2)温暖化による影響(日本紅斑熱の場合)

1980 年代半ばから確認されて 2019 年現在で 30 数年は経ているので影響は見て取れる。そこで，本病確認の初期(1980～1990 年代)にみた症例分布と近年の分布域を比較してみた(図 11)。その結果，以前は南西日本にしか見られなかった症例が今では東北南部まで北進，散見されつつある。

この点について考察すると，当初，南西日本や太平洋側にも多く見られた日本紅斑熱空白地帯は実際には多発していたが見落とされていたものであり，**元来は空白である東北地方南部で近年にみる発生は新たな北進傾向として捉えるのが合理的であろう。そのからくりは媒介チマダニ類を乗せた野生動物(シカやイノシシ)の拡散急増と北進傾向にあると思われ，そういった動物の分布変遷とマダニ類の新規入植が相乗して住民へ感染をもたらすことになるのだろう。**

南方系の大型マダニ種はマダニ類の北進傾向の指標とし易いので，それらの動向および背景につき，南と北の要素が交錯することの多い北陸～中部地方の実態を次の参考事項で紹介する。

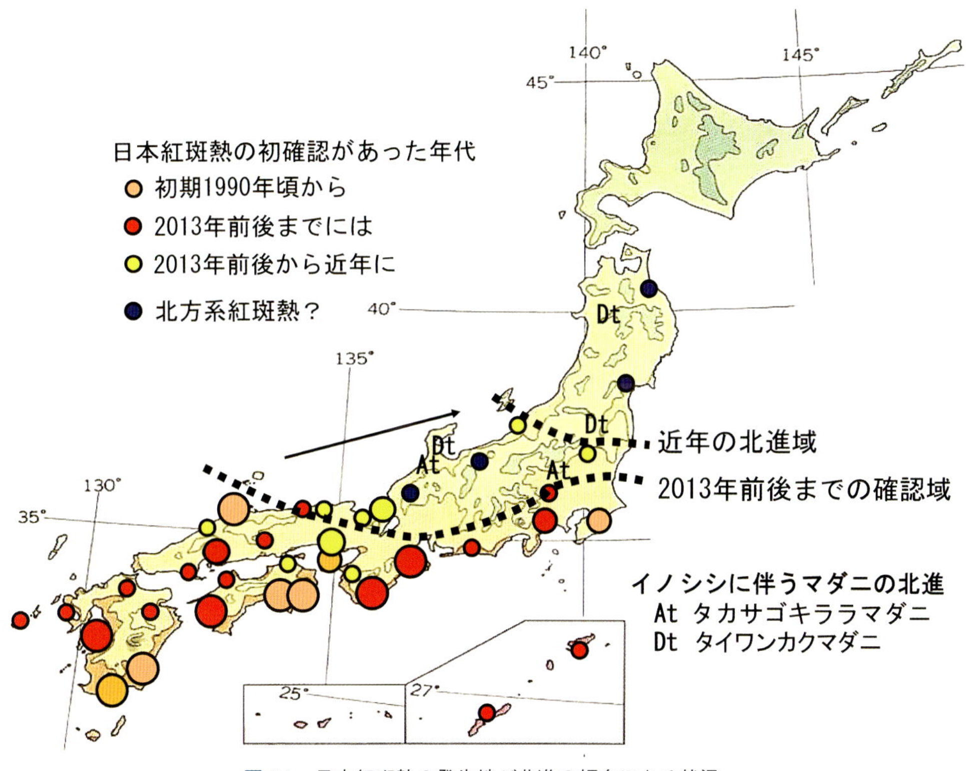

図 11 日本紅斑熱の発生地が北進の傾向にある状況
ある程度発生の多い地区を表示（丸の大きさが症例の多寡を示す）

<参考>北陸，中部の地勢と暖帯系マダニの分布

タカサゴキララマダニ：福井県ではイノシシの多い南部にはかねて多く，北部でもしばしば見かけきた。石川県から富山県(岐阜県境方面も含む)にかけては 1980 年代以降イノシシを見かけるようになってから本種の人体例が増えつつある。富山県のイノシシは複数の隣接地域から侵入したようで，それにつれて本種マダニも北進傾向となったらしい（山内健生博士らの情報）。埼玉県まで記録されている。

タイワンカクマダニ：福井県では少なくも30年前から石川県境まで見ていたが，近年は石川県の医王山から宝達山にかけてイノシシの動向とも符合して増えつつある（p191～192のコラムを参照）。ただ，人嗜好性は低いので刺症例はまだ知られない。ちなみに，太平洋側では丹沢山地で古くから知られていたが，近年は福島県中部の山間や秋田，青森県でも限局的に見たと言われ，北上傾向は疑いない（及川陽三郎博士や福島県衛生研究所の情報）。

ところで，日本列島の場合，およそ標高500 m以上で広がる中部山岳一帯が微妙な生態学的隔壁となっているため，近畿から北陸や中部へ上がってきた南西日本の要素がそのまま滲むように北上東進するような単純イメージで考えるべきではない。しかし，イノシシの場合，雪の浅い東北地方太平洋側では明治期に青森県まで分布をみていたのが（やがて人為的に駆逐された），改めて東海～関東経由で北へ向かっているのが実状である。背景には，温暖化による降雪の著減で年間棲息が容易になったことがある。

以上の事実に対して，北方系の医ダ二類の分布が南下したような反温暖化の例はまず聞くことはできず，また北方系のシュルツェマダニの垂直分布がやや高度を上げたか，ヤマトマダニの垂直分布が高所へシフトしたと言うべきか，編者らにとっても山岳における微気象的な変化は感じる昨今である。

今後，医ダニ類そして媒介感染症（紅斑熱群やSFTSなど）の北進傾向は，一定の限度に向かってならば徐々に進むものなのだろう。そういった疫学的推移を点検し続けるためにも，地理病理的な視点からの調査研究を止めるべきでない。

3）マダニ媒介感染症を増加させる要因

マダニ媒介感染症と温暖化要素の関係を示唆するような例として，北近畿から北陸にかけての状況がある。ここ2～3年で日本紅斑熱あるいはSFTSが続発した兵庫県と福井県の各々2

表3　マダニ媒介感染症増加に関わると思われる自然や人為要因の状況

	神戸市	／ 豊岡市	敦賀市	／ 福井市
・症例の確認啓蒙				
日本紅斑熱	＋＋＋	＋＋	＋＋	－
ＳＦＴＳ	?	＋＋	＋	－
・感染環の要因				
暖帯系マダニ密度	＋	＋＋＋	＋＋	＋
野生動物の増加	＋＋	＋＋	＋＋	＋
・背景にある気象要因				
近年の年平均気温	17.0	14.5	15.5	14.5
気温の経年上昇	↑	↑	↑	↑
熱帯夜経年増加	↑	↑	↑	↑
ヒートアイランド	＋＋＋	＋	＋	＋＋
積雪の経年変化	－	↓	↓	↓

要因ごとの実データはここに逐一記載し得ないが，気象要因は過去20～30年ほどの既存資料に，また感染環の要因は近年の現地調査に，それぞれ基づく。

地域について，症例増加にかかわりそうな感染環や気象要因をざっと洗い出してみた(表3)。これを一覧するに，ほとんどの要因が絡み合って住民の感染の機会を助長しているように見える。ただ，自然界の要因は基本的には徐々に進行し，かつ出入りが多い点で分かり難いのに対して，発生症例に関わる人為的要因(ほとんどが医学的)は直接的で明確である。したがって，相互の有意性の比較はややむずかしく，まして対策において優先度を付するような問題ではないように思える。すべての要因に留意してゆくのが疫学対応の王道なのだろう。

〔引用文献〕

伊東拓也（2013）北海道のシュルツェマダニ *Ixodes persulcatus* の生息地と記録地．ダニ研究, 13: 3–8.
Reisen WK（2009）Landscape epidemiology of vector-borne diseases. *Ann Review Entomol*, 55: 461–483.

Ⅱ. フィールド踏査の実践論

(髙田伸弘・藤田博己・高橋　守)

1. 本土一般の場合

医ダニ類の疫学的意義(住民に及ぼす病害のあらまし)を知るには，地理病理の視点に立って地域ごとのフィールド調査を丹念に続け，そこから帰納される結論を待つしかない。その場合，自然環境と社会環境の変遷に伴って経年的な変遷は大きいので各時代ごとにやり直しが必要で，方法論の面の進歩も伴えば得られる成果は多い。したがって，例えば科研費なども極力継続に努力したい。科研では3年ごとに目に見える成果を要求されもしようが，基礎的疫学調査の成果を強調するなど申請面の創意工夫を練って調査継続を可能にしたい。

調査地で試料(ないし資料)を採るのを「物採り」と言う。採れなければフィールド調査の意味がないので，行けば必ず採りたいものである。しかし，一般に報告書や論文では，調査の方法，例えば植生上から白布でマダニを採ったなどと記載があっても，物採りの成否を決める実践的工夫としての調査態勢の在り方，調査地点に内在する医学意義の診立てや選び方，ダニ類の有効な採り方などについてはほとんど書かれず術者の手の中にある。ところが，公的資金による調査では，予算や人員また時間に必ずしも余裕はなく，試料にも旬があっていつでも採れるわけでもなし，思わぬ交通や気象の障害もあるので，**環境が整った実験室での研究とはまったく別のノウハウが必要である。言い換えれば，成果が得られたというフィールド調査ではバックヤードでの寡黙な努力があったに違いなく，一方で失敗ないし遅滞した調査では裏でのノウハウが至らなかった理由が多々あったと思うべきで，フィールド調査の結果はこれらノウハウの良し悪しまで含んで評価されねばならない。**

ともあれ，わが国の本土(列島の大きな4島)の中では，少なくも尋常な環境のフィールドでなら通常のノウハウだけで成果は得られよう。ただ，本土内であっても極端に劣悪なフィールドもあり得るので，その場合は次項で紹介する島嶼調査の方法論も参考にするとよい。

2. 特に島嶼(離島)の場合

例えば南西諸島の島々で，近年はリケッチア症などの散発も言われるが，基礎的なベクター(ダニ類)やその宿主動物，環境要因など感染環の知見は不充分である。しかし，それだけに，調査を実行して知見が得られたなら，離島での地域医療に貢献できるのは当然だし，ダニ類(共に病原体も)が大陸から日本本土へ拡散してきた島道の実態をうかがうこともできよう。

以下，現地調査のノウハウ(採集法の基礎も含む)の骨子を紹介する。

1) 調査の準備

- 離島の疫学情報は元々僅少で文献検索は手間を要するので，地域の保健衛生機関や関係者に尋ねる。
- 離島では入る時期をよく考える。例えば，南西諸島では夏になく冬期に現れるマダニなどもある。
- 離島へ赴く場合，現地に知った研究者がない場合は他所の研究仲間や学生の同行に努める。

・人員確保は，公的経費による場合，同行者の所属長へ一定の書式で出張依頼をかける。大学院生はよいが，学部学生ではかなりの手続きが要り，就学時期には不可である。手続きは後日の会計監査に堪えるようにする。潤沢な研究費があっても，手続き自体が面倒ないし不可のこともあり，決まりきった事務的な出張とは別に学術調査に特化した出張制度などがほしいとは言える。

2) 交通手段の選定と確保

・離島に向かう場合，JRなどで最寄りの空港や海港にアプローチするのはよいが，離島航路は小型飛行機か小型船舶であるから，体力的に向き不向きもあり人員招集の折に調整したい。
・離島の航路も空路も一機(隻)で使い回しすること多く，往復には前後泊の必要も出てくる。
・離島の宿泊はほとんどが民宿になるが，手配は他人に丸投げせず自分で種々目配りせねば，現地に行ってから調査に影響するほどのトラブルもあり得る(図12)。

図12 トカラ列島への渡航
左：十島村運航のフェリー，中之島遠望／右：離島の民宿で軽自動車などを借り上げて調査

3) 装備の運搬

・荷物は調査用と個人用で，現地の受け入れ施設や宿へ宅配し，また送り返すことになる。行き先や試料保存の都合によっては空港，海港，レンタカー営業所などへ直送してもよい。荷造りでは器材のコンパクト化が重要で，現地での運搬を容易にする包装や数量などを考えたい。
・個人装備は，道なき道も歩けるようゴム長靴(または丈長いスパッツ)，草藪に手を入れるため丈夫な手袋，帽子，強風雨に耐える雨具，ポケットの多い衣服などが挙げられ(いずれもトレッキング用の吸湿速乾タイプがよい)，これらは調査の成否にも影響する。

4) 調査の実施

[行程の調整]

・1週間前の天気情報で荒天なら中止か待ちか，しかし風雨の時間帯は半日ほどでもずれることが多く，早々に中止すべきでない。この阿吽の呼吸を身につけると，晴れ間をみて駆け込み的に収穫を得られることも多く，いわゆる「ダメもと」の勝利となる。雨は突然降り出すのでなく，西の方から低気圧がやって来るか，山並みにかかる遠い雨降りの曇りガラス状態を見晴るかすことで分かる。雨がどれほどの時間で到達するか予測し，手早い作業と範囲の絞り込みに努めるとよい。

・複数の島を調査する場合，人員に余裕あれば二手三手で分担し，同時進行で調査して最後に合流すれば成果の倍増を図れる。帰路の船に時間差で乗船し，帰投後ただちに試料処理を済ます。

・関係者の寄り合い調査では，目的地に近い研究者が指揮を執る。指揮とは，準備，交通，宿の手配，試料の配分，また調査記録の作成などである（都度「隊長」などと呼び合い責任を明確化する）。

・小島での足は民宿の自家用車を借り受けるので（大半は古い軽トラなど），安全運転に留意する。離島の燃料代は高い。島内での離合集散は時刻や場所合わせをする（携帯電話の通じる離島も増えた）。

［サンプリング］

・サンプリングは一見単純作業ながら，実際は担当研究者が先導して目的にそった日時，場所（環境），方法（繰り返しの忍耐含む）で実施せねば良い成果は得られない。特に，採る対象物は危険生物である上，島によっては種々の衛生害虫や有毒動物が生息するため，数々のコツが必要で，まったくの部外者へは依頼できない，すべきでない（100％の自己責任の保証がない限り）。

・媒介性ダニは，種数が多く，出現時期や分布，生息密度も多様で，それらの種を再度採る必要も出てくるので，どの島の調査でも後日に再試ができるよう各自で配慮しておきたい。

・マダニを白布ハタで採る場合，収量は草へのハタの当てがい方と歩く距離で決まる。ハタが草の上で空を切らぬよう，左右の路傍の下草を撫でるように払い，また接触面積を増やすにはハタを草叢に縦に入れて叢を切るように歩くのもよい。寒い時期には，草の根元や枯葉の積もる地面を払っても採れる。小雨の後でも風が吹き続ければ草は案外速く乾く。雨で濡れたハタでは付きにくいが，高密度の場所ならいささかの忍耐でほどほど採れる（もちろん予備のハタを持参）。幼若虫が多く出る秋は草の種も無数に付くが，慣れたら種の付く植物を避けて採ることもできる。ツツガムシ幼虫は，黒布を地面や下草に押し当てて付着させるが，微小なので，近年市販の眼鏡型ルーペも有用である。

・試料は，生，冷蔵，冷凍，乳化，液浸，封入など種々の保存形態に置くため容器や保冷資材の工夫を要する。ドライアイスは島では入手困難ながら，小型デュワー瓶（コルク栓の密封で極微量ずつ抜けるので1週間は保つ）にて手持ちもでき，また食塩1：氷3の寒剤なら－20℃を得る。

・病原体保有が多い野鼠を捕るには輸送し易い折り畳みのアルミ製トラップやステンレス製カゴ罠を使う。餌は強い匂いと水分補給になるものを組み合せるが（島の「よろず屋」にも何かある），寒冷時に生捕するには多目に入れる。朝の回収をやや遅めにすると朝捕れの元気な個体が得られる。なお，南西諸島では山に一般種の野鼠は居らず，里周辺の草藪の方が獲れやすいなど，調査地ごとの野鼠の生態や種を知っておく。トラップは，宅配で回送する折は必ず糞尿汚染を洗浄，消毒する。

・野鼠の捕獲は県知事の鳥獣捕獲許可を要する（農林業や開発で多数駆除するのは規制対象でない）。各県の自然保護の趣旨は理解できるが手続き自体が微妙に異なり，それなりの事務量と日数を要し，突発的な調査を要する場合は間に合わない。著者らは対象県についてはほぼ全域を調査できるような申請を可能な限り工夫して対応している。なお，韓国などでは専門研究者なら数年ごとの免許制で，採取は国民保健のためである趣旨が認識され，有料の道路や施設も入ることができる。

[試料処理と後処理]

・得た試料は，できるだけ新鮮なうちに現地で専門別に小分けして，各々持ち帰るのがよい。

・野鼠の試料処理は，離島では場所が問題で，在るなら保健所（支所や動物施設含む）や診療所（保健士施設含む）の試験室や何かの処置室，なければ車の後部荷物室で行うが，事情によっては厳密な包装で生かしたまま本土の研究室へ持ち帰る。いずれでも「標準予防策」に準じて消毒，洗浄，廃棄すべきである。現地で鼠体を廃棄する場合は，捕った地点の土中に埋めて地産地消とする（図 13）。

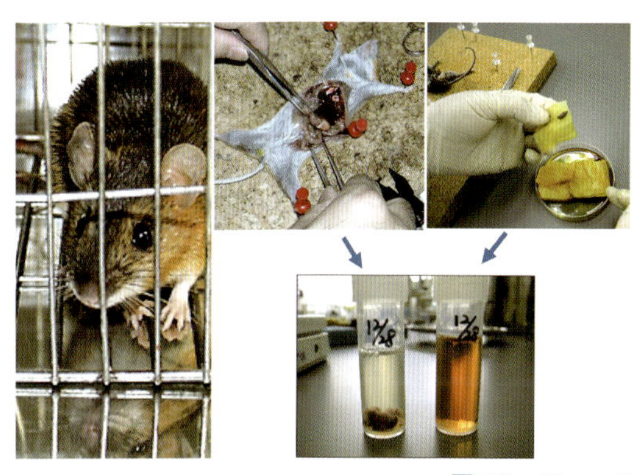

図 13　フィールドでの試料採取

左：捕獲した野鼠などを解剖して血液や臓器から試料を抽出して可能なら培地へ投入／
右：アジア諸国で，市場へ持ち込まれた野生獣を検査して医ダニ類を回収

・実際の調査では，午前は得た野鼠の処理，昼間はダニ採集，夕刻はトラップかけ，夜間は試料，記録，器材の手入れなど 24 時間態勢となる。そのため，宿や処理場所の開閉時間帯の確認も必須である。こうした中で器材を収めて車を返し帰路便に乗るため，必死の撤退劇になることもあり得る。

[離島生活のコツ]

・一般に「有効な調査は良好な生活から生まれる」もので，島の宿では夜に飲酒しながらの打ち合わせや歓談は好ましい。地元の保健衛生関係者ほか民宿従業員や住民客から，ダニ被害，発病例，動物の移入や増殖など，地元ならではの情報を得られることは少なくないからである。

・離島での病気や怪我は，本格的な医療施設がないので充分に留意したい。フィールド入口で立ち止まって斥候スズメバチそして大きな巣がないか周辺を見透かし，足元の地バチほかの巣も踏まぬようにする。南西諸島では草薮に突然手を入れず，まず棒でハブなどの有無を探る。本分野の者は感染や傷害への認識が高いためか，調査行で何か起こった例はまず聞かないが，注意のし過ぎはない。

・島では生活，金銭の便宜は少ないので渡航前から備えておく。昼食でさえ，小さな離島では宿の弁当となる。一軒のよろず屋で間に合わない物品は，調査日数も見据えて準備，または自宅から宅配で補給もよいが，離島発着の宅配は本土から中 1～2 日，天候によって更に遅れることも念頭に置く。

5)帰着後の各種処理

[事務処理]

・公的経費で出張した場合は一定の復命報告書を提出するが，経路変更あれば理由書も必要なので，現地で得た一片の書類も残置するのが賢い。領収書ほか，複数員で複雑経路を動くと山のように溜まるので遺失に気を付ける。複数員の間でまちまちの書類にならぬよう書式の整合性にも配慮する。

・調査記録は，現地で実施中からまとめて漏れがないようにし，調査指揮者が帰って直ちにパソコンで仕上げたい。データ化した後に調査参加者の全員へ配信して共同研究を認識する。

[反省と発表]

・成果の発表準備を関係者間で擦り合わせると，自ずから反省点が明らかになるもので，調査の回を重ねることで，研究者自身の得手不得手や行程の問題点が理解できる。

・解析途上で，概要だけでも専門学会で公表した方が当該分野への貢献になり関係研究者の間でも共有でき，もちろん研究者ら自身の研究業績になる。

・科研報告書などは，出資者たる国民へ成果を知らしむため，かつ関係研究者へ参考に付すためであり，それは審査を要して完全な学術様式に沿った正規の論文資料とは違った性格をもつ。しかし，発表形式は異なりこそすれ相補的なもので，調査のやりっ放しを防ぐ意味では重要である。

以上，本土でも島嶼でもフィールド調査で実績を上げるためには，様々な俗っぽく地道な努力や工夫による下支えが必要であることを理解したい。

Ⅲ. 医ダニ類の分布と媒介感染症の概況

（高田伸弘・藤田博己・高橋　守・夏秋　優）

ここでは，行政区分とは別に，気候条件を含む地理地勢を俯瞰した上でおよその地域（島嶼含む）を分けて，**それぞれの地域に見られるダニ類や媒介感染症の特性を示す，いわば「見える化された疫学」としたい。もちろん，調査はまだ不充分ではあるが，現時点でも相当の情報は得られているので，それを示すことで今後の変遷を見てゆく基準線になればと考える。**なお，東アジア（編者らが日本列島との関連を調べるため調査に赴いた国々）の情報も加えることで，アジアの中での列島の立ち位置を浮き彫りにできればと思う。以前より，旧北区や東洋区など動物の地理区が列島周辺に提唱されており，それらは気候帯と関連した種々の植生区分を含む（図 14）。これ以降の医ダニ類の分布の話では，暗にこの動植物の地理区分を視野に置いて進めている。

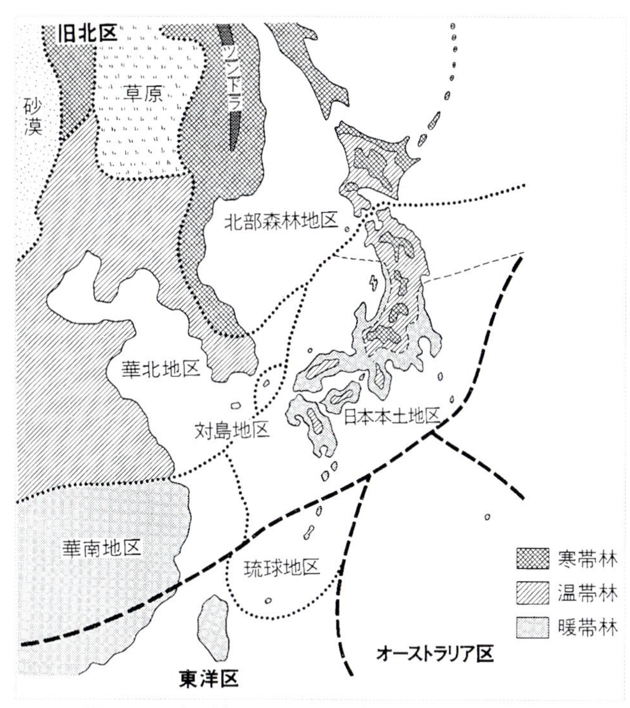

図 14　日本列島の周辺にみる植生区分と動物地理区

1. 日本列島

以下，列島の各地方ごとに環境や動物相の特性と絡めて，医ダニ相や媒介感染症の発生状況につき，編者らの調査記録を軸に地形図の中に記入する。順に北海道，東北地方，関東・中部地方，近畿地方，中国・四国地方そして九州地方について，それぞれの属島も含めて示す。島嶼として長大な地域になる南西諸島は九州とは別に扱う。なお，各地方の細かな地区ごとの調査の生データはあるが，それをすべて付帯させることはできず，ごく最大公約数的な扱いになる。

〔記載方法の凡例〕

各地方で医ダニが問題とされる地区は点線の囲みで記し（ツツガムシの関連は白線で，マダニ関連では黄線で示す），それぞれに短い語句の説明を付してある。また，それら説明についてさらに総括するような文章を図の前に箇条書きで置いた。これらの関連事項は各章の本文中で述べてもあるので必要に応じて参照されたい。ただ，図の中に記した発生地区や説明は重要な問題あるいは貴重な記録を中心としているので，散発的ないし僅少な分布や発生例までは網羅できていない。なお，説明の語句はスペースの都合から種名語尾の「…チマダニ」を略したり，重要で記載の多いシュルツェマダニは Ip，ヤマトマダニは Io と略記する。

1) 北海道(東～北半部は冷涼，南西部はやや温暖で，北方系マダニ種でも分布頻度に差をみる。)(図 15)

・シュルツェマダニは道央から道北，道東に向けて多く，単純な刺症のほかライム病をよく起因する。同マダニは欧州から始まるユーラシア大陸と共通する複数の紅斑熱群菌種も保有するが，その明らかな症例確認はまだない。
・イスカチマダニは道東沿岸部で釧路川の下流の釧路市内部分も含めて見出されるので，極東紅斑熱の媒介の有無は検討を要する。
・マダニ媒介性脳炎の発生が道南にみられていたが(ヤマトマダニから分離)，近年は道央にも死亡例を含めて発生の追加がある。SFTS ウイルスの確認もある(筆者らは夕張でみた)。
・ツツガムシについては，フトゲツツガムシが道央あたりまで，ほか北方系の種が各地に散在，またカワムラで Ot 保有もみるが，明確な患者発生がない。
・利尻島にはキタキツネやリシリトガリネズミが生息(最近，ヒグマの上陸目撃あり)，臨接の礼文島はサハリン系の植生で，小中哺乳類のみだが，編者らはキチマダニを採集している。
・焼尻島はイチイ原生林でサフォーク羊が放牧されているが，編者らの採集ではシュルツェはなくてキチマダニを僅少だけ得た。隣の天売島は海鳥が繁殖。
・奥尻島および南の渡島大島はドブネズミが繁殖するが，医ダニ類の調査はほとんで知られない。

図 15 北海道における医ダニ調査の概要

2）東北地方（津軽海峡に種々の医ダニ類の北限ともなるブラキストン線があり，またこの地方は南北に立つ地形のため雪の少ない太平洋側と豪雪の日本海側に分かれ，医ダニ類もその影響を受ける。）（図 16）

・下北半島の北部および津軽半島の白神山地は，ニホンザルやカモシカも多く，シュルツェマダニ Ip とヤマトマダニ Io が密度高く見られ，ボレリアやバベシアも検出される。
・極東紅斑熱の症例（本邦初）が確認された仙台市内の河川敷に生息するイスカチマダニから同リケッチアも見出された。イスカはさらに八戸市郊外にも散在，極東紅斑熱の推定症例も同市で確認された。
・南西日本に頻発する日本紅斑熱や SFTS などはこの地域全体で未だ確認はない。
・ツツガムシ病については，広くフトゲ系のほか，雄物川中流域でアカ系が少なくなく確認され，加えて，稀とされていたシモコシ型も多く潜在するらしいことも確認されている。タテは岩手県中部から山形県最北部までを北限としてみられる。
・佐渡島では，Io を見るも Ip は確認できず，医ダニ類は総じて新潟県本土域と類似した。
・南方系でイノシシによく見るタイワンカクマダニが福島県の奥で見られたほか，秋田，青森県でも見出された情報があり，その定着の有無が問題である。

図 16　東北地方における医ダニ調査の概要

3)関東・中部地方(脊梁部は奥会津から中部山岳へと大きな山塊を成し，一方，海域は伊豆諸島方面まで南下するため，医ダニ類は全体として多様となる。)(図 17)

・栃木県および新潟県で日本紅斑熱が記録されたが(現在の本邦北限)，媒介マダニ種は知られない。新潟県柏崎市の推定感染地付近を踏査したところ，そこは市街地内で小さな植生や神社などはあるもののマダニ生息には難があり，外からの持ち込みの可能も含めて，感染機会の把握は容易でない。
・長野県の白馬山系で推定 Io 媒介の紅斑熱，飯田市ではアフリカダニ熱の輸入例あり。
・タイワンカクマダニが，イノシシ北上に伴うためか石川−福島県ラインまで，またタカサゴキララは能登半島あるいは埼玉県まで北進している。
・シュルツェマダニによるライム病，加えて新興回帰熱のボレリアを浅間山系にみる。
・イスカチマダニは富山県沿岸で僅少の若虫の記録あり。
・石川県の SFTS 症例は現在の最も東ないし北での確認となる。
・ツツガムシは，タテの浸淫が主体で各地にその症例をみるが，伊那谷ではフトゲも含み多様である。
・太平洋岸の県では軒並み日本紅斑熱の発生をみるが，SFTS の確認はない。
・伊豆～小笠原の島々にタテが浸淫, マダニはアサヌママダニのほかオオトゲ, フタトゲ, ツノ, ヤマアラシ, キチマダニ，アカコッコそしてミナミネズミマダニ, うちシカ侵入によりオオトゲが急増(土井ら, 2019)，また海鳥のカズキダニから回帰熱系ボレリアをみる。

図 17　関東・中部地方における医ダニ調査の概要

4) 近畿地方（福井県～山陰の冬は雪を見て，暖帯の中京～瀬戸内や紀伊半島とは対照をなす。ただ，医ダニ類は冬を除いて基本的には共通性がある。）（図 18）

- ここでは日本紅斑熱の有数の多発地（三重県志摩半島や南紀）があり，しばしば SFTS も混在する。近年，兵庫県北部～若狭湾岸，一方で六甲山系でも続発，山陰や滋賀県北部では SFTS が確認され出した。
- ツツガムシ病は各地でタテツツガムシ系が優勢ながら，福井県でシモコシ型症例を確認，また京都府南部の野鼠に同抗体保有が高くてヒゲツツガムシの多発と相関が疑われる。
- 紀南では，果樹地帯のツツガムシ病と山林帯の日本紅斑熱がほぼすみ分けで発生する。
- 淡路島では，北半でツツガムシ病，南半で日本紅斑熱がすみ分ける傾向はあり，マダニ相も南半で濃い。

図 18　近畿地方における医ダニ調査の概要

5) 中国・四国地方（雪国要素は山陰そして四国山地にもみるが，総じて温暖性である。）（図 19）

・ツツガムシ病は，島根県では韓国系の型（日本海側の他地域でも記録あり）もみる一方，シモコシ型も確認されている。
・瀬戸内側では太田川中上流でタテ系が浸淫，四国の吉野川では上流のタテ浸淫が中流以下には下っていないこと，またトサの分布は僅少で，古くそれが起因するとされた症例はどうであったか，紅斑熱との異同などは追跡し難い。
・紅斑熱は，鳥取県岩美や島根半島に多発してきたが，瀬戸内では広島県が有数の多発地で，岡山県なども加わり，四国ではほとんどの県に多発する。
・SFTS は山口県が初確認で各県にも見て，今後も症例が積まれてゆくと思われる。
・Ip もいくつかの高山帯に生息するが，ライム病ボレリアなどの検出はみていない。

図 19　中国・四国地方における医ダニ調査の概要

6) 九州地方（大隅諸島まで）（北部は大陸との接点あり，南の大隅諸島でも本土要素は少なくない。）（図 20）

- 対馬周辺は，氷河期に朝鮮半島と九州にかかる陸橋の地史の舞台であり，また壱岐と共に対馬暖流に洗われる位置にある。隣にある済州島と同様にフタトゲチマダニが多いためか，島嶼ながらマダニとツツガムシによる感染症がそろって見られる。
- 五島も本土から溺れ谷で隔離されただけで，リケッチア類の症例が少なくなく，トサも注目される。
- 九州本土の北部は，大分県竹田市周辺で古くから知られるタテ系ツツガムシ病のほか，少しずつあらゆる感染症例が出ている。
- 中部では天草の紅斑熱や SFTS が，熱心な医師の活躍もあり，特に著明である。
- 南部では鹿児島，宮崎の 2 県であらゆる症例が多発してきて調査実績も報告も多い。
- 大隅諸島のうち，屋久島ではツツガムシ病が知られ，高山帯には Io も生息するが Ip は見ていない。この諸島の生物相は，縄文時代 7,000 年前に爆裂した巨大鬼界カルデラの火砕流で一度リセットされている。

図 20　九州地方における医ダニ調査の概要

7) 南西諸島(トカラ列島以南)(医ダニ類にみる地理的隔離は大きくはないが，むしろ宿主動物に特徴がある。)(図 21)

・トカラ列島での問題はツツガムシ病であり，トカラ入口の口之島〜悪石島まで冬にはタテの生息が見られ，夏〜秋はそれらの島にスズキ(かつてデリーとされた)の発生をみる。
・奄美群島では本島で紅斑熱および関係媒介マダニを見たほか，SFTS の遺伝子は確認されている。
・沖縄諸島では本島で紅斑熱に加えて SFTS も確認されている。
・宮古列島の本島では問題になるマダニも症例も確認ないが，属島の池間島(キビ畑が占める)ではクマネズミの繁殖そしてデリーの浸淫による症例続発が大きな問題になっている。
・八重山列島では，石垣島〜与那国島まで，キララそしてヤマアラシ，フタトゲ，キチマダニなどをみるので何らかの感染症の基盤はなしとしない。カメキララの人体例も知られる。
・放牧牛でのオウシマダニは，撲滅記念碑を建てる島もあれば，牛が島内に当該マダニを撒き散らし続けている島など様々である。

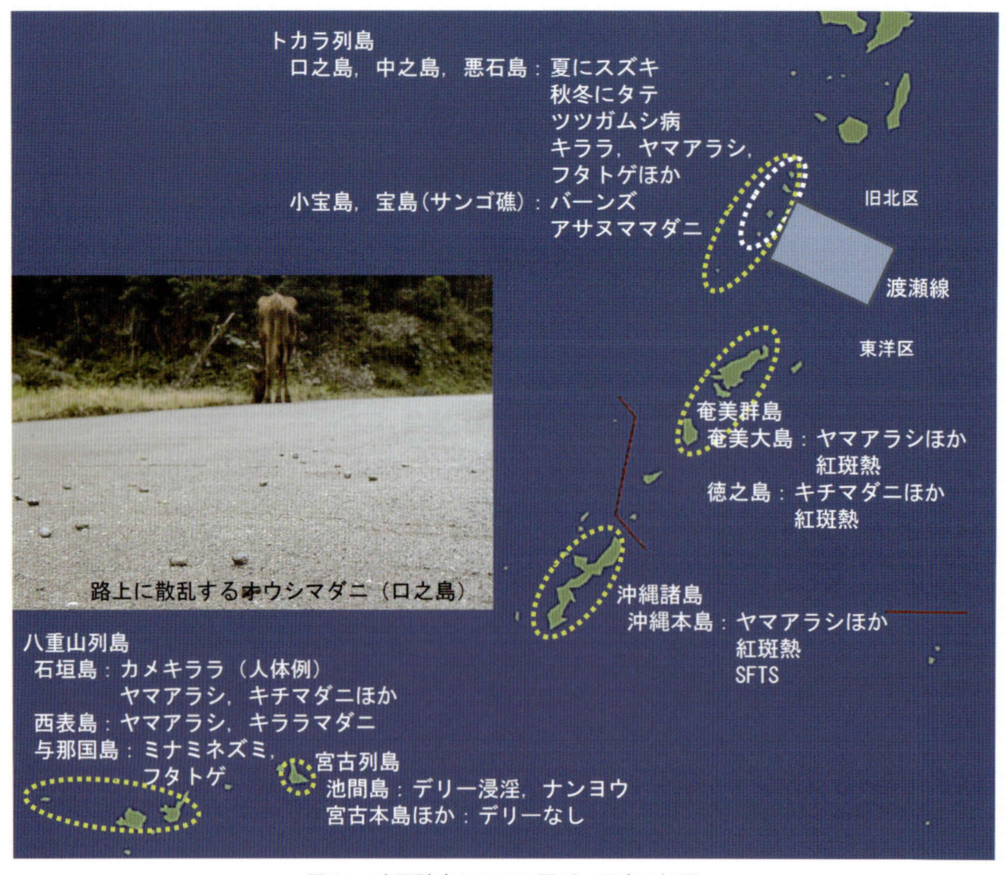

図 21　南西諸島における医ダニ調査の概要
写真は，口之島で歩くウシから落下するオウシマダニの飽血個体（角坂照貴博士撮影）

<参考>タテツツガムシの分布

タテツツガムシは以前は九州地方や伊豆諸島が中心とも言われたが，シカなど動物の拡散のゆえか，今では分布がかなり広がり，また北上している（図22）。それに伴って同病患者も秋〜冬に多発して，同病の届け出総数を押し上げることになっている。それに反して，春と秋のフトゲによる患者は減衰の傾向がある（「A. ツツガムシ類と感染症」を参照）。

図22　タテツツガムシの分布状況 ➡

column

生物の渡瀬線（地形のトカラギャップ）を再考する　（髙田伸弘〔編著者〕）

古くから生物地理学ないしそれを利用する調査研究では，南西諸島には「渡瀬線」が在る，という前提で議論されることが大半であった。この線は医ダニ類や宿主動物を旧北区と東洋区に分ける上でも重要で，確かに在るのだが，その定義と付随する意義を考え直す必要が出てきたということである。

近年の深海探査船などを駆使した調査研究に絡む文献（木村ら, 1993; Komaki et al., 2017; 松本ら, 1996）を概観して，現地踏査の経験も多い編者らの考えでまとめるなら以下の通りである。

- トカラ海峡は，屋久島や種子島の大隅諸島と奄美群島の間を分ける境界であり，結論的に言えば，渡瀬線はその海峡に広く帯状に張られるべきもので，本来の定義もそのようであった。
- その真ん中の海底地形にトカラギャップなる 1,400 m ほどの最深最大部がある（古地理上では，現在の東シナ海に当たる陸棚を流れ落ちていた揚子江の河口域）。そこから西に線を引くと直ぐに悪石島と宝島の間を指し示すが，それら島自体の間で切れ落ちているわけではない。トカラ列島はすべて東シナ海陸棚の長い縁でかろうじて繋がった列島である（図①）。悪石島と宝島の間というのは，目には見えない広い渡瀬線の中央を教えるゲージだけの意味で，そこの海底を渡瀬線というのでもない。
- 重要なのは「その島の間の深海ではなかった海底は 3〜2 万年前には陸橋を成して日本本土側と繋がり，浸食や砂泥の堆積も起きて，動物などは渡ることができた。しかし，地史的な尺度（万年）で言えば速目に断層などで落ち込むことになった」という点である。氷河期の海退でも繋がったことがないという定説？は，今日のような潜水艇「しんかい 2000」による直接見分などはできない時代の推測であり，現在の深度から氷河期の推定海退分を引いた計算だけだったらしい。

図① 渡瀬線に絡むトカラギャップの海底地形
トカラ列島は大勢として東シナ海の棚が東の海溝に落ち込む辺縁に並ぶ（Komaki et al., 2017 を改変）

・したがって，渡瀬線の真の意味は，当時居合わせたすべての動植物がそこをどれだけ越えたか否かでなく，ずいぶん広いトカラ海峡の幅（160 km 余）で隔てられる温帯と亜熱帯の気候や海流で生態系に大きな差異を生んだということである。陸海空の動物種にとって「線ではなく海峡の帯として隔離境界が成っていった」ものと表現したい。具体的には，地を這う蛇類などは地理条件によるわずかな障害でも分布が断絶しただろうし，地史的に温暖な時期に海水面上昇でトカラ列島の大半が水没した場合には，北上しつつあった生物種も滅したと思われる。すなわち，簡単に日本本土側へ北上できるものではなく，やはりトカラ列島は分布の関門の一つではあった。船で悪石島から宝島へ渡ると急に環境の変化を感じたりするが，宝島はトカラの他の島と異なりサンゴ礁の島であるし，気候も植生も亜熱帯性の奄美群島に近くなるためである。もっとも，このようなサンゴ礁の小島では鼠類も僅少なので，医ダニの繁殖（特にツツガムシ）にはいささか不充分で，その意味では旧北区と境目になる島である。

・帯という見方をすれば，以前から動植物の種によって幾通りもの境界線が提唱されてきたことは道理である（徳田，1969）。乱暴な表現をすれば，境界線と言えばきれいに引きたくもなるが，境界は現在でも自然に出入りがあろうし，鳥やコウモリが空輸する特異種のダニ類もあり，なによりも古くから人間が島々を往来して家畜のほかに家鼠も運んでしまっていたようで，イタチなどは鼠駆除のため全島に投入されてしまったことも思えば，基本的に表土に根差すツツガムシ類はまだしも，マダニの分布は自然の遷移ばかりとは言えず，今となっては土着性と隔離拡散の見極めが付きにくい。

〔引用文献〕

木村政昭，松本　剛，中村俊夫，西田史朗，小野朋典，青木美澄（1993）トカラ海峡の潜水調査－沖縄トラフ北部東縁のテクトニクス－．しんかいシンポジウム報告書（Proc JAMSTEC Symp Deep Sea Res），283–305.

Komaki S, Igawa T（2017）The widespread misconception about the Japanese major biogeographic boundary, the Watase line (Tokara gap), revealed by bibliographic and beta diversity analyses. *bioRxiv*. doi: https://doi.org/10.1101/186775.

松本　剛，木村政昭，仲村明子，青木美澄（1996）琉球弧のトカラギャップおよびケラマギャップにおける精密地形形態．地学雑誌, 105: 286–296.

徳田御稔（1969）生物地理学．200pp．築地書館，東京.

2. 東アジア（医ダニ類の分布も渡瀬線の前後で微妙に出入りして，共通性も隔離もみる。）（図23）

- 韓国の本土南部では山間でIpもみたが，フタトゲが優勢なためか紅斑熱やSFTSが問題化している。ツツガムシ病はフトゲとタテにより頻発が知られる。済州島では，ハンラ山（1,900 m余）でIpもIoも見なかったが，本土と同様にフタトゲが濃厚で媒介症例もみる。中国大陸と共通でIoに近似した *I. pomerantzevi* を見た。マダニの宿主動物ノロジカが濃厚に生息する。ツツガムシ病はタテ系のみと思われる（表4）。大勢として，済州島は対馬そして九州などとはやや共通性が低くて大陸要素の方が優勢なように見え，日本列島への医ダニ類拡散の島道ではないよう思われた。むしろ朝鮮半島本土から対馬〜日本への直接経路であったものかと思われる（近年の研究によれば，現地アカネズミ種は済州島が原産で，むしろ朝鮮半島本土へと移行したのだという）。
- 極東ロシアのハバロフスク地方はIpの浸淫による脳炎やライム病が問題である。
- 中国東北部（瀋陽，撫順）の平地ではIpを見ず，*I. nipponensis* が多かった。
- モンゴルでは，草原は別としてタイガ（環北極圏森林）周辺はIpが浸淫してライム病やアナプラズマ症が問題である。中国領の内モンゴルでも類似の状況である。

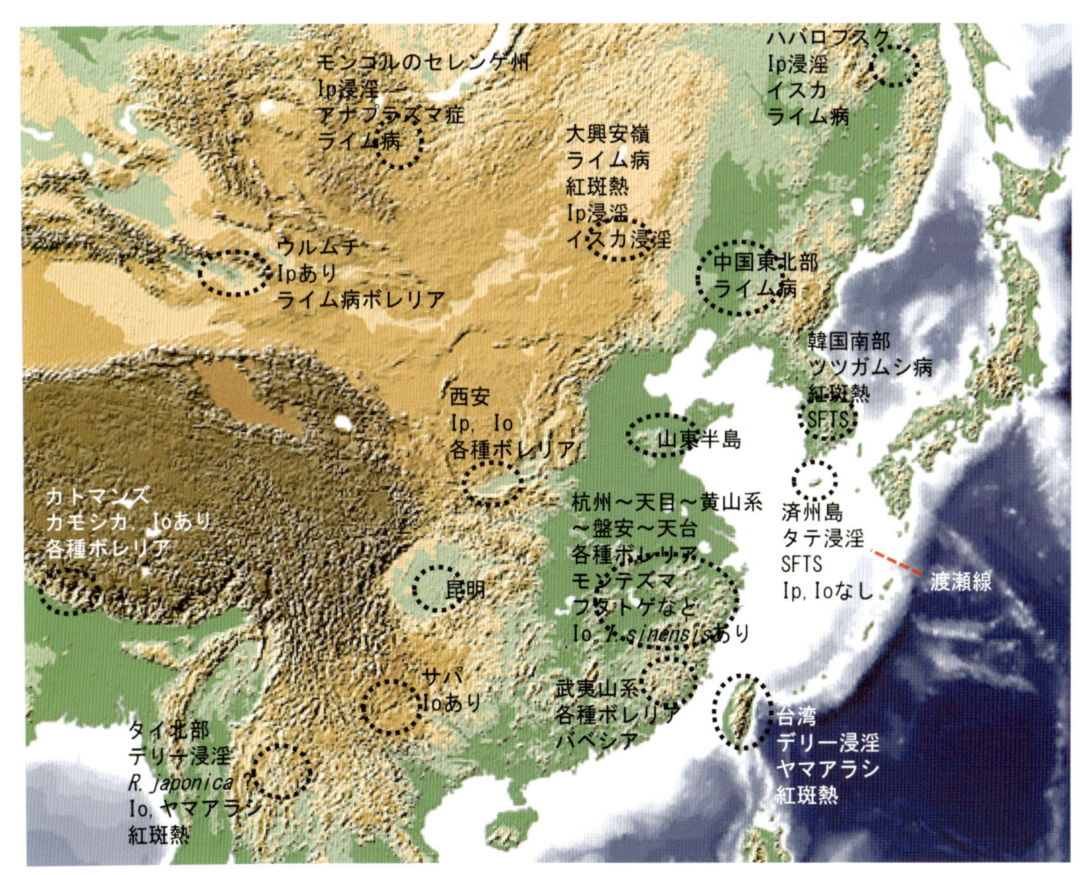

図23　東アジアにおける医ダニ調査の概要

表4 韓国南部域におけるマダニ関連の調査

年月	地区	野鼠＆吸着マダニ	Flagging	分離	DNA検出
0706	1.	*A. chejuensis*＊1 20頭		—	—
		吸着 *I. pomerantzevi*		SFGR	*R. asiatica*
				—	*R. helvetica*
		C. dsinezumi＊2 2頭		NT	—
			H. flava	SFGR	—
			H. longicornis	SFGR	Lonタイプ
	2.	*A. chejuensis*＊1 6頭		NT	—
			H. flava	—	—
0711	1.	*A. chejuensis*＊1 26頭		NT	—
		吸着 *I. pomerantzevi*		NT	—
		吸着 *I. tanuki*		NT	—
		C. dsinezumi＊2 3頭		NT	—
			H. flava	NT	
			H. megaspinosa	NT	
			H. longicornis	NT	
	2.		*H. flava*	—	*R. japonica* ?
	3.	—	*I. tanuki H. flava*	—	—
	4.	—	*I. persulcatus*		
	5.	*A. agrarius*＊3 7頭		NT	—
		吸着 *I. granulatus*		NT	—
		C. dsinezumi＊2 2頭		NT	—

＊印は調査で捕獲された野鼠（＊1：チェジュセスジネズミ *Apodemus chejuensis*／＊2：ニホンジネズミ *Crocidura dsinezumi*／＊3：セスジネズミ *Apodemus agrarius*）

- 中国東北部（瀋陽，大連）～華北（山東，北京）の平地ではIpもIoも見ず，感染症は不明である。
- 中国中央部（西安，秦嶺山脈）は黄河（華北）と揚子江（華中）を分ける位置で，北面にIpを見るが南面はIoに移る。病原細菌類や症例の検索は不充分であるが，ヒトバベシア症の神戸型が華南から台湾にかけて分布することを見出した（図24）。
- 中国華中（杭州，天目山，黄山系，天台，盤安）ではIoをみたほか新種を含む各種ボレリアを検出，さらに中国南部の特異な *ricinus* グループとされた *I. sinensis* を盤安地区の山間で確認し得た。この地域を中心に広くSFTSが発生している。
- 中国華南（福州，武夷山）ではタヌキマダニと関連するかのようにバベシア神戸型を検出した。

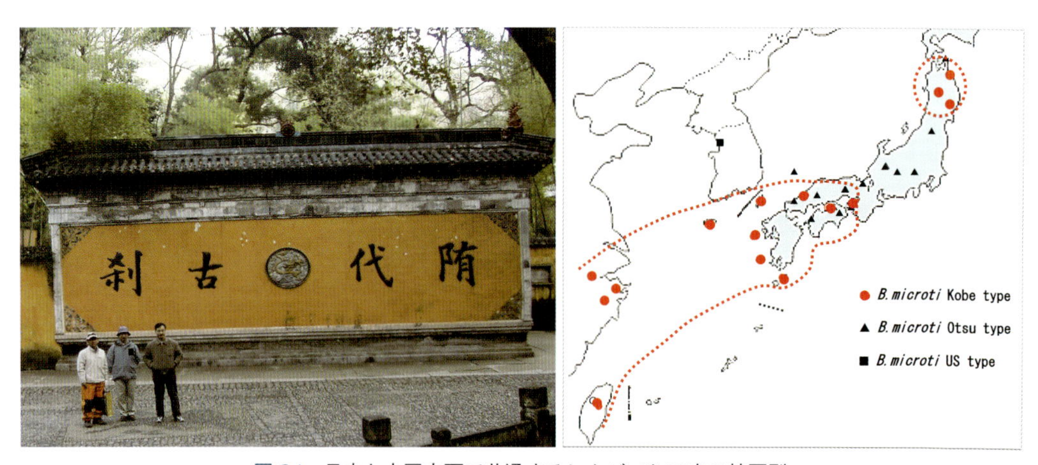

図24 日本と中国方面で共通するヒトバベシア症の神戸型
左：古刹の周辺など普通の環境でも頻度高く検出／右：赤点線の区域でタヌキマダニとの関連が推測された

図25　ウルムチの天山北路から望む天山山脈
平野部～山裾にマダニは多くないが，中腹の標高1,800 m 前後は Ip の宝庫になる

図26　ベトナム北部のトンキンアルプスを踏査
標高 1,700 m峠付近で Io を得た

- ユーラシア大陸の中央である中国西域の新疆ウイグル自治区(ウルムチ周辺)では，山間森林で Ip が多数得られて，本種がロシアから日本列島に至った経路を実際に確認できた(図 25)。
- 台湾の山ではボレリア関連のマダニ種は少なかったが，野鼠類からバベシアなど検出し得た。
- ベトナム北部のラオカイ県サパのトンキンアルプスにて Io を確認，本種は中国からここインドシナ北部を経てネパールまで遺伝的な本質は同じに分布することを証明できた(Masuzawa et al., 2007；図 26)。
- タイ北部(チェンマイ，チェンライ)では，ヤマアラシチマダニから *R. japonica* 近似株を分離できている。ツツガムシはデリーが浸淫して，多発地では患者が年中みられ月に数10～100 名を数える。
- ネパール平野部は日本と似た温帯性の気候で，中部のカトマンズ周辺では Io を多く得て，各種ボレリアも検出している。編者らはカモシカマダニの刺症も受けた。

以上で示したマダニなどの採集は編者らの幾たびにも及ぶ科研費海外学術調査によるもので，その記録概要は別途まとめ(Takada et al., 2007)にあるので，必要に応じて参照されたい。

〔引用文献〕

土井寛大，西田克義，加藤卓也，羽山伸一（2019）東京都島嶼部におけるマダニ類の調査．第 27 回 SADI 天草大会，上天草市，2019 年 5 月 31 日．

Masuzawa T, Takada N, Fujita H, Ishiguro F, Okamoto Y, Ma XH, Chaithon U（2007）Genetic homology of *Ixodes ovatus* tick found widely in Asian countries. *Annu Rep Ohara Hosp*, 47: 17–20.

Takada N, Fujita H, Ishiguro F, Yano Y, Ma XH, Oh HS（2007）Records of ticks in Asian continent and some islands of Japan around East China Sea. *Annu Rep Ohara Hosp*, 47: 11–16.

E. 画像補遺「医ダニ類の姿と棲み方」

本書の各章では，分類そして疫学へと解説が続く中，様々な写真画像が掲載されてきた。それでも，各事項で文章の流れには乗りにくかった，あるいはスペース的に嵌めにくかったなどの写真は編著者らの手元に残っている。一方，そのような実写画像さえ提供できればさらに分かり易かったであろうと思える事項も多々あった。

そこで，以下に「ツガムシ」「マダニ」「ダニの棲息場所の多様性」「医ダニ類の棲む風景」の 4 つのテーマで，上記のような趣意で関係の写真を集めてみた。なお，写真の脚注自体は簡略なため，必要に応じて本文と突き合わせるのがよい。なお，写真撮影者は適宜記名してある。

I．ツツガムシ（風景は高田と夏秋，虫体の多くは高橋）

図 1　左：新潟県の信濃川堤内地に残る恙虫明神／右：ツツガムシに似せた祠の燭台

図 2　最近もアカツツガムシ媒介患者の発生をみる雄物川河川敷（秋田県健康環境研究所の調査）
（挿入は野鼠に同居吸着するアカとフトゲツツガムシ幼虫，ならびにアカの成虫）

図３　兵庫県中部のタテツツガムシ浸淫地（畔周辺の枯草先端で宿主への吸着を待つ）

図４　タテツツガムシ研究発祥の八丈島を俯瞰する。左端に八丈小島
（挿入は同種の北限となる岩手県水沢市の北上川畔，その地面～短い草丈で採れる）

図５　タテツツガムシの成虫（雌雄判別は不可）（挿入は精包）

図６　左：産出直後のタテツツガムシ卵／右：発生の進んだ同卵

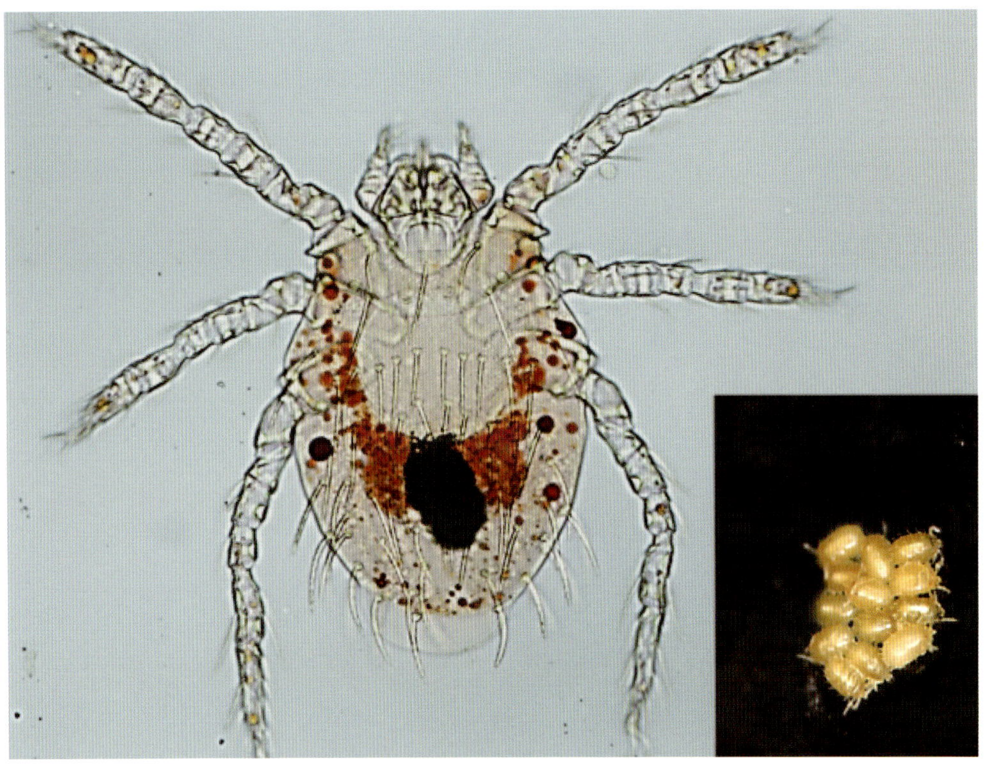
図７　タテツツガムシの未吸着幼虫（挿入は同満腹幼虫）

図８　左半：タテツツガムシの第１若虫／右半：左は同第２若虫，右は同第３若虫

Ⅱ．マダニ（すべて髙田と夏秋）

図９　上段：林道あるいは牧野でフランネル法によるマダニ採集（北海道札幌市郊外）／
下段：牧野では成虫であっても一振りで多数付着することあり

図10　第１脚末端のハーラー器官を挙げて宿主探査するシュルツェマダニ（北海道宗谷岬）
（挿入は同雌にみる最大級の産卵模様，左は雄）

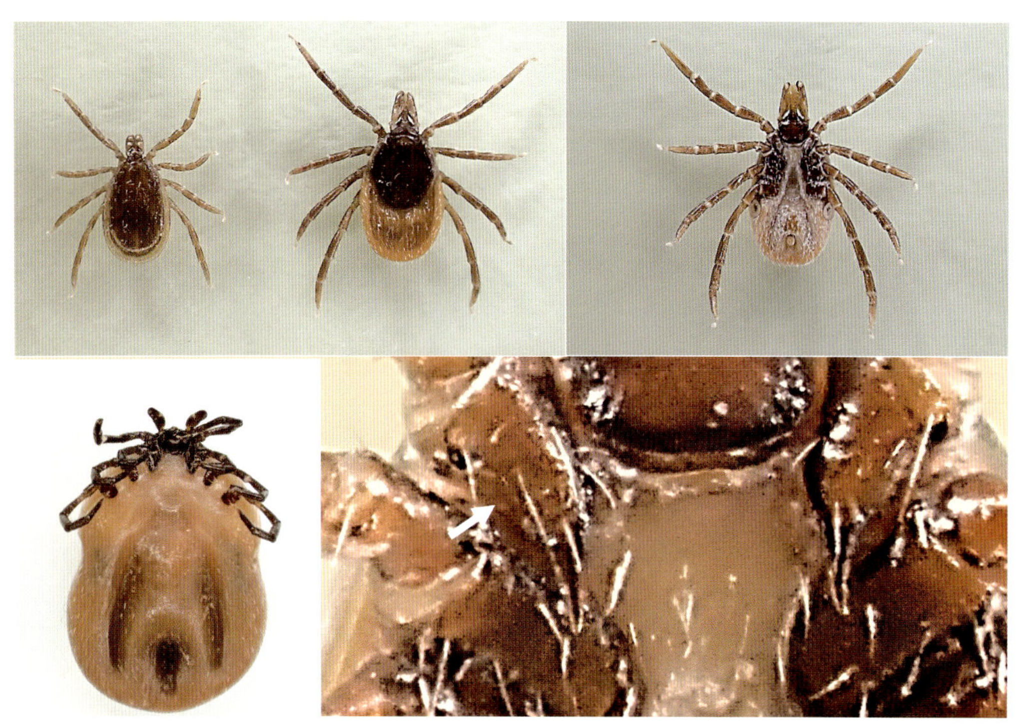

図 11　上段：シュルツェと似たヒツジマダニ *I. ricinus* の雌雄成虫／下段：左は欧州で感染したライム病患者から得た吸血個体，右は同種の特徴である第 1 脚基節後縁の嵌入（白矢印）

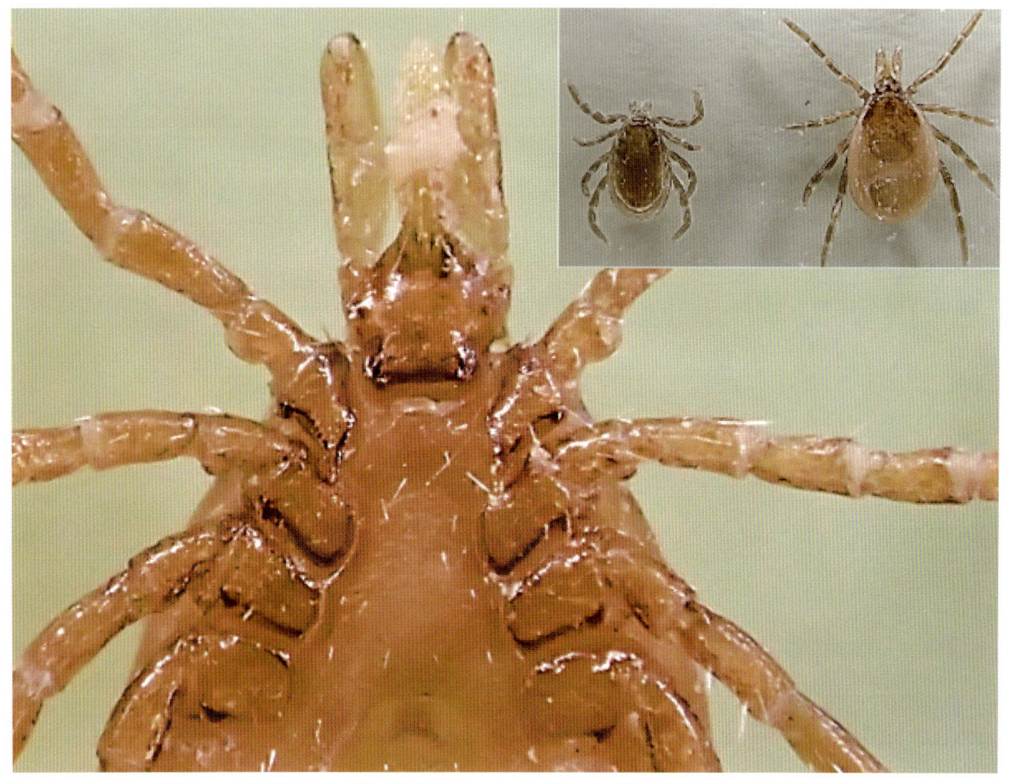

図 12　中国華南の山間に生息する *ricinus* グループの *I. sinensis*（やや褪色）

図 13　葉上に会合したタカサゴキララマダニ（左が雌，右が雄；徳島県）

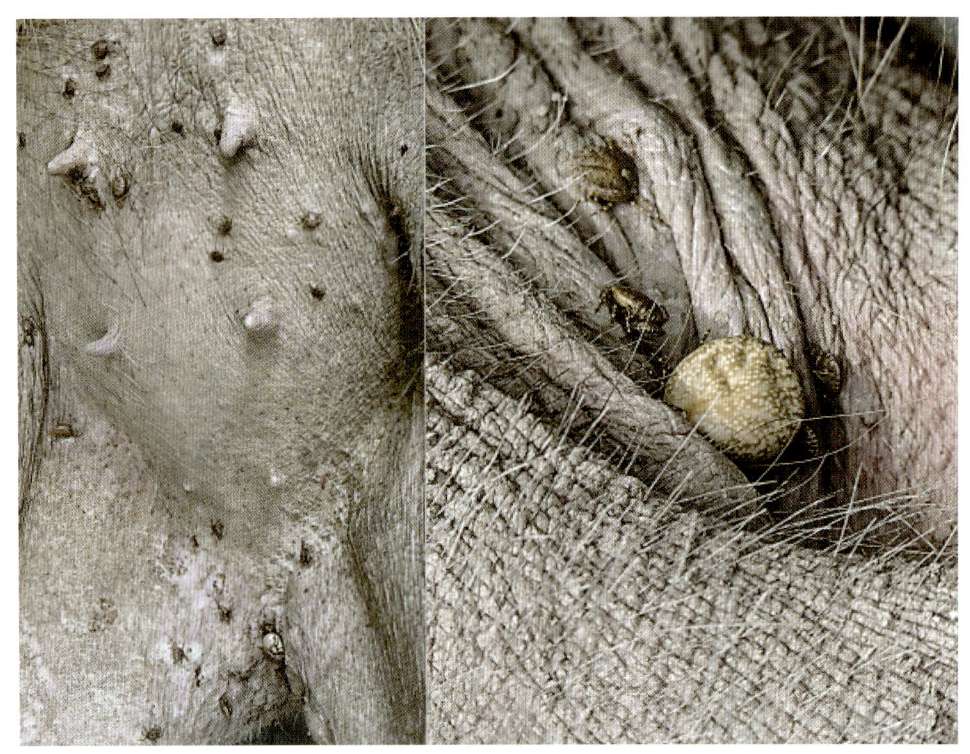

図 14　左：イノシシ腹部にみる大型マダニの吸着状態（三重県志摩半島）／
右：その股間で吸血中の大型種タカサゴキララやタイワンカク成虫

Ⅲ．ダニの棲息場所の多様性（爬虫類やコウモリ）（すべて高橋）

図15　上段：セマルハコガメに吸着するカメキララマダニ若虫／右半：ナンヨウツツガムシ幼虫

図16　オカダトカゲの足の付け根に吸着するタミヤツツガムシ幼虫

図 17　右上：リュウキュウアオヘビにみるカメキララマダニ若虫／
左下：同ヘビのタカサゴキララマダニ若虫

図 18　イリオモテヤマネコが左上の洞窟で捕まえたアオマダラウミヘビの鱗間に吸着するウミヘビキララマダニ若虫（西表島）

図 19　ガラスヒバの眼の下に吸着したカメキララマダニ若虫

図 20　ヒロオウミヘビ（夜の海岸洞窟に多数集まったものを漁師が捕獲する様子）の鱗の下の皮膚に吸着するナンヨウウミヘビツツガムシ幼虫

図 21　エラブウミヘビの肺にみるウミヘビツツガムシ幼虫

図 22　左半：石垣島のコウモリ巣で採れるプリマウォートンツツガムシ雄／右上はその種が産み落とした精包，右下は卵

医ダニ類の棲む風景（国内そして関連深いアジアなど）（すべて高田）

図23　上段：宗谷岬に残る周氷河地形，シュルツェマダニなど多数／下段：クナシリ島を望む野付半島，シュルツェのほか極東紅斑熱に絡むイスカチマダニをみる（「D. 医ダニ類の地理病理」参照）

図24　函館から大沼地域ではマダニ媒介性脳炎の発生をみて，Io も Ip も多い。SADI 函館（2018）の会期中，日本初確認の同患者さん宅に招かれた折は対策の充実が議論された（「B−Ⅳ. マダニの病原媒介性」参照）

図25　上段：野鼠をトラップ（シャーマンやカゴ）で捕獲する／下段：南西諸島で毒蛇のいる島の場合にはマジックハンドを使って草薮に設置することもある（「B−Ⅱ−1. マダニの採集と標本作成法」参照）

図26　捕獲できた野鼠の解剖やダニ類の処理などを行うが（術者は著者の一人，藤田），施設が遠いか無い場合はワゴン車などを使い人家のない場所で適切に行わねばならない（「B−Ⅱ−1. マダニの採集と標本作成法」参照）

図 27　白神山地は動物と医ダニ相が豊富，ブナのマザーツリーでフランネル採集（「D. 医ダニ類の地理病理」参照）

図 28　上段：*R. asiatica* 感染が疑われる紅斑熱をみた白馬栂池／下段：ライム病患者や新型回帰熱ボレリアをみる浅間山系（「B−Ⅳ. マダニの病原媒介性」などを参照）

図 29　上段：四国ながらシュルツェを多く産する石鎚山系の頂上付近を望む／下段：シュルツェも多く，アナプラズマほかもみる富士山系（「B−Ⅳ. マダニの病原媒介性」などを参照）

図 30　上段：*R. helvetica* によると思われる紅斑熱をみた福井県の荒島岳／下段：日本紅斑熱をみた敦賀半島の原発近傍（「B−Ⅳ. マダニの病原媒介性」などを参照）

図 31　上段：能登半島でタテツツガムシを軒下にみる患者宅／下段：日本紅斑熱の３名同時発生をみた志摩半島の住宅裏庭（「D. 医ダニ類の地理病理」などを参照）

図 32　上段：兵庫県北部山間の SFTS 発生地区／下段：石川県の中心的市域で野獣と接点が濃い郊外にみる SFTS 発生地区（「B-Ⅳ. マダニの病原媒介性」などを参照）

図 33　上段：日本紅斑熱が続発する六甲山系の山麓／下段：日本紅斑熱が多発する温暖な天草の海沿い（「D. 医ダニ類の地理病理」などを参照）

図 34　島嶼ながらツツガムシ病，紅斑熱，SFTS などが発生する対馬（挿入は同島のナンジャモンジャの開花）（「D. 医ダニ類の地理病理」などを参照）

図 35　対馬に似ていろいろな感染症の発生をみる五島列島（挿入はイノシシ対策の電気柵で囲まれた教会）（「D. 医ダニ類の地理病理」などを参照）

図 36　屋久島ではツツガムシ病をみるほか，山上にはヤマトマダニの生息（日本列島でので南限）をみる（挿入はヤクザル）（「D. 医ダニ類の地理病理」などを参照）

図 37　宮古島属島の池間島ではキビ畑の根元などに多数生息する野生クマネズミがデリーツツガムシを増殖させ同病が続発している（「A. ツツガムシ類と感染症」や「D. 医ダニ類の地理病理」などを参照）

図 38　上段：西表島のヒルギ林，下段：与那国島は亜熱帯植生で，マダニや野鼠はまったく東洋区の相をみて，孤島のテレビドラマのロケ施設まで残る（「D. 医ダニ類の地理病理」などを参照）

図 39　済州島のセスジアカネズミ系は山間でほとんど採れず道路際の藪でよく採れる（挿入は済州大学の動物研究室）（「D. 医ダニ類の地理病理」などを参照）

図 40　華南で銘茶の産地がある武夷山系でも日本と共通のマダニ媒介性病原体をみる（挿入は上海医科大学のツツガムシ研究室）（「D. 医ダニ類の地理病理」などを参照）

図41　武漢から長江航路に乗船する風景（挿入は，時と場所の都合が悪くて船内個室にてボレリア継代培養を行う姿）（「B-Ⅳ. マダニの病原媒介性」参照）

図 42　西湖周辺で新種ボレリアほかが得られ，近傍の黄山（右上）や盤安（右下）でも *I. sinensis* を含む各種マダニが見つかり，SFTS の発生地域である。（「B-Ⅳ. マダニの病原媒介性」参照）

図 43　モンゴルは北の森林帯ならシュルツェがよく採れる（挿入は，ウランバートル市内の博物館でみた珍しいマダニ関係の展示）（「B. マダニ類と感染症」などを参照）

図 44　カトマンズ市内は動物が多い環境（挿入は周辺の山間での採集模様で，日本と共通のマダニ種もしばしば採れる）（「D. 医ダニ類の地理病理」などを参照）

図 45　ウイーンの森はヒツジマダニ *I. ricinus* がよく採れる（挿入のハルシュタットや欧州各国でも似た状況で，リケッチアやボレリアは市域でも平野林や山裾なら検出される）（「B－Ⅳ. マダニの病原媒介性」などを参照）

図 46　フィンランド内陸のタイガ（環北極圏の国に広がる針葉樹林帯）であり，この樹林帯ではヒツジないしシュルツェマダニが濃密に生息する（「B. マダニ類と感染症」や「D. 医ダニ類の地理病理」などを参照）

医ダニ和名索引

本索引は本書掲載の医ダニの和名索引である。種(亜種含め)，属，科そして目までを表す和名を抽出した。ただし，原則として，指す範囲が曖昧なマダニ，ツツガムシまたコダニ類など大き過ぎるタクサ分類群をいう用語は割愛した。本文中で煩雑さを回避するために「ツツガムシ」「マダニ」などの語尾を省略した和名も，本索引では省略せずに抽出した。また，図中などにスペースの都合で Ip(＝シュルツェマダニ)および Io(＝ヤマトマダニ)と略記したものは和名索引で取り扱った。

〈 〉内の t 以下に示した数字は「A. ツツガムシ類と感染症」で示した日本産ツツガムシ類の種番号を，また i 以下に示したものは「B. マダニ類と感染症」で示した日本産マダニ類の種番号をそれぞれ表す。太字は，マダニ類ではそれぞれの種の解説ページを，ツツガムシ類ではそれぞれの種の写真掲載ページおよび検索位置ページを表す。

シ

ス

セ

ソ

タ

チ

医ダニ学名索引

本索引は本書掲載の医ダニの学名索引である。種(亜種，変種などを含む)，属，科そして目までを表す学名を抽出した。同じ属に含まれる種名は属名を省略し，字下げして種小名から記述した。なお，一部の小文字で始まるものは種内分類群を表す通称だが，よく使われる用語のため本索引に含めた。また，日本産ツツガムシの未同定種については原記載に従いたとえば「*Ascoschoengastia* sp. A」などと属名を省略せずに記述し索引に含めた。

〈 〉内の t 以下に示した数字は「A. ツツガムシ類と感染症」で示した日本産ツツガムシ類の種番号を，また i 以下に示したものは「B. マダニ類と感染症」で示した日本産マダニ類の種番号をそれぞれ表す。太字は，マダニ類ではそれぞれの種の解説ページを，ツツガムシ類ではそれぞれの種の写真掲載ページおよび検索位置ページを表す。

I

K

L

M

N

O

P

R

S

T

V

W

用語索引

本索引は本書掲載の医ダニ学関連の用語索引である(人名・地名を含む)。まず,50音順に和語から採録し,続いてアルファベット順に欧語を掲載した。「Q熱」など和語であるが表記が欧字のものは欧語の項に含めた。吸着や刺症対象の動物また病原体の学名は本索引に含めたが,医ダニの和名・学名についてはそれぞれ専用の索引を掲載したのでそちらを参照されたい。

《著者紹介》

編著者　**高田伸弘**（たかだ　のぶひろ）

1967年　弘前大学文理学部卒，直ちに同大医学部助手（寄生虫学）
1976年　同講師，西ドイツ研修
1982年～　福井医科大学助教授から福井大学医学部准教授（免疫学寄生虫学）
この間，日本衛生動物学会や日本ダニ学会など総会主催
各種科研費代表や学振科研審査委員
日本衛生動物学会西日本支部長，SADI組織委員
日本衛生動物学会賞（病原ダニ関連）受賞
2010年～　同大定年直ちにシニアフェローなど，MFSS設立
（著者の所属MFSSについては本書総論p16を参照）
福井医療大学客員教授
学位　医学博士
著書「病原ダニ類図譜」（単著），「ダニと新興再興感染症」（共著）など

著　者　**高橋　守**（たかはし　まもる）

1973年　弘前大学理学部卒，同専攻科へ
1976年～　埼玉県立川越高校など（教諭）
この間，日本衛生動物学会佐々賞受賞
1997年～　埼玉医科大学非常勤講師兼任
この間，日本衛生動物学会賞（ツツガムシ関連）受賞
2010年　高校教諭定年，再任用へ，MFSS幹事
学位　医学博士
著書「Tsutsugamushi Disease」（共著）など

著　者　**藤田博己**（ふじた　ひろみ）

1976年　弘前大学農学部卒，同大教育学部研究生へ
1979年～　大原綜合病院附属大原研究所（主任研究員など）
この間，日本衛生動物学会北日本支部長，SADI組織委員
2011年～　藤田保健衛生大学客員教授へ
この間，馬原アカリ医学研究所所長兼任
日本衛生動物学会賞（マダニ関連）受賞
2017年～　静岡県立大学客員教授へ，MFSS幹事
学位　医学博士
著書「ダニと新興再興感染症」（共著）など

著　者　**夏秋　優**（なつあき　すぐる）

1984年　兵庫医科大学卒，同大学院へ
1988年～　同医大助手（皮膚科学）
この間，カリフォルニア大学研究員
1991年～　同医大講師
2000年～　同医大助教授から准教授，現在に至る
この間，日本衛生動物学会西日本支部長，MFSSと共同研究
学位　医学博士
著書「Dr.夏秋の臨床図鑑虫と皮膚炎」（単著）など

MEDICAL ACAROLOGY IN JAPAN

THE HOKURYUKAN CO., LTD.
3-17-8, Kamimeguro, Meguro-ku
Tokyo, Japan

医ダニ学図鑑

— 見える分類と疫学 —

2019 年 9 月 20 日　初版発行

編　者　髙田伸弘
発行者　福田久子
発行所　株式会社 北隆館
〒153-0051　東京都目黒区上目黒3-17-8
電話03(5720)1161　振替00140-3-750
http://www.hokuryukan-ns.co.jp/
e-mail : hk-ns2@hokuryukan-ns.co.jp
印刷所　富士リプロ株式会社
ISBN978-4-8326-1053-8 C0645